2013 海峡两岸地工技术/岩土工程交流研讨会论文集（大陆卷）

中国建筑业协会深基础施工分会

王新杰　张晋勋　主编

知识产权出版社
全国百佳图书出版单位

内容提要

　　本书是第九届海峡两岸地工技术/岩土工程交流研讨会论文集（大陆卷），内容包括岩土工程力学实验分析、地下工程事故防控、处理与案例分析深基坑开挖与近邻构筑物保护、城市轨道交通岩土工程、隧道工程设计与施工、自然灾害防治、施工监测与管理、地基加固、机械设备等几个方面。文章反映了当今相关领域的最新发展状况，可作为该领域方面的重要参考文集。

责任编辑：陆彩云　栾晓航　　**责任出版**：刘译文

图书在版编目(CIP)数据

　　2013 海峡两岸地工技术/岩土工程交流研讨会论文集．大陆卷/王新杰，张晋勋主编．－－北京：知识产权出版社，2013.9

　　ISBN 978-7-5130-2304-7

　　Ⅰ．①2… Ⅱ．①王…②张… Ⅲ．①岩土工程－学术会议－文集②地下工程－学术会议－文集 Ⅳ．①TU4-53②TU94-53

　　中国版本图书馆 CIP 数据核字(2013)第 229561 号

2013 海峡两岸地工技术/岩土工程交流研讨会论文集(大陆卷)

2013 hai xia liang an di gong ji shu/yan tu gong cheng jiao liu yan tao hui lun wen ji

中国建筑业协会深基础施工分会　　王新杰　张晋勋　主编

出版发行：**知识产权出版社**

社　　址：北京市海淀区马甸南村 1 号		邮　　编：100088	
网　　址：http://www.ipph.cn		邮　　箱：lcy@cnipr.com	
发行电话：010－82000893		传　　真：010－82000860 转 8240	
责编电话：010－82000860 转 8110/8382		责编邮箱：luanxiaohang@cnipr.com	
印　　刷：知识产权出版社电子制印中心		经　　销：新华书店及相关销售网点	
开　　本：850mm×1168mm　1/16		印　　张：28.75	
版　　次：2013 年 10 月第 1 版		印　　次：2013 年 10 月第 1 次印刷	
字　　数：870 千字		定　　价：120.00 元	

ISBN 978-7-5130-2304-7

2013 海峡两岸地工技术/岩土工程交流研讨会
组织委员会

荣誉主任 欧晋德（台湾） 许溶烈（大陆）

主　　任 郑文隆（台湾） 张晋勋（大陆）

副 主 任 周功台（台湾） 林廷芳（台湾） 沈小克（大陆） 刘　波（大陆）

　　　　　　 金　淮（大陆）

秘 书 长 林三贤（台湾） 邱德隆（大陆）

委　　员 （按姓氏笔画为序）

台　湾	何泰源	张文城	林永光	林宏达	林美聆	林铭郎
	欧章煜	俞清瀚	黄灿辉	谢旭升		
大　陆	马海志	叶长生	毕元顺	刘彦生	孙金山	苏志刚
	李永利	李兴正	杨明友	吴永红	张治平	苗国航
	林本海	罗富荣	冼聪颖	赵广建	赵晋友	钟晓晖
	宫　萍	高文生	郭建国	康景文	焦　莹	蓝戊己

2013 海峡两岸地工技术/岩土工程交流研讨会

学术委员会

主　　任　　方永寿（台湾）　王新杰（大陆）

副 主 任　　余明山（台湾）　苏鼎钧（台湾）　杨秀仁（大陆）　竺维彬（大陆）

　　　　　　朱合华（大陆）　郑　刚（大陆）

委　　员　　（按姓氏笔画为序）

台　　湾　　何树根　吴文隆　陈沧江　董家钧

大　　陆　　史海鸥　白　云　白廷辉　刘彦生　苏志刚　李　玲

　　　　　　李　虹　宋　仪　张志良　张治平　张钦喜　陈云敏

　　　　　　陈仁朋　苗国航　钟显奇　郭传新　黄宏伟　傅鹤林

顾问委员会

委　　员　　（按姓氏笔画为序）

台　　湾　　吴盟分　李建中　李德河　陈正兴　欧晋德　胡邵敏

　　　　　　钟毓东　洪如江　莫若楫　高宗正　黄子明　曹寿民

　　　　　　曾大仁　蔡辉升

大　　陆　　王　离　王吉望　王梦恕　史佩栋　刘金砺　刘建航

　　　　　　关季昌　杜文库　沈秀芳　沈保汉　宋敏华　张　弥

　　　　　　张先锋　忽延泰　施仲衡　袁炳麟　莫庭斌　桂业琨

　　　　　　顾宝和　顾晓鲁　徐明杰　翁鹿年　唐业清　容柏生

　　　　　　程　晓　熊厚金

序

　　20 世纪 90 年代初，我们海峡两岸几位从事岩土工程/地工技术的同仁们，似乎是一个非常偶然的机会，在北京相遇，但在当时的历史背景下，大家的会面都显得十分"客气"，十分拘谨，后来，进而在谈到本专业技术及各自的实践经验和体会时，大家谈话的气氛才开始步入轻松而热烈的佳境，之后甚至颇有"箭发难收"之势。有鉴于此，双方协商次年共同举办一次专业交流会，大家立即表示赞成。这是我本人第一次在中国大地上与台湾朋友们的面对面的亲切交谈。以上交谈是 1991 年春天发生的事。尔后，在海峡两岸同仁们共同努力积极筹备下，终于翌年盛夏在北京顺利召开了首届海峡两岸岩土工程/地工技术交流研讨会。

　　此后，20 多年时间里，这个系列交流研讨会，分别在海峡两岸的不同城市里召开，至今已经举办了八届，每届会议与会代表均认为会议所取得的成果都相当丰硕，会议的影响力和效果甚佳，这实是对历届会议的东道主及其所有与会者莫大的肯定与鼓舞，也是海峡两岸所有与会者为之继续努力的力量之所在。

　　早经海峡两岸同事们的商量，第九届海峡两岸地工工程/岩土技术交流研讨会将于 2013 年 11 月 5 日至 7 日在台北召开，会议总主题为"地下工程灾害事故的防控与处理"。为此，海峡两岸的会议筹备者，特别是此次会议主办方台湾财团法人地工技术研究发展基金会正在不遗余力地积极做准备，而会议与会者也在忙碌着自己参会前的准备工作。

　　大陆方面此次参会的筹备工作，据本人所知早在一年半以前就开始了，中国建筑业协会深基础施工分会张晋勋理事长和王新杰总顾问以及秘书处召集了多次会议，联络相关人员，抓紧组织落实稿件。现在已经进入到选编稿件、印订文集和组织团队的阶段了，至今已经收到论文 70 余篇。从所见论文目录来看，我个人的评价是，总体上符合本届会议的主题，也延续了过去历届会议的传统，论文多以近年来实际工程案例为主，总结各自的经验和体会，具有很强的鲜活性和极强的实践意义；还有一些主要以现场实测数据和资料分析为主，进行论证而形成的论文；另有部分相关专项技术综述性报告，也具有一定的意义和特色。当然，如要更加深入、更加系统进行加工分析提炼而形成的论文报告，我认为我们都需要有一定的条件和环境，并需要业内同行的共同努力。这也是见仁见智的评价和看法而已。本次大陆方面的论文涉及大陆许多城市（不仅仅是几个特大城市）"地铁热"中一些工程问题，也涉及中国西部大开发中的岩土工程问题，有老问题、更有新问题。我认为我们海峡两岸同仁们，携起手来可以做很多的事，可以做更大一点的事，双方继续真诚合作，推动岩土/地工技术发展。值此新一届海峡两岸地工工程/岩土技术交流研讨会即将召开之际，我本人深表由衷的祝贺，本人虽未赴会，但我会密切关注会议的盛况和收获，以及两岸与会同仁们从中所感受到的喜悦。谨祝第九届海峡两岸地工技术/岩土工程交流研讨会圆满成功！欣喜之余，特为本届交流研讨会论文集（大陆卷）作序，藉表本人对这个传统系列交流研讨会的美好心意和对海峡两岸同仁们最良好的祝愿！

中国建筑业协会深基础施工分会名誉理事长

许溶烈

2013 年 9 月 23 北京

目　录

综　合

岩土工程力学实验与分析

地下工程事故防控、处理与案例分析深基坑开挖与近邻构筑物保护

城市轨道交通岩土工程

隧道工程设计与施工

自然灾害防治（包括地震、台风及洪水等）

施工监测与管理

地 基 加 固

机械设备及其他

综 合

北京地区盾构技术应用与进展

江玉生[1]　张晋勋[2]　杨志勇[1]　苏　艺[3]

(1. 中国矿业大学（北京）力学与建筑工程学院，北京　10083；2. 北京城建集团，北京　100088；

3. 北京市轨道交通建设管理有限公司，北京　100027)

摘　要：本文在简要介绍了北京地区盾构技术的历史和应用现状的基础上，结合近 6 年来的北京地区盾构施工工程实践和技术发展情况，分析总结了北京地区不同地层、不同型式盾构技术现状和已经取得的进展，对北京地区未来盾构技术的发展进行了展望。

关键词：北京地区；砂卵石地层；盾构技术

中图分类号：U455.43　文献标识码：A

Shield Technology Application and Progress in Beijing Area

Jiang Yu – sheng[1], Zhang Jin – xun[2], Yang Zhi – yong[1] SU Yi[3]

(1. School of Mechanics and Civil Engineering, China University of Mining and Technology, Beijing 100083, China;

2. Beijing Urban Construction Co., Beijing 100088; Beijing MTR Construction Administration Co., Beijing 100027)

Abstract：After introduction to the history of Shield driving technologies in Beijing Area, it is concluded for the applications and practices of the shield driving technologies and being summed up its progress in the past 6 years for different types of TBMs (both for EPB and Slurry TBMs) in different kinds of strata. And then it is given for Beijing Shield technologies future development.

Key words：Beijing Area, Gravel Strata, Shield technologies

1　北京地区盾构技术应用情况

北京地区盾构技术的研究和试验始于 20 世纪 50 年代后期，1957 年北京市政采用直径 2.0m 和 2.6m 的手掘式盾构进行城市下水道施工，至 1996 年北京地铁复～八线引入插刀式盾构，前后试验断断续续约 40 年。由于资金及技术等方面的原因，盾构技术一直未在北京地区得到应用和发展[1-5]。直至 1999 年北京市政工程总公司在污水隧道工程中成功引进日本石川岛播磨制造的现代化土压平衡盾构，盾构技术在北京地区才获得实质性的工程应用。进入 21 世纪后，随着轨道交通工程、铁路工程、市政工程和水利工程的大规模建设，盾构技术在北京地区不同深度的浅埋典型地层中得到了广泛的应用和发展，积累了相当的经验。

1.1　北京地铁工程盾构技术应用情况

2000 年北京地铁 5 号线首次引入土压平衡盾构施工地铁区间隧道，随着地铁 5 号线、4 号线、10 号线、机场线、9 号线、大兴线、6 号线、8 号线、亦庄线等线路的相继开工建设，土压平衡盾构技术在北京地铁建设过程中得到了广泛的应用和发展，部分已通车线路盾构应用情况如表 1 所示[3]。目前在施的 6 号线（二期）、7 号线、14 号线也大量采用土压平衡盾构技术修建区间隧道，如 6 号线二期共计 7 个区间全部采用盾构法施工。根据北京地铁已有的建设经验和今后的建设形势和规划，盾构工法已经成为地铁区间隧道的主要工法。

表 1　北京地铁盾构应用情况统计（不完全统计）

线路	区间总长 (m)	盾构区间长度/所占 百分比(m)/（%）	投入盾构台数	刀盘型式	盾构穿越地层
5 号线	14470	5962（41%）	4（2 台德国海瑞克，1 台日本石川岛，1 台日本日立）	2 台面板，1 台辐条，1 台辐条面板	粉质黏土、粉细砂、中砂、卵石

续表

线路	区间总长（m）	盾构区间长度/所占百分比（m）/（%）	投入盾构台数	刀盘型式	盾构穿越地层
4号线	21085	12976（61%）	9（4台德国海瑞克，2台日本石川岛，1台日本日立，2台日本三菱）	5台面板，2台辐条，2台辐条面板	粉质黏土，中粗砂，圆砾、卵石、砾岩
10号线（一期）	19006	6900（36%）	5（3台德国海瑞克，2台日本石川岛）	3台面板，2台辐条	粉质黏土、粉土、细砂、圆砾、卵石
大兴线	9118	4794（52.6%）	6（4台德国海瑞克，2台日本石川岛）	4台面板，2台辐条	粉质黏土、粉土、粉细砂
6号线（一期）	24650	11371（46.1%）	10（5台德国海瑞克，4台日本日立，1台日本小松）	5台面板，2台辐条，3台辐条面板	粉质黏土、粉土、粉细砂，圆砾
9号线	13250	4240（32%）	6（2台德国海瑞克，2台日本石川岛，1台日本日立，1台加拿大拉瓦特）	3台面板，3台辐条	卵石
8号线（二期）	14503.5	9807.6（67.6%）	12（1台中国中铁重工，2台德国海瑞克，2台法国法马通，3台石川岛，2台日本日立，2台日本小松）	2台面板，4台辐条，6台辐条面板	粉质黏土、粉土、粉细砂、圆砾、卵石
10号线（二期）	27150	22340（82.3%）	26（2台中国中铁装备，6台德国海瑞克，5台日本石川岛，6台日本小松，4台日本日立，2台法国法马通，1台加拿大拉瓦特）	7台面板，8台辐条，11台辐条面板	粉质黏土、粉土、粉细砂、卵石

注：区间总长指地下线长度，不含高架及地面线。

表1的统计数据显示，北京地铁所采用的盾构以日本和德国设备为主，详见图1，其中日本盾构占52.6%，德国设备占35.9%，其他国家和国内制造的设备较少，随着盾构国产化的发展，国产盾构（如中铁装备和中铁重工等）也开始在北京地铁中进行应用。

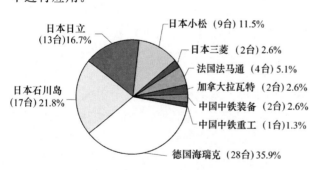

图1　北京地铁所采用盾构设备统计图

面板式刀盘、辐条式刀盘和辐条面板式刀盘（刀盘开口率介于面板式和辐条式之间），在北京地铁均应用比较广泛，如图2所示。面板式刀盘约占40%，辐条式和辐条面板式各占约30%，无法通过统计规律来回答到底哪种结构型式的刀盘更适应北京地铁盾构施工。但是通过对9号线和10号线（二期）卵石地层盾构施工情况的经验来看，大、中、小粒径卵石地层中的盾构施工，在不需要破岩

的前提下辐条式刀盘的适应性优于面板式刀盘。

图2　北京地铁所采用盾构刀盘型式统计图

1.2　水利及市政工程盾构技术应用

北京市南水北调工程建设中大量采用了盾构施工技术，例如南干渠工程全长27.282km，其中采用盾构技术修建的隧道长15.98km，占全长的58.6%。目前正在施工的东干渠工程全长44.7km，全部采用盾构法施工，预计投入盾构19台。

盾构技术在市政工程也得到了大量的应用，比如亮马河污水隧道、清河污水隧道、坝河污水隧道和凉水河污水隧道等市政工程均采用小直径（2.0～3.6m）盾构法施工。

1.3　铁路工程盾构技术应用

北京地区的铁路隧道工程施工中，除了大量的箱涵工程采用顶进法施工外，仅在北京地下直径线工程中采用了盾构法施工。直径线工程是中国大陆

第一条在城市里采用大直径气垫式泥水平衡盾构（盾构开挖直径 12.04m）施工的地下电气化铁路隧道，盾构隧道长 5.175km。2008 年 8 月盾构始发，2013 年 7 月盾构到达。该工程的成功建设，为北京地下工程采用大直径泥水平衡盾构施工积累宝贵的经验。

2　北京地区盾构技术进展

2.1　大粒径卵石地层盾构施工技术

北京地铁 4 号线、5 号线和 10 号线（一期）的盾构施工过程中，部分盾构区间遇到了圆砾及卵石地层，在随后建设的 9 号线和 10 号线（二期）中，盾构区间在大范围的卵石地层中掘进，给盾构施工带来了相当的困难。9 号线盾构在大粒径卵石地层中掘进 7760.4m，10 号线（二期）盾构在大粒径卵石地层中掘进了 35102.2m，盾构在此类地层掘进过程中克服了合理控制土压力的建立、有效的土体改良、盾构额定与最大扭矩计算与设定、实施过程的合理扭矩与推力控制、地层变形与地面沉降控制等各种技术困难，圆满完成了工程建设任务。

通过对大量的工程实践和相关经验教训的分析与总结，已经形成了一套北京地区大粒径卵石地层盾构选型与地层适应性、渣土改良方法与改良剂的选取、盾构关键参数选择与控制、始发/到达、开舱检修等盾构关键技术，拓展了土压平衡盾构施工范围，为今后北京地区大粒径卵石地层盾构施工提供了宝贵的经验，也可为其他城市或地区类似地层盾构施工提供借鉴[6,7]。

2.2　大直径土压平衡盾构及扩挖车站综合技术

北京地铁率先在大陆范围内采用大直径土压平衡盾构施工地铁区间隧道（单洞双线），然后扩挖形成车站的新技术。北京地铁 14 号线 15 标段东风北桥站—将台路站—高家园站—京顺路站盾构区间，采用直径 10.22m 土压平衡盾构施工，盾构从东风北桥站始发，一次性掘进 3133.8m 到达京顺路站，然后采用暗挖法扩挖形成将台路站和高家园站。目前盾构施工已经完毕，暗挖法扩挖车站正在进行中。

大直径土压平衡盾构技术的关键在于盾构设备的配置（特别是相关扭矩、推力等参数的设置与地层的适应性匹配问题）、盾构施工关键参数的预测和设定、盾构施工过程关键施工参数的控制及其对地面沉降和地层变形的影响等，都与普通 6.0m 左右的地铁盾构有着较大的不同。如何在设备制造前、制造过程中和施工阶段实现上述技术，是大直径盾构应用于地铁区间隧道（单洞双线）建设的重中之重；同时在大直径隧道中扩挖形成地铁车站，对大直径盾构隧道而言，需要有一个完整的技术方案，来确保盾构隧道本身的结构安全和扩挖车站施工过程的安全，这也是该项技术成败之关键。

大直径土压平衡盾构及扩挖车站综合技术的成功应用，将会极大提高北京地铁建设的工程技术水平，同时该技术对提高盾构利用率，降低地铁建设过程中地面拆迁和管线改移的工期和费用，减少地铁施工占用道路和场地及其施工对周围环境的影响，降低工程风险，节约工程成本，有着重大的意义。

2.3　气垫式泥水平衡盾构技术

北京地下直径线工程盾构从天宁寺始发经宣武门、前门到达崇文门，盾构施工地段属于北京老城区，施工环境复杂，穿越的地层包括卵石层、沙层、粉土层和粉质黏土层，涵盖了北京地区的三种典型地层。地下直径线工程取得了北京地区泥水盾构选型、刀具配置、变形控制、带压换刀等多方面的技术创新，如刀盘的开口率不宜小于 35%、胶结地层的刀具配置应适当增加滚刀的数量和设置合理的不同刀具的高度差、穿越老旧城区不同年代房屋的影响范围以及带压开舱动火换刀技术等，为北京地区深埋地下工程泥水平衡盾构施工积累了丰富的经验[8,9]。

2.4　重叠隧道盾构技术

北京地铁 8 号线和 6 号线（一期）在通过中心老城区时，受地面条件的制约和同站台换乘的需要，采用重叠隧道的布置方式，即两条隧道在竖直方向上上下布置。重叠隧道采用盾构法施工，通过该工程的科学实施和成功实践，形成了一套针对北京地层特点的重叠隧道施工关键技术，包括不同接近度条件下的隧道稳定技术、隧道接近度划分技术、合理的上下重叠盾构始发与到达技术等，可以指导今后类似工程的施工，同时也为重叠隧道的设计提供了可供参考的事实依据。

2.5　安全风险控制技术

近 6 年来，北京地区盾构隧道建设过程中安全穿越了大量的地铁既有线、正在运营的国家铁路、重要的市政桥梁、河湖、城市主干路、房屋等重大风险工程，没有出现重大安全风险事件，确保了风险工程的安全。盾构穿越工程中积累了丰富的盾构施工安全风险控制技术，可以指导今后类似盾构工程的设计和施工。

北京市于 2007 年开始在北京地铁建设过程中

广泛应用北京市轨道交通建设安全风险技术管理体系，体系运行6年来取得了良好的成果，有效规避了盾构隧道工程的风险，确保盾构施工没有出现大的安全风险事件，未造成较大不良社会影响和经济损失[10-13]。

2.6 盾构实时监控技术

北京地铁所有盾构（北京市轨道交通建设管理有限公司建设的线路）自2007年以来全部实现盾构施工过程的远程实时监控和管理。建设管理人员和技术人员等相关参建各方能够通过盾构施工实时监控系统，对全线每台盾构的施工情况进行实时监控，对盾构施工全过程进行可追溯的相关分析，对施工进度和过程质量进行管理，实现了盾构施工的信息化，提高了盾构施工的管理水平。

继北京地铁后，北京南水北调东干渠工程也引入了盾构实时监控技术，实现对工程中19台盾构同期施工的信息化管理[14,15]。

3 北京地区盾构施工技术展望

3.1 深埋条件下盾构技术

北京地区中心城区浅层地下空间已经基本开发完毕，下一步将开发埋深在30～60m的深层地下空间，例如拟建的北京地铁R1线和3号线、12号线、17线等，隧道埋深将达到60m。深埋条件下，工程地质条件和水文地质条件将更加恶劣，这给盾构隧道工程的设计、盾构选型与制造和盾构隧道施工带来了极大的挑战[5]。

3.2 大直径盾构技术

北京已经在多次论证南北向的长距离地下公路方案，可以预见随着地下公路的规划建设，大直径盾构将会得到大量应用，至于选择大直径土压平衡盾构还是泥水平衡盾构，将取决于地层条件和地下水的状况。在总结北京地铁14号线大直径土压平衡盾构（直径10.22m）和北京地下直径线泥水平衡盾构施工经验和教训的基础上，提早进行大直径盾构技术的相关研究是非常必要的[16-18]。

3.3 狭小场地条件下的盾构施工技术

盾构施工需要一定的场地要求，中心城区占地非常困难，如何在狭小场地条件下，引入新技术和新工艺，对施工场地进行重新规划，从而满足盾构施工要求。这项新技术的研究将扩展盾构技术的应用范围，同时会带来较大经济和社会效益。比如改变土压平衡盾构的出土方式、暗挖车站条件下的盾构区间施工技术、符合环境保护条件且与盾构出土方式相适应的地面渣土运输方式的改革等，都将极大提高盾构施工技术的应用范围。

3.4 敞开式盾构技术

北京地区西部和西南部的无水卵石层稳定性较好，具有一定的自稳时间，比较适合采用敞开式盾构施工地铁隧道。目前已经计划在北京地铁6号线二期15标段郝家府站—东部新城站开始进行敞开式盾构试验段的研究和工程实践工作，采用三一重工制造的敞开式盾构掘进约200m长的试验段。项目集盾构设计、制造、施工等多项技术为一体，研究成果可以推动敞开式盾构在北京地区的应用，是普通暗挖法隧道施工的有效替代方法，能够有效节约工程成本和降低暗挖法带来的工程风险，具有较大的经济效益和社会效益。

4 结语

北京地区盾构技术得到较大的发展，通过各参建单位和人员的努力取得了瞩目的成绩。但是相关技术研究大多只停留在工程完工后进行技术总结，很少提前进行相关研究工作。今后盾构技术必将在北京地区得到更加广泛的应用，技术研究工作也应做到提前规划，以便更好的指导盾构隧道建设。

参考文献

[1] 乐贵平，江玉生．北京地区盾构施工技术［J］．都市快轨交通，2006，19（02）：45－49．

[2] 乐贵平．盾构技术在北京的应用和发展［J］．市政技术，2002，20（04）：5－11．

[3] 乐贵平．再谈北京地铁施工用盾构机选型及施工组织［J］．市政技术，2005，23（05）：137－140．

[4] 王志刚．北京地区盾构施工技术浅谈［J］．建筑机械，2005，（增2）：31－33．

[5] 贾朝福．盾构技术的发展及展望［J］．建筑机械，2012，（1－2）：44－47．

[6] 潘秀明，雷崇红．北京地铁砂卵石砾岩地层综合工程技术［M］．人民交通出版社，2012．

[7] 苏斌，苏艺，江玉生．北京典型地层盾构适应性对比与施工关键技术［M］．人民交通出版社，2013．

[8] 陈庆怀，黄学军．北京直径线盾构施工的关键技术［J］．隧道建设，2008，28（06）：697－703．

[9] 杨志勇，江玉生，冯吉利，等．狮子洋隧道围岩磨蚀性研究［J］．解放军理工大学学报（自然科学版），2012，13（3）：311－315．

[10] 杨志勇，江玉生，江华，等．北京地铁盾构隧道安全风险组段划分方法研究［J］．铁道标准设计，2012，03：65－68．

[11] 杨志勇，江玉生，谭雪，等．盾构分体始发施工平房群沉降控制技术研究［J］．市政技术，2012，30（3）：109－111．

[12] 江玉生，王春河，江华，等．盾构始发与到达-端头加固理论研究与工程实践［M］．人民交通出版

社，2007.

[13] 江玉生，杨志勇，江华，等，论土压平衡盾构始发和到达端头加固的合理范围 [J]．隧道建设，2009，29（03）：263 - 266.

[14] 杨志勇，江玉生．盾构施工风险监控系统的研发与应用 [J]．市政技术，2005，30（06）：17 - 19.

[15] 江玉生，杨志勇，蔡永立．盾构/TBM 隧道施工实时

管理信息系统 [M]．人民交通出版社，2007.

[16] 乐贵平，汪挺．盾祠施工技雍在北京应用之我见 [J]．市政技术，1998，16（02）：43 - 48.

[17] 乐贵平．浅谈北京地区地铁隧道施工用盾构机选型 [J]．现代隧道技术，2003，40（03）：14 - 30.

[18] 杨秀仁．北京地铁盾构隧道设计施工要点 [J]．都市快轨交通，2004，17（06）：32 - 37.

超高层建筑大直径超长灌注桩的设计与实践*

王卫东　吴江斌

（华东建筑设计研究院有限公司地基基础与地下工程设计研究所，上海　200002）

摘要：国内沿江沿海等经济发达地区超高层建筑的兴建使得大直径超长灌注桩的工程实践越来越普遍。大直径超长桩穿越土层多而桩周土性复杂，其承载性状与中长桩有较大不同，目前缺乏有针对性的设计方法，施工难度大且质量控制要求高。本文结合近年来超高层建筑桩基础设计实践及相关技术研究成果，简要阐述大直径超长桩承载性状、桩基设计、施工工艺及质量控制要点，接着介绍了上海中心大厦、天津117大厦、武汉绿地中心大厦等3个国内正在建设的600m超高层建筑大直径超长桩基础的设计与实施概况。

关键词：大直径超长桩；设计方法；施工工艺；上海中心大厦；天津117大厦；武汉绿地中心大厦

Design and Implementation of Large‐diameter and Super‐long Bored Piles of High Rise Building

WANG Wei‐dong，WU Jiang‐bin

（East China Architectural Design & Research Institute，Shanghai 200002，China）

Abstract：More and more high‐rise building have been built in China，especially in the riverside and coastal cities. super‐long bored piles are commonly used as deep foundations to support very heavily loaded super high‐rise buildings. Until now the experience of design and construction of super‐long pile foundation is very limited. Base on some engineering practices and research of super‐long pile foundations of super high‐rise buildings in China，this paper presents some aspects of bearing behaviors，design method，key construction techniques and quality control inspection of super‐long bored pile foundation. Shanghai Center Tower，Tianjin 117 Tower，and Wuhan Green Land Tower were buildings more than 600m high，which is under construction in China. The practice of Large‐diameter and super‐long bored piles of the three buildings were introduced briefly.

Key words：large‐diameter and super‐long bored pile；design；construction method；Shanghai Center tower；Tianjin 117 tower；Wuhan Greenland center tower

1　引言

近五年，国内超高层建筑的建造进入一个崭新的高度和速度，多幢超600m的建筑正在兴建。超高层建筑具有基底荷载大、沉降控制要求高的特点，地基基础承载力、变形、稳定等问题非常突出。以上海、天津为代表的沿江沿海等经济发达地区成为我国超高层建筑建造的集中区域，大部分为软土地区，基岩埋藏深度深，地表以下有较深厚的软土和中高压缩性土。为了承载超高层建筑巨大的荷载，在不增加基础面积的情况下，往往需要加大桩径并穿越超深厚的土层进入密实的砂层或基岩以提高承载力。因此，大直径超长灌注桩的应用成为趋势。表1列出了部分华东建筑设计研究院设计的超高层建筑桩基工程概况。本文基于大直径超长桩在超高层建筑中的广泛应用，结合其工程实践和承载特性的研究成果[1,2]，在简要阐述大直径超长桩承载性状和试桩、单桩与群桩基础设计等基本设计要点、施工与质量控制措施后，介绍了上海中心大厦、天津117大厦、武汉绿地中心大厦3个国内正在建设的600m超高层建筑桩基础设计与实施概况。

2　大直径超长桩设计概要

大直径超长桩主要指直径大于800mm，桩长大于50m，长径比超过50的桩。论研究和工程实践均表明，大直径超长桩受长径比大、桩端埋置深、桩身穿越土层多且土性复杂、及后注浆工艺等因素的影响，理其受力性状有别于短桩和中长桩[3,4]。因此，在明晰大直径超长桩的工作性状、施工难点和检测要点基础上，合理进行设计就显得非常重要。

* 基金项目：国家十二五科技支撑计划课题（2012BAJ01B02），住房城乡建设部课题（2009‐K3‐5）

表1 华东院设计的部分超高层建筑大直径超长桩概况

名称	始建时间/年	高度/m	层数	桩型	桩径/mm	桩端埋深/m	桩端持力层
CCTV新主楼	2004	234	51	钻孔灌注桩	1200	52	砂卵石
天津津塔	2006	336.9	75	钻孔灌注桩	1000	85	粉砂
天津117大厦	2008	597	117	钻孔灌注桩	1000	98	粉砂
上海中心大厦	2008	632	121	钻孔灌注桩	1000	88	粉砂夹中粗砂
上海白玉兰广场	2009	320	66	钻孔灌注桩	1000	85	含砾中粗砂
武汉中心	2009	438	88	钻孔灌注桩	1000	65	微风化泥岩
苏州国际金融中心	2010	450	92	钻孔灌注桩	1000	90	细砂
武汉绿地中心大厦	2011	606	119	钻孔灌注桩	1200	60	微风化砂岩、泥岩

2.1 大直径超长桩承载性状

大直径超长桩主要特点为承受荷载高,穿越土层多而复杂,施工工艺复杂且施工质量不易控制。由于其桩身长、长径比大导致桩土相对刚度小,直接影响其受力特性。

基于分析现场足尺试验量测结果,大直径超长桩基本承载性状有如下特点。对于桩端清渣干净和采用桩端后注浆工艺的大直径超长桩,其$Q{\sim}s$曲线在试验荷载作用下基本呈缓变型,无明显拐点,其极限承载力往往由桩顶变形值确定;桩顶沉降主要表现为桩身压缩,在高荷载水平下,桩身混凝土会产生较大的塑性压缩变形。桩侧摩阻力发挥具有异步性,上部土层的侧摩阻力先于下部土层发挥,且易出现软化,深层侧阻和端阻的发挥有明显的滞后性,桩端阻力很难充分发挥,桩侧摩阻力占总承载力的比例较大,大直径超长桩通常表现为摩擦型桩。桩端后注浆改善了桩端支承条件,桩端阻力大幅度提高,桩侧摩阻力亦可以发挥到较高的水平。

2.2 大直径超长桩的设计

大直径超长桩在设计过程中应尽量避免或减少桩身上部侧阻软化、下部侧阻与端阻不能充分发挥及桩身变形过大等不利效应。虽然超长桩在工作荷载作用下表现为摩擦型桩,但桩端特性对桩侧摩阻力发挥及其承载变形特性有很大影响。大直径超长桩持力层通常选择埋深大、土性较好的土层,如基岩、卵砾石层、砂层等为持力层,后注浆能有效地消除桩端沉渣、改善桩端土体承载性状,提高桩端阻力及桩侧摩阻力发挥水平,且有利于减小桩长,进而增加桩身刚度,降低桩基施工难度,增加成桩的可靠性。

大直径超长桩承载机理复杂,造价相对较高,施工工艺亦难以控制,在其目前设计计算理论不甚完善情况下,现场静载荷试验作为获得桩基竖向抗压特性最基本可靠的方法,成为确定桩基参数、检验和优化大直径超长桩设计的必要环节。用于现场试验的试桩,其设计的原则应在尽量模拟工程桩受力特性的基础上,尽可能得到丰富的试验数据和施工工艺参数。

在试锚桩施工前应先进行试成孔,成孔后连续跟踪监测时间不应少于36h,每4h测定不同深度处泥浆的比重、粘度、含砂率等技术指标,以此确定施工工艺。试锚桩的施工应重点关注孔径、垂直度、沉渣厚度、工效的控制,及水下高强混凝土的配比与灌注施工。载荷试验应尽量加载至极限承载力,且同时开展桩身轴力及变形的量测。超高层建筑基础埋深较大,在地面试桩时宜采用双层钢套管隔离基坑开挖段桩土接触作用,更真实地反映工程桩承载变形特性[6],进而合理地确定工程桩承载力。由于加载值大、检测元件多,试桩桩头的尺寸应满足千斤顶摆放及检测仪器设置与量测要求,桩头配筋应满足受力要求。

工程桩单桩承载力的取值应根据单桩承载力载荷试验结合桩身强度确定。宜采用C45或更高等级的水下混凝土,解决后注浆大直径超长桩桩身强度与地基土支承力不匹配的问题。由于桩长细比大、桩顶受荷强度高,桩顶变形计算应计入桩身压缩量。

群桩基础设计计算应考虑上部结构、基础底板、桩、土协同作用[6],分析流程见图1,主要内容为:①基础沉降计算:采用正常使用极限状态下荷载效应准永久组合进行计算;②群桩承载力计算:采用正常使用极限状态下荷载效应标准组合分析群桩受力,验算群桩不同区域的单桩承载力特征值,采用承载能力极限状态下荷载效应基本组合分析群桩受力，验算群桩不同区域的单桩桩身强度；③筏板弯曲内力计算：采用承载能力极限状态下荷载效应基本组合进行计算；④筏板抗冲切和抗剪切验算：采用承载能力极限状态下荷载效应基本组合下的结构荷载和群桩桩顶反力设计值，验算筏板在核心筒、巨柱荷载下的抗冲切，并验算整个核心筒范围以外边桩对筏板的剪切作用。超高层建筑群桩基础设计应重点关注风荷载和地震作用下，引起的群桩基础受力变化，需分区对桩基的受压或受拉承载力进行验算。

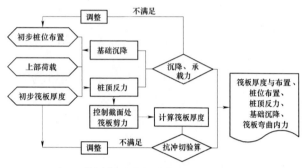

图 1 共同作用分析计算理论框架与流程

2.3 施工与质量控制

大直径超长桩成孔深度大、施工时间长、泥浆比重大、含砂率高，导致桩身泥皮、沉渣与垂直度的问题较中、短桩更为突出，选择合适的成孔机具、工艺和辅助措施甚为关键。采用的成孔钻机的功率和扭矩才能满足超深钻孔的需求；软土地区可采用回转钻机成孔，但在较硬土层，旋挖钻机成孔效率更高，采用旋挖钻机时，钻头的型式可根据孔深范围内不同土（岩）性状进行选取。对于复杂土层可采用不同成孔机具组合进行针对性施工。当原土造浆效果较差时，应考虑采用部分或全部人工造浆，并适度提高泥浆比重以保证超深孔壁的稳定性，且严格控制泥浆中的含砂率。孔深较大、桩身大部分位于粗粒土层中时，宜采用泵吸或气举反循环工艺。

大直径超长桩单桩承载力高，桩身应力水平大，应严格控制成孔与成桩质量，尤其要防止断桩、缩径、离析等质量问题，其质量应以事前控制为主，检测与控制标准亦严于普通桩。注重对孔径、垂直度、沉渣等成孔质量进行全面的检测，抽检总数不宜少于工程桩桩数的 30%，对于荷载较大的一柱一桩和嵌岩桩，甚至可以提高到 100%；采用的低应变和高应变检测桩身完整性应根据不同的工程情况适当提高抽查比例；受高、低应变动力检测范围的限制，工程实践中应以超声波和钻孔取芯为主评价桩身质量，检测桩数不得少于总桩数的

10%；桩端后注浆灌注可利用注浆管作为超声波测管检测其桩身质量。

3 大直径超长灌注桩设计实践

3.1 上海中心大厦

上海中心大厦位于上海浦东新区陆家嘴金融中心区，是国内在建的最高建筑物之一，塔楼地上 121 层，结构屋面高度 575m，建筑塔顶高度 632m，设置 5 层地下室，基础埋深 31.4m，底板厚 6m。塔楼采用巨型空间框架-核心筒-外伸臂结构体系，结构自重约 9200000kN，平均基底压力超过 1000kPa，核心筒基底压力超过 2500kPa，结构自重荷载大。

上海中心大厦所处场地地貌属滨海平原地貌类型，场地 274.8 m 深度范围内为第四纪覆盖层，主要由饱和黏性土、粉性土、砂土组成，见图 3。其地层分布的特点在于地表以下 30m 范围为黏性土，其下为深厚的第 7 层粉细砂层和第 9 层细砂层，第 7 层粉细砂厚约 35m；第 9 层细砂厚约 45m，而且砂层均十分密实，标准贯入击数均大于 50，对承载力的提供与变形的控制较为有利。

根据上海中心大厦荷载的要求，采用了大直径超长的后注浆灌注桩，桩径为 1000mm，桩端持力层为 9-2 层，桩端埋深约 88m，有效桩长约 58m，要求单桩极限承载力不小于 20000kN，如此高承载力的大直径超长桩在上海尚没有先例。

本工程开展了 4 组单桩受压承载力试验，试桩桩身混凝土设计强度等级为 C50，试锚桩的布置如图 2 所示，共 4 根试压桩和 9 根锚桩。为了比较，

图 2 上海中心大厦效果图

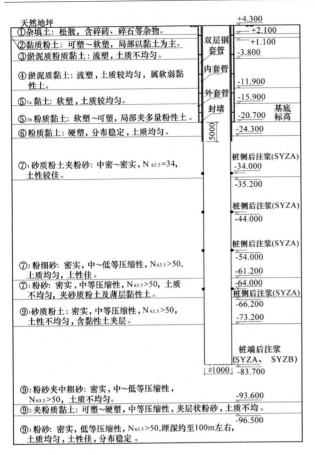

图 3　上海中心大厦土层及试桩剖面图

4 根试压桩分别为：1 根非注浆桩，1 根桩端后注浆桩和 2 根桩端桩侧联合后注浆桩。试桩单桩桩端后注浆水泥用量为 2.5t，设置 4 个桩侧注浆断面，每道断面注浆水泥用量为 0.5t。试桩采用双层钢套管隔离约 25m 基坑开挖段桩身与土体的接触，以直接测试有效桩长范围内的桩基承载性状，采用分布式光纤量测桩身应变和受力。

表 2 列出了试桩载荷试验主要结果。试桩 SYZA01 由于桩头施工问题使得内外套管没有达到隔离的功能，在最大加载值 30000kN 下未出现破坏，其他三组试桩 SYZA02、SYZB 和 SYZC 的极限承载力分别为 26000kN、28000kN 和 8000kN。可见，3 根后注浆桩承载力皆超过估算极限承载力 24000kN，能满足设计要求，而非注浆灌注桩 SYZC 承载力远低于估算值。基于试验得到的桩身

表 2　试桩结果汇总

试桩编号	最大加载值/kN	桩顶变形/mm	残余变形/mm	极限承载力/kN	备注
SYZA01	30000	50.7	18.7	>30000	桩端、桩侧后注浆
SYZA02	27000	126.4	97.4	26000	桩端、桩侧后注浆
SYZB01	29000	135.1	92.6	28000	桩端后注浆
SYZC01	9000	165.3	153.5	8000	非注浆桩

轴力、变形等结果对大直径超长桩承载与变形特性的分析请参考文献 7。

基于上部结构荷载及载荷试验结果，上海中心大厦主塔楼共采用了 955 根灌注桩，在核芯筒、巨柱位置采用梅花形布桩，其他区域采用正方形布置，见图 4。桩径皆为 1000mm，核芯筒内桩端埋深为 86m，有效桩长 56m，共 247 根，其他区域桩端埋深为 82m，共 708 根。桩基承台筏板呈八边形，面积约 8250m²，板厚 6.0m。

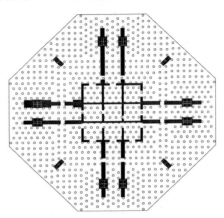

图 4　桩位平面布置图

本工程选用 GPS - 20 型回转钻机进行施工，备良好导向性能的三翼双腰箍钻头，用泵吸反循环成孔、泵吸反循环清孔的成孔工艺，护壁泥浆全部采用人工造浆。工程选用 ZX - 250 型泥浆净化装置（除砂机）对循环泥浆进行除砂，除砂机除砂砂粒颗粒等级 0.075mm，处理能力 250m³/h。

3.2　天津 117 大厦

天津 117 大厦位于天津市高新区地块发展项目之中央商务区，是一幢以甲级写字楼为主，集六星级豪华商务酒店及其他设施于一身的大型超高层建筑。塔楼楼层平面呈正方形，首层平面尺寸约 67m×67m，总建筑面积约 37 万平方米，建筑高度约为 597 m，共 117 层，另有 3 层地下室，基坑开挖深度为 26.35 m。117 大厦采用三重结构体系，由钢筋混凝土核心筒（内含钢柱）、带有巨型支撑和腰桁架的外框架、构成核心筒与外框架之间相互作用的伸臂桁架组成。该大厦结构复杂，自重荷载约 7700000kN，对地基基础承载力和沉降要求高。

天津市区地处海河下游，属冲积、海积低平原。按地层沉积年代、成因类型，最大勘探深度 196.4m 范围的土层划分为人工堆积层和第四纪沉积层两大类，并按地层岩性及其物理力学数据指标，进一步划分为 15 个大层及亚层。主要以粉质黏土、粉土、粉砂三种土层间隔分布，以粉质黏土

图5　天津117大厦效果图

为主。桩基及地质剖面如图6所示。

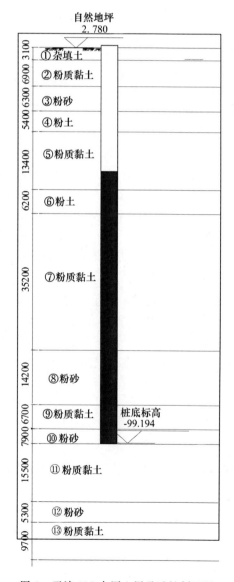

图6　天津117大厦土层及试桩剖面图

由于不存在深厚的密实砂层，其桩基持力层的

选择是桩基设计中的难点。开展了分别以10-5和12-1层粉砂层为持力层的4组试桩，其中2组试桩桩端进入10-5粉砂层，桩端地面下埋深约100m，有效桩长为76m，另2组试桩桩端进入12-1粉砂层，桩端地面下埋深约120m，有效桩长为96m。试桩桩径皆为1000mm，采用桩端桩侧联合后注浆工艺。试桩采用双层钢套管隔离约25m基坑开挖段桩身与土体的接触。

试验结果表明，4组试桩最大加载值皆达到42000kN，桩顶变形约30～45mm，荷载位移曲线呈缓变形，并未加载至承载极限。120m长的试桩并未表现出比100m长试桩更好的承载与变形能力，且目前的加值远大于设计需求，因此工程桩选用以10-5粉砂层为持力层的桩基。

天津117大厦主塔楼共采用了941根灌注桩，桩径皆为1000mm，桩端埋深约100m，有效桩长约76m。为考虑到上部结构在基础上不同位置的荷载分布情况，根据桩顶反力大小与分布，分为三种桩型以满足桩基承载力特征值的需求，单桩承载力特征值分别为16500kN、15000kN、13000kN。桩基承台筏板呈正方形，面积约7500m²，板厚6.0m。

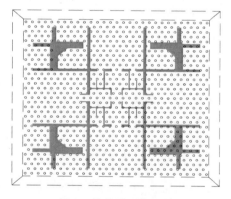

图7　桩位平面布置图

桩基施工采用了回转钻机气举反循环工艺。泥浆采用膨润土人工造浆，并在新浆中加入PHP胶体。在钻进过程中，根据不同的地层泥浆比重、黏度、含砂率宜控制在1.1～1.2、18～22s、4%以确保泥渣正常悬浮。采用机械除砂、静力沉淀等多手段结合，控制泥浆含砂量，防止泥浆内悬浮砂、砾的沉淀。

3.3　武汉绿地中心大厦

武汉绿地中心是在建的华中第一高楼，主塔楼高约606m，共119层，地下设置5层地下室。主塔楼结构体系为钢筋混凝土核芯筒＋巨柱框架＋伸臂桁架，荷载大，本工程基底平均压力不小于1000kPa，核心筒区域可达1200kPa，对基础工程设计提出了新的挑战。

图 8 武汉绿地中心大厦效果图

武汉绿地中心所处场地地貌属长江Ⅰ级阶地。在勘探深度90.2m范围内除杂填土外为第四系全新统冲积成因的黏性土和砂土和冲积成因的含砾中细砂，下伏砂岩、砂质泥岩。中风化、微风化砂质泥岩的单轴抗压强度分别为10MPa和13MPa；中风化、微风化砂岩的单轴抗压强度分别为26MPa和50MPa。土层分布及特点如图9所示。

主塔楼采用钻孔灌注桩，桩径为1200mm，桩端以进入中风化砂岩3倍桩径，中风化泥岩5～6倍桩径为原则，有效桩长约22～33m。并采用后注浆工艺提高承载力，单根桩桩端后注浆水泥用量为3.5t，桩侧注浆桩则设置1道注浆断面，位于基岩顶面，桩侧注浆水泥用量为1.5t。根据受力的不同，单桩承载力特征值为15000～17000kN，桩身混凝土强度等级为C45和C50。

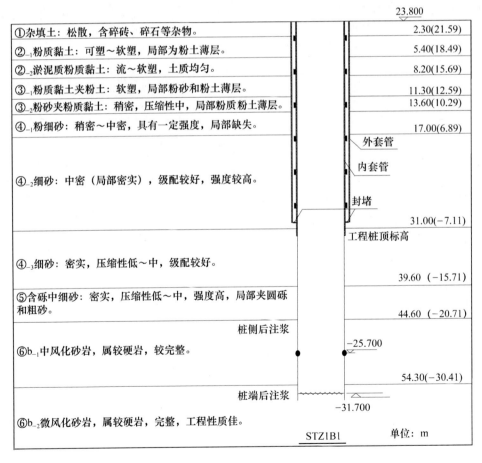

图 9 土层及试桩剖面图

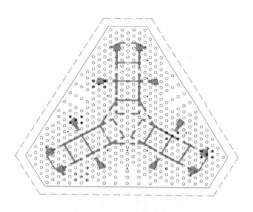

图 10　桩位平面布置图

选择两个典型的岩层分布区域所各做两组单桩抗压承载力试验，STZ1 为以微风化砂岩为持力层的 2 根试桩，桩端进入 6b-2 微风化砂岩约 1.2 米。STZ2 为以微风化泥岩为持力层的 2 根试桩，参照超前钻孔情况，试桩桩端进入 6a-3 微风化泥岩约 7.2m。加载设备达到最大加载值 45000 kN 时，四根试桩均未未发生破坏，且桩顶位移小于 40mm。在极限荷载作用下，各试桩桩端处轴力约为桩顶荷载的 50%，表现为摩擦端承型桩。

表 3　试桩试验结果

试桩编号	桩径/mm	最大加载/kN	桩顶变形		
			最大变形/mm	残余变形/mm	回弹率/%
STZ1-B1#	1200	45000	34.72	26.75	23.00%
STZ1-B2#	1200	45000	37.38	25.97	30.50%
STZ2-B7#	1200	45000	38.93	26.20	32.70%
STZ2-1#	1200	45000	38.82	25.70	33.80%

采用旋挖钻机结合冲击钻机的成孔方式。旋挖钻机负责在覆盖层（回填杂土层、黏土层和砂层）中成孔。冲击钻机负责在强度较高的中/微风化砂岩层成孔。旋挖钻在覆盖层中的成孔速度为 5.2m/h；冲击反循环钻机在中风化砂岩层中的成孔速度为 0.21m/h；冲击反循环钻机在微风化砂岩层中的成孔速度为 0.17m/h。嵌岩段的施工速率还是较低的，但相对来说这已经是当前的一种最佳组合方式。

4　结语

大直径超长灌注桩已成为我国沿江沿海软土地区超高层建筑的主要桩型，其承载特性、设计方法、施工工艺及检测方法都有自身的特点。当前应重视现场试成孔、载荷试验及匹配的成孔桩质量检测等，确定施工工艺与承载力参数。桩基的设计需考虑基坑开挖、桩身强度、桩身压缩等对单桩承载力与变形的影响，同时还要结合超高层建筑受风、地震等水平作用大的特点，进行群桩基的受力分析。正在建设的上海中心大厦、天津 117 大厦、武汉绿地中心大厦 3 幢 600m 超高层建筑都是采用大直径超高桩的典型工程案例，结合工程特点在持力层的选择、施工工艺的探索、承载力的确定及群桩受力分析上都采取了一系列有针对性的方法与措施。

参考文献

[1] 张雁，刘金波．桩基手册［M］．北京：中国建筑工业出版社，2009．

[2] 吴江斌，王卫东，等．大直径超长灌注桩承载变形规律与设计方法研究［R］．上海：上海现代建筑设计集团科研项目，2011．

[3] 辛公锋，张忠苗，夏唐代，等．高荷载水平下超长桩承载性状试验研究［J］．岩石力学与工程学报，2005，24（3）：2397-2402．

[4] 赵春风，鲁嘉，孙其超，等．大直径深长钻孔灌注桩分层荷载传递特性试验研究［J］．岩石力学与工程学报，2009，28（5）：1020-1026．

[5] 王卫东，吴江斌．深开挖条件下抗拔桩分析与设计方法．建筑结构学报［J］．2010，31（5）：202-207．

[6] 王卫东，申兆武，吴江斌．桩土-基础底板-上部结构协同的实用分析方法与应用［J］．建筑结构，2007，37（5）：111-113．

[7] 王卫东，李永辉，吴江斌．上海中心大厦大直径超长灌注桩现场试验研究［J］．岩土工程学报，2011，33（12）：1-10．

方式。

湿陷性黄土地区地基处理技术的发展

滕文川　鲁海涛

（甘肃土木工程科学研究院，甘肃兰州　730020）

摘　要： 黄土泛指黄土和黄土状土，浸水后在上覆土自重应力作用下，或者在自重应力和附加应力共同作用下，土的结构迅速破坏而发生显著附加变形的土称为湿陷性黄土。我国湿陷性黄土约占黄土面积的 60%，广泛分布于甘肃、陕西、山西、河南等地。本文对湿陷性黄土地区地基处理技术进行回顾、展望，与岩土界同仁探讨交流。

关键词： 湿陷性黄土；地基处理；桩基

1　概述

黄土和黄土状土在全世界总面积约 1300 万平方公里，占陆地面积的 9.3%，从西欧、中欧、中亚直到我国西北的黄土高原，形成了欧亚大陆的黄土带。其中我国的分布面积为 63 万平方公里，占国土面积的 6.3%，主要分布在秦岭、祁连山、昆仑山以北由新疆经甘肃、陕西、山西、河南西部、辽宁西部以至松辽平原，呈向南凸出的弧形，包围了辽西、内蒙和甘肃的沙漠和蒙古的戈壁外围。除此地带以外，在南京、九江、武汉、三峡、四川盆地、川西山地、柴达木盆地及西藏东部都有零星分布。

我国湿陷性黄土分布的主体在黄土高原，是中国黄土的主要分布区，总面积约 37 万平方公里，约占我国黄土面积的 60%。从地貌与地质学的概念出发，黄土高原大体分布在北京—郑州—西宁三个城市连线的三角形地带，北界以长城为界，东界到太行山，南界到秦岭，西以乌鞘岭和日月山界。

湿陷性黄土泛指浸水时结构不稳定的黄色土，受水浸湿后，在自重压力与附加压力作用下，土的结构迅速破坏，发生明显下沉。湿陷性黄土受各地区堆积环境、地理位置、地质和气候条件的影响，其堆积厚度、土的工程特性（如湿陷性等）都有明显的差异，厚度从几米到上百米，湿陷程度从轻微到很严重。大厚度自重湿陷性黄土场地，泛指湿陷性黄土层厚度大于或等于 15m、自重湿陷性强烈的黄土场地。其主要分布在Ⅰ陇西地区、Ⅱ陇东陕北晋西地区、Ⅲ关中地区和Ⅳ山西-冀北地区以及豫西地区的高阶地区。

湿陷性黄土的地基处理主要取决于湿陷性黄土的特殊工程性质，其变形包括压缩变形和湿陷变形。湿陷性黄土在未受水浸湿时一般强度较高，当基底压力不超过地基土的允许承载力时，地基的压缩变形较小，大多在上部结构的允许变形值以内，不会影响建筑物的安全和正常使用。湿陷变形时由于地基被水浸湿所引起的一种附加变形，往往是局部和突然发生，其变形大且不均匀，是压缩变形的几倍甚至数十倍。其特点是土结构迅速破坏，强度迅速降低，对建筑物破坏性极大，危害严重。对湿陷性黄土地基承载力无论是否达到设计承载力均应对地基进行处理，当达到设计承载力时，以消除湿陷为地基处理的主要目的；当达不到设计承载力，以提高地基承载力为主要目的，同时应消除地基湿陷性。

我国由于湿陷性黄土分布很广，地区差别很大，地基处理时应区别对待，主要是结合湿陷性黄土的以下特点：①地区差别，如湿陷性和湿陷敏感性的强弱，承载力及压缩性大小和不均匀程度等；②建筑物的使用特点，如用水量的大小，地基浸水的可能性；③建筑物的重要性和在使用期间对限制不均匀下沉的严格程度，结构对不均匀沉降的适用性；④材料及施工条件，以及当地的建筑经验。

湿陷性黄土地区建筑物的设计措施，主要有地基处理措施、防水措施和结构措施。在湿陷性黄土地区，国内外传统的地基处理方法有：重锤表面夯实法、强夯、垫层法、挤密桩复合地基、预浸水法、爆扩桩、化学加固法等。近 20 年来，深层孔内夯扩桩、CFG 桩复合地基、高压旋喷注浆法以及复合载体夯扩桩等也得到了广泛的应用，取得了成功的经验。随着湿陷性黄土地区建筑规模的进一步扩大和建筑等级的进一步提高，对湿陷性黄土的处理深度也进一步加大，处理标准也进一步提高。一些新的地基处理方法逐步在工程应用中引进采用，如预应力管桩技术、长短桩复合地基技术等。对原有的传统处理方法进一步改进，如高能级强夯已经达到 15000kN·m，灰土桩与素混凝土桩的综合复合地基处理方法等。

近年来，随着建筑规模的扩大，高层、超高层建筑以及高速公路、高速铁路等在在湿陷性黄土地区的建设，对地基处理的要求越来越高。地基处理技术水平也随之不断提高，复合地基可处理到 20 多米，在此深度范围内消除全部湿陷，对变形的控制技术也在进一步提高，如在高铁建设中，每百米不均匀沉降为 20mm。总之，湿陷性黄土地区地基处理方法，应根据建筑场地湿陷性类别，湿陷等级以及地区特点，考虑安全可靠、因地制宜和就地取材原则，并根据施工技术水平，经过技术经济比较予以选用。

2　湿陷性黄土的工程特征

湿陷性黄土的最大特点是：在土的自重压力或附加压力与自重压力共同作用下，受水浸湿而产生大量而急剧的附加下沉，这种现象称为湿陷，它与一般土的压缩变形表现不同。由于各地区黄土形成条件差异较大，因此其湿陷性表现也有较大差别。有些湿陷性黄土受水浸湿后在土的自重压力下就产生湿陷，而另一些黄土受水浸湿后只有在土的自重压力和附加压力共同作用下产生湿陷。前者称为自重湿陷性黄土，后者称为非自重湿陷性黄土。

湿陷性黄土的评价指标主要有湿陷系数、湿陷起始压力和湿陷起始含水量等。黄土的湿陷性是黄土最重要的工程特性。为了判定黄土是否具有湿陷性以及湿陷程度如何，需进行室内压缩试验确定黄土的湿陷系数 δs，然后根据 δs 值的大小加以判定。

当 $\delta s < 0.015$ 时，为非湿陷性黄土；当 $\delta s \geqslant 0.015$ 时，为湿陷性黄土。按 δs 值大小可将湿陷性黄土分为三类：当 $\delta s < 0.03$ 时，为轻微湿陷性；当 $0.03 \leqslant \delta s < 0.07$ 时，为中等湿陷性；当 $\delta s > 0.07$ 时，为强烈湿陷性。

湿陷性黄土地基受水浸湿饱和，其湿陷量的计算值 Δ_s 应符合下列规定：

（1）湿陷量的计算值 Δ_s，应按下式计算：

$$\Delta_s = \sum_{i=1}^{n} \beta \delta_{si} h_i$$

式中　δ_{si}——第 i 层土的湿陷系数；

h_i——第 i 层土的厚度（mm）；

β——考虑基底下地基土的受水浸湿可能性和侧向挤出等因素的修正系数，在缺乏实测数据时，可按下列规定取值：①基底下 0～5m 深度内，取 $\beta = 1.50$；②基底下 5～10m 深度内，取 $\beta = 1$；③基底下 10m 以下至非

湿陷性黄土层顶面，在自重湿陷性黄土场地，可取工程所在地区的 β_0 值。

（2）湿陷性黄土场地自重湿陷量的计算值 Δ_{zs}，应按下式计算：

$$\Delta_{zs} = \beta_0 \sum_{i=1}^{n} \delta_{zsi} h_i$$

式中　δ_{zsi}——第 i 层土的自重湿陷性系数；

h_i——第 i 层土的厚度（mm）；

β_0——因地区土质而异的修正系数，在缺乏实测资料时，可按下列规定取值：①陕西地区取 1.50；②陇东—陕北—晋西地区取 1.20；③关中地区取 0.90；④其他地区取 0.50。

湿陷性黄土地基的湿陷等级，应根据湿陷量的计算值和自重湿陷量的计算值等因素，按表 1 判定。

表 1　湿陷性黄土地基的湿陷等级

湿陷类型 Δ_{zs} (mm) Δ_s (mm)	非自重湿陷性场地 $\Delta_{zs} \leqslant 70$	自重湿陷性场地 $70 < \Delta_{zs} \leqslant 350$	$\Delta_{zs} > 350$
$\Delta_s \leqslant 300$	I（轻微）	II（中等）	—
$300 < \Delta_s \leqslant 700$	II（中等）	*II（中等）或 III（严重）	III（严重）
$\Delta_s > 700$	II（中等）	III（严重）	IV（很严重）

＊注：当湿陷量的计算值 $\Delta_s > 600$mm、自重湿陷量的计算值 $\Delta_{zs} > 300$mm，可判为 III 级，其他情况可判为 II 级。

湿陷起始压力是反映非自重湿陷性黄土特性的重要指标，在设计中具有实用价值。湿陷性黄土的湿陷起始压力 p_{sh} 值，可按下列方法确定：

当按现场静载荷试验结果确定时，应在 $p - s_s$（压力与浸水下沉量）曲线上，取其转折点所对应的压力作为湿陷起始压力值。当曲线上的转折点不明显时，可取浸水下沉量（s_s）与承压板直径（d）或宽度（b）之比值等于 0.017 所对应的压力作为湿陷起始压力值。当按室内压缩试验结果确定时，在 $p - \delta s$ 曲线上宜取 $\delta s = 0.015$ 所对应的压力作为湿陷起始压力值。

3　湿陷性黄土地区传统地基处理方法

3.1　重锤表面夯实及强夯

重锤表面夯实适用于处理饱和度不大于 60% 的湿陷性黄土地基。一般采用 2.5～3.0t 的重锤，落距 4.0～4.5m，可以消除基底以下 1.2～1.8m 黄土的湿陷性。在夯实层的范围内，土的物理、力

学性质获得显著改善，平均干重度明显增大，压缩性降低，湿陷性消除，透水性降低，承载力提高。非自重湿陷性黄土地基，其湿陷起始压力较大，当用重锤处理部分湿陷性黄土层后，可减少甚至消除黄土地基的湿陷变形。因此在非自重湿陷性黄土场地采用重锤夯实的优越性较明显。

强夯法处理湿陷性黄土地基，是在上述重锤夯实的基础上发展起来的一种地基处理方法，其优点为施工简单、效率高、工期短、对湿陷性黄土湿陷性消除的深度较大，缺点是振动和噪声较大，我国目前在湿陷性黄土地区应用强夯进行地基处理，取得较成功的经验，夯击能力已超过 8000kN·m，其对地基的影响深度按梅纳公式进行估算：

$$H = \gamma \sqrt{Qh/g}$$

式中：H 为影响深度，m；Q 为锤重，kN；h 为落距，m；γ 为修正系数，据不同条件（地质、物理力学性能、空隙比等）可取 0.3～0.7；g 为重力加速度。

在湿陷性黄土场地各夯击点的夯击数可按最后一击夯沉量等于 3～6cm 来确定，一般达 6～9击，稍湿的湿陷性黄土没有或有很少的自由水，在强夯过程中不存在孔隙水压消散的问题。无需像像夯击饱和土那样要采用间歇多遍的夯击方式，可以在一个夯位上连续夯到所需击数，而后在移到下一个夯位上，依次一遍夯实。强夯对湿陷性黄土湿陷性的消除效果明显，处理深度一般可达 8～10m。

3.2　土（灰土）垫层

在湿陷性黄土地基上设置垫层，在我国是一种传统的地基处理方法，已有两千年的历史，目前被广泛采用。将处理范围内的湿陷性黄土挖去，用素土（多用原开挖黄土）或灰土（灰土比一般为3：7或2：8）在最优含水率状态下分层回填夯（压）实。采用土垫层或灰土垫层处理湿陷性黄土地基，可用于消除基础底面1～3m土层的湿陷性，（目前也有 6m 以上换填，主要做法是下部用素土换填，分层碾压，上部采用灰土垫层），减少地基的压缩性，提高地基的承载力，降低土的渗透性（或起隔水作用），往往以消除湿陷作为地基处理的目的。就其处理范围来说，土垫层分为建筑物基础（独立基础和条形基础）地面下的土（或灰土）垫层和建筑物范围内的整片土（或灰土）垫层两种。工程实践证明，采用土（灰土）垫层处理湿陷性黄土地基，只要施工质量符合工程要求，一般都能收到良好的效果，在非自重湿陷性黄土地基上尤为突出。但需要指出的是，当灰土（或土）垫层质量不符合工程质量要求时，所发生的湿陷事故与未处理的湿陷性黄土同样严重。

在独立基础或条形基础下设置一定宽度的灰土垫层，有利于土中应力的扩散，增强地基的稳定性，阻止基底下土侧向挤出，从而减小或消除地基的湿陷变形。设置整片灰土（或土）垫层是为了消除基础底面以下部分黄土的湿陷性，同时提高整片灰土（或土）垫层的隔水效果，可预防水从室内渗入地基，保护整个建筑物范围内下部未处理的湿陷性黄土层不致受水浸湿。当仅要求消除基底下处理土层的湿陷性时，宜采用局部和整片的土垫层，当同时要求提高土的承载力或水稳性时，宜采用局部或整片灰土垫层。

3.3　灰土（或土）挤密桩复合地基及孔内深层夯扩桩复合地基

灰土（或土）挤密桩适用于加固地下水以上的湿陷性黄土地基，利用打入沉管，或振动沉管或爆扩等方法，在土中成桩孔，然后再孔中分层填入灰土（或素土）并夯实而成。在成孔和夯实过程中，原处于桩孔部位的土全部挤入周围土层中，使距桩周一定距离内的天然土得到挤密，从而消除桩间土的湿陷性并提高承载力。灰土（或土）桩是一种柔性桩，灰土（或土）挤密桩地基，其上部荷载由桩和桩间土共同承担，挤密后的地基为复合地基，类似垫层一样工作，上部荷载通过它往下传递时应力要扩散，而且比天然地基扩散得更快，在加固深度以下，附加应力将大大减少。灰土（或土）挤密桩对地基的加固处理效果，不仅与桩距有关，还与所处理的厚度与宽度有关。当处理宽度不足时，（尤其在未消除全部黄土的湿陷性的情况下），可能使基层产生较大的下沉，甚至丧失稳定性。当利用挤密桩对湿陷性黄土地基进行整片处理时，宜设置0.5m厚的灰土（或土）垫层。

深层孔内夯扩桩近些年在湿陷性黄土地区也开始进行应用，用螺旋钻成孔，孔内填料在西安地区多用建筑垃圾及废料，但兰州地区一般采用素土或灰土。在湿陷性黄土地区建筑地基应用中，在成孔后，孔内分层夯填时，对孔周围土体进行挤密，其挤密的影响范围，与夯锤的夯击能量有关，在消除孔周围土体湿陷性的同时提高地基土的承载力，其受力与灰土（或土）挤密桩地基相似，所不同的是灰土（或土）挤密桩地基，在成孔过程中对桩间土的挤密已完成绝大部分，而孔内夯扩桩对桩间土的挤密则在孔内充填土料的过程中完成。其对地基的处理深度较深，可达 20m 以上，在湿陷性黄土地基处理时的要求，一般参考灰土（或土）挤密桩地基。

3.4　化学加固法

在我国湿陷性黄土地区化学加固地基处理应用较多，并取得实践经验。化学加固方法包括硅化加固法和碱液加固法。

硅化加固湿陷性黄土的物理化学过程，一方面基于浓度不大的、黏滞度很小的硅酸钠溶液顺利的渗入黄土的空隙中，另一方面溶液与土的互相凝结，土起着凝结剂的作用。单液硅化系由浓度10％～15％的硅酸钠溶液加入2.5％的氯化钠组成。溶液进入土中后，由于溶液中的钠离子与土中水溶性盐类中的钙离子（主要为$CaSO_4$）产生互换的化学反应，即在土颗粒表面形成硅酸胶薄膜，从而增强土颗粒间的联结，填塞粒间空隙，具有抗水性、稳定性，减少土的渗水性，消除湿陷，同时提高地基土的承载力。

碱液加固是利用NaOH溶液加固湿陷性黄土地基，在我国始于20世纪60年代，NaOH溶液注入黄土后，首先与土中可溶性和交换性碱土金属阳离子发生置换反应，反应结果使土颗粒表面生成碱土金属氢氧化物，这种反应式在溶液渗入土中瞬间完成的，所消耗的NaOH仅占加固所用的一部分。土中呈游离状态的SiO_2和Al_2O_3，以及土的微细颗粒（铝硅酸盐类）与NaOH作用后产生溶液状态的钠硅酸盐。自重湿陷性黄土地基能否采用碱液加固，取决于其对湿陷的敏感性。自重湿陷敏感性强的地基不宜采用碱液加固。对自重湿陷不敏感的黄土地基经过试验认可并拟采用碱液加固时，应采取卸荷或其他措施以减少灌液时可能引起的较大附加下沉。当土中可溶性和交换性的钙、镁离子含量较高（大于10mg/100g干土）时，可只采用碱液与生石灰桩的混合加固方法。但对下列情况不宜采用碱液加固：①对于地下水位以下或饱和度大于80％的黄土地基；②已渗入沥青、油脂和其他石油化合物的黄土地基。

3.5　预浸水法

预浸水法是在修建建筑物前预先对湿陷性黄土场地大面积浸水，使土体在饱和自重压力作用下，发生湿陷产生压密，以消除全部黄土层的自重湿陷性和深部土层的外荷湿陷性。预浸水的浸水坑的边长不得小于湿陷性土层的厚度。当浸水坑的面积较大时，可分段进行浸水。浸水坑内水头不宜小于30cm，连续浸水时间以湿陷度变形稳定为准。其稳定标准为最后5天的平均湿陷量小于1mm/d。地基预浸水结束后，在基础施工前应进行补充勘察工作，重新评定地基土的湿陷性，并应采用垫层法或强夯法等处理上部湿陷性土层。

预浸水法一般适用于湿陷性黄土厚度大、湿陷性强烈的自重湿陷性黄土场地。由于浸水时场地周围地表下沉开裂，并容易造成"跑水"穿洞，影响附近建筑物的安全，所以在空旷的新建地区较为适用。在已建地区采用时，浸水场地与已建建筑物之间要留有足够的安全距离，浸水试坑与已有建筑的净距不宜小于50m。此外，还应考虑浸水时对场地附近边坡稳定性的影响。

预浸水法用水量大，工期长。在一般情况下，一个场地从浸水起至下沉稳定以及土的含水量降低到一定要求所需要的时间，至少需要1年左右。因此，预浸水法只能在具备充足的水源，又有较长施工准备时间的条件下才能采用。

4　近年来改进及引进的地基处理方法

4.1　15000kN·m高能级强夯

甘肃省陇东地区黄土覆盖厚度达200m以上，其中湿陷土层厚度在16m左右，为典型的大厚度湿陷性黄土。2008—2009年在陇东某工程中应用了15000kN·m、12000kN·m、8000kN·m的高能级强夯，15000kN·m的高能级强夯在国内大厚度黄土地区尚属首次应用。

该工程拟建场地钻孔最大揭示深度40m，揭示地层十三层，第一层粉质黏土（黑垆土）为Q_4，第二、第三、第四层粉质黏土（马兰黄土）为Q_3，第五、第六、第七层、第八、第九、第十层、第十一、第十二、第十三层粉质黏土（离石黄土上段）为Q_2。湿陷性黄土的湿陷程度由上向下逐渐减弱，一直渐变为非湿陷性黄土。湿陷性黄土的低界埋深16m左右，包含的地层为二、三、四、五层粉质黏土，即场地内湿陷性黄土为Q_3的马兰黄土和Q_2顶部的离石黄土。场地黄土的湿陷等级为Ⅱ级，湿陷类型为自重湿陷性黄土。

采用15000kN·m能级进行强夯加固处理时，共分5遍进行，第1、2遍为主要点夯，采用15000kN·m能级点夯，主夯点间距9m，呈正方形布置，夯点的夯击次数由现场的试施工确定，一般在18击左右，收锤标准为最后两击的平均夯击沉降量小于200mm。第3遍为插点夯，在1、2遍夯点之间进行8000kN·m能级插点夯，夯点均夯8击，夯点的收锤标准为最后两击的平均夯击沉降量小于200mm。第4遍为原点加固夯，夯坑推平后在1、2、3遍夯点平面坐标处进行3000kN·m能级原点加固夯，夯点均夯8击，夯点的收锤标准为最后两击的平均夯击沉降

量小于 50mm。第 5 遍为 1000kN·m 能级满夯，
夯坑再次推平后每夯点夯击两击，要求夯锤底面
积彼此搭接不小于 1/3。每遍间隔时间 7～9d，夯
点布置方式见图 1。

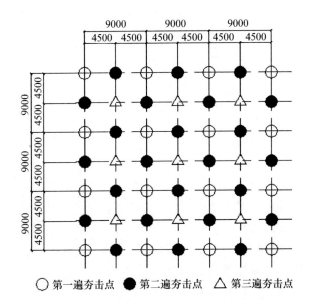

○ 第一遍夯击点   ● 第二遍夯击点   △ 第三遍夯击点

图 1   15000kN·m 夯点布置图

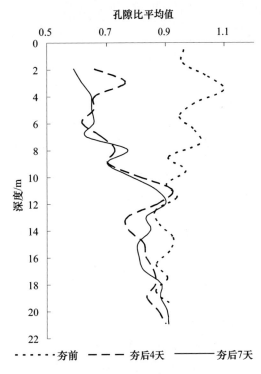

图 2   孔隙比平均值对比曲线

从图 2、图 3 可以看出，处理后 16m 范围内地
基土孔隙比 e、干密度 ρ_d 均有不同程度的改善。其
中 12m 以上孔隙比明显降低，干密度明显增大，
孔隙比降至 0.6～0.8，平均干密度达到 1.5～
1.7g/cm³，加固效果明显；其中 12～16m 的有一
定的改善，孔隙比平均值在 0.8 左右，干密度平均
值在 1.5g/cm³ 左右。说明 15000kN·m 强夯能穿
透古土壤层，但是古土壤层对冲击波能的吸收能力
比较强，降低了强夯的加固效果。

7 天后的孔隙比、干密度曲线和 4 天后接近，
说明土中气体排出是在强夯瞬间完成的，与夯后时
间间隔无关。强夯瞬间用到的是动力密实机理，即
强大冲击能强制超压密非饱和土地基，使土中气相
体积大幅度减小。

从图 4 可以看出，7 天后 12m 以内土层湿陷系
数远小于 0.015，加固效果显著，12～16m 内个别
土样超过了 0.015，但总体上小于 0.015，结合时
效性判断全部消除了地基土的湿陷性。

根据以上物理指标的变化结合时效性综合判
定，有效加固深度达到 16m，高能级强夯的夯击能
量能穿透古土壤，但对古土壤层及其以下土层影响
不大。从现场情况看，夯点效果优于夯间。

满夯后 28 天，地基平板静载荷试验成果见图
5 和表 2。

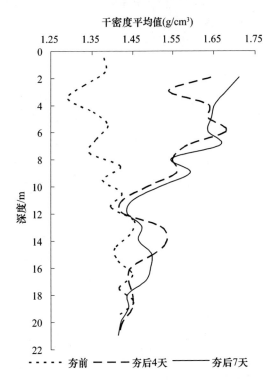

图 3   干密度平均值对比曲线

表 2   15000kN·m 强夯黄土地基平板载荷试验成果表

试验 点号	最大加 载量（kPa）	最终沉 降量（mm）	s＝0.01b 对应的 承载力（kPa）	地基承载 力特征值（kPa）
Z1	500	14.31	406	≥250
Z2	500	14.1	416	≥250
Z3	500	10.04	490	≥250
Z4	500	10.99	478	≥250

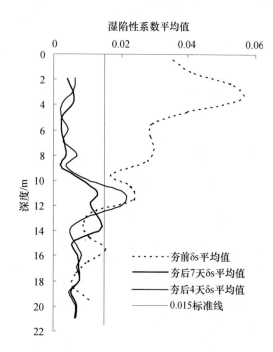

图4　湿陷性系数平均值对比曲线

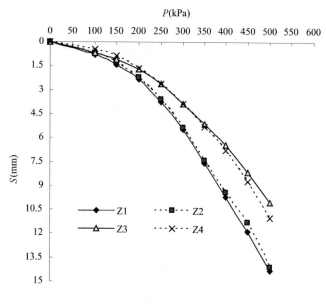

图5　静载试验沉降曲线

从图5的静载沉降曲线上可以看出，4个试验点在最大荷载作用下均未破坏，p-s曲线变形缓慢，在$150\sim200$kPa处虽有微小转折，但转折之后依然近似呈直线关系，$150\sim200$kPa处荷载较小不适合做比例界限，后期无明显陡降段，无法确定比例界限和极限荷载。$s=0.01b$对应的承载力在$406\sim490$kPa之间，均大于最大加载值的一半。根据承载力特征值不超过最大加载值一半的规定[49]，确定Z1、Z2、Z3、Z4试验点的承载力特征值$\geqslant$250 kPa。故确定该场地黄土经15000kN·m能级强夯处理后的承载力$\geqslant$250kPa。

根据岩土工程勘察规范 GB50021-2001 的规定，土的变形模量应根据P-S曲线的初始直线

段，基于均质各向同性半无限弹性介质的弹性理论，按公式（4.1）计算。

$$E_0 = I_0\left(1-\mu^2\right)\frac{pd}{s} \qquad (4.1)$$

E_0——土的变形模量，MPa；

I_0——刚性承压板的形状系数，圆形承压板取0.785，方形承压板取0.886；

μ——土的泊松比，粉质黏土取0.38；

d——承压板直径或边长，m；

p——p-s曲线上线性段的压力，kPa；

s——与p对应的沉降，mm。

p-s曲线上初始段荷载较小，显然不宜选择初始直线段计算变形模量。因为该段仅反映表层土的弹性变形[50]，而强夯地基土不是均质的，经满夯后表层土弹性模量较大，不适合做整个地基土的变形模量。

按公式（4.1）先计算整个p-s曲线上各点E_0，再计算整个曲线上的平均值，当变异系数较大时，需对平均值进行修正，各曲线E_0的计算分析结果见表3。

表3　变形模量分析表（MPa）

试验点号	最大值	最小值	平均值	标准差	变异系数	修正系数	标准值
Z1	98.45	26.49	50.78	23.95	0.472	0.705	35.8
Z2	109.9	26.88	54.57	27.98	0.513	0.678	37
Z3	114.9	36.31	68.71	26.98	0.393	0.754	51.8
Z4	161.3	34.49	75.99	41.84	0.551	0.655	49.8

变形模量可取四个试验点的修正后的平均值43.6MPa 为评判标准，故确定该场地黄土经15000kN·m 能级强夯处理后的变形模量约为44MPa。

在该场地同时进行了8000kN·m 及12000kN·m试夯。8000kN·m 试夯区，1、2遍点夯平均每点夯击数为$8\sim9$击，夯坑深度为$1.6\sim3.2$m；3000kN·m点夯平均每点夯击数为$8\sim9$击，夯坑深度为$0.7\sim1.2$m；满夯后场地整体夯沉量约为1.08m。12000kN·m 试夯区，1、2遍点夯平均每点夯击数为$9\sim10$击，一般夯坑深度为$2.2\sim4.2$m，第3遍点夯平均每点夯击数为$5\sim6$击，夯坑深度为$1.2\sim2.0$m；满夯后场地整体夯沉量约为1.32m。

黄土有效处理深度主要是从夯后黄土的干密度和湿陷系数上进行判定，由于强夯黄土的时效性，分别将三个试夯区夯后7~10d探井取样所做的干密度和湿陷系数作对比。15000kN·m、12000kN·m、

8000kN·m 的干密度和湿陷性系数平均值对比曲线见图 6、图 7，均从起夯面算起，夯后整体标高按平均沉降量下移 1.43m、1.32m、1.08m。

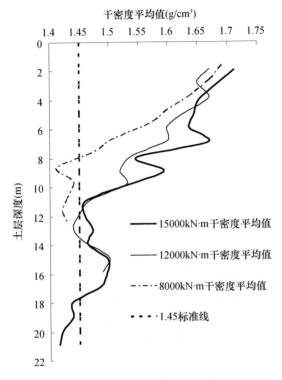

图 6　干密度平均值对比曲线

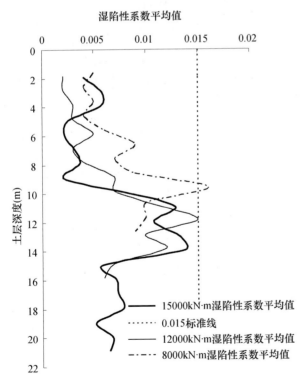

图 7　湿陷性系数平均值对比曲线

从图 6 可以看出夯后 7～10d，黄土的干密度平均值在 1.4～1.75g/cm³ 之间；若以干密度平均值大于 1.45g/cm³ 为有效处理深度的判别标准，

15000kN·m 的有效处理深度约为 17.5m，12000kN·m 的有效处理深度约为 11.5m，8000kN·m 的有效处理深度约为 8.20m。

以湿陷系数平均值小于 0.015 为有效处理深度的判别标准，15000kN·m 的有效处理深度覆盖了湿陷土层的下限 16m，12000kN·m 的有效处理深度接近 12m，8000kN·m 的有效处理深度约为 9.0m。根据夯后 7～10d 黄土干密度和湿陷性系数判定 15000kN·m 的有效处理深度约为 16m，12000kN·m 的约为 11.5m，8000kN·m 的约为 8.2m。

4.2　灰土桩与素混凝土桩挤密复合地基

2010 年在兰州中川机场新航站楼地基处理工程中，采用挤密桩及素混凝土桩复合地基处理湿陷性黄土地基，地基处理的目的是消除湿陷性并较大提高地基承载能力。该场地地基土湿陷性土层厚度 5.0～9.0m，属Ⅱ级自重湿陷性黄土场地。挤密桩试验区采用正三角形布桩，桩径 400mm，桩长 7.0m，桩间距 950mm，采用预钻孔挤密法（DDC）。刚性桩为 C15 素混凝土桩，布置在正三角形中心，桩径 400mm，桩长 8.0m，采用长螺旋钻机成孔。试验区布置见图 8，试验分别对素混凝土单桩、素土挤密桩单桩复合地基、素混凝土桩挤密复合地基进行了试验，试验结果见表 4，试验 $p\text{-}s$ 曲线见图 9、图 10、图 11。

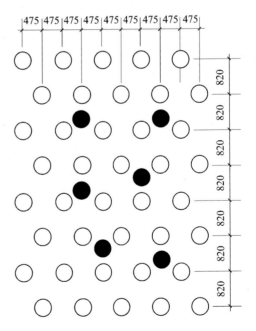

C 区：素土预成孔夯扩挤密桩 + 刚性桩处理区

○ 素土预成孔夯扩挤密桩　● C15 素混凝土刚性桩

图 8　试验区布置图

表4　挤密桩及素混凝土桩挤密复合地基静载荷试验成果表

试验类型	承压板面积（m²）	面积置换率	终止荷载（kPa）	终止荷载对应的位移量（mm）	比例界限（kPa）	s/d=0.010对应的压力（kPa）	复合地基承载力特征值（kPa）	单桩承载力特征值（kN）	承载力特征值对应的位移量（mm）	复合地基变形模量 E_0（MPa）
素混凝土桩单桩竖向静载荷试验			871	4.03	/			435	1.38	
			828	2.86	/	/		414	0.99	
			828	3.91	/	/		414	1.65	
预钻孔素土挤密桩单桩复合地基静载荷试验	0.785m²	16%	1038	35.06	/	437	437		9.97	33
			1133	49.65	/	367	367		9.97	
			718	26.14	511	529	359		6.32	
素混凝土桩挤密复合地基静载荷试验	1.45m²	8.6%	1137	7.96			568		3.57	158
			912	8.53			456		3.92	
			1062	4.57			531		2.28	

从土工试验结果分析，经预钻孔素土挤密桩地基处理后，地基土的湿陷性以基本消除，从图10的静载沉降曲线上可以看出，预钻孔素土挤密桩单桩复合地基3个试验点在最大荷载作用下均未破坏，$p-s$ 曲线呈缓变型，比例界限不明显，复合地基承载力特征值在 359～437kPa 之间，复合地基承载力特征值 f_{spk} 平均值为 387kPa，取值为 360kPa，复合地基变形模量 E_0 平均值为 33.6MPa，取值为 33.0MPa。

从图11的静载沉降曲线上可以看出，素混凝土桩挤密复合地基承载力显著提高，复合地基在有效荷载作用下，变形量显著减小，3个试验点在最大荷载作用下均未破坏，$p-s$ 曲线呈缓变型，无比例界限，复合地基承载力特征值在 456～568kPa 之间，承载力特征值 f_{spk} 平均值为 518kPa，取值为 510kPa，复合地基变形模量 E_0 平均值为 158MPa，取值为 150MPa。

素混凝土桩挤密复合地基处理湿陷性黄土地基的方法，即消除了地基土的湿陷性，且大大提高了复合地基的承载力，随着湿陷性黄土地区建筑规模的不断扩大和建筑等级的进一步提高，此地基处理方法将得到进一步的推广应用。

5　湿陷性黄土场地的桩基础

在湿陷性黄土场地的桩基础，常规设计理念是完全穿越湿陷性黄土层，桩端坐落在可靠岩土层上。《湿陷性黄土地区建筑规范》规定，在湿陷性黄土场地采用桩基础，桩端必须穿透湿陷性黄土层，在非自重湿陷性黄土场地，桩端应支承在压缩性较低的非湿陷性黄土层中，在自重湿陷性黄土场地，桩端应支承在可靠的岩（或土）层中。湿陷性

黄土场地桩基础的显著工程性质是桩周负摩擦力，即由于自重湿陷性黄土层浸水后发生自重湿陷时，将产生土层对桩的向下位移，桩将产生一个向下的作用力。在湿陷性黄土层厚度等于或大于10m的场地，桩基础的单桩竖向承载力特征值，应在现场通过单桩竖向承载力静载荷浸水试验测定的结果确定。在初步设计或估算时，在非自重湿陷性黄土场地，当自重湿陷量的计算值小于50mm时，单桩竖向承载力的计算应计入湿陷性黄土层内的桩长按饱和状态下的正侧阻力。在自重湿陷性黄土场地，除不计湿陷性黄土层内的桩长按饱和状态下的正侧阻力外，尚应扣除桩侧的负摩擦力。桩侧负摩擦力的计算深度，应自桩承台底面至非湿陷性的土层顶面。

自20世纪70年代以来，陕西、甘肃、山西等湿陷性黄土地区，大量采用了桩基础，同时，对湿陷性黄土场地的桩基础的桩基的承载性状和负摩阻力，也进行了大量的科研试验。陕西省建筑科学研究院、甘肃土木工程科学研究院（原兰州有色金属建筑研究所）及甘肃省建筑科学研究院等单位在兰州东岗兰州钢厂、连城铝厂、榆中和平、宁夏固原、蒲城电厂、宝鸡二电、郑西铁路客运专线等地进行了湿陷性黄土桩基础工程性质试验研究，研究湿陷性黄土的湿陷性质及桩正负摩擦力分布、桩身应力应变特征，并进行了不同桩径、桩长、灌注桩与打入桩、混凝土桩与钢桩、小坑及大坑浸水对桩身受力变形影响的对比试验，取得大量科研成果，为湿陷性黄土规范编制、修编提供了可靠的研究依据。

随着对湿陷性黄土浸水、变形规律认识的深化，对湿陷性黄土场地的桩基础的认识也在逐步深

入，汪国烈、滕文川等提出湿陷性黄土场地应按"水环境"设计桩基础[1]，即在工程设计基准年限内，按桩底、桩周土体可能出现的、不利的含水状态设计桩基础。认为对一般的桩基础，其所处的水环境，在工程设计基准期内很少出现最不利的恶劣工况，如果按最不利考虑，必将造成工程设计的过于保守，并提出根据不同的实际工况，对桩身负摩擦力和下拉荷载做一定的折减。由于桩基浸水试验即按最不利状态进行，桩身负摩擦力的产生也即按最不利状态进行，按可能的水环境进行试验存在较多困难，因此，还需要进行相关的深入研究，并可以考虑浸水概率因素，对湿陷性黄土场地的桩基础进行可靠度设计。

黄雪峰等通过桩基试坑浸水试验提出[2]，负摩阻力和中性点的位置与浸水过程、固结过程中的沉降有关，数值的变化幅度大，根据现有试验资料尚得不出有关规律。现场试验实测灌注桩的中性点的位置超出了建筑桩基技术规范提供的参考值；实测负摩阻力远高于黄土规范建议的负摩阻力值，且负摩阻力的数值与场地的湿陷类型、湿陷量的大小无明确对应关系，非自重湿陷性黄土场地的负摩阻力不能被完全忽略。因此，说明湿陷性黄土场地的桩基浸水试验的复杂性和离散性较大，相应的试验研究还需要深入。

2006 年 9 月，王兰民等在甘肃省临洮县李家湾坪南缘实施了爆破模拟地震诱发 Q_3 黄土震陷时大直径混凝土灌注桩（桩径 0.8m，桩长 20m）的负摩阻力现场观测实验[3]，实测黄土场地最大震陷量为 33mm，该值远小于黄土场地浸水湿陷时的土体沉降量；但平均负摩阻力却达 54kPa，对应的总负摩阻力为 1654kN，该值远大于黄土湿陷条件下，负摩阻力的观测值。故大直径混凝土灌注桩基在非饱和黄土区震陷产生的负摩阻力还需要进行深入的试验研究。

在湿陷性黄土地区，采用的桩型主要有钻、挖孔（扩底）灌注桩，沉管灌注桩，静压桩和打入式钢筋混凝土预制桩等。选用桩型时，应根据工程要求、场地湿陷类型、地基湿陷等级、岩土工程地质条件、施工条件及场地周围环境等综合因素确定。在地基湿陷性等级较高的自重湿陷性黄土场地，常采用干作业成孔（扩底）灌注桩，充分利用黄土能够维持较大直立边坡的特性，采用人工挖孔（扩底）灌注桩。

近年来，出现了一些新的桩基工艺及方法，如旋挖成孔灌注桩、预应力 PHC 高强混凝土管桩、载体桩、螺旋挤土灌注桩[4]等，逐步在湿陷性黄土场地应用。螺旋挤土灌注桩是一种国际上新型的完全挤土型混凝土灌注桩，在成孔施工时，螺旋挤土灌注桩钻机的螺旋挤扩钻头在扭矩和竖向力的作用下，将桩孔中的土体完全挤入桩周，使桩间土达到挤密，从而提高单桩承载能力。目前其最大成孔深度可达 30～40m，该技术成孔能力较成熟。在国内，中冶建筑研究总院有限公司对螺旋挤土灌注桩开始研究并应用。甘肃土木工程科学研究院已进行研究螺旋挤土灌注桩在湿陷性黄土场地的应用，研究在大厚度湿陷性黄土中挤土成孔挤密效果、挤密效应，桩身负摩擦力的发展规律等。

预应力 PHC 高强混凝土管桩是近十几年发展起来的新型桩型，多在软土地区采用。按混凝土强度等级和壁厚分为预应力混凝土管桩、预应力高强混凝土管桩代号为 PC，预应力高强混凝土管桩代号为 PHC（Prestress High - strength Concrete），薄壁管桩代号为 PTC，PC 桩的混凝土强度不得低于 C50 混凝土，薄壁管桩强度等级不得低于 C60，PHC 桩的混凝土强度等级不得低于 C80。预应力高强混凝土管桩目前应用较广，预应力高强度混凝土管桩代号为 PHC（简称 PHC 管桩）。管桩的制作质量要求已有国家标准《先张法预应力混凝土管桩》GB13476 - 92，采用先张预应力离心成型工艺，并经过 10 个大气压、1800 ℃ 左右的蒸汽养护，制成一种空心圆筒型混凝土预制构件，标准节长为 10m，直径从 300～800mm，混凝土强度等级≥C80。

在大厚度湿陷性黄土地区采用 PHC 桩，桩端必须坐落在非湿陷性土层上，如上部土层存在湿陷性，应采取挤密法消除湿陷性，在陕西地区采用已有多个成功案例。2009 年，在甘肃陇东庆阳华兴商贸城第一次成功采用 PHC 管桩，陇东的地层结构特点很适宜 PHC 管桩的使用。

陇东塬区全新世 Q_4 黄土一般较薄，厚 2～3m，晚更新世 Q_3 以来的马兰黄土厚 12～15m。Q_3 黄土以 Q_3^2 马兰黄土为主体，其下分布有厚度 2～3m 的第一层古土壤 Q_3^1（S_1）。下卧中更新世厚度 50～60m 的 Q_2 离石黄土。第一层古土壤 Q_3^1（S_1）性质迥异于 Q_3^2 马兰黄土，一般呈棕褐色，其黏粒含量较高，渗透性低，以低压缩性为主，一般不具湿陷性。该层土为 Q_3^2 马兰黄土与 Q_2 离石黄土的分界层。新近堆积黄土为高压缩性土，马兰黄土 Q_3^2 为中等压缩土，第一层埋藏古土壤 Q_3^1 为中低—低压缩性土。第一层埋藏古土壤 Q_3^1 下的 Q_2 离石黄土，为中等压缩性土，但仍有一定湿陷性，但一般不连续。该层夹有多层古土壤。一般认为，黄土为冰期风积形成，而古土壤为间冰期风积形成。

庆阳华兴商贸城位于甘肃省庆阳市西峰区小什字，商贸城塔楼地上 30 层，地下 2 层，裙房地上 5 层，地下 2 层。本工程基础塔楼及裙房部分采用静压法沉桩的预应力高强混凝土管桩，管桩采用国家标准图集《预应力混凝土管桩》03SG409，桩型采用图集 PHC - AB500（125）型。塔楼部分采用桩筏联合基础，桩径 500mm，塔楼初步设计桩长

35～37m，裙楼初步设计桩长 25m。表 5、表 6 为单桩静载荷试验结果。

表 5　塔楼部分单桩承载力参数统计表

桩型	静压法沉桩的预应力高强混凝土管桩					备注
试验桩编号	SZ264#	SZ192#	SZ44#	SZ263#	SZ119#	
桩直径（m）	0.50	0.50	0.50	0.50	0.50	
桩长（m）	37	37	37	35	35	
施工时间	09.08.31	09.08.28	09.09.01	09.09.02	09.09.02	
施工终止压力（kN）	4000	4200	4400	4400	4000	
S=0.05D对应荷载值						桩沉降均未达到极限破坏状态
单桩极限承载力 Q_u（kN）	≥4500	≥4500	≥4500	≥4500	≥4500	取最大试验荷载值
对应累计沉降量（mm）	3.79	17.2	16.72	13.05	17.47	
单桩承载力特征值 R_a（kN）	2250	2250	2250	2250	2250	

表 6　裙房部分单桩承载力参数统计表

桩型	静压法沉桩的预应力高强混凝土管桩			备注
试验桩编号	BC/15	BC/13	BH/10	
桩直径（m）	0.50	0.50	0.50	
桩长（m）	25	25	25	
施工时间	09.09.06	09.09.08	09.09.06	
施工终止压力（kN）	2600	3000	3600	
S=0.05D对应荷载值				桩沉降均未达到极限破坏状态
单桩极限承载力 Q_u（kN）	≥3400	≥3400	≥3400	取最大试验荷载值
对应累计沉降量（mm）	8.29	8.07	9.25	
单桩承载力特征值 R_a（kN）	1700	1700	1700	

试验桩在竖向压力下破坏形式表现为渐进式破坏，基桩最终沉降量均未达到桩破坏极限状态。

6　结语

湿陷性黄土地基处理经过几十年的发展取得了十分宝贵的经验，随着经济的发展和西部大开发战略的实施，黄土地区的建设项目日益增多，规模越来越大。传统的地基处理方式，已不能满足工程建设的需要。研究引进先进的地基处理技术，结合湿陷性黄土的特点，改进地基处理方式已势在必行。当湿陷性黄土的湿陷土层厚度较大，特别是自重湿陷性土层达到几十米以上，下部无良好的持力层，在这些地区进行高层建筑建设，地基处理的难度更大，怎样在经济合理的基础上进行地基处理，则是湿陷性黄土地区岩土界的难题。桩作为历史悠久的基础形式，在湿陷性黄土场地中的应用还需要进行深入的研究，对其承载变形机理、可靠度的进一步研究，开发研究新的与环境和谐的成桩工艺，以适应经济建设要求。

参考文献

[1] 汪国烈，等．特殊土场地桩基础研究与工程进展[J]．桩基工程技术进展，2009．

[2] 黄雪峰，等．大厚度自重湿陷性黄土中灌注桩承载性状与负摩阻力的试验研究[J]．岩土工程学报，2007（3）．

[3] 王兰民，等．黄土场地震陷时桩基负摩擦力的现场试验研究，岩土工程学报，2008（3）．

[4] 刘钟，等．新型螺旋挤土桩（SDSP）技术[J]．第十届全国地基处理学术讨论会论文集，2008．

[5] 龚晓南主编，复合地基设计和施工指南[J]．人民交通出版社，2003（8）．

[6] 钱鸿缙，王继唐，罗宇生，等．湿陷性黄土地基[M]．北京：中国建筑工业出版社，1985．

[7] 王迎兵，滕文川，等．高能级强夯在大厚度黄土地区的应用研究[J]．甘肃科学，2009，21（2）：92-95．

[8] 甘肃省大厚度湿陷性黄土场地工程处理措施暂行规定（送审稿）及条文说明[S]．兰州，2006．

城市道路地下病害体的探地雷达
物理模型试验应用研究[*]

苏兆锋　陈昌彦　肖　敏　贾　辉　张　辉

（北京市勘察设计研究院有限公司，北京　100038）

摘　要：受施工扰动、上部荷载、地下建构筑物、动水和不良地质条件等因素影响，城市道路下方往往形成不同程度、不同规模的疏松、空洞等病害体，严重威胁城市道路的安全运行。通过在试验场地埋设不同深度的严重疏松、脱空、球形空洞、方形空洞、相邻方形空洞等病害体，采用不同频率天线、不同探地雷达组合参数进行探测，建立城市道路地下典型病害体的探地雷达特征图谱。根据电磁反射波在不同病害体中的相位、振幅、频率以及能量衰减等物理指标的变化特征，详细分析探地雷达电磁波在病害体中的传播机制，建立城市道路下方典型病害体的识别方法，为开展城市道路地下病害体综合探测和安全风险管理提供重要的技术依据。

关键词：地下病害体；物理模型；传播机制；特征图谱

Application Research of Gpr Physical Model Test on City
Road Underground Diseases

SU Zhao-feng，CHEN Chang-yan，Xiao Min，JIA Hui，ZHANG Hui

（BGI Engineering Consultants LTD.，Beijing 100038　China）

Abstract：By construction disturbance，upper loads，underground structures，flowing water，bad geologic conditions and other factors，there are many different degree and scale diseases such as loose zone，cavity etc. These diseases seriously affect the safe operation of city road. Firstly，different depth diseases are buried in test site，such as serious loose body，void，spherical cavity，square cavity，similar square cavity. Then，using different frequency antenna，radar parameters of different GPR detects these underground diseases. Accordingly，the characteristic spectrums of these disease bodies are presented. According to the variation characteristics of electromagnetic wave reflected in different diseases in the phase，amplitude，frequency and energy attenuation，the article minutely analysis the transmission mechanism of radar electromagnetic wave in different diseases. Furthermore，it establishes the identification method of the typical city road underground diseases. This study provides an important technological reference for detecting underground disease body and managing the safety risk of urban road.

Key words：underground diseases；physical model；transmission mechanism；characteristic spectrum

1　引言

随着城市化进程的加快，城市道路建设发展迅速，城市道路的施工工艺日益复杂，然而，过快的城市道路建设，也引发了许多工程质量问题，诸如道路路基压实度不够、承载力不足、内部存在软弱地基土等。城市道路下方建构筑物越来越多，受到自身压力、外部荷载、周围建构筑物，特别是上部荷载、动水以及不良地质作用等因素影响，城市道路下方往往形成不同程度、不同规模的疏松、空洞等缺陷区，其具有突发性、隐蔽性、危害性大等特点，时刻威胁城市道路的安全运行。近年来，城市道路塌陷突发事件时有发生，严重影响了人们的生命财产安全和城市形象。曾绍发、杨峰、张汉春、谢朝晖、薛建等从数值模拟、探测管线和实际应用的角度进行了相关的探地雷达研究，取得了一些结论，但在城市道路地下病害体探测领域，很少见到针对实际道路下方存在的空洞、疏松等病害体进行电磁波传播机制分析和研究[1-6]。本文通过对模型试验场地内埋设的各种典型城市道路地下病害体进行综合探测，建立病害体特征图谱，详细分析电磁波在其中的传播机制，有效指导城市道路地下病害体探测，有效规避和减少城市道路塌陷突发事件的发生，对城市道路的维修、养护和管理工作提供科

---

* 基金项目：北京市科技计划课题项目资助（D101100049510003）和北京市交通委员委科技课题项目资助（Ky2009-20）

学依据。

2　城市道路地下病害体形成机制

通过搜集北京近十年城市道路塌陷案例，从道路塌陷面积、塌陷位置、塌陷时间、形成原因以及相关处治措施等几个方面的成因进行统计分析和归纳，可以看出城市道路地下病害体的形成是一个长期、多因素综合作用结果且呈动态变化的过程[7-8]。道路塌陷的面积主要为小于 1m² （20.79％）和 1～20m²（61.29％），并且机动车道上一般塌陷面积较大，而步道上塌陷面积较小。较小面积的塌陷主要是由于施工回填不实，在雨水冲刷、侵蚀、车辆碾压作用下，回填土进一步固结、密实，土层下沉而形成的。道路塌陷事故发生在雨季（6～8 月）的比例占总数的 50.82％，春夏交替（3～5 月）占 23.61％，旱季（9～11 月）占16.72％，冬施期（12～2 月）占 8.85％。超过半数的城市道路塌陷发生在雨季，说明随着大气降水增多，产生的雨水对道路下方土层冲刷和侵蚀，致使土层由致密变软，特别是砂土层，随动水而流失，极易形成空洞。春夏交替的 3～5 月，大气温度逐渐回升，冻土逐渐融化，土体之间的固结应力由大变小，致密的土层变得松软，上部荷载的长期碾压，易在城市道路下方形成脱空区。根据统计结果，35.99％的道路塌陷发生在机动车道，31.21％发生在步道，20.70％发生在非机动车道，12.10％发生在混合道。道路塌陷首先是道路下方已经形成脱空，在机动车道上，大量车辆长期、反复对路面施压、振动，致使路面下方脱空逐渐加大，土层逐渐失去固结应力，路面沥青层失去支撑力，从而形成道路塌陷。人行步道上的塌陷主要是由于路基、地砖下方回填土不均匀、不密实造成的，部分区域是位于绿化带边缘，长期浇水使得步道下方土层含水量增大，大气降水长期冲刷，致使下方土层流失形成空洞。可见，城市道路地下病害体主要是由于道路多次施工扰动、上部荷载、地下建构筑物、动水和不良地质作用等多因素综合作用形成的。

3　典型病害体模型试验

根据实际城市道路下方经常形成的病害体种类，通过分析其形成机制，为了明确掌握电磁波在病害体中的传播特性，建立典型城市道路地下病害体特征图谱，有效指导实际道路地下病害体探测。在 100m×40m 的物理模型试验基地内埋设了不同深度、不同规模的严重疏松、脱空、球形空洞、方形孔洞等病害体，物理模型试验基地现场和典型物理模型见图 1、图 2 和图 3。

图 1　部分物理模型试验基地现场

图 2　球形空洞

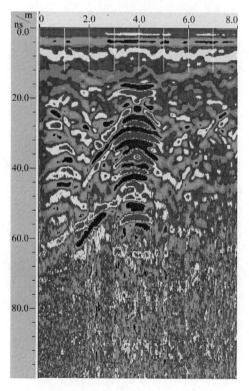

图 3　埋设深度 1.0m 严重疏松体

3.1　不同埋设深度的严重疏松

严重疏松病害体中土体颗粒之间存在空气，其电阻率明显小于周围土体，且疏松程度越高，电阻率差异越大，密度小于周边密实土体，孔隙度大于周边土体，其弹性波传播速度随着密度的减小而降低、随着孔隙度的增大而降低。土体的相对介电常数是由土体中的各成分的体积比决定的，严重疏松中的空气含量大于周边土体，空气的相对介电常数为1，则在同样的含水率情况下，疏松体的相对介电常数必定小于周边土体，且随着疏松程度的加大，相对介电常数差异越大。

针对模型场地埋设的不同埋设深度的严重疏松病害体，选取合适的探地雷达组合参数进行探测，探测的不同深度的严重疏松体的探地雷达特征图谱如图3和图4。严重疏松体在探地雷达图谱上的形态特征主要取决于严重疏松体的形状、大小以及填充物的性质，一般表现为由许多多次振荡强反射波组成。从实测图谱中可以看出，埋设深度为1.0m时，由于严重疏松体颗粒内部充填空气，含水量较低，相对介电常数较小，与周围回填土介质介电常数差别较大，在严重疏松体顶部形成强振幅反射波，极性与入射电磁波相位相同。疏松体顶部为长方形，波形特征表现为强振幅、正向连续同相轴板状体异常，可以清楚分辨出严重疏松体的顶部和底部，由于严重疏松体顶部的首次多次波和底部反射

波振幅正向相加，首次多次波的振幅增强。当埋设深度为2.5m时，由于探地雷达电磁波衰减较快，探地雷达天线接收到的电磁反射波振幅强度明显降低，并且只能探测到严重疏松体的顶部，无法探测到底部和顶部多次波。

3.2　道路下方脱空

城市道路在实际运营过程中，由于车辆荷载的重复作用，路面下基础将产生一定的塑性变形，或者由于温度、湿度而影响沥青路面，使其产生绕曲，致使沥青路面板局部范围不再与路基基础保持连续接触，即路面下局部出现脱空。脱空的存在使道路面板失去支撑，在车辆荷载的重压之下，容易形成路面、路基破碎断裂，甚至造成道路塌陷，严重威胁道路的安全运行。

采用200MHz中心频率天线，采样点数为512，不同扫描/米的采集参数对实际存在的道路脱空进行探测，探测的城市道路下方脱空探地雷达特征图谱见图5。从图谱中可以看出，由于脱空区介电常数和道路面层介质介电常数相差较大，选用200MHz天线探测的道路脱空表现为强反射多次振荡波，可以清楚看出脱空的顶部和多次波，整体表现为双曲线形状，表明道路下方脱空且没有充填物，脱空区域整体成弧状。从瞬时振幅中可以得知，脱空区的振幅明显强于周围正常土层介质。从相位分析来看，道路下方脱空的顶部反射与入射电

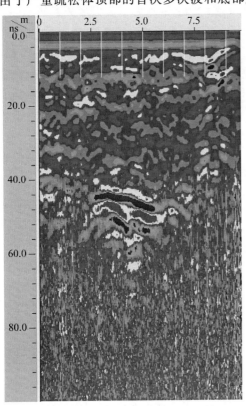

图4　埋设深度2.5m严重疏松体

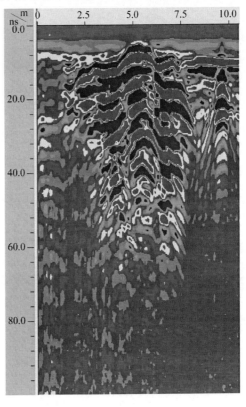

图5　城市道路下方脱空

磁波相位相同，由于脱空区多次波反复振荡，一般不能从探地雷达特征图谱中清楚分辨出脱空底部。通常情况下，道路脱空埋深较浅，选用较低天线探测时，由于其子波宽度较大，分辨率较低，近地表直达波往往掩盖脱空区顶部电磁反射波，无法准确找到直达波的零点，很难分辨出脱空区的埋设深度和影响范围，宜采用频率较高的中心频率天线进行探测，天线频率越高，浅部分辨率越高，从而可以分辨出脱空顶部的反射波。在实际探测时，脱空病害中往往产生多次振荡反射波，不易识别出脱空区底部。

3.3　不同埋设深度的球形空洞

无论城市道路下方存在的空洞还是脱空，其充填物均为空气，由于空气的不导电性，城市道路下方的空洞电阻率远远大于周围土体，其密实度与其他介质也存在较大差异，同时空气的相对介电常数通常取为1，土体的相对介电常数为6～40不等，含水量越大，土体的相对介电常数越大，满足探地雷达探测的前提条件。

根据实际道路下方常见的空洞，在模型场地内埋设了不同深度的球形空洞，选取合适的探地雷达组合参数进行探测，探测的不同深度球形空洞的探地雷达特征图谱如图6和图7。由于球形空洞内部充填空气，其相对介电常数与周围土层存在明显差异，形成电磁波强反射界面。电磁波在气体空洞中

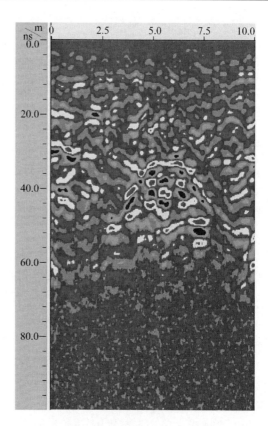

图 7　埋设深度 2.0m 球形空洞

基本不衰减，当空洞埋深较浅时，电磁波传到空洞底部时产生强反射电磁波，并形成多次振荡。探地雷达天线逐渐靠近球形空洞移动时，由于空洞的埋深由大到小再到大，空气与土层界面处的电磁反射波走时由大到小再到大，所以形成近似双曲线形状特征。同时空气与土层界面上电磁波不但产生反射，还存在透射现象，再加上部分能量损失，造成在空洞表面不能形成连续的倒悬双曲线，而是断断续续。当埋设深度较浅时，空洞顶部和两翼均较明显，延伸宽度较大，同时可以清楚探测出空洞顶部、底部和顶部多次波，根据空洞顶、底部走时时间差，可以计算出空洞垂向上的延伸深度。随着埋设深度的增大，探地雷达电磁波在回填土介质中衰减较快，空洞两翼振幅强度明显降低，延伸宽度减小，只能探测到空洞顶部，而不能探测到空洞底部和顶部多次波。

3.4　单一方形空洞

由于方形空洞和球形空洞与其周围介质的地球物理特征相似，两者的探地雷达探测机理一致，针对场地内埋设的方形空洞物理模型，在选取相同探地雷达组合参数的情况下，采取天线覆盖半个空洞和天线覆盖整个空洞两种探测方式进行探测，探测的方形空洞的探地雷达特征图谱分别如图8和图9。从图中对比分析可以看出，方形空洞和球形空洞顶部特征明显不同，由于方形空洞充填为空气，

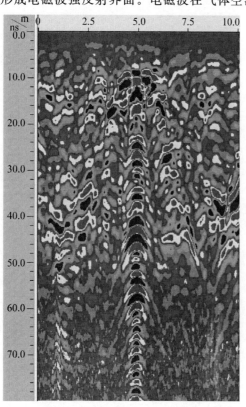

图 6　埋设深度 0.5m 球形空洞

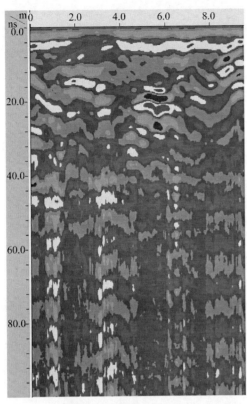

图 8　天线覆盖半个空洞

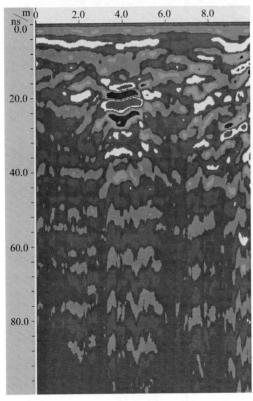

图 9　天线覆盖整个空洞

其相对介电常数为 1，与周围粉质黏土相差较大，在空洞顶部均会形成强振幅、正向连续同相轴板状体电磁反射波。由于受到天线辐射宽度的限制，天线覆盖整个空洞的影响范围明显大于天线覆盖半个空洞探测的雷达特征图谱，并且前者空洞底部反射

波强度大于后者，空洞多次反射波较强，水平分辨率较高。空洞顶部反射波和底部反射波相位相反，由于电磁波在粉质黏土介质中衰减较快，侧向绕射波较弱，不容易分辨。根据方形空洞顶部反射波的走时可以计算出空洞上方土层的综合相对介电常数，当方形空洞埋设深度较浅时，可以根据方形空洞顶部强振幅探地雷达电磁波同相轴延伸长度以及顶部、底部的电磁波反射时间差，计算出方形空洞水平向和竖向上的延伸长度，进而推断城市道路下方空洞的影响范围。

3.5　相邻长方形空洞

为了有效地模拟实际道路下方存在的多个空洞，在模型试验场地内埋设了两个相邻的长方形空洞，埋设深度分别为 0.5m 和 1.5m，选取 400MHz 中心频率天线，不同的参数组合进行探测，其探地雷达特征图谱如图 10 和图 11。从探地雷达特征图谱中可以看出，长方形空洞顶部为强振幅、正向连续平板状异常，长方形空洞埋深为 0.50m 时，选用 400MHz 天线可以探测到空洞顶部、底部和顶部多次波，同时两侧绕射波较明显，当埋深为 1.50m 时，只能探测到长方形空洞的顶部和两侧绕射波，不能探测到空洞底部，这表明探地雷达高频电磁波能量在回填土介质中衰减较快，探地雷达接收天线无法接收到较强的空洞底部电磁反射波能量。从空洞典型位置处的电磁波波形可以看出，空洞顶部的电磁反射波和底部反射波极性相

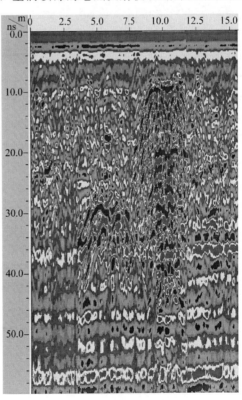

图 10　两个相邻空洞（40/60）

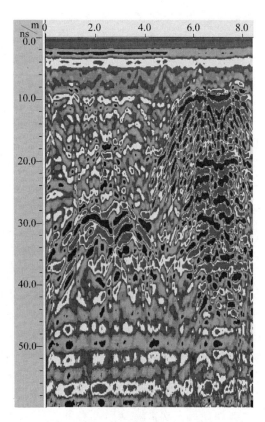

图11　两个相邻空洞（60/60）

反，根据这一点可以判断空洞的底部，准确计算空洞垂向上的延伸深度。两个相邻空洞各自产生的绕射波相互干扰，水平影响范围明显大于实际空洞水平位置。在其他参数不变的情况下，对比分析每米扫描道数的探地雷达特征图谱可以看出，随着每米扫描道数的增加，空洞水平分辨率明显提高，振幅强度增加。根据空洞埋设深度和顶部电磁反射波走时，可以计算出长方形空洞上方回填细砂介质的综合相对介电常数，两者数值比较接近，表明在探地雷达探测能力范围内，采用不同参数组合进行探测，目标体上方土层介质的介电常数是一致的。

4　结论

　　城市道路作为城市的生命线，在长期运营过程中，同时受到各种复杂环境因素的综合作用，城市道路下方往往形成严重疏松、空洞等多种病害体，严重威胁道路的安全运行。本文通过在模型试验场地埋设的1∶1足尺物理模型，选取合理的中心频率天线和组合参数，反复进行试验探测，建立城市道路下方严重疏松、不同深度球形空洞、方形空洞等病害体特征图谱，详细分析探地雷达电磁波在病害体中的传播机制，主要取得了以下几个方面的结论。

　　（1）无论严重疏松体还是各种形式的空洞，由于其相对介电常数与周围介质存在较大差异，病害体的探地雷达电磁波均为强振幅反射波，病害体的顶部形状决定了探地雷达图谱的形态特征。随着埋设深度的增大，高频电磁波吸收衰减较快，振幅强度减小，强振幅反射波同相轴水平延伸长度取决于病害体顶部的水平宽度。

　　（2）严重疏松体的波形特征主要取决于严重疏松体的形状、大小和填充物的性质，一般表现为许多多次振荡强反射波。当埋设深度较浅时，可以清楚探测到疏松体顶部、底部以及顶部多次波，随着埋设深度的增大，电磁波只能探测到疏松体顶部，无法分辨出底部反射波和顶部多次波。

　　（3）道路下方的脱空一般埋深较浅，选用较低频率天线探测时，由于其子波宽度较大，分辨率较低，近地表直达波往往掩盖脱空区顶部电磁反射波，无法准确找到直达波的零点，很难分辨出脱空区的埋设深度和影响范围，宜采用频率较高的中心频率天线进行探测。在实际探测时，脱空病害中往往产生多次振荡反射波，一般只能识别出脱空区顶部，不易识别其底部。

　　（4）球形空洞和方形空洞的形态特征明显不同，前者为倒悬双曲线，后者为正向连续同相轴板状体。相邻方形空洞基本保持单个方形空洞的形态特征，当相邻距离较近时，各自产生的绕射波相互干扰，其水平影响宽度明显大于实际病害体宽度。

参考文献

[1]　曾昭发，刘四新，鹿琪，等编著．探地雷达原理与应用[M]，电子工业出版社，2010：229-232.

[2]　杨峰，彭苏萍著．地质雷达探测原理与方法研究[M]，科学出版社，2010：204-207.

[3]　杨峰，张全升，王鹏越，等著．公路路基地质雷达探测技术研究[M]，人民交通出版社，2009：186-196.

[4]　张汉春，曹震峰．沙堆内小型管线的探地雷达模型实验研究[J]．地球物理学进展，2010，25（4）：1516-1520.

[5]　谢朝晖，李金铭．探地雷达技术在道路路基病害探测中的应用[J]．地质与勘探，2007，43（5）：92-95.

[6]　薛建，曾昭发，王者江，等．探地雷达在城市地铁沿线空洞探测中的技术方法[J]．物探与化探，2010，34（5）：617-621.

[7]　周杨，冷元宝，赵圣立．路用探地雷达的应用技术研究进展[J]．地球物理学进展，2003，18（3）：481-486.

[8]　张宝相，周敬国，崔自治．城市道路塌陷原因与防治[J]．宁夏工程技术，2004，3（4）：381-382.

中国大陆桩工机械现状及发展趋势

郭传新

（中国工程机械工业协会桩工机械分会）

1 世界上桩工机械制造商的情况

世界上桩工机械比较发达的国家主要是德国、意大利和日本，最先进的设备和工法一般也是这三个国家首先开发的。当然还有美国、英国、法国、荷兰、芬兰等国的桩工机械也比较发达。在整个桩工机械市场上，宝峨、土力、卡萨格兰地的销售额应该居世界前三位。

2007年世界主要国家桩工机械所占份额示意图（数据来自日本《基础工》）。

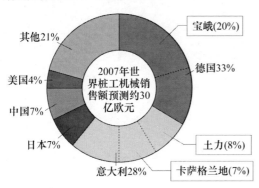

其他21%
宝峨(20%)
德国33%
美国4%
中国7%
日本7%
意大利28%
土力(8%)
卡萨格兰地(7%)
2007年世界桩工机械销售额预测约30亿欧元

2 我国大陆桩工机械近几年的情况

近10年来我国工程机械行业受益于国家经济持续发展、固定资产投资拉动、国家振兴装备制造业战略的实施等有利因素，全行业得到持续发展。桩工机械作为工程建设的主要设备，这十年来受国家交通运输业、能源、建筑业发展的带动，尤其是高铁建设为桩工机械行业迎来了一个快速发展时期。据中国工程机械工业协会桩工机械分会统计，2002年我国桩工机械产品实现销售额5亿元左右，产品销量1000余台，到2011年我国桩工机械产品实现销售额80多亿元，产品销售量6000余台，产值10年翻了近16倍，是我国桩工机械行业历史上发展最快的十年。十年来为满足我国基础工程建设的需要，不仅原有的桩工机械得到了快速发展、产量大幅提高，而且开发了许多新的产品，如旋挖钻机、液压抓斗、多轴钻机、大型柴油锤、大型振动锤、超大直径工程钻机、冲击回转式锚杆钻机、双动力头套管钻机、大直径气动潜孔锤凿岩钻机等，产品的性能也得到了大幅度提高。现在，国产桩工机械除极少数产品外已基本能够满足我国基础施工的需要。最近几年我国桩工机械已开始出口到世界许多国家和地区。从产值上看，我们还赶不上德国、意大利等几个国家，但是从数量上已达到世界第一。

3 旋挖钻机

旋挖钻机因其效率高、污染少、功能多，目前在国内外的灌注桩施工中得到广泛应用。尤其是在欧洲和日本等发达国家早就成为大直径钻孔灌注桩施工的主要设备。

国产旋挖钻机起步于20世纪80年代，1988年北京城建工程机械厂就针对国外样机开发了履带起重机附着式旋挖钻机，20世纪90年代中期郑州勘察机械有限公司又从英国BSP公司引进附着式旋挖钻机的生产技术，但由于此种旋挖钻机技术比较落后，配套起重机协调困难，都没有形成批量生产。1998年徐工集团开发成功了国内第一台真正意义上的旋挖钻机，但由于受到当时国内发动机、液压件、钻杆、动力头等配套件及使用的限制，也没有批量生产。2003年以前我国的旋挖钻机主要以进口为主，价格昂贵，只有少数有实力的基础施工企业才买得起。青藏铁路的建设一方面展示了旋挖钻机的优越性，另一方面也提醒了国内的建筑机械生产厂家，基础施工机械也有很大的发展空间。其后一些企业纷纷上马开发旋挖钻机，如北京三一重机、北京南车、湖南山河智能、福田重工、宇通重工等，国产旋挖钻机的开发成功大幅度降低了旋挖钻机的价格，打破了进口旋挖钻机一统天下的局面，使更多的用户买得起旋挖钻机用得起旋挖钻机，广大施工单位通过购买旋挖钻机也取得了较好的经济效益，这种相辅相成的关系极大推动了旋挖工法在我国的应用。

"十一五""十二五"期间我国将投巨资进行铁路、公路、电力、城市公共设施等的建设，桩基础施工机械必将有一个大的发展。仅铁路建设方面，就有数条高速客运专线如京沪、京广、京沈、沪汉蓉、成渝、郑西、郑徐、哈大等相继开工，另外还有长三角、珠三角、京津唐等地的数条城际铁路也要开工建设，高速客运专线有80%以上为桥梁，桥桩的直径大多在 1.5m 以下，深度在 60m 以内，恰好适合旋挖钻机施工。高铁的建设为我国旋挖钻机的发展带来前所未有的机遇。

经过近几年的发展，国产旋挖钻机整机的主要性能已接近或达到国际先进水平。我国目前已能生产从 6t·m 到 40t·m 大中小型多种规格的旋挖钻机。根据市场需要，山东鑫国重机、郑州川岛、浙江振中等公司开发的小型旋挖钻机在工民建桩基础施工领域取得了非常好的业绩。上述几个公司的小旋挖定位准确，使用成本低、维修方便、回报快，非常适合小型施工单位。徐工、南车、中联、三一等开发的大型旋挖钻机为长江、黄河大型桥梁桩基础立下了汗马功劳，大大提高了施工效率，缩短了工期。从 2006 年开始国产旋挖钻机已经占领了国内的主要市场。据桩工机械协会统计 2006 年旋挖钻机的销量在 350 台左右，2007 年在 450 台左右，2008 年在 900 台左右，2009 年将突破 1200 台大关，2010 年预计可达到 1500 台。可以说，我国目前已是世界上最大的旋挖钻机生产国和使用国。

4　长螺旋钻孔机

在小直径（800mm 以下）小深度（30m 以下）混凝土灌注桩施工领域，长螺旋钻机最具有优势，效率高、成本低，特别是近几年 CFG 桩及后植入钢筋笼技术的成功开发大大提高了长螺旋钻孔灌注桩的适用范围，目前已从我国广大北方地区推广应用到湖北、湖南、广东等地。高铁客运专线部分路段采用 CFG 桩进行路基加固，也带动了长螺旋钻机的生产，近几年长螺旋钻机的产量都在稳步增长。2010、2011 年每年生产液压步履式长螺旋钻机和电动、液压履带式长螺旋钻机超过 1500 台。

目前我国长螺旋钻孔机已形成几大生产基地，

河南郑州、河北新河、山东威海、浙江瑞安、湖南长沙。主要生产企业有河北新钻、河北双兴、郑州勘察、浙江振中、郑州三力、郑州鑫源、山东卓力、山东海泰、湖南恒天九五、河北滦州重机等。标准型长螺旋钻机的生产厂家和批量都不少，但纵观各厂的产品性能区别不大。我国现在所用的长螺旋钻机施工工法比较单一，在日本由长螺旋钻机变形的工法非常多，我国由于生产厂家与施工脱节，设备的改进变形多年来进展不大。生产企业已经陷入低价竞争的恶性循环，由于施工单价越来越低，很多施工企业也已经无钱可赚。只有创新才有出路，最近几年有的企业也看到了这一点，与施工企业和科研院所联合开发了适合中国国情的长螺旋变形钻机和工法。

5　正反循环工程钻机

虽然旋挖钻机发展很快，但在我国东南沿海地区及其他中小城市混凝土灌注桩的施工仍然主要以工程钻机为主，工程钻机施工需要泥浆护壁，产生大量泥浆，许多施工企业对泥浆不经任何处理随意排放造成严重环境污染。根据国际上的经验，随着我国经济水平的提高、环保法规的建全及新设备的应用，此种钻机的使用会越来越少。当然，在大直径（2m 以上）大深度（60m 以上）桩基础的施工方面工程钻机仍有它的优势。近几年工程钻机的产量变化不大，每年都在 1000 台左右。我国工程钻机的主要生产厂家主要有郑州勘察机械厂、铁道部大桥局机械厂、南京中升、上海金泰等。

目前国内大口径钻机大多数在大型桥梁桩上使用，扭矩在 300kN·m 以下。随着近几年环保意识的增强，污水处理工程日益增加，现有的大口径钻机已不能满足要求，郑州勘察机械厂于 2006 年研制成功了 KT5000 型全液压动力头钻机，输出扭矩 400kN·m，开孔直径 5m，是国内同类钻机中最大的，既能满足污水处理工程的需要，又能适应铁路、公路、桥梁桩基础的施工要求。该钻机已完成杭州湾嘉绍跨海大桥、天津、常熟、唐山等地进行多个大口径工程的施工，用户反映良好。

6　静压桩机

管桩的施工以前主要采用柴油锤，柴油锤由于受噪声、油烟污染等危害无法解决，在许多地方都受到限制，目前的施工设备主要是液压静力压桩机。压桩机的优点是无振动、无噪声、无污染、质量好，所以混凝土预制管桩是我国近几年推广速度很快的一种工法。目前从南方到北方，从沿海到内地大部分省市都有应用，特别在软土地区已成为工民建的首选桩型。这其中主要有以下原因：1）管桩在工厂加工，质量容易保证，不像现场灌注桩易出现质量事故；2）管桩生产企业规模越来越大，管桩的成本大幅度降低；3）液压静力压桩机的性能有了显著提高，产品种类也越来越丰富；4）管桩生产企业与压桩机生产企业的大力推广。2009年静压桩机共生产 400 多台。

静压桩机的生产企业主要集中在湖南、浙江、上海、江苏，湖南山河智能的市场占有率超过50％。针对硬地层静压桩机施工困难的问题，山河公司与广东建科院正在联合开发带钻机的静压桩机，即利用套在桩管内的螺旋钻机边钻孔边压桩，到达预定深度，钻机反转，扩大钻头收回，从桩管内拔出钻杆。静压桩机的最大缺点是笨重，运输费用高，转移场地麻烦。

7　桩锤

桩锤包括筒式柴油锤、导杆式柴油锤、液压锤、振动锤等。

筒式柴油锤主要生产厂家有上海工程厂、广东力源液压机械有限公司等。导杆式柴油锤的主要生产厂有江苏东达、巨力、巨威、抚顺 6409 等。其中，上海工程机械厂从德国德尔马克引进的技术，质量最好，批量最大，他们最近为配合上海洋山港和杭州湾大桥、东海大桥风电的建设他们又开发了 D160、D220 柴油锤，该锤是目前世界上最大的柴油锤。柴油锤由于存在噪声、油烟污染等公害无法解决，总的来说，柴油锤的使用会越来越少。世界的趋势也是如此。

振动锤方面，我国电动式振动锤的发展已经非常成熟，从几千瓦到几百千瓦都能自行设计制造。比较大的生产厂家有：浙江振中工程机械股份有限公司、浙江瑞安八达工程机械厂等。近两年浙江振中公司的可调偏心力矩振动锤已有多台应用于上海洋山港砂桩工程并出口到日本、韩国等发达国家。

液压振动锤我国只是刚起步，上海振中已开发出激振力 100t、200t 的液压振动锤。液压振动锤应向高频、调频调幅的方向发展。

今后几年，我国将投资数万亿建设海上风电，海上风电基础以前多为群桩，群桩施工周期长、成本高。欧洲日本等国现在建的海上风电已改为单桩基础，即直接把直径 5～6m 壁厚 100mm 左右长数十米的大钢管用液压冲击锤打入或用振动锤沉入海底。此类大型的液压锤或振动锤我国目前还是空白，必须从国外进口，进口产品的价格十分昂贵。结合工程需要，国内有实力的企业应该着手研究。

8 液压抓斗

我国近 10 年来地下连续墙技术发展迅猛，上海、广州、北京、深圳、天津、福州、杭州等地已在高层建筑和地铁车站等数百项工程中应用地下连续墙支护技术。据了解，国务院已经批复二十多个城市修建地铁和轻轨，投资近万亿，我国的地下连续墙施工设备必将有一个大的发展。我国目前建造地下连续墙所用的设备是：液压抓斗、多轴钻机。

建造大深度大厚度地下连续墙通常使用抓斗式成槽机，主要包括：钢丝绳抓斗、液压导板式抓斗、导杆式抓斗、混合抓斗等，由于液压导板式抓斗具有抓斗升降速度快、闭斗力大、挖槽能力强、施工效率高、施工深度大、成墙厚度大、成墙精度高（自动纠偏装置）等特点，所以使用量最大。国产液压抓斗近几年发展很快，2010 年液压抓斗的销量在 80 台左右。上海金泰、徐工、南车、三一、上海工程等都有产品投入市场。目前上海金泰的市场占有率超过 50％。

9 多轴钻孔机

SMW 工法是利用专门的多轴钻孔机（一般为三轴）就地钻进切削土体，同时在钻头端部将水泥浆液注入土体，经充分搅拌混合后，再将 H 型钢或其他型材插入搅拌桩体内，形成地下连续墙体，利用该墙体直接作为挡土和止水结构。该工法取代原有的钻孔灌注桩和止水帷幕的围护方法，具有施工速度快、止水效果好、工程造价低、无污染等优点，是一种很有推广前途的施工工艺。SMW 工法在上海、天津、南京、杭州、郑州、昆明、广东等地已经推广使用。

我国 SMW 工法施工用多轴钻孔机早期全部从日本进口，如日本三和机材、三和机工，主要以二手机为主，价格昂贵，设备的短缺严重制约了 SMW 工法在我国的推广应用。近几年国产的 SMW 工法用多轴钻孔机，经过不断改进完善已能够满足国内施工的需要，主要生产企业有上海工程、上海金泰、浙江振中，2011 年的销量在 100 台左右。今年上海工程机械厂根据工程需要开发了施工深度超过 50m 的超深钻机，在郑州高铁车站基坑施工中反映非常好。

10　桩架

桩架是人们的习惯叫法,根据它的用途和构造原理,实际上是一台打桩专用的起重与导向设备。柴油锤、液压锤、振动锤、钻孔机、振冲器、深层搅拌机等工作装置在施工时都必须与桩架配套使用,桩架的功能主要是起吊各种桩锤等工作装置、桩料斗、钢筋笼等,给桩锤等工作装置导向和变幅(打斜桩),确定桩位。

桩架按结构特点分滚管式、轨道式、步履式、履带式。我国目前大量使用的桩架为滚管式和步履式。此种桩架,国际上已经很少使用。液压步履桩架是具有中国特点的桩架。它以步履方式移动桩位和回转,造价低,深受中小基础施工公司的欢迎,它的最大缺点是转移不便。

全液压履带式三点桩架是目前国外广泛应用的一种最先进的桩架,上海工程机械厂引进日本车辆DH558、DH658桩架生产技术,达到了国际先进水平。

20世纪90年代末期,我国一些厂家将步履桩架和履带桩架的优点相结合开发出了电动履带式桩架,成本与全液压履带桩架相比大幅度降低,移动又比步履式方便得多。该产品受到施工单位的欢迎,是短期内履带桩架的发展方向,但其外接电源存在安全隐患。

11　今后几年需要研究的产品

11.1　地下连续墙施工设备

地下连续墙包括承重式连续墙、防渗挡土墙和单纯的防渗墙。一般地层的地下连续墙施工多用液压抓斗,但遇到硬质地层液压抓斗施工困难,为此宝峨、卡萨格兰地公司开发了水平多轴式掘削机,我国的三峡工程、南水北调穿黄工程、深圳地铁、上海地铁也引进了上述设备,使用效果很好。

意大利卡萨格兰地公司的双轮铣槽机

在防渗挡土墙(水泥土墙)施工领域,以前多用垂直式单轴或多轴钻机,在日本和我国的沿海地区SMW工法使用非常普遍。但现在的多轴钻机遇到硬质复杂地层施工困难,如在北京地区三轴钻机施工就有一定难度。为解决该问题,德国宝峨公司开发了BCM系列水平多轴式深层搅拌机,日本神钢公司开发了TRD切削机。BCM系列切削机下部有两个水平设置的切削头,切削头上镶有截齿,上部是一方形导杆,通过滑道与三支点打桩机立柱相联接。该机适应面广,在岩石、砾石层中都能施

德国宝峨公司BCM水平多轴式深层搅拌机

工，施工深度可达35m，施工精度高，成墙防水效果好，无污染。TRD切削机结构独特，在履带底盘上侧向布置一个链轮链条式切削机构，周围链条上装有切削刀头。与以前纵向施工方式不同，TRD钻机开始先边钻边接到到预定深度，然后全深度横向切削，边切削便注入水泥浆，形成水泥土墙。TRD钻机施工效率非常高，施工实际深度已达60m，成墙质量好，无污染。

日本神钢公司 TRD 切削

11.2　长螺旋钻孔机入岩新技术

现在许多桩基础为了确保承载力都要求桩要入岩，我国目前所用的入岩设备都十分落后，基本上都是冲击钻，效率低、泥浆污染严重。在韩国和日本等国，有一种工法对付岩层十分有效，即双动力头长螺旋钻孔机与气动潜孔锤联合施工。具体方法是：内动力头驱动长螺旋钻杆，钻杆下端装有潜孔锤，钻杆带动潜孔锤回转的同时，高压空气经过钻杆内孔带动潜孔锤的头部上下冲击运动，这样边回转边冲击，将岩石破碎成小碎块。由于外动力头驱动外套管反向旋转，被破碎成小碎块的岩石在高压空气的作用下沿螺旋叶片被返至地面。达到预定深

度后，将内钻杆及潜孔锤拔出，等插入钢筋笼灌完混凝土后再将外套管拔出。此种工法施工效率高，成孔质量好，无泥浆污染。下图为长螺旋钻机潜孔锤施工图。

长螺旋钻机潜孔锤施工图

12　行业发展建议

（1）结合施工工法，不断开发新产品。桩工机械的特点是：要满足不同的桩型、不同的地质条件和不同的工程的要求，而且随着施工方法的不断出现，又需要开发新的品种，因此桩工机械行业的每种设备都有各自的适应范围，目前正处于快速发展期，企业一定要抓住机遇，打好基础，定好位。

（2）提高核心竞争力，以自主创新走向世界。加强自主创新，提升传统产品性能，利用高新技术改造和提升传统产品是行业提高竞争力的重要举措。

（3）避免无序竞争，提倡和谐、共赢。企业的发展战略应为利益关系者之间的共同发展，企业要结合国情和工程施工的特点，不断自主创新，认真研究市场，使每个企业都拥有自己的特色和品牌，形成差异化竞争格局，要走出一条适合自己的可持续发展之路。

岩土工程力学实验与分析

基于时程分析的大开地铁站抗震破坏机理反演

郝志宏[1]　周少斌[2]　何　平[3]

(1. 北京市轨道交通设计研究院有限公司，北京　100089；2. 中铁西北科学研究院有限公司，甘肃，兰州　730000；

3. 北京交通大学，北京　100044)

摘　要：本文对大开地铁车站震害进行了概括性的阐述，利用时程分析的方法对大开地铁车站典型震害断面 1－1 截面进行计算，以地震荷载叠加实际静力荷载时的计算配筋与初始配筋相对比，重点针对其结构转角处钢筋的力学变化进行研究，分析并解释结构的破坏机理。另外，再用同样的方法对损害相对较轻的典型断面 2－2 截面进行分析验算，以验证计算的合理性。希望通过对大开地铁车站震害的模拟分析来得到一些地下结构地震破坏的一般性规律，为地下结构设计提供一定的参考。

关键词：地铁车站；地震反应；ANSYS；震害分析

中图分类号：TU3

The Time－history Analysis of Earthquake Damages of Dakai Metro Station Caused by Kobe Earthquake

HAO Zhi－hong[1]，ZHOU Shao－bin[2]，HE Ping[3]

(1. Beijing Rail and Transit Design & Research Institute CO. , LTD; Beijing 100089; 2. Northwest Research Institute CO. , LTD of C. R. E. C, Lanzhou, China 730000; 3. Beijing Jiaotong University; Beijing 100044)

Abstract：The paper firstly presents a generalization on the damages of Dakai Metro Station after the earthquake. Following it mainly researches on the mechanical changes of the station's bar－steel structure and analyzes its failure mechanism，by the means of applying a dynamic time－history analysis to calculate the typical seismic damage section 1－1，and comparing the calculated reinforcement arrangement of the sum of seismic and static loads with the original one. Then the paper uses a similar approach to analyze the typical seismic damage section 2－2，whose damage is comparatively slight，to verify the reasonability of the calculation. It aims to find some regularities for the earthquake－resulting underground construct damage and offer a reference to the underground structure engineering.

Key words：metro station; earthquake response; ANSYS; seismic damage analysis

1　引言

长期以来，人们认为地下构筑物具有较强的耐久性能，然而 1995 年日本阪神地震中，以地铁车站、地下隧道为代表的大型地下结构遭受严重破坏，尤其是大开地铁车站，结构近一半的中柱发生坍塌，地表最大沉降达 2.5 m[1]，暴露出地下结构抗震能力的弱点。此后，不少学者对地下结构的抗震性能进行了重新研究[2,3]，尤其是针对大开地铁车站的震害机理分析[4-7]，然而这些分析大部分集中在对结构中柱以及结构整体内力的变化的研究，对结构内部钢筋的受力分析几乎没有。

本文重点针对其结构转角处钢筋的力学变化进行研究，具体方法则是以地震荷载叠加实际静力荷载时的计算配筋与初始配筋相对比，从配筋量的对比情况来分析该处的破坏情况，从而解释结构的破坏机理。另外，再用同样的方法对损害相对较轻的典型断面 2－2 截面进行分析验算，以验证计算的合理性。计算结果表明，本文的计算方法本文的计算方法能合理的介绍大开地铁车站的破坏机理；结构转角处塑性铰的产生是导致大开车站破坏的主要原因。

2　大开地铁车站震害概况

大开地铁车站为长 120m 的侧式站台，主体结构主要有两种断面类型，破坏最为严重为 1－1 截面（见图 1），该断面车站结构的埋深为 4.8m；但结构的另外一个断面2-2破坏则相对轻得多，该断面埋深约为2m。大开地铁车站原设计中没有考虑地震的因素，整体结构的安全系数较高，尤其是中柱采用直径32mm的钢筋，其安全系数达到3。神户海洋气象台测到的神户地区地表水平向和竖向地震加速度记录如图3、图4、图5所示，南北向峰值加速度为8.33m/s²、东西向峰值加速度为6.17m/s²、竖向峰值加速度为3.32m/s²。

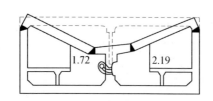

图1　截面1-1破坏形式图

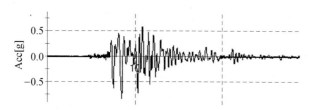

图2　神户地震加速度南北向分量

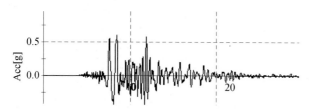

图3　神户地震加速度东西向分量

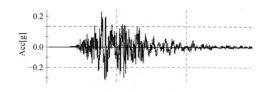

图4　神户地震加速度竖向分量

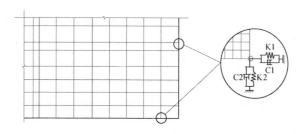

图5　人工边界示意图

在阪神地震中，大开地铁车站破坏最为严重的部位为中柱，大部分中柱几乎完全坍塌。由于中柱的倒塌，顶板两端采用刚性结点，侧壁上部起拱部位附近的外侧受弯发生张拉破坏，使顶板

在中柱左右两侧的位置发生折弯，在顶板中央稍微偏西的位置坍塌量最大，顶板中线两侧2m内的纵向裂缝宽达150～250mm。侧壁上部的加掖混凝土部分剥落，侧壁顶部和底部出现很宽的裂缝，在一些部位侧壁内侧主钢筋出现弯曲，从而侧壁稍稍向内鼓出，可以见到明显的漏水现象。底板和侧壁及中柱的连接部位附近也出现明显的纵向裂缝。

3　时程模拟分析

3.1　人工边界

Deeks采用与黏性边界推导过程相类似的方法，在假定二维散射波为柱面波的形式上推导出了黏—弹性人工边界条件。本文在计算分析中采用了这种黏—弹性人工边界，并在ANSYS程序中予以实现[9]。在ANSYS程序中施加黏—弹性边界时，利用程序中的弹簧-阻尼单元COMBIN14，在每一节点处施加2个方向的边界元件。由于ANSYS程序中的弹簧-阻尼单元利用的是集中阻尼和集中弹簧的概念，因此每个元件的阻尼系数和刚度系数要乘以该元件所在节点的支配面积。

人工边界阻尼与弹簧刚度分别为：

$$C_s = \rho c_s A_i \quad C_p = \rho c_s A_i \quad K = \alpha \frac{G}{R}$$

其中C_s，C_p分别为切向和法向的阻尼；K为弹簧刚度，C_s，C_p分别为剪切波速和压缩波速；ρ为该层土层密度；A_i为各弹簧阻尼单元支配的面积；α为常数，取0.5；G为该层土体剪切模量，R为震动基准面埋深，取30m。

3.2　地震波输入

地震时，体波（包括剪切波和压缩波）在基准面首先产生运动加速度，然后以地震波的形式向上传递至地表。清华大学刘晶波教授在文[9]中给出了一种结构-地基动力相互作用中地震波动输入方法，可以准确模拟任意角度入射的地震行波的输入。本文采用该方法进行地震波输入。

在基准面节点上将地震波转化为直接作用于人工边界上的等效荷载来实现波动输入，输入水平荷载p_1：

$$p_1(t) = \rho c_s A_i \dot{\omega}(t) + \alpha \frac{G}{R} \omega(t)$$

3.3　模型建立

本文计算模型采用大型通用有限元计算软件ANSYS进行模拟计算，为简化模型，将实际的三维问题简化为二维平面应变问题来计算，并做出如下假设：

（1）计算不考虑地下水的作用；

（2）静力加载计算出的配筋即为结构实际配筋；

（3）地震加载时计算模型的土层为单一土层，其土层的各物理指标（见附表 1）采用各土层加权平均值；

（4）地震加载计算模型时土层与结构位移协调，不考虑其相对滑移。

车站结构混凝土为 C30，主筋为 II 级钢筋，箍筋为 I 级钢筋。在 ANSYS 中采用 Plane42 单元模拟土体，采用 Beam3 单元模拟主体结构，中柱采用抗弯刚度等效原则沿纵向连续布置。模型宽度取 6 倍结构宽度，边界条件选用黏弹性边界。有限元网格划分根据土体分层计算精度需要进行划分，划分后的有限元模型如图 6 所示。

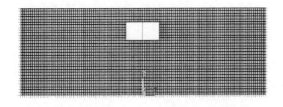

图 6　大开地铁车站 1-1 截面地震加载模型

3.4　地震反应时程分析

将阪神地震波南北向分量调幅至 0.35g 并截选其具有代表性的 4～23 秒波段进行加载，波形图见图 7，图 8 为结构相对位移 Δ（Δ＝顶板水平位移—底板水平位移）时程图，图 9、图 10 分别为结构上下角弯矩时程图，图 8 为车站中柱弯矩时程图。根据弯矩达到峰值时的计算结果叠加结构静力再对大开地铁车站结构转角处进行配筋，配筋结果见表 1。

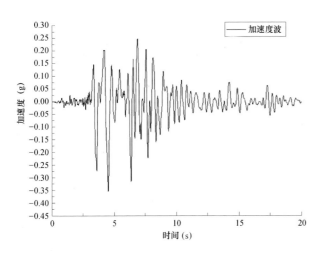

图 7　阪神地震波南北向分量 4～23s 加速度波

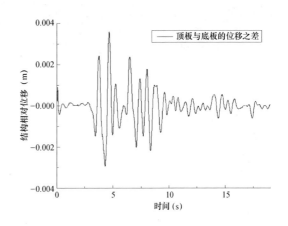

图 8　1-1 截面结构相对位移 Δ 时程曲线图

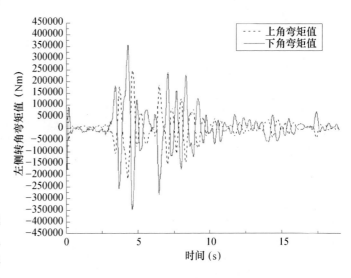

图 9　1-1 截面左侧转角弯矩时程图

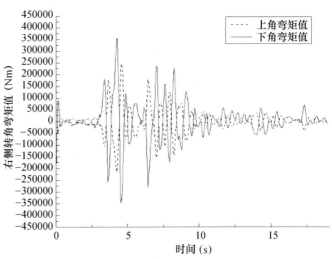

图 10　1-1 截面右侧转角弯矩时程图

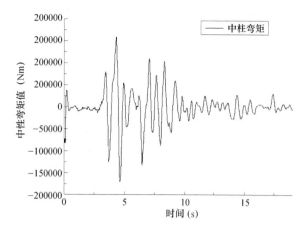

图 11　1-1 截面中柱弯矩时程图

表 1　大开车站 1-1 截面配筋对比表

配筋位置	外侧设计 配筋（mm²）	组合荷载下外侧 配筋（mm²）	超出设计 配筋百分比
A	2223	2258	1.57%
B	2223	2430	9.31%
C	2644	2709	2.46%
D	2644	3076	16.33%
E	2223	2292	3.10%
F	2223	2560	15.16%
G	2644	2766	4.61%
H	2644	3087	16.75%

注：配筋位置具体见图 12

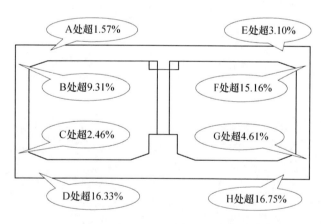

图 12　1-1 截面配筋对比示意图

对于大开车站 1-1 截面，由地震荷载最大值叠加静力荷载的配筋表与设计配筋表相对比（具体见表 6、图 44），可以看出 B、F、D、H 处配筋超出的程度得比 A、E、C、G 处大得多，所以有理由认为 B、H 和 F、D 相比 A、E 和 C、G 将先发生一定程度的大偏心受压破坏（即外侧受拉钢筋首先达到屈服强度，从而导致内侧混凝土压碎）使得该处形成塑性铰，结构应力发生重分布。侧壁上部的加掖混凝土部分剥落便能很好的证明这一点。

将塑性铰位置采用铰接连接重新计算模型。表 2 为 1-1 截面在塑性铰形成前后中柱内力最大值的对比表。从表中可以看出，对于 1-1 截面，当结构出现塑性铰相比不出现塑性铰时，其内力最大值均有不同程度的显著增加，说明塑性铰的形成将加剧中柱的破坏。

表 2　1-1 截面塑性铰对中柱内力与变形影响对比表

中柱	无塑性铰时	有塑性铰时	增幅
弯矩（kN·m）	150	195	30%
轴力（kN）	3569	4060	13.8%
剪力（kN）	54	76	40.7%
Δ（mm）	3.53	4.34	22.9%

注：Δ＝中柱顶端位移-中柱底端位移

用同样的方法对大开车站 2-2 截面进行计算，结果见表 3 和图 13，由表 3 和图 13 可以看出 A、B、C、D 在地震荷载叠加静力荷载情况下的配筋相比于设计配筋都超出许多，故可认为这些位置的地震发生时都发生一定程度的大偏心破坏，出现塑性铰。而 E、F 处配筋仅分别超出 1.06% 和 1.13%，均小于 5%，所以认为该位置在地震发生时依然正常工作。将塑性铰位置采用铰接连接重新计算。表 4 为 2-2 截面在塑性铰形成前后中柱内力最大值的对比表。从表 4 中可以看出，对于 2-2 截面，塑性铰形成前后其内力最大值变化不明显。

表 3　大开车站 2-2 截面配筋对比表

配筋位置	外侧设计 配筋（mm²）	组合荷载下外侧 配筋（mm²）	超出设计 配筋百分比
A	1242	1767	42.27%
B	1242	1824	46.86%
C	1242	1596	28.50%
D	1242	1636	31.72%
E	2644	2672	1.06%
F	2644	2674	1.13%

注：配筋位置具体见图 13

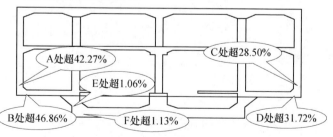

图 13　大开车站 2-2 截面配筋对比示意图

表4　2-2截面塑性铰对中柱内力与变形影响对比表

中柱	无塑性铰时	有塑性铰时	增幅
弯矩（kN·m）	100	102	2%
轴力（kN）	2023	1973	-2.4%
剪力（kN）	33	34	3%
Δ（mm）	2.38	2.58	8.4%

注：Δ=中柱顶端位移-中柱底端位移

4　结论

根据大开地下车站两种截面的计算及配筋对比，可以得到如下结论：

（1）大开车站1-1截面在水平方向地震波的作用下，其上下角与结构的连接处地震荷载叠加静力荷载的配筋量超过原始配筋量，而上角与侧墙的连接处、下角与底板的连接处相比其他各处超出的更为厉害，表明该处结构抗震薄弱部位，将先与其他处发生破坏，形成塑性铰。

（2）塑性铰的产生一方面使结构整体刚性变小，抗震性能减弱（弯矩增加30%；剪力增加40.7%）；另一方面导致上覆土压力更多由中柱承载，使得中柱受力更为不利（轴力增加13.8%），从而导致了中柱的破坏，结构整体失稳。所以，塑性铰的产生是导致大开车站破坏的主要原因。

（3）在用同样的方法对损害相对较轻的2-2截面进行分析验算的过程中，发现2-2截面的相对位移最大值为2.58mm，比1-1截面小68.2%。另外中柱的弯矩比1-1截面的小91.7%；轴力小105.7%；剪力小123.5%。计算结果表明阪神地震对大开车站2-2截面结构的影响作用明显小于1-1截面结构，这与现场的调查结果也比较吻合，说明本文的计算分析方法具有一定的合理性。

附表1　大开车站地基土物理特性参数

土类	深度 $h/$（m）	密度 $\rho/$（g/cm²）	剪切波速 $v_s/$（m/s）	最大剪切模量 $G_{max}/$MPa	静泊松比 μ
人工填土	0~1.0	1.90	140	38.00	0.333
全新世砂土	1.0~5.1	1.90	140	38.00	0.32
全新世砂土	5.1~8.3	1.90	170	56.03	0.32
更新世黏土	8.3~11.4	1.90	190	69.99	0.40
更新世黏土	11.4~17.2	1.90	240	111.67	0.30
更新世砂土	17.2~22.2	2.00	330	222.24	0.26

参考文献

[1]　王瑞民，罗奇峰. 阪神地震中地下结构和隧道的破坏现象浅析［J］. 灾害学，1998，13（2）：63-66.

[2]　林皋，梁青槐. 地下结构的抗震设计［J］. 土木工程学报，1996（1）：15-24.

[3]　YOUSSEF MA HASHASH，JEFFRAY J HOOK，BIRGER SCHMIDT. Seismic design and analysis of underground structures［J］. Tunneling and Underground Space Technology，2001，16（4）：247-293.

[4]　刘晶波，李彬. 地铁地下结构抗震分析及设计中的几个关键问题［J］. 土木工程学报，2006，39（6）：106-110.

[5]　庄海洋，陈国兴，张菁莉. 基于子结构法的地铁车站地震反应分析［J］. 岩土力学，2005，（增1）：227-231.

[6]　曹炳政，罗奇峰，马硕，等. 神户大开地铁车站的地震反应分析［J］. 地震工程与工程振动，2002，22（4）：102-107.

[7]　杨春田. 日本阪神地震地铁工程的震害分析［J］. 工程抗震，1996（2）：40-42.

[8]　周炳章. 日本阪神地震的震害及教训［J］. 工程抗震，1996（1）：39-45.

[9]　刘晶波，吕彦东. 结构-地基动力相互作用问题分析的一种直接方法［J］. 土木工程学报，1998（6）：55-64.

[10]　GB50157-2003，《地铁设计规范》［S］.

[11]　G50009-2001，《建筑结构荷载规范》［S］.

基于 FLAC³ᴰ 有限差分模型的桩基沉降分析研究

高顺峰¹　张　飞¹　师建国²

(1. 煤炭工业太原设计研究院，太原　030001；2. 山西冶金岩土工程勘察总公司，太原　030000)

摘　要：以五里堠煤矿联建楼段工程地质资料为基础，分析了引发五里堠煤矿联建楼桩基大规模沉降的原因。通过建立 FLAC3D 有限差分模型，对五里堠煤矿联建楼成桩后地层以及成桩后桩端施加荷载情况下桩周岩土体及桩端应力进行有限差分模拟计算，得出桩基荷载条件下地基基础中应力变化过程及应力影响范围，提出桩基基础底部不同工程地质条件对桩基安全性的影响评估，为沉降治理提供理论指导。

关键词：桩基沉降；FLAC³ᴰ；有限差分

The Pile Foundation Subsidence Analysis Based on FLAC³ᴰ Finite Difference Model

Gao Shun－feng¹，Zhang Fei¹，Shi Jian－guo²

(1. coal industrial Taiyuan design research institute，Taiyuan 030001；2. Shanxi metallurgical rock-soil engineering reconnaissance general company，Taiyuan 030000)

Abstract：Based on engineering geology data of initiation construction in Wulihou mine，the reasons that caused settlement of pile foundation were analyzed. Then，the finite difference model of FLAC³ᴰ was established. Simulated stress field distribution in pile tip and its surrounding rock-soil mass under load application conditions after pile. Stress variation process and influence range were gained. Assessed the effect of various engineering geology conditions on safety of pile foundation，the results could guide theoretically comprehensive control of subsidence.

Key words：pile foundation settlement；FLAC³ᴰ；finite difference

1　引言

在工程桩基设计过程中，不同的地质条件，如地下含水层赋存、地下空洞等均会对桩端持力层的有效工作产生影响，只有对持力层（岩）土体应力分布有足够直观的了解，才能够结合不同的工程地质、水文地质条件对桩端持力层的稳定性给予评价，因此，对桩端持力层岩土体内部应力分布规律研究具有重要意义。闫宏业等对 CFG 桩复合地基持力层进行了模拟实验研究[1]，杨维好等对负摩擦力作用下端部嵌固桩的竖向稳定性分析[2]。前人所做研究对桩基础设计的安全、经济性提供了宝贵的理论支持。然而，对端承桩桩基下基岩持力层内应力分布及稳定性影响因素的分析，还没有进行充分细致的研究，针对这一领域的研究空白，结合五里堠煤矿工程实践中出现的一系列岩土工程问题，本研究通过收集基础资料，构建地质模型、模拟、分析，讨论桩基大规模沉降的可能性原因，为下一步

治理提供技术支持。

2　工程概况

山西潞安集团左权五里堠煤业有限公司兼并重组整合矿井位于山西左权县城南 2.5km 处西寨村西北，煤矿联建楼设计拟建六层，由于表层土承载力不足，且下覆为较厚层强风化泥岩，故设计采用端承桩基础模式进行地基处理，桩底埋深25m，直接持力层为中风化砂岩。2012 年 8 月，在联建楼上部建筑施工到四层时，桩基发生不同程度沉陷，其中最大沉降量达到 105mm，并伴随有地面沉陷。

由于地面沉降也已发生，研究区域内的部分地质及水文地质条件已经遭到破坏，给进一步查明区域工程地质条件及水文地质条件带来很大影响。根据五里堠煤矿联建楼勘察及施工资料，在煤矿的联建楼区域下部有不同深度不同范围不规律分布的空洞存在。在桩基持力层基岩位置有地下水赋存，地下水赋存岩组、水位及地下水补给径流排泄条件不明。这些不明

确因素对查明联建楼桩基沉降原因造成极大干扰。

3　研究区地质条件

　　研究区位于侵蚀中低山边坡地段，原地层出露为强风化二叠系泥岩，在场地勘察深度内，未发现地面塌陷、裂隙等不良地质作用。由于五里堆煤矿属于兼并重组矿井，对于原矿井小窑开采范围及开采历史不明确，且在施工过程中多次发现存在地下空洞，因此推断该处有存在采空区的可能。

　　在建矿过程中，通过填方整平标高，研究区新近填土平均厚度15m，填土最厚处可达30m，所填土体为素填土，未经过严格的分层碾压，其工程地质性状较差。下覆二叠系泥岩系全风化岩层，灰、褐黄色，厚度约10m，稍湿，有细微层理结构，断面有光泽，质软，用手可掰断。底部为中风化砂岩，褐黄、黄褐，厚度约10m，含少量氧化铁斑，中砂颗粒，颗粒矿物成分主要是石英、长石，硅质胶结，岩质坚硬。厚层状结构，裂隙发育一般。

4　桩基沉降原因初步分析

　　基于现有工程地质及水文地质条件，结合桩基沉降现状可大致将可能引发沉降原因分为工程地质成因和水文地质成因两大类。

4.1　工程地质成因分析

　　主要的工程地质成因包括两部分，其一为研究区下部揭露的不规律空洞裂隙带发育与桩基处应力影响深度交汇，引发裂隙的进一步发育，造成桩基沉降。其二为桩基施工过程未达到设计标准，导致实际工程地质条件未达到桩基承载要求。根据联建楼桩基施工记录，由于基岩面浅层地下潜水的存在，桩基施工过程中桩端无法施工到设计的中风化砂岩地层，桩端实际埋置于距中风化砂岩地层上部2m左右的全风化泥岩中，或成为引发桩基沉降的另一原因。

4.2　水文地质成因

　　地下水的存在可能对桩基稳定性造成影响主要表现在桩基施工完成后，上部荷载的施加可能造成含水层应力重新分布而形成新的越流途径，导致含水层与附加强导水边界沟通，引发大规模越流，使得桩端承载力大幅度降低，进而引发桩基沉降。

5　模型构建与模拟

5.1　FLAC³ᴰ有限差分软件简介

　　FLAC是连续介质快速拉格朗日差分析方法（fast lagrangian analysis of continua）的英文缩写。是美国Itasca Consulting Group Inc开发的三维显式有限差分法程序，可以模拟岩土或其他材料的三维力学行为。FLAC³ᴰ采用显式有限差分格式来求解控制微分方程，并应用混合单元离散模型准确地模拟材料的屈服、流体的流动、软化直至大变形，在材料的弹塑性分析、大变形分析以及流－固耦合分析等领域有其独到的优点[3]。

5.2　模型构建

　　模型构建过程中，首先对研究区域地层进行分析，概化出区域地质模型，结合FLAC³ᴰ差分软件中摩尔库伦模型、各项同性弹性模型达到模型构建的目的。FLAC³ᴰ软件中的摩尔库伦模型为研究土体、基岩应力变化的通用模型；各项同性弹性模型则用于均匀，各向同性的连续体，如人造材料的模拟。

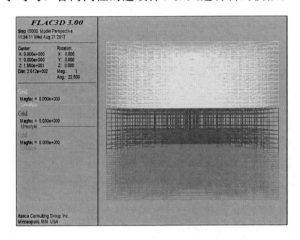

图1　原地层模型栅格示意图

　　构建FLAC³ᴰ研究区地层模型如图1所示，可分为3层，第一层代表地表土层，为图中黄色栅格表示区，模型中以soil表示，该层模型厚度为30m；第二层代表持力层上部的强分化泥岩地层，为图中红色栅格表示区，该层模型厚度20m，模型中以rock1表示；第三层则为下部中风化砂岩地层，为图中绿色栅格表示区，在模型中以rock2表示，该层模型厚度为20m。

　　在地层模型的基础上加入桩基模型见图2。桩

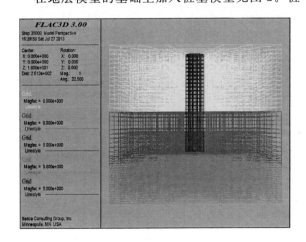

图2　桩基模型栅格示意图

体位于第一层土体和第二层全风化泥岩中，根据实际施工条件，桩体未到达设计持力层，在桩体在模型中用蓝色栅格表示，在模型中以 pile 表示。

模拟过程为满足不同岩土体的工程地质特性，精确模拟研究区现状，采用双模型系统对研究区不同地层单元进行模拟。其中，模型桩周土体和桩下持力层采用莫尔库伦模型，桩体本身则采用弹性模型。桩体材料及各岩土体材料参数分别见表 1 和表 2。

表 1　桩体材料参数表

模型分层名称	体积模量	剪切模量	重度
	Pa	Pa	kN/m³
pile	3.70E+08	2.40E+08	30

表 2　岩土体材料参数

模型分层	体积模量	剪切模量	膨胀模量
	Pa	Pa	Pa
soil	4.30E+08	1.40E+08	1.15E+06
rock1	5.30E+08	3.30E+08	1.63E+06
rock2	5.40E+08	3.50E+08	2.43E+06
模型分层	重度	内摩擦角	凝聚力
	kN/m³	度	Pa
soil	17	38	4.39E+06
rock1	22	40	4.15E+06
rock2	25	20	5.50E+05

作为对比分析的参照模型，原地层模型的构建主要用以确定自然条件下，研究范围内地层分布及应力分布情况。即在地层中未施工桩基的条件下土体自然平衡条件下，桩体内纵向应力分布情况。

5.3　模拟结果及分析

（1）原地层模型运算结果：根据构建的原地层模型模拟结果见图 3。

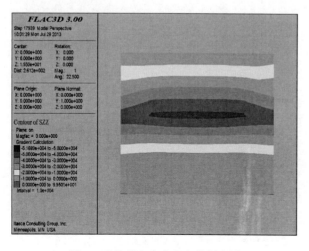

图 3　天然状态应力分布特征云图

天然状态下各土层内纵向应力呈层状分布，在填土层与基岩接触面发生应力集中现象，在该接触面附近的岩土体纵向应力达到最大值，该处的纵向应力可达到 $5×10^4$ Pa。桩基基础下原地层中纵向应力值约为 $2×10^4$ Pa，在第 2、第 3 层岩石接触面上的应力分布可达到 $1.0×10^4$ Pa。第 3 层岩石内的应力分布呈均布式分布，应力大小约为 $1.0×10^4$ Pa。

（2）未施加应桩端应力条件下模型模拟结果及分析：桩顶为未施加应力的条件下，成桩后桩体及桩周土体见纵向应力分布如图 4 所示：

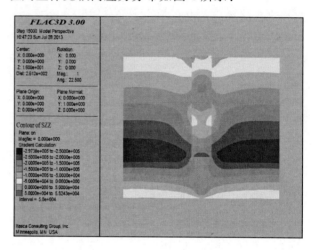

图 4　桩端未施压下纵向应力分布云图

分析图中应力分布结果，可得到：在桩体侧摩擦作用下，桩周土体应力分布呈近似水平状，桩底部应力分布则呈现出漏斗状。桩底部与基岩基础面应力为 $2.0×10^5$ Pa，第 2、第 3 层基岩接触面应力为 $2.0×10^5$ Pa，桩体对第 3 层基岩内部应力影响分布为同心半圆状，应力影响范围可达到模型底部，应力大小约为 $5.0×10^4$ Pa。

（3）桩端施加纵向应力 2.0MPa，桩体及桩周土体内应力分布范围及分布特征见图 5。

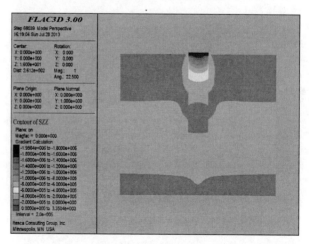

图 5　桩端施压下纵向应力分布云图

施加应力后，模型应力体系整体重新分布，由于桩端施加应力较大，高出原模型内部应力数量级，应力的分层分布出现在桩体上部，并以桩端应力最大，随深度增加逐步减小。至桩体 1/3 处应力分布的规律性降低，桩周土体的应力出现大范围应力均布现象，在桩体与基岩接触面及全风化泥岩与中风化砂岩接触面上并未出现明显应力差异与集中。

根据模拟结果，桩体施加压力后对桩下岩土体应力分布的影响范围为桩下 10m，该范围内的岩土体纵向应力为 $2.0 \times 10^5 \sim 4.0 \times 10^5 \mathrm{Pa}$。

6 结论

通过模型模拟结果对比，结合研究区工程地质、水文地质条件，得出结论如下：

根据模拟得到的应力影响深度，在研究区工程勘察与桩基施工过程中，未在桩端应力影响范围内发现采空空洞的存在，初步可判断采空区对桩基稳定性直接影响较小，可进一步采用钻探、物探等方式探明区域内下覆采空区的深度及规模，以确定空洞裂隙带发育的高度是否与桩基应力影响深度相交，进而较精确评估地下空洞对桩基大幅度沉降的影响。

由于桩基施工过程未能完全施工到设计的中风化砂岩地层，而是位于全风化泥岩地层中，通过模拟分析，在施加应力条件后，桩下岩土体中应力呈均布状态且应力值较大。而根据室内试验数据，该层全风化泥岩在地下水浸泡下易发生软化变形，且其承载能力很难达到模拟结果要求，故诱发桩基大幅度沉降的可能性极大。

在施加应力后桩基模拟结果显示，在全风化泥岩和中风化砂岩接触面上应力较大，可达 $4.0 \times 10^5 \mathrm{Pa}$，如果该基岩面存在地下水，上部基岩应力增加导致水体越流侵蚀基岩作用增强的可能性较大，进而引发上部桩基的失稳。查明该区域地下水赋存与径流情况，是排查这一原因的必要条件。

参考文献

[1] 闫宏业，叶阳升，蔡德钧，等，CFG桩复合地基持力层模型试验研究 [J]．铁道建筑，2009 (7)，44-48.

[2] 杨维好，黄家会，负摩擦力作用下端部嵌固桩的竖向稳定性分析 [J]．土木工程学报，1994，32 (2)：59-61.

[3] 李地元，李夕宾，张伟，等．基于流固耦合理论的连拱隧道围岩稳定性分析 [J]．岩石力学与工程学报，2007，26 (5)，1056-1064.

主动区地基处理提高土体抗剪强度的研究

刘海龙 张治华 李 虹

（北京市机械施工有限公司，北京 100045）

摘 要：本文先介绍了某综合小区的地质条件、水文条件、主动区地基处理和基坑支护情况，提出了三种主动区地基处理对土体抗剪强度提高的计算方法：面积加权平均法、桩土应力比法、增大系数法，对比后选择了增大系数法。然后分别采用提高和未提高抗剪强度指标的土层参数在基坑的两个不同部位进行设计、施工和位移观测。最后通过位移观测结果分析，得出了主动区地基处理后对抗剪强度指标提高有明显作用的结论。

关键词：主动区地基处理；基坑支护；土体抗剪强度；位移观测

Research on Improving Shear Strength of Soil by Ground Treatment in Active Zone

Liu Hai－long，Zhang Zhi-hua，Li Hong

（Beijing Mechanized Construction CO.，Ltd.，BeiJing City，100045）

Abstract：Based on the Introduction of an architectural complex including the geological conditions，hydrological conditions，ground treatment in the active zone and the retaining and protecting for foundation excavation，three kinds of calculation methods for calculating the Improvement of the shear strength of soil by ground treatment in the active zone are presented，such as weighted average of area method，stress ratio of pile-soil method and increasing coefficient method. Compared between those methods，The increasing coefficient method is selected . And tow different schemes that one improve the index of shear strength and the other one does not improve the index are used in two different parts of the foundation excavation in order to verificate the increasing coefficient method，including the design，construction and displacement observation. According to the analysis of displacement observation results，it proves that the index of shear strength can be obviously improved by ground treatment in active zone.

Key words：ground treatment in active zone；retaining and protecting for foundation excavation；shear strength of soil；displacement observation

1 工程概况

1.1 工程概况

北京市顺义区某工程为综合住宅小区工程，由16栋框架剪力墙住宅，一个纯地下车库等建筑组成。其中六栋住宅紧邻纯地下车库，南侧 3#、4#、5# 楼为天然地基，西侧 7# 楼、北侧 14#、15# 楼采用 CFG 桩进行地基处理。地下车库开挖深度为 9.2m，距 7# 楼距离为 3m，7# 楼开挖深度为 2.0m，两者高差 7.2m。

7# 楼地基持力层为②层粉质黏土层，地基承载力特征值为 120kPa，设计要求承载力为 260kPa，采用 CFG 桩处理。CFG 桩采用桩径 400mm，桩间距 1500mm，桩长 12m，CFG 桩桩身材料采用 C20 混凝土。

纯地下车库基坑支护采用护坡桩＋锚杆的支护形式，根据周边环境不同，采用不同的剖面，桩间采用高压旋喷注浆帷幕进行截水。

1.2 工程水文地质条件

根据勘察报告，地层按成因类型、沉积年代可划分为人工堆积层及第四纪沉积层二大类四大层（见表1）。勘察范围内共测得两层地下水（见表2）。

表1 土层参数情况表

序号	土层	H（m）	γ（kN/m³）	φ（°）	C（kPa）
①	填土	0.3	17.5	10	8
②	粉质黏土	3.7	19	12	15
③	重粉质黏土	3.7	18.5	22	18
④	黏土	9.1	18.5	15	23

表2 地下水情况表

序号	地下水	静止水位标高（m）	埋深（m）
1	潜水（1层）	29.17～31.34	2.50～6.60
2	潜水（2层）	15.30～17.97	15.80～21.40

2　三种提高土体抗剪强度指标计算方法

由于 7# 楼处在地下车库基坑支护主动区，该楼经过地基处理（见图 1），地基承载力、压缩模量均得到提高，增量的计算方法均已有成熟公式。由此推断，土体的抗剪强度也应有一定提高，设计阶段按照三种方法量化计算提高幅度。

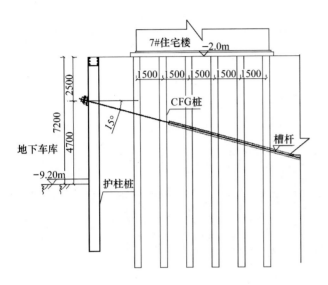

图 1　基坑支护主动区 CFG 桩处理简图

2.1　面积加权平均法

地基处理后，基坑主动区部分土体被 C20 混凝土置换。将 C20 混凝土按同强度岩体考虑，计算出该混凝土的 c_r、φ_r 后，按照桩体面积与土体面积进行加权平均得到提高后的 c 值和 φ 值。为了加以区别将提高后的 c 值记为 c_1，提高后的 φ 值记为 φ_1（下同）。

1）计算 C20 混凝土的 c_r、φ_r

岩体基本质量指标 BQ[1]按式（1）计算，

$$BQ = 90 + 3R_C + 250K_V \tag{1}$$

式中 BQ 为岩体基本质量指标，R_C 为岩石单轴饱和抗压强度，K_V 为岩体完整性指数。

本工程中 $R_C = 20\text{MPa}$，$K_V = 1$，计算得 $BQ = 400$，基本质量级别为 Ⅲ 级。该类岩体物理力学参数平均值中 $c = 1100\text{kPa}$，$\varphi = 44.5°$

2）面积加权平均计算

此部位基坑主动区加固范围共为 790m²，该区域布设 CFG 桩 255 根，面积置换率 $m = 0.0405$。按式（2）、（3）分别计算的 c_1、φ_1（结果见表 3）。

$$c_1 = mc_r + (1-m)c \tag{2}$$

$$\varphi_1 = m\varphi_r + (1-m)\varphi \tag{3}$$

表 3　按面积加权平均法计算的才 c_1、φ_1 值

序号	c		φ	
	c_1（kPa）	提高	φ_1（°）	提高
②	58.9	3.93	13.3	1.11
③	61.8	3.43	22.9	1.04
④	66.6	2.90	16.2	1.08

2.2　桩土应力比法

地基处理后，复合土体的压缩模量可按 $E_{sp} = [1 + m(n-1)]E_s$[2]计算，同理土体的抗剪强度指标按式（4）、（5）计算（结果见表 4）。

$$c_1 = [1 + m(n-1)]c \tag{4}$$

$$\varphi_1 = [1 + m(n-1)]\varphi \tag{5}$$

其中 n 为桩土应力比，按刚性桩 $n = 10$ 估算。

表 4　按桩土应力比法计算的 c_1、φ_1 值

序号	$1 + m(n-1)$	c_1（kPa）	φ_1（°）
②	1.3645	20.47	16.37
③	1.3645	24.56	30
④	1.3645	31.38	20.47

2.3　增大系数法

地基处理后，当荷载接近或达到复合地基承载力时，各复合土层竖直方向参数均提高 ζ 倍，其中 $\zeta = f_{spk}/f_{ak}$[2]。同理 c、φ 值也提高了 ζ 倍，即 $c_1 = \zeta c$，$\varphi_1 = \zeta\varphi$。

按车库基坑未回填前仅允许 7# 楼施工至地上四层考虑，总荷载取 100kPa，附加荷载为 60kPa。引入增大系数 β 按式（6）计算 c、φ 提高（结果见表 5）。

$$\beta = 1 + (\zeta - 1) \times \frac{P_{01}}{P_0} = 1 + \left(\frac{260}{120} - 1\right) \times \frac{100 - 40}{260 - 40} = 1.32 \tag{6}$$

其中 P_{01} 为 7# 楼施工至地上四层时的附加荷载，P_0 为 7# 楼整个的附加荷载。

表 5　按增大系数法计算的 c_1、φ_1 值

序号	β	c_1（kPa）	φ_1（°）
②	1.32	19.8	15.84
③	1.32	23.76	29.04
④	1.32	30.36	19.8

上述三种方法，从不同角度计算了主动区地基处理后 c、φ 值的提高。计算结果均不相同，特别是按面积加权计算的各层土提高差异较大，无法比较优劣。现按照等效内摩擦角（式 7）换算对比（结果见表 6）。

$$\varphi_d = \arctan\left(\tan\varphi + \frac{2c}{\gamma h \cos^2\theta}\right)^{[3]} \qquad (7)$$

其中 φ_d 为等效内摩擦角，θ 为破裂角，$\theta = 45° + \varphi/2$。

表 6　按等效内摩擦角计算结果比较

序号	面积加权平均法	桩土应力比法	增大系数法
②	67.05	48.42	47.2
③	72.8	63.6	62.3
④	70.7	60.7	59.5

从表 6 来看，按增大系数法计算的提高量最低。为了安全，实际使用时按 c、φ 值均提高 1.3 倍考虑。

3　设计对比

5# 楼位于基坑南侧靠东，采用天然地基；7# 楼按上述方法进行地基处理。两段基坑开挖的高差均为 7.2m，上部 2m 土层均挖除。地面超载和附加荷载及其他条件均相同。

3.1　邻近 7# 楼基坑设计结果

将 c、φ 按提高 1.3 倍（见表 7）后计算基坑支护位移、弯矩（见图 2）。

表 7　提高 1.3 倍后 c、φ

序号	c_1（kPa）	φ_1（°）
②	19.8	15.84
③	23.76	29.04
④	30.36	19.8

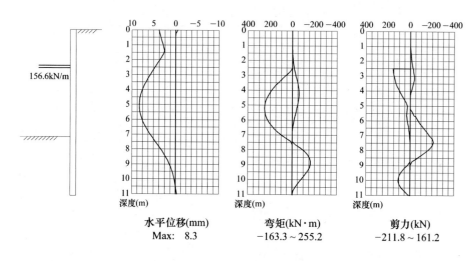

图 2　邻近 7# 楼基坑支护计算的位移、弯矩图

基坑支护设计参数为：护坡桩桩径 600mm，桩长 11m，配筋 12Φ20，锚杆间距 1.8m，设计力 438kN，锚杆长 17m，其他参数略从。

3.2　邻近 5# 楼基坑设计结果

按勘察报告提供的 c、φ 值计算基坑支护位移、弯矩（见图 3）。

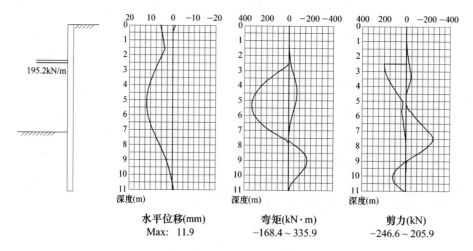

图 3　邻近 5# 楼基坑支护计算的位移、弯矩图

基坑支护设计参数为：护坡桩桩径 600mm，桩长 11m，配筋 16Φ20，锚杆间距 1.8m，设计力 546kN，锚杆长 20m。

4 施工要点

（1）CFG 桩采用长螺旋钻孔、管内泵压混凝土灌注成桩工艺。混凝土坍落度为 180～220mm，施工桩顶标高高出设计桩顶标高 0.5m。褥垫层夯填度不大于 0.88。经检测 CFG 桩处理后的地基符合设计要求。

（2）护坡桩采用长螺旋钻孔压灌混凝土后植钢筋笼工艺。锚杆施工采用干作业中心压浆成孔工艺，锚杆在杆体水泥浆强度达设计强度 75% 后进行张拉锁定。锚杆施工完毕后抽检验收合格。

5 监测结果分析

5.1 基准点、观测点布置

基准点设置在距基坑 15m 外，校核点设置在距基坑约 100m 的位置。

对邻近 5# 楼、7# 楼两段基坑进行位移观测，观测点布置见图 4、图 5。每段设置三个水平位移观测系列点，每个系列点在桩体从上向下共布置 7 个点，竖向间距 1m，共设置 42 个点。

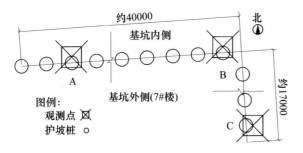

图 4　邻近 7# 楼基坑位移观测点布置图

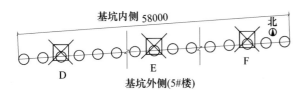

图 5　邻近 5# 楼基坑位移观测点布置图

5.2 观测方法

采用直接观测各位移测点标志求得二维坐标，通过计算基槽法线方向的水平增量求取位移值。

5.3 观测时间及频次

六个系列点从连梁施工完成开始观测，每下挖 1m 在相应位置设置观测点并开始观测，直至基坑回填完毕。

观测频率为：土方开挖开始到挖至基坑设计深度为 1 次/d，开挖至设计深度到底板浇筑期间为 1 次/d，此后直至回填为 1 次/7d。总观测时间为 6 个月共计 72 次。

5.4 观测结果

通过位移观测，各点的计算最大值和实测最大值对比见表 8、图 6。对比发现：邻近 7# 楼的实测值均小于计算值，平均比计算值小 1.4mm，占计算值的 17%；邻近 5# 楼的实测值 D 点稍大于计算值，E 点、F 点实测值小于计算值，平均值接近计算值。忽略观测误差，邻近 7# 楼的位移偏差较大，偏于保守，说明 c、φ 值还有提高空间。

表 8　各点计算值和实测值对比

	A	B	C	D	E	F
计算值	8.3	8.3	8.3	11.9	11.9	11.9
实测值	6.4	7.5	6.8	12.7	11.7	11.1

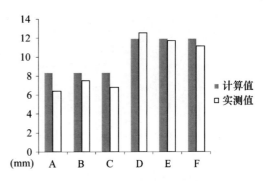

图 6　基坑位移计算值和实测值柱状对比图

各点位移随时间的变化（见图 7）规律符合常规基坑位移特征。在开挖阶段各点的位移持续增长，没有突变。在锚杆位置（−2.5m）到基底开挖期间，位移变化较快。在开挖结束 15d 内各点均有变化，幅度不大。开挖到设计深度 15d 后，D 点和 E 点有少需变化。说明邻近 7# 楼基坑符合实际工作情况。

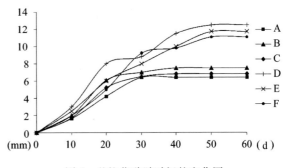

图 7　基坑位移随时间的变化图

在基坑深度范围内，各点位移随深度的变化（见图 8）符合实际工作情况。各点的位移变化与理论计算基本一致。实际观测的桩顶位移值较大，可能与观测点的设置时间和观测方法有关。

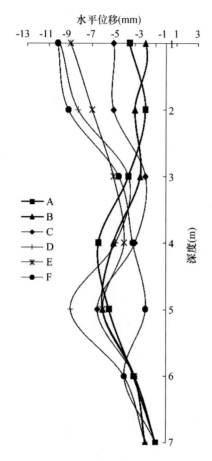

水平位移(mm)

图 8　基坑位移随深度的变化图

6　经济效益

　　按 c、φ 值提高后计算的基坑支护可满足工程需要，该方法可节约大量的钢筋、钢绞线、水泥等不可再生资源，总成本可节约 15％～18％，为企业带来可观的经济效益，为社会节能做出了贡献。

7　结语

　　根据工程应用反映出，主动区地基处理在基坑支护中提高土体抗剪强度是一定的。上述三种计算土体抗剪强度指标的方法简单明了，概念清楚，在工程应用中得到了很好的效果，对降低工程造价有很大的帮助，今后可在具体工程中综合采用。

参考文献

[1]　水利部长江水利委员会长江科学院 . GB50218－94 工程岩体分级标准［S］. 北京：中国建筑工业出版社，1994.

[2]　中国建筑科学研究院 . JGJ79－2002 建筑地基处理技术规范［S］. 北京：中国建筑工业出版社，2002.

[3]　重庆设计院 . GB50330－2002 建筑边坡工程技术规范［S］. 北京：中国建筑工业出版社，2002.

[4]　中国建筑科学研究院 . JGJ120－99 建筑基坑支护技术规程［S］. 北京：中国建筑工业出版社，1999.

[5]　常士骠，张苏民 . 工程地质手册（第四版）［M］. 北京：中国建筑工业出版社，2007.

山前滨湖建筑抗浮设计水位分析

王文峰[1]　王慧玲[1]

(1. 北京市勘察设计研究院有限公司，北京　100038)

摘　要：建筑抗浮设计水位是一个分析预测值，并无通用的取值方法。有长期地下水位观测资料的地区，应着重分析地下水位多年动态规律及其影响因素，在无长期水位观测资料或资料缺乏的地区，应进行专门研究。本文以北京市某山前滨湖建筑为例，在无长期地下水位观测资料，且水文地质条件复杂的区域开展了水文地质勘察工作，考虑工程建设对地下水分布条件的改变，分别建立了现状地形条件、工程完工地形被改造两种情况下的地下水三维数值模拟模型，合理确定边界条件，进行了建筑抗浮设计水位分析。可以为复杂条件下的抗浮设防水位分析工作提供思路。

关键词：滨湖建筑；抗浮水位；数值模拟；水力联系

Analysis of Anti－uplift Water Level for Piedmont Lakeside Construction

Wang Wen－feng[1]　Wang Hui－ling[1]

(1. BGI Engineering Consultants Ltd. ，Beijing 100038)

Abstract：Anti-uplift water level for construction is a analytical & predicted value，the general method to get the value of anti－uplift water level for contruction is absent. For the area with long-term monitoring data of groundwater level，the multi-year dynamic characteristic of groundwater level and its influencing factors should be analyzed. While for the area without long-term monitoring data of groundwater level or lacking relevant material，the specialized research should be carried out. In this article，a piedmont lakeside construction in Beijing was taken as an example，the hydrogeological survey work was carried out in the area where hydrogeological conditions are complex and long-term monitoring data of groundwater level is absent. Considering the influence of engineering construction on groundwater distribution，groundwater 3D numerical simulation models were set up for two different scenarios respectively，including current topographic condition and the condition after the construction completion，the boundary conditions of the models were assigned reasonably，and the anti-uplift water level was analyzed and determined. It provides a way to analyse anti-uplift water level for construction under the complex conditions.

Key words：lakeside construction；Anti-uplift water level；numerical simulation；hydraulic connection

1　引言

　　建筑抗浮设计水位关系到工程造价和建筑安全，是工程设计的重要参数。近 10 年来城市建设发展迅速，大量地下建筑物兴建，导致抗浮问题日益突出。

　　国家规范《建筑地基基础设计规范》[1] GB 50007－2011 在第 5.4.3 条规定建筑物基础存在浮力作用时应进行抗浮稳定性验算，进行抗浮验算时需要计算浮力作用值 $N_{w,k}$，传统意义的抗浮设计水位即是直接用于计算该建筑物浮力作用值的地下水水位，可以将其理解为：建筑物抗浮稳定性验算所需、保证抗浮设防安全和经济合理的建筑物设计使用年限内基础底板位置地下水水位的预测最高值。行业标准《高层建筑岩土工程勘察规程》[2]

JGJ 72－2004 第 8.6.2 条提出了"场地地下水抗浮设防水位"的概念，并进一步强调场地抗浮设防水位应当是各含水层最高水位之最高者，通常情况下应用第一层"潜水"的最高水位作为场地抗浮设防水位，每个场地只有一个场地抗浮设防水位[3]。该规程规定的场地抗浮设防水位相当于场地历史最高地下水位。该水位值直接用于抗浮验算可能会大幅提高工程造价，即使在北京地区的单一砂卵Ⅲ_b 亚区[4]也并不适宜直接用该水位进行抗浮稳定性验算中浮力作用值的计算[5,6]。本文中"建筑抗浮设计水位"为前者含义，即传统意义的抗浮设计水位。

　　抗浮设计水位分析主要包括两部分内容：一是预测直接影响含水层（一层或多层）远期最高水位，如基础底板所在含水层或渗流模型边界含水层的最高水位；二是在上述分析结果的基础上线性内插计算[7]，或者采用二维、三维渗流分析方法[7,8]计算抗浮设计水位。由于地下水位变化不但与地下水赋存条件、气候变化等自然因素有关，而且还受地下水开采、水库蓄洪、泄水等人为因素影响，随机性较大，预测直接影响含水层远期最高水位是分析工作的重点也往往是难点。设防水位分析工作应是在分析工程场区及其所在区域水文地质条件、地下水位多年动态规律的基础上，综合各种影响因素及其影响程度确定远期最高水位。这种分析预测需要搜集相当于建筑物设计使用年限序列的地下水位长期观测数据以保证分析结果的可靠性。在无长期水位观测资料或资料缺乏的地区应首选文献［2］规定方法并采用偏保守的分析方法和数值确定抗浮设计水位，或进行专门研究。由于水文地质条件及水位动态变化的复杂性，难以采用通用的分析方法进行不同地区建筑抗浮设计水位分析，实际工作中只能是特别工程特别分析。

北京市某山前滨湖建筑基础设计条件及其工程场区水文地质条件均较复杂，其主要特点包括：拟建建筑基础底板标高自西向东呈台阶状降低，最大高差约15m，将涉及3个地下水含水层；各地下水含水层岩性及分布条件空间变化很大；没有各层地下水水位的长期观测资料，第1层地下水（上层滞水）历史最高水位接近自然地面；拟建建筑东临雁栖湖，雁栖湖湖水与工程场区地下水存在密切的水力联系；拟建建筑基底下将铺设不等厚的碎石或级配砂石垫层，其北侧和南侧设置低于设计地坪标高且有导排地下水功能的消防通道。

笔者对该山前滨湖建筑进行了抗浮设计水位分析工作。在进行水文地质勘探、水位动态监测、室内外水文地质试验和搜集分析615个勘探孔资料（约18450m进尺）等工作的基础上，完成了以本工程场区为中心南、北外扩约300m、总面积约28万m²区域（模拟区）水文地质条件的分析工作；分别建立了模拟区内现状地形条件和地形改造、工程完工后的地下水三维数值模拟模型，并利用本次工作获得的场区地下水位动态数据对现状地形条件数值模型（现状模型）进行了识别；利用分析获得的边界条件和工程完工条件下的数值模型（预测模型）对本工程基础底板处最高水位进行预测，最终提出了设计地形条件下本工程抗浮设计水位建议值。

2　工程概况

拟建建筑东西长约350m，南北宽约200m，基础底板标高为83.15～98.40m（基础底板标高自西向东呈阶梯状逐渐降低，最大基础埋深24.35m）。紧邻拟建建筑的北侧和南侧设置消防通道，消防通道为西北高、东南低，设计路面标高为106.50～92.95m，具体消防通道设计路面标高及不同位置处基础底板标高情况见图1。拟建建筑周围下沉式消防通道路面下将铺设地下水导流层，达到及时导排场区地下水以保证消防通道位置地下水位低于消防通道表面的目的。本建筑基础不同区域将采用不同的地基处理方案，经过地基处理后本建筑基底下均将铺设200～1000mm厚的碎石或级配砂石垫层。

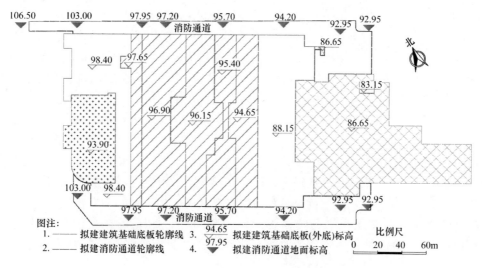

图注：
1. ——拟建建筑基础底板轮廓线　3. ——拟建建筑基础底板(外底)标高
2. ——拟建消防通道轮廓线　　4. ——拟建消防通道地面标高

比例尺
0　20　40　60m

图1　拟建建筑基础底板及消防通道设计路面标高平面分布示意图

模拟区位于怀柔区雁栖湖西岸，其东边界紧邻雁栖湖，雁栖湖总库容3800万立方米，设计标准

为百年设计、千年校核，设计正常蓄水位为90.0m。2012年5月2日～15日量测雁栖湖水位

标高为 84.89～85.30m。

模拟区主要位于山前洪坡积、洪冲积地带，地形及地层岩性均变化较大。主要地层岩性包括粉质黏土填土、粉质黏土、碎石混黏性土、碎石及砂类土。工程场区典型地层及建筑物基础埋置情况见图2。

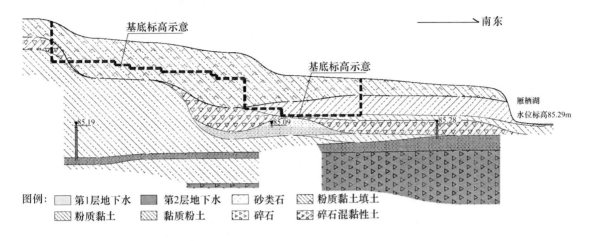

图 2　模拟区地层及建筑物基础埋置情况示意图

3　水文地质条件

3.1　工程场区地下水分布条件

工程场区地面下最大钻探深度 29.00m 深度范围内主要量测到 2 层地下水，各层地下水类型、赋水地层层位及岩性、2012 年 5 月量测地下水位标高见表1。

表 1　工程场区地下水分布情况

层号	水位标高（m）	地下水类型	赋水地层岩性
1	84.99～85.09	潜水	砾砂
2	84.78～85.29	承压水	碎石、砂类土

根据场区附近区域水文地质条件分析，在丰水季节或年份场区人工填土层具有赋存地下水的条件，并且将与基底之下的碎石垫层或级配砂石垫层共同赋存地下水，地下水类型为上层滞水。

3.2　模拟区地下水分布条件

模拟区地面下 29.00m（最大勘探深度）范围内目前主要分布 2 层地下水。该 2 层地下水赋存层位与工程场区地下水一致，但模拟区内该 2 层地下水不是普遍连续分布的，模拟区 2 层含水层三维变化趋势见图 3 示意。根据模拟区不同区域该 2 层地下水的分布特征，将模拟区划分为 4 个水文地质区（编号：Ⅰ、Ⅱ、Ⅲ和Ⅳ），各区典型地下水分布特征见表 2，水文地质区划分见图 4。

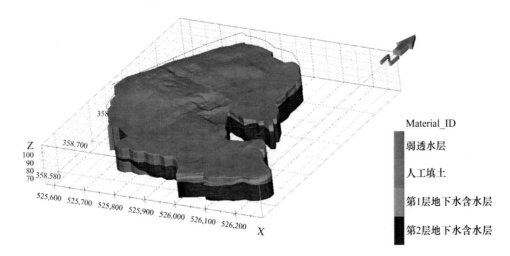

图 3　模拟区含水层三维变化趋势示意图

表2　模拟区地下水分布条件

区号	分布范围	典型地下水分布特征
Ⅰ区	模拟区西部、南北向分布	仅不连续性分布第2层地下水，赋存地层岩性以砂类土为主，层厚1～2m
Ⅱ区	模拟区中部、南北向分布	仅连续分布第2层地下水，赋存地层岩性以碎石、砂类土为主，层厚一般大于10m
Ⅲ区	模拟区东北部、东南部	同时分布第1层地下水和第2层地下水，第2层地下水层厚一般大于10m
Ⅳ区	东部邻近雁栖湖位置及东南角小部分区域	由于第1层和第2层地下水含水层之间的黏性土层尖灭，该2层地下水合并为1层地下水，地下水类型为潜水

图注：
1. ●A　地下水水位监测孔及其组(孔)号
2. ○H　水文地质勘探孔及其孔号
3. 勘探孔　借用岩土工程勘探孔
　　（工程编号：2010技30-1、2010技30-2、2010技30-3、2011技86）
4. Ⅱ　水文地质区号
5. ――　水文地质分区线
6. ―――　拟建建筑物轮廓线
7. ――　模拟区轮廓线

比例尺

0　　60　　120　　180m

图4　模拟区水文地质分区图

3.3　地下水补给、径流、排泄条件

工程场区所在区域上层滞水的天然动态类型为渗入～蒸发型，主要接受大气降水入渗、地表水体渗漏和管道渗漏补给，以蒸发及越流方式排泄。潜水的天然动态类型属渗入～径流型，以地下水侧向径流补给、越流补给为主，排泄方式主要为侧向径流、越流。当该层地下水位低于其下部承压水位时，有接受承压水越流补给的可能。承压水的天然动态类型为渗入～径流型，补给方式为地下水侧向径流和越流，并以侧向径流为主要排泄方式。根据本次监测结果，该层地下水与雁栖湖湖水之间有补给、排泄关系。根据2012年5月15日监测数据，该层地下水的总体流向为自东向西，平均水力坡度

在0.15‰左右，工程场区内该层地下水西部水力坡度为0.49‰左右，大于东部。

3.4　土层渗透系数

模拟区各主要土层渗透系数见表3，均通过现场或室内试验分析获得，以用于抗浮设计水位分析。

表3　各主要土层渗透系数综合取值

土层及其岩性	渗透系数取值（m/d）
以粉质黏土填土为主	8.64×10^{-3}
黏性土层，以粉质黏土、碎石混黏性土、黏质粉土为主	8.64×10^{-4}
以砾砂为主的潜水含水层	0.20
水文地质Ⅰ区的承压水含水层，以中砂、粗砂、砾砂为主	6.00
水文地质Ⅱ区的承压水含水层，以砾砂、碎石为主	15.00
承压水含水层下部弱透水层，以粉质黏土为主	8.64×10^{-4}

根据相关经验本工程基底之下的碎石垫层或级配砂石垫层渗透系数取50m/d。

4　雁栖湖湖水与场区地下水的水力联系

水文地质勘察期间对工程场区2层地下水和雁栖湖湖水水位进行了连续的动态监测，并从湖水与地下水水位多日动态规律、湖水与地下水水位日动态规律和监测期间地下水流场变化三个方面进行分析以查明了雁栖湖湖水与场区地下水的水力联系。

4.1　多日动态规律

图5为与雁栖湖不同距离处承压水水位与雁栖湖湖水位多日动态曲线，由图可见，湖水位与地下水位有一致的上升趋势，且距离雁栖湖越近的监测孔处地下水位上升越快，并在后期越接近湖水位，说明湖水位与地下水位有一致的变化规律，距离雁栖湖越近的位置，地下水受湖水的影响越大。

4.2　日动态规律

图6为2012年5月15日不同监测孔的承压水水位与雁栖湖湖水位动态曲线。由图可见，雁栖湖湖水位与承压水水位有较一致的波动规律，也可以表明承压水与雁栖湖湖水存在水力联系。

4.3　地下水流场变化规律

图7为本次水位动态监测期间不同时间工程场

区承压水流场图。对比分析图 5 可知，2012 年 5 月 2 日湖水位略低于承压水水位，地下水向雁栖湖方向径流，之后湖水与地下水同时抬升，但湖水水位持续高于地下水位，湖水补给地下水，造成了承压水流向逆转的现象。

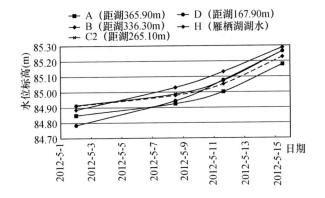

图 5　承压水与雁栖湖水位多日动态曲线

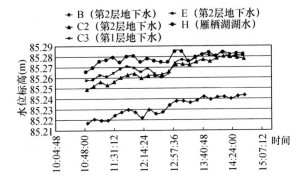

图 6　承压水与雁栖湖水位 10 分钟平均动态曲线

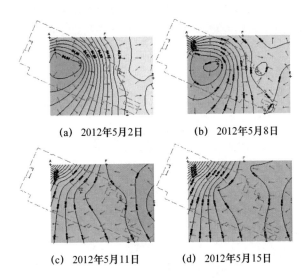

(a)　2012 年 5 月 2 日　　　(b)　2012 年 5 月 8 日

(c)　2012 年 5 月 11 日　　　(d)　2012 年 5 月 15 日

图 7　不同时间承压水流场图

综上分析可知：雁栖湖湖水与工程场区地下水存在密切的水力联系，当湖水水位低于地下水位时，地下水向雁栖湖侧向径流并补给湖水，当湖水水位高于地下水位时，雁栖湖湖水补给地下水。

5　抗浮设计水位分析

拟建建筑基础底板位置水压力变化的主要影响因素包括：上层滞水和雁栖湖湖水水位上升等自然因素；现状地形改造、高水位时期消防通道导排地下水和地基处理对含水层的改变等人为因素。本次抗浮设计水位分析包括两部分内容：建立"现状模型"并利用监测所得场区地下水位动态数据进行识别；建立"预测模型"并考虑影响地下水位变化的各种因素，在确定模拟区最高地下水位、雁栖湖湖水最高水位的基础上，利用预测模型对本工程基础底板处最高水位进行预测。

5.1　现状模型建立及识别

将整个模拟区第四系地层按赋水特征概化为 6 层，包括 3 个含水层，3 个隔水层。边界条件主要依据现状地下水位动态监测数据确定。

侧向边界：根据自然地形坡度（见图 8）及现状地下水流场图（见图 7），模拟区地下水向南侧和北侧边界径流不明显，因此将模拟区南侧和北侧边界概化为隔水边界。模拟区东边界紧邻雁栖湖，设置为随时间变化的定水头边界，水位数据采用雁栖湖水位动态监测数据。模拟区西边界设置为二类边界，侧向流速根据实测流场确定。

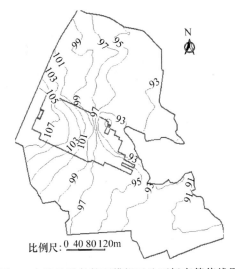

图 8　自然地形条件下模拟区地面标高等值线图

垂向边界：地下水位动态监测期间仅有短时降水，降水量短期内不足以入渗补给地下水，因此上边界不考虑降水入渗，为自由水面边界。模型底面为相对弱透水的基岩层，设置为隔水边界。

建立模拟区现状自然地形和地层条件下地下水三维渗流数学物理模型，并应用 FEFLOW 软件建立相应的数值模型，采用了三棱柱单元进行研究域的有限单元剖分，共剖分成 21714 个单元和 13464 个结点，模拟区域网格剖分三维视图见图 9。

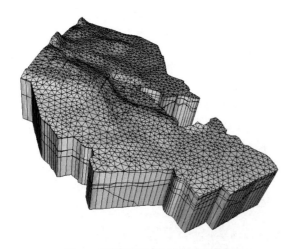

图9　现状模型网格剖分三维视图

利用2012年5月2日～15日模拟区地下水位及雁栖湖湖水位共13d实测动态数据对现状模型进行识别：将2012年5月2日水位观测数据（见图7a）作为模型初始条件，一类边界赋值采用2012年5月2日～15日雁栖湖水位监测数据（见图5），二类边界赋值采用现状水位监测结果计算所得西边界流速0.0029m/d。采用非稳定流模型连续模拟计算13d，模拟结果与实测值比较情况见图10，本次模拟误差一般为0.01～0.02m，满足抗浮设计水位分析精度要求。

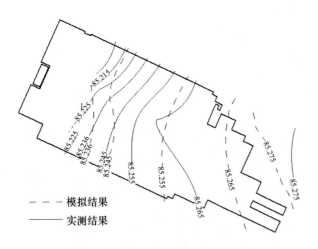

- - - - 模拟结果

—— 实测结果

图10　模拟结果与实测值比较示意图

5.2　预测模型建立及最高水位预测

预测模型将整个模拟区第四系地层按赋水特征概化为7层，包括3个含水层，3个隔水层和1个碎石或级配砂石垫层。与现状模型区别：模拟区地形采用设计地坪标高；由于消防通道的修建，拟建工程北侧和南侧地形受消防通道控制；由于基坑开挖及碎石垫层或级配砂石垫层铺设，改变了上层滞水含水层分布条件。边界条件主要依据工程场区最高地下水位及雁栖湖湖水最高水位确定。

模型东边界紧邻雁栖湖，设置为定水头边界，水位数据采用雁栖湖正常蓄水位标高90.00m考虑。模型上边界，设置为定水头边界，水位数据采用上层滞水最高水位数据。其中工程场区及消防通道之外的模拟区上层滞水最高水位按设计室外地坪标高之下0.30m考虑（见图11 a示意）。消防通道区上层滞水最高水位按消防通道路面标高考虑（见图11 b示意）。其他各边界设置与现状模型相同。

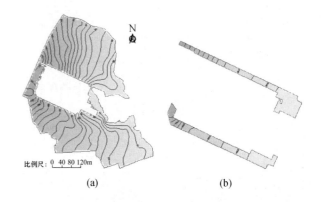

比例尺：0　40 80 120m

(a)　　　　　　(b)

图11　模拟区上层滞水最高水位标高等值线图

5.3　抗浮设防水位确定

对预测模型各边界赋值，采用稳定流模型计算，所得模拟区上层滞水最高水位等值线图见图12。根据该计算结果绘制基础底板位置预测最高地下水位即抗浮设计水位标高分布图，见图13。

针对本次分析过程而言，预测模型西边界采用与现状模型相同的赋值并无充分依据，好在通过试算可知改变模型西边界赋值对最终抗浮设计水位计算结果影响很小。

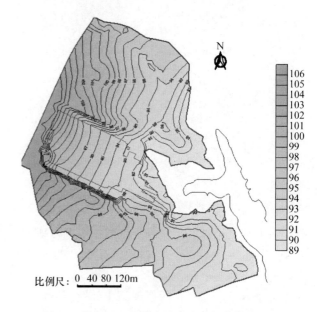

比例尺：0　40 80 120m

图12　模拟区上层滞水最高水位标高等值线图

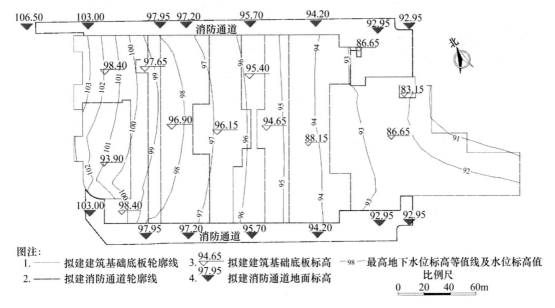

图注：
1. ……… 拟建建筑基础底板轮廓线   3. ▽94.65 拟建建筑基础底板标高   —98— 最高地下水位标高等值线及水位标高值
2. —— 拟建消防通道轮廓线   97.95   比例尺
                                    4. ▽ 拟建消防通道地面标高   0   20   40   60m

图 13　基础底板位置抗浮设计水位标高分布图

6　结论与建议

（1）很多情况下使用《高层建筑岩土工程勘察规程》[2]提出的"场地地下水抗浮设防水位"直接用于抗浮稳定性验算会过于保守并大幅提高工程造价。

（2）建筑抗浮设计水位分析应从分析工程场区及其所在区域水文地质条件、地下水位多年动态规律入手，且地下水位长期观测数据序列长度应与拟建建筑设计使用年限相当。在无长期水位观测资料或资料缺乏的地区应首选文献［2］规定方法并采用偏保守的分析方法和数值确定抗浮设计水位，或进行专门研究。

（3）在无长期水位观测资料的区域及水文地质条件复杂的区域可以通过开展水文地质勘察工作，在充分分析水文地质条件的基础上，合理划分研究区域，建立合适的水文地质概念模型，正确选择现状及预测最高水位时期的模型边界条件，采用地下水数值模拟技术来计算抗浮设计水位。在边界条件不明确时应选用保守值。

本文观点正确与否，希望同行批评指正。

参考文献

［1］中国建筑科学研究院. GB 50007－2011 建筑地基基础设计规范［S］. 北京：中国建筑工业出版社，2012.
［2］机械工业勘察设计研究院. JGJ 72－2004 高层建筑岩土工程勘察规范［S］. 北京：中国建筑工业出版社，2004.
［3］张旷成，丘建金. 关于抗浮设防水位及浮力计算问题的分析讨论［J］. 岩土工程技术，2007，21（1）：15 -20.
［4］张在明，孙保卫，徐宏声. 地下水赋存状态与渗流特征对基础抗浮的影响［J］. 土木工程学报，2001，34（1）：73 - 78.
［5］杨翠珠. 建筑物基础抗浮设防水位之我见［J］. 岩土工程技术，2007，21（4）：176 - 178.
［6］陈刚，黄骁，孙进忠. 北京怡海花园工程建筑抗浮设防水位研究［J］. 工程地质学报，2004，12：421 - 424.
［7］李广信，吴剑敏. 浮力计算与黏土中的有效应力原理［J］. 岩土工程技术，2003，2：63 - 66.
［8］王文峰，王慧玲. 封闭式路堑 U 型槽结构抗浮设计水位计算方法［J］. 工程勘察，2012，8：36 - 40.

输氧抽气技术在非正规垃圾填埋场治理工程中的应用[*]

王 玉

(北京市勘察设计研究院有限公司，北京 100038)

摘 要：城市化进程中，绝大多数城镇面临着垃圾围城的问题，面对日益严重的危机，选择适当的垃圾处理技术显得尤为重要。原位输氧抽气技术针对垃圾填埋场利用好氧工艺进行处理，加速垃圾内部有机质的生物降解，加速垃圾的减量化及稳定化，减少废气的排放。通过该技术在北京某处非正规垃圾治理工程中的应用，监测结果显示垃圾内甲烷含量降至爆炸极限的5%以下，极大地减少了渗滤液的产量及处理量，垃圾体产生较大沉降（最大沉降量约39cm），周边空气质量得到了较大改善。结果表明输氧抽气技术的成功实施对于垃圾治理具有很好的环境及社会效益，作为国内一种新兴的垃圾处理技术，应用前景广阔。

关键词：非正规垃圾填埋场；输氧抽气；工程应用

The Application of Bioreactor Technique on Treatment of Municipal Solid Waste

Wang Yu

(Beijing Geotechnical Institute Engineering Consultants LTD. ，Beijing 100038)

Abstract：Municipal solid waste threatens more to the human life during the fast urbanization in our country. It is urgent to find a proper technique for the waste treatment. The bioreactor as one of most effective methods accelerates the degradation，minimize the production of odour. After the application to a landfill in Beijing，the results show that the contents of methane is below 5%，the leachate amount is dropping greatly，the maximum sediment is up to 39cm，and the air quality improves a lot. Bioreactor turns to be a good choice for landfill treatment and has vast applied prospects.

Key words：irregular municipal solid waste landfill；bioreactor；project application

1 引言

随着城市化进程，我国的垃圾产量也急速膨胀，全国大多数城镇都遭受到垃圾围城的困扰，并且这种趋势正在愈演愈烈。截至2010年底，全国设市城市和县城生活垃圾年清运量达2.21亿吨，生活垃圾无害化处理率63.5%，其中设市城市77.9%，县城27.4%[1]；城市生活垃圾的无害化处理处置以卫生填埋为主，占全国79.3%[2]。作为新兴的治理技术垃圾原位输氧抽气治理技术近年来成为研究热点，该技术已经在全世界范围内被广泛实验及应用，目的是通过有氧反应加速垃圾体内的有机物分解，降低填埋气对环境的损害[3]，最终实现垃圾体稳定化[4,5]。但此类工程多为室内试验和国外的工程经验，国内实际工程开展较少。

针对非正规垃圾填埋场应用输氧抽气技术，一方面通过向垃圾体内注入新鲜空气，加速有机物的氧化反应，另一方面抽取出垃圾体内由于氧化反应产生的废气。整个系统包括抽气系统、注气系统、温湿度监测系统、气体检测系统及相关控制组件如阀门、压力表、流量计等。垃圾体内抽出的废气经过生物过滤系统处理达标后排放到大气。在垃圾场建设若干渗滤液抽取井，目的是通过渗滤液的抽取，使垃圾体内的水位降到较低的位置，更多的垃圾接触到氧气，达到有氧反应的条件。

在该垃圾场输氧抽气原位治理技术获得成功实施，该技术主要是通过对垃圾体内气体成分、温度及水分等的动态调整，改变填埋垃圾的厌氧环境为好氧环境，为好氧菌创造适宜的生存条件，进而加速垃圾体内有机物的降解，减少温室气体排放、实现填埋场的资源化、减量化、无害化。

2 垃圾治理技术综述

从垃圾污染源控制、阻断污染途径和环境受体防护的角度可以确定不同的垃圾处理技术。目前国内的垃圾治理技术主要分为控制性技术与处理性技

* 基金项目：北京市科技计划课题（D09040900380000）

术。其中控制性技术主要包括顶部屏障法（传统覆盖、替代覆盖、地球化学覆盖），竖向屏障法（泥浆墙、注浆帷幕、板桩、生物屏障），水平屏障法（注浆衬垫），抽取处理法（垂直井、水平井），反应屏障法（强化吸附泥浆墙）等；处理性技术包括监测自然衰减法（自然生物降解），反应墙法（零化合价铁填充墙、生物墙），植物修复技术（植物、树木），固化法（稳定化、固定化、玻璃化），强化去除法（土壤冲刷、污染土壤气体抽取、空气喷射、蒸汽注入、射频加热、强化电解动力学法、焚烧法），生物处理法（生物通风、生物淋洗、生物气体注入、渗液廊道法）。

垃圾处理方式的选择与社会经济发展水平、人口密度、土地及周边条件、产生垃圾的成分以及居民的生活习惯和环保意识有很大关系，目前我国绝大部分的垃圾采用填埋法进行处理。填埋法具有技术成熟、操作简单、处理量大、投资和运行费用低、适用于各种类型垃圾等诸多优点，但是其减容、减量化效果较差、资源化水平低、处理周期长。另外采用填埋法需要占用大量土地资源，厂址选择困难，并且垃圾渗滤液会污染地下水及土壤，散发的臭气又会污染大气，垃圾发酵产生的甲烷气体既是火灾及爆炸隐患，排放到大气又会产生温室效应。在当前我国经济高速增长、城市生活垃圾增长迅速、土地资源日益紧缺的条件下，应加大新技术的研发应用，选择更适宜的治理技术，确保垃圾治理的社会、经济、环境效益。

3　输氧抽气治理技术

输氧抽气法是从治理污染源的角度治理非正规垃圾填埋场，该方法将新鲜空气加压后，用管道注入垃圾深处，同时把垃圾中经反应产生的废气抽出，并对反应物的温度、湿度与垃圾气体进行监控，从而加速有机物的降解，削减有毒有害物质的产生，使垃圾在一定时间内达到稳定状态，有机物得到降解。典型的输氧抽气技术原理见图1。

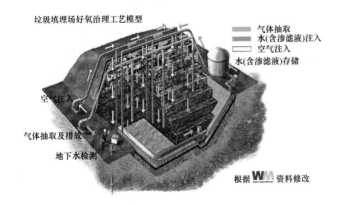

图 1　输氧抽气技术原理图[6]

输氧抽气技术工程应用包括：单独采用输氧抽气技术治理已经封场的非正规垃圾填埋场，该方法一般处理垃圾时间为2～4年，填埋垃圾可达到稳定化程度，处理后的垃圾中仍有少量的有机质，治理的工程费用较高；采用输氧抽气预处理与开挖筛分联合治理技术治理已封场的非正规垃圾填埋场。对于沼气含量过高，渗滤液含量过大的垃圾填埋场在进行开挖筛分治理工程前需采取输氧抽气工程进行预处理，能显著降低甲烷和恶臭气体浓度，规避后续开挖施工的安全风险。该方法实施周期较短，通常小于1年。

4　工艺流程及实施方案

4.1　工艺流程

输氧抽气治理技术主要由注气/抽气系统（注气风机组、抽气风机组、气液分离器、输气管路、注气井、抽气井、排水井等组成）；渗滤液抽提与回灌喷淋系统（由渗滤液抽提井、输液与回灌管路和渗滤液池等组成）；监测系统（气体浓度及温湿度监测井、温度采集器、气体成分在线监测系统、地下水质监测井、地面沉降标点、数据传输线路等组成主要监测项目：温度、湿度、填埋气主要气体成分 CO_2、CH_4、O_2 等）；废气处理系统；控制系统及运行维护等部分组成。工艺流程图如图2所示。

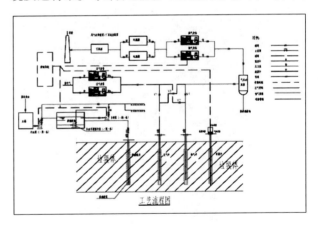

图 2　输氧抽气工艺流程图

4.2　项目概况

该垃圾填埋场位于北京城区北部、地处十三陵水库下游，京密引水渠北侧，为北京市重要水源保护区之一。场地共分为两期治理，本项目需要治理的为填埋二区垃圾，二区占地面积为63099m²。2007年封场。该垃圾填埋场填埋垃圾成分以生活垃圾为主，填埋垃圾的深度在5～17m之间，填埋量约70万立方米。

经过前期的风险勘查评价：该垃圾填埋场危害等级为"高度危害"，地下水污染风险分级为"高风险"，综合风险等级为"A"级。

针对该 A 级非正规垃圾填埋场，拟采用垃圾筛分技术治理。经现场监测，该填埋场仍处于反应活跃期，填埋甲烷气体含量在 50％～60％，积存大量渗滤液，给施工带来巨大安全隐患。因此，在进行筛分工程之前，需采用输氧抽气治理进行预处理，以加快垃圾降解速度，显著降低甲烷和恶臭气体浓度和渗滤液产量。

4.3 工程建设

该工程建设分为垂直井施工阶段、水平管路施工阶段、设备安装阶段、设备调试阶段、设备运行阶段、治理工程验收阶段等若干组成部分。该治理工程共布设垂直井 161 个，其中排水井 14 个，抽气井 48 个，注气井 57 个，垃圾气体/温湿度监测井 25 个，渗滤液抽提井 11 个，集水井 4 个，水质监测井 2 个。注气井、抽气井建设按东、西两个区分别施工。设抽/注气管路 4800m、喷淋管路 2200m、渗滤液输送管路 2000m；抽/注气风机各两台、渗滤液抽提泵 11 台、渗滤液输送泵 2 台、生物滤池除臭处理系统 1 套、温度与水分在线监测系统 1 套、气体浓度在线监测系统 1 套、远程综合控制系统 1 套，以及相关软硬件系统等。工程各环节示意图见图 3～7 所示。

图 5 动力设备分布

图 6 监测设备及组件

图 3 各类垂直井分布图

图 7 现场监测

4.4 运行效果

在项目建设及系统的联合调试结束后，经过输氧抽气技术半年的治理，效果验证指标均取得较好的表现，具体表现在：垃圾场全区出现普遍下沉，最大沉降量为 39cm；渗滤液水头下降明显，普遍下降 100cm 以上，最大下降 390cm；垃圾堆体内平均温度由治理前的 17℃，达到治理后的 30℃，局部最高温度超过 57℃；甲烷气体浓度由最初的 50％以上，控制到 5％以下；消除垃圾恶臭扰民问题。具体参数的变化情况如下各图所示。

图 4 水平管路主管路

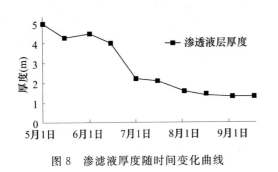

图 8　渗滤液厚度随时间变化曲线

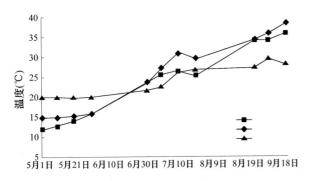

图 9　不同深度垃圾温度随时间变化曲线

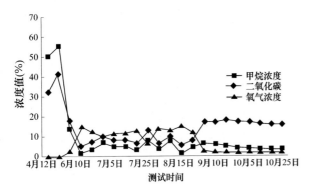

图 10　填埋气浓度变化曲线

5　小结

根据输氧抽气的技术原理和工程应用要求，针对北京市某垃圾治理工程开展了全面的建设运行工作。重点对输氧抽气技术实施过程中的工艺子系统如注气-抽气系统、渗沥液抽取-液体添加系统、废气处理系统、检测监测系统、控制系统等的设计、实施、维护、监测等做了大量工作。

通过对该垃圾填埋场的踏勘、测量、取样及现场走访等工作，查明了垃圾填埋场的地理位置、垃圾分布及体量、垃圾成分、垃圾填埋气成分及含量、封场时间及场区周边水文地质环境等基本情况。根据获取的相关参数结合输氧抽气技术的特点，完成了该垃圾场治理的详

细设计，具体包括：（1）各类功能垂直井的结构设计如抽气井、注气井、监测井、渗滤液抽提井、排水井、地下水监测井等；（2）各功能井的数量及布局设计；（3）各种水平管路的规格选型、铺设线路及方式等；（4）各类设备的选型如：抽气注气风机、废气处理设备、渗滤液抽提泵、循环泵、气液分离器等规格参数的确定。（5）监测方法和频率的研究；（6）沉降观测点设计；（7）系统运行维护机制等。

依据细化的设计方案，输氧抽气工艺得以实现，完成了从设计到实现的全过程工作，并在实施过程中积累了大量的工程经验。

为确保输氧抽气治理工艺的有效实施，针对若干关键控制参数的实时监测与调整做了大量研究与试验。通过各类传感器的安装如温度传感器、水分传感器、气体浓度传感器、沉降量监测仪、注气压力计与流量计、抽气压力计与流量计，实时反映系统设定运行方式的效果，并根据反馈结果对运行方式做出调整如设备运行时间，垃圾体注入空气流量，抽出废气流量，渗滤液的回灌分布等。基于参数在线实时监控技术，对运行方式动态调整过程研究，掌握了输氧抽气工程实施过程中的系统设计方法，并对关键参数的设置及系统联动下参数的变化规律做了大量实践。

工程实践的结果表明，通过输氧抽气技术在垃圾填埋场治理工程中的应用，降低了垃圾体内易燃易爆气体的含量，削减了垃圾体内的可降解物质，实现垃圾的减量化和无害化处理，减少渗滤液的处理量，减少了对地下水的环境污染风险，极大的降低了垃圾场自身的环境风险及社会风险，改善了周边居民的生活环境。输氧抽气技术作为一种垃圾填埋场的好氧降解技术表现出了较强的优势，作为国内一种新兴的垃圾处理技术，定会有广阔的应用前景。

参考文献

[1]　国务院办公厅. 关于印发"十二五"全国城镇生活垃圾无害化处理设施建设规划的通知，国办发［2012］23 号.

[2]　中华人民共和国环境保护部科技标准司. 关于征求《生活垃圾填埋场渗滤液污染防治技术政策》（征求意见稿）意见的函，环办函［2012］1004 号.

[3]　李秀金. "生物反应器型"垃圾填埋技术特点和应用前景［J］.《农业工程学报》，2002，18（1）：111-114.

[4]　Cossu R., Raga R. and Rossetti D. Full scale application of in Situ Aerobic stabilization of old landfills. In:

Proceedings Sardinia 2003，Ninth International Waste Management and Landfill Symposium. Cagliari，Italy，6－10 October 2003.

［5］ Cossu R. ，Sterzi G. and Rossetti D. Full－scale application of aerobic in situ stabilization of an old landfill in north Italy. In：Proceedings Sardinia 2005，Tenth International，2005.

［6］ Waste Management，Inc. http：//www. wm. com/sustainability/bioreactor-landfills/bioreactor-technologies. jsp.

基坑涌水量计算程序简介

朱国祥　高文新　周玉凤

(北京城建勘测设计研究院有限责任公司)

1　前言

在地下水位较高、基坑开挖较深的建设工程基坑支护设计中，通常要估算基坑涌水量。基坑涌水量估算是一项专业技术较强的工作，涉及多种参数的概化，计算公式也较复杂，为便于广大工程技术人员快速掌握计算方法，提高工作效率，作者编制了基坑涌水量计算程序，供广大技术人员参考使用。

2　编制依据

根据《建筑基坑支护技术规程》JGJ 120—2012附录E，基坑涌水量估算可分为潜水完整井、潜水非完整井、承压水完整井、承压水非完整井、承压水—潜水完整井5种计算模型，5种模型的计算公式和概化图见表1。

表 1　基坑涌水量计算模型一览表

计算公式	概化模型
潜水完整井　　$Q=\pi k \dfrac{(2H-s_d)\,s_d}{\ln\left(1+\dfrac{R}{r_0}\right)}$	
潜水非完整井　　$Q=\dfrac{\pi k \cdot (H^2-h^2)}{\ln\left(1+\dfrac{R}{r_0}\right)+\dfrac{h_m-L}{L}\ln\left(1+0.2\dfrac{h_m}{r_0}\right)}$ 其中 $h_m=\dfrac{H+h}{2}$	
承压水完整井　　$Q=2\pi k \dfrac{M \cdot s_d}{\ln\left(1+\dfrac{R}{r_0}\right)}$	
承压水非完整井　　$Q=\dfrac{2\pi \cdot k \cdot M \cdot s_d}{\ln\left(1+\dfrac{R}{r_0}\right)+\dfrac{M-L}{L}\ln\left(1+0.2\dfrac{M}{r_0}\right)}$	
承压水—潜水完整井　　$Q=\pi k \dfrac{(2H_0-M)\,M-h^2}{\ln\left(1+\dfrac{R}{r_0}\right)}$	

3 输入界面

本程序将 5 种计算模型的输入参数集中在同一输入界面上（见图 1），界面的上半部分为相关数据的输入处，首先通过单选按钮选择计算模型，选中的模型在界面的下部实时显示出来，以便使用者对照图片了解各个参数的含义。

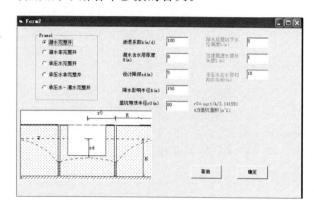

图 1 输入界面

不同模型需要的参数略有差别，选中某个计算模型后，需要输入的参数在输入界面右上部以实体字显示，不需要的参数以灰色字显示。

数据输入完毕，按"确定"按钮，将输入的数据保存在文件中，以便下一步进行计算或重新打开进行修改。

为实现通过单选按钮选择计算模型后，能实时在界面上显示计算模型的图片，程序中采用了以下的代码。

```
Private Sub Option1 _ Click()
……
PATHPRL = PATHPR1 + " 模型 1. gif"
Form2. Picture3. Picture = LoadPicture （PATH-PRL）
End Sub
```

4 输出界面

输出界面中包括原始数据、计算公式、计算结果、计算模型等（见图 2）。输出界面中的数据人工不可修改，以便于校对者通过校对原始数据是否正确就可确认计算结果是否正确。

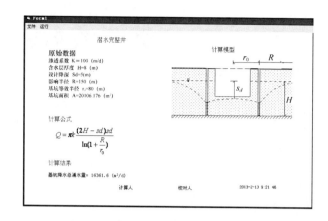

图 2 输出界面

此外校对者还可通过输出界面中给出的计算模型和计算公式判断计算者采用的计算模型是否正确。

为实现在输出界面中同时输出进行模型和计算公式，程序中采用了以下的代码。

```
Private Sub run _ menu _ Click()
……
If KL = 1 Then '潜水完整井
……
PATHPRL = PATHPR1 + " 模型 1. gif"
Picture1. Picture = LoadPicture （PATH-PRL）
PATHPRL = PATHPR1 + " 公式 1. gif"
Picture2. Picture = LoadPicture （PATH-PRL）
……
End If
……
End Sub
```

5 结语

本程序输入界面具有可视化的特点，便于广大技术人员，特别是初学者，了解各个参数的含义，快速掌握计算方法，减少广大技术人员的计算工作量，提高工作效率。

根式基础荷载传递的非线性分析

龚维明　胡　风

（东南大学土木学院，南京　210096）

摘　要：根据荷载传递法及 Winkler 地基梁理论，推导竖向荷载作用下根式基础位移与内力分布计算方程，计算中考虑了根键的重叠折减效应。选取非线性双曲线模型作为荷载传递函数，编制根式基础竖向计算程序。与实测数据比较可知，本文提出的理论计算方法可用于根式基础竖向承载力计算。

关键词：根式基础；竖向荷载；荷载传递函数；非线性分析

1　概述

文献［1］根据仿生学原理对传统沉井基础进行了改进，提出了一种全新的变截面基础形式——根式基础，如图 1 所示。其主要思想是在沉井下沉后，在沉井中央通过井壁预留的顶推孔，向井外土体压入预制根键，并最终保证沉井与根键紧密固结，这时沉井便转化为类似树根的仿生基础。根键能有效发挥周围土体的法向承载力及侧摩阻力，故可显著提高同直径沉井基础的承载性能。根式基础应用广泛，在桥梁工程中可作为桥墩、锚锭的新基础形式以取代传统的桩基础及沉井基础。目前，根式基础已成功应用于合肥～阜阳高速公路淮河特大桥、马鞍山长江大桥引桥、望东长江大桥引桥中。

根式基础较其他基础，如桩基础、沉井基础、地下连续墙基础等结构复杂，根式基础中井壁、根键与土体组成了更为复杂的相互作用体系，根键与土产生的附加反力以及相邻根键类似群桩的重叠折减效应都成为理论分析的新难点。

为准确预估根式基础的竖向承载性能，本文采用双曲线弹塑性荷载传递函数来描述根键、沉井侧壁、沉井底部与土的非线性作用机理。计算中将根键上的土反力转化为等效节点力附加在含根键的节点上，同时考虑根键的重叠折减效应，利用变刚度迭代法来求解任意竖向荷载下根式基础的位移、轴力、侧摩擦力的分布，变刚度迭代法可适用于多种荷载传递模型。最后将计算结果与实测数据进行了比较，以验证本文计算方法的准确性。

2　理论推导

2.1　双曲线荷载传递模型

Seed 和 Reese 最早采用荷载传递法来分析桩基础的荷载传递规律并计算其沉降，在荷载传递法中，需要给出能准确反映土反力与结构物位移关系的荷载传递模型。为此，国内外众多学者提出了各种非线性模型假设，其中包括佐滕梧的理想弹塑性模型，双折线模型，Kezdi 的指数模型，Vijayvergiya 的抛物线模型及 Gardner 和 Kraft 提出的各自双曲线模型。但大量试验表明，双曲线模型与试验所测荷载传递曲线更为接近，且拟合过程简单，是应用较为广泛的荷载传递模型。

双曲线模型的基本形式为

$$\sigma(u) = \frac{u}{A + Bu} \tag{1}$$

式中，σ 为土反力，既可是土对结构的切向反力，如侧摩擦力，也可是土对结构的法向反力，如端承力；u 为结构与土的相对位移，A、B 为待定系数，其物理意义分别是，$\frac{1}{\tan\theta}$（曲线原点处的切线斜率的倒数）与 $\frac{1}{\sigma_u}$（σ_u 为土的极限反力），切向反力中的 A、B 值可通过实测 $\sigma-u$ 曲线回归得到，法向反力中 A、B 值可通过压板试验得到。

2.2　根式基础荷载传递方程

根式基础可简化为如图 2（a）所示的力学系统，基础与土体采用如图（b）所示的非线性弹簧

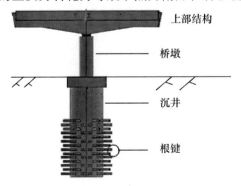

图 1　根式基础示意图

连接。其中，k_n、k_b 分别为土对根键及基础底部的法向刚度，k_s 为土对根键及井壁的侧向刚度，土对结构的刚度可由（1）式求导得到

$$k(u)=\frac{\mathrm{d}\sigma}{\mathrm{d}u}=\frac{A}{(A+Bu)^2} \tag{2}$$

图 2（c）为离散后的单元节点形式，其中，白色节点为不含根键节点，黑色节点为含根键节点，土对根键的反力 F_R 可作为附加节点力叠加到节点上。

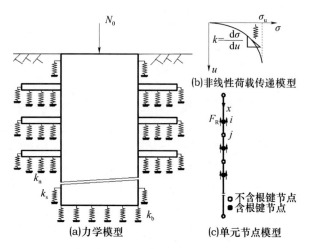

图 2　根式基础力学模型与单元节点图

沉井刚度较大，可假设井身只发生弹性变形，在竖向荷载作用下，圆形根式基础位移微分方程为

$$\frac{\mathrm{d}^2u}{\mathrm{d}x^2}=\frac{4D}{E(D^2-d^2)}\tau \tag{3}$$

式中，x 为入土深度，E 为井壁弹性模量，D 为井壁外径，d 为井壁内径，τ 为侧壁摩阻力。

任意沉降 u 下，侧壁阻力可用下式计算，

$$\tau=k_s u+\tau_b \tag{4}$$

代入（3）式，可得

$$\frac{\mathrm{d}^2u}{\mathrm{d}x^2}=\frac{4Dk_s}{E(D^2-d^2)}\left(u+\frac{\tau_b}{k_s}\right) \tag{3'}$$

根据常微分方程理论，（3'）式的通解为

$$u=C_1\mathrm{e}^{\lambda_1 x}+C_2\mathrm{e}^{-\lambda_1 x}-\frac{\tau_b}{k_s} \tag{5}$$

其中，$\lambda_1=\sqrt{\dfrac{4Dk_s}{E(D^2-d^2)}}$，将边界条件，

$$u\big|_{x=0}=u_0,\quad \frac{\mathrm{d}u}{\mathrm{d}x}\bigg|_{x=0}=-\frac{4N_0}{\pi E(D^2-d^2)}=-\lambda_2 N_0 \tag{6}$$

可得，位移函数表达式为

$$u=\frac{1}{2}(\mathrm{e}^{\lambda_1 x}+\mathrm{e}^{-\lambda_1 x})u_0-\frac{\lambda_2}{2\lambda_1}(\mathrm{e}^{\lambda_1 x}-$$

$$\mathrm{e}^{-\lambda_1 x})N_0$$

$$+\frac{\tau_b}{2k_s}(\mathrm{e}^{\lambda_1 x}+\mathrm{e}^{-\lambda_1 x}-2) \tag{7}$$

式中，u_0 为基础顶部沉降，N_0 为基础顶部竖向载荷，$\lambda_2=\dfrac{4}{\pi E(D^2-d^2)}$

轴力可表达为，

$$N=-\frac{1}{\lambda_2}\frac{\mathrm{d}u}{\mathrm{d}x}=-\frac{\lambda_1}{2\lambda_2}(\mathrm{e}^{\lambda_1 x}-\mathrm{e}^{-\lambda_1 x})u_0$$

$$+\frac{1}{2}(\mathrm{e}^{\lambda_1 x}+\mathrm{e}^{-\lambda_1 x})N_0-\frac{\lambda_1\tau_b}{2k_s}(\mathrm{e}^{\lambda_1 x}-\mathrm{e}^{-\lambda_1 x}) \tag{8}$$

相邻节点写成传递矩阵的形式为

$$\begin{Bmatrix}u_j\\N_j\end{Bmatrix}=$$

$$\begin{bmatrix}\frac{1}{2}(\mathrm{e}^{\lambda_1\Delta x}+\mathrm{e}^{-\lambda_1\Delta x}) & -\frac{\lambda_2}{2\lambda_1}(\mathrm{e}^{\lambda_1\Delta x}-\mathrm{e}^{-\lambda_1\Delta x})\\ -\frac{\lambda_1}{2\lambda_2}(\mathrm{e}^{\lambda_1\Delta x}-\mathrm{e}^{-\lambda_1\Delta x}) & \frac{1}{2}(\mathrm{e}^{\lambda_1\Delta x}+\mathrm{e}^{-\lambda_1\Delta x})\end{bmatrix}$$

$$\cdot\begin{Bmatrix}u_i\\N_i\end{Bmatrix}+\begin{Bmatrix}\frac{\tau_b}{2k_s}(\mathrm{e}^{\lambda_1\Delta x}+\mathrm{e}^{-\lambda_1\Delta x}-2)\\ -\frac{\lambda_1\tau_b}{2k_s}(\mathrm{e}^{\lambda_1\Delta x}-\mathrm{e}^{-\lambda_1\Delta x})\end{Bmatrix} \tag{9}$$

式中，$\Delta x=x_j-x_i$。

2.3　根键土反力的叠加

根键随沉井一起向下运动时，土在根键外表面上与根键发生相互作用，以抵抗根键的运动，形成土反力，如图 3 所示。根键的下表面（面 3）受到土的法向承载力，侧表面（面 1、2、4）受到土的切向反力，而上表面仅受到土的黏滞力，这一部分力很小，且当竖向位移较大时，根键与土在上表面上可能形成缝隙，故可忽略根键上表面上的土反力。

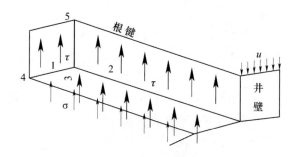

图 3　根键受力分析

根键截面积大，抗弯能力强，与井壁固结，可不考虑根键的弯曲与转动。则每层根键的总反力为

$$F_R=\alpha_0 n\big[bl(k_n u+\sigma_b)+K_0 h(b+2l)(k_s u+\tau_b)\big] \tag{10}$$

式中，α_0 为考虑根键重叠效应的折减系数，n 为此层根键个数，b 为根键宽度，l 为根键长度，h

为根键厚度，K_0 为土体侧压系数。

若 j 节点为含根键节点，可将根键上的土反力作为附加节点力叠加到 j 节点上，这时轴力变为 τ

$$N_j = -\frac{\lambda_1}{2\lambda_2}(e^{\lambda_1 \Delta x}-e^{-\lambda_1 \Delta x})u_i + \frac{1}{2}(e^{\lambda_1 \Delta x}+e^{-\lambda_1 \Delta x})N_i F_{Rj} \tag{11}$$

$$= -\left\{ \begin{array}{l} \frac{\lambda_1}{2\lambda_2}(e^{\lambda_1 \Delta x}-e^{-\lambda_1 \Delta x})+\frac{1}{2}\alpha_0 n \\ [blk_n+K_0 h(b+2l)k_s](e^{\lambda_1 \Delta x}+e^{-\lambda_1 \Delta x}) \end{array} \right\} u_i$$

$$+\left\{ \begin{array}{l} \frac{1}{2}(e^{\lambda_1 \Delta x}+e^{-\lambda_1 \Delta x})+\frac{\lambda_2}{2\lambda_1}\alpha_0 n \\ [blk_n+K_0 h(b+2l)k_s](e^{\lambda_1 \Delta x}-e^{-\lambda_1 \Delta x}) \end{array} \right\} N_i$$

$$-\frac{\tau_b}{2k_s}\alpha_0 n[blk_n+K_0 h(b+2l)k_s](e^{\lambda_1 \Delta x}+e^{-\lambda_1 \Delta x}-2)$$

$$-\frac{\lambda_1 \tau_b}{2k_s}(e^{\lambda_1 \Delta x}-e^{-\lambda_1 \Delta x})-\alpha_0 n[bl\sigma_b+K_0 h(b+2l)\tau_b]$$

传递关系（11）式变为

$$\left\{ \begin{array}{c} u_j \\ N_j \end{array} \right\} = \left[\begin{array}{cc} A_{ij} & B_{ij} \\ C_{ij} & D_{ij} \end{array} \right] \left\{ \begin{array}{c} u_i \\ N_i \end{array} \right\} + \left\{ \begin{array}{c} E_{ij} \\ F_{ij} \end{array} \right\} \tag{11'}$$

其中，

$$A_{ij}=\frac{1}{2}(e^{\lambda_1 \Delta x}+e^{-\lambda_1 \Delta x}) \quad B_{ij}=-\frac{\lambda_2}{2\lambda_1}(e^{\lambda_1 \Delta x}-e^{-\lambda_1 \Delta x})$$

$$C_{ij}=-$$

$$\left\{ \begin{array}{l} \frac{\lambda_1}{2\lambda_2}(e^{\lambda_1 \Delta x}-e^{-\lambda_1 \Delta x})+ \\ \frac{1}{2}\alpha_0 n[blk_n+K_0 h(b+2l)k_s](e^{\lambda_1 \Delta x}+e^{-\lambda_1 \Delta x}) \end{array} \right\} D_{ij}$$

$$=\frac{1}{2}(e^{\lambda_1 \Delta x}+e^{-\lambda_1 \Delta x})+\frac{\lambda_2}{2\lambda_1}\alpha_0 n$$

$$[blk_n+K_0 h(b+2l)k_s](e^{\lambda_1 \Delta x}-e^{-\lambda_1 \Delta x})$$

$$E_{ij}=\frac{\tau_b}{2k_s}(e^{\lambda_1 \Delta x}+e^{-\lambda_1 \Delta x}-2)$$

$$F_{ij}=-\frac{\tau_b}{2k_s}\alpha_0 n[blk_n+K_0 h(b+2l)k_s]$$

$$(e^{\lambda_1 \Delta x}+e^{-\lambda_1 \Delta x}-2)-\alpha_0^n[bl\sigma_b+K_0 h(b+2l)\tau_b]-$$

$$\frac{\lambda_1 \tau_b}{2k_s}(e^{\lambda_1 \Delta x}-e^{-\lambda_1 \Delta x})$$

2.4 荷载—位移关系式

设首节点物理量与末节点的最终传递关系为

$$\left\{ \begin{array}{c} u_n \\ N_n \end{array} \right\} = \left[\begin{array}{cc} A_n & B_n \\ C_n & D_n \end{array} \right] \left\{ \begin{array}{c} u_0 \\ N_0 \end{array} \right\} + \left\{ \begin{array}{c} E_n \\ F_n \end{array} \right\} \tag{12}$$

基础底部位移与轴力的关系为

$$N_n=\frac{\pi D^2}{4}(k_n u_n+\sigma_b) \tag{13}$$

$$u_0=-\frac{4D_n-\pi D^2 k_n B_n}{4C_n-\pi D^2 k_n A_n}N_0-\frac{4F_n-\pi D^2 k_n E_n-\pi D^2 \sigma_n}{4C_n-\pi D^2 k_n A_n} \tag{14}$$

2.5 折减系数的计算

受竖向载荷的根式基础，不同层的根键会产生重叠效应，令承载性能折减，这类似于水平荷载作用下的群桩基础。折减系数主要与根键之间的竖向距离有关，距离小折增大，距离大折减小。但与群桩垂直于水平面的布置方式不同的是，根键为轴对称布置，分为等角度的交错布置与非交错布置，如图 4 所示，前种布置方式可减小重叠效应，提高土体对根键的整体承载力。

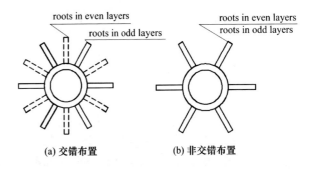

图 4   根键轴对称布置方式

目前对有夹角的群桩折减关系还少有研究，因此，本文只考虑在投影面上完全重叠的根键折减效应，这就简化为受横向荷载的单排桩。

根据横向受荷群桩折减系数公式[2]，可得投影重叠的根键折减系数为

$$\alpha_0=\frac{\left(\frac{S}{h}\right)^{0.015n+0.45}}{0.15m+0.10n+1.9} \tag{15}$$

式中，S 为纵向相邻根键的中心距离，m 为荷载方向上的根键个数，n 为垂直于荷载方向的根键个数，简化为单排桩时取 1。

2.6 变刚度迭代算法

迭代法是非线性计算中经常采用的算法，主要思想是先假设初值，再将初值放入迭代方程中进行反复迭代计算，直至计算值在规定容差下收敛。迭代法计算的好处是，思想简单，程序实现容易。

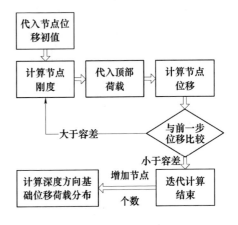

图 5   变刚度迭代法计算流程图

在计算根式基础受任意大小竖向载荷作用下的荷载传递性状时，同样可以用迭代法实现。首先假设所有节点的位移初值为 0，并利用（2）式得到节点的初始刚度，将顶部载荷代入迭代矩阵方程中，根据（9）、（11）、（12）和（14）式计算出节点位移，再重新代入（2）式动态调整新的节点刚度，根据新的刚度再得到新的位移，以此反复迭代，直至相邻两次迭代得到的位移计算差值小于容差，即可认为计算收敛，迭代计算结束。为准确分析沿深度方向基础位移与荷载的分布规律，在相邻节点之间，还需补充一些新节点，并计算其荷载及位移。变刚度迭代法的计算流程图，如图 4 所示。

3 算例分析

为验证前文理论分析的正确性，特对淮河特大桥现场试验根式基础进行验算。该试验根式基础深度为 12m，主体采用外径 5m 的空心钢筋混凝土，壁厚 0.4m，封底厚 1m，上下共布置 10 层根键，每层间距 1m，根键等角度交错布置，每层 6 根，长 1.85m、宽 0.35m、厚 0.3m，如图 6 所示。井壁弹模 $E=30\mathrm{GPa}$，根键折减系数 α_0 根据（15）式求得为 0.818。

试验采用自平衡测试法，通过基础底部荷载箱加载，共加载七级，分别测得了各级荷载下根式基

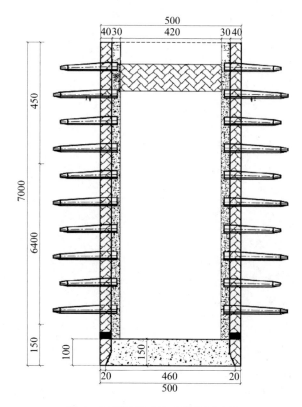

图 6　试验用根式基础结构尺寸图

础底部与底部荷载-位移曲线，并利用自平衡转换方法得到顶部加载时的根式基础 $Q\text{-}s$ 曲线。试验现场土层以黏土为主，沿地表深度方向各土层双曲线拟合参数列于表 1 中。

表 1　土层双曲线拟合参数表

层号	岩土名称	土层范围（m）	切向土反力拟合系数		法向土反力拟合系数	
			A（m²/N）	B（m/N）	A（m²/N）	B（m/N）
1	黏土	0.00～2.85	7.313×10^{-9}	2.252×10^{-5}	5.010×10^{-8}	1.002×10^{-6}
2	亚黏土（轻）与亚砂土互层	2.85～7.00	5.364×10^{-9}	1.533×10^{-4}	3.252×10^{-8}	8.335×10^{-7}
3	粉砂	7.00～9.45	6.972×10^{-9}	3.013×10^{-4}	3.249×10^{-8}	5.917×10^{-7}
4	亚黏土（轻）与亚砂土互层	9.45～11.60	7.512×10^{-9}	1.956×10^{-4}	3.176×10^{-8}	5.587×10^{-7}
5	亚黏土	11.60～13.00	9.673×10^{-9}	2.065×10^{-4}	1.450×10^{-8}	1.747×10^{-7}

本文采用 Matlab 软件编制计算程序，将算例中根式基础的几何参数及土层拟合参数代入程序中进行计算，可得试验根式基础的 $Q\text{-}s$ 计算曲线，与实测结果的比较如图 7 所示。可以看出，本文的计算方法可以准确反映受竖向载荷的根式基础由渐变到陡变的非线性荷载-位移关系，计算值与实测值也较为接近，某些荷载级别下位移计算值与实测值存在一定差异，这与自平衡转换方法中产生的累

计误差有关。

各级荷载下，根式基础竖向位移、轴力、摩阻力分布计算曲线分别如图 8～图 10 所示。这三者均随荷载增加而增加，竖向位移从基础顶部至底部逐渐减少，顶部与底部的位移差值即为基础的变形量。根式基础的轴力随深度递减，并在含根键的节点处发生阶梯性陡降，表明根键承担了部分外载荷。随荷载随顶部外载荷增

加，各类土反力分担比率变化曲线如图 11
所示。

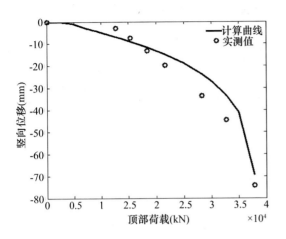

图 7　根式基础 $Q\text{-}s$ 计算曲线与实测值比较

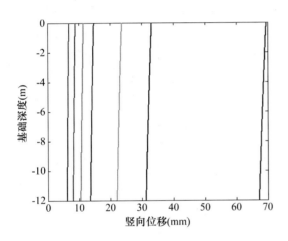

图 8　各级荷载下根式基础竖向位移分布计算曲线

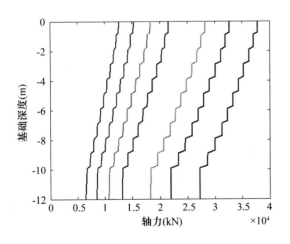

图 9　各级荷载下根式基础轴力分布计算曲线

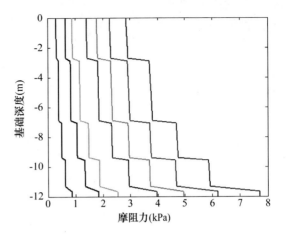

图 10　各级荷载下根式基础摩阻力分布计算曲线

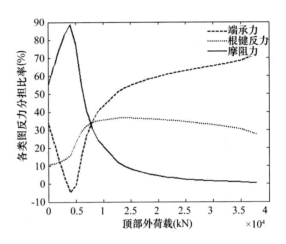

图 11　各类土反力分担比率变化计算曲线

4　结论

本文探讨了根式基础竖向承载机理及荷载传递形状，根据荷载传递法及 Winkler 地基梁理论建立力学模型，推导竖向荷载作用下，根式基础沉降大小与内力分布的计算方程。计算模型中考虑了根键的重叠折减效应，选取非线性双曲线模型作为荷载传递函数。编制根式基础竖向计算程序，对淮河公路桥项目中试验沉井进行理论分析。得到了荷载-沉降曲线及内力分布曲线等，将计算结果与试验数据进行比较，可知本文的计算实际接近接近，故可作为根式基础沉降与内力分布的计算方法。另外，折减系数的计算参考了群桩效率系数公式，此公式能否在根键中运用，还需更详尽的试验验证。

参考文献

[1]　殷永高．根式基础及根式锚碇方案构思 [J]．公路．2007，(2)：46-49.

[2]　刘金砺．桩基础设计与计算 [M]．北京：中国建筑

工业出版社，1990.

［3］　横山幸满．桩结构物的计算方法和计算实例［M］．唐业清，吴庆荪译．北京：中国铁道出版社，1984.

［4］　Poulos H. G. Pile Foundation Analysis and Design［M］. New York：Wiley，1980.

［5］　Selvadurai A. P. S. Elastic Analysis of Soil-Foundation Interaction. Netherlands［M］：Elsevier，1979.

［6］　Joseph E. Bowles. Foundation analysis and design［M］. New York：McGraw-Hill，1977.

基于强度折减法的桩基础竖向极限荷载判定方法[*]

郑颖人[1]　董天文[1,2]

(1. 后勤工程学院 建筑工程系，重庆　400041；2. 辽宁省交通高等专科学校　道桥系，沈阳　110122)

摘　要：受静载荷试验条件的限制，工程桩的极限破坏条件将不会出现，使得桩基础极限荷载值缺少客观性。基于桩基础承载机理和有限元极限分析理论，提出了桩基础极限荷载安全储备系数，建议了桩基础强度折减法极限荷载判定条件，探索了桩土系统弹塑性大变形、桩周材料强度参数计算、施工工法对桩土界面力学参数影响等问题的解决方法，研究表明：岩土材料强度参数 c、φ 的选择对桩基础强度折减法极限分析精确性影响较大，有限元强度折减法可以明确评价桩基础极限状态安全储备和极限荷载，对桩基础的极限荷载判定具有一定的应用意义。

关键词：极限分析；有限元；强度折减法；桩基础；极限荷载

中图分类号：　　　**文献标识码**：A

Estimated the Ultimately Bearing Capacity of Pile by Strength Reduction Method

ZHENG Ying-reng[1]，DONG Tian-wen[1,2]

(1. Department of Civil Engineering，Logistical Engineering University，Chongqing 400041；

2. Department of Road and Bridge Engineering，Liaoning Province College of Communications，Shenyang 110122)

Abstract：Because the loading condition of static loading test is confined，the ultimately failure of pile foundation engineering may not occur and the estimated ultimately loading of pile is lack of objectivity. Base of the bearing mechanism of pile foundation and the limit analysis of FEM，the safety storage factor (SSF) is put out，and the criterion of ultimately loading is advised，and the solution of elastic-plastic and large deformation，strength parameter (c，φ) and the interface mechanics of pile are studied. The research shown that：the computational accuracy of ultimately loading are obviously affected on the c and φ. at same time，this method has definitely practice purpose of determined the ultimately loading and SSF of pile foundation，and this method had certain mean for estimating the ultimately loading in practical engineering.

Key words：limit analysis；FEM；strength reduction method；pile foundation；ultimately loading

1　前言

　　桩基础广泛应用于土木工程，作为一种深基础，受地质条件、桩的几何特征、成桩方法和上部结构等因素不同的影响，其竖向极限荷载差异性比较大。目前，桩基础竖向承载力的确定可靠方法是般通过静载荷试验得到的桩顶荷载位移曲线（$P-s$ 曲线）来判定，但由于桩基础静载荷试验条件的限制，很多工程桩的加载量很难达到极限荷载值的拐点出现，使得桩基础的极限荷载很难准确给出。

　　桩基础竖向极限荷载判定的有限元强度折减法是建立在极限分析理论和强度折减法理论上，将桩基础视为系统，综合考虑弹塑性、大变形、刚度梯度大和界面力学特性复杂等问题，研究了强度折减法判定桩基础极限荷载的问题。

2　桩基强度折减法的极限分析理论

2.1　桩基础的竖向极限承载力数学表示

　　桩基础承载是桩体与桩周材料的相互作用过程，主要取决于桩周材料的物理力学性质。根据阻力发生机理的不同，桩基础承载力一般由桩端阻力和桩侧阻力构成，根据这两种阻力的构成比将桩基础分为摩擦型、端承摩擦型、摩擦端承型和端承型四种类型桩基础。

　　桩顶荷载作用于基桩后，通过桩土的相互作用，首先逐层激发桩周地基承载能力，形成对桩身

---

　　* 基金项目：国家自然科学基金项目，项目编号：51178457

向上的剪移摩阻力；继续增加桩顶荷载，桩端地基抗力开始发挥作用；在桩顶荷载达到极限荷载后，桩侧、桩端地基形成塑性变形，基桩承载力达到极限值。桩侧摩阻力，即桩土界面的滑动摩擦力，是由桩体附着的岩土材料与桩周地基的相对滑移产生，不仅与桩基础的几何参数、桩周土材料有关，而且与桩基础的施工工法有关。当桩端地基出现塑性流动后，桩端地基反力快速衰减，桩体发生较明显的竖向沉降；此时，受到桩侧阻力和上覆土层有效应力的限制，桩端地基的强度将有一定程度的提高，桩端阻力提高，桩体沉降量减少。桩基础极限承载力表示为：

$$R = q_p A_p + u_p \sum q_{si} l_i \qquad (1)$$

其中　R——单桩竖向极限承载力；

　　　q_p——桩端阻力极限值；

　　　q_{si}——第 i 层土桩侧摩阻力极限值；

　　　A_p——桩端截面积；

　　　u_p——桩周长；

　　　l_i——第 i 层土中的桩长[1]。

在基础安全性评价方面，使用的是试验判定与特征值的比值 k（一般不小于 2），其本质是设计值相对于判定极限荷载值的安全性评价。

将公式（1）转化为承载力函数式（2），

$$R = R_p (L, S, M, c, \varphi) + R_q (L, S, M, c, \varphi) \qquad (2)$$

式中　R——竖向极限承载力；

R_p 和 R_p——端阻力特征值、桩侧摩阻力极限值；

L、S、M——桩长参数、桩截面参数和施工工法参数；

c 和 φ——岩土材料的黏聚力和内摩擦角。

针对特定单桩的承载能力判定，该桩的几何参数（如：桩长参数、桩截面参数）和施工工法等条件已经确定，式（2）中影响其承载的函数变量仅为岩土材料的 c 和 φ。所以评价桩基础的安全性完全可以采用对岩土材料进行强度折减的方法，判确定基础的极限荷载。c 和 φ 值的强度折减公式见式（3）、（4）。

$$c' = c/F \qquad (3)$$

$$\varphi' = \arctan (\tan\varphi/F) \qquad (4)$$

式（3）、（4）中的 F 为强度折减系数或称为安全储备系数。

因此，桩基础竖向极限荷载为：

$$P_u = F \times P \qquad (5)$$

其中，P_u 为桩的极限载荷；P 为桩顶载荷。

使用桩基础强度折减法有限元极限分析得到的安全储备系数 F，与通过静载荷试验和荷载增量法极限分析得到的传统意义的超载安全系数不同。传统的超载安全系数是在载荷试验基础上判定极限荷载，而后除以安全系数得到设计荷载标准值，其本质是设计荷载的安全储备量。强度折减法得到的安全储备系数是针对基础的极限载荷或判定极限载荷而言的，研究的是当前桩基础所承受的荷载作用的安全储备。

3　桩基强度折减法的几个关键问题

3.1　强度折减法桩基础极限荷载的判据问题

桩基础极限载荷判定应采用数值计算不收敛、折减系数—位移曲线、折减系数—桩端阻力曲线、等效塑性应变云图等综合判定。强度折减法桩基础极限荷载判定需同时具备以下条件：（1）极限荷载条件下桩周地基出现塑性连通，桩体有无限运动的趋势，$F\text{-}s$ 曲线出现拐点，$F\text{-}s$ 曲线末端直线近似平行于 s 轴；（2）在极限荷载时，桩端地基出现塑性流动，桩端阻力快速衰减，同时因受到桩侧阻力和上覆土层有效应力对这一塑性流动的限制作用，在发生一定的桩端位移后，桩端地基反力将部分恢复，$F\text{-}Q_u$ 曲线出现"V"型转折点。此时，$F\text{-}s$ 曲线拐点、$F\text{-}Q_u$ 曲线"V"型尖点的前减系数为该桩顶荷载条件下基础的安全储备系数。

3.2　强度准则选用问题

岩土工程的有限元极限分析对于材料的物理本构关系的要求较低，但对强度准则的要求较高。DP 准则（如 ANSYS 软件提供的模型）是基于平面应变问题导出的材料强度准则，长细比大的桩基础桩周材料破坏并不能满足其前提条件，因此考虑使用适应三维空间分析的等面积圆强度准则[2]，其材料常数 α 和 k 见公式（6）和（7）。

$$\alpha = \frac{2\sqrt{3}\sin\varphi}{\sqrt{2\sqrt{3}\pi} \, (9 - \sin^2\varphi)} \qquad (6)$$

$$k = \frac{6\sqrt{3}c\cos\varphi}{\sqrt{2\sqrt{3}\pi} \, (9 - \sin^2\varphi)} \qquad (7)$$

3.3　有限元计算材料参数选择问题

强度折减法有限元极限分析的关键问题之一是材料参数的选择，强度参数 c 和 φ 是影响极限荷载判定的核心参数；地基杨氏弹性模量 E，仅会影响桩顶位移变化量值，不会影响基础的极限荷载。而在荷载增量法极限分析中，强度参数（c、φ）和物理参数（E）将影响各级荷载和位移计算值，准确的参数 c、φ 和 E，才能使计算 $p\text{-}s$ 曲线和极限荷载判定结果接近于静载荷试验情况。因此，有必要进行成桩后桩土系统材料强度参数、物理参数的确定。

岩土材料强度参数和物理参数的反分析方法均可尝试使用，也可以根据地区经验公式确定。对某一地区已有同类型桩基载荷试验资料的，应结合地质资料，根据原位直剪试验原理综合判定强度参数 c 和 φ，结合弹性地基理论确定地基杨氏弹性模量 E。

3.4 有限元分网方法与计算收敛准则问题

对于非嵌岩桩来说，桩基础有限元计算的难点之一是桩土系统的大变形，而大变形是激活桩周地基阻力的必要条件。但是对于桩土系统力学状态的综合评价，并不一定要追求某一局部的计算精度，为较好的实现地基土材料的大变形过程，有限元分网中应控制分网密度，降低桩土结合部位的网格密度，适应桩土间较大相对位移形成的网格大变形情况。同时，采用单一的非线性计算收敛准则（如位移收敛准则），并适当放大收敛允许值以省机时。

3.5 不同施工工法的界面参数模拟问题

不同施工工法将影响桩土接触范围（具有一定的影响半径）的材料参数变化。因此，建议使用界面接触单元材料参数模拟这一施工工法的影响。在ANSYS软件中，可通过使用接触单元（contact）解决之，并应对算法和有关计算控制参数进行调整。具体调整如下：（1）接触表面行为特征采用No Sparation（即接触单元允许出现滑移现象），计算方法采用拉格朗日法，接触单元法向指向接触面；（2）提高接触单元允许压应力参数，增强接触单元积分收敛；（3）提高穿透公差系数，解决接触面和目标面的变形问题；（4）界面的摩擦系数和黏聚力由接触面的土层材料确定。通过以上的调整，结合桩基础的承载特性，可使有限元分析技术更好地模拟桩基础的实际工作状态。

4 强度折减法桩基础竖向极限荷载判定算例分析

算例1[3]为振动沉管灌注桩，地质条件为：地貌为长江一阶台地，向下分布为人工填土（较薄）、黏性土、淤泥质粉土、粉砂层和中风化基岩。振动沉管灌注桩的桩径377mm、桩长为23m。静载荷试验加载到1600kN时桩顶位移为15.05mm试验终止，试验的p-s曲线并未出现拐点，原确定其极限承载力为1600kN。使用增量加载法计算的p-s曲线与静载试验p-s曲线走势总体表现接近，见图1。

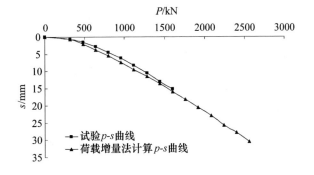

图1　算例1桩基础p-s曲线对比图

图2、图3和图4为桩顶荷载1600kN时的F-s曲线、F-Q_u曲线和等值线图，$F=1.3\sim1.34$间出现平台，折减系数增加位移基本不变，折减系数在1.3处出现拐点和近似于直线的变化，桩周地基已经发生全部的塑性区连通。判定桩顶荷载1600kN时，安全储备系数1.3，极限荷载为2080kN。

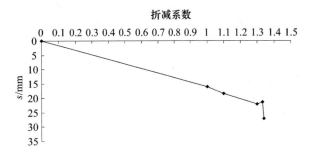

图2　算例1桩折减系数—位移曲线

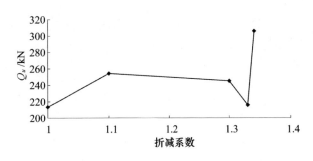

图3　算例1桩基础折减系数—桩端阻力曲线

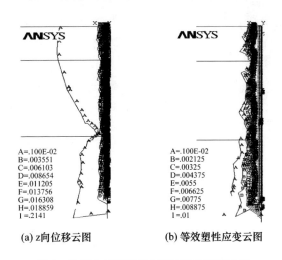

(a) z向位移云图　　(b) 等效塑性应变云图

图4　算例1桩顶荷载1600kN时折减系数
1.33的桩基础云图

算例2[4]为人工大直径挖孔灌注桩，桩长7.2m，桩身和桩端直径0.8m，混凝土C25。从地表向下分别分布为亚黏性土、细砂、砾砂和园砾。静载荷试验最大加载量为4200kN，桩顶载荷为3600kN时，试验p-s曲线出现拐点，确定极限承载力为3600kN，对应桩顶位移121.03mm。荷载增量法与静载荷试验的p-s曲线见图5。

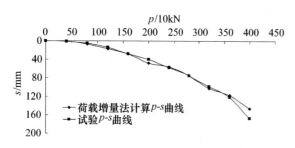

图 5　算例 2 桩基础 p-s 曲线对比图

图 6 和图 7 是算例 2 的 F-s 曲线和 F-Q_u 曲线。当 $F=1.047$ 时，F-s 曲线末端出现近铅直于折减系数坐标轴的直线，且 $F=1.047\sim1.05$ 范围，F-Q_u 曲线出现明显的 V 型变化，桩基础的桩侧地基和桩端地基等效塑性应变出现等值连

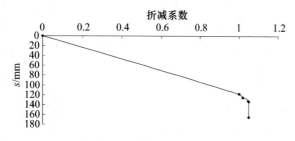

图 6　算例 2 桩基础折减系数—位移曲线

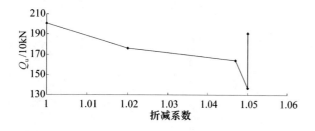

图 7　算例 2 桩基础折减系数—桩端阻力曲线

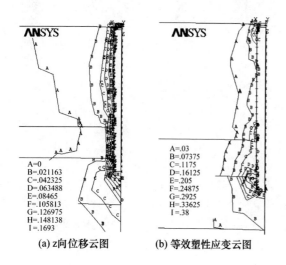

图 8　算例 2 桩顶荷载 3600kN 时折减系数
1.05 桩基础云图

通，地基的塑性变形区域较大，桩体对地基形成的压缩作用，使桩端地基在较大范围出现明显位移。说明桩顶荷载达到极限荷载时，桩端地基出现塑性流动，桩顶出现较大位移，继而已塑性流动的桩端地基受到桩侧阻力和上覆土层有效应力的限制，桩端地基强度部分恢复，桩端地基反力有一定提高。所以，大直径桩极限载荷 3600kN 的安全储备系数 $F=1.047$。通过式（5）计算知，该桩极限荷载为 3769.2kN。

算例 3[5] 为位于滨海冲积平原的旋入式螺旋群桩，地表向下勘察揭示地层分别为素填土、流塑性粉质黏土厚度、粉砂，群桩为等边三桩形式，单桩长度 8m，叶片直径 0.65m，螺距 0.144m，两层叶片间距 1.08m，布置三层叶片。承台为边长 1.3m 的等边三角形承台，承台高 1.2m。图 9 为该群桩基础静载荷试验曲线，极限荷载判定为 249.4kN。

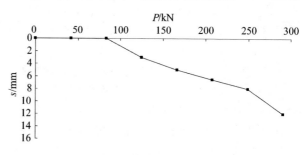

图 9　算例 3 群桩基础静载荷试验 p-s 曲线

图 10 为螺旋桩基础在 207.8kN 时的强度折减系数位移曲线。当 $F=1.16$ 时，F-s 曲线出现拐点，曲线后段桩顶位移急速增加，出现近似平行于位移轴的铅直线段，并且在图 11 和图 12 中，桩端叶片周围地基出现伴有向上的发展趋势、连通的塑性区已经连通，各层叶片具有较大位移，但受到上层叶片对下层叶片上部地基的压缩，以及上部软弱土层强度较低的影响，塑性区有可能仅存在于桩端至上部某一区域，而不会出现等截面桩的全长分布特点，可以确定群桩在 207.8kN 时的安全储备系数为 1.16，极限载荷值为 241.048kN。强度折减法计算的极限荷载小于静载荷试验判定极限荷载值（249.4kN）3.4%。

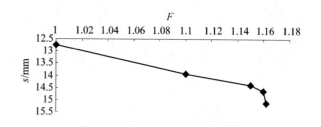

图 10　算例 3 群桩强度折减系数—位移曲线

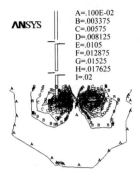

图 11　算例 3 螺旋群桩等效塑性应变云图（$F＝1.16$）

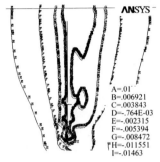

图 12　算例 3 群桩位移云图（$F＝1.16$）

群桩基础的算例 3 与前两个单桩算例不同。一方面螺旋桩叶片为空间旋转异形结构，叶片厚度较小；另一方面，桩体对地基的置换作用和挤密作用较小。因此，为降低计算量，在有限元建模中未设置桩与土、叶片与土、承台与土的接触单元。但从计算结果分析，虽然忽略了接触界面的影响，但强度折减法计算的群桩基础极限荷载计算值仍然可以保证较高的精度，而这是使用荷载增量法计算很难实现的。

5　讨论

振动沉管灌注桩、人工挖孔大直径桩和旋入式螺旋桩的三种极限荷载判定值列于表 1。相对于静载荷试验判定桩基础极限荷载，有限元极限分析的荷载增量法需要较为精确的地基材料的物理力学参数、强度准则和本构关系，使用计算 $p-s$ 曲线判定桩基础极限荷载中，对本构关系的要求更高，而这是对离散体材料尚难表述的。

表 1　不同桩型极限荷载判定对比

	静载试验	荷载增量法		强度折减法			
	P_u/kN	P_{u1}/kN	P_{u1}/P_u	p/kN	F	P_{u2}/kN	P_{u2}/P_u
算例 1	1600	2240	1.4	1600	1.3	2080	1.3
算例 2	3600	3600	1.0	3600	1.047	3769.2	1.047
算例 3	249.4			207.8	1.16	241.048	0.967

注：表 1 中，P_u 为静载荷试验判定的极限荷载；P_{u1} 为荷载增量法计算的极限荷载；P_{u2} 为强度折减法计算的极限荷载；F 为强度折减计算的安全储备系数或强度折减系数。

强度折减法计算桩基础极限承载力过程中，桩型特点、布桩、施工工法、荷载施加等条件相对固定，极限荷载与桩周岩土材料强度具有一定的相互匹配性，在极限载荷时荷载与桩顶位移存在突变关系，使原有的桩土系统状态快速演变进入新的平衡状态，在这一点上与重力作用下的边坡极限条件特征相似。因此，仅需要解决岩土材料的强度参数和强度准则问题，而这两方面的问题已得到较为广泛的研究和应用，并且使用 $F-s$ 曲线、$F-Q_u$ 曲线和等效塑性云图判定极限荷载条件具有明确的物理意义，计算极限荷载的准确性易于控制。

比较三个算例可知，在使用相同强度准则条件下，算例 2 使用静载荷试验 $P-s$ 曲线反分析了地基材料常数 c、φ 和 E，在极限荷载前，由荷载增量法计算的 $P-s$ 曲线与试验 $P-s$ 曲线比较接近，说明材料参数比较接近实际情况，由强度折减法计算的桩基础极限荷载误差要小于算例 1 和算例 3，客观上更接近于承载力极限值。

因此，建议在使用强度折减法或荷载增量法有限元极限分析时，对所在地区同种类型的桩基进行少量载荷试验，采用反分析方法确定相应的地基材料参数，再用于有限元极限分析计算，以确保其极限荷载判定的准确性。

6　结论

（1）根据桩基础承载机理，提出桩基础承载力函数和不同于传统安全系数（超载安全系数）意义的桩基础极限荷载安全储备系数概念。建议了强度折减法桩基础极限分析判定条件，即：（1）折减系数—位移曲线（$F-s$ 曲线）出现拐点，$F-s$ 曲线末端出现近似平行于 s 轴的直线段；（2）折减系数—桩端阻力曲线（$F-Q_u$ 曲线）出现 V 型转折点，则 $F-s$ 曲线的拐点以及 $F-Q_u$ 曲线 V 型尖点的前一折减系数被确定为该桩顶荷载条件下基础的安全储备系数。

（2）综合考虑桩土系统弹塑性大变形和施工工

法对岩土材料参数的影响，界面力学特性复杂等问题，实现了桩基础有限元强度折减法极限荷载计算，对比分析了三种桩型的静载荷试验判定极限荷载、荷载增量法计算极限荷载和强度折减法计算极限荷载，计算表明：有限元强度折减法可以明确评价桩基础极限状态安全储备和极限荷载，对桩基础的极限荷载判定具有一定的应用意义。

（3）岩土材料强度参数 c、φ 的选择对桩基础强度折减法极限分析精确性影响较大，建议对所在地区同种类型的桩基进行少量载荷试验，采用反分析方法确定相应的地基材料参数，从而提高极限荷载判定的准确性。

参考文献

[1]　GB50007—2002 建筑地基基础设计规范［S］. 2002.

[2]　徐干成，郑颖人. 岩土工程中屈服准则应用的研究［J］. 岩土工程学报，1990，12（2）：93 - 99.

[3]　DONG Tian-wen, ZHENG Ying-ren, HUANG Lian-zhuang and CHEN Gang. Study of Ultimately Loading of Pile Foundation by Strength Reduction Method of No-linear Limit Analysis of FEM［J］. Advanced Materials Research, 2011，Vol 168 - 170, 2537 - 2542.

[4]　董天文，郑颖人. 基于强度折减法的桩基础有限元极限分析方法［J］. 岩土工程学报，2010，32（Supper. 2）：162 - 165.

[5]　董天文，郑颖人，黄连壮. 群桩基础非线性有限元强度折减法极限分析［J］. 土木建筑与环境工程学报，2011，33（1）：65 - 70.

基桩承载力准静态试验新技术

韩 亮

（欧美大地仪器设备有限公司，北京　100062）

摘　要：本文提出一种全新的基桩承载力测试技术，它将动力试验系统和 PSD 新型高速摄像机位移测量系统相结合，不但可以获得如静载试验的单桩竖向抗压承载力，而且还能够评价桩身分层阻力分布（侧摩阻力、端阻力）、桩身结构完整性、桩身动态应力（压应力、拉应力）等信息。相比于传统的单桩静载试验，可以显著地节约工程工期和试验费用，并能够提供更为全面的试验数据。基桩准静态试验新技术具有广阔的应用前景。

关键词：动力试验；静载试验；侧摩阻力；端阻力；桩身结构完整性；桩身动态应力

New Technology for Bearing Capacity Hybridnamic Test of Pile Foundation

Han Liang

(Earth Products China LTD. , Beijing 100062)

Abstract：A completed new technology of pile foundation bearing capacity was introduced in this paper. This method combine the dynamic test system together with PSD high speed camera measurement system. Not only the static bearing capacity of pile foundation can be measured, but also the layered resistance distribution (skin resistance and toe resistance), pile structural integrity, pile dynamic stress (compressive stress and tensile stress) can be evaluated. Compared with the traditional static load test, the new method can significantly save the construction period and costs, and to provide more comprehensive test data. Therefore, this new technology for bearing capacity hybridnamic test of pile foundation should has wide application prospects.

Key words：dynamic test; static load test; skin resistance; toe resistance; pile structural integrity; pile dynamic stress

1　前言

桩基础作为隐蔽工程，其桩身质量和承载力是否满足设计要求，对上部结构的安全和健康运行至关重要。一直以来，我国主要采用单桩静载试验或基桩动力荷载试验来检测基桩承载能力。静力载荷试验需要大量重物或设置锚桩提供反力，测试系统十分笨重原始、试验周期长、成本高、安全风险大且不能随机抽检；动力荷载试验可以提供承载力、桩身质量和应力应变等丰富信息，但实践中试验结果的准确性与技术人员的技术水平和计算分析能力密不可分。因此，工程中亟须一种科学可靠且简便易行的全新技术来解决单桩承载力的测试问题。

基桩承载力准静态试验技术是一种评价单桩竖向抗压承载力的高精度快速试验新方法，其获得的承载力值几乎与单桩静载试验结果相同。它集成了静载试验和动力荷载试验的各自优点，并

增加了高速位移测量和特制锤垫系统，如图 1 所示。通过这项新技术的进一步完善和应用，有望取代或部分取代现有承载力试验方法，其市场前景十分广阔。

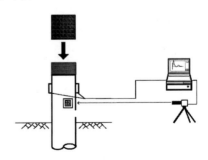

图 1　基桩承载力准静态试验

2　测试原理

类似于高应变动力检测，采用重锤和特制锤垫作用，增加了荷载作用的持续时间，使得桩身中的波动现象忽略不计，试验时桩土受到的压力与传统

的单桩静载试验非常相似，而无须任何反力装置；采用 PSD 高速位移摄像技术精确地测定桩身位移；试验过程中，通过控制落距对试桩进行多个加载试验循环，通过卸载点法分析，获得充分激发的土阻力作为单桩竖向极限承载力，从而获得理想的静载试验结果。该法试验荷载大于 10MN。

特制锤垫是一种由复合材料制成的蜂窝状片体结构。特制锤垫将自由落锤能量转换成快速荷载，然后施加到桩顶，延长了荷载作用持续时间，并且具有低斥力、可重复使用和避免桩顶损坏的优点。

新试验法相当于 5 倍（或以上）波的旅行所需加载的动力荷载试验。最大荷载作用的持续时间越长，试验时桩身的运动就越接近传统的单桩静载试验时的状况。相比于常规的动力试验，准静态试验法延长了荷载的作用持续时间，当荷载增加时，锤垫蜂窝结构中的空气被排出。锤垫中的气囊使得自由落锤产生低斥力，反弹小。卸载过程中，因受作用在气囊上的负压影响，可使锤垫复原的时间延长。锤垫中的钢板可使加载时橡胶复合材料的侧向变形得到限制。此外，它还有助于防止材料中的负荷超过其最大应力，即使反复使用，也几乎没有任何损坏。

PSD 高速位移测量系统是一个非常快速精确的桩身位移测量感应装置。PSD（位置敏感定位器）采用光学传感器同时测量二维（垂直和水平）位置，它包括 LED 标靶和光学定位传感器，如图 2 所示。

位移测量标靶LED　　　　PSD摄相机

图 2　高速位移测量系统

3　结果分析

由准静态试验获得的信号通过相对简单的解释方法进行分析，如卸载点法，然后将每一锤击的卸载点相连，即得到荷载-沉降曲线，如图 3 所示。

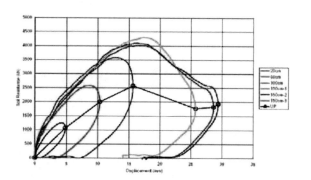

图 3　土阻力－位移曲线

此外，若同时安装有加速度和应变传感器采集数据，还可使用 CAPWAP 进行更为详细的分析。该技术在日本已经得到应用，并纳入岩土工程协会标准，在中国也获得了国家知识产权局颁发的发明专利。

4　结论

单桩准静态荷载试验法综合了静载试验和动力试验的技术优点，不但可以准确获得承载力信息，而且可以获得桩身分层摩阻力、端阻力、桩身完整性、桩身应力等丰富信息，同时具有快速、成本低、安全和随机抽检等突出优势；采用特制锤垫模块，显著地延长了快速荷载的作用时间，使得桩土性状趋同于静态，试验结果准确可靠；采用高速位移测量技术可实时记录桩的变形过程，可以现场获得荷载－位移关系曲线，无须复杂的数据处理分析，便于操作和应用。因此，可广泛应用于灌注桩和打入桩的承载力测试，具有十分广阔的前景。

参考文献

[1] Miyasaka, T., Likins, F., Rausche, March, 2009. Improved Methods for Rapid Load Tests of Deep Foundations. Contemporary Topics in Deep Foundations; page 629－636.

[2] Takaaki Miyasaka, A case study on bridge health check using position sensitive detector technology, 2007.

[3] 韩亮. 打桩监控试验理论及其应用 [J]. 天津建设科技, 1998.

[4] 梁正育. 静动荷重试验动态行为之探讨 [J]. 第十二届台湾岩土工程大会论文集, 2007.

[5] 韩亮译. PSD 使用手册 [M]. 日本地盘株式会社, 2010.

矩形面积水平均布荷载下的土中应力公式

李亚敏　王利平

（河南建筑职业技术学院 河南省建筑工程学校，河南郑州　450064）

摘　要：本文以作用在弹性半空间内的水平集中荷载引起的土中应力公式为依据，对矩形面积水平均布荷载下的附加应力公式进行了推导、整理和简化，供工程设计人员在设计计算时参考，同时对明德林公式的推广应用有长远的使用价值。

关键词：弹性半空间；水平集中荷载；矩形面积水平均布荷载；应力公式

1　引言

由于荷载差异、地基不均匀、体型复杂等原因，可能引起基础某些部位的不均匀沉降。如果基础不均匀沉降值超过规范规定的允许值，将会使建筑物的上部结构由于变形过大而发生开裂、扭曲等，对使用者造成心理和感官上的压力，严重的将影响建筑物的正常使用。因此研究地基基础的不均匀沉降对于保证建筑物的安全使用等具有很大的意义。

对于基础的沉降计算，一般需要先算得荷载作用下地基中产生的附加应力，而应力结果的准确与否，将直接影响着沉降计算的精度。有些建筑物（如桩基等）除受有竖向自重荷载和活荷载外，往往同时还受风荷载等水平荷载的作用，这样基础所承受的荷载中，垂直分力和水平分力是共同作用的。对于基础中水平荷载引起的土中应力，一般是假定荷载作用在地表而进行计算的，但是，基底附加应力一般是作用在地表下一定深度处的，因而与实际情况有较大的出入。1936 年，明德林（Mindlin）分别导出了半无限体内受竖向集中力和水平集中力作用引起的土中应力公式[1]，后来许多学者对明德林公式的推广和应用进行了研究，推导出了竖向矩形均布荷载、竖向线性荷载等各种形式荷载作用在地基内部时的土中应力分量解析表达式[2-6]。本文以半无限体内受水平集中力作用的明德林公式为根据，通过积分推导出矩形水平均布荷载作用在地基内部时的土中附加应力的解析表达式，并对其进行了整理，使之在表达形式上得到了进一步的简化。

2　矩形面积水平均布荷载作用下的应力公式推导

根据明德林（Mindlin）的研究，当水平集中力作用在弹性半空间体内深度 h 处时（图1），地基内自地面深度 z 处任一点的附加应力有：σ_z，σ_y，σ_x，τ_{zx}，τ_{xy}，τ_{yz}，现以 σ_z 为例进行公式推导：

$$\sigma_z = \frac{px}{8\pi(1-\mu)}\left\{-\frac{1-2\mu}{R_1^3}+\frac{1-2\mu}{R_2^3}+\right.$$

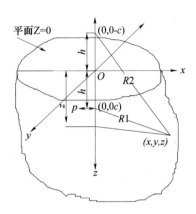

图1　二体内的水平集中力作用简图

$$\frac{3(z-h)^2}{R_1^5}+\frac{3(3-4\mu)(z+h)^2}{R_2^5}$$
$$-\frac{6h}{R_2^5}\left[h+(1-2\mu)(z+h)+\frac{5z(z+h)^2}{R_2^2}\right]\Big\}$$

$$(1)$$

式　中　$R_1 = \sqrt{x^2+y^2+(z-h)^2}$，$R_2 = \sqrt{x^2+y^2+(z+h)^2}$。

h 为水平集中力作用深度，μ 为土的泊松比。

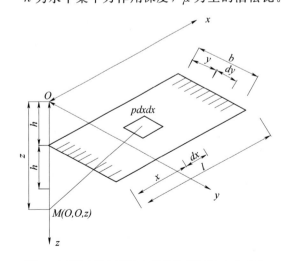

图2　矩形面积水平均布荷载作用下的土中应力

设矩形面积水平均布荷载 p 作用于各向同性半空间弹性体内深度 h 处，如图2所示。矩形面积

的长和宽分别为 l 和 b，水平均布荷载为 p，现以矩形荷载面的角点 O 作直角坐标系，在该矩形面积上任一点取微分面积 $\mathrm{d}F=\mathrm{d}x\mathrm{d}y$，那么在 $\mathrm{d}F$ 上所受的总荷载为 $\mathrm{d}Q$，则

$$\mathrm{d}Q = p\mathrm{d}F = p\mathrm{d}x\mathrm{d}y$$

矩形面积水平均布荷载作用下角点 O 下任意深度 z 处竖向附加应力分量 $\mathrm{d}\sigma_z$

$$\sigma_z = \frac{p}{8\pi(1-\mu)}\left\{-(1-2\mu)\int_0^b\!\!\int_0^l\frac{x\mathrm{d}x\mathrm{d}y}{R_1^3}+(1-2\mu)\int_0^b\!\!\int_0^l\frac{x\mathrm{d}x\mathrm{d}y}{R_2^3}+3(z-h)^2\int_0^b\!\!\int_0^l\frac{x\mathrm{d}x\mathrm{d}y}{R_1^5}\right.$$

$$\left.+3(3-4\mu)(z+h)^2\int_0^b\!\!\int_0^l\frac{x\mathrm{d}x\mathrm{d}y}{R_2^5}-6h[h+(1-2\mu)(z+h)]\int_0^b\!\!\int_0^l\frac{x\mathrm{d}x\mathrm{d}y}{R_2^5}-30hz(z+h)^2\int_0^b\!\!\int_0^l\frac{x\mathrm{d}x\mathrm{d}y}{R_2^7}\right\} \quad (2)$$

现将上式中各项的积分演算如下：

$(1)\ \int_0^b\!\!\int_0^l\frac{x\mathrm{d}x\mathrm{d}y}{R_1^3}=\ln\frac{[b+\sqrt{b^2+(z-h)^2}]\sqrt{l^2+(z-h)^2}}{(z-h)[b+\sqrt{l^2+b^2+(z-h)^2}]} \quad (3)$

$(2)\ \int_0^b\!\!\int_0^l\frac{x\mathrm{d}x\mathrm{d}y}{R_2^3}=\ln\frac{[b+\sqrt{b^2+(z+h)^2}]\sqrt{l^2+(z+h)^2}}{(z+h)[b+\sqrt{l^2+b^2+(z+h)^2}]} \quad (4)$

$(3)\ \int_0^b\!\!\int_0^l\frac{x\mathrm{d}x\mathrm{d}y}{R_1^5}=\frac{b}{3(z-h)^2\sqrt{b^2+(z-h)^2}}-\frac{b}{3[l^2+(z-h)^2]\sqrt{l^2+b^2+(z-h)^2}} \quad (5)$

$(4)\ \int_0^b\!\!\int_0^l\frac{x\mathrm{d}x\mathrm{d}y}{R_2^5}=\frac{b}{3(z+h)^2\sqrt{b^2+(z+h)^2}}-\frac{b}{3[l^2+(z+h)^2]\sqrt{l^2+b^2+(z+h)^2}} \quad (6)$

$(5)\ \int_0^b\!\!\int_0^l\frac{x\mathrm{d}x\mathrm{d}y}{R_2^7}=\frac{-b}{15[l^2+(z+h)^2]\sqrt{[l^2+b^2+(z+h)^2]^3}}-\frac{2b}{15[l^2+(z+h)^2]\sqrt{l^2+b^2+(z+h)^2}}$

$$+\frac{b}{15(z+h)^2\sqrt{[b^2+(z+h)^2]^3}}+\frac{2b}{15(z+h)^4\sqrt{b^2+(z+h)^2}} \quad (7)$$

将式（2）～（7）代入式（1），整理得矩形面积水平均布荷载角点下的竖向附加应力 σ_z 的解析表达式为

$$\sigma_z=\frac{p}{8\pi(1-\mu)}\left\{-(1-2\mu)\ln\frac{[b+\sqrt{b^2+(z-h)^2}]\sqrt{l^2+(z-h)^2}}{(z-h)[b+\sqrt{l^2+b^2+(z-h)^2}]}\right.$$

$$+(1-2\mu)\ln\frac{[b+\sqrt{b^2+(z+h)^2}]\sqrt{l^2+(z+h)^2}}{(z+h)[b+\sqrt{l^2+b^2+(z+h)^2}]}+\frac{b}{\sqrt{b^2+(z-h)^2}}$$

$$-\frac{b(z-h)^2}{[l^2+(z-h)^2]\sqrt{l^2+b^2+(z-h)^2}}+\frac{b}{\sqrt{b^2+(z-h)^2}}-\frac{b(z-h)^2}{[l^2+(z-h)^2]\sqrt{l^2+b^2+(z-h)^2}}$$

$$-\frac{b(3-4\mu)(z+h)^2}{[l^2+(z+h)^2]\sqrt{l^2+b^2+(z+h)^2}}$$

$$+\frac{b(3-4\mu)}{\sqrt{b^2+(z+h)^2}}-\frac{2bc[h+(1-2\mu)(z+h)]}{(z+h)^2\sqrt{b^2+(z+h)^2}}+\frac{2bh[h+(1-2\mu)(z+h)]}{[l^2+(z+h)^2]\sqrt{l^2+b^2+(z+h)^2}}$$

$$+\frac{2bhz(z+h)^2}{[l^2+(z+h)^2]\sqrt{[l^2+b^2+(z+h)^2]^3}}+\frac{4bhz(z+h)^2}{[l^2+(z+h)^2]\sqrt{l^2+b^2+(z+h)^2}}$$

$$\left.-\frac{2bhz}{\sqrt{[b^2+(z+h)^2]^3}}-\frac{4bhz}{(z+h)^2\sqrt{b^2+(z+h)^2}}\right\} \quad (8)$$

若在式（8）中令：$z_1=z-h$；$z_2=z+h$；$R_1^2=l^2+b^2+z_1^2$；$R_2^2=l^2+b^2+z_2^2$；$r_1^2=b^2+z_1^2$；$r_2^2=b^2+z_2^2$；$r_3^2=l^2+z_1^2$；$r_4^2=l^2+z_2^2$；

则有：$\sigma_z=\dfrac{p}{8\pi(1-\mu)}\left\{(1-2\mu)\ln\dfrac{z_1r_2(b+r_3)(b+R_1)}{z_2r_1(b+r_4)(b+R_2)}+\left(\dfrac{b}{r_3}-\dfrac{bz_1^2}{r_1^2R_1^2}\right)\right.$

$$\left.-[(3-4\mu)z_2^2-2h[h+(1-2\mu)]]\left(\dfrac{b}{z_2^2r_4}-\dfrac{b}{r_2^2R_2}\right)-2bhzz_2^2\left(\dfrac{z_2^2+2r_4^2}{z_2^4r_4^3}-\dfrac{r_2^2+2R_2^2}{r_2^4R_2^3}\right)\right\} \quad (9)$$

其余各应力分量经积分整理后为：

$$\sigma_y = \frac{p}{8\pi(1-\mu)} \left\{ 2\mu\ln\left(\frac{br_3+r_1r_3}{z_1b+R_1z_1}\right)\left(\frac{br_4+r_2r_4}{z_2b+R_2z_2}\right)^{(3-4\eta)} + b\left[\frac{r_1-R_1}{R_1r_1} + \frac{(r_2-R_2)(3-4\mu)}{R_2r_2}\right] \right.$$

$$+2hb\left[\frac{(h-(1-2\mu)z_2)(z_2^2r_2-r_4^2R_2)}{z_2^2r_2r_4^2R_2} + \frac{z(z_2^2r_2^3-r_4^2R_2^3)}{z_2^2r_2^3r_4^2R_2^3} + \frac{4b(1-\mu)(1-2\mu)(R_2-z_2)}{(r_2+z_2)(R_2+z_2)}\right.$$

$$-\frac{8l(1-\mu)(1-2\mu)}{z_2}\left(\tan^{-1}\frac{b(r_4-z_2)}{l(R_2+r_4)} - \frac{r_4^2}{l^2}\tan^{-1}\frac{b(r_4-z_2)}{l(R_2+r_4)(r_4+z_2)}\right)$$

$$\left. + b(1-\mu)(1-2\mu)\frac{5(R_2^3-r_2^3)-3b^2(R_2-r_2)}{z_2^4}\right\} \tag{10}$$

$$\sigma_x = \frac{p}{8\pi(1-\mu)} \left\{ \ln\left(\frac{br_3+r_1r_3}{z_1b+z_1R_1}\right)^{(3-2\mu)}\left(\frac{br_4+r_2r_4}{z_2b+z_2R_2}\right)^{(5-6\mu)} - \frac{l^2b[r_3R_2+(3-4\mu)R_1]}{r_3^2R_1R_2} \right.$$

$$+\frac{2hzl^2b(r_4^2+2R_2^2)}{r_4^2R_2^3} + \frac{2bh[3h+2z-(3-4\mu)z_2](z_2^2r_2-r_3^2R_2)}{z_2^2r_2r_3^2R_2} - \frac{4b(R_2-r_2)}{(r_2+z_2)(R_2+z_2)}$$

$$+ (1-\mu)(1-2\mu)\left[\frac{3l^4+l^2z_2^2-2z_2^4}{z_2^4}\ln\left(\frac{R_2+b}{r_4}\right) + \frac{8(3z_2^3+l^3-2lz_2^2)}{lz_2^2}\tan^{-1}\frac{8(r_4-z_2)}{1(R_2+r_4)}\right.$$

$$\left.\left. -\frac{8r_4^2}{lz_2^2}\tan^{-1}\frac{b(r_4-z_2)}{(R_2+r_4)(r_4+z_2)}\right]\right\} \tag{11}$$

$$\tau_{zx} = \frac{p}{8\pi(1-\mu)} \left\{ 2(1-\mu)\left(\tan^{-1}\frac{bl}{z_1R_1} + \tan^{-1}\frac{bl}{z_2R_2} - bl\left(\frac{z_1}{r_3^2R_1} - \frac{(3-4\mu)z+h}{r_4^2R_2}\right)\right) \right.$$

$$\left. + \frac{2hblzz_2(r_4^2+2R_2^2)}{r_4^4R_2^3}\right\} \tag{12}$$

$$\tau_{xy} = \frac{p}{8\pi(1-\mu)} \left\{ 2(1-2\mu)\ln\frac{r_1r_2(l+r_3)(l+r_4)}{z_1z_2(l+R_1)(l+R_2)} + l\left[\frac{r_3-R_1}{R_1r_3} + \frac{(3-4\mu)(r_4-R_2)}{R_2r_4}\right] \right.$$

$$+ (1-\mu)(1-2\mu)1\left[\frac{R_2(5R_2^2-3l)-r_4(5r_4^2-3l)}{z_2^4}\right] - 2hzl^3\left(\frac{z_2^2r_4-r_2^2R_2}{l^2z_2^2r_2^2r_4R_2} - \frac{z_2^2r_4^3-r_2^2R_2^3}{z_2^2r_2^2r_4^3R_2^3}\right)$$

$$\left. -4(1-\mu)(1-2\mu)\left[\frac{l(r_4-R_2)}{(R_2+z_2)(r_4+z_2)} + \frac{2z_2}{b}\tan^{-1}\frac{l(r_2-z_2)}{(R_2+r_2)(r_2+z_2)}\right]\right\} \tag{13}$$

$$\tau_{yx} = \frac{p}{8\pi(1-\mu)} \left\{ z_1\left(\frac{1}{R_1} - \frac{1}{r_3} - \frac{1}{r_1} - \frac{1}{z_1}\right) - [(3-4\mu)z+h]\left(\frac{1}{R_2} + \frac{1}{r_4} + \frac{1}{r_2} - 1\right) \right.$$

$$\left. -2hzz_1\left(\frac{1}{R_2^3} - \frac{1}{r_4^3} - \frac{1}{r_2^3} + \frac{1}{z_2^3}\right)\right\} \tag{14}$$

式中：$z_1=z-h$；$z_2=z+h$；$R_1^2=l^2+b^2+z_1^2$；$R_2^2=l^2+b^2+z_2^2$；

$r_1^2=b^2+z_1^2$；$r_2^2=b^2+z_2^2$；$r_3^2=l^2+z_1^2$；$r_4^2=l^2+z_2^2$；

B，l——荷载作用面的短边和长边；h——基础埋深；z——计算点至地表的深度；μ——土的泊松比；p——水平均布荷载。

3 结语

本文在文献[1]及文献[6]的基础上，对矩形面积水平均布荷载下的附加应力公式进行了推导，并对推导公式进行了整理，使之在表达形式上得到了简化，结合文献[7]的水平位移公式，从而为工程设计人员在设计计算时考虑水平均布荷载下土中应力提供便利。同时对明德林公式的推广应用有长远的使用价值。

参考文献

[1] MINDLIN R D. Forhe at a point in the Interior of a Semi-Infinite Solid. physihs, 1936, 7 (5).

[2] 徐志英. 以明特林（Mindlin）公式为根据的地基中垂直应力的计算公式. 土木工程学报, 1957, (4).

[3] 袁聚云, 赵锡鸿. 竖向均布荷载作用在地基内部时的土中应力公式. 上海力学, 1995, (3).

[4] 袁聚云, 赵锡鸿. 竖向线荷载和条形均布荷载作用在地基内部时的土中应力公式. 上海力学, 1999, 20 (2).

[5] 陈甦, 蒋嵘. 地基内竖向三角形荷载引起的土中应力公式. 华东交通大学学报, 2001, 18 (2).

[6] 袁聚云, 赵锡鸿. 水平均布荷载作用在地基内部时的土中应力公式. 上海力学, 1995, 16 (4).

[7] 陈淦琛. 矩形均布水平荷载作用于地基内部时的水平位移. 华南理工大学学报, 1995, 23 (3).

熵权变权组合法在预测工后沉降上的应用

李启宏　晏　俊　张邦通　王　冰

（江苏省建筑科学研究院有限公司岩土工程研究所，江苏南京　210008）

摘　要：工后沉降预测一直是工程界所关注的重要问题之一。近几十年来，各国学者在地基沉降预测领域内开展了大量深入广泛的研究，取得了大量成果。本文基于软土地基的应力应变关系、地基工后沉降的一般规律，考虑了次固结等因素，运用单项预测模型的选择方法，初步选了 Gompertz，双曲线，回旋线，perl 和 Verhulst 五种方法预测模型，运用熵权组合预测模型进行工后沉降的预测。在此基础上，参考误差评价指标的结果，最终选择预测精确度更高的熵权组合预测模型。然后引入熵权变权组合预测的思想，提出了一种变权重组合预测方法。本文把该法应用于浙江某高速公路的软土地基工程实践，通过长达两年的工后沉降变形观测，理论与实测结果分析表明，本文的软土路基沉降发展预测分析方法灵活，预测精度高，是一种实用而有效的方法，具有明显的工程适用性。

关键词：变权组合预测；熵权法；工后沉降；软土路基

中图分类号：TU416.1　　　**文献标识码**：A

Abstract：The post-construction settlement prediction is still one of the most important issues. In the recent decades，scholars from various countries carried out a great deal of depth and extensive researches in the settlement prediction and obtained a large number of results. Based on the stress-strain relationship in the soft soil and the general rules of post-construction settlement of roadbed and considering the factors about the secondary consolidation，it initially selects five prediction models by the single prediction model method，which is Gompertz，Hyperbola，Cyclotron line perl and Verhulst. Finally，combining entropy with weight can predict the post-construction settlement. Reference to the results of error evaluation index，the greater accuracy prediction model which is combining entropy with weight is chose on the basis. To introduce the idea about combining entropy weight with variable weight proposes a prediction method which recombines variable weight and obtains the recombining model of variable weight. This method is applied to the highway soft ground engineering in Zhejiang. Through the observation of the two-year post-construction settlement deformation，theoretical and experimental results show that the method of predicting the development settlement for the soft soil roadbed has higher accuracy and a practical and effective method. It has obvious superiority.

Key words：Time Variable-weight combination forecasting model；entropy；post－construction settlement；soft foundation；

1　前言

　　工后沉降的预测具有重要意义，但是由于各种理论计算方法本身的局限性及许多因素诸如基础形式、场地工程地质、水文地质条件、地基处理方式、等方面的影响，完全依靠理论计算有时候是不精确的。而沉降观测值是上述诸多因素综合作用的结果反映，所以常常根据前期实测沉降数据来预测工后沉降，可以取得良好的效果。

2　基于实测数据的预测模型

　　预测是综合研究事物内在联系延续与突变的过程[1]。这个过程实际上是：从过去和现在已知的情况出发，利用一定的方法和技术探索或模拟不可知的、未发生的、或复杂的中间过程，推断出未来的结果。它是一种提前量的研究。也是一种永远有误差的研究和一种可测性增量的研究。

2.1　单项预测模型

　　常见的单项预测模型有曲线拟合法[3,4]、灰色预测法[5,6]、基于神经网络的时间序列预报法和人工神经元网络[7,8]等。

　　根据沉降实测资料的沉降预测法精度相对较高，但是存在着模型选择和辨析数据代表性问题。但该类方法中的各种模型又各有其优缺点和适用条件，任何一种方法都不可能是万能的，因此在工程中，不能单纯依赖某一种预估方法，而应在对每种方法的原理、优缺点和适用范围等进行全面了解，然后根据实际情况和经验来灵活选用，因此很有必要对每种预测模型的预测结果进行比较分析。

2.2 非最优组合预测模型

在预测实践中，对同一问题常采用不同的预测方法。不同的预测方法提供不同的信息，其预测精度往往也不同。如果简单地将预测误差较大的一些方法舍弃掉，将会失去一些有用的信息，这种做法对信息是一种浪费，应予以避免。更为科学的做法是，将不同的预测方法进行适当的组合，形成组合预测方法：组合的主要目的是综合利用各种方法所提供的信息，尽可能地提高预测精度。

在求解一些最优组合预测模型时可能出现组合预测的权系数为负值的现象，而负的组合预测的权系数没有实际的意义。非最优组合预测方法正好可以克服这个不足之处。几种常规的非最优正权组合预测模型权系数的确定方法主要有[9]：简单平均法、简单加权平均法、预测误差平方和倒数法、二项式系数法、以合作对策 Shapley 值法确定组合预测权系数[10]和熵权组合法[9]。

熵权组合法的公式推导源于静力排水固结法，但是由于静动力排水固结法引入了动力荷载，且动力荷载并不是一次施加完成，及其动力荷载与静力荷载的耦合作用，导致了问题的复杂性。熵权组合法是一种不变权组合预测方法，其假定了路基的地质条件是不变化的，没有考虑到软土路基地质是一个动态变化的工程。这从根本上导致了预测精度较低，影响预测的精度。

3 基于熵权法的变权组合模型

3.1 熵权变权组合法思想

软土地基在荷载作用下的沉降由三个部分组成：瞬时沉降、主固结沉降、次固结沉降。瞬时沉降在施工初期可基本完成，产生于工后的微小沉降可忽略不计。若施工期结束时主固结沉降尚未全部完成，则一部分固结沉降和全部的次固结沉降，便属于工后沉降。若施工期结束时，主固结沉降已全部完成，则次固结沉降便引起了工后沉降。

高速公路通车以后，其路基的地质条件仍然在变化，尤其是软土路基，不仅包括部分没有完成的主固结，还包括次固结。同时软土路基还受到地区降水、车辆动荷载以及其他因素的影响。熵权变权组合预测法在熵权组合预测法的基础上，研究权系数变化的特点，引进变权系数，充分考虑各单项预测方法的各误差指标所包含的显信息及隐信息，提高预测精度。

3.2 熵权变权组合预测法模型建立步骤

（1）计算预测相对误差[9]

设对同一预测对象的某个指标序列为 $\{x_t, t=1, 2\cdots\cdots n\}$，存在 m 种单项预测方法对其进行预测，设第 i 种单项预测方法在第 t 时刻的预测值为 x_{it}，$i=1, 2\cdots\cdots m$，$t=1, 2, \cdots\cdots n$。令

$$e_{it}=\begin{cases} 1, & \text{当} \left|\dfrac{(x_t-x_{it})}{x_t}\right| \geqslant 1 \text{时} \\ \left|\dfrac{(x_t-x_{it})}{x_t}\right|, & \text{其他} \end{cases} \tag{1}$$

则称 e_{it} 为第 i 种预测方法在第 t 时刻的预测相对误差，$i=1, 2\cdots\cdots m$，$t=1, 2\cdots\cdots n$。

在信息论中，熵值是系统无序程度或者混乱程度的度量，信息被解释为系统的无序程度的减少，信息表现为系统的某项指标的变异度，即是系统的熵值越大，则所蕴含的信息度越小，系统的某项指标的变异度越小。反之，系统的熵值越小，则所蕴涵的信息度越大，系统的某项指标的变异度越大。

（2）将各种预测单项预测方法相对误差序列归一化[9]

将各种预测单项预测方法相对误差序列归一化，即计算第 i 种单项预测方法在第 t 时刻的预测相对误差的比重。

$$p_{it}=\frac{e_{it}}{\sum\limits_{t=1}^{n} e_{it}}, \tag{2}$$

显然 $\sum\limits_{t=1}^{n} e_{it}=1, i=1,2\cdots\cdots m, t=1,2\cdots\cdots n$

（3）计算第 i 种单项预测方法的预测相对误差的熵值[10]

$$h_i=-k\sum\limits_{t=1}^{n} p_{it}\ln p_{it} \quad i=1,2\cdots\cdots m \tag{3}$$

$k>0$ 是常数，ln 为自然对数，$h_i\geqslant 0$，$i=1, 2\cdots\cdots m$。对第 i 种单项预测方法的预测方法而言，如果 p_{it} 全部相等，即 $p_{it}=\dfrac{1}{n}$，$t=1, 2\cdots\cdots n$，那么 h_i 取极大值，即 $h_i=k\ln n$，这里 $k=\dfrac{1}{\ln n}$，则有 $0\leqslant h_i\leqslant 1$。

（4）计算第 i 种单项预测方法的预测相对误差序列的变异程度系数[9]

因为 $0\leqslant h_i\leqslant 1$，根据系统某项指标的熵值的大小与其变异程度相反的原则，所以定义第 i 种单项预测方法的预测相对误差序列的变异程度系数 d_i

$$d_i=1-h_i \quad i=1, 2\cdots\cdots m \tag{4}$$

（5）计算各种预测方法的加权系数[9]

$$l_i = \frac{1}{m-1}\left(1 - \frac{d_i}{\sum\limits_{i=1}^{m} d_i}\right) \quad i = 1,2\cdots\cdots m \quad (5)$$

上式体现了一个原则，即是某个单项预测方法预测误差序列的变异程度越大，则其在组合预测中对应的权系数就越小，显然权系数满足 $\sum\limits_{i=1}^{m} l_i = 1$。

（6）计算 $l_j(m+1), \; l_j(m+2), L \atop l_j(m+n)$

在已经获取的若干期沉降数据中，选取前 m 个实测数据，使用传统熵权法组合预测相关公式，得到权系数 $l_j(m)$，再选取前 $m+1$ 个实测数据，使用同样的方法得到 $l_j(m+1)$，同样的方法可以得到 $l_j(m+2), L \atop l_j(m+n)$。这样可以在前 $m+n$ 个实测数据的基础上，获得 $n+1$ 组权系数。根据这些权系数，运用数学软件进行拟合，得出一个数学公式，从而得到可变的权系数值，运用归一法得到各单项加权系数可以更加精确的预测沉降。

（7）Origin 拟合权系数

运用专业数学分析软件 Origin，对已经获得的 n 个权系数进行曲线拟合，获得权系数变化曲线，进而获得权系数曲线公式。

（8）归一法处理权系数

$$l'(j) = \frac{l(j)}{\sum l(j)} \quad (6)$$

其中 j 表示有 j 个预测模型

（9）计算组合预测值[10]

$$\hat{x}_t = \sum_{i=1}^{m} l'_j x_{it} \quad t = 1,2\cdots\cdots n \quad (7)$$

4 实例分析

本文选取浙江某高速桥头路段 K76＋790，该处发生了较为严重的桥头跳车现象，具有典型意义。K76＋790 处于两个箱通之间的软基过渡段，其两侧主要土层情况为：表层为 1.4m 左右的物理力学性质较好的土层，其下为 42m 处于软塑和流塑状态的淤泥质黏土或亚黏土。淤泥或淤泥质黏土的承载力为 45～60kPa，压缩模量为 1.73～2.56MPa；亚黏土的承载力为 60～100kPa，压缩模量为 3.69～5.48MPa。部分亚黏土层的承载力达到了 150kPa。

4.1 初步选择预测模型及计算

考虑到次固结因素，初步选择了五个单项模型进行组合预测，分别是 Gompertz 预测模型、双曲线预测模型、回旋线预测模型、perl 预测模型和 Verhulst 预测模型，同时对上述五个单项预测模型进行了工后沉降预测。在此基础上组合了 26 种组合方式，共计有 31 种预测模型，使用评价标准公式对这 31 种预测模型的预测结果进行效果比较分析研究。误差指标值越大，预测的准确性就越低；反之，误差指标值越小，预测的准确性就越高。

4.2 最终选择预测模型

在初次选择的基础上，参考预测模型的五个评价指标，再次选择预测模型，从而进行熵权变权组合模型进行工后沉降预测。为了全面研究各个体预测方法及组合预测的预测结果，须制定一套切实可行的误差指标，按照预测效果评价原则和惯例，本文选取平方和误差（SSE）、平均绝对误差（MAE）、均方误差（MSE）、平均绝对百分比误差（MAPE）、均方百分比误差（MSPE）作为预测效果的评价指标[9]。选择的依据是五种预测误差评价指标，在工后沉降的后期，进入稳定阶段，其沉降出现一定的规律性。只有抓住这个规律，才能更好的预测工后沉降，提高预测的精度。根据 31 种预测模型的评价标准比较结果，选取预测效果好的四种组合预测模型（见表 1），即是 SP；SV；PV 和 SHPV。

表 1 选定预测模型的评价指标表

模型 \ 标准	SSE		MSE		MAE		MAPE		MSPE	
	21期	最近10期	21期	最近10期	21期	最近10期	21期	最近10期	21期	最近10期
SP	146	25	0.57	0.19	1.99	0.37	0.021	0.002	0.02	0.002
SV	921	33	1.45	0.28	4.74	0.74	0.049	0.005	0.086	0.021
PV	1604	40	1.91	0.3	5.82	0.7	0.057	0.004	0.02	0.013
SHPV	367	129	0.91	0.54	3.69	1.60	0.031	0.010	0.008	0.003

4.3 变权系数分析

从图 1 可以发现，权系数是动态变化的，表明了熵权组合预测的缺陷。若以收集半年的数据来预测，其预测结果的精度难以满足要求。因此，预测的前提条件之一获得较多的实测数据，工后沉降进入稳定发展阶段。从本文的分析结果来看，要对已

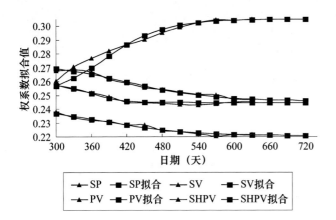

图 1　变权系数拟合曲线图

通车高速公路要进行长期稳定预测。

4.4　熵权变权预测效果检验分析

为了检验本方法的预测效果，本文选择第 660 天，第 690 天和第 720 天的实测数据进行效果检验。运用评价指标进行效果检验（表 2 和表 3）。评价指标误差指标值越大，预测的准确性就越低；反之，误差指标值越小，预测的准确性就越高。可以得出结论，熵权变权组合预测模型是更加科学的预测方法，可以为工程提供精确度较高的预测值。

表 2　改进熵权法预测检验表

日期 （天）	实测值	组合预测值（mm）				熵权变 权法（mm）
		SP	SV	PV	SHPV	
660	174.80	172.15	171.39	169.97	176.70	172.86
690	177.53	175.60	174.58	173.50	178.70	175.83
720	179.10	177.74	176.67	175.92	181.61	178.25

表 3　熵权变权组合预测结果评价指标表

标准 模型	SP	SV	PV	SHPV	变权预 测值
SSE	12.6056	26.2587	49.7597	11.2543	7.3842
MSE	0.1691	0.2440	0.3359	0.1597	0.1294
MAE	0.2831	0.4187	0.5738	0.2653	0.2139
MAPE	0.0016	0.0024	0.0032	0.0015	0.0012
MSPE	0.0010	0.0014	0.0019	0.0009	0.0007

5　结论

高速公路通车以后，由于行车的动荷载、水文地质条件等条件的影响，其路基的地基的地质条件发生了较大的变化，而这些变化难以在实验室内获得。熵权变权法正是基于上述考虑，在熵权法的基础上研究权系数的动态变化特点，从宏观上把握路基的地质条件变化。预测结果表明，熵权法组合预测的结果误差较小，有较高的拟合精度，且充分考虑各个体预测方法的各误差指标所包含的显信息及隐信息。

熵权变权法预测模型的计算较为复杂，如若使用数学软件编制程序，将会大大地减少计算量，其优势将会得到极大地提高。

参考文献

[1]　陈玉祥，章汉亚，预测技术及应用［M］．北京：机械工业出版社，1985.

[2]　Sridharan A, Murthy N S&. Prskask. Rectangula hyperbola method of consolidation analysis Geotechnique［J］．1987，37（3）：355－368.

[3]　Asaoka A. Observational procedure of settlement predication［J］．Soils and Foundations，1978，18（4）：87－101.

[4]　邓聚龙，灰色系统基本方法［M］．武汉：华中理工大学出版社，1987.

[5]　徐竹青，郦能惠，土石坝沉降的预测灰色模型［J］．水利水运科学研究，1998（2）：119－128.

[6]　张虹，李进等，灰色预测在高层建筑沉降中的应用［J］．宁夏大学学报：自科版，2001，22（1）：26－28.

[7]　刘勇健，用人工神经网络预测高速公路软土路基的最终沉降［J］．公路交通科技，2000，17（6）：15－18.

[8]　张慧梅，李云鹏等，人工神经网络在软土路基沉降预测中的应用［J］．长安大学学报．

[9]　陈华友，组合预测方法有效性理论及其应用［M］．科学出版社，2008，2：50－54.

[10]　陈华友，组合预测权系数确定的一种合作对策方法［J］．预测，2003，22（1）：55－77.

使用 ANSYS8.0 进行基坑开挖分析

郑 琼

摘 要：SMW 工法是从日本引进的新型施工工艺，它作为基坑支护结构，具有防渗性好、构造简单、施工速度快、工程造价低等优点。本文取 SMW 工法为围护结构的上海某一实际基坑工程作为研究对象，以有限元理论为基本分析方法，建立了三维有限元模型，讨论了部分参数对结果的影响，对其变形情况作进一步分析。

关键词：SMW 工法；基坑支护结构；FEM；应力；位移

Application of the Software ANSYS8.0 to the Excavation Analysis of Foundation Pit

Zheng Qiong

Abstract：SMW is a new construction technology from Japan. Its retaining structure of foundation pit possesses advantages such as high impermeability, simple constitution, rapid construction and low cost. This paper analyzes one of the retaining structure of SMW. On the basis of finite element theory, the three dimension finite element model is created and related deformations are analyzed.

Key words：SMW technology；retaining structure of foundation pit；FEM；stress；displacement

1 前言

随着计算机技术的飞速发展和有限元技术的日趋成熟，大型通用有限元分析软件被越来越多地应用于深基坑工程的分析。ANSYS 软件具有强大的前后处理功能与完备的系统开放性、提供了二次开发技术，采用 APDL（Ansys Parametric Design Language）语言可完成通用性强的任务、也可以进行参数化建模和专业性开发，大大方便了建模、计算及数据处理。

前人对基坑开挖与围护的稳定分析做了大量工作，Drucker 为提供了贴近理论的解答[1]，Chen 阐述了用上限理论来求解稳定性问题的原理和方法[2]，Donald I、Chen、Wang、Chen 等提出了二维和三维边坡分析的能量法[3-8]，Sloan 等人[9-13] 结合有限单元法和数学规划方法对二维和三维稳定性问题的求解进行了研究，Zhang 利用刚体有限元和极限分析下限定理对边坡进行了稳定性评价，在土木工程中[14]，孙九春等人运用 APDL 语言对深基坑开挖过程进行了模拟[15]，贾学明等引入子模型法和局部裂纹子模型法进行了三维应力强度因子计算[16]，钟守宾等基于反分析法对高填石路堤工期沉降进行了预测分析[17]，许文达将蒙特卡洛法与有限元法结合推广到边坡稳定可靠度分析中[18]，余跃心等建立了 SMW 工法围护结构分析二维平面有限元模型[19]，王健编制了考虑土、墙体、支撑与接触面的 SMW 工法围护结构分析程序 FE-SMW1.0[20]。

上海市某基坑位于地下建筑出入口，采用 SMW 工法作为垂直护壁结构。该出入口未开挖前地面标高为 ±0.000m、开挖后基坑底标高为 -8.250m，型钢中心宽度 8.44m，单桩直径 700mm，水泥土搅拌桩桩顶标高为 ±0.000m，搅拌桩底标高为 -18.80m，水泥掺量为 17%。型钢底标高为 -17.8m，H 型钢顶标高为 +0.2m。基坑内设 4 道支撑，标高分别为 -0.9m、-2.9m、-4.3m、-7.1m，其中第二道为换撑。出入口及附属结构基坑深度 8.00～9.00m，分三层开挖。开挖过程中，基坑边缘外 15m 内不得有大于 20kN/m 的堆载及其他载重。在钢支撑预加轴力后，进行支撑面以下的土体开挖。钢支撑预加轴力：第一道和第二道钢支撑 330kN，第三道支撑 750kN。地基土的物理力学指标见表 1，其他材料属性部分参数见表 2。

表 1　地基土的物理力学指标

序号	土层名称	层底标高/m	含水量/%	重度/kN/m³	孔隙比 e	摩擦角 φ/(°)	黏聚力 c/kPa	压缩模量 Es/MPa
①₁	杂填土	2.20						
①₃	黄色素填土	1.20						
②₁	褐黄色黏土	−0.30	36.8	17.7	1.08	21.5	10	3.25
②₃b	灰色砂质粉土夹淤泥质粉质黏土	−4.90	33.0	18.4	0.93	31.0	7	7.38
③	灰色淤泥质粉质黏土	−6.00	41.0	17.3	1.17	22.5	12	3.12
④	灰色淤泥质黏土	−13.30	49.1	16.6	1.42	10.0	11	2.16
⑤₁a	灰色黏土	−16.50	42.8	17.2	1.24	11.0	13	2.62
⑤₁b	灰色粉质黏土	−31.00	33.6	17.9	0.99	21.5	14	4.95
⑤₂	灰色砂质粉土夹粉质黏土	−42.30	32.8	17.8	0.98	25.0	13	5.80

表 2　其他材料属性

	弹性模量（Pa）	泊松比	密度（kg/m⁻³）
钢	3×10^{10}	0.25	7.7
水泥土	2.5×10^{9}	0.20	1.8

2　SMW 工法下的基坑围护分析

在基坑施筑阶段，随着土层开挖支撑体系的设置与拆除，围护结构的受力状况处于变化状态，突发和偶然情况等随机因素使得围护结构的应力状态难以预料。本文选取所测基坑的横向截面为分析对象。基坑宽 31.9m，开挖深度 8.25m。根据表 1 的土层分布情况、支撑设置以及开挖面标高、单元计算的合理尺寸等因素来划分有限元网格和边界条件。计算域深 42.4m，宽 61.2m，在墙身方向从墙底向下延伸 1 倍、在水平横向墙向外扩展 10 倍，底部边界选在第⑤层，两侧边界和底部边界在水平和垂直方向对位移进行约束。

本文选取三个工况为研究对象：工况一，第一次开挖 1.5m 深度；工况二，加上第一道支撑，第二次开挖至地表以下 3.5m；工况三，加上第二、第三道支撑，同时进行第三次开挖，开挖深度达 8m。

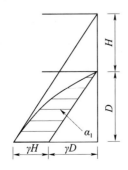

图 1　开挖卸荷后残余应力分布示意

如图 1 所示，定义残余应力系数 α：

$$\alpha = \frac{残余应力}{卸荷应力} = \frac{\sigma}{\gamma H} \tag{1}$$

式中 H 为开挖深度；γ——土的重度。

刘国彬[21]建议 α 按下式计算：

$$\alpha = \begin{cases} \alpha_0 + \dfrac{0.95 - \alpha_0}{h_r^2} h^2, & 0 \leqslant h \leqslant h_r \\ 1.0, & h > h_r \end{cases} \tag{2}$$

式中 α_0 为开挖面上的残余应力系数、可取 0.30；h 为上覆土层厚度；h_r 为残余应力影响深度，按下式确定：

$$h_r = \frac{H}{0.0612H + 0.19} \tag{3}$$

基坑土体竖向应力为

$$\sigma_{ui} = \alpha_i \sigma_0 + \sum_{i=1}^{n} \gamma_i h_i \tag{4}$$

式中 σ_{ui} 为第 i 层土体的竖向应力；σ_0 为开挖时总的卸荷应力；α_i 为第 i 层土的残余应力系数；γ_i、h_i 为第 i 层土的重度和厚度。

（1）墙体侧移模拟分析

SMW 工法桩墙墙体水平变位的大小主要取决于基坑的宽度、开挖深度、地层的性质、墙体的刚度、入土深度以及基坑的暴露时间、支撑的及时性和支撑刚度、位置。及时支撑和预加支撑轴力将对减少墙体变位起着重要作用。

图 2 为 X 向侧移与开挖深度的关系。随着开挖深度的不断加深，SMW 工法桩墙墙体的支撑沿 X 方向逐渐加大。以顶点为例：开挖深度为 8m 时，顶点位移为 10mm，随着深度地增加，X 向位移逐渐减至 6mm，坑外土体外延和开挖基坑中部也有相对较大位移，仅次于 SMW 工法桩墙顶端的位移；开挖深度为 10.5m 时，顶点位移为 14.5mm，

其值也逐渐从顶部减至地连墙根部的 7.2mm，与开挖至 8m 的基坑相比，开挖至 10.5m 的基坑坑外外延没有 X 向位移集中区；而当开挖深度达到 13m 时，位移将从顶点的 32mm 降至底部的 6.2mm，位移相差近 26mm，将使桩墙严重变形，从而导致基坑土体失稳而造成人员和经济的损失。虽然该模拟过程未将墙体和型钢的深入长度相应提高，但是从现有的模拟情况来看，可以推出墙体定点的位移趋势还是十分明显的。特别是当开挖深度达 13m 时，其顶点位移量将导致坑外土体严重变形，这将对施工安全十分不利。

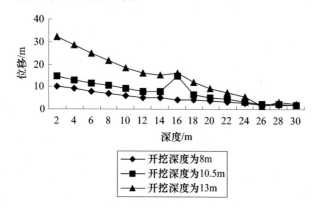

图 2 X 向侧移与开挖深度的关系

由上可知，开挖深度对墙体侧移有显著影响。由于该支护体系内部插有型钢，支护体系刚度较大，基坑整体变形相对较小，因此，破坏均首先发生在支撑上，且基本上都是从支撑顶部开始的。由模拟开挖深度为 10.5m 和 13.0m 两种工况可知，在开挖深度较小时，破坏将主要集中在支撑顶部，SMW 工法桩墙可能不产生大变形；而在开挖深度较大时，因为内外土压力差过大，足以使 SMW 工法桩墙发生大变形，严重的甚至断裂，基坑周围土体整体滑动，最终整个基坑的稳定性遭到毁坏。

就不同工况来说，工况一中，接近表层土被挖出、墙体处于悬臂状态，但由于开挖深度较小，地下墙顶部所受的弯矩较小，且其值逐渐呈下降趋势，此时的最大位移位于坑外土体外延，位移量达 7.1mm；工况二中，开挖至地表以下 3.5m，并加上第一道支撑，由于开挖深度加大，但加有轴力支撑，使得顶端位移较工况一大（其值大约为 5.4mm），SMW 工法桩墙的弯矩和能量集聚都是开始增大，最大位移仍位于坑外土体外延，达 7.6mm，但 SMW 工法桩墙顶部开始有大位移聚集区；工况三中，开挖深度达 8m，接近于施工要求，同时加上第二道支撑，此时的墙顶位移约为 8.6mm，SMW 工法桩墙暴露部分的位移加大且更加明显。三种工况虽然 SMW 工法桩墙墙顶位移有

所不同，但随着深度的增加 X 向位移都呈下降趋势、且趋于平缓，大致符合现实规律。

（2）地表沉降模拟分析

SMW 挡土墙的地表沉降由以下几部分组成：墙体变位引起的沉降、基坑回弹隆起及管涌引起的沉降、墙外固结沉降，这三部分是引起沉降的主要部分；另外还有抽水引起土砂损失、墙体土砂的漏失以及 SMW 围护搅拌插入 H 型钢引起的隆起，这三部分引起的地表沉降可从施工技术、施工管理上加以控制。

地表沉降的范围取决于地层的性质、基坑开挖深度 H、墙体入土深度、下卧层深度、基坑开挖深度等。沉降范围一般为 $(1{\sim}4)H$。图 3 为垂直于基坑挡土墙的各个地表层的点在不同工况时的位移比较。从图 3 可以看出：工况一，表层土体被挖出，墙体呈悬臂状态，近墙地表沉降量较大；工况二，加上第一道支撑后，第二次被开挖的土体被挖出，支撑以下墙体部位位移增大，沉降曲线不再表现为单一的上升状态，而是在距墙某一位置凹陷；工况三，这种凹陷稍微远移，成为沉降量最大点，最后逐渐平缓上升。这与王健用 Duncan-Chang 模型模拟土，编制的相应程序 FE-SMW1.0 所得的结果在某种程度上相类似（该模型用有厚度接触面单元模拟接触面、用平面八节点等参单元模拟土、用梁单元模拟墙体、用一维杆单元模拟支撑）。

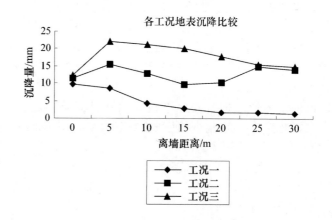

图 3 各工况地表沉降比较

工况一中，由于开挖深度较小，土体可近视视为一个整体，坑外土体和基坑土体的应力分布大致一致。由表层随深度的不断增加，应力也呈逐渐增加的趋势：最上层应力最小，约为 142kPa，底层大致为 6400 kPa，最大应力位于型钢附近的水泥土搅拌桩，可达 9616 kPa；工况二，边坡土体和开挖土体的 Y 向应力，其分布层次虽稍有错动，但分布顺序还是一致的。由于开挖深度的增加、土的黏聚力和加了第一道支撑导致的支撑变形，模型所取的

土体应力出现了方向相反的情况：第一层的应力约为 325kPa，方向垂直于土体面向上；随着深度的增加，应力方向逐渐变为垂直于土体面向下，直至底面的 7000kPa；工况三，开挖深度继续加深，紧接着加了第二道支撑，使得此时的土体 Y 向应力分布在工况二的基础上分布变化梯度更大，由顶层的 700kPa 左右到底层的 9000kPa。这三种工况的共同点是：土体在 Y 向上都随着深度的增加应力逐渐增加，应力的最大值和最小值都存在于型钢和水泥土搅拌桩的模型区域中，应力方向相反；其不同点是：随着施工的进行，应力的变化梯度逐渐减小，而在型钢和水泥土搅拌桩中的应力最大值和最小值相差的绝对值则逐渐增大，这在工程中应引起足够的重视。但是在实际工程中，型钢表面由于施工需要会涂有减摩剂，一定程度上可以缓解型钢和水泥土在支撑和土体共同作用下产生的影响。

上海地区的土层除具有一般土体性质之外，还具有软土的一些性质。软土的天然强度低、压缩性高、透水性小，并且有固结时间长、流变特性显著的特点。软土地基上的构筑物常常会出现沉降过大、承载力不足等问题。考虑到以上几种土体特性，作者发现仅根据实际土层所得的工程数据来定义模型参数可能对研究结果产生一定的误差。然而又由于对实际土层、边界条件、空隙压力消散、固结度计算有一定困难，作者将对土体模型进行外部加载，来说明坑外土体竖向压缩量增大将对开挖基坑的水平位移、竖向位移以及应力分布情况产生较大影响。图 4、图 5 分别为在坑外土体加载 10kPa 和 15kPa 的情况下 X 向和 Y 向的位移比较。

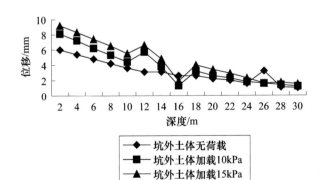

图 4　不同加载情况下 X 向位移

从图 4 中不难看出，随着土体边坡面加载的增加，坑外土体和基坑的沉降量都将增加，几乎都在 5～10m 处达到最大值，曲线都较为平缓；X 方向的少数值有突变，大致在与型钢和水泥土的地面相平的标高处，图形中的数据不太稳定。图 5 中，各情况的图形形状相似，主要的不同在于开挖基坑与

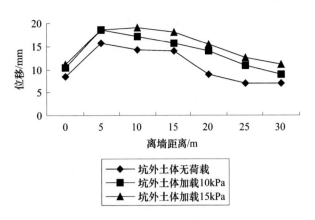

图 5　不同加载情况下 Y 向位移

SMW 工法桩墙相接触的土体：施压较大的开挖基坑内侧沉降量相对较大。如图，施压 10kPa 的基坑沉降量最大为 12mm，施压 15kPa 的基坑沉降量最大达 14mm。这可能由于施加在土体上的压力达到使墙体变位而引起的。由以上分析可以得知，地表沉降会随施工进程的推进而增加，其变化速度相差较为悬殊，且各种工况的最大沉降位移处也各不相同。随着开挖深度的增加，地表的最大位移处从近墙表面处慢慢移向离墙面稍远处。因此，SMW 工法在施工过程中应尽量避免在坑外或开挖基坑内放置过大的荷载，否则将增加施工难度，继而影响施工速度或质量。作者考虑了土体蠕变和固结对基坑沉降数据的影响，在坑外土体表面加上分布荷载，结果表明，开挖基坑内侧所受的影响较大。

除此之外，作者还对开挖基坑的剪应力进行了分析。从中可以得到结论有，剪应力的梯度变化最大处在 SMW 工法桩墙的插入底端附近，其值为 1824kPa，桩墙底端应力聚积较大，极易在此处发生剪切破坏。离墙体越远，剪应力梯度变化越小，这种影响范围一般不超过（1～1.5）H，作者认为对插入型钢和水泥土搅拌桩的抗剪承载力要求较高。其中模型边缘的剪应力可以适当忽略，这是由于模型的边界条件设为三维固定所致，基本不影响主要受力点的观察。

3　结语

三维有限元模型中考虑了复合型围护结构不同材料间的相互作用，在分析基坑变形时具有较好的使用价值。为使模拟基坑开挖结果尽可能符合实际情况，模型沿墙身方向向墙底延伸 1 倍，水平横向向墙外扩展 10 倍，得到较好的模拟效果，与实测结果相近。

SMW 支护结构因其良好的抗渗性能以及经济的造价等多方面的优点，在软土地区基坑工程中的应用越来越多。分析 SMW 工法的止水效果和抗渗能力也将是作者以后努力的方向。

参考文献

[1] Drucker D C, Prager W. Soil mechanics and plastic a-nalysis or limit design [J]. Q Appl. Math. , 1952, 10: 157 - 165.

[2] Chen W F. Limit Analysis and Soil Plasticity [M]. New York: Elsevier Scientific Publishing Co. , 1975.

[3] Donald I, Chen Z Y. Slope stability analysis by the up-per bound approach: fundamentals and methods [J]. Can. Geotech. J. , 1997, 34 (6): 853 - 862.

[4] Chen Z Y. The limit analysis for slopes: theory, meth-ods and applications [A]. In: Proceedings of the In-ternational Symposium on Slope Stability Engineering [C]. Rollerdam: Balema, 1999, 15 - 29.

[5] Wang Y J, Yin J H, Lee C F. The influence of a non-associated flow rule on the calculation of the factor of safety of soil slopes [J]. Int, J. Numer. Anal. Geomedch. , 2001, 25: 1351 - 1359.

[6] Wang Y J. Stability analysis of slopes and footings con-sidering different dilation angles of geomaterial [PhD Thesis] [D]. Hongkong Polytechnic University, 2001.

[7] Chen Z Y, Wang X G, Haberfield C, et al. A three-dimensional slope stability analysis method using the upper bound theorem (part 1): theory and methods [J]. Int. J. Rock Mech. Min. Sci. , 2001, 38: 369 - 378.

[8] Chen Z Y, Wang J, Wang Y J, et al. A three-dimen-sional slope stability analysis method using the upper bound theorem (part 2): numerical approaches, appli-cations and extensions [J]. Int. J. Rock Mech. Min. Sci. , 2001, 38: 379 - 397.

[9] Sloan S W. Lower bound limit analysis using finite ele-ments and linear programming [J]. Int. J. Numer Anal. Meth. Geomech. , 1988, 12: 61 - 77.

[10] Sloan S W. Upper bound limit analysis using finite ele-ments and linear programming [J]. Int. J. Numer A-nal. Meth. Geomech. , 1989, 13: 263 - 282.

[11] Sloan S W, Kleeman P W. Upper bound limit analysis using discontinuous velocity field [J]. Comput Appl. Mech. Eng. , 1995, 127: 293 - 314.

[12] Lyamin A V, Sloan S W. Upper bound limit analysis using linear finite elements and non-linear program-ming [J]. Int. J. Numer. Anal. Meth. Geomech. , 2002, 26: 181 - 216.

[13] Kim J, Salgado R, Yu H S. Limit analysis of soil slopes subjecter to pore-water pressures [J]. ASCE J. Geotech. And Geoenvir. Eng. , 1999, 125 (1): 49 - 58.

[14] Zhang X. Slope stability analysis based on the rigid fi-nite element method [J]. Geotechnique, 1999, 49: 585 - 593.

[15] 孙九春, 朱艳, 刘玉涛. ANSYS 二次开发技术在深基坑开挖过程中的应用 [J]. 中国市政工程, 2004, 3: 57 - 58.

[16] 贾学明, 王启智. 标定 ISRM 岩石断裂韧度新型试样 CCNBD 的应力强度因子 [J]. 岩土力学与工程学报, 2003, 22 (8): 1227 - 1233.

[17] 钟守宾等. 基于反分析方法的高填石路堤工期沉降计算 [J]. 广西交通科技, 2003 (2): 63 - 67.

[18] 许文达. 基于蒙特卡洛—有限元法的边坡可靠度分析 [J]. 福州大学学报, 2004 (32): 73 - 78.

[19] 佘跃心等. 基于有限元的 SMW 支护结构基坑开挖施工模拟 [J]. 四川建筑科学研究, 2002, 28 (2): 26 - 28.

[20] 王健. 上海某基坑 SMW 围护的实测与分析 [J]. 工业建筑, 2001, 31 (2): 27 - 30.

[21] 刘国彬. 上海同济大学地下系. 教授, 博士生导师.

现代深大基坑设计理论、实践与案例分析

赵锡宏

（同济大学）

0 非线性空间基坑设计理论与实例分析

目前基坑设计理论以及相应软件有平面和空间两大类，其中又可分为线性和非线性。国外有美国和英国的著名软件：SAP 和 CRISP。国内有著名的北京理正设计软件和启明星软件等。各有各的特点。

我们的非线性空间基坑工程设计理论和方法以及相应的超明星（SUPER－STAR）软件，是经过四年的艰苦努力，终于完成，在 1999 年被上海科技委专家组评为"国际领先水平"，并获得上海市科技进步二等奖。

广州珠海广场地铁站约 25m 深基坑、镇江润扬大桥北岸桥墩深度分别为 29m 和 48m 基坑，上海外环线越江隧道浦西深达 30m 基坑和上海环球金融中心的直径约 100m 深度达 18.75m 基坑的计算和实测表明了该软件的优越性。在上海、广州、武汉、重庆、河南、广西和台湾等地应用。该理论和方法随即于 1999 年载入唐业清等人编著《基坑工程事故分析与处理》的第六章"基坑工程技术新进展"中，2001 年载入徐至钧、赵锡宏编著《深基坑支护工程逆作法设计与施工——深基坑支护设计理论与技术新进展》中，同时比较详细介绍其应用，同年，该论文由我国土木工程学会送往 15 届国际土力学与岩土工程会议发表[1]。

1 非线性空间基坑围护工程计算理论和方法

1.1 非线性空间基坑围护工程计算理论和方法的基本思想

把挡土墙（包括地下连续墙等）切割成 N 根竖直方向的梁，水平方向切割成 M 根曲梁，这样，将挡土墙分别切割成水平梁系和竖向梁系。计算时，考虑挡土墙的土压力随位移成非线性关系，通过满足交叉梁系在交叉点上的位移协调条件和静力平衡条件，考虑它们之间的共同作用。内支撑系统的处理基本上与水平梁的处理相同。

本方法的精华就是采用迭代法，通过反复迭代，使交叉梁系在交叉点上满足位移协调条件和静力的平衡条件，能把支撑系统、挡土墙和墙后土体三者作为一个整体进行分析。

基坑围护的非线性空间计算理论和方法，是采用竖向非线性地基梁的有限元方法，它是基于竖向弹性地基梁 m 法发展起来。如果换为竖向弹性地基梁 m 法，可得基坑围护的线性的空间计算理论和方法。

1.2 竖向非线性地基梁方法

竖向非线性地基梁方法的核心就是假定土压力随位移的变化近似于双曲线型，采用土压力强度增量与位移的非线性关系式：

$$\Delta p = \frac{u}{\dfrac{1}{\bar{k}} + \dfrac{u}{p - p_0}} = ku \qquad (1)$$

或

$$\Delta p = \frac{hu}{\dfrac{1}{\bar{m}} + \dfrac{hu}{p - p_0}} = mhu \qquad (2)$$

式中，

$$k = \frac{1}{\dfrac{1}{\bar{k}} + \dfrac{u}{p - p_0}} \qquad (3)$$

$$m = \frac{1}{\dfrac{1}{\bar{m}} + \dfrac{hu}{p - p_0}} \qquad (4)$$

当 $u \leqslant 0.0$ 时，$p \to pa$，$k = \bar{k}_a$，$m = \bar{m}_a$；

当 $u \geqslant 0.0$ 时，$p \to p_p$，$k = \bar{k}_p$，$m = \bar{m}_p$。

Δp 为随位移变化的土压力强度增量，u 为水平位移。规定：当考虑墙后土压力时，位移向坑外为正，向坑内为负；当考虑墙前土压力时，位移向坑内为正，向坑外为负；p_0、p_a、p_p 分别为静止土压力强度、主动土压力强度和被动土压力强度。

由式（3）和式（4）可得：

$k = mh$，$\bar{k} = \bar{m}h$。

所以：当 $u \leqslant 0.0$ 时，$\bar{k}_a = \bar{m}_a h$；

当 $u \geqslant 0.0$ 时，$\bar{k}_p = \bar{m}_p h$。

为叙述方便，把 $u \geqslant 0.0$ 时的曲线称为被动曲线，把 $u \leqslant 0.0$ 时的曲线称为主动曲线。$\bar{k}_a$，$\bar{k}_p$ 分别是主动曲线和被动曲线起始（位移趋向于零）时

的土的水平抗力系数；$\overline{m}_a$，$\overline{m}_p$ 分别为主动曲线和被动曲线起始时的土的水平抗力系数的比例系数。

上述公式（1）和（2）可用图1的曲线表示。当位移向坑外且很大时，墙后土压力强度为：$E = E_0 + \Delta p \rightarrow E_p$，即趋于被动土压力强度且变化很小。

当位移向坑内且很大时，墙后土压力强度为：$p = p_0 + \Delta p \rightarrow p_a$，即趋于主动土压力强度且变化很小。

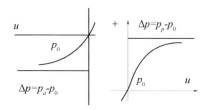

图1 主动曲线和被动曲线

必须指出：m 值与位移有关，而位移又依赖于 m 值，因此，必须通过反复迭代求解。当本次计算的位移 u_1 与前一次的位移 u_2 相差很小时，结束迭代，那么，最后一次的计算结果就是所求的结果。如非线性地基梁有 n 个结点，则：

$$D_1 = \sum_{i=1}^{n} |u_{1i} - u_{2i}|$$

$$D_2 = \frac{1}{2} \sum_{i=1}^{n} ||u_{1i}| - |u_{2i}|| \qquad (5)$$

$$DJD = \sqrt{D_1/D_2}$$

判断标准为 $DJD < JDX$，JDX 为迭代的精度差值。如不满足精度要求，继续迭代；直至满足精度为止。

由此可见，非线性地基梁理论和计算方法能反映土压力随土体位移成非线性的变化，而且，当位移较大时，土压力变化速率变小，体现土的水平抗力系数 k 随位移的变化而变化的实际情况。因此，非线性地基梁方法能解决弹性地基梁有限元法存在的主要问题。

1.3 土压力和水压力的计算

（1）静止土压力和水压力

静止时的土压力和水压力必须分开计算。

（2）主动土压力、被动土压力和水压力

主动土压力强度直接采用朗肯土压力强度公式，而被动土压力强度考虑地基土与挡土墙之间的摩擦力，采用以朗肯公式表达的改进库仑公式的简化公式：

$$p_p = \sum \gamma_i h_i \cdot K_p + 2c\sqrt{K_{ph}} \qquad (6)$$

其中，

$$K_p = \frac{\cos^2 \varphi}{\left[1 - \sqrt{\dfrac{\sin(\varphi+\delta) \cdot \sin\varphi}{\cos\delta}}\right]^2 \cdot \cos^2 \delta} \qquad (7)$$

$$K_{ph} = \frac{\cos^2 \varphi \cdot \cos^2 \delta}{[1 - \sin(\varphi+\delta)]^2} \qquad (8)$$

式中 p_p——计算点处的被动土压力强度（kPa）；

γ_i——计算点以上各层土的重度（kN/m³）：地下水位以上，取天然重度；地下水位以下，水土合算时取饱和重度，水土分算时取浮重度；

h_i——计算点以上各层土的厚度（m）；

K_p、K_{ph}——计算点处的被动土压力系数；

δ——计算点处地基土与墙面的摩擦角（°），取 $\delta = (\frac{2}{3} \sim \frac{3}{4})\varphi$，且 $\leqslant 20°$，当地基土较差时（例如，淤泥质黏土）取大值，反之，取小值，当坑内无降水措施时，取 $\delta = 0°$；

c，φ——计算点处的土的黏聚力（kPa）和内摩擦角（°）。

在具体计算土压力和水压力时，可根据要求，考虑水土分算或水土合算。

1.4 参数值 $\overline{m}$ 的选择

为解决非线性地基梁计算方法中 $\overline{m}_a$，$\overline{m}_p$ 的取值问题，首先对水平受力桩进行分析，桩的受力如图2所示。桩两边的静止土压力平衡，两边的土压力增量分别为：

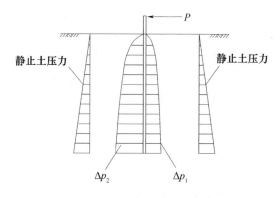

图2 水平受力桩的简化力学模型

$$\Delta p_1 = m_1 hu$$

$$\Delta p_2 = m_2 hu$$

总的土压力增量：$\Delta p_1 = mhu$。

从 $\Delta p_1 = \Delta p_1 + \Delta p_2 = (m_1 + m_2)hu$ 可得：

$$m = m_1 + m_2 \qquad (9)$$

考虑位移趋向于零时的情况，并假定主动曲线和被动曲线（图1）在原点处的曲率连续，则有：

$$m_1 = m_2 = m/2 \qquad (10)$$

式中：m 为把桩两边综合一起考虑时的水平抗力系数的比例系数；m_1、m_2 分别为桩左边和右边的水平抗力系数的比例系数。

从式（10）可见，起始时的桩每边的 m_1 和 m_2 均是起始时的 m 值的一半。注意：建筑桩基技术规范 JGJ94－94 中的表 5.4.5 中的 m 是把桩两边综合一起考虑时的水平抗力系数的比例系数，即式（9）中的 m 值。该 m 值并不是起始时的 m 值，而是当位移达到表中所规定的位移值（此位移一般不大）时的 m 值，小于起始时的 m 值。因此，起始

时的桩每边的 m_1 或 m_2 大于该表中的 m 值的一半。在非线性地基梁法中，土的起始水平抗力系数的比例系数值，即为起始时的桩每边的 m_1 或 m_2，可取表 1 中的 m 值。工程实例的计算分析表明 m 值的取值方法是可行的。

应予指出，在非线性地基梁法中，土的起始水平抗力系数的比例系数值不同于弹性地基梁 m 法中的 m 值。这里，值为挡土墙变形起始时的数值与墙体的变形无关，受到影响的因素较少，主要是受土层性质的影响，因此，相对来说值比较容易选择。

表 1 土的水平抗力系数的比例系数 m 值

序号	地基土类别	预制桩、钢桩		灌注桩	
		m（MN/m^4）	相应单桩在地面处的水平位移（mm）	m（MN/m^4）	相应单桩在地面处的水平位移（mm）
1	淤泥，淤泥质土，饱和湿陷性黄土	2～4.5	10	2.5～6	6～12
2	流塑（$I_L > 1$）、软塑（$0.75 < I_L \leq 1$）状黏性土，$e > 0.9$ 粉土，松散粉细砂，松散、稍密填土	5.4～6.0	10	6～14	4～8
3	可塑（$0.25 < I_L \leq 0.75$）状黏性土，$e = 0.75～0.9$ 粉土，湿陷性黄土，中密填土、稍密细砂	6.0～10	10	14～35	3～6
4	硬塑（$0.25 < I_L \leq 0.25$）坚硬（$I_L \leq 0$）状黏性土，湿陷性黄土，$e = 0.75$ 粉土，中密的中粗砂，密实老填土	10～22	10	35～100	2～5
5	中密、密实的铄砂、碎石类土			100～300	1.5～3

实例——上海外环隧道浦西段深基坑工程

2.1 工程概况

上海外环隧道工程是上海城市外环线北环中连接浦东、浦西的一个重要节点，是外环线的咽喉工程（见图 3）。上海外环隧道工程位于距吴淞口约 2km 的吴淞公园附近，为上海地区第一条用沉管法建造的水下公路交通隧道，双向八车道，工程全长 2.87km，工程规模位居世界第二、亚洲第一。

上海外环隧道工程主要包括三个重要组成部分（图 4）：一是浦东的大型干坞工程及在干坞内进行的大体积沉管管段的预制；二是浦东、

浦西暗埋段的大型超深基坑工程，尤以浦西的暗埋段深基坑为主；三是预制管段的起浮、拖运及江中沉放。

图 3 上海外环隧道工程总平面图

(a) 干坞及管段制作

(b) 暗埋段深基坑

(c) 干坞进水准备管节起浮拖运

(d) 管节托运沉放

图4　上海外环隧道工程主要组成部分

本报告主要分析上海外环隧道浦西暗埋段深基坑工程。

上海外环隧道的浦西暗埋段长469m，划分为17个施工节段（PX11～PX27），并设地面风塔一座。图5是浦西暗埋段平面布置总貌图。

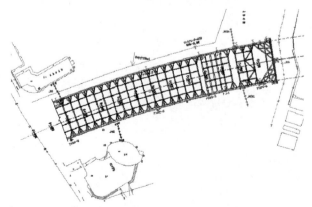

图5　浦西暗埋段平面布置总貌图

上海外环隧道浦西暗埋段的结构形式为五跨钢筋混凝土箱形结构，采用明挖顺筑法施工，进行大规模的深基坑开挖，其大型超深基坑宽43m，靠近黄浦江处的最大埋深为30.4m，向西以4％的坡度抬升，至吴淞邮电所处和外环线同济路立交相接。

现在分析浦西暗埋段中与江中段E1管段相连接的PX26～PX27连接段，见图4；采用1.2cm厚、44～46m深的地下连续墙作围护结构，结构顶板上设四道钢筋混凝土支撑和一层夹层板，顶板与底板之间设一道钢支撑；迎江面端头墙采用钢管桩墙作临时支挡结构，当与沉放管段对接时，钢管桩须予以拔除，见图6。

2.2　多种方法的初步计算分析

首先，针对本工程浦西暗埋段连接井（PX26～PX27）和风井段的深基坑围护结构，采用线性平面方法、线性空间方法、非线性空间方法等多种方法，创造性利用"超明星"、"理正"、"SAP"等国内外知名软件，从多角度分析围护结构的变形和内力，得出初步计算结果和提出相应建议，使后续工作有所遵循。在初步计算中，将PX26～PX27和风井段作为各自独立的单元、按分别开挖到底进

行计算，并在开口处用适当的边界条件加以模拟，

初步计算结果的最大位移及内力汇总如表 2。

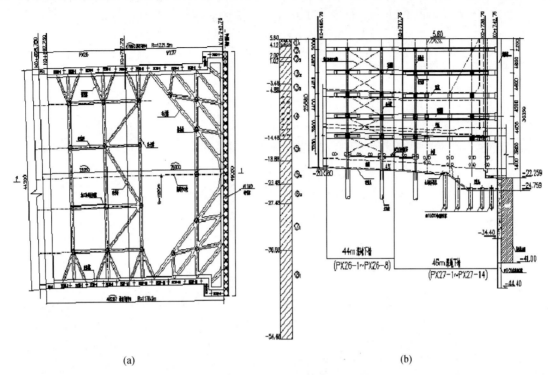

(a)   (b)

图 6　PX26～PX27 围护结构布置图

a) 平面图（第一～第五道支撑）；b) Ⅰ—Ⅰ部面图

表 2　初步计算结果汇总表

计算软件（方法）	PX26～PX27 段			风井段		
计算结果	超明星（空间非线性）	理正（空间线性）	SAP（空间线性）	超明星（空间线性）	理正（空间线性）	理正（空间线性）
墙体最大位移（cm）	10.9	3.1	6.7	7.8	5.1	8.9
墙体最大弯距（kN·m）	6835.0	3631.6	8890.0	2884.0	3218.6	3279.0
最大支撑轴力（kN） 第一道	3521.3	3125.6	2830.0	1690.6	5049.7	2020.0
第二道	11907.0	11543.0	6994.0	4952.6	12700.2	4652.0
第三道	7999.8	15848.4	11820.0	4775.2	15727.3	4923.0
第四道	8246.5	18550.1	13730.0	4316.5	21511.2	6376.0
第五道	11609.0	19675.6	17430.0	4519.8	7007.5	3491.0
第六道	13274.0	6449.7	8463.0	2761.9	4755.2	1502.0

　　表 2 初步计算结果的比较表明，空间非线性方法计算的位移一般比空间线性方法的计算结果偏大。根据经验，线性方法计算所得的位移值应乘以 2～3 倍的经验系数，才能符合实际，而采用空间非线性方法（超明星软件），在上海地区已积累较为丰富的地区经验，计算结果较为合理，能较好地符合实际，在本工程的实测中也很好地得到验证。

　　因此，在随后的施工过程中，采用"超明星软件"的空间非线性基坑围护结构设计计算方法，紧密结合施工现场的实际情况，按实际的施工工况，对每一步开挖进行跟踪计算。提前两周计算得到的开挖到每道支撑标高时的围护墙体最大变形，与两

周后该工况的实测结果符合较好，起到指导施工的作用。

2.3　采用空间非线性方法进行跟踪计算

　　在经过初步计算确定研究中采用的具体方法后，在后续工作中，紧密结合现场的实际情况，按实际施工工况，对每一步开挖进行有针对的跟踪计算，以期更好地预测和指导施工。与初步计算不同的是，跟踪计算时将 PX26～PX27 段与风井段联系起来，形成一个整体进行计算。下面具体介绍跟踪计算的计算模型、计算参数、计算工况、计算结果及其与实测结果的比较。

2.3.1　计算模型

　　根据基坑围护的非线性空间设计计算理论，将

挡土墙切割成177根竖直方向的梁和51根水平方向的曲梁，这样，将挡土墙分别切割成水平梁系和竖向梁系。图7是水平梁系网格划分示意图，图8是围护结构三维网格划分示意图。

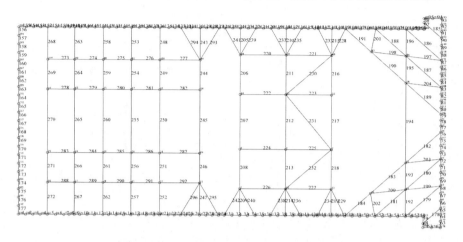

图7　围护结构水平梁系网格划分示意图

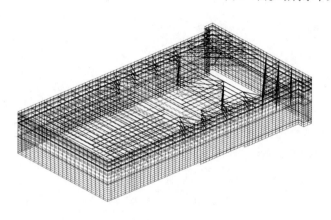

图8　围护结构三维网格划分示意图

为使开口处的模拟更符合实际，曾试算几种不同的方式，最后，采用以下方法：开口处设置虚拟的地下连续墙，该处开挖面标高假设为－3.0m，这样，既可使围护结构形成完整的空间体系，又可避免开口处虚拟的地下连续墙在开挖深度加深时由于其变形过大导致失稳的问题，此外，可使虚拟的地下连续墙产生一定的变形，从而更符合实际情况。计算结果表明，采用这种方法模拟开口基坑，基本上能够取得较好的效果。

2.3.2　计算参数

计算时采用的土体参数见表3。

表3　土体计算参数

序号	土层描述	重度（kN/m³）	内摩擦角 φ（°）	黏聚力 c（kPa）	静止土压力系数 K_0	m值（kN/m⁴）
1	褐黄色粉质黏土	18.8	18.9	18.6	0.59	4000
2	灰黄色粉质黏土	18.0	14.0	17.0	0.67	4000
3	灰色砂质粉土	18.0	33.4	5.7	0.46	4500
4	灰色淤泥质粉质黏土	18.8	12.7	14.3	0.70	3500
5	灰色淤泥质黏土	17.5	9.8	14.3	0.74	3000
6	灰色黏土	18.0	12.5	15.7	0.70	4500
7	灰色砂质粉土	18.3	31.6	5.7	0.45	5000
8	草黄色粉质黏土	19.0	21.6	35.7	0.58	6000
9	草黄～灰色砂质粉土	18.3	32.0	14.3	0.45	7000
10	灰色黏土	18.6	21.6	20.0	0.55	7000

根据《上海市标准——基坑工程设计规程DBJ08－61－97》的规定，c、φ采用总应力抗剪强度指标，取直剪固快试验峰值强度。各层土的厚度，根据其所处的位置不同而不同。另外，基坑东侧的钢管桩挡墙按EI相等换算成直径1.04m的实心混凝土桩挡墙；钢管桩外侧土体的内摩擦角增加5度，以考虑旋喷桩加固的作用。坑外水位取－0.5m，坑内水位则根据实际施工情况，逐次分层降低。

2.3.3　计算工况

如前所述，跟踪计算时将PX26～PX27段与

风井段联系起来，形成一个整体进行计算。表4是计算工况表，计算工况示意图见图9。

图9　计算工况示意图

表4　计算工况汇总表

工况	开挖面标高/m		坑内降水水位/m	本道支撑标高/m	
	风井段	PX26～PX27 段		风井段	PX26～PX27 段
1	−3.0	−3.0	−10.0	−2.2	−2.2
2	−7.3	−7.3	−10.0	−6.8	−6.8
3	−11.4	−11.4	−15.0	−10.8	−10.8
4	−12.0	−15.6	−18.0	−10.8	−15.0
5	−15.0	−20.6	−22.0	−14.3	−19.4
6	−19.1	−24.4	−25.0	−18.4	−23.8
7	−22.7	−25.8 −27.4	−30.0	−22.1	−25.2
8	−25.2	−27.4 −30.4	−31.0		

表5　墙体最大变形计算值与实测值的比较

墙体最大变形/cm	工况4	工况5	工况6	工况7	工况8
计算值	7.6	11.3	13.1	10.5	10.3
实测值	7.4	10.7	12.7	13.0	12.1

2.3.4　计算结果及其与实测的比较

2.3.4.1　墙体变形

（1）墙体最大变形

墙体最大变形是控制深基坑围护结构变形性状的重要指标之一。最大墙体变形的计算值与实测值的比较见表5及图10。

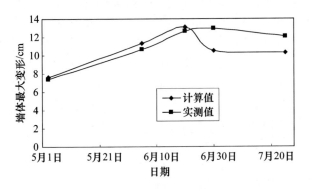

图10　墙体最大变形计算值与实测值的比较

由表5和图10可知，无论是计算值还是实测值，墙体最大变形均先随工况基本上呈线性增加，工况6以后，又均有所减小，所不同的是，计算值减小的幅度比实测值来得大。由于最后两道支撑是钢支撑，工况6正是开挖到钢支撑标高的工况，因此，随后的墙体最大变形的减小是钢支撑预加轴力的结果。另外，随着开挖深度的加深，发挥作用的支撑道数逐渐增加，围护结构的空间整体性抵抗变形的能力越来越明显，墙体变形的发展速度也会因此而受到限制，从计算结果可以说明，只是由于实际中墙体变形受多种复杂因素的影响，使得围护结构的这种空间整体性对抵抗变形的能力有所削弱，不像计算结果那样明显。

（2）墙体变形沿深度的分布

各工况下计算墙体变形沿深度的分布及其与实测结果的比较见图11。由图11可知，无论是计算结果还是实测结果，墙体最大位移基本上都发生在当前工况的开挖面附近。计算所得的墙体变形沿深度分布图的形状与实测结果基本一致，因此，采用基坑围护的空间非线性计算方法所得的墙体变形，在定性和定量两方面，基本上均能满足要求。

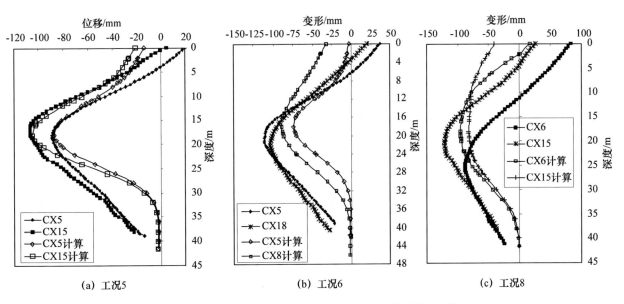

(a) 工况5　　　　　　　(b) 工况6　　　　　　　(c) 工况8

图11　计算墙体变形沿深度的分布及其与实测结果的比较

2.3.4.2　支撑轴力

影响支撑轴力的因素很多，有侧向荷载（包括水土压力、地面超载），竖向荷载的偏心，混凝土的收缩与徐变，温度，立柱的隆起或沉降以及施工条件等，是一个相当复杂的研究课题，要想计算准确，无疑十分困难。采用基坑围护的空间非线性计算方法，可以预测各工况的支撑轴力，计算值与实测值的比较见表 6 和图 12。由于混凝土的收缩和徐变以及温度应力等因素对支撑轴力的影响很大，在实测中较难反映，故实测结果并未考虑这些因素的影响，得出的是反映综合情况的支撑轴力，这里也仅对各工况的轴力最大值进行比较。

表 6　最大轴力计算值与实测值的比较

最大轴力（t）	工况 4	工况 5	工况 6	工况 7	工况 8
计算值	896.53	1766.2	1148.9	1141.1	1397.0
实测值	1053.0	1316.0	1271.0	1246.0	1262.0

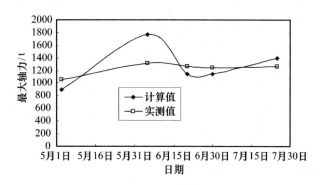

图 12　最大轴力计算值与实测值的比较

由表 6 及图 12 可见，最大支撑轴力的实测值为相应计算值的 0.8～1.4 倍，且二者的变化规律十分一致。因此，采用超明星软件的空间非线性基坑围护设计计算方法，得到的支撑轴力能对施工起到较好的指导作用。

3　小结

（1）对本工程这样大型超深的开口型复杂基坑工程，在按常规的线性平面杆系有限元进行前期围护结构设计的基础上，在后续的施工过程中，采用基坑围护的空间非线性计算方法及相应的"超明星"软件进行紧密结合现场施工工况的跟踪预测分析计算，在定性和定量两个方面，均得到与实测结果较为相符的计算结果，对施工起到很好的指导作用。

（2）该工程在计算理论与实践上的成功，为上海地区和类似的软土地区的大型超深基坑积累丰富的理论与实践上的宝贵资料。

（3）这种基坑工程的分析方法和模式值得推广，当与信息化施工相结合，必将获得更大的经济和社会效益。

上海外环隧道浦西段的超深基坑工程是一项技术含量高，施工难度和风险大的工程，其开挖深度位居上海目前基坑之最。通过设计人员、施工技术人员、监测技术人员和科技人员的共同努力和密切配合，针对工程进行科研项目立项和科研攻关，已于 2002 年 5 月间安全地、按期优质地完满完成。同时，积累许多宝贵资料和经验。详细见参考文献［2］。因此，为整个工程获得上海市科技进步一等奖和国家科技进步二等奖做出微薄贡献。

参考文献

［1］赵锡宏，李蓓，杨国祥，李侃著.《大型超深基坑工程实践与理论》，人民交通出版社，2005.

［2］杨国祥，李侃，赵锡宏，等. 大型超深基坑工程信息化施工研究——上海外环隧道浦西基坑工程. 岩土工程学报，2003，25（4）：483～487.

［3］李蓓. 软土地区大型超深基坑工程理论的实践与研究［博士学位论文］. 上海：同济大学，2003.

旋喷搅拌水泥土加劲桩变形计算模型及其验证[*]

廖晓忠[1]　刘全林[2]

(1. 同济大学地下建筑与工程系，上海　200092；2. 上海强劲地基工程股份有限公司，上海　200235)

摘　要：本文从"套叠式"变形模型出发导出了单根旋喷搅拌水泥土加劲桩在上拔力作用下的弹性变形计算公式，并假定加劲桩两接触面（钢绞线与水泥土接触面、水泥土与土接触面）为理想弹塑性，从而导出了旋喷搅拌水泥土加劲桩的弹塑性变形计算公式，通过导出的变形计算公式分析了旋喷搅拌水泥土加劲桩的应力以及塑性发展过程。

关键词：旋喷搅拌水泥土加劲桩；抗拔桩；弹塑性分析；变形计算

Deformable Model of Spray Mixing Cement－Soil Reinforcement Pile and Example Validate

LIAO Xiao－zhong[1]，LIU Quan－lin[2]

(1. Department of Geotechnical Engineering，Tongji University，Shanghai 200092；

2. Shanghai strong foundation engineering Co. ，LTD，Shanghai 200235)

Abstract：Using the telescoped deformable model，elastic deformation formula of single spray mixing cement－soil reinforcement pile was performed. Assume that the two contact surfaces of spray mixing cement－soil reinforcement pile are ideal elastic－plastic，explicit solutions are obtained for calculating elastic－plastic deformation based on the elastic deformation formula. Through the two formulas，the stress of two contact surfaces and its development process is analyzed.

1　问题的提出

随着地下空间的不断开发，基坑开挖越来越深，竖向抗拔桩以及横向抗拔桩的应用越来越广。当前工程中应用较多的竖向抗拔桩主要为钻孔灌注桩，对于这种混凝土抗拔桩承载力与变形的研究成果相对较多，但是这些研究成果不完全适用于新型的横向抗拔桩旋喷搅拌水泥土加劲桩。旋喷搅拌水泥土加劲桩是一种用于横向作用的抗拔桩，一般与围护桩形成基坑组合支护结构，作用效果类似于锚杆，但是桩身直径远大于锚杆，对土体有较好的加固和改良作用，因此，承载力和变形控制能力均比常规锚杆好很多。施工过程中通过横向钻孔并旋喷搅拌注入水泥，形成直径较大的水泥土桩身，然后插入带锚定板的钢绞线，形成水泥土加劲桩。此种桩型改善了普通锚杆承载力和支护刚度较小的缺陷，但是如何计算其设计抗拔力和变形量仍是工程界需要计算的难题。由于桩身是水泥土，因此，此种抗拔桩应考虑两个接触面，即钢绞线与水泥土以及水泥土与土的接触面，这是与混凝土抗拔桩只分析桩身与土接触面的不同之处。本文将从"套叠式[3]"变形模型出发，考虑两个接触面的弹塑性变化，推导出旋喷搅拌水泥土加劲桩的变形计算公式以及承载力计算公式。

2　旋喷搅拌水泥土加劲桩简介

旋喷搅拌水泥土加劲桩是一种横向抗拔桩，由于其直径较大，因此承载力也更大，所以在淤泥质土以及深基坑中应用广泛。旋喷搅拌水泥土加劲桩具有施工方便，施工速度快，费用低等特点，其在较差的土质中也能形成较大的承载力，并且不受基坑深度的限制，因此其局限性小，适应力强，具有很好的发展前景。

图1　旋喷搅拌水泥土加劲桩结构图

如图1，旋喷搅拌水泥土加劲桩主要由水泥土桩身以及钢绞线两部分组成，外力作用在钢绞线上，通过钢绞线将力传递到水泥土上，进而传递到

* 基金项目：上海市科委国家科技重大专项（10231200600）

周围土体中。底部锚定板具有牵制钢绞线的作用，增加结构强度，锁管起锁定锚定板的作用。施工过程中首先利用钻杆在土中钻一个一定直径的洞，然后在洞中高压旋喷搅拌水泥形成达到设计尺寸的水泥土桩身，最后在水泥土凝固前向水泥土中插入钢绞线即形成旋喷搅拌水泥土加劲桩，施工方便，施工速度快。

3 计算分析方法

3.1 计算模型

假定水泥土与土都是均匀的，上拔力垂直于抗拔桩横截面，并且钢绞线与水泥土以及水泥土与土之间没有滑移[19]，即握裹力满足要求，由对称性可知，在上拔力的作用下，抗拔桩周边土以及抗拔桩自身的变形都是中心对称的，即同一半径上的点的变形相等，所以这种变形可以理想化为同心薄壁圆筒的剪切，即"套叠式"变形模型，具体形式见图（2）。

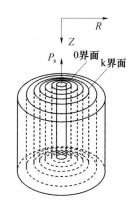

图 2 "套叠式"变形模型

3.2 弹性变形计算方法

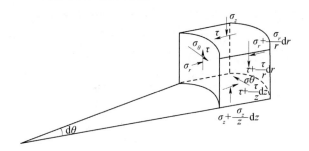

图 3 单元应力

取一个单元做分析如图（3），由单元竖向力的平衡可得 $\dfrac{\partial(r\tau)}{\partial r}-r\dfrac{\partial\sigma_z}{\partial z}=0$ 取 $\dfrac{\partial\sigma_z}{\partial z}\approx0$，则 $\dfrac{\partial(r\tau)}{\partial r}\approx0$，积分可得 $\tau=\dfrac{\tau_0 r_0}{r}$。又由弹性力学 $\gamma=\dfrac{\tau}{G_s}=\left(\dfrac{\partial u}{\partial z}+\dfrac{\partial w}{\partial r}\right)$，因为径向位移可以忽略不计，所以

此式可以近似写成 $\dfrac{\tau}{G_s}\approx\dfrac{\partial w}{\partial r}$ 由此可得 $w_0=\dfrac{\tau_0 r_0}{G_{s1}}\int_{r_0}^{r_k}\dfrac{dr}{r}+\dfrac{\tau_0 r_0}{G_{s2}}\int_{r_k}^{r_m}\dfrac{dr}{r}$，其中 G_{s1}、G_{s2} 分别为水泥土与土的剪切模量，r_k 为水泥土桩半径，r_m 为抗拔桩有效影响半径，据 Randolph[1] 等人的研究 $r_m=2.5(1-v_s)l$，在 $r\geqslant r_m$ 范围内剪应力，剪应变及垂直位移小到可以忽略不计。设 $\zeta_1=\dfrac{ln\left(\dfrac{r_k}{r_0}\right)}{G_{s1}}$，$\zeta_2=\dfrac{\ln\left(\dfrac{r_m}{r_k}\right)}{G_{s2}}$，则此式可简写为 $w_0=\dfrac{\tau_0 r_0}{G_{s1}}\ln\left(\dfrac{r_k}{r_0}\right)+\dfrac{\tau_0 r_0}{G_{s2}}\ln\left(\dfrac{r_m}{r_k}\right)=\tau_0 r_0(\zeta_1+\zeta_2)$ 即

$$w_0(z)=\tau_0(z)r_0(\zeta_1+\zeta_2) \qquad (1)$$

以钢绞线为分析对象，可得：$P_s(z)=P_s-2\pi r_0\int_0^z\tau_0(z)dz$ 其中 $P_s(z)$ 为钢绞线轴力，P_s 为上拔力。由于钢绞线与水泥土之间没有滑移，因此：$\dfrac{\partial w_0(z)}{\partial z}=\dfrac{P_s(z)}{\pi r_0^2 E_p}$，由此可得：

$$\dfrac{\partial^2 w_0(z)}{\partial z^2}=\dfrac{2w_0(z)}{r_0^2 E_p(\zeta_1+\zeta_2)} \qquad (2)$$

此微分方程的通解为 $w_0(z)=Ae^{\theta z}+Be^{-\theta z}$，$\theta=\sqrt{\dfrac{2}{(r_0^2 E_p(\zeta_1+\zeta_2))}}$，且抗拔桩满足：$\left(\dfrac{\partial w_0}{\partial z}\right)_{z=0}=\dfrac{-P_s}{\pi r_0^2 E_p}$，$\left(\dfrac{\partial w_0}{\partial z}\right)_{z=l}=0$，将其分别代入通解方程，可求得：$A=\dfrac{\left(\dfrac{P_s}{\pi r_0^2\theta E_p}\right)}{(e^{2\theta l}-1)}$，$B=\dfrac{\left(\dfrac{P_s e^{2\theta l}}{\pi r_0^2\theta E_p}\right)}{(e^{2\theta l}-1)}$

所以位移方程为：

$$w_0(z)=\dfrac{P_s ch(\theta(l-z))}{\pi r_0^2\theta E_p sh(\theta l)} \qquad (3)$$

由此还可得：

$$\tau_0(z)=\dfrac{w_0(z)}{r_0(\zeta_1+\zeta_2)}=\dfrac{P_s ch(\theta(l-z))}{(\zeta_1+\zeta_2)\pi r_0^3\theta E_p sh(\theta l)} \qquad (4)$$

$$\tau_k(z)=\dfrac{w_0(z)}{r_k(\zeta_1+\zeta_2)}=\dfrac{P_s ch(\theta(l-z))}{(\zeta_1+\zeta_2)\pi r_0^2 r_k\theta E_p sh(\theta l)} \qquad (5)$$

$$w_k(z)=\dfrac{w_0(z)\zeta_2}{(\zeta_1+\zeta_2)}=\dfrac{\zeta_2 P_s ch(\theta(l-z))}{(\zeta_1+\zeta_2)\pi r_0^2\theta E_p sh(\theta l)} \qquad (6)$$

3.3 弹塑性变形计算

假定两个接触面均为理想弹塑性[4]，但由于水泥土具有软化性[9]，因此 0 界面塑性阶段的应力应小于最大应力，取其残余强度[10]。

（1）0 界面优先进入塑性状态

假定沿桩身 $0\sim l_0$ 段为塑性阶段，其余段均为弹性，如图（6）所示。

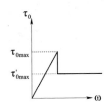

图4　0界面理想弹塑性模

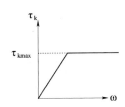

图5　k界面理想弹塑性模型

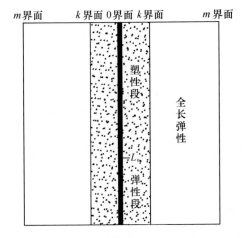

图6　0界面塑性发展状态

$$\tau_{0\max} = c_2 + \sigma\tan\theta_2 = c_2 + (\gamma\cos\alpha + \xi\gamma\sin\alpha)(h + z\sin\alpha)\frac{r_k}{r_0}\tan\theta_2$$

$$\tau'_{0\max} = \mu\tau_{0\max} = \mu(c_2 + (\gamma\cos\alpha + \xi\gamma\sin\alpha)(h + z\sin\alpha)\frac{r_k}{r_0}\tan\theta_2)$$

$\tau_{0\max}$：水泥土剪切强度，$\tau'_{0\max}$：水泥土残余剪切强度，c_2：水泥土黏聚力，θ_2：水泥土内摩擦角，γ：土重度，ξ：静止土压力系数，μ：残余强度与峰值强度比，α：桩身倾角，h：桩体埋深。

$P_s(l_0) = P_s - 2\pi r_0\int_0^{l_0}\tau'_{0\max}(z)dz$，由整个钢绞线受力平衡得

$$2\pi r_0\int_0^{l_0}\tau'_{0\max}(z)dz + \int_0^{l-l_0}$$

$$\frac{(P_s - 2\pi r_0\int_0^{l_0}\tau'_{0\max}(z)dz)ch(\theta(l-l_0-z))}{(\zeta_1+\zeta_2)\pi r_0^3\theta E_p sh(\theta(l-l_0))}dz = P_s，解此方程可得到l_0，由此可进行变形计算。$$

塑性段变形计算：

$$w_0(0\sim l_0) = \int_0^{l_0}\frac{P_s - 2\pi r_0\int_0^z\tau'_{0\max}(z)dz}{E_p}dz$$

弹性段变形计算：

$$w_0(l_0) = \frac{P_{sl_0}ch(\theta(l-l_0))}{\pi r_0^2\theta E_p sh(\theta(l-l_0))}$$

$$= \frac{(P_s - 2\pi r_0\int_0^{l_0}\tau'_{0\max}(z)dz)ch(\theta(l-l_0))}{\pi r_0^2\theta E_p sh(\theta(l-l_0))}$$

总位移计算：

$$w_0 = \int_0^{l_0}\frac{P_s - 2\pi r_0\int_0^z\tau'_{0\max}(z)dz}{E_p}dz$$

$$+ \frac{(P_s - 2\pi r_0\int_0^{l_0}\tau'_{0\max}(z)dz)ch(\theta(l-l_0))}{\pi r_0^2\theta E_p sh(\theta l)}$$

$$(7)$$

（2）k界面优先进入塑性状态

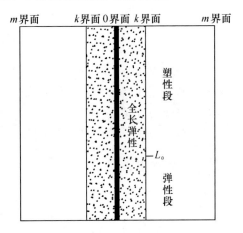

图7　k界面塑性发展状态

$\tau_{k\max} = c_1 + \sigma\tan\theta_1 = c_1 + (\gamma\cos\alpha + \xi\gamma\sin\alpha)(h + z\sin\alpha)\tan\theta_1$　$\tau_{k\max}$：土剪切强度，c_1：土黏聚力，θ_1：土内摩擦角，γ：土重度，ξ：静止土压力系数，α：桩身倾角，h：桩体埋深

由$\tau_{k\max}$求出$\tau_0(z)$，并由方程

$$2\pi r_0\int_0^{l_0}\tau_0(z)dz + \int_0^{l-l_0}$$

$$\frac{(P_s - 2\pi r_0\int_0^{l_0}\tau_0(z)dz)ch(\theta(l-l_0-z))}{(\zeta_1+\zeta_2)\pi r_0^3\theta E_p sh(\theta(l-l_0))}dz = P_s求$$

出l_0，由此可进行变形计算。

塑性段变形计算：

$$w_0(0\sim l_0) = \int_0^{l_0}\frac{P_s - 2\pi r_k\int_0^z\tau_{k\max}(z)dz}{E_p}dz$$

弹性段变形计算：

$$w_0(l_0) = \frac{P_{sl_0}ch(\theta(l-l_0))}{\pi r_0^2\theta E_p sh(\theta(l-l_0))}$$

$$= \frac{(P_s - 2\pi r_k\int_0^{l_0}\tau_{k\max}(z)dz)ch(\theta(l-l_0))}{\pi r_0^2\theta E_p sh(\theta(l-l_0))}$$

总位移计算：

$$w_0 = \int_0^{l_0} \frac{P_s - 2\pi r_k \int_0^z \tau_{kmax}(z)\mathrm{d}z}{E_p}\mathrm{d}z +$$

$$\frac{(P_s - 2\pi r_k \int_0^{l_0} \tau_{kmax}(z)\mathrm{d}z)\mathrm{ch}(\theta(l-l_0))}{\pi r_0^2 \theta E_p \mathrm{sh}(\theta(l-l_0))} \quad (8)$$

3.4 变形计算过程

（1）判定是否发生塑性变形

求出 $\tau_{0\max}$、$\tau_{k\max}$ 并令 $\tau_0(0) = \tau_{0\max}$ $\tau_k(0) = \tau_{k\max}$，计算得到 P_{s1}、P_{s2}，将两个数值与实际作用力做比较，若实际作用力较小则未发生塑性变形，若实际作用力较大则已经发生塑性变形。未发生塑性变形则按弹性计算方法可计算相应的位移，发生塑性变形则进行下一步。

（2）判定优先发生塑性界面

$P_{s1} > P_{s2}$，k 界面优先发生塑性；$P_{s1} < P_{s2}$，0 界面优先发生塑性

（3）计算位移

若 k 界面优先发生塑性将 $\tau'_{0\max}$ 代入式（7），计算可得到相应的位移；若 0 界面优先发生塑性将 $\tau_{k\max}$ 代入式（8），计算可得到相应的位移。

4 计算方法验证与实例分析

无锡江阴"海澜创新大厦"工程位于江苏省江阴市经济开发区，滨江东路以南、外环东路以东，用地面积 32486.83m²，设三层地下室，基坑开挖深度 14.4m，土质主要为淤泥质粉质黏土。基坑采用旋喷搅拌水泥土加劲桩组合支护方式，工地土体参数及旋喷搅拌水泥土加劲桩参数如表 1。为了确

表 1　土体以及水泥土桩参数表

c_1 (kPa)	c_2 (MPa)	θ_1 (°)	θ_2 (°)	γ (kN/m³)	ξ
21	0.2	8.1	25	17.9	0.6
E_p (MPa)	r_0 (mm)	r_k (mm)	h (m)	α (°)	l (m)
1.95×105	15.2	500	2	35	19

注：参数代表值参照推导过程。

定旋喷搅拌水泥土加劲桩的承载力与变形能够满足设计要求，在施工现场对三根旋喷搅拌水泥土加劲桩做了相应的抗拔实验，实验结果如表 2。

（1）理论计算：

取 $G_{s1} = 1.2\,\dfrac{\mathrm{N}}{\mathrm{mm}}$，$G_{s1} = 0.5\,\dfrac{\mathrm{N}}{\mathrm{mm}}$，$\upsilon_s = 0.5$ 若 0 界面优先发生塑性，则发生塑性的临界承载力

$$P_{s1} = (c_2 + (\gamma\cos\alpha + \xi\gamma\sin\alpha)(h+l\sin\alpha)\frac{r_k}{r_0}\tan\theta_2)(\zeta_1+\zeta_2)\pi r_0^3\theta E_p\tan h(\theta l) = 2914.19\mathrm{kN}$$

若 k 界面优先发生塑性，发生塑性的临界承

载力

$$P_{s2} = (c_1 + (\gamma\cos\alpha + \xi\gamma\sin\alpha)(h+l\sin\alpha)\tan\theta_1)$$
$$(\zeta_1+\zeta_2)\pi r_0^2 r_k\theta E_p\tan h(\theta l) = 1314.42\mathrm{kN}$$

由于 $P_{s1} > P_{s2}$ 因此桩体 k 界面优先发生塑性，则：

$$w_0(0) = \frac{P_s\mathrm{ch}(\theta l)}{\pi r_0^2\theta E_p\mathrm{sh}(\theta l)} = \frac{P_s\mathrm{ch}(\theta l)}{\pi r_0^2\theta E_p\mathrm{sh}(\theta l)} = 0.1300P_s\left(\frac{\mathrm{mm}}{\mathrm{kN}}\right)$$

（2）实验结果：

表 2　加劲桩试验结果表

上拔力 Q (kN)	第一根 上拔位移 S (mm)	第二根 上拔位移 S (mm)	第三根 上拔位移 S (mm)
0	0.00	0	0
70	6.17	5.68	14.93
210	21.2	19.88	29.57
350	33.63	34.65	42.94
490	46.00	55.12	59.76
560	54.52	67.26	67.45
630	65.18	80.84	83.31
700	74.56	89.73	101.7

三根旋喷搅拌水泥土加劲桩 $Q - S$ 曲线的线性回归方程为分别为 $w_0(0) = 1.011 \times 10^{-1}P_s\left(\frac{\mathrm{mm}}{\mathrm{kN}}\right)$，$w_0(0) = 1.210 \times 10^{-1}P_s\left(\frac{\mathrm{mm}}{\mathrm{kN}}\right)$，$w_0(0) = 1.321 \times 10^{-1}P_s\left(\frac{\mathrm{mm}}{\mathrm{kN}}\right)$ 线性相关系数分别为 $R^2 = 0.9928$，$R^2 = 0.9802$ $R^2 = 0.9763$。

（3）理论与试验比较

可见理论结果与试验结果的 $Q - S$ 曲线相近，将最大上拔力 700kN 代入理论 $Q - S$ 曲线可得到理论位移为 91.00mm，而三根试验桩的平均位移为 88.48mm，理论结果与试验结果较接近，所以此计算方法可作为预测旋喷搅拌水泥土加劲桩位移的依据。

5 结论

本文基于"套叠式"变形模型对旋喷搅拌水泥土加劲桩的承载力以及弹塑性变形的计算进行了分析，分析中做了以下假定：水泥土与土都是均匀的，上拔力垂直于抗拔桩横截面，钢绞线与水泥土接触面以及水泥土与土接触面均为理想弹塑性。在理论计算推导以及分析中得出以下结论：

（1）旋喷搅拌水泥土加劲桩的变形主要来自水泥土与土的剪切变形。

（2）旋喷搅拌水泥土加劲桩的塑性发展主要来

自钢绞线与水泥土接触面以及水泥土与土的接触面。

（3）旋喷搅拌水泥土加劲桩两接触面不能同时进入塑性阶段，根据水泥土以及土性质的不同两者其一优先进入塑性阶段。

（4）本文理论推导结果与实验结果相符，误差主要来自三方面：参数的选取、施工因素、试验过程。

参考文献

［1］ Randolph M F. A theoretical study of the performance of piles ［D］. University of Cambridge，1977.

［2］ Guo W D，Randolph M F. Rationality of load transfer approach for pile analysis ［J］. Computers and Geotechnics，1998，23：85.

［3］ 黄锋，李广信，吕禾. 砂土中抗拔桩位移变形的分析 ［J］. 土木工程学报. 1999（01）.

［4］ 朱碧堂，杨敏. 抗拔桩的变形与极限承载力计算 ［J］. 建筑结构学报. 2006（03）.

［5］ 孙晓立. 抗拔桩承载力和变形计算方法研究 ［D］. 同济大学 2007.

［6］ 陈尚荣. 抗拔桩的承载力和变形特性研究 ［D］. 同济大学 2008.

［7］ 丁明. 抗拔桩承载和变形性状研究 ［D］. 浙江大学 2009.

［8］ 刘全林，杨有莲. 加筋水泥土斜锚桩基坑维护结构的稳定性分析及其应用 ［J］. 岩石力学与工程学报. 2005（S2）.

［9］ 赫文秀，申向东. 掺砂水泥土的力学特性研究 ［J］. 岩土力学. 2011（S1）.

［10］ 宋新江，徐海波. 平面应变条件下水泥土强度特性试验研究 ［J］. 岩土力学. 2011（08）.

［11］ 孙宇雁，王子国. 水泥土抗剪强度试验研究 ［J］. 岩土工程界. 2009（01）.

［12］ 李建，张松洪，刘宝举. 水泥土力学性能试验研究 ［J］. 铁道建筑. 2001（08）.

［13］ 马军庆，王有熙，李红梅，王广建. 水泥土参数的估算 ［J］. 建筑科学. 2009（03）.

［14］ 刘正勇. 水泥土及其性能介绍 ［J］. 水泥工程. 2005（05）.

［15］ 赵晓东. 新型复合材料水泥土桩的试验研究与数值分析 ［D］. 北京工业大学 2010.

［16］ 孙晓立，唐孟雄，周治国. 抗拔桩变形的弹塑性解析计算 ［J］. 工业建筑. 2010（03）.

［17］ 彭勇. 加筋水泥土桩力学性能室内模型试验 ［D］. 中国地质大学（北京）2009.

［18］ 于宁，朱合华. 影响加筋水泥土力学性能因素的试验研究 ［J］. 岩土工程技术. 2003（01）.

［19］ 于宁，朱合华，梁仁旺. 插钢筋水泥土力学性能的试验研究 ［J］. 土木工程学报. 2004（11）.

［20］ 龚晓南主编. 深基坑工程设计施工手册 ［M］. 中国建筑工业出版社，1998.

岩石地基承载力的几个认识问题

顾宝和

（建设综合勘察研究设计院）

0　前言

由于岩石地基的承载力和变形参数比土质地基高得多，作为一般建筑物的天然地基，有相当大的裕度，因而岩土工程师不太注意深入研究岩石地基的问题，从而产生了一些认识误区，这些误区对处理岩石地基的工程问题是很不利的。笔者对岩石地基问题并无专门研究，本文仅对工程界经常谈到的一些问题，谈谈自己的看法，请同行们指正。

顺便说明，岩石地基实际上指的是岩体地基，岩石地基是一种习惯说法。

1　Mohr - Coulomb 准则是否适用于岩石地基

有人认为，岩石是脆性破坏，是压碎，Mohr - Coulomb 准则阐述的是剪切破坏，只适用于土，不适用于岩石。

事实上，在岩石力学领域，有三个常用的强度准则，即 Mohr - Coulomb 准则、Griffith 准则和 Hock - Brown 准则。

Mohr - Coulomb 准则假定材料剪切破坏，表现为颗粒间的滑移，以黏聚力和内摩擦角表征抗剪强度，极为简明，在土力学中广为应用，岩土工程师都非常熟悉。用于岩石地基的主要问题：一是不适用于拉应力情况，在拉伸条件下，破裂面分离，内摩擦角没有意义，而脆性岩石实质是拉伸破坏；二是不反映强度参数的非线性，把黏聚力和内摩擦角视为常数；三是不能反映结构面的影响。

Griffith 准则假定材料存在许多随机分布的微裂隙，在荷载作用下，裂隙尖端应力高度集中，当方向最有利的裂隙尖端附近的最大应力超过材料特征值时，导致裂隙扩展、分叉、贯通，使材料破坏。Griffith 准则解决了 Mohr - Coumb 准则不能解决的拉应力问题，岩石的破坏实质是拉伸破坏，较适用于脆性岩石。作为一种数学模型很有意义，但与试验结果并不完全符合，例如理论上岩石的抗压强度为抗拉强度的 8 倍，而试验结果可达 15 倍，也不能反映结构面的影响。

Hock - Brown 准则注意了与室内试验和现场试验结果的吻合，建立了能反映单轴抗压、单轴抗拉、三轴抗压和结构面影响的非线性经验强度准则，强度包线为抛物线。

正应力较低时，岩块锁定，内摩擦角较高；正应力较高时，岩块错动，内摩擦角降低；侧限压力较大时，黏聚力增大。Mohr - Coulomb 准则在 $\sigma - \tau$ 和 $\sigma_1 - \sigma_3$ 直角坐标系中呈线性，而试验结果并非如此，Hock - Brown 准则充分注意了岩体强度的非线性。但对于塑性岩石的剪切破坏，不如 Mohr - Coulomb 准则简明。

岩石地基的破坏是岩体的破坏，比单一材料的破坏机制要复杂得多，可以归结为三类：第一类是剪切破坏，主要发生在塑性岩石，破坏机制大体与土体类似，Mohr - Coulomb 准则完全可以适用；第二类是拉伸破坏，发生在低围压下的脆性岩石，Mohr - Coulomb 准则显然不适用；第三类是沿弱面滑动，即沿层面、节理面、软弱夹层等结构面滑动，是沿特定的弱面剪切，也不适用于 Mohr - Coulomb 准则。所以，Mohr - Coulomb 准则是否适用于岩石地基，不能一概而论，决定于岩体的性质、围压的高低和弱面是否起控制作用。对于建筑物地基，由于荷载相对较小，硬岩的承载力一般没有问题，结构面的作用远不如边坡问题和地下工程问题突出，关心的主要是泥质岩石、强风化岩石、极破碎岩石等地基的承载力，因此，Mohr - Coulomb 准则在多数情况下是适用的。

2　用抗剪强度指标计算岩石地基承载力是否合理

既然岩石地基在多数情况下符合 Mohr - Coulomb 准则，那当然可以用抗剪强度指标计算岩石地基承载力。但两种情况应当注意：一是脆性岩体上的小基础，破坏最初阶段是产生脆性裂纹，接着是压碎，形成楔体，最终发展成剪切破坏。虽然最终也是剪切破坏，但设计者要求地基变形控制在线性范围内，线性极限是不应超越的临界点，不容许压碎，剪切破坏时岩体已经碎裂，强度参数已经改变，已经不是初始状态的强度指标了。二是倾斜的层状岩层，由于层面对应力传递的影响，塑性破坏区呈不规则状，甚至沿结构面滑移，Mohr - Coulomb 准则的适用性也成了问题。结构面起控制作用的岩体，当然更不能用 Mohr - Coulomb 准则计算地基承载力了。

《重庆市建筑地基设计规范》DB50 - 5001 - 1997 规定[7]，岩石地基的承载力可用抗剪强度指标计算，条文说明指出，法国塔罗勃建议用普朗特尔（Prandil）公式，但采用的不多；美国多用太沙基公式；加拿大和原苏联用科茨（Coates）公式。由于后者计算结果与格里菲斯理论计算结果相近，且较太沙基公式小，故采用科茨公式，地基极限承载力为：

$$f_r = N_b \gamma b + N_d \gamma_d + N_c c_k$$
$$N_b = \tan^4(45° + \varphi_k/2)$$
$$N_d = \tan^5(45° + \varphi_k/2)/2$$
$$N_c = (N_d - 1)\cot\varphi_k$$

《重庆规范》该式并未限定适用于何种岩石地基。但考虑到，硬质岩的岩体抗剪强度参数难以测定和选取，且脆性岩石和节理化岩体用抗剪强度指标描述其强度还存在理论上的不足，故笔者建议该法主要用于可以采取不扰动试样的、完整、较完整的极软岩。

有人强调，先要分清是岩还是土，是"土"即可用 Mohr - Coulomb 准则，可用抗剪强度指标计算地基承载力；是"岩"则不能用 Mohr - Coulomb 准则，不能用抗剪强度指标计算地基承载力。其实，有时很难分清是岩还是土，且"岩"有些情况仍适用 Mohr - Coulomb 准则。土状的强风化岩、泥岩、新近系和古近系的砂岩等，其工程特性接近于土，有些似岩非岩，似土非土，如将其作为"岩石"对待，用饱和单轴抗压强度乘以折减系数确定地基承载力，结果比一般的土还低，显然不合理。完整和较完整的极软岩，当可以采取不扰动试样测定天然湿度的抗剪强度指标时，完全可以通过公式计算其地基承载力。但只适用于裂隙不发育，岩块强度可以代表岩体强度的地基。

3　用单轴抗压强度指标确定岩石地基承载力是否合理

《建筑地基基础设计规范》GB 50007 第 5.2.6 条有如下规定[6]：

对完整、较完整和较破碎的岩石地基承载力特征值，可根据室内岩石饱和单轴抗压强度按下式计算：

$$f_{ak} = \psi_r \cdot f_{rk}$$

式中　f_{ak}——岩石地基承载力特征值，kPa；

　　　f_{rk}——岩石饱和单轴抗压强度标准值，kPa；

　　　ψ_r——折减系数，根据岩体完整程度以及结构面的间距、宽度、产状和组合，

由地区经验确定。无经验时，对完整岩体可取 0.5；对较完整岩体可取 0.2～0.5；对较破碎岩体可取 0.1～0.2。

注 2：对黏土质岩，在确保施工期和使用期不致遭水浸泡时，也可采用天然湿度的试样，不进行饱和处理。

《地基规范》1989 年版有承载力表，岩石地基按硬质岩、软质岩及不同的风化程度列表。修订为 2002 年版时，取消了承载力表，岩石地基的承载力在正文中专列一条。同时，岩石的工程分类也有修改，采用坚硬程度和完整程度表征岩体工程特性的优劣。该条按此精神编写，以饱和单轴抗压强度表征坚硬程度，以折减系数体现完整性。由于当时缺乏资料，考虑到岩石地基承载力高，容易满足工程要求，故裕度较大，以确保安全。

用单轴饱和抗压强度确定地基承载力存在两个问题：一是由于裂隙的存在，岩体强度肯定低于岩块强度，因此要求乘以小于 1.0 的折减系数，越破碎，折减系数越小，计算方法显然是比较粗糙的；二是单轴抗压强度试验时侧向压力为 0，而地基中岩体为三向应力条件下的竖向压缩，该法偏于安全。因建筑物基础压力一般不大，大多数条件下已能满足要求，且方法简便，可操作性强，故在工程上广为应用。但对于承载力要求较高的建筑物和构筑物，可能偏于过分保守。

岩石试样一般不保湿封装，分别测风干状态和饱和状态的单轴抗压强度。泥质岩石的饱和单轴抗压强度有时太低，按该式计算的地基承载力特征值比土还小，不合理，故有相应的注 2。事实上，不仅泥质岩石如此，易崩解的岩石都有这个问题。而且，地基浸水与试样饱和处理产生的力学效应也有很大不同，注 2 的要求也是偏安全的。

塑性岩土随着围压增加，强度提高，为业界熟知。其实，脆性岩石也是如此。由第 1 个问题的讨论可知，无论脆性破坏还是塑性破坏，无论 Mohr - Coulomb 准则、Griffith 准则还是 Hock-Brown 准则，岩石和岩体的强度都是随着围压的增大而增高的。单轴抗压强度试验时围压为 0，而建筑地基为三向应力条件下的竖向压缩，随着埋深的增加，围压增大，地基承载力提高，不仅理论上如此，也有试验证明。由张永兴主编《岩石力学》提供的不同侧压力下的轴向应力应变曲线[1]可知，$\sigma_3 = 0$ 时，变形很小就达到强度极限；随着 σ_3 的增加，抗压强度提高，变形量增加，类似于塑性破坏的特征。

据赵锡伯、华遵孟的资料[3]，兰州新近系的细砂岩，成岩作用差，多泥质胶结，含石膏、芒硝等盐类。单轴与三轴试验表明，应力应变关系有明显峰值，为脆性破坏，破坏应变量仅 1%～3%。但

极限强度与围压关系很大，见下表：

围压 (σ_3)（kPa）		0	100	200	300	400	500	600	700	800
风(烘)干强度 (σ_f)		3082	3960	4838	5716	6594	7472	8350	9228	10105
天然强度 (σ_f)'		79	466	852	1143	1625	2012	2399		
饱和强度 (σ_{fB})		0	0	711	1566	2422	3277	4133		
强度衰减率	σ_f'/σ_f	0.026	0.118	0.176	0.200	0.247	0.269	0.287		
	σ_{fB}/σ_f	0	0	0.15	0.27	0.37	0.44	0.49		

彭涛等在徐州商厦工程做了三轴试验[4]，测得围压为2.0MPa时，抗压强度比单轴强度提高了25%～62%，平均37%；围压为4.0MPa时，抗压强度比单轴强度提高了47%～94%，平均67%。

素混凝土也是脆性材料，力学性质与硬岩相似。上部结构设计注重截面计算，三向压力下的轴向抗压问题不多。但试验表明，有一定围压时，抗压强度显著高于单轴抗压强度。这是由于在围压作用下，混凝土中的微裂隙、气孔、骨料胶结面处的应力集中减小，微裂隙难以扩展和贯通所致。据李青松的试验数据[5]，按Mohr - Coulomb准则计算，C30和C50混凝土试块的内聚力为13.6～17.9MPa，内摩擦角为30.5°～32.2°。从另一侧面说明了三向应力条件下岩石和岩体强度的科学规律。

4　岩石地基承载力是否可做深宽修正

地基承载力的深宽修正，是根据无埋深小压板载荷试验的成果，修正为有一定埋深大基础的地基承载力的一种简易方法，避免了抗剪强度指标的测定和复杂的计算，为广大工程界人士熟悉和接受。其理论基础就是Mohr - Coulomb准则，且有大量工程经验和现场试验为依托。那么，土质地基可以修正，岩石地基是否也可以修正呢？可做以下分析：

（1）对于塑性材料，地基破坏的实质为剪切滑移，进行深宽修正没有问题。对于脆性材料，虽然破坏机制与塑性材料不同，但侧向应力可以抑制裂缝的产生和扩展，有利于强度的提高。随着埋深增加：边载提高，侧向应力增大，地基承载力的提高是肯定的。因此，对岩石地基进行深度修正符合岩石力学原理。

（2）多数规范规定岩石地基不进行深宽修正，估计有两方面考虑：一是岩石地基承载力历来不进行深宽修正，在思想上已形成定式；二是岩石地基承载力较高，一般工程可以满足要求，不必挖掘这个潜力，因而较少下功夫进行这方面的研究和讨论。但对于极软岩和极破碎岩，如过分保守，对荷载大的工程有时很难处理，故还是应当考虑这个问题。

（3）岩石地基承载力的深宽修正虽有理论依据，但缺乏工程经验和试验论证。而且，岩石地基情况比土质地基更复杂，不确定性更多，按理要留出足够大的安全度，至少目前还应从严掌握。故建议对脆性岩石，深度修正系数取1.0；深度修正系数的大小与内摩擦角有关，故泥岩和土状的强风化岩取低值2.0；弱胶结的砂岩、砾岩，碎屑状或碎块状的强风化岩取较高值3.0。总体上偏安全考虑，保证地基变形不超过线性阶段，宽度修正暂不考虑。随着研究的深入和经验的积累，再逐步完善。

5　怎样看待岩石地基承载力的理论计算和经验方法估计

岩石地基承载力的理论计算已有长足进步，从最早借鉴土质地基进行整体剪切破坏、局部剪切破坏、冲切破坏计算，发展到采用极限平衡理论、极限分析上下限理论、滑移线理论，各向同性体和各向异性体的极限承载力计算[2]。计算模式和推导过程严谨，既提供了计算方法，又深入研究其中的力学机制，对指导工程实践很有意义。但岩石地基承载力的问题太复杂了，岩体是由岩块和结构面组成的复合体，具有非均质、不连续、各向异性和非线性破坏特征，且与地形、荷载、基础的埋深、型式、尺寸、刚度以及施工扰动等因素有关，还有地应力、地下水的影响，地基结构复杂，破坏模式多样，不确定性非常大，而最主要的障碍是岩体参数的难以测定和选取。试想：岩体中发育着或长或短、或疏或密、或宽或窄、或光滑或粗糙、或充填或不充填、方向各异、千姿百态，很难准确地描述裂隙系统，室内试验根本无法测定裂隙岩体的力学参数，原位测试的代表性和可靠性也很有限。计算参数出入过大时，理论计算还不如经验估计可信。

理论计算必须概化，概化肯定与实际条件有所差异。差异有多大，随工程而异，工程师心中必须有数。所谓精确解只是概化条件下的精确解，并非真正精确。况且有些理论本身（如Hock - Brown准则）、参数本身（如表征破碎和扰动的经验参数s、m）就是经验的。土质地基比岩石地基简单，理论计算的可信度尚且有限，更何况结构复杂得多，不确定性大得多的岩石地基了！

岩石地基承载力的确定，不是追求精确，也不是追求理论上的完美，而是力求在安全、可靠和经济的基础上，尽量简易。力学计算的理论和方法虽然还需继续发展完善，但对工程师来说，主要功用是提高认识，正确导向，尚难直接用于工程。在定量计算困难的情况下，认清概念和正确定性十分重要。

所谓确定岩石地基承载力的经验方法，是指以载荷试验和工程经验为基础，与某种原位测试指标建立经验关系。经验方法虽然没有明确的力学模型和严密的理论推导，但只要载荷试验成果和工程经验可靠，选用的原位测试指标的数据稳定（自身变异性小），与地基承载力相关密切，经验方法的可靠性甚至不亚于理论计算。

6 可否用岩体剪切波速估计岩石地基承载力

笔者认为是可行的。归纳起来，剪切波速用于岩土分级和估计岩石地基承载力有如下优点：

（1）岩土的剪切波速是工程勘察的重要指标，是地基地震反应分析的主要参数，一般岩土工程勘察均需测定；

（2）岩土的剪切波速与岩土的动剪切模量有简单的函数关系，与地基承载力、地基变形参数等静力学性质密切相关；

（3）剪切波速直接在现场原位测定，概括了岩石和结构面的综合特性，避免取样扰动和室内试验，代表性强；

（4）剪切波速测试技术比较成熟，数据稳定，经验丰富，人为因素也较少；

（5）按剪切波速分级，既可用于岩，也可用于土，可对从极硬岩到极软土的全部岩土进行统一分级；

（6）按剪切波速分级只需一项指标，极为简便，可操作性很强，不像有的分级方法用多项指标，相当烦琐；

（7）岩体的波速分级已有相当多的核电厂勘察资料，积累了大量经验；土体已有《建筑抗震设计规范》可以借鉴，并为广大结构工程师熟悉。

按剪切波速对岩土进行分级，目的是为了定性判别地基的优劣，当然不是否定其他的分级和分类方法。下表是初步方案：

岩土体按剪切波速分级

岩土按剪切波速分级		剪切波速平均值（m/s）	分级名称	代表性岩土
I 硬岩	I－1	$v_s > 2000$	极硬岩	未风化及微风化花岗岩、石英岩、致密玄武岩等
	I－2	$2000 \geqslant v_s > 1500$	坚硬岩	微风化花岗岩等
	I－3	$1500 \geqslant v_s > 1100$	中硬岩	中等风化花岗岩等
II 软岩/硬土	II－1	$1100 \geqslant v_s > 800$	中软岩	强风化花岗岩等
	II－2	$800 \geqslant v_s > 500$	软弱岩，坚硬土	新生代泥岩，全风化花岗岩等密实碎石类土等
	II－3	$500 \geqslant v_s > 300$	中硬土	硬塑～坚硬黏性土，中密～密实砂土等
III 软土	III－1	$300 \geqslant v_s > 150$	中软土	可塑黏性土，稍密～中密砂土等
	III－2	$150 \geqslant v_s > 100$	软弱土	软塑黏性土，松散砂土等
	III－3	$v_s \leqslant 100$	极软土	淤泥、吹填土等

注　1. 剪切波速1100m/s基于核电工程规定，大于该值可不做地基与结构协同作用计算；

2. 剪切波速800m/s及500m/s基于《建筑抗震设计规范》，大于该值分别为岩石地基和可作为基底输入（核电工程基底输入大于700m/s）；

3. 剪切波速300m/s为核电厂地基的下限；

4. 剪切波速150m/s为《建筑抗震设计规范》中软土与软弱土的分界。

该分级方案共3大档9小档。有了这个分级标准，设计人员对建筑地基的优劣可以方便地进行初步判断。下表是按剪切波速初步估计地基承载力的建议：

岩石地基承载力特征值的初步估计

剪切波速度 m/s	地基承载力特征值 kPa	剪切波速度平均值 m/s	地基承载力特征值 kPa
500	400	1500	5000
800	800	2000	15000
1100	1200	2500	30000

有人认为，波速是岩体的动力学指标，地基承载力是岩体的静态指标，两者没有关系。其实，经验方法考虑的是两者的相关性，并非函数关系。岩体剪切波速是岩块强度和裂隙发育程度的综合反映，与地基承载力有较为密切的相关性。笔者收集了近年来核电厂勘察的剪切波速数据125组，与野外鉴定、室内试验数据做了初步对照，认为用剪切波速估计地基承载力是可行的，继续深入研究有良好前景。其中剪切波速大于1100m/s的部分，用饱和单轴抗压强度乘以折减系数计算了地基承载力

特征值，均在上表的包络线以内，虽然偏于保守，但是安全，一般的工程也够用。剪切波速小于1100m/s的需以载荷试验为依据，数据较少。应继续积累，逐步完善。

7　确定岩石地基承载力要不要综合判断

《建筑地基基础设计规范》规定[6]，"地基承载力宜根据野外鉴定、室内试验和公式计算、载荷试验和其他原位测试，结合工程要求和实践经验综合确定"。土质地基是这个原则，岩石地基更应贯彻这个原则。这是因为岩石力学较土力学更不成熟，岩石地基的工程经验较土质地基的工程经验更少的缘故。

野外鉴定、室内试验和公式计算、载荷试验和其他原位测试，各有优缺点，各有适用条件，相辅相成，应综合考虑。有经验的工程师可以根据野外鉴定，对地基承载力做个初步估计，但因主观因素多，不宜作为工程设计的依据。用单轴饱和抗压强度乘以折减系数确定地基承载力，因忽略了三向应力状态，故偏于安全。用岩体的抗剪强度指标，根据公式计算地基承载力，有一定的理论根据，但只宜在完整性较好，结构面影响可以忽略的塑性岩体中应用。载荷试验虽是目前公认比较可靠的方法，但费用高，工期长，不能大量进行，代表性也有限。规范规定的承压板直径为300mm，这是由于承压板大试验难度大，费用高之故。承压板越大，效果肯定越好。最终验证地基承载力的是工程实践，因此当地经验和同类工程的经验十分重要。此外，确定地基承载力时还要充分考虑荷载、基础等设计参数和施工扰动因素，所以，地基承载力是一个综合判定的问题。

与土质地基比，岩石地基有两个重要特点：一是承载力比土质地基高，中等强度的岩石地基（如中风化花岗岩），地基承载力以兆帕计，作为一般建筑物的天然地基，有相当大的裕度。二是岩石地基的问题比土质地基更复杂，指标更难测定，计算更不可靠。因此，勘察、设计和研究的重点应当放在有问题的岩石地基上，如极软岩、极破碎岩、特殊性质岩石（膨胀性、易溶性、易风化性等）；严重不均匀岩体；不稳定地基（斜坡、溶洞等）。对于承载力和变形都没有问题的岩石地基，定性判断就可作出结论。核电厂规定，剪切波速大于1100m/s的地基即可作为嵌固端，不必做地基与结构的协同作用分析；对于一般建筑物，剪切波速大于800m/s就可认为承载力与变形都已满足的"真正岩石地基"。

8　结论

（1）Mohr - Coulomb 准则、Griffith 准则和 Hock - Brown 准则，各有假设条件。Mohr - Coulomb 准则适用于塑性剪切破坏的岩体；Griffith 准则适用于脆性拉伸破坏的岩体、Hock - Brown 准则是与试验成果吻合的非线性经验强度准则。岩体三大强度准则对认识岩体强度的本质和岩体破坏机制有重要意义。

（2）由于岩石力学较土力学更不成熟，岩石地基的工程经验较土质地基的工程经验更少，工程设计应当留有足够的安全裕度。对于实际工程，岩石地基承载力的确定，不是追求精确，不是追求理论上的完美，而是在安全、可靠和经济的基础上，力求简易。

（3）力学计算的理论和方法虽然还需不断发展完善，但对工程师来说，主要功用是认识机制，正确导向，还难以直接用于工程，计算参数的测定和选取是主要障碍。对于完整和较完整，裂隙系统可以忽略的塑性岩体，并可采取不扰动样试验时，可用抗剪强度指标计算地基承载力。《建筑地基基础设计规范》规定的用单轴抗压强度乘以折减系数确定地基承载力特征值的方法，由于忽略了地基的侧限，故偏于安全。

（4）岩体的剪切波速综合反映了岩石的强度和岩体的完整性，与地基承载力相关性密切，测试技术成熟，积累了较多经验，可作为岩土分级和估计地基承载力的指标。对于一般建筑物，剪切波速大于800m/s的岩石地基，可认为承载力与变形均已满足要求；剪切波速小于800m/s的岩石地基，应根据工程要求和具体条件，通过测试和分析，对地基承载力进行综合确定。

（5）载荷试验仍是确定地基承载力，解决工程问题最可靠的方法。以载荷试验为基础，通过相关分析，结合工程实践总结出来的经验方法，有很强的实用意义，可靠程度甚至不亚于理论计算，应投入精力进行研究。

（6）围压有利于岩体竖向强度的提高，边载有利于岩石地基的稳定，载荷试验确定的岩石地基承载力可以进行深度修正。

参考文献

[1]　张永兴，岩石力学，中国建筑工业出版社，2008.

[2]　宋建波等，岩体地基极限承载力，地质出版社，2009.12.

[3] 赵锡伯、华遵孟、张学勤，兰州地区沉积岩工程地质特征，西北勘察技术，1990.3.

[4] 彭涛等，徐州国际商厦陡倾斜弱岩层嵌岩桩工程勘察实录，第六届全国岩土工程实录会议，2004.

[5] 李青松等，混凝土强度与变形特征的围压效应试验研究，建筑结构，2011.5.

[6] 国家标准，建筑地基基础设计规范（GB50007－2002），中国建筑工业出版社，2002.

[7] 重庆市地方标准，重庆市建筑地基基础设计规范（DB50/5001－1997），1997.

地下工程事故防控、处理与案例分析
深基坑开挖与近邻构筑物保护

杭州地铁 2 号线一期工程人民路站
中港大厦保护方案

刘铁忠　郭建国　覃志远

（北京地铁监理公司）

摘　要：本文介绍了在杭州地铁 2 号线人民路车站深基坑的施工中，针对距离地铁深基坑近距离的浅基础 9 层楼房中港大厦的保护措施方案进行了论证，在实际施工中确实起到了保护了建筑物的作用，同时又创造了经济效益，其实际意义在于可供借鉴同类工程施工参考价值。

关键词：地铁建设；深基坑施工；监控量测；建筑物保护

1　工程概况

人民路车站全长 184.6m，标准段宽度 20.7m，南、北端头井宽度 24.8m，开挖深度 16.33～18.25m，车站共设有 3 个出入口和 2 个风亭组。

车站基坑围护结构一般地段采用 800mm 厚地下连续墙，中港大厦附近地段采用 1000mm 厚地下连续墙，地下连续墙深度为 32.5～36.5m。标准段支撑体系为二道混凝土支撑＋三道钢支撑，端头井为二道混凝土支撑＋四道钢支撑。

车站周边附近西侧房屋已基本拆迁完毕，距离车站较近的高层建筑主要集中在车站东侧，主要有中港大厦、房地产大厦、经贸大厦和华通大厦，建筑物的基础结构形式及距距离如表 1 所示：

表 1

建筑名称	结构型式	距离坑边最短距离	基础形式
华通大厦	框架剪力墙结构	3.25m	人工挖孔桩，桩径 900mm，1000mm，1100mm，桩长均为 22m，桩顶为承台地梁
经贸大厦	框架剪力墙结构	4.82m	钻孔灌注桩，副楼桩长 27.5m，桩径 600mm，主楼桩长 39～42m，桩径 700～1000mm，为摩擦桩，一层地下室集水坑底板埋深约 4.1m
房地产大厦	框架剪力墙结构	6.99m	钻孔灌注桩，裙楼桩长 18～26m，桩径 600～800mm，主楼桩长 39～43m，为摩擦桩，桩径 800～1000 mm
中港大厦	框架剪力墙结构	6.82m	筏基下沉管桩，有效桩长 3.6m，为摩擦桩，桩径 377mm

在这四座高层建筑中，中港大厦为重点保护对象，其基础形式比较薄弱，为 PHC 预制管桩，有效桩长仅有 3.6m，大厦为 9 层，楼房高度 36m，距基坑连续墙维护结构边缘仅为 6.82m，基坑开挖深度 17.8m。楼下地基地质复杂，基础坐落在淤泥质饱和土层，经原设计院及原设计人员提供资料，以及现场勘查分析，认为地基承载力处于临界状态，周边土体一旦扰动，就会造成大楼沉降，大厦沉降变形控制较困难，是基坑开挖重点控制目标。车站平面布置同周边建筑物位置如图 1 所示。

图 1　车站平面布置图与周边主要建筑关系图

2　工程地质条件

杭州地铁人民路车站位于杭州市钱塘江南岸，属海陆交互相沉积平原地貌单元，拟建场地自然地面较平坦，地面标高为 6.15～7.25m。

车站及地墙施工范围内主要涉及的地质土层有：①₁ 层，杂填土；①₃ 层，淤泥质填土；③₁

层，砂质粉土；③夹层，淤泥质粉质黏土夹粉砂；③₄层，砂质粉土夹淤泥质粉质黏土；④₁层，淤泥质粉质黏土；④₂层，淤泥质粉质黏土；⑤₂层，

粉质黏土；⑥₂层，淤泥质粉质黏土；⑥₃层，粉质黏土；⑦₁层，粉质黏土，各主要土层的物理力学指标详见表1；地层典型断面如图2所示。

表 2　人民路站主要土层物理力学指标统计表

层号	岩土名称	层厚（m）	物理性质指标								原位测试			渗透系数			
			含水量	天然重度	土粒比重	孔隙比	饱和度	颗粒含量百分比			标贯	静力触探		水平	垂直	固结快剪（峰值）	
								0.25~0.075	0.075~0.005	<0.005		锥尖阻力	侧壁阻力			凝聚力	内摩擦角
			W_0	ρ	Gs	e	S_r	mm			N	q_c	f_s	K_H	K_v	c	φ
			%	g/cm³	—	—	%	%	%	%	击/30cm	MPa	kPa	cm/s	cm/s	kPa	°
①₁	杂填土	0.7~2.5		1.75										6.00E−03	5.00E−03	0.0	10.0
①₃	淤泥质填土	0.5~3.6		1.70								0.63	26.5	1.00E−05	5.00E−06	8.0	6.0
③₁	砂质粉土	0.9~2.6	30.4	1.85	2.70	0.863	95.2	3.1	88.7	8.2	9.5	1.37	36.5	2.00E−04	5.10E−04	4.0	18.0
③夹	淤泥质粉质黏土夹粉砂	0.8~2.7	37.0	1.80	2.72	1.032	97.7				2.5	0.80	12.3	5.00E−06	9.00E−07	12.0	10.0
③₄	砂质粉土夹淤泥质粉质黏土	1.0~6.0	33.0	1.82	2.70	0.937	95.0	5.3	90.3	4.4	7.2	2.19	32.1	3.50E−04	3.00E−04	6.0	22.0
④₁	淤泥质粉质黏土	6.7~10.1	43.5	1.70	2.73	1.238	93.0				2.9	0.56	11.2	1.00E−06	5.00E−07	10.0	8.5
④₂	淤泥质粉质黏土	2.9~7.8	39.5	1.70	2.72	1.190	90.5				3.7	0.73	11.2	1.00E−06	4.00E−07	11.0	9.0
⑤₂	粉质黏土	1.4~4.5	29.9	1.91	2.73	0.825	98.4				21.0			5.00E−06	8.00E−07	45.0	15.1
⑥₂	淤泥质粉质黏土	1.9~6.9	37.2	1.70	2.73	1.177	86.2				4.5	0.80	10.6	3.00E−06	7.00E−07	12.0	10.5
⑥₃	粉质黏土																
⑦₁	粉质黏土																

3　人民路地铁车站建设过程中所采取的工程施工技术措施

（1）设置冠梁及增加混凝土支撑

车站地下连续墙顶部设置冠梁，把全部地下连续墙连接成一体，并且车站第一道及第三道支撑采用钢筋混凝土支撑，其他支撑采用Φ609钢支撑。

（2）增加地下连续墙厚度及深度

在中港大厦附近增加连续墙厚度及深度，以提高基坑围护刚度，控制基坑变形，确保中港大厦的安全。设计对中港大厦正面对应的18轴基坑东面南北两端10m范围内的5幅地下连续墙厚度进行

了增加，厚度为1m，深度为35.5m，其余两侧地下连续墙厚度为0.8m，深度为32.5m。

（3）提高基坑内土体强度，减少基坑开挖过程的变形

为了提高地基强度减少开挖过程的维护结构变形，对基坑内土体进行加固，提高基坑内土体强度，减少开挖过程中的地下连续墙变形。具体措施为基底采用裙边加抽条高压旋喷桩加固，对中港大厦对应基坑线路方向29.1m范围内，基底以下5m至基底以上到地面采用高压旋喷桩满堂加固，基底以下5m深度水泥掺量20%，基底以上至地面水泥掺量为15%。旋喷加固土体28d无侧限抗压强度指标要求 $q_u > 1.0$MPa。

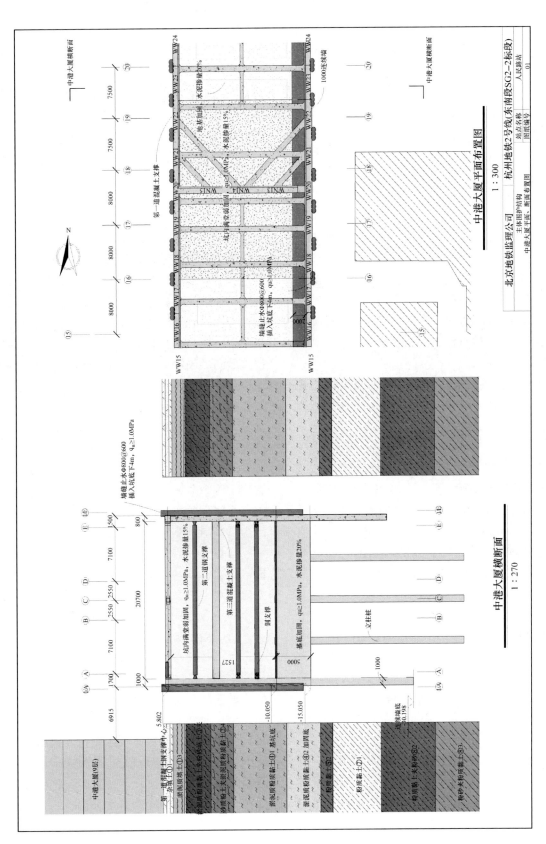

图 2　中港大厦保护方案相关布置

（4）基坑内设置封堵墙，将一个大基坑变为 3 个小基坑施工，以控制基坑变形

为控制基坑的变形，减少基坑变形对中港大厦沉降的影响，设计在基坑中部设置了 2 道封堵墙，分别在 10 轴以北 1.6m 及 18 轴以南 3.5m 位置处，2 道封堵墙将 184.6m 长的车站分成了 3 段，长度分别为 63.2m、58.9m 和 62.5m。其中 18 轴以南 3.5m 的封堵墙对应着中港大厦中部，作为一个刚性支撑，直接顶在中港大厦的中部地下连续墙上。

（5）加强地下连续墙成槽施工质量

地下连续墙成槽施工中，在泥浆中掺入掺合剂改善泥浆的性能，增加泥浆相对密度和提高泥浆黏度（相对密度至 1.2，黏度达 20～30），以加大槽内泥浆压力和形成泥皮的能力，以减少地下连续墙施工时由于槽壁变形造成地面的沉降变形。在地下连续墙施工过程中，采取的主要措施有：

① 掺入增黏剂 CMC。掺入增黏剂后可提高泥浆的粘度，防止泥浆沉淀，使泥皮致密而坚韧，增强槽壁的稳定性。

② 掺入堵漏剂。当槽壁是透水性较大的砂砾层，或由于泥浆黏度不够，形成泥皮能力弱等因素而出现泥浆失水量过大时，就需要掺入水泥、锯末等堵漏剂。

③ 掺入加重剂。当松软土层或在地下水位较高的槽段施工时，由于侧压力较大，需加大泥浆比重，以维护槽壁稳定，此时就可以加入比重大的掺合物。

④ 施工过程中注意泥浆性能的变化，每隔 1d 进行定期检测一次泥浆性能指标，及时补充符合标准的优质泥浆入槽，保证正常施工。

（6）加强基坑开挖施工过程控制

合理安排车站基坑土方开挖的顺序，先施工 18～26 轴北区小基坑、再施工 10～18 轴中区小基坑，后施工 1～10 轴南区小基坑，即 3 个小基坑依次从北向南施工。基坑开挖施工方法必须遵循"开槽支撑、先撑后挖、分层、分段、放坡开挖、严禁超挖"的原则。

合理安排施工，在确保安全质量的情况下，加快施工进度，实行 24 小时连续作业，早日基坑封底，尽快施工主体结构，减少基坑暴露时间，减少时空效应的影响，进而减少基坑变形对中港大厦沉降的影响。

（7）加快钢支撑施工进度，保证钢支撑持续受力满足设计要求

在钢支撑施工时，严格按照设计要求，确保支撑端头与地下连续墙的密贴，避免支撑端头与地墙间存在空隙，产生集中力，影响支撑力，并且加强支撑抱箍节点施工质量，钢管支撑设置后，立即预加轴力，严格按设计预加轴力值施加预应力，并确保持续受力。

加强钢支撑应力监测，钢支撑应力一旦下降，要及时查找出原因，并及时复加压力，保持钢支撑应力达到设计值，以免钢支撑松弛造成基坑变形，进而影响中港大厦的沉降。

4　工程施工过程中所采取的监控量测措施

监控量测在地铁施工中有着非常重要的作用，是施工的眼睛和和耳朵，能够准确的发现地表沉降、建筑物倾斜及裂缝、支撑应力变化以及地下深层土体扰动情况、结构变形等，进而验算设计指导施工，保证施工安全，提高经济效益。

在本工程施工过程中特别是中港大厦的保护过程中所主要采取的监测项目有；围护体系深层水平位移监测、围护墙顶部竖向位移监测、混凝土及钢结构支撑轴力监测、周边地表竖向及横向位移监测、立柱竖向位移监测、周边管线横向及竖向位移监测、坑外深层土体水平位移监测、坑外地下水位高程监测、周边建筑物竖向位移监测、周边建筑物倾斜监测、周边建筑物裂缝监测、空隙水压力监测、土压力监测等监测项目，就以上监测项目进行一下简明扼要的介绍。

（1）围护体系深层水平位移监测

围护体系深层水平位移监测是对基坑开挖阶段，围护体系（地下连续墙）在垂直于基坑开挖面方向的水平位移进行监控，及时掌握基坑维护结构变形的动态信息。

（2）围护墙顶部竖向位移监测

由于基坑开挖期间大量土方卸载，地下围护墙将产生纵、横向的位移变形，地墙的隆沉变形的影响，对基坑的安全保护必不可少。

（3）混凝土及钢结构支撑轴力监测

围护墙外侧的侧向土压力由围护墙及支撑体系所承担，当实际支撑轴力与支撑在平衡状态下应能承担的轴力（设计值）不一致时，将可能造成维护结构变形以及引起支撑体系失稳。

（4）坑外水位高程监测

坑外水位监测孔主要对围护结构的止水状态进行监控，以防止围护结构渗漏水引起坑外大量水土流失，造成坑外建筑物沉降或倾斜。

（5）周边地表竖向位移监测

周边地表竖向位移监测点用来监控基坑施工引起的坑外土体沉降变化，要求日变量值及累计值不得超过设计确定报警值，以避免周边地表沉降过快及过大。

（6）立柱隆沉监测

立柱对支撑体系起到一定的支承和约束作用，其隆沉或沉降特别是立柱之间的差异沉降将直接影响支撑体系的安全，严重时将导致受力支撑体系失稳。

（7）建（构）筑物竖向位移监测

建（构）筑物竖向位移监测，主要用来监测基坑周边建筑物由于基坑施工引起的建筑物沉降变化，要求日变量值及累计值不得超过设计确定报警值，以确保周边建筑物安全。

（8）地下管线位移监测

在基坑施工过程中要重点监测各类管线的水平位移及高程位移，以确保管线安全。

（9）坑外深层土体水平位移

坑外深层土体水平位移监测点主要布置在建筑物（构筑物）和基坑维护之间的部位，监测深层土体位移状况，预测建筑物（构筑物）沉降趋势，提前采取措施，确保工程施工及周边环境安全。

（10）孔隙水压力监测

针对本工程地质特点，由于饱和土受荷载后首先产生的是孔隙水压力的变化，随后才是颗粒的移动或固结变形，孔隙水压力的变化是土体运动的前兆，因而可以提前得知地下土体扰动情况，提前预测风险，指导下一步的施工。

（11）中港大厦倾斜、裂缝、及竖向位移监测报警

从地下连续墙施工过程中港大厦沉降数据分析，预计出在基坑开挖施工过程中其沉降值会较大，如果为均匀沉降，则对建筑物危害较小，经过多次工程协调会议最终确定中港大厦监测报警值为累计总沉降、差异沉降及倾斜报警控制指标。

前期基坑施工控制目标：日变形量超过 2mm，总沉降累计达到 30mm。

后期调整为：日变形量超过 3mm，总沉降累计达到 50mm，差异沉降累计达到 30mm 或倾斜率达到 2‰时报警。

楼房裂缝的监测一直比较稳定，没有超过 1mm 的裂缝（裂缝报警值为 6mm），施工没有新的裂缝产生，因而在施工中裂缝基本没有造成什么影响。

中港大厦附近基坑监测点位布置如图 3 所示：

5 保护中港大厦所产生的经济效益

中港大厦位于杭州市萧山老城区市中心，在人民路地铁站开工以前，中港大厦被认定为"危楼"，地铁公司综管部就拆迁事宜联系中港大厦产权单位，中港大厦产权单位也有意拆迁兑现，就当时同地段楼市单价均价为 15000 元/m²，中港大厦建筑面积 7000m²（包括副楼），拆楼总价达到 1.05 亿元，由此可见拆迁代价非常的大的，为此杭州市地铁集团决定对大楼采取保护措施。在实际施工中为保护中港大厦所增加的工程项目总费用估算有，地下连续墙增加费用 31.28 万元，第二道混凝土支撑增加费用 28.02 万元，地基加固增加 509 万元，总计 568.3 万元，节省费用 9931.7 万元，为国家节省了大量的财政资金，取得了可喜的经济成果。

6 中港大厦保护总体效果及经验总结

（1）在人民路维护结构（地下连续墙）施工阶段，施工单位对降水引起中港大厦沉降的影响认识严重不足，根据以往施工地下连续墙的施工经验，私自进行降水，造成在（中港大厦附近）地下连续墙维护结构施工完成以后中港大厦总沉降达到 22mm，（前期设定报警值 30mm），楼房倾斜率达到 0.5‰。

（2）在基坑深度开挖到第三层支撑（混凝土支撑）高度位置时，维护结构第一道混凝土支撑发生应力报警，土体深层位移报警，经过分析，原因是混凝土强度还没有上来，第二道钢管支撑及第三道临时钢支撑应力下降造成，为此及时对钢支撑应力进行复加，确保支撑应力达到设计值，并且持续保持设计确定的受力状态，以确保维护结构不再继续向基坑内变形。此时，监测还表现出中港大厦沉降速率加快，其主要原因是该处地下有流塑状态饱和土体，在施工扰动以后承载力下降，没有自稳性。

（3）人民路车站施工过程中，基坑开挖比较迅速，主体结构封底以后，却发现中港大厦沉降依然存在，土体深层水平位移依然存在，这同以往的车站施工有明显的区别之处，在以往的车站施工到主体结构封底以后基本就不会出现或很少出现土体深层水平位移依的现象，这说明由于中港大厦的原因和特殊的地质原因所引起的，在我们以后的施工中要引起足够的注意。

（4）人民路车站北基坑主体结构及车站中基坑主体结构施工完毕以后 6 个月当中，中港大厦一直处于沉降状态，只是沉降速率非常缓慢，主要原因

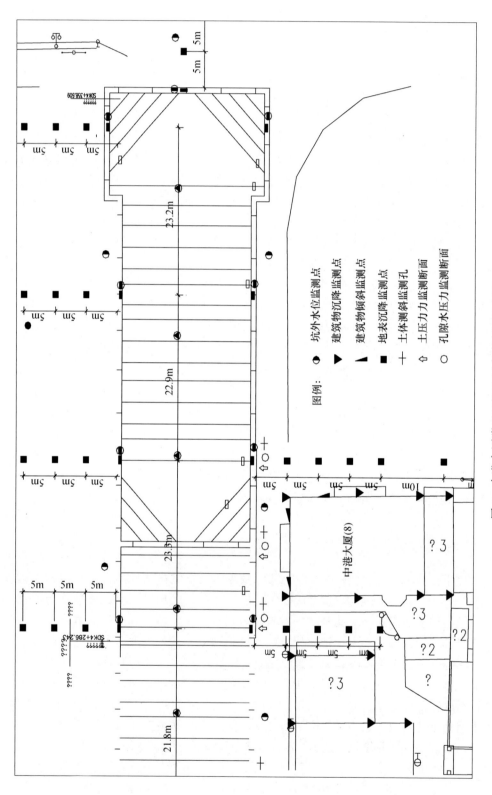

图 3　中港大厦附近基坑监测点位布置示意图

是该处地下有流塑状态饱和土体，在施工扰动以后承载力下降，没有一点自稳性，固结时间非常缓慢。这就要求我们在以后的淤泥质流塑状态饱和土体施工过程中，要引起足够的重视，根据实际工况要进行土体改良或地基加固是非常必要的。

（5）人民路车站北段及中断主体结构施工完毕以后，中港大厦虽然在以后的6个月当中一直再缓慢沉降，总沉降最大累计78mm，总差异沉降最大累计26mm，倾斜率最大1.7‰，但是差异沉降及倾斜率控制指标没有突破，结构裂缝没有发展，中港大厦一直处于安全可控状态，由此可见中港大厦

的保护是非常成功的，在杭州市建委及杭州市地铁集团的检查中，得到了杭州市建委及杭州市地铁集团有限公司的表扬，这是在复杂地质及复杂环境条件下深基坑近距离高楼保护的一个成功典型案例，对以后类似的工程施工有很好的借鉴及指导意义。

参考文献

[1] 邱志明，周晓勤，城市轨道交通系统规划与建设。北京交通大学出版社，2006-01.

[2] 李建华，罗凤霞，地铁土建工程风险管理的思考。中国安全生产科学技术，2006-05.

盾构到达整体接收抗风险装置研发及应用

魏林春　张冠军

（上海隧道工程股份有限公司，上海　200082）

摘　要：本文对盾构隧道始发与到达施工阶段风险进行了分析与评估，在调研传统盾构始发与到达工程施工技术的基础上，总结了多年来国内外盾构始发与到达施工的经验和教训，针对目前复杂环境下高风险盾构到达施工，研发了一套在复杂环境下盾构到达整体接收抗风险装置及施工工艺，并成功应用于杭州地铁2号线钱江世纪城—江南风井右线盾构到达工程中，取得了预期的效果。

关键词：盾构；整体接收；到达施工；主动控制；抗风险

Application and Development of Whole Receiving Anti－Risk Equipment for Shield Machine Arriving

WEI Lin－chun，ZHANG Guan－jun

（Shanghai Tunnel Engineering co.，Ltd.，Shanghai 200082）

Abstract：In this paper，analysis and assessment the risk of starting and arriving shield machine. In the base of summary the experiences and lessons for shield starting and arriving，development a set of whole receiving anti-risk equipment and construction technology for complex environment shield machine arriving，and successfully applied on shield machine arriving of century city of Hangzhou no. 2 metro line Qianjiang～Jiangnan air shaft section，the expected results were obtained.

Key words：shield machine；whole receiving；arriving；active control；anti－risk

1　引言

盾构法隧道施工技术以其施工速度快、质量可控、环境影响小等优点在国内外城市地下交通隧道工程中被大量采用。据统计，盾构法施工的隧道工程有70％以上的事故发生在盾构始发与到达过程中[1,2]，是盾构法隧道工程施工的主要风险之一。盾构始发与到达阶段高发事故风险点主要为洞门凿除时工作井外土体坍塌、涌入，以及盾构在始发与到达施工过程中洞圈发生涌土、涌水风险。通常在洞门凿除前应对工作井外土体加固效果进行确认，并在洞圈间隙采取密封止水（土）措施，以避免洞门凿除及盾构始发与到达过程中发生涌土渗漏风险。传统的工作井外土体加固措施有降水法、注浆法、"旋喷桩＋搅拌桩"、冻结法等，但有时受施工环境限制，工作井外往往不具备土体加固条件，或影响土体加固质量的因素较多，加固效果很难得到保证；盾构洞圈间隙密封措施主要有橡胶帘布（袜套）、环板、止水箱体、盾尾刷、海绵（带）、气囊及冻结管等（见图1），但受盾构外形和复杂的隧道施工环境影响，盾构始发与到达阶段洞圈间隙涌土（水）事故仍然时有发生。

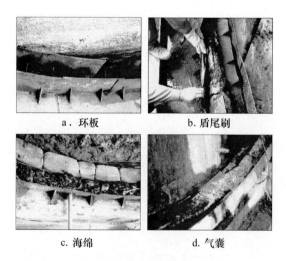

a. 环板　　　　b. 盾尾刷

c. 海绵　　　　d. 气囊

图1　常用洞圈间隙密封措施

如1993年5月，高雄捷运某隧道上行盾构到达施工发生洞圈渗漏，造成地面沉陷及临近房屋出现倾斜；2008年8月，南京集庆门站～所街站盾构区间隧道盾构到达施工时发生事故，造成4条区间隧道、2台盾构被淹；2008年，在上海地铁盾构始发与到达施工中出现多起地面塌陷事故，对社会造成较大影响。图2为近年来盾构始发与到达施工中发生事故的照片。

a. 涌水

b. 塌陷

图 2 盾构施工事故照片

针对盾构隧道始发与到达的施工风险，通过对盾构隧道施工风险进行分析或评估，并总结多年来国内外盾构始发与到达施工的经验和教训，研发了在复杂环境下盾构到达整体接收抗风险装置，形成一套主动控制盾构到达施工风险的新技术。

2 盾构到达整体接收抗风险装置研发

2.1 基本工作原理简介

盾构到达整体接收抗风险装置是基于工作井内外水土压力平衡的理念，制造一个直径比盾构略大、长度比盾构略长的密闭钢筒状结构，与洞门钢环连接形成封闭体系，通过向装置内注入水（或泥浆、土）等介质，形成平衡工作井外水土压力的环境条件，盾构由井外通过洞圈推进进入整体接收抗风险装置内，通过控制盾构推进速度、轴线与排水量（或泥浆、土）等，平衡整体抗风险装置内与洞圈外水土压力，从而完成盾构安全到达施工。盾构到达整体抗风险装置工作原理如图3所示。

2.2 盾构到达整体接收工艺流程

根据盾构到达施工特点，制定盾构到达整体接收施工工艺流程，确保地铁盾构到达整体接收施工顺利实施。工艺流程主要分为装置安装、压力试验及到达施工三个阶段，盾构到达整体接收施工工艺流程如图4所示。

针对盾构到达整体接收抗风险装置的工作原理

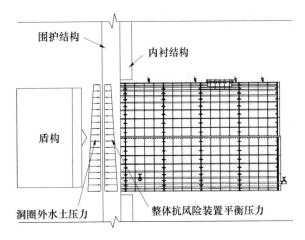

图 3 装置工作原理

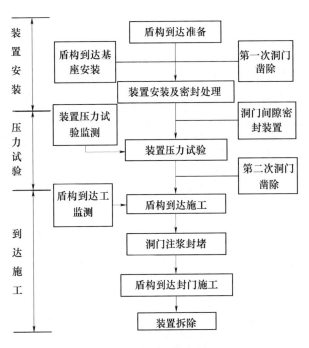

图 4 主要工艺流程

及盾构到达施工的特点，周密分析和研究盾构到达整体接收各关键工序的配合及风险控制点，使盾构到达施工风险在可控之中。该项技术成功地应用于杭州地铁 2 号线钱江世纪城—江南风井盾构的到达施工中，并取得了预期的效果。

3 工程应用

3.1 工程简介

杭州地铁 2 号线一期工程钱江世纪城～钱江路站区间盾构从钱江世纪城站始发穿越江南风井、钱塘江、江北风井至钱江路站。盾构直径 6.34m，管片外径 6.2m，内径 5.5m，环宽 1.2m。江南风井隧道纵坡为 28‰，盾构到达端盾构隧道的覆土深度为 18.72m，江南风井地下连续墙围护结构厚度 1.2m，地基加固采用井外隔水帷幕、降水井、$\phi 850$ 三轴搅拌桩和 $\phi 1200$ 旋喷桩。盾构到达端隧道所处地层主要为：③$_7$黏质粉土夹砂质黏土、⑥$_2$淤泥质黏土。南岸含水层厚度15.6～19.7m，南岸土层透水性中等，水量丰富。江南风井盾构到达端地基加固示意图如图5、图6所示。

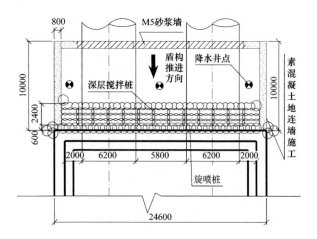

图5　地基加固平面图

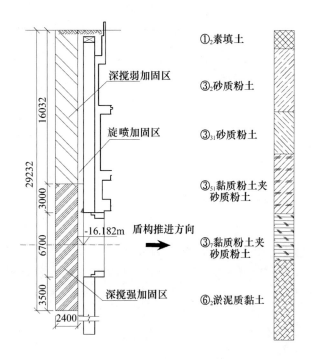

图6　地基加固剖面图

根据经验，在杭州该区域砂性地层中，采用传统的搅拌桩＋旋喷桩技术加固土体，质量控制难度大、加固效果很难保证，盾构始发与到达施工时常出现洞门间隙涌水、涌砂等现象，严重时导致工作井外地面大量沉降。本次地铁盾构到达整体接收技术应用于右线区间隧道江南风井中。

3.2　盾构到达整体接收装置设计

盾构到达整体式接收装置按照杭州地铁2号线钱江世纪城～钱江路站区间江南风井盾构到达工程要求0.3MPa压力设计，盾构到达整体接收装置钢套筒主体部分总长约11m，装置共分为5个筒体和1个端板，每段筒体和端封板又分为上、下两半，由高强螺栓连接。装置第一段筒体为过渡筒体，保证装置轴线与隧道轴线坡度一致，其一端与后方筒体通过圆法兰螺栓连接，另一端与洞门钢环焊接固定。另装置上安装有排气孔、排水孔、溢流阀、压力表及施工预留孔等。图7为盾构整体到达接收装置工程应用现场照片。

图7　工程应用照片

为保持盾构到达整体接收装置的稳定，在装置端封板上设置四根ϕ609×16mm预应力钢管撑与四根150mm×150mm的方管钢限位支撑，中心设置ϕ300mm×12mm钢管撑。此外在装置两侧也施加水平支撑与斜撑，装置靠墙设置为水平支撑，另一侧采用斜撑，防止装置侧向位移。

3.3　盾构到达整体接收施工

在进行盾构刀盘靠上工作井外围护地墙的同时，实施井内盾构整体接收装置的基座安装。江南风井围护地墙厚度为1.2m，在盾构刀盘靠上地墙后，首先凿除洞门地墙厚度约为0.8m。待盾构整体接收装置安装完毕后，对洞门地墙进行第二次凿除。洞门凿通后，开始往装置里灌水。图8、图9为盾构到达整体接收装置工程应用照片。

图8　装置安装照片

图 9　装置拆除照片

根据设计，平衡水土压力值为 0.3MPa，盾构到达前整体装置内部初始压力设定为 0.1MPa，随着盾构逐步进入整体接收装置，装置内压也随之升高。通过控制盾构推进速度和整体装置水位管溢排水自动平衡洞门外水土压力。盾构到达实施期间，对装置内压、变形和端部封板后靠支撑轴力数据采取自动实时监测，反馈指导盾构到达风险控制施工。

图 10、图 11 分别为装置的左下方变形和右下方支撑轴力变化曲线。在实时监测过程中发现，盾构推进速度决定着装置内压、变形和后靠支撑轴力参数的大小变化。分别对盾构推进速度 40～70mm/min 时装置的各项参数监测，监测数据表明，盾构推进速度在 70mm/min 以内，盾构整体接收装置变形小于 10mm，装置内压控制在 0.3MPa 以内，整体接收抗风险装置运行稳定，未出现过大变形与应力突变。最后对盾构达到极限推进速度 78mm/min 时接收装置的参数监测，装置的最大变形为 8mm，支撑最大轴力为 260kN，盾构到达接收过程处于安全和可控范围。

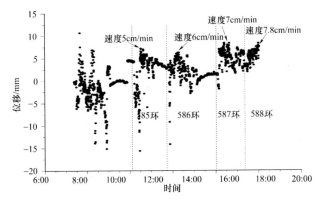

图 10　装置变形曲线

盾构完全进入装置后，通过洞门预留注浆管和管片注浆孔对洞门间隙进行封堵注浆，注浆封堵完成后，逐步排放装置内储水并观察水位和内压的变化情况，确认洞门间隙封堵无误，从盾尾脱出最后一环管片，并进行洞门永久封堵、接收装置和盾构拆除工作。

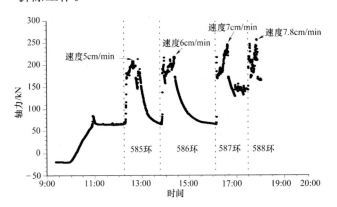

图 11　支撑轴力变化曲线

4　结语

从该项技术的应用结果来看，盾构到达整体接收抗风险装置起到了安全可控、规避施工风险的作用，验证了其在复杂环境下应对盾构到达施工及抗风险能力，具有结构简单、安装及拆卸方便、可重复使用和适用性强等优点。

盾构整体接收装置存有不足之处，如在洞门破除期间风险防范具有一定的局限性，通过进一步研究盾构直接切削洞门，配合盾构整体接收装置完成盾构到达施工，从而完全规避盾构到达施工风险。

参考文献

[1]　周文波. 盾构法隧道施工技术及应用 [M]. 北京：中国建筑工业出版社，2004.

[2]　周文波. 盾构进出洞施工风险分析及防治 [C]. 地下工程建设与环境和谐发展－第四届中国国际隧道工程研讨会文集. 上海：同济大学出版社，2009：156-165.

[3]　廖一蕾，张子新等. 大直径盾构进出洞加固体稳定性判别方法研究 [J]. 岩土力学，2011，32（增 2）：256-260.

[4]　崔玖江. 盾构隧道施工风险与规避对策 [J]. 隧道建设，2009，29（4）：376-396.

[5]　赵峻，戴海蛟. 盾构法隧道软土地层盾构进出洞施工技术 [J]. 岩石力学与工程学报，2004，23（增 2）：5147-5152.

荷载分散型锚索的改进研究及应用

甘国荣[1]　吕志诚[2]　杨开壮[1]　夏赛男[1]　庞锐剑[1]

(1. 广西柳州欧维姆机械股份有限公司；2. 台湾宏舜工程有限公司)

摘　要：本文通过对压力分散型锚索主要结构特点的分析，指出其索体的结构缺陷，并进一步提出应用新型让压锚具技术对预应力锚索的结构改进，克服了原有的压力分散型锚索结构的固有缺陷。在相同的锚固机理下，作者提出根据锚固需要可设计让压锚具的让压点，使预应力锚索具有一定的应力释放功能，能将被锚固岩土体的过大变形释放，有效保护锚索的使用应力水平，提高锚索使用的安全性和耐久性。经过工程应用，证明其结构合理，锚固方便，极大提高了施工的可靠性。

关键词：预应力；岩土锚固；荷载分散；锚索；让压锚具；施工技术

1　引言

压力分散型锚索作为一种锚固段荷载分散的锚索类型，因其能较好地实现了锚索在土质地层的有效锚固，在边坡锚固工程中得到了大量应用。但在近年来，压力分散型锚索的锚固失效时有发生，压力分散型锚索的耐久性问题引了起业内各方的重视，甚至有相关研究文献提出压力分散型锚索不宜作为永久锚索使用。

因此，研究压力分散型锚索在使用过程中发现的问题，加以改进并克服其结构缺陷，这对提高预应力锚索质量及工程耐久性，消除锚固工程的安全隐患是很有必要的。

图 1　边坡锚索锚头整体脱锚

图 2　台湾北二高速因锚固失效的滑坡

2　压力分散型锚索主要结构特点

压力分散型锚索与拉力型锚索不同，其锚索体被浆体固结后，以一定荷载张拉对应于承载结构的钢绞线时，设置在不同深度部位的数个承载结构将压应力通过浆体传递给被加固体，从而提供被分散的锚固力，锚固段内的压应力也得以有效均布，能最大限度地调用锚索整个锚固长度范围内的地层强度。此外，使用压力分散型锚索体系的整个锚固段长度在理论上是没有限制的，锚索承载能力可随锚固长度的增长而提高。当锚索的锚固段位于非均质地层中时，可以合理调整承载体的锚固段长度，即比较软弱的地层中承载体的锚固段长度应大于比较坚硬的地层中的承载体的锚固段长度，这样能使不同的地层强度都得到充分地应用。对普通拉力型锚索而言，当锚固段长度大于某一定值时，其总体承载能力增量很小或无任何增加。压力分散型锚索的基本结构原理如图 3 所示，综上所述，压力分散型锚索的优点很突出，但其缺陷也很突出。

图 3　压力分散型锚索结构示意图

通过分析压力分散型锚索的结构特点和作用机理，我们发现由压力分散型锚索的结构特点所带来的主要结构缺陷有以下几点：

图 4 压力分散型锚索典型张拉示意图

1) 内锚固段承载体的 P 型挤压锚具下端剥开 PE 的部份钢绞线与水泥浆体直接接触，造成锚具挤压弹簧或钢绞线锈蚀而脱锚。

2) 张拉端锚下有一部分钢绞线是裸露的，张拉后注水泥浆不密实，也是图 5 所示。

图 5 锚索锚下钢绞线锈断

3) 索体钢绞线不等长，造成了锚索的抗拔力是由单个承载体的拉力整合成整束锚索的拉力，造成破坏从多个承载体中最不利的那个开始，严重的短时间内较短的钢绞线即已被破断失效，如图 6 所示。

图 6 锚索钢绞线断裂后弹出

4) 锚索张拉施工复杂，索体钢绞线不等长，

在张拉过程中，特别是多根钢绞线索体，易导致钢绞线张拉的长度失真，加剧钢绞线之间的应力不均匀，使锚索对工况变化更敏感，大大降低了锚索体的耐久性，这也是锚索预应力失效的重要原因。其典型张拉如图 4 所示。

5) 锚索采用等应力张拉法，其安装工况与实际使用工况不符，很难进行锚索的整体拉拔试验，其实际极限锚固力无法按规范验证。

3 新型让压锚具技术研究及试验

为克服压力分散型锚索的结构缺陷，必须采用新型锚具技术对索体结构进行改进，才能更好地适应工程实践的需要，有效提高索体的耐久性。

在变形较大的地层锚固时，往往需要使用"让压"技术，使预应力锚索（杆）具有一定的塑性变形能力，释放部份外部的载荷增量，保持加固的可靠性，如在矿山使用的钢丝绳锚索、让压锚杆等。这种类型的"让压"技术锚固力低，适应变形量较小，具有较大的局限性。锚具"让压"原理如图 7 所示。

新型让压锚具采用的让压锚固单元由让压套和让压簧组成，如图 8 所示。通过让压点的设计，让压锚固单元能保持对钢绞线的额定恒力输出，稳定输出距离超过 1m，对钢绞线力学性能无影响。在实际应用时，可根据需要设计不同让压点的让压锚具，通过配套专用机具 GYJD50－250 型挤压机，可保证让压锚具安装的可靠性。

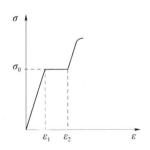

图 7 让压原理示意图

图 8 让压锚具示意图

4 让压锚具技术对索体结构的改进

为改善压力分散型锚索的索体钢绞线不等长而带来的一系列问题，并能充分发挥压力分散型锚索的优点，让压锚具技术的运用显得尤其重要。

4.1 让压分散型锚索

让压分散型锚索采用钢绞线等长的让压分散体系，使锚索的内锚固段剪应力分布均匀，形成均布式压力分散的锚索。对于不同的使用场合和地质条件，该锚索体系内锚固段让压锚具的间距可以调整，可以满足其使用要求。锚索结构组成如图9所示。

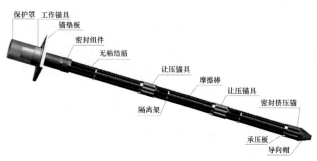

图9　YJM15 让压分散型锚索结构示意图

锚索一般设三级承载分散结构，相同位置的让压锚具固定在同一承压板上，形成分级承载锚索。其中第一级采用固定端锚具，为单孔密封挤压锚，第二、三级采用让压分散结构，为让压锚。锚索索体全长采用无黏结钢绞线，张拉力从张拉端传递到让压锚，让压锚自动将超过额定让压力的张拉力依次逐级传递，直至密封挤压锚发生作用。张拉完成后，各级承载单元的锚固力为张拉力的1/3。锚索内锚固段多级承载结构示意如图10所示。

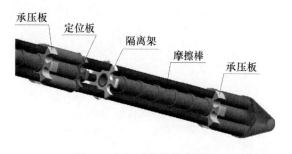

图10　多级承载结构示意图

锚索锚固段的多级让压锚具能自动传递钢绞线的拉应力，这给张拉施工带来了简便，整束锚索实现了整体一次张拉到设计索力，避免了压力分散型锚索繁琐易错的张拉操作，更有利于锚束的整体受力。

4.2 锚固机理研究

让压分散型锚索内锚固段作用机理与压力分散型锚索的作用机理一样，为多级压力分散形式，有利于充分利用锚固段岩土体的强度，提供可靠的锚固力。但两种锚索也有区别，即"拔河效应"不同。压力分散型锚索的每级锚固单元都是相对独立的，每个锚固单元都锚固自己锚固单元的钢绞线，是单人对拔的形式，是最不利的工况，其破坏总是从最薄弱的那个"人"即锚固单元开始，如图11所示。让压分散型锚索则不同，其各级锚固单元都作用在同一根绞线上，很容易形成多级承载的合力，不会形成最薄弱的锚固单元，是真正的"拔河效应"，使锚索锚固力更具适应性，如图12所示。

图11　锚索作用原理图（单人对拔）

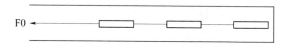

图12　锚索作用原理图（拔河效应）

根据目前预应力锚索的使用情况，设计让压锚具的让压点 C 为两种：0.2 和 0.3。

其中　$C = P_0/F_m$

P_0——让压锚具的让压力（kN）

F_m——钢绞线公称极限拉力（kN）

锚索体系的三级承载结构中采用了二级让压体系，通过锚索多级试验模拟装置进行了锚索实际使用工况的张拉试验，得出了锚索的全应力张拉曲线，试验简图如下：

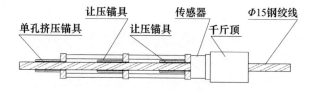

图13　锚索全应力张拉试验布置图

综合 $C_1 = 0.2$ 和 $C_2 = 0.3$ 的锚索试验数据形成组合张拉曲线如下：

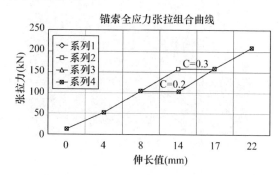

图14　不同让压点锚索全应力张拉曲线图

根据试验布置图，实测各级锚具间距数据如下：$L_0 = 870mm$，$L_1 = 582mm$，$L_2 = 1207mm$，$P_1 = P_2 = CF_m$。

图 15　锚索各级锚具间距布置图

当让压锚具 $C = 0.2$ 时，A 型锚索二级让压体系的让压值为

$$0.4F_m = 104kN$$

其平台理论伸长值为：

$$A = 2C_1F_mL_2/EA = 104 \times 1.207/(195 \times 140) = 4.6mm$$

试验实测 $A' = (4.3 + 5.2 + 4.8)/3 = 4.77mm$

当让压锚具 $C = 0.3$ 时，B 型锚索二级让压体系的让压值为

$$0.6F_m = 156kN$$

其平台理论伸长值为：

$$B = 2C_2F_mL_2/EA = 156 \times 1.207/(195 \times 140) = 6.9mm$$

试验实测 $B' = (6.4 + 6.8 + 7.3)/3 = 6.83mm$；

综上，A 型锚索采用 $C = 0.2$ 的二级让压体系，适用于多数的岩土体锚固使用，其锚索二级让压体系在正常张拉作业过程中自动完成，方便了张拉及锚固操作。B 型锚索采用 $C = 0.3$ 的二级让压体系，锚索恒力输出点为 $0.6F_m$，据有关设计规范，锚索张拉锁定值 $\leq 0.6F_m$，锚索恒力输出点比张拉锁定值稍大，可以满足锚索锁定后对地质体的变形需要，进行适度的应力释放，保持锚索的锁定荷载，维持地质体的安全性。

当 B 型锚索 L_2 取为 3.5m 时，锚索恒力输出的变形量（即可释放变形）为：

$$B = 2C_2F_mL_2/EA = 156 \times 3.5/(195 \times 140) = 20mm$$

4.3　让压分散型锚索的结构特征

应用了新型让压锚具技术的让压分散型锚索相对于压力分散型锚索的区别：

1）让压分散型锚索是采用单根让压锚固单元的多级让压分散锚固体系，使锚索孔壁剪应力更有效均布；

2）让压分散型锚索采用的让压锚固单元具有连续恒定的让压力输出特性，并能将锚固后地质体的变形增长释放，使锚索对地层具有自适应性，能保护锚索的使用安全；

3）让压分散型锚索钢绞线等长，锚固可靠性更高，具有良好长期工作性能，适合多种地层永久锚固使用。

4）让压分散型锚索安装后可一次整体张拉到

位，无须对钢绞线单独标识，施工方便，也适用锚索试验的验证。

5　新型荷载分散型锚索的工程应用

新疆克孜尔水库右坝肩山体边坡形成以后，由于地层产状近于直立，走向与边坡走向基本一致，岩体强度低，在边坡应力场作用下，表部岩层逐渐向外弯曲倾倒变形，折断拉裂，部分地段顺折断拉裂缝产生了座滑变形。根据勘察阶段、施工及除险加固勘察资料，右坝肩山体变形范围为坝轴线东（下游）125m 到主坝轴线西（上游）450m，高程由 1214m 至 1250m 以下山体。

右坝肩新鲜完整岩体的干抗压强度 $8.7 \sim 14.2MPa$，软化系数为 0.26，属软岩。正常地层产状 $56°NW\angle70° \sim 90°$，总体近直立。发育迭瓦断层产状 $65°SE\angle20° \sim 25°$。

图 16　边坡除险加固概况

图 17　YJM15 让压分散型锚索的施工

该加固项目于 2010 年采用了 OVM. YJM15－6XJA 让压分散型锚索共计 180 束左右，最长索长 51m/束，设计张拉力为 1000kN。经过现场拉拔试验和工程批量应用，YJM15 让压分散型锚索的配套机具和施工工法得到了成功验证，极大提高了锚固的可靠性和简化了张拉施工操作。

6　小结

本文通过对普通压力分散型锚索的结构特点进行分析，指出其索体钢绞线不等长所带来的一系列问题。作者研究应用了新型让压锚具技术并对锚索结构形式进行了大胆改进，提出了让压分散型锚索的结构特征，经过工程应用验证了该新型锚索的结构合理，张拉锚固简便，使用性能良好，希望本文研究成果能在岩土工程中进一步推广应用。

参考文献

［1］程良奎，范景伦，等．岩土锚固．北京：中国建筑工业出版社，2003.

［2］阎莫明，徐祯祥，苏自约．岩土锚固技术的新进展．北京：人民交通出版社，2000.

［3］田裕甲．压力分散型锚索与拉力型锚索的比较．岩土锚固工程．2002.3 期．

［4］刘宁，高大水，等．岩土预应力锚固技术应用及研究．湖北科学技术出版社，2002.

［5］阎莫明，徐祯祥，苏自约．岩土锚固技术手册．北京：人民交通出版社，2004.

［6］刘玉堂，袁培中，白彦光．压力分散型锚索不宜作为永久性锚索．岩土锚固工程．2008（2）．

［7］郑静，朱本珍．荷载分散型锚索差异补偿荷载的广义确定．铁道工程学报．2008（1）．

［8］何炳银，张士环，尹建国．高地压巷道锚索让压支护技术的探讨．煤炭工程．2005（9）．

［9］董涛，谢友友，祝华林．让压与锚注法在软岩巷道中的研究与应用．采矿与安全工程学报．2008，25（1）．

深基坑开挖对近邻地铁区间结构影响分析*

刘 军 任伟明 周 洪 宋旱云

(北京建筑工程学院、西城区展览馆路 1 号，100044)

摘 要： 拟建的高层建筑高 100m，地上 23 层，地下 4 层，基坑深度接近 20m。其北侧紧邻地铁 14 号线某区间，该区间隧道最大宽度达 12m 左右，新建基坑与地铁间距约 0.5m 左右，基坑开挖必然对地铁区间产生影响。根据实际尺寸建立三维数值计算模型，模拟明挖基坑工程的施工过程及对区级隧道结构的变形分析，并对既有地铁保护方案和新建工程施工步序、工艺等提出建议。

关键词： 深基坑；地铁区间；Flac3D 数值模拟分析

1 引言

随着地铁网的不断完善和扩能改造等，出现了大量地下工程近接既有线施工的工程现象，如新建隧道穿越已运营的地铁结构、新建基坑近邻既有地铁结构施工等。拟修建的建筑物高近 100m，建筑物基坑距北京地铁 14 号线某车站最近处仅 2m，基坑深度接近 20m。该基坑开挖过程中势必引起地层变形，地层变形到一定程度时，将影响邻近的地铁结构，严重者会造成地铁结构不均匀沉降、开裂，从而影响地铁的正常运营。

关于既有线保护问题，北京已经出台了相关标准[1]，王洪新[2] 研究了基坑施工对紧邻的正在运营的地铁车站的影响及其相应的变形控制技术，文献[3] 采用三维数值模拟分析研究了盾构施工下穿某地铁车站。

基坑开挖是一项大范围的土方施工，在开挖原有地基土层时，是对地基土层的卸载，同时也可视为对基坑周围土层的加载[3]。基坑工程对邻近地铁结构的影响，不仅与计算分析有关，而且与施工方案正确与否及是否严格按照有关规范进行施工有关。国内外大量工程实践表明，许多工程的最危险阶段不一定是在正常使用阶段，而是在建造阶段和老化阶段。为减少由于基坑开挖而引起的地层变形对既有地铁区间结构产生的不良影响，必须对地铁区间结构的变形及内力进行预测分析研究，以便指导施工采取措施，保护地铁区间结构的安全。

2 工程概况

2.1 拟建建筑物概况

拟建建筑物为一办公楼总建筑面积 234171m²，地上 23 层，地下 4 层，建筑高度为 99.90m，裙房4 层及 6 层，地下 4 层，建筑高度为 25.9m 及 40.6m。办公楼和裙房的结构形式均为框剪结构，办公楼的基坑开挖深度为 17.4m，采用钻孔灌注桩 (1000@1800) ＋4 道锚索的支护体系，基础形式为筏板基础，基础底板厚度为 2m；裙房的基础形式为梁板式筏板基础。基坑边缘距地铁暗挖区间仅为 0.45m，参见图 1。

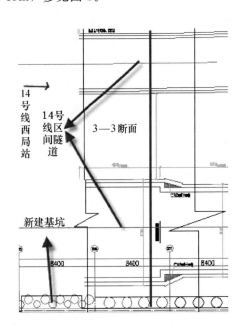

图 1 基坑与地铁区间平面图

2.2 既有 14 号线地铁区间概况

地铁 14 号线某区间为暗挖隧道，基坑临近该段右线区间，该段区间平均覆土约为 9.9～11.1m，结构净宽为 6.48～11.4m，净高 13.2m。参见图 1 及图 2。

由于 14 号线区间隧道的影响，第三道与第四道锚索间距接近 10m。

---

* 基金项目：北京市属高等学校创新团队建设与教师职业发展计划项目，编号：IDHT20130512.

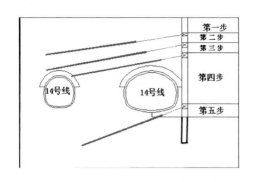

图 2　基坑与地铁区间剖面图

2.3　工程地质与水文地质概况

根据现场勘察及室内土工试验成果，将勘探深度（50m）范围内的地层划分为人工填土层、新近沉积层和第四纪晚更新世冲洪积层、第三纪基岩四大类，并根据各地层沉积条件及土的物理力学性质指标综合划分为 6 大层及若干亚层，其中第①层为人工填土层；第②、③为新近沉积层，主要为粉质黏土、粉细砂及卵石层；第④、⑤为一般第四纪沉积层，主要为卵石层；第⑥为第三纪基岩。区间隧道在④层卵石中。

场地 50.0m 深度范围内揭露一层地下水，静止水位埋深约 26m，水位标高约 19.0m，地下水类型为潜水，赋存于第④层卵石/漂石及第⑤层卵石中，渗透系数 130～150m/d。

3　Flac3D 数值模拟分析

3.1　模型建立与参数取值

考虑到施工过程中的空间效应，计算模型取其有效影响范围，计算中 3－3 断面取长 70m、宽 16m，自地表 46m 厚的土体作为考察范围，重点考察新建基坑施工对既有地铁 14 号线结构变形情况，计算模型有 19990 个单元，22792 个节点，计算模型见图 3。

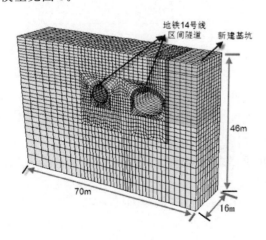

图 3　计算模型图

本次分析中的计算过程，地层模型采用大变形理论。模型中，既有地铁 14 号线区间隧道初期支护按土层加固圈取 1m 计算，衬砌结构采用壳单元模拟，结构周围土体采用实体单元，不同的土层采用不同的材料模拟，模拟边界条件的选取时除了顶面取为自由边界，其他面均采取法向约束。

计算参数见下表：

表 1　计算参数表

材料	厚度（m）	密度（kg/m³）	黏聚力（kPa）	内摩擦角（°）	泊松比	弹性模量（N/m²）
填土①	3	1.8	10	10	0.3	5e6
卵石③	7	2.0	0	35	0.25	40e6
卵石④	14	2.0	0	40	0.25	45e6
卵石⑤	22	2.02	0	40	0.25	55e6

3.2　基坑开挖模拟工况

根据基坑施做的 4 道锚索（参见图 2），分 5 步开挖，每次开挖到锚索上部 0.5m 处，第一步开挖 3m，第二步开挖 2.8m，第三步开挖 2.0m，第四步开挖 9.9m，第五步开挖 1.5m，最终开挖结果参见图 4。

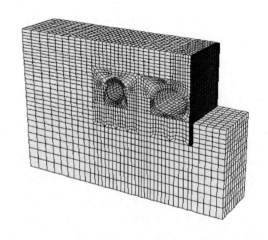

图 4　最终开挖结果图

3.3　计算结果及分析

3.3.1　变形分析

（1）第一步开挖 3m：施做冠梁并开挖，隧道衬砌结构变形见图 5，所有云图中坐标 X 方向均以隧道指向基坑侧为正，Z 方向以向下为正。

（2）第二步开挖 2.8m：加钢围檩，施做第一道锚索，隧道结构变形见图 6。

表 3 为三种方案地铁车站结构位移对比。

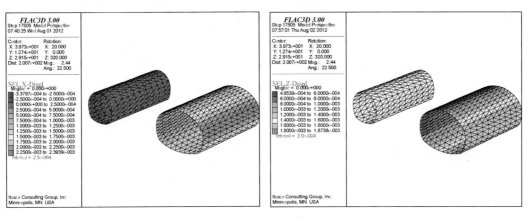

图 5　第一步开挖地铁区间水平与竖向变形云图

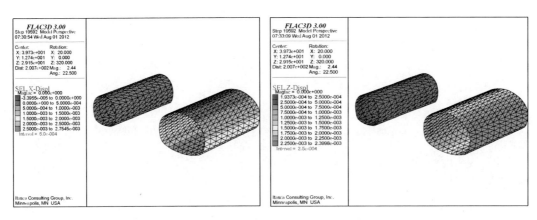

图 6　第二步开挖地铁区间水平与竖向变形云图

（3）为了节省篇幅，省略第三、第四步的开挖结果。

第五步开挖 1.5m，加钢围檩，施做第四道锚索，14 号线区间隧道衬砌结构变形见图 7。

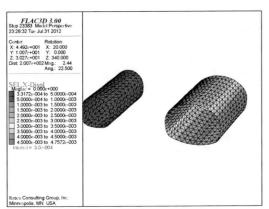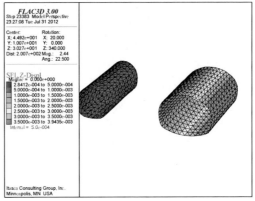

图 7　第五步开挖地铁区间水平与竖向变形云图

从计算中可以看出新建基坑的开挖会导致地铁 14 号线区间隧道结构产生一定程度的水平变形和竖向变形。其中，地铁区间衬砌结构最大的水平变形值为 4.76mm（偏向基坑开挖侧），最大变形部位在 14 号线区间隧道靠近基坑侧起拱线处（见图 8）；最大的竖向变形值为 3.94mm，发生在基坑开挖第五步，最大变形部位在 14 号线区间隧道靠近基坑侧拱脚处（见图 8）；其中第四步开挖对基坑变形影响最大，水平和竖向变形约占总变形的 30% 左右。

3.3.2　受力分析

基坑开挖对 14 号线靠近基坑侧的隧道比另一侧隧道影响大，所以只对靠近基坑侧隧道进行分析，按分步开挖完成后的最后一步分析。基坑分步开挖完后靠近基坑侧隧道衬砌结构计算弯矩见及计算

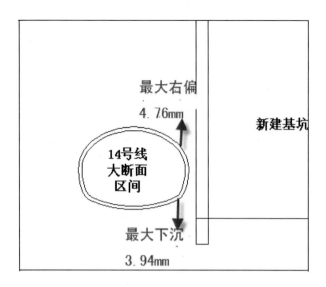

图 8　最大变形值位置

轴力云图见图 9；两种情况的裂缝宽度验算见表 2。

表 2　基坑分布开挖最大裂缝宽度计算

单元	位置	弯矩 (kN·m)	轴力 (kN)	配筋	裂缝宽度 (mm)	允许裂缝宽度 (mm)	是否超限
1070	隧道拱顶	392.5	1000	B25@100+B25@100	0.29	0.3	否
670	隧道拱底	336.7	1018	B25@100+B25@100	0.22	0.3	否
549	靠近基坑侧拱腰	−420	−2150	B25@100+B25@100	0.197	0.2	否
929	远离基坑侧拱腰	−401.9	−2000	B25@100+B25@100	0.18	0.2	否

从以上计算中可以看出基坑分布开挖情况下的裂缝宽度均满足《地铁设计规范》GB50157—2003的要求。

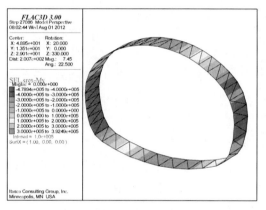
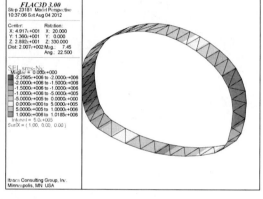

图 9　弯矩及轴力计算结果

4　结论

从以上分析可以看出，基坑开挖导致地铁 14 号线大断面区间隧道横向最大变形发生在靠近基坑侧起拱线，竖向变形发生在靠近基坑侧拱脚处，从最大裂缝宽度计算分析来看，基坑开挖后结构最大裂缝宽度计算仍然满足《地铁设计规范》GB50157—2003。因此，新建基坑的施工若按照设计方案严格进行分步开挖施工，在保证支护结构质量的基础上，既有 14 号线地铁区间隧道结构是安全的。根据计算分析，提出如下建议：

（1）新建基坑应采取分步开挖，严格按照设计与施工方案执行，尽量减少对既有地铁区间结构的影响；

（2）由于基坑邻近 14 号线区间隧道处，锚索间距偏大，最大接近 10m，开挖引起的水平变形占到总变形的 30%，因此建议将桩基采用一定措施（如增加 3 道腰梁或格栅）进行纵向连接，以加强桩基的整体受力；此处开挖建议每步不超过 3m；

（3）在新建基坑的施工过程中，要加强对既有 14 号线区间隧道的监测，一旦发现结构异常，应立即采取有效措施；

（4）基坑施工结束后，应对既有地铁 14 号线区间结构进行检查，对结构出现的裂缝应进行评估，并及时修复。

参考文献

[1] 孙壮志，杨广武，刘长革，刘军. 穿越城市轨道交通工程检测评估及监测技术规范. DB11/T 915—2012.

[2] 王洪新. 基坑施工对紧邻的正在运营的地铁车站的影响及其相应的变形控制技术研究［D］. 上海：同济大学，2003.

[3] 杨广武，关龙，刘军，郑知斌. 盾构法隧道下穿既有结构三维数值模拟分析.

新建地铁穿越既有线结构现状检测、安全评估与风险监控

徐耀德[1] 杜小虎[2] 张彦斌[1,3] 高爱林[2] 桑有为[3]

(1. 北京安捷工程咨询有限公司，100037；2. 北京城建勘测院，100101；3. 北京交通大学，100044)

摘 要：我国城市地铁建设正在高速发展，相关安全性考虑在地铁工程建设的综合技术发展中日渐重要。加大地铁结构安全检测、评估、监测和风险管控的力度和创新十分必要且紧迫。本项目紧密围绕北京 M9 线军博站穿越既有 M1 线结构安全性问题展开调研、技术开发和专项攻关，通过对新建地铁施工对既有线结构影响下的现状检测、安全评估、施工过程安全监测与动态风险巡查管控等方法，形成了一整套现状安全度、监测控制值、实时监测、施工影响下安全动态评价与预警响应控制的系统解决方案。

关键词：地铁；既有线；检测；安全评估；自动化监测；控制值；预警；风险

The Security Detection，Evaluation and Risk Monitoring of Newly Built Subway Passing Through Existing Lines

XU Yao-de[1] DU Xiao-hu[2] ZHANG Yan-bin[1,3] GAO Ai-lin[2] SANG You-wei[3]

(1. Beijing Agile-Tec Engineering consultants Co. , LTD, Beijing, 100037；2. Beijing urban construction exploration & surveying design research institute Co. , LTD, Beijing 100101；3. Beijing Jiaotong University, Beijing 100044)

Abstract：Urban subway construction in our country is developing rapidly and related safety considerations become more and more important in the comprehensive development of subway project，so it is necessary and urgent to increase the safety inspection，evaluation and construction of automation monitoring and innovation. The task of this project is the investigation, technological development and Special research of the safety problems closely around the Junshibowuguan Station of M9 line passing through existing M1 lines，and through formulating control index，emphasizing on early warning and risk control，we can get a whole set of systems solutions about the subway structure detection, safety assessment and construction monitoring.

Keywords：Metro；existing lines；detection；evaluation；automatic monitoring；control index；early warning；risk control

引言

随着全国城市轨道交通工程建设规模不断扩大，新线穿越既有线施工越来越多，保证新线的建设安全及既有线路的运营安全十分重要，开展新建地铁穿越既有线结构安全检测、评估与风险控制十分必要和迫切。随着各主要城市地铁网修建逐步完全，新线穿越既有线施工越来越多，如何保证新线的建设安全及既有线路的运营安全成为人们关注的重点，开展新建地铁穿越既有线结构安全检测、评估与风险控制凸显必要性和重要性。

1 项目概况

本项目依托新建北京 M9 线军博站穿越 M1 运营线这个重大环境风险工程和控制节点工程，系统性开展针对本工程下穿段特级环境风险源的结构安全性检测、评估、自动化监测及施工安全风险管控工作。

新建 M9 线军博站总长度为 200.8m，标准段宽度 22.4m，高度 15.65m，车站主体结构平均埋深 23.6m。车站形式采用中部单层结构（下穿一号线军事博物馆西端头区间段）、两端双层结构的"端进式"暗挖车站。双层段结构为三跨双层结构，单层段采用双洞单拱直墙结构，双层段北侧长约 61m，南侧长约 112m，中间单洞每个洞净宽 7.55m，长25.5m。车站两端主体双层段采用小导管超前注浆加固，"PBA"法施工；中间车站主体下穿既有线区间段采用分离单层单洞开挖，"CRD"法施工，上部设置双排自进式管棚，形成板梁结构支护。暗挖施工方法、工序多且复杂，设计施工难度大。工程穿越和邻近既有 M1 运营线，地段紧邻长安街、军事博物馆、中央电视台及京西宾馆等重要敏感环境，存在 M9 线军博站车站主体结构下穿既有 M1 线军博站西侧公主坟站~军博站区间结构 1 个特级环境风险源，以及 M9 线 1 号临时施工通道临近既有 M1 线公主坟站~军博站区间结构和 M9 线换乘厅临近既有 M1 线车站主体结构 2 个一级环境风险源，现

状安全性不清、控制标准严、保护要求高。建设场地处于西郊基岩隆起带、土岩复合地层、基岩面及地下水面起伏不均和岩土参数变异性较大，地质条件十分复杂，施工中地层变形规律不易掌握，地下水控制及施工作业等须高度关注。

2　工作内容与技术路线

2.1　工作内容

本项目主要针对 M9 线军博站车站主体结构下穿既有 M1 线军博站西侧公主坟站～军博站区间结构特级环境风险源的安全风险评估与管控工作，具体内容主要包括：

（1）施工前对既有 M1 线结构的现状安全性检测、M9 线军博站车站暗挖施工对既有 M1 线结构的安全性附加影响预测评估，对既有 M1 线安全性保护专项设计、施工方案、专项监测、应急预案等提供意见和建议，编制既有 M1 线保护的自动化监测方案和下穿段施工监测方案；

（2）施工中对既有 M1 线进行远程自动化监测、巡视和 M9 线工程自身及其地表等周边环境的监测、巡视，结合监测数据、巡视信息和施工工况等变化，开展及时的信息分析与反馈、动态风险评估、安全状态评价和预警预控，指导信息化施工和 M1 线正常运行不受影响。

施工后根据监测量实际变化和工程需要，开展对结构安全性的核查检测和评估。

2.2　总体技术路线

本项目的总体技术路线如图 1：

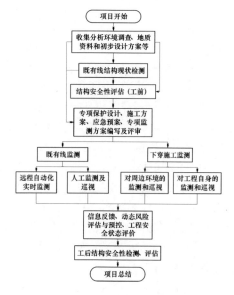

图 1　项目总体技术路线

3　现状检测与安全评估

3.1　现状检测

在地铁 9 号线军事博物馆站工点设计单位进

行下穿既有结构专项设计前，需对既有地铁 1 号线军博站～公主坟区间现状情况进行现状调查与检测，为结构安全评估提供现状实测参数，为设计及施工提供依据，同时为加强既有轨道交通设施的维护管理，保证其安全可靠提供数据支持。本工程检测的工作内容主要包括区间结构和轨道结构两部分。

（1）区间结构主要检测内容及技术方法：

①外观调查

对检测范围内的混凝土构件外观采用肉眼进行观察，包括水迹、锈迹、钢筋锈蚀、保护层脱落等。

外观调查以人工目测观察结合仪器观测进行，仪器观测以简单的工具和仪器设备为主，如钢卷尺、游标卡尺、手工锤和水准仪等，详细记录病害的位置、大小、范围和程度，分析判断病害性质和产生的原因及危害。

②裂缝调查

仔细观察构件表面裂缝，用激光测距仪进行裂缝位置定位，用卷尺测量裂缝长度。然后采用裂缝宽度仪测量裂缝宽度，要求裂缝上下端穿过测量仪器屏幕上下边界，精度要求 0.02～0.05mm。用裂缝深度测试仪在裂缝宽度最大处采用超声单面平测法检测裂缝深度，要求测试部位混凝土表面清洁、平整无缺陷，首先在裂缝同一侧的不跨缝部位进行声时测量，然后在裂缝深度测试仪上设置声时参数，再在跨缝部位布置测点，设置不同的测点间距进行跨缝声时测量。

③混凝土强度检测

利用回弹法对混凝土构件的混凝土强度进行抽样测试。检测时，回弹仪的轴线应始终垂直于结构或构件的混凝土检测面，缓慢施压，准确读数，快速复位。测点宜在测区范围内均匀分布，相邻两测点的净距不宜小于 20mm；测点距外露钢筋、预埋件的距离不宜小于 30mm。测点不应在气孔或外露石子上，同一测点只应弹击一次。每一测区应记取 16 个回弹值，每一测点的回弹值读数估读至 1。

④混凝土碳化深度检测

采用适当的工具在测区表面形成直径约 15mm 的孔洞，其深度应大于混凝土的碳化深度。孔洞中的粉末和碎屑应除净，并不得用水擦洗。同时，应采用浓度为 1% 的酚酞酒精溶液滴在孔洞内壁的边缘处，当已碳化与未碳化界线清楚时，再用深度测量工具测量已碳化与未碳化混凝土交界面到混凝土表面的垂直距离，测量不应少于 3 次，每次读数精确至 0.25mm，取三次测量的平均值作为检测结果，并应精确至 0.5 mm。

⑤钢筋保护层厚度检测

采用钢筋测试仪对结构实体进行检测。初步确定钢筋位置：将探头放置在被检测部位表面，沿被测钢筋走向的垂直方向匀速缓慢移动探头，根据信号提示判定钢筋位置，在对应钢筋位置的混凝土表面处做出标记，每根钢筋应至少用 3 个标记初步确定其位置。确定钢筋准确位置后，检测钢筋保护层厚度。如果钢筋直径已知，应预置钢筋直径后再检测钢筋保护层厚度；如果钢筋直径未知，可同时检测钢筋直径和钢筋保护层厚度。每一钢筋应测一点，每一测点应重复测试 3 次，取最小值为该测点的钢筋保护层厚度。

⑥钢筋锈蚀状况检测

采用电位梯度法进行测试。检测时应先将测点混凝土表面清洁，要求无涂料、浮浆、污物或灰尘等，测点混凝土预先充分浸润，保证电极与混凝土表面耦合良好，测试时要求混凝土保持湿润。测试时要求同一测点电位读数变动不超过 2mV，重复读数差异不得超过 10mV，同一测点，不同参考电极重复读数差异不得超过 20mV。测试时应测试环境温度，环境温度超过 22～50℃时候，应记录环境温度，并进行温度修正。

⑦结构变形缝两端高低差调查

采用高精度全站仪对变形缝两侧结构高低差测量。具体测量步骤如下：

a）以轨道中心线为基准线，在基准线两侧各选取一条与基准线平行的线，此平行线与变形缝相交，在交点位置两侧的平行线上分别选取测点，即每条变形缝选取 4 个测点，并做标记。测点位置的顶板结构底面需平整，并靠近变形缝，与变形缝最大距离不超过 5cm。

为提高测量精度，在距离变形缝 50m 外架设全站仪。

b）以其中 1 个测点作为基准点，测量其他测点，记录竖直角和斜距，需测 1 个测回，以便检核和提高精度。

c）数据处理后，变形缝同侧数据取平均值，并将平均值进行比较，较差则为变形缝两侧结构高低差。

（2）轨道结构主要检测内容及技术方法：

①线路平面测量

平面测量使用 Leica TCRP1201＋R400 型全站仪及配套觇牌，测角精度为 1″，测距精度为 1mm＋1.5×10－6×D。选择测量基准点，布设平面基准网及测量断面，采用测回法测量各线路平面测量点，每一观测点均测角测距各一测回，以保证测点位置的准确性。

②线路纵断面测量

纵断面测量使用 Trimble DINI03 电子水准仪及配套数码铟钢尺观测。选择测量基准点，布设高程基准网及测量断面，依据高程基准点采用附合水准路线的形式，按二等水准外业要求进行观测，附合或环线闭合差≤±0.6$\sqrt{n}$（n—测站数）。内业数据处理采用清华山维平差软件按严密平差方法计算。测量时，主水准线路应布设成附合水准线路，起、闭于测点两端的高程基准点。钢轨轨面高可以用间视测量，但是应注意控制视距，减小 i 角误差的影响。

③轨距、水平情况调查

对检查范围内的线路设施按北京轨道交通《工务维修规则》相关规定进行布点。

a）轨距测量：轨距为两钢轨头部内侧间与轨道中线相垂直的距离。轨距测量在钢轨头部内侧顶面下 16mm 处用轨距尺量取。在对应于线路平面测量断面处，进行轨距测量。

b）水平测量：轨道水平使用轨距尺直接量取。

3.2 安全评估

安全性评估的技术路线与实施要点如下：

（1）技术路线

（2）风险识别、分析及评估单位划分：即就新建地铁对既有地铁可能导致的各种潜在风险因素（包括地质因素、环境特点因素、设计施工因素等）进行系统归类和全面识别、分析，同时根据环境风险源的特点、设计工序，结合计算评估及其针对性的需要，对评估单元进行划分。

（3）施工工序和模拟计算工况

设计方案中在车站两端双层主体结构二衬完成后，采用"PBA"工法从两端双层结构施作中间下穿既有线结构，在新建下穿段周围采取预注浆加固既有 1 号线下土体，并在施工过程中根据量测结果进行背后回填注浆和同步补偿注浆。

综合施工中的各种施工不利因素，分析计算中不考虑超前注浆加固，且选取关键工况进行长距离开挖（如导洞一次性开挖）的不利情况进行，具体模拟开挖工序如下：

1）下部边导洞开挖；

2）下部中导洞开挖；

3）上部边导洞开挖；

4）上部中导洞开挖；

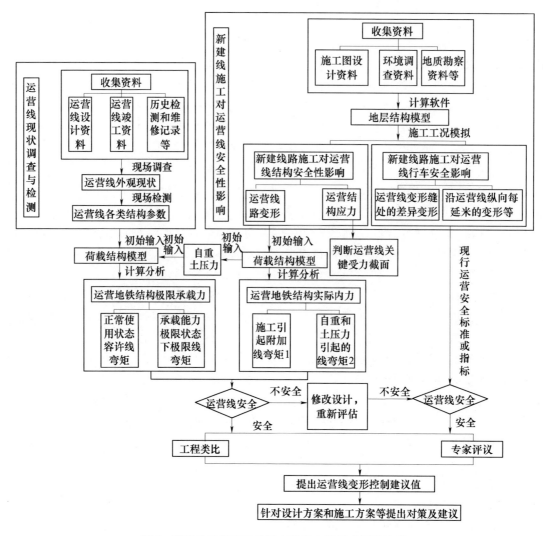

图 2 新建地铁线施工对既有线安全性影响评估流程

5）主体上部上台阶开挖；

6）主体上部下台阶开挖；

7）主体下部开挖。

（4）变形及应力分析

主要从既有区间结构的沉降变形、既有区间线路下结构变形缝处的差异沉降变形分析两方面分析下穿段主体施工对既有区间的变形影响程度大小。

建立三维"地层－结构"模型、采用有限差分的 FLAC3D 软件进行模拟，不同的土层采用不同的材料参数模拟，土体采用摩尔－库仑弹塑性本构模型，新建及既有结构均采用线弹性本构模型。

分析下穿段主体施工后既有区间结构底板应力分析主要从既有区间结构底板的最大主应力（拉应力）和最小主应力（压应力）两个方面进行。

（5）极限状态分析

建立三维荷载－结构模型，用空间有限元 SAP2000 软件进行模拟。结构体系为一柱组成的箱型结构。

施加预测沉降曲线，并与自重和土压力进行荷载组合，计算得到各板块在横向（或竖向）和纵向分布线弯矩云图。

（6）控制指标建议

通过既有地铁结构变形预测及内力计算得出，新建地铁施工横通道、车站的施工引起车站下穿段上方的既有区间段结构的最终水平变形和沉降最大值分别约为 12mm 和 17mm，既有区间段结构两侧的变形缝处最终水平差异变形和差异沉降最大值分别约为 6.3mm 和 6.4mm。

根据计算值并综合考虑下列几种因素，最终给出控制指标建议见表 1。

1）充分考虑《北京地铁工务维修规则（试行）》（2002，北京地铁运营公司）关于轨道、道床的变形控制要求以及地铁行车轨道自身振动的影响；

2）其他类似工程经验和现场实测数据的参考；

3）考虑承载能力极限状态允许变形值、正常使用极限状态允许变形值和预测变形值的基础上给予一定的安全系数；

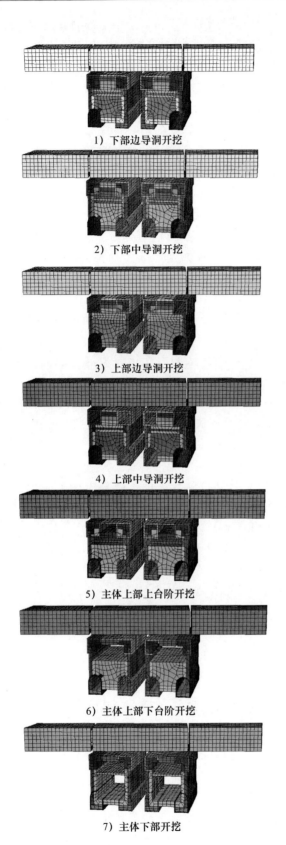

1) 下部边导洞开挖

2) 下部中导洞开挖

3) 上部边导洞开挖

4) 上部中导洞开挖

5) 主体上部上台阶开挖

6) 主体上部下台阶开挖

7) 主体下部开挖

图 3 新建车站下穿段计算施工工序图

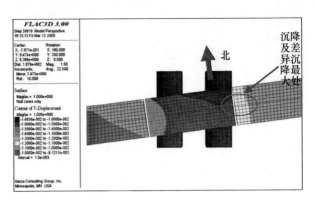

图 4 既有区间结构的竖向沉降位移云图
（主体下部开挖）

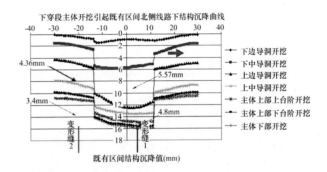

图 5 下穿段主体开挖引起既有区间线路下结构
沉降曲线（北侧线路）

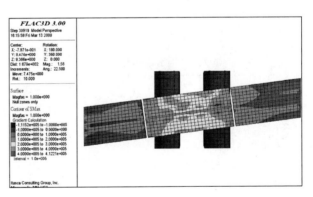

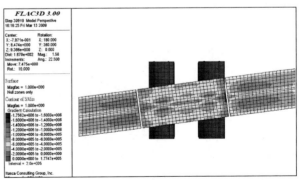

图 6 既有区间结构底板最大、最小主应力
云图（主体下部开挖）

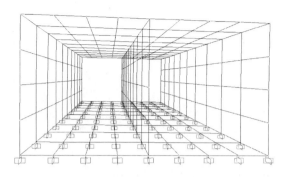

图7　沉降模拟（整体向东南方倾斜）

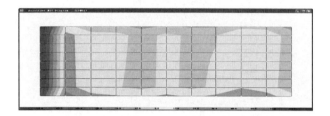

图8　预测沉降条件下底板横向分布线
弯矩云图（单位：kNm/m）

4）考虑到下穿段实际开挖为逐步短进尺开挖，且为既有区间的单侧开挖，在开挖过程中引起既有区间沉降的同时肯定会引起既有区间的水平变形；

5）同时考虑计算中几种保守的假设条件：a）简化了开挖工序，采用长距离开挖；b）未进行土体加固；c）土层参数取低值。

表1　控制指标建议值

部位	预警值（70%）	报警值（85%）	控制值
底板沉降	8.4	9.6	12mm
变形缝处差异沉降	2.8	3.2	4mm
侧墙水平变形	7	8	10mm
变形缝处水平差异变形	2.8	3.2	4mm

（7）主要结论

通过建立三维地层－结构模型、三维荷载－结构模型对既有地区间结构进行变形计算、内力分析及承载力验算，可以得出如下结论：

1）叠加临时横通道、新建车站标准段及下穿段施工作用引起的既有区间段结构水平及沉降变形，经荷载－结构计算表明此时该段结构内力检算是安全的；

2）新建车站下穿段的施工对既有区间结构的影响较大，新建车站下穿段上方的既有区间段结构因之产生较大的沉降变形；

3）叠加临时横通道、新建车站标准段及下穿段施工引起的既有区间段结构变形缝处的水平及沉降差异变形，经评估满足行车及限界要求；

4）由于既有区间的两条变形缝位于新建下穿

段上部边导洞的正上方，上部边导洞开挖对既有区间变形缝处周围土体扰动较大，因此在开挖上部边导洞之时引起较大的既有区间沉降，且此时引起的两条变形缝处差异沉降为最大，同时引起区间底板结构内侧中部的拉应力为最大；

5）考虑行车安全，同时综合考虑多种因素，给出既有区间变形控制指标建议值为：底板沉降12mm，变形缝处差异沉降4mm；侧墙水平变形10mm，变形缝处水平差异变形4mm。

（8）主要措施建议

1）在新建下穿段开挖时，应对上部既有区间段实施自动化监测，在监测沉降与变形缝处的差异沉降的同时，亦应对水平变形和变形缝处的水平差异变形进行监测；

2）新建下穿段洞内及洞外采取必要的加固措施；

3）对既有区间内轨道采取必要的保护措施，保证运营的安全；

4）土体开挖时，特别是上部边导洞开挖时，严格遵守暗挖法的"管超前、严注浆、短进尺、强支护、快封闭、勤量测"十八字方针，从而减小对既有区间结构的影响；

5）上边导洞开挖前，应事先准备千斤顶等，以便开挖土体引起既有区间变形缝处变形难以控制时使用；

6）为减少开挖对行车的影响，建议首先开挖上部边导洞，及时施加保护措施，接着开挖下部导洞，紧跟着施作边桩；

7）PBA工法的工序转换十分复杂，在施工时亦应加强洞内措施，避免洞内发生风险；

8）在新建下穿段施工时，针对新建车站上方的既有区间段制定专项方案及应急方案。

4　自动化监测与施工风险监控

4.1　监测的目的、内容与实施要点

（1）监测目的

编制合理监测方案，在土建施工过程中，采用自动化监测与人工监测，动态与静态相结合的监测方式，从隧道、道床、轨道等几个方面来监控既有线的变形情况。将监测成果反馈至设计、施工单位，为加强施工控制提供依据；将监测成果反馈至产权单位，为线路检修与维护提供重要依据，从而确保既有地铁线路的运营安全和结构安全；将监测成果以及现场实施情况用于对评估结果的验证，促进评估工作的不断完善。

（2）监测工作内容

根据经验和工程实际，监测范围为新建9号线下穿既有1号线工程所影响的既有1号线军公区间100m范围内的区间结构，包括6条变形缝在内的

5个箱体，下穿1个、两侧各2个箱体。

现场监测项目见表2。

表2 现场监测对象、项目及精度表

类别	监测对象	监测项目		监测精度
周边环境	地铁1号线军事博物馆站车站及区间	远程自动化监测	隧道结构沉降、差异沉降	<0.5%F·S
			轨道结构沉降、差异沉降	<0.5%F·S
		人工静态监测	隧道结构沉降、差异沉降	0.3mm
			轨道结构沉降、差异沉降	0.3mm
			隧道结构变形缝开合度监测	0.1mm
			道床与结构剥离	0.3mm
			轨道几何形位检查	1.0mm
			无缝线路钢轨位移	0.3mm

现场安全巡视项目见表3。

表3 现场巡视对象及内容表

类别	巡视对象及内容
周边环境	①结构开裂、剥落：包括裂缝宽度、深度、数量、走向、剥落体大小、发生位置、发展趋势等；②结构渗水：包括渗漏水量、发生位置、发展趋势等；③轨道结构开裂。包括裂缝宽度、深度、数量、走向、发生位置、发展趋势等；④变形缝开合及错台。包括变形缝的扩展和闭合大小、变形缝处结构有无错开、位置、发展趋势等；⑤隧道内管线渗、漏水，检查井内积水等情况。

（3）监测作业方法

①地铁隧道（轨道）结构沉降、差异沉降自动化监测

既有地铁隧道（轨道）结构自动化远程监测采用静力水准远程自动化监测系统，监测网按测线形式布置，在静力水准测线端头受地铁施工影响较小的隧道（轨道）稳定区域设置基准点，每条测线的基准点数目为2。

自动化监测点布置见图9。

图9 隧道及轨道结构自动化监测点平面布点图

1）无线传输设备选择

系统自动化传输部分融合了GPRS/CDMA两种数据业务方式，可有效根据现场通信数据业务调整传输模块。本工点采用GPRS DTU模块进行数据传输。

2）自动化监测控制程序

自动化监测控制程序根据现场施工情况及数据变形情况，设置现场监测频率，并根据现场监测情况设置取数周期并定期发布取数命令，数据通过无线传输至控制计算机后，进行自动结算，并将各传感器原始观测成果及结算成果存储于自动化监测控制程序数据库。同时，控制程序将监测数据发布系统所需的监测时间、测点编号、监测成果等信息通过WebService服务程序存储于发

布系统数据库。

3）监测数据发布系统

发布系统打开时，数据查询界面自动更新至最新监测数据，查询界面设置有定期刷屏功能，可通过刷屏将发布系统数据库最新数据调入查询界面，并更新数据变形曲线，便于信息查阅人对监测数据实时把控。

②地铁隧道（轨道）结构沉降、差异沉降人工静态监测

地铁隧道（轨道）结构变形监测控制网（点）以既有地铁线路基标系统为基准建立，起始并附合于地铁控制基标点上，每条隧道选择3个基标点作为高程基准点。控制网同观测点一起布设成闭合环网、附合网或附合线路等形式。

本工程在变形缝两侧均布设测点，在主体下穿范围内以6m间距进行布点，其余影响范围内在两条变形缝中间进行布设。隧道及轨道结构人工监测点布点见图10。

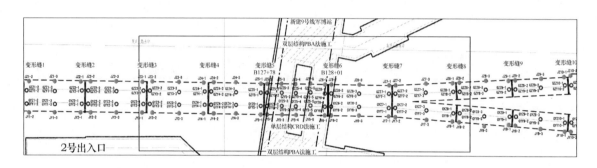

图10　隧道及轨道结构人工监测点平面布点图

基准点选取地铁控制基标点，不需要重新进行布设，测点采用在侧壁或底板钻孔方式埋设测点。测点埋设不得影响地铁设施，测点埋设稳固，做好清晰标记，方便保存。

地铁隧道结构沉降、差异沉降监测采用几何水准测量方法，使用 Trimble DINI12 电子水准仪观测，采用电子水准仪自带记录程序，记录外业观测数据文件。

地铁隧道结构变形缝开合度监测，在监测范围内的每条变形缝均布设测点，地铁隧道结构变形缝开合度观测标志，制作成镶嵌入结构面的金属杆标志。

地铁轨道几何形位检查，在变形缝处均布设测点，在下穿影响范围内以6m间距进行布点，非下穿范围在两条变形缝中间进行布点。

对轨道静态几何形位（轨距、水平、轨向、前后高低）检查：包括轨距、水平、三角坑检查，轨距、水平测量使用专用轨道尺测量，轨向、前后高低测量按地铁工务维修检查使用的弦测法测量轨道在水平面上的平顺性。

无缝线路钢轨位移监测在各观测位置轨道法线方位两侧布设监测控制基线桩作为基准控制依据，采用弦线测量方法。

轨距、轨道水平、无缝钢轨位移、变形缝开合度监测点见图11。

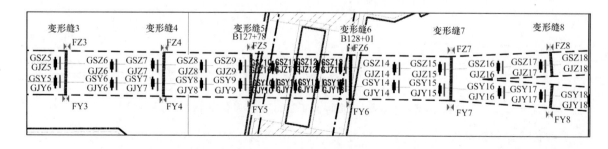

图11　轨距、轨道水平、无缝钢轨位移、变形缝开合度监测点平面布点图

（4）信息反馈

监控信息报送工作流程严格执行《北京市轨道交通工程建设安全风险技术管理体系》及附件所制定的工作流程，日报通过信息平台报送，预警快报报送流程和周（月）报报送流程，详见图12、图13。

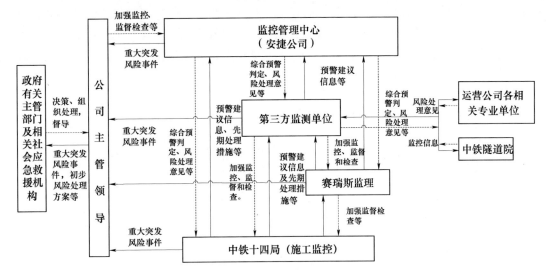

图 12　预警快报报送的一般流程

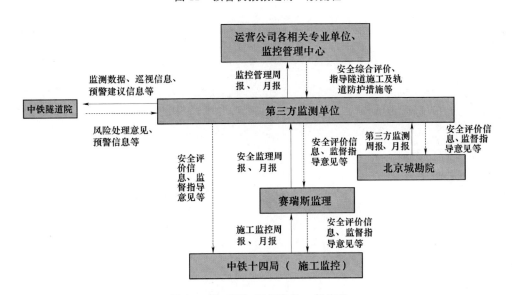

图 13　周（月）报报送的一般流程

4.2　远程自动化监测与注浆控制联动机制

根据本穿越施工的工程特点，在该地层条件和施工条件下，对于既有线的 3mm 的控制值极难保证，因此，确定了大管棚施工和深孔注浆的控制措施，并采取了根据工序分步控制的措施。

根据以往相关工程监测经验，如何确保注浆过程中获得既有线及时可靠的监测数据，并将监测数据反馈至注浆实施队伍，从而根据既定目标和当前既有线监测情况确定下一步注浆位置、压力、注浆量，是注浆工作成功与否的关键所在。

本工程自动化监测系统采用基于 GSM 网的无线数据服务模式，在办公室可直接无线远程控制数据采集仪器，并与我院自主研发的城市轨道交通实时监测管理信息系统相衔接，通过互联网即可实时查询当前监测数据。注浆过程中，施工单位在现场通过计算机网络了解数据变形情况，并通过对讲机实时遥控指挥注浆工作的开展，消除了数据反馈的

滞后性。由于监测数据实时送达施工现场，如遇变形速率、累计沉降量、差异沉降量异常等情况，能在第一时间停止开挖，及时采取注浆加固、抬升、止沉等补救措施，在监测数据的指导下实现精细化施工作业，通过注浆压力、注浆量与结构微变形的关系分析，实现亚毫米级的主动控制目标，真正做到信息化施工，使现场施工始终处于可控的范围内。

5　结语

1）项目为北京地铁工程首次系统实施了施工前既有线结构现状检测与安全评估、施工中监测、动态风险评估和施工风险管控工作，为相关安全风险管理、技术标准提供了技术支撑和工程示范经验。

2）通过免棱镜全站非接触测量和无损检测等先进手段，对既有线路洞体和轨道线路的几何形

位，结构裂缝现状、材料强度、劣（老）化程度等进行检测，评价结构安全现状，为专项前评估提供实测参数，为第三方监测提供初始状态。

3）采用三维数值模拟、动态分析和工程类比等技术手段，对既有M1运营线的结构和轨道结构进行工程风险分析和安全性影响预测评估，为既有M1线安全专项保护设计、监测控制指标、监测重点部位、风险处置和工程措施制定等提供了可靠依据。

4）建立远程自动化监测与注浆控制联动机制，采用自动化为主，人工检测为辅的综合监测手段，并利用信息系统平台及时传输可靠的监测数据、巡视信息，为信息化施工和风险控制提供了重要判据。

5）项目实施期间，安全性检测、评估、监测和施工风险管控几方面工作紧密配合，成功的指导了下穿施工，有效控制了施工风险，同时保障了既有M1线的安全性保护和正常运营，使M9线最受关注的特级风险源顺利通过，为军博站的顺利换乘通车奠定了坚实基础。

参考文献

［1］罗富荣等．轨道交通工程建设安全风险控制实施指南［M］．中国建筑工业出版社．2011.5.

［2］徐耀德，金淮，吴锋波．城市轨道交通工程监测预警研究［J］．城市轨道交通研究．2012，15（02）．

［3］徐耀德．城市轨道交通建设环境影响风险综合管控研究［J］．地下空间与工程学报．2012，Vol.8.

［4］王春苗，张彦斌，孔祥利．新建地铁线穿越运营地铁线评估方法研究［J］．城市轨道交通研究．2011，Vol.14（12）．

［5］城市轨道交通地下工程建设风险管理规范GB 50652—2011［S］．2012.1.1.

［6］北京市地方标准《穿越城市轨道交通设施检测评估及监测技术规范》DB 11/T 915—2012.2012.12.

昆明某深基坑工程施工
对邻边重要建筑物的影响及应对方法

李　伟　孔继东　马举俊

（昆明军龙岩土工程有限公司，昆明　650024；云南世博建设监理有限责任公司，昆明　650021）

摘　要：本文通过工程实际案例全过程跟踪处理，分析深基坑支护工程设计、施工中引起临边建筑物变形的主要因素，阐述这些因素引起建筑变形的原理，进而探索深基坑支护设计、施工中如何采取有效方法减小临边建筑物变形。

关键词：深基坑；设计；施工；临边建筑；变形；应对方法

Effect on the adjacent edges of important buildings in Kunming of a deep foundation pit engineering construction the way to deal with

LI Wei　KONG Ji-dong　MA Ju-jun

（Kunming army Longyan Geotechnical Engineering Co. Ltd，Kunming 650024；Yunnan World Expo Construction Supervision Co.，Ltd，Kunming 650021）

Abstract：In this paper，through the practical case of tracking the whole process，the analysis of main factors on the edge of building deformation caused by deep foundation pit engineering design，construction，principle of building deformation caused by these factors，and explore how to adopt effective methods to reduce the edge deformation of building design，construction of deep excavation.

Key words：deep foundation pit，design，construction，building，near deformation，coping methods

1　引言

中国云南省城镇化建设方兴未艾，高楼大厦拔地而起，大规模现代化建筑群在城市中随处可见。由于车辆停放、地下人防、建筑基础埋深、土地资源的有效利用等等因素，基坑越挖越深。近几年昆明的基坑深度多在12～18m，超过20m深的基坑也为数不少。

由于深基坑工程涉及邻近建（构）筑物及地下管网的安全，一旦发生事故将会带来恶劣的社会影响及巨额经济损失，故已引起当地政府和社会各界的高度重视。笔者根据本工程基坑开挖过程中邻边建筑物已产生倾斜危险，并采取有效应对方法成功遏制倾斜、位移增长的实际案例，与业内同行共同分析和探讨。

2　项目概况

2.1　建筑概况

工程位于云南省昆明市区，项目占地总面积约86亩，建筑总面积约38万平方米，其中地上建筑面积约25万平方米，地下建筑为13万平方米。设三层地下室，地下室深约15.5～17.45m，其中地下一层为地下商铺及超市，地下二层、地下三层为停车场和防空设施，上部建筑物主要为6栋高层建筑和裙楼商业建筑，其中2栋32层商住楼，建筑物屋面高度为95m；3栋27层住宅楼，建筑物屋面高度为79m；1栋18层住宅楼，高54m；1栋4层商业S-1，建筑物屋面高度为19m；局部地段有1层商业和卸荷平台等建筑，整个场地成"梯形"形，"梯形"的斜边为不规则折线。

2.2　基坑周边环境

基坑周边环境极其复杂，基坑南、北、西面紧邻城市道路，分布较多管网（线），基坑东侧紧邻重要建筑物，最为重要的是靠近基坑东侧中段位置的烟厂宾馆为混6建筑物，条形基础，埋深为1.5m，砖混结构，不对称布置，靠近基坑一侧为宾馆标间，另一侧为通道，烟厂宾馆距离基坑开挖上口线为6.1m。

图1　基坑平面布置图及烟厂宾馆位置示意

2.3　地质水文条件

场地地貌属于滇池湖相沉积地貌，拟建场地主要分布第四系人工堆积填土（Q^{ml}），第四系冲洪积（Q^{al+pl}）的黏土、粉质黏土，第四系冲湖积（Q^{al+h}）的黏土、粉质黏土、砾砂（圆砾）、粉土、粉砂、泥炭质土、有机质黏土。基坑开挖影响范围内主要土层为①$_1$杂填土、②黏土、③$_1$黏土、③$_2$粉砂、③$_2^1$砾砂、④$_1$黏土、④$_2$粉土层，其物理、力学性质如下：

①$_1$杂填土：稍湿，以碎石、块石、砖块为主，主要为近期建筑垃圾堆填物，层厚1.5～3.2m，C＝10kPa，φ＝5kPa。

②黏土：稍湿，硬塑状态，中等压缩性，孔内标贯击数为6～9击，层厚1.20～3.40m，C＝36kPa，φ＝9.6kPa。

③$_1$黏土：湿，可塑～软塑状态，中等～高等压缩性，孔内标贯击数为3～7击，层厚1.10～4.20m，C＝24.6kPa，φ＝8.2kPa。

③$_2$粉砂：湿，稍密～中密状态，中等压缩性，层厚0.4～2.50m，C＝36.2kPa，φ＝14.3kPa。

③$_2^1$砾砂：很湿，中密状态，中等压缩性，砾石直径2～9mm，厚约0.5～3.6m，层厚变化大，主要分布于场地东侧，C＝10kPa，φ＝25kPa。

④$_1$黏土：稍湿，硬～可塑状态，中等压缩性，层厚5.4～12.2m，层顶埋深12.7～16.7m，

C＝38.1kPa，φ＝9.3kPa。

④$_2$粉土：湿，中等～密实状态，中等～低压缩性，夹薄层粉砂。层厚1.8～5.5m，C＝31.5kPa，φ＝17kPa。

④$_1$黏土：稍湿，硬～可塑状态，中等压缩性，层厚5.4～12.2m，C＝38.1kPa，φ＝9.3kPa。

地下水主要为人工填土①层中的孔隙水，赋存于③$_2$粉砂（夹粉土）、③$_2^1$层砾砂（局部夹圆砾）中的潜水为主要含水层，属强透水层，基坑总涌水量为Q＝2430m³/d，影响半径R＝315m。

3　基坑支护方案

3.1　方案构思

（1）整体方案

组织现场踏勘后，综合考虑基坑东侧烟厂宾馆的层数，结构类型，基础型式，工程地质和水文地质条件，基坑开挖深度，地面高程等因素，该地段设为10－10剖面，采用两级支护体系。具体划分为：

a. 地面至4.5m深度内支护结构为："单轴深搅止水帷幕＋土钉墙"复合支护体系；

b. 4.5m以下支护结构为："三轴深搅止水帷幕＋桩锚"复合支护体系。

（2）方案关注点

值得关注的是采用两级支护体系成立的主要原因：

a. 烟厂宾馆场地中分布有②层黏土、③-1层黏土，两层土叠合厚度为3.5m，是两级止水帷幕之间的夹壁土，其透水性弱。

b. 上部4.5m的支护按局部稳定设计，4.5m以下的支护结构按基坑整体深度设计，整体安全性能满足规范要求。

3.2 设计参数

（1）计算取值

设计计算相关取值：C、φ值取固结快剪指标，坑边超载20kPa，坑边建筑物荷载15kPa/m²·层，

基础埋置深度1.5m，建筑物附加荷载距基坑垂直开挖线的平面距离6.1m。

（2）计算结果

支护桩顶部水平位移17.0mm，支护桩竖向最大位移37.22mm，地面最大沉降值35mm，整体稳定系数1.335，抗倾覆安全稳定系数1.705，抗隆起安全稳定系数为2.574，抗管涌稳定安全系数为1.876。

（3）设计参数

设计参数见支护剖面图，如图2所示：

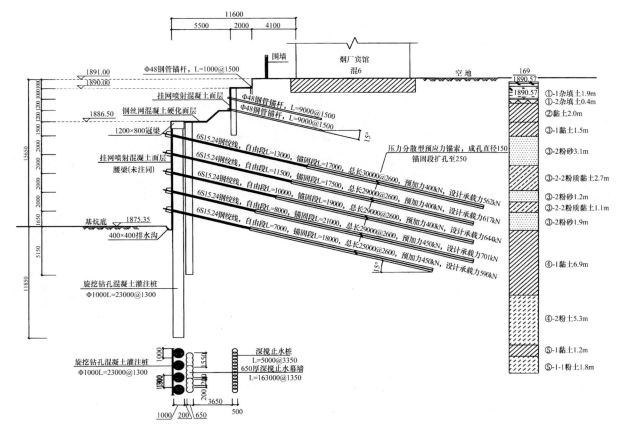

图2　10—10剖面图

4 基坑开挖支护施工过程中出现的问题

4.1 观测点布置及变形情况

基坑开挖支护自2012年01月07日正工动工，在前期的施工准备阶段，针对烟厂宾馆的建筑外形特征，设置了14个变形观测点，其中水平位移观测点W11、W12与沉降位移观测点4、2重合，倾斜位移观测点15-1、15-2、15-3的下标记与沉降观测点5、6、1重合，上标记位于六层楼顶，具体如图3所示：

基坑开挖支护施工至2012年05月09日，烟草宾馆（15栋）的累计沉降、水平位移及倾斜度均超过国家规范规定的报警值（沉降及水平位移取

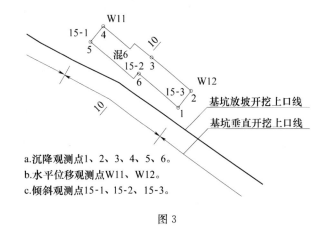

a.沉降观测点1、2、3、4、5、6。
b.水平位移观测点W11、W12。
c.倾斜观测点15-1、15-2、15-3。

图3

10mm为报警值，倾斜度取2‰为报警值），其变形情况如图4～图6所示：

（1）沉降变形情况

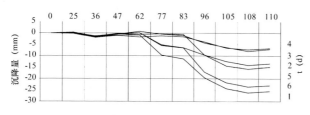

图 4　烟草宾馆（15 栋）沉降时序曲线图

（2）水平位移情况

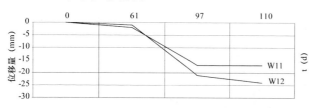

图 5　烟草宾馆（15 栋）位移时序曲线图

（3）倾斜变化情况

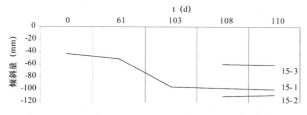

图 6　烟草宾馆（15 栋）倾斜变形时序曲线图

（4）末期累计变形量统计表

观测点号	1 (15-3)	2 (W12)	3	4 (W11)	5 (15-1)	6 (15-2)
沉降量（mm）	−25.5	−13.4	−7.1	−6.7	−14.9	−23.0
位移量（mm）	/	−24.0	/	−17.0	/	/
倾斜值（mm）	61	/	/	/	100	109

4.2　变形原因分析

从 15 栋累计变形时序曲线图分析，截至 2012 年 5 月 9 日建筑物变形值达到报警值的主要原因有以下几方面。

（1）基坑开挖支护工程开工前，15 栋建筑物的倾斜值为 57mm，属建筑物建成后至本项目开工前较长时间段内产生的倾斜值，由于建筑物已有倾斜，偏心荷载作用下建筑物地基应力分布不均衡，对外部影响因素十分敏感，致使开工后的变形发展较快。

（2）基坑上部复合支护体系施工完成后，变筑物变形过程正常，最大沉降值仅 −1.7mm，1、2 号监测点的最大沉降差值为 0.7mm。三轴深搅止水帷幕施工开始至结束历时 34 天，期间变形时显，最大沉降值发展至 −19.5mm，1、2 号监测点的最大沉降差值为 9.9mm。究其原因为：深搅施工在基坑开挖至 5.5m 深处作业，深搅轴线距 5.5 深坑壁仅 3975mm。深搅帷幕施工完成后，近似于开出

一条深 16300mm、宽 650mm 水泥土槽，槽两侧地面高差 3975mm，产生不平衡土压力，在深搅桩强度增长初期，不平衡土压力致使变形加快。

（3）旋挖钻孔灌注桩施工阶段，旋挖钻孔灌注桩施工开始至结束历时 17 天，期间变形时显，最大沉降值发展至 −24.3mm，1、2 号监测点的最大沉降差值为 11.9mm。旋挖桩施工采用了分序间隔施工程序，相对于深搅施工而言，旋挖桩施工对地层的扰动相对较小，引起 15 栋变形也比较小。

（4）基坑开挖之前，场地内老管网迁移、改造过程中影响了 15 栋下水的排放路径，变形值报警后，相关人员对 15 栋周边地下水位进行核实，在靠基坑一侧的围墙外与烟厂宾馆之间有 7 口污水井，井内水位在自然地面以下 70～80cm。基坑开挖线与围墙之间有 3 口回灌井，井内水位在自然地面以下 1.5m。加之排放管网年久失修，管网漏水严重，污水大量渗入地层。烟厂宾馆的基础形式为浅基础，基础底标高为 1889.50，位于地下水位以下。该房屋的地基土层经长期浸泡，地基土层承载力降低，导致房屋发生不均匀沉降与倾斜。

（5）15 栋生活污水渗入周边地层，地勘报告中第②层黏土在此地段呈饱和，软塑状态，局部呈流塑状态，C、φ 值降低。上部土钉墙支护方案在此局部地段已不满足支护要求，主要体现在土钉抗拔力难保证，同时喷射混凝土面层对流塑状饱和软土的侧限强度不够，导致土体侧移，引发 15 栋建筑物水平位移。

5　加固处理方案

5.1　第一次加固方案

在上部土钉墙第一、二层土钉之间增加一层 Φ48@1000 注浆钢花管，钢花管设置长度以钢花管端头进入烟厂宾馆中轴线为准。同时对 15 栋周边的下水系统进行彻底清理、修复、改线，防止生活污水继续渗入周边地层。对之前已渗入地层的污水进行排泄引流，使其迅速消散。加固平面示意图如图 7。

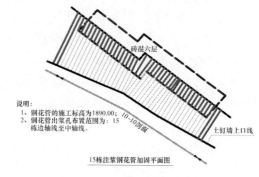

图 7　15 栋注浆钢花管加固平面图

第一次加固方案于 2012 年 5 月 20 日至 2012 年 6 月 9 日分序完成，从 2012 年 6 月 1 日至 2012 年 6 月 23 日基坑监测报告显示房屋变形曲线呈收敛态势，第一次加固效果达到预期目的。

5.2　第二次加固方案

第一次加固完成后，为减少锚索施工时对烟厂宾馆变形产生不利影响，在下部土方开挖之前针对工程地质特点，对锚索施工时分段开挖土方、分序施工锚索、锚索注浆时间、注浆质量等施工技术要求进一步细化明确。而后，于 2012 年 6 月 12 日开挖冠梁顶以下第一层土方施工第一层锚索时，当天烟厂宾馆沉降达 3mm，施工过程中连续监测，变形量持续发展，至 2012 年 6 月 25 日施工完成第一层锚索时，烟厂宾馆 15 栋 1 号观测点累计沉降量为 49.3mm，15－2 号观测点累计倾斜量为 122mm，倾斜为 6.6‰，主要变形原因为锚索成孔过程中对③－2 粉砂层扰动较大，

严重影响烟厂宾馆的地基土层。

出现上述情况后，参建各方及时召开现场会议，决定暂停施工，采取果断措施进行再次加固，故编制第二次加固方案，第二次加固方案为：在标高 1890.0、1887.7、1886.5 的位置增设三排注浆钢花管，第二层钢花管施加 30kN 预紧力，在第一次增设的水平注浆钢花管下 500mm 增设一排钢管泄水孔，泄水管端头进入建筑物远离基坑一侧，并在端头 4.0m 位置开孔，在所有注浆钢花管端头用 2Φ16 螺纹钢筋焊接成一个整体，并在上部 4.5m 坡高范围内编制 Φ16@200×200 钢筋网，复喷厚 150mm 的 C20 混凝土面层将其封闭。

在上部支护结构设计加强的同时，将下部原设计中还未施工的 4 层压力分散型锚索调整为 5 层不同角度的小吨位预应力锚索。变更后的基坑支护设计剖面图如图 8 所示。

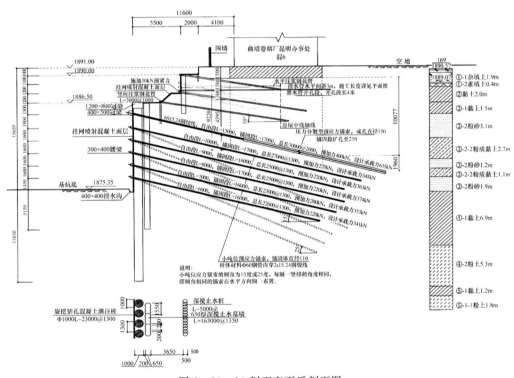

图 8　10－10 剖面变更后剖面图

6　工程效果

二次加固方案于 2012 年 6 月 30 日至 12 月 1 日期间施工完成，二次加固施工期间，烟厂宾馆变形量未完全抑制，有持续变形的趋势，但变形发展速率正常，未曾出现险情，加固完成 20 天后，15 栋 1、2 号观测点的沉降差值减小，15－2 号观测点倾斜量回弹 11mm。建筑结构、外观完好，结构安全和使用功能未受到明显影响。在基坑支护结构，坑底基础工程桩、地下室底板施工完成后，烟厂宾馆（15 栋）倾斜量向逐渐减小趋势发展，加固效果得到各方高度评价。加固完成后如图 9～10 所示。

图 9　烟草宾馆（15 栋）建筑外貌照片

图 10　加固完成后基坑侧壁照片

7　结语

分析深基坑失事率高的原因，大致为：为节省工程造价而降低工程安全的重要性为其一；相关规范、规程的不合理性为其二；地质勘察报告取值不合理为其三；支护设计时对周边的环境调查不细致为其四；施工过程控制不到位为其五；信息化施工落实不到位为其六。岩土工程涉及的专业多，导致工程事故的因素较多，但以下的基本因素引起充分重视，可在一定程度上降低深基坑事故率。

（1）深基坑支护工程涉及临边建（构）筑物时，应重点考虑临边建（构）筑物的使用功能、基础型式、结构形式，基坑支护设计前应取得临边建（构）筑物设计资料、施工资料，竣工资料，作为分析这些建（构）筑物变形的根据。基坑支护设计的变形控制应以这些建（构）筑的抗变形能力为控制值。不能仅参照《建筑基坑支护技术规程》中变形的控制要求。若有特殊的临边建（构）筑物，应考虑超规范设计的充要性。

（2）《建筑基坑支护技术规程》作为国家行业标准，将基坑支护定义为一般条件下临时性工程，设计安全系数取值相对永久性工程要低，符合国情，但设计人员及建设各方应结合临边建（构）筑物情况，因地制宜，合理选型，精心制定可行的基坑支护方案，不应为了节省建设投入，死搬规范，降低方案的安全性，给工程留下安全隐患。

（3）在基坑支护施工图设计阶段，应取得周边地下管网的相关资料，尤其是上水、下水管网的分布情况、有无渗漏、破裂等，基坑支护工程中因渗漏水导致土性变化，从而引发工程事故的案例较多，其次是压力管线，如煤气、供热等，这些管线还会引发爆炸、火灾事故，更应高度重视。

（4）深基坑采取两级支护方案，上部支护与下部支护之间应有适当的台宽，同时应考虑上、下部支护结构之间的荷载传递、变形协调、受力协同等因素，上部支护方案要兼顾考虑坡顶附载、坡底地基土承载力及下部支护结构变形等设计要素后确定方案选型。

（5）止水幕墙施工时将形成水泥土条带，水泥土初期抗剪强度较低，当幕墙两侧土压力及附载不平衡时，对基坑周边环境影响较大。当基坑周边环境对变形较敏感时，应将幕墙设计在地面上施工，施工时采取分段、分序施工。

（6）粉土层中粉粒含量较高或存在施工液化情况时，锚索施工不宜采用锚固段扩孔锚索，施工时应有专项防止锚索成孔时带走大量粉砂、粉土的措施，可采用挤土成孔等措施减少水土流失。

湿陷性黄土区地铁盾构穿越某铁路监测实录

杨冰华

（机械工业勘察设计研究院，西安　710043）

摘　要：本文通过对湿陷性黄土区盾构穿越某铁路的变形监测，检测盾构机在穿越铁路时对其造成的影响，对今后地铁隧道通过城市轨道交通有很好的借鉴作用。

关键词：变形监测；沉降观测；水平位移观测；允许值；警戒值等

Monitoring Record of Shielding Machine Passing Under Tthrough a Railway in Collapsed Loess Area

Yang Bing-hua

（China JK Institute Of Engineering Investigation And Design Xi'an 710043）

Abstract：Through deformation monitoring of a railway where there is a shielding tunnel in collapsed loess area，this article checked the influence when shielding machine is passing under through，which could be drawn on by further city railway system construction.

Key words：deformation monitoring；deposition monitoring；horizontal displacement monitoring；allowable value；warning value

1　概述

1.1　工程简介

近年来，随着城市地铁建设的飞速发展，地铁在城市地下穿行，对地上的建（构）筑物变形提出了更高的要求。而湿陷性黄土地基易产生变形，造成构筑物的不均匀沉降，产生裂缝甚至倾斜等。因此研究地铁盾构穿越湿陷性黄土地层的对地上建（构）筑物影响变得极具有工程实践意义。

本文重点通过对湿陷性黄土区地铁盾构穿越铁路对其造成的影响研究，为今后在同类工程中提供经验。该铁路始建于 20 世纪 50 年代，全长 40 余千米，一直承担着城市至周边县市军工、民用经济运输及客运任务。

1.2　监测目的

在地铁施工期间对地铁结构工程及施工沿线周围重要建（构）筑物的变形实施监测，为施工提供及时、可靠的信息用以评定地铁结构工程在施工期间的安全性及施工对周边环境的影响，并对可能发生的危及环境安全的隐患或事故及时、准确地预报，以便及时采取有效措施，避免事故的发生。

监测的数据和资料主要满足以下几方面的要求：

1）监测的数据和资料将使施工能完全客观真实地了解工程安全状态和质量程度，掌握工程各主体部分的关键性安全和质量指标，确保地铁工程能按照预定的要求顺利完成；

2）监测数据和资料可以按照安全预警发出报警信息，既可以对安全和质量事故做到防患于未然，又可以对各种潜在的安全、质量隐患做到心中有数；

3）监测数据和资料可以丰富设计人员和专家对类似工程的经验，以利于专家解决工程中所遇到的工程难题。

1.3　监测项目警戒值及监测周期

在工程监测中，每一监测项目都应根据具体工程实际，按照一定的原则，预先确定相应的警戒值，以判断位移或受力状况是否会超过允许的范围，判断工程施工是否安全、可靠，是否需要调整施工工序或优化原设计方案。因此，监测项目的警戒值的确定至关重要，一般情况下，每个警戒值应由两部分控制，即设计允许值和允许变化速率。

1.3.1　监测项目警戒值及监测周期

各监测项目的警戒值监测周期应满足相关《规范》及设计要求。

表1　监测项目的控制值及周期

序号	监测项目	设计允许值（mm）	报警值（mm）	速率报警值 mm/d	监测频率
1	地表沉降	+5、−8	+4、−8	±3	盾构通过前后50米：1次/2小时；其后1次/2天，稳定后1次/周；观测期限为3个月
2	线路偏移	±8	±6	±2	
3	轨面沉降	+5、−8	+4、−8	±2	
4	两轨高差	±4	±4	±2	

1.3.2　预警值确认（F）

（1）F＝实测值/允许值；

（2）当F＜0.8时，安全；

（3）当1＞F≥0.8时：预警，应及时分析原因，采取有效措施控制指标发展，准备补救措施；

（4）当F≥1时：警戒。应停止施工，启动工程预案。

1.4　西户铁路监测点位分布示意图（见图1）

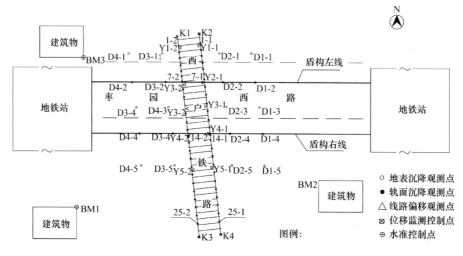

图1　某铁路监测点位分布示意图

图例：
○ 地表沉降观测点
● 轨面沉降观测点
△ 线路偏移观测点
⊠ 位移监测控制点
⊕ 水准控制点

2　铁路监测项目的实施

2.1　沉降监测

2.1.1　沉降观测基准点及观测点的布设

基准点布设在距区间盾构施工影响范围外的稳定区域，本次基准点布设在远离盾构隧道具有挖孔桩基础的高层建筑物上。基准点总共布设三个，分别为BM1、BM2、BM3。

轨道沉降观测点每隔5m均匀布设在铁轨螺丝钉上，并用红油漆标注观测点的位置及编号，轨道沉降观测点共计布设50个。

在盾构通过铁路的区域内地表布设了4个断面，每个断面5个观测点，共计20个观测点。

2.1.2　沉降观测精度

（1）水准控制网观测精度

表2　水准控制网主要技术指标

序号	项目	限差
1	相邻基准点高差中误差（mm）	±0.5
2	每站高差中误差（mm）	±0.15
3	往返较差、符合或环线闭合差（mm）	$±0.30\sqrt{n}$

（2）观测点的观测精度

表3　沉降观测点的精度要求

序号	项目	限差
1	高程中误差（mm）	±1.0
2	相邻点高差中误差（mm）	±0.5
3	往返较差及符合或环线闭合差（mm）	$±1.0\sqrt{n}$

2.1.3　观测成果分析

（1）沉降量曲线图

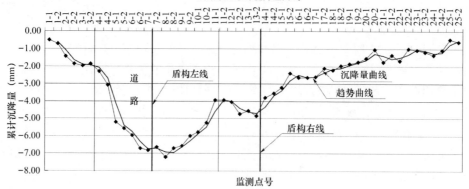

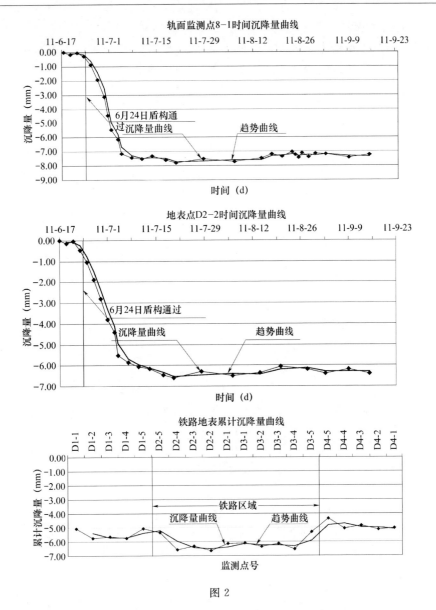

图 2

（2）成果分析

盾构机在掘进的过程中对周围的地层造成影响，其影响范围为盾构深度的 3 倍范围内，在盾构机头自西向东穿越铁路影响范围之前取得该铁路轨面及地表沉降的初始观测值。初始值连续观测两次，取其平均值。

通过对"铁路轨面累计沉降量曲线"、"轨面监测点 8－1 时间沉降量曲线"、"地表点 D2－2 时间沉降量曲线"及"铁路地表累计沉降量曲线"综合分析得知：在盾构机通过的的区域，轨面监测点的沉降量较周围大，同时盾构左线较右线沉降量大。造成上述沉降变化的原因如下：

1. 盾构机施工期间对地层造成影响，表现为地表沉降及轨面沉降；

2. 盾构左线轨面沉降量明显大于右线，是因为盾构左线在道路地表下，过往车辆非常多，路面所受动荷载较大。而右线在道路绿化带地表下，受到动荷载影响较小；

3. 距离盾构左右线越远，盾构施工对其影响越小，轨面沉降越少；

4. 铁路在运行过程中对地表造成了影响。表现为靠近西户铁路铁轨东西两侧的两排（第 2、3 排）地表监测点沉降量较远离铁轨的两排（第 1、4 排）沉降量大；

5. 从轨面监测点 8－1 及地表监测点 D2－2 可以看出，在盾构机通过期间，轨面及地表沉降量较大，通过后沉降量趋于稳定。

2.2 水平位移监测

2.2.1 水平位移监测的目的及对象

水平位移监测的对象为地铁施工可能引发铁路线路发生偏移，两轨之间的间距发生变化，而不利于行车安全。

2.2.2 水平位移监测方法

铁路水平位移监测采用小角法测量原理，在铁轨两边各设置 2 个固定控制点，一个设站，另一个作为后视点。监测点选在铁轨接口易变形处并采用平面反射片，粘贴在铁轨螺栓的侧面。水平位移监测采用正、倒镜观测的方法，取其平均值作为最终观测值。盾构通过前观测2次，取其平均值作为初始值。

2.2.3　观测成果分析

（1）水平位移曲线图（见图3）

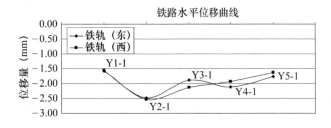

注：负值表示向西偏移。

图3

（2）成果分析

地铁盾构机在通过铁路期间，从"铁路水平位移曲线图"中可以看出，施工期间对铁路位移造成的影响较小，其最大偏移量为2.53mm，两轨间距变化最大为0.25mm，且对称的两监测点偏移量表现为同方向性。原因是铁轨与枕木连接牢固，地表沉降及轨道沉降导致其整体向同一方向偏移。

2.3　轨面沉降、两轨高差沉降监测

按设计及规范的要求，两轨高差沉降监测应监测轨面，但由于该铁路一直在运行，轨面上布设监测点较困难切容易破坏，因此两轨高差监测采用轨道沉降观测数据进行统计分析。

（1）两轨高差沉降量曲线（见图4）

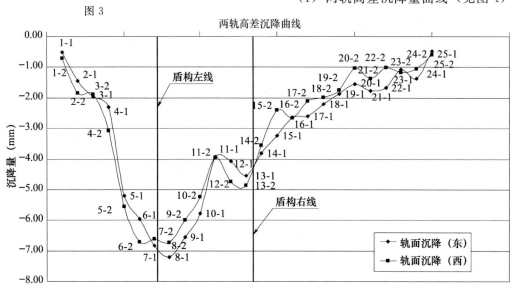

图4

（2）成果分析

上述两轨高差沉降曲线图中，两轨高差最大的监测点为：15-1及15-2之间，其最大高差为-0.83mm，表现了轨道良好的整体性，在沉降过程中未发生侧偏。

3　结论

3.1　监测进度要与施工进度保持同步，当监测数据变化量较大时，应暂停施工，各参建单位应加强沟通协调，分析原因，同时增加监测频次，必要时还应扩大监测范围。

3.2　本工程的所有监测资料，均经过检查和审核，各项技术指标均符合设计要求及现行有关《规范》的要求，起得了预期效果，达到了监测目的。

3.3　从铁路各监测项目的监测结果来看，盾构机在通过铁路过程中对铁路造成的一定的影响，尤其是轨道沉降，其最大沉降量达-7.20mm，但均在设计及规范要求的报警范围内（其报警值详见："1.4监测项目警戒值及监测周期"）。

3.4　从铁路沉降观测成果分析，累计沉降量较大的点均在盾构通过的上方附近，且沉降量主要产生在盾构穿越地下时段，主要影响范围在盾构中线3倍洞深范围内。为此建议地铁及其他地下线路施工在穿越铁路或其他建（构）筑物时，应严格控制施工进度、调整施工工艺、计算施工参数，及时护砌急注浆，并结合行之有效的监测措施等，可以达到保护铁路和建（构）筑物的目的。

参考文献

[1] 秦长利．《城市轨道交通工程测量规范》GB50308－2008[S]．北京：中国建筑工业出版社，2008.

[2] 孙觉民．《工程测量规范》GB50026－2007[S]．北京：中国计划出版社，2007.

[3] 王丹．《建筑变形测量规范》JGJ 8－2007[S]北京：中国建筑工业出版社，2007.

[4] 洪立波．《城市测量规范》CJJ/T 8－2011；[S]北京：中国建筑工业出版社，2011.

分析地下工程中风险管理的应用

黄 亚

（北京城建科技促进会）

摘 要：地下工程风险管理是风险管理和地下工程相结合的一门综合性学科，也是风险管理在地下工程项目管理中的延伸。本文分析了地下工程中的风险因素，并介绍了风险管理方法及应对措施，提出地下工程风险管理流程，对各个流程都进行了简要的分析。

关键词：地下工程；风险管理；应用

Analysis of the application of risk management in underground engineering

Huang Ya

（Beijing Urban Construction Technology Association）

Abstract：underground engineering risk management is a comprehensive discipline，risk management and underground engineering together，as well as an extension of the risk management in project management in underground engineering. This paper analyzed the risk factors in underground engineering，and introduces the risk management methods and measures，proposed the risk management process of underground engineering，for each process are analyzed in brief.

Key words：underground engineering；risk management；application

我国迅速发展的经济带动着基础设施建设的步伐，地下工程如雨后春笋蓬勃发展，城市化进程不断加快，同时也带来了一定的风险。不完善的施工管理和环境的复杂性，导致在施工建设地下工程项目时事故频发，造成人员伤亡，使经济遭受重大损失。这些事故引发了地下工程研究人员的深思，如何才能预防事故的发生，减少损失？通过风险管理的研究可以合理、科学地解决这些问题。

1 分析地下工程中的风险因素

地下工程建设的特点是：社会影响范围较大、作业场地狭小、较多的不可预见风险因素、复杂多变的施工环境、较多的施工项目、较长的施工周期以及较大的投资规模。

风险的发生包括外在和内在因素两个方面，主要包括以下几个方面：

1.1 环境的影响

1.1.1 自然环境的影响

自然环境包括水文地质条件、天气气候条件等，这些是我们宏观可见的，地下工程通常对地上的交通也会带来影响，而地上交通的压力本来就很大，在加上地下的工程就使得地质更加脆弱从而容易受到侵害而导致地质灾害。而地下的环境更是有很多不可预测性。这对我们的勘探特别是工程中的勘探以及数据的更新提成了更高的要求。

1.1.2 施工环境的影响

施工现场周围的建筑物和周边环境，无论在地下工程施工建设时采取何种工艺和手段，都会不可避免地收到一定程度的影响。周边环境包括：周边社会群体和环境、周围道路和管线状况、具有文物价值的建筑物、地下工程与建筑物的距离以及地面建筑物的类型等，工程建设的风险系数会因各种因素而上升。

1.2 工艺水平和工程施工技术

施工队伍的业务水平和施工机械设备的精度，都直接影响到地下工程的工程建设风险。由于较为复杂的地下工程工艺水平和工程施工技术，因此最为重要的一点即是如何把握好工艺和理解透施工方案，不同的施工方法应对不同的地质条件，工程建设的风险系数会因为任何一点的失误或不足操作大大增加。此外，工程建设风险系统也收到施工人员的安全情况，以及较差的施工条件和较长的工程周期影响。

1.3 工程体系不够完善

在地下工程运营期、施工、设计和规划的全寿命周期内，施工组织安排、工程项目管理以及工程建设的决策是最为重要的环节。比之于其他项目，地下工程具有较大的风险投资和极强的隐蔽性等特点，任何一个阶段都会在组织、管理和决策上遇到困难。因此从立项开始，如何合理选择施工工艺、设计方案、工程场地；如何使环境所受到的工程影响降至最低限度；如何使工程建设的社会效益和经济效益得到提高，以及如何使"可持续性"和"和谐"因素贯穿整个工程建设，每一个步骤的执行和决策都影响着工程建设的风险系数。由此可见，种类繁杂和多样性，是地下工程项目风险因素的特点。较大的风险始终存在于工程运营、实施和决策等各个阶段，同时整个工程项目的寿命周期也都有风险贯穿其中，为了保证顺利实现工程建设项目，引入风险管理理论指导实际施工过程的做法迫在眉睫。

2　地下工程的风险管理方法

风险管理办法，是组成项目管理的重要部分。风险机理在隧道等地下工程中对于风险环境的孕育，以城市软土地区盾构隧道工程施工为例，其承险体有生态环境、地下管线、地面建筑物和盾构隧道等，不同的环境情况又会造成不同的损失模式。其中直接损失包括施工人员和盾构隧道构成的承险体；间接损失则包括破坏生态环境以及造成的对社会和环境的影响等。为避免因风险机理造成的直接或间接的损失而进行的风险管理，其过程主要分为风险监控、风险应对、风险评价和风向分析四个步骤，其中又包括风险辨识、风险估计、风险评价、风险应对、风险追踪和风险控制六个部分。第一是风险辨识。对潜在于地下工程中所有的风险因素进行整理归类和筛选，当部分风险因素严重影响到目标时，应给予重点考虑。风险辨识的方法包括流程图分析法、事故树分析法、现场调查法和风险清单分析法等。第二是风险估计。估计和分析风险因素发生的后果和概率。第三是风险评价。评价的基础为风险分析，以相应的风险标准为根据，对可否接受地下工程中的风险进行判断，以及安全措施是否需要更进一步。第四是风险应对。将实际情况和风险大小相结合，使处理风险的对策的提出更具有针对性和合理性。常用的手段包括：风险修正、风险合并、风险分散、风险自担、风险转移、损失控制和风险回避等。第五是风险追踪。对风险采取应对措施后，跟踪观察风险的变化发展情况，督促实施风险应对措施。第六是风险控制。以风险追踪为基础，以风险的变化情况为根据，使风险应对措施能够及时进行调整。

2.1　风险辨识

风险辨识是进行风险管理首先要进行的重要工作，当进行地下工程施工时，能引起风险的因素很多，后果也各异，具有不确定性，风险辨识就是要缩小这种不确定性。地下工程风险辨识的方法有很多，如核查表法、专家调查法、情景分析法、故障树分析法等，但以专家调查法应用较广。专家调查法是通过对多位专家的反复咨询、反馈，专家成员应包括从事与工程项目相关领域的工作人员以及从事项目风险管理的技术人员等组成，通过对专家意见的统计和处理，确定影响项目的风险因素。此方法利用专家的经验，发挥集体智慧，对各种模糊的、不确定的问题做出较为准确的确定回答。

2.2　风险估计

风险估计又称风险测定、估值和估算等，是对工程项目各个阶段的风险事件发生的可能性的大小、可能出现的后果、可能发生的时间和影响范围的大小的估计，这是工程项目风险管理中最为重要的一项工作，也是最困难的一项工作，它的准确性直接影响到风险决策的质量。风险估计的方法很多，如专家评议法、故障树法、事件树法、蒙托卡罗数值模拟法、CIM模型法、人工神经网络法、模糊综合评价法等等，这些方法基本是从金融领域发展起来的，也适用于地下工程风险估计，这些方法大致可以分为两类，一类是利用专家和工程技术人员的经验，对风险值进行主观估计。

2.3　风险评价

通过风险评估计算得到风险事件发生的概率和风险事件发生后可能造成的损失，但项目管理者对这些风险量定性的时候没有参考标准，也就是说这些风险对于项目管理者来说能否接受，该不该采取措施规避风险，应该把风险降低到什么合理经济的水平等。因此，人们必须采用一些方法和标准来衡量风险的大小和量值。

2.4　风险应对

通过对工程项目风险的辨识、估计、评价，项目管理者对其存在的各种风险以及潜在的损失有了一定的把握，接下来所面临的问题是编制一个切实可行的风险应对计划和选择行之有效的风险应对策略，力图把风险转化为机会或使风险所造成的负面效应降低到最低的程度。

3　地下工程风险管理存在的问题

我国的地下工程风险管理比之于发达国家，仍然处于起步阶段。相对比较短的工程实践和研究时间，较晚起步的地下工程安全风险管理研究应用，而且研究在管理方面的进展也是初步的。不过我国已经在上世纪末陆续开展了相关学科的研究工作。20世纪90年代，丁士昭教授对我国的上海、广州地铁隧道工程中的保险模式及建设风险进行了研究；黄宏伟等人所开展的风险管理研究，其研究重点在地铁运营和建设阶段，在整体上给出如何控制、分析地铁不同阶段中风险因素的思路；分析基坑工程风险方面，毛金萍、仲景冰和李惠强等人在分析深基坑支护结构方案风险时采用了事故树的模式；以同济大学为主，对沪崇通道的财务分析、运营事故控制以及施工风险管理等各个方面所进行的风险评估研究，是国内第一个大型项目中应用到风险分析技术。近些年，实际工程领域中，安全风险管理的发展较为迅速，尤其是在地下工程项目中，风险评估与分析得到了大量的应用。地下工程在实际应用安全风险管理时，其实施负责的主体是各个岩土工程咨询公司和科研单位。一些工程科技公司自主研发的管理系统软件已经在建筑工程、越江隧道和地铁工程等多个领域得到了广泛应用。目前地下工程的安全风险管理实践与研究在我国的发展已经取得了实质性的突破，但风险评估与分析扔是目前侧重的主要方向，监测系统是布置和开展较多的方面，未能深入研究控制方法和风险预警，安全风险管理系统的整合尚不统一，已经开发的安全风险管理系统，其功能较为简单，对基础数据和地理信息系统的支持不够，且较低的信息化水平，使信息化风险管理平台的建设不足，适合地下工程建设实际和符合安全风险管理体系的系统平台极度缺乏。目前我国地下工程风险管理依然存在着如下问题：风险管理体系仍然较为被动；缺乏有效规范的风险管理及风险接受等级和准则；相对分散的风险管理系统以及错误认识风险评估标准和对风险的定义等。

4 风险管理的应用

地下工程中常用的风险应对策略包括：风险规避、风险转移、风险缓解、风险自留、风险利用等，同一种风险可能有多种应对策略，对于不同的工程项目主体也有不同的选择，需要根据工程项目风险的具体情况以及风险管理者的承受能力去确定工程风险应对策略和措施。

4.1 风险规避

风险规避（Risk Avoidance）是通过变更工程项目计划，从而消除风险或消除风险产生的条件，或者是保护工程项目的目标不受风险的影响，虽然完全消除工程项目的风险是不可能的，也是不经济的，但借助于风险规避的一些方法，对某一些特定的风险，在它发生之前就消除其发生的机会或可能造成的种种损失还是有可能的。比如隧道洞口极不稳定，滑坡、塌方的风险很大，就可以选择合适的地层预加固方式规避风险；围岩破碎段尽量避开雨季施工；选择经验丰富、设备齐全的承包商等。风险规避是风险应对策略的一种最主要的方式，但并不是任何工程项目、任何条件下都可采用，如果风险规避的成本超过了项目管理者的承受能力范围，甚至超过了风险发生可能造成的损失，项目管理者

就会选择其他应对应对策略。另外风险规避可能会丧失机会或阻碍创新。

4.2 风险转移

风险转移（Risk Transference）是设法将某种风险的结果连同对风险应对的权利和责任转移给他方。风险转移包括非保险方式和保险方式，非保险方式主要有：采用担保或履约保函方式转移风险、采用分包方式转移风险、采用适当的合同计价方式转移风险、运用合同条件风险。非保险方式转移风险几乎不需要任何成本，只是在合同条件及合同语言上下工夫，是一种经济的风险应对方式，但它不能消除风险，而主要是转移给别人，这种方式还受国家法律的制约，也用可能丧失赢利的机会，一般来说，非保险风险转移只能作为一种风险应对的补充手段，而不是主要的手段。

4.3 风险缓解

风险缓解（Risk Mitigation）是指将工程项目风险的发生概率或后果降低某一可以接受的过程，既不消除风险，也不避免风险，而是减轻风险，比如隧道边仰坡加固、洞内注浆加固、储蓄一定量的材料等，风险缓解的方式主要包括：降低风险发生的可能性、控制风险损失、分散风险、后备应急措施等。风险缓解要到达什么目标、将风险降低到什么程度，这主要取决于项目的具体情况、项目管理的要求和对风险的认识程度。

4.4 风险自留

风险自留（Risk Retention），又称风险接受（Risk Acceptance），是一种项目主体不改变项目计划去应对某一风险，或者找不到其他合适的风险应对策略，而自行承担风险后果的策略。这意味着如果风险发生，项目主体就要承担造成的损失，如果风险不发生，项目主体就可以赢利。风险自留要求项目主体对风险有充分的估计和足够的资金准备，一般应对一些不是很严重的风险，或者用其他措施应对不是很合适，或者采取其他应对措施后残余的一些风险。

4.5 风险利用

风险利用（Risk Speculation），是因为风险与机会并存，风险中蕴含机会，要获得机会必须冒一定的风险，原则上投机风险大部分有被利用的可能，但并不是轻而易举取得赢利，要充分分析出环境、把握时机、讲究策略和缜密考虑应对措施。

5 结语

综上所述，较差的施工条件、复杂地质环境以及难度较高的施工技术都是地下工程施工过程中的不确定因素，地下工程建设施工所面临的技术核心难题即是地下工程的风险管理。风险管理在地下工

程中的应用可以预先了解事故发生的可能性，可以在事故发生前预估事故发生后造成的损失，可以提前采取措施减小事故发生的可能性以及事故发生后的损失程度。所以，只要不断研究和完善该系统的管理方法，就可以有效的控制地下工程事故的发生，加快我国城市化进程的脚步。

参考文献

[1]　张顶立. 城市地铁建设中的安全风险分析与管理 [A]. 城市地下空间开发与地下工程施工技术高层论坛论文集 [C]. 2004.

[2]　刘继强，陈登伟. 新建地铁工程对城市环境的影响与控制研究 [J]. 四川建筑，2010 年第 05 期.

[3]　张顶立. 城市地下工程建设的安全风险控制技术 [j]. 中国科技论文在线，2009 年，第四卷.

[4]　姚雪梅. 地下工程施工安全风险管理系统研究 [c]. 武汉：池秀文，2010.

金泉广场深大基坑支护综合施工技术

许厚材[1,2]　许杰[3]

(1. 北京城建五建设工程有限公司，北京　100029；2. 北京城建集团限责任公司，北京　100088；
3. 赣州城市开发投资集团有限责任公司，江西 赣州　341100)

摘　要：金泉广场工程基坑开挖面积大，基坑深度深，周边环境复杂，基坑周边开挖线与现有道路、构筑物距离较近，基坑外侧有需要进行保护的管线，施工作业面狭窄，基坑支护设计、施工难度大。结合工程实际，采用了桩锚、复合土钉墙和放坡的联合支护方案。介绍了地下水控制技术、护坡桩成孔技术和基坑支护设计方案。基坑监测结果表明，基坑支护处于稳定状态，取得了良好的支护效果，确保了基坑及周边环境的安全。

关键词：深基坑；复合土钉墙；微型桩；施工技术

Comprehensive Construction Technology of Deep and Large Foundation Excavation of Golden Spring Square

Xu Houcai[1], Xu Jie[2]

(1. Beijing Urban Construction Group the Fifth Construction Engineering Co., Ltd., Beijing　100029，China；1. Beijing Urban Construction Group Co., Ltd., Beijing　100029，China；3. Ganzhou Urban Development and Investment Group Co., Ltd., Ganzhou, Jiangxi 341100，China)

Abstract：The foundation excavation of Golden Spring Square is very large not only in area but also in depth. The and boundary conditions is complex，The foundation excavation close to the existing roads，structures，and some pipelines near the foundation excavation need to protect，construction work space is narrow，the design and construction is very difficult. According to engineering conditions，the combined supporting design including pile-anchor，composite soil nailing and sloping is adopted. Underwater control technology，construction technology of cast-in-place Pile of excavation support，different sections support designs are introduced. Excavation monitoring results show that the foundation excavation support in a stable state，supporting effect was very good，and the surrounding enviroment are guaranteed.

Key words：deep foundation excavation, composite soil nailing walls, micro pile, consruction technology

　　随着城市发展的进程，城市建设用地也越显珍贵，城市中建筑物空间变得越来越拥挤，为充分利用地下空间资源，基坑的规模越来越大，深度也越来越深。建筑物基坑紧邻周边建筑或用地红线的情况经常出现。紧邻建筑物时，施工场地狭小，对基坑的设计和施工提出来更高的要求，在考虑基坑、基坑支护的变形与安全的同时，还要考虑基坑施工对周边建筑物沉降的影响。在城市改造区中进行基坑施工，则经常会遇到地下障碍物需要处理[1,2]，给基坑工程设计施工增加了难度。

　　在基坑工程设计施工中，采用多种支护形式进行联合支护，可以发挥各种支护形式各自的优点，同时保证基坑工程支护的安全性、适用性和经济性[3,4]。目前，基坑工程联合支护技术的应用越来越广泛[5~8]，已经成为基坑支护技术的发展趋势。

　　本文结合工程实例，介绍在城市改造区中紧邻建筑物大型深基坑的综合施工技术，供类似工程参考。

1　工程概况

1.1　基坑规模

　　金泉广场位于工程北京市朝阳区大屯，北苑路西侧，大屯路北侧，北小河路南侧，由一栋酒店、商业和整体地下室组成。地上为独立结构，地下室为连体结构，地下室均为三层，基坑开挖深度15.0m，电梯井坑最大开挖深度16.70m，基坑的东西向边长约220m，南北向边长约280m，基坑面积约61000m²。

　　本工程设有4个汽车坡道，北侧汽车坡道，通往地下二、三层，基坑开挖深度10.9～14.6m；2#汽车坡道通往地下二层，基坑开挖深度1.5～10.9m；3#汽车坡道通往地下二、三层，南侧基坑开挖深度10.9～14.6m，东侧基坑开挖深度南侧基坑开挖深度1.5～10.9m。4#汽车坡道通往地下二、三层，基坑开挖深度10.9～14.6m，局部开挖深度1.5～5.9m；

1.2 工程地质条件

本工程施工场地地势较为平坦，在工程勘察揭露地层40m范围内，为人工堆积层和第四纪沉积层，各层土简述如下：

人工填土①层，杂色，稍密，稍湿－湿，主要为砖渣、灰渣，局部表面为混凝土路面；黏质粉土－粉质黏土②层，褐黄色，湿－饱和，中密，局部夹有重粉质黏土、砂质粉土、黏质粉土；粉质黏土－黏质粉土③层，灰色，湿－饱和，中密，含云母、有机物，夹有砂质粉土、粉细砂、重粉质黏土；细砂－中砂④层，褐黄色，湿－饱和，密实，夹有圆砾；黏质粉土－粉质黏土⑤层，褐黄色，湿－饱和，中密，夹有砂质粉土、粉质黏土、重粉质黏土、粉细砂；粉质黏土－黏质粉土⑥层，褐黄色，湿－饱和，中密，夹有砂质粉土、粉质黏土、重粉质黏土、粉细砂；细砂－中砂⑦层，褐黄色，饱和，密实，夹有圆砾、砂质粉土；粉质黏土－黏质粉土⑧层，褐黄色，中密，湿－饱和，夹有砂质粉土、粉质黏土、重粉质黏土、细砂；粉质黏土－黏质粉土⑨层，褐黄色，中密，湿－饱和，夹有黏土；细砂－中砂⑩层，褐黄色，密实，饱和，夹有卵石，一般粒径20～40mm，最大粒径80mm。

1.3 水文地质条件

本工程施工区40m深度范围内共有三层地下水。第一层为潜水，埋深4.9～8.2m，以大气降水等为主要补给方式，以蒸发及径流为主要排泄方式。地下水位自7月份开始上升，9至10月份达到当年最高水位，随后逐渐下降，至次年的6月份达到当年的最低水位，平均年变化幅度约1.0～3.0m。第二层为层间水，埋深12.70～13.2m；第三层为承压水，其水位埋深22.5～24.1m，主要补给来源为地下径流，主要排泄方式以侧向径流为主。

2 周边环境条件

本工程主体结构基坑周边较为开阔，基坑南侧有一办公楼和酒店，办公楼和酒店均为地上6层地下1层，基础埋深约为5.0m。基坑东侧地下结构外边线距人行道边缘约30m；基坑南侧地下结构外边线距酒店地下室外墙距离约18～25m，距离办公楼停车场围栏距离约为18m，距离办公楼最近距离约23m。基坑西侧地下结构外边线距小区道路约4m，基坑北侧地下主体结构外边线距人行道边缘约18m。

1#汽车坡道北侧护坡桩中心线距人行道边缘约1.0m；2#汽车坡道东侧紧邻北苑路，基坑东侧

有10kV高压电缆沟槽，埋深约1.0m，距基坑边约1.0m，施工围挡距基坑边约2.0m；3#汽车坡道东侧紧邻北苑路，基坑东侧有10kV高压电缆沟槽，埋深约1.0m，距基坑边约1.0m，施工围挡距基坑边约2.0m；3#汽车坡道南侧有埋深约2.6m的φ600污水管，在东西向20m的范围内护坡桩外边缘紧贴污水管；4#汽车坡道南侧为停车场，基坑边距邻停车场铁质围栏距离约2.0m；

本工程施工区原为居住区，地下留有各种旧管线、旧基础且分布情况不明确。

3 基坑降排水设计

3.1 主体结构基坑降水

依据地下水对结构施工的影响进行分析，本工程采用封闭式管井降水方案。

基坑周边共布置降水井156眼，井中心距离基坑开挖上口线1.5～2.0m，降水井距为8m，井深25m。降水井成孔直径600mm，管井采用φ300mm、壁厚50mm的无砂混凝土管。本工程基坑面积大，为加快基坑内地下水的疏干速度，基坑中间布设降水井以增强降水效果，井底相对标高－21.0m，井中心距离30m，正方形布置，井数68眼。孔壁与井管之间填入直径5～10mm砾料，潜水泵进行洗井作业。选用潜水泵扬程大于30m，泵量≥3.0m³/h。基坑周边设置159mm的钢管排水管和沉淀池。井点抽出的水经过沉淀后方可排放到市政雨水管路内。

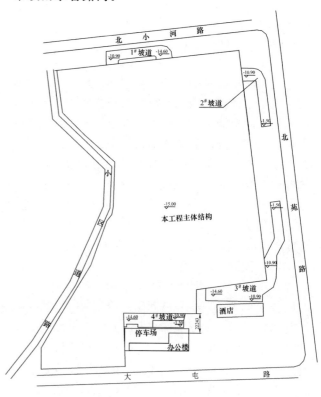

图1 基坑支护平面示意图

3.2 汽车坡道基坑降水

根据主体结构基坑施工情况可知，本工程①层上层滞水水量很小，而且经过之前的主体结构基坑开挖和降水后，上层滞水已经基本疏干，对汽车坡道基坑工程影响较小。因此，4 个坡道基坑施工地下水控制主要是针对②层层间水。根据本工程的实际情况，采用基坑内管井降水降低地下水水位至基础垫层以下 50cm 处。

降水井间距 8m，井径 600mm，井底标高－21.0m，受周边施工场地限制，所有降水井均布置在施工肥槽内。

在基坑边坡距坡脚 200～300mm 位置挖 200mm×200mm 的排水沟，沟内填满碎石，其坡度为 3‰，排水沟与各个降水井联通。对于局部遇上层滞水、管线渗漏水等，在基坑侧壁施工排水导管，将滞水、渗漏水排入到基坑内排水沟内，流入到附近降水井内。

3.3 地表排水设计

在基坑外侧设置排水沟，施工现场基坑周边地表水通过排水沟进入沉淀池，经沉淀后排入市政排水系统。

4 基坑支护方案

4.1 支护方案选择

本工程基坑周边施工用场地较为紧张，为了给主体结构施工提供施工场地，本工程基坑施工分两次进行，先施工主体结构施工区域基坑，待主体结构施工完成后再施工 4 个汽车坡道基坑。

根据基坑控制位移和保护要求不同，主体结构基坑、汽车坡道基坑采用不同的支护形式。基坑周边施工场地较小不适宜放坡。

4.2 主体结构基坑支护设计

1）基坑支护采用土钉墙与桩锚联合支护，上部 4.20m 采用 1∶0.3 放坡土钉墙支护，下部采用桩锚支护，如图 2 所示。

2）土钉墙设计

设置 2 道土钉，土钉长度自上而下依次为 4.8m、3.8m，间距 1600mm×1600mm，土钉钢筋直径 Φ18；土钉成孔直径为 100mm，入射角度 15°，孔内注 P.S.A 32.5 素水泥浆，水灰比为 0.45～0.5；坡面挂 Φ6@200×200 钢筋网片，并用 U 形短钉（500mm）及 T 型钉（500mm×200mm）固定在坡面上，喷射 80～100mm 厚 C20 混凝土；在网片侧向土钉层位置设置 1Φ14 水平横压筋，水平横压筋与土钉采用双"L"联接，坡顶做 800mm 宽的钢筋混凝土散水。

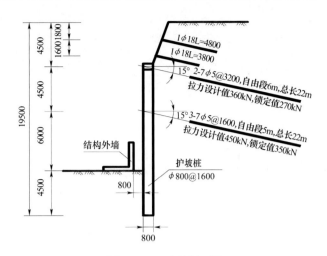

图 2 1－1 支护剖面图

3）桩锚支护

采用钢筋混凝土护坡桩，桩径 φ800mm，桩距 1.60m，桩顶标高－4.20m，桩长 19.5m，嵌固深度 4.5m，共设计 2 道预应力锚索；桩顶连梁 600mm×800mm。桩身及桩顶连梁混凝土标号为 C25。

第 1 道锚索位于－4.50m 处，两桩一锚，锚索长度为 22.0m，自由段长度 6.0m，锚固段长度 16m，锚孔直径 φ150mm，锚杆倾角为 15°，孔内注入水灰比为 0.45～0.50 的 P.S.A 32.5 水泥浆，锚索采用 2 束 7φ5（1860 级）预应力钢绞线，锚索设计拉力 360kN，锁定值为 270kN；第 2 道锚索位于－9.0m 处，一桩一锚，锚杆长度为 22.0m，自由段长度 5.0m，锚固段长度 17.0m，锚杆直径 φ150mm，锚杆倾角为 15°，孔内注入水灰比为 0.45～0.50 的 P.S.A 32.5 水泥浆，锚索采用 3 束 7φ5（1860 级）预应力钢绞线，锚索设计拉力 450kN，锁定值为 350kN，腰梁 2 根 22B 工字钢。

4.3 汽车坡道基坑支护设计

汽车坡道基底标高变化较大，根据不同部位和基坑支护深度采取有针对性的支护形式。

1# 坡道开挖深度 10.9～14.6m 部位，3# 坡道基坑开挖深度 10.9～14.6m4# 坡道基坑开挖深度 14.6m 部位，采用 2－2 剖面支护形式；1# 坡道开挖深度 10.9m 部位，2# 坡道基坑开挖深度 6.0～10.0m 部位，3# 坡道开挖深度 10.9m 部位，采用 3－3 剖面支护形式；2# 坡道基坑开挖深度 3.0～6.0m 部位，3# 坡道基坑开挖深度 2.0～7.0m 部位，4# 坡道基坑开挖深度 1.5～5.0m 部位不具备采用桩锚支护的施工空间，采用微型桩复合土钉墙进行支护，具体见 4－4 剖面图；2# 坡道、3# 坡道在主体基坑一侧，基坑支护深度较小且有放坡空间，采用自然放坡面层挂钢丝网进行喷锚支护。

1）2－2剖面支护设计

采用钢筋混凝土护坡桩，桩径φ800mm，桩距1.60m；桩顶与自然地面平齐，桩长14.5～19.0m，嵌固深度3.6～4.4m；桩身及桩顶连梁混凝土标号为C25；桩顶连梁500mm×800mm。

共设计2道锚杆，第1道锚杆设置在－4.50m处，一桩一锚，锚杆长度为21.0m，自由段长度6.0m，锚固段长度15m，锚杆直径φ150mm，锚杆倾角为15°，孔内注入水灰比为0.45～0.50的P.S.A 32.5水泥浆，锚索采用2束7Φ5（1860级）预应力钢绞线，锚杆设计拉力值为350kN，锁定值为260kN，腰梁2根22B工字钢；第2道锚杆设置在－9.0m处，一桩一锚，锚杆长度为22.0m，自由段长度5.0m，锚固段长度17.0m，锚杆直径φ150mm，锚杆倾角为15°，孔内注入水灰比为0.45～0.50的P.S.A 32.5水泥浆，锚索采用3束7Φ5（1860级）预应力钢绞线，锚杆设计拉力值为450kN，锁定值为350kN，腰梁2根22B工字钢。

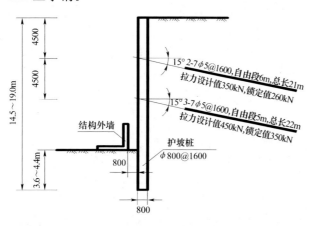

图3　2－2支护剖面图

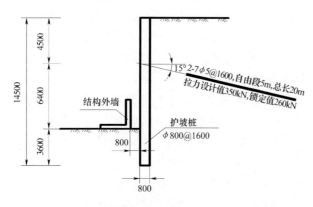

图4　3－3支护剖面图

2）3－3剖面支护设计

采用钢筋混凝土护坡桩，桩径φ800mm，桩距1.60m；桩顶与自然地面平齐，桩长14.5m，嵌固深度3.6m；桩身及桩顶连梁混凝土标号为C25；桩顶连梁500mm×800mm。

在－4.50m设置一道锚杆，一桩一锚，锚杆长度为18.0m，自由段长度5.0m，锚固段长度13m，锚杆直径φ150mm，锚杆倾角为15°，孔内注入水灰比为0.45～0.50的P.S.A 32.5水泥浆，锚索采用2束7Φ5（1860级）预应力钢绞线，锚杆设计拉力值为350kN，锁定值为260kN，腰梁2根22B工字钢。

3）4－4剖面支护设计

a.4－4剖面采用微型桩＋复台上钉墙支护，见图5。微型桩间距为500mm，桩径130mm，所用钢管直径为89mm，壁厚3.2mm，钢管底进入基底以下3.0m；

b.微型桩顶做简易冠梁，尺寸为200mm×200mm，内配置4Φ12钢筋，Φ6@250mm箍筋，冠梁顶与自然地面平齐；

c.当支护高度大于5.3m时，土钉长度自上而下依次为5.8m、4.8m、3.8m、3.8m；当支护高度为3.8～5.3m时，土钉长度自上而下依次为4.8m、3.8m、3.8m；当支护高度为2.3～3.8m时，土钉长度自上而下依次为3.8m、3.8m；当支护高度小于2.3m时，土钉长度为3.8m；

d.适当调整最下面一排土钉到坡脚的距离，按500～800mm进行控制；

e.土钉水平间距1.5m，垂直间距为1.5m，梅花状布设；土钉成孔直径为100mm，入射角度15°，孔内注P.S.A 32.5素水泥浆，水灰比为0.45～0.5；

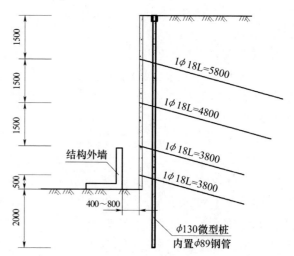

图5　4－4支护剖面图

f.坡面挂Φ6@200×200钢筋网片，并用U形短钉（500mm）及T形钉（500×200mm）固定在坡面上，喷射80～100mm厚C20混凝土。

g. 在网片侧向土钉层位置设置 1Φ14 水平横压筋，水平横压筋与土钉采用双"L"联接，坡顶做 800mm 宽的钢筋混凝土散水。

5　施工工艺及技术要点

5.1　降水井施工技术

5.1.1　降水井施工工艺流程

放线定位→钻机就位调平→钻进成孔→下管填滤料→洗井→黏土封孔→钻机移下一孔。

5.1.2　施工要点

1）根据设计图纸测定出孔位，遇废弃管线等地下障碍物时可采用人工开孔的方法穿过覆盖层后，再用钻机施工。

2）用反循环钻机进行成孔，孔径不小于 600mm，孔深与设计深度误差小于 300mm。

3）成孔后立即下放井管，下管时，在混凝土井墩上放置井管，四周栓 8# 铁丝或 6# 钢丝绳，缓慢下放，当管口与井口相差 200mm 时，接上节井管，接头处用无纺布包封，以免挤入混砂淤塞井管，竖向用 2～4 条 30mm 宽竹条固定井管，为防止上下节错位，吊放井管要垂直，并使井管始终处于孔中心。为防止杂物入井，井管要高出地面 300mm。

4）成孔下管后迅速填料，在孔壁与井管之间填入直径 5～10mm 砾料，测量料面高度，误差为 ±100mm；

5）孔口以下 0～1.5m 用黏土封孔，必须保证封孔段密封不漏气，不漏水。下管填料后及时洗井，达到水清砾净，并下泵进行试抽水。

6）洗井后必须盖井，以防杂物入井。

7）联动抽水期间内根据水位变化情况有效合理的启动水泵，根据单井出水量确定开、关水泵的时间间隔，保证水泵的正常运转。

5.2　护坡桩施工技术

5.2.1　护坡桩施工工艺流程

施工准备→测量定位→钻机就位→钻孔→提钻压混凝土→清理孔口→钢筋笼制作与安装振击插笼→混凝土振捣→桩身混凝土养护→清土剔桩。

5.2.2　施工要点

1）施工准备　主要施工平整场地，清理浅层地下障碍物；

2）测量定位　按设计要求进行桩位放线，桩位误差小于 50mm。

3）钻机就位　采用长螺旋钻机成孔，钻机坐落面应坚实、平整、不塌陷，其标高应高于设计桩顶标高约 0.50m。

4）钻孔　根据土层情况合理调整施工参数，严格控制钻进深度。人工随时清理孔口积土，保证下部孔土顺利排出，防止提钻时向孔内落土。

5）提钻压混凝土　泵送灌混凝土时，严格控制提钻速度，保证混凝土连续压灌，不可提钻过快，以免夹土断桩。混凝土压灌前，现场进行坍落度、温度测量，合格后方可使用；并留置试块。

6）清理孔口　中心压灌混凝土完成后，钻头暂不移离孔口，及时清理孔口积土，防止积土落入孔中。

7）钢筋笼制作与安装

①钢材表面有污垢、锈蚀时应清除，主筋使用前应调直；②钢筋笼纵向钢筋的接头采用搭接焊，双面焊缝长度≥5d，单面焊缝长度≥10d（d 为钢筋直径），同一截面上的钢筋接头不得超过主筋总根数的 50%，且两相邻接头位置应错开 35d；③加劲箍采用模具加工，保证圆度与尺寸准确，加劲箍筋与主筋采用点焊连接；螺旋箍筋与主筋采用点焊或细铁丝绑扎连接，点焊或绑扎点应呈梅花形；④保护层 2m 一组，一组 3 个保护钢筋。⑤钢筋笼的焊接质量如直径、间距等外形尺寸、焊缝长度、高度及钢筋笼断面接头间距等，均应符合设计及技术标准的要求；⑥各个钢筋笼均应进行验收并附有验收资料，未经验收合格的不得使用。

8）振击插笼　利用吊车、振动头辅助钢筋笼下放，钢筋笼锥底对准钻孔中心，严格保证其垂直度后快速下放，尽量避免碰撞孔壁。

9）混凝土振捣　混凝土灌注结束后应立即用振捣棒进行振捣，振捣深度不得小于 2.0m，振捣时间不少于 5min。

10）桩身混凝土养护　桩身混凝土养护时间不得少于 5 天，养护期间应做好保护工作，尤其应保护好桩头不受扰动破坏。

11）清土剔桩　桩身混凝土养护期间后，进行清理预留土层和剔除冠梁高度范围内桩身混凝土工作。剔桩头须采用人工剔除，剔凿面应平整。

5.3　预应力锚索施工技术

5.3.1　锚杆施工工艺流程

施工准备→钻机就位→校正孔位及角度→钻孔→下锚索→注浆→杆体养护→安装钢梁、锚具→张拉、锁定

5.3.2　锚杆施工要点

1）钻孔：钻孔采用 MG50 型锚杆钻机，钻孔连续进行；

2）锚索体采用 7φ5 钢绞线，杆体中间插入塑料管，自由段套上塑料管。钢绞线骨架每间隔 2m

设一对中支架；钢绞线长度为自由段＋锚固段＋锚锁张拉长度；

3）注浆、补浆 注浆前检查注浆管、排气管是否畅通，止浆器是否完好，杆件制作是否符合要求；注浆材料采用水灰比 0.45～0.50 的纯水泥浆，用 P·S·A32.5 水泥加净水搅拌而成。

4）杆体养护 锚杆锚固体养护时间不得少于 7 天，水泥浆体强度不得小于 15Mpa，锚杆锚固体养护期间不得受扰动。

5）张拉、锁定

锚杆注浆 2～3 天后进行腰梁安装，腰梁采用双工字钢。安装时要求腰梁与坡面紧密贴在一起，有空隙时可用钢垫块。

根据水泥浆试块强度，达到设计强度的 75％后，进行试拉，根据试拉结果确定是否正式张拉。依据锚索拉力设计值和锁定值进行张拉锁定。

5.4　微型钢管桩施工技术

5.4.1　施工工艺流程

定桩位→ 钻机就位 → 钻孔→放钢管→注水泥浆→桩头处理→绑扎钢筋→支模板→浇注冠梁。

5.4.2　微型桩施工工艺要点

1）采用 XY－100 钻机钻孔施工，孔径 130mm，成孔至设计孔深。

2）钻孔深度偏差＋100mm，垂直偏差小于 1％，水平偏差小于±80mm。

3）钻孔，开孔时给进速度要适当缓慢，当深度达到 2m 以后可正常速度钻进，终孔后要排除孔底渣土。

4）钢管制作与安放，钢管按设计图纸现场加工成型，底部设出浆口，经验收合格后方可使用。

5）桩位水平偏差小于±100mm，垂直偏差小于 1.0％，桩顶标高偏差小于±30mm。

6）钢管放置到孔内后，将注浆管下入孔孔内，注浆管出口距孔底不大于 500mm，然后注入水灰比不大于 0.5 的水泥浆，直至孔口有浓浆返出。然后往孔内投入 3～5mm 的石屑，投满后拔出注浆管并再次投入石屑至投满。水泥净初凝后注意补浆，保证浆体饱满。

5.5　冠梁施工技术

1）施工程序：清土→定位放线→剔桩头→钢筋绑扎→支模→浇筑混凝土→养护；

2）将冠梁位置土清理至冠梁底标高，桩顶以上混凝土剔出，并剔凿至新鲜混凝土面；

3）按设计和规范要求进行钢筋绑扎；

4）护坡桩、微型桩冠梁支模前，将模板清理干净，并涂刷隔离剂；模板按规范要求支设，模板

的垂直度、平整度、板间接缝应符合规范要求，支撑系统应牢固；

5）浇筑混凝土 浇筑混凝土前应将冠梁底面土沫、混凝土渣等清理干净，并用风管接空压机进一步吹净，梁底面洒水湿润；浇筑混凝土时应随浇随用振捣棒振捣；

6）混凝土养护，拆模前，养护时间不得少于 48 小时。

5.6　土钉墙施工

5.6.1　施工工艺流程

边坡开挖→坡面修整→定位设点→土钉成孔→主筋入孔→注浆→绑扎钢筋网片→焊接加强筋→安装导水管→安装混凝土保护层垫块→埋设混凝土厚度控制标志→喷射混凝土→养护。

5.6.2　施工工艺要点

1）按设计要求开挖工作面，分层开挖。

2）采用人工洛阳铲成孔，成孔后要及时安置土钉，并随即进行注浆作业。

3）面层钢筋网片按设计要求进行绑扎，网格尺寸为 200mm×200mm，根据设计要求喷射混凝土面层，配比为水泥：砂：石：为 1:2:2。

4）注浆应按设计要求，严格控制水泥砂浆配合比，做到搅拌均匀，并使注浆设备和管路处于良好的工作状态。

5）施工中应对土钉位置，钻孔直径、深度及角度，土钉插入长度，注浆配比、压力及注浆量，喷射混凝土厚度及强度等进行检查。

6）喷射混凝土面层施工结束 2 小时内，开始洒水养护。

6　施工监测

6.1　观测点布置

本工程基坑紧邻道路及构筑物，基坑周边构筑物、管线较多，所以要对基坑施工全过程进行变形监测。

为保证观测数据的准确性，将观测基准点设置在基坑开挖影响范围以外。在护坡桩的冠梁或土钉墙支护的坡顶散水上布置基坑观测点，观测点间距为 15～20m，在基坑阳角等部位设置观测点。护坡桩冠梁或基坑坡顶散水完成后，进行基准点及观测点的设置，本基坑共布设观测点 25 个，基准点 4 个。

6.2　观测方案

基准点设置在基坑开挖影响范围以外，并测初值。基坑土方开挖期间每天观测一次。开挖到基底后连续监测 7 天，每天 1 次；位移稳定后每 3～7

天监测一次,直至基坑回填。整个施工过程中如出现异常情况或位移不稳定时,需增加监测次数。

依据《建筑基坑工程监测技术规范》GB 50497—2009中的有关规定,按照二等水准测量的精度要求进行观测。

6.3 基坑监测结果

在基坑的开挖支护及地下结构施工过程中,对基坑边坡坡顶水平位移和沉降进行了监进行了适时跟踪监测。

主体结构基坑变形观测结果,基坑南侧中部水平位移最大为12.8mm,基坑周边最大沉降为15mm。

4个汽车坡道基坑变形观测结果,基坑边坡的最大水平位移为11.6mm,发生在3#坡道基坑南侧;最小水平位移为5mm,3#坡道基坑南侧东端基坑深度最小处。地表沉降最大值为15.3mm,地表沉降最小值很小。

通过日常巡视检查,基坑开挖对附近建筑及地下管线无影响,效果良好。从监测结果来看,本工程支护方案安全可行。

7 结束语

1)根据监测数据显示,本工程从土方开挖至地下结构完成后基坑肥回填期间,基坑支护体系处于稳定状态,基坑边的道路管线及南侧建筑物的变形在设计允许范围内。

2)本工程基坑监测结果表明,基坑变形、周边管线及建筑物变形都满足规范和设计要求,本工程基坑支护方案是合理的。

3)联合支护技术,可以发挥各种支护技术的优点,适用性好,基坑工程中采用联合支护技术,已经成为基坑支护技术的发展趋势。

4)从监测结果来看,本工程基坑支护方案有效的预防并控制了基坑开挖等因素引起的周边地面的沉降,确保了基坑周边土体、建筑物及管线等稳定,为后续施工创造了良好的施工条件,为深大基坑支护施工积累了经验。

参考文献

[1] 徐佩林. 钻孔灌注桩遇地下障碍物的处理 [J]. 探矿工程 (岩土钻掘工程),1999,(4).

[2] 王臣. 常见钻孔灌注桩遇地下障碍物的处理方法 [J]. 沈阳大学学报,2006,(4).

[3] 曾润忠,张元才. 复杂环境下联合支护深基坑稳定性分析 [J]. 铁道建筑,2011,(10):68-71.

[4] 周兆平. 大型商业中心深基坑综合施工技术 [J]. 建筑施工,2013,35 (5):357-359.

[5] 宋自杰. 世博配套110 kV地下变电站超深基坑综合施工技术 [J]. 建筑施工,2009,31 (12):1027-1029,1032.

[6] 张耀龙,李克江,王晖等. 天津金德园地下工程综合施工技术 [J]. 建筑技术,2012,43 (3):198-203.

[7] 张国晨,刘兴旺,王洋等. 北京电影学院摄影棚综合技术楼深基坑支护技术 [J]. 施工技术,2012,41 (24):33-35.

[8] 许厚材. 复杂条件下某基坑工程联合支护技术 [J]. 施工技术,2013,42 (7):45-48.

山东黄河打渔张引黄闸桩基沉降原因分析

杜瑞香　韩　晶　隋奇华

(山东黄河勘测设计研究院，山东济南　250013)

摘　要： 自1966年成功修建第一座钢筋混凝土灌注桩基开敞式水闸以后，山东黄河在黄河下游两岸先后修建了20多座桩基开敞式水闸，运用至今，除打渔张引黄闸出现较大沉降外，其余各闸各项指标均满足设计要求、运行正常，只有打渔张引黄闸出现较大沉降和不均匀沉降，已超过《水闸设计规范》的允许值。通过对该闸地质资料、施工、设计、运行管理及边荷载影响等几个方面的深入分析，得出打渔张引黄闸发生较为严重沉降的原因，不仅为该闸除险加固提供了技术依据，而且对完善和优化桩基式水闸的设计也具有重要的指导意义。

关键词： 开敞式水闸；桩基；沉降原因；分析

1　前言

　　1966年山东黄河借鉴1964年在河南省首次采用钻孔钢筋混凝土灌注桩（以下简称灌注桩）建成竹竿河大桥的成功经验，采用灌注桩在黄河下游建成了第一座桩基开敞式水闸—石洼分洪闸。此后，山东黄河先后建成了20座灌注桩基开敞式水闸，为软土地基上修建大跨度水闸和在软弱土层上修建高水头水闸探索出一种性能优越的新闸型。经多年运行观测，山东黄河修建的20座灌注桩基开敞式闸除打渔张引黄闸出现较大沉降外，其余各闸各项指标均满足设计要求，运行正常。2009年打渔张引黄闸因沉降和不均匀沉降过大，引起上下游止水破坏，被鉴定为四类闸，需拆除重建。分析研究打渔张引黄闸桩基沉降的原因不仅可为原闸拆除重建提供技术依据，而且对改进和完善桩基式水闸的设计也具有重要的指导意义。

2　打渔张引黄闸基本概况

2.1　工程位置及平面布置

　　山东黄河打渔张引黄闸位于山东省博兴县境内，是打渔张引黄灌区和引黄济青工程的渠首闸。该闸始建于1956年，由于黄河河床的不断淤积抬高，老闸设防标准不足，于1981年修建了新闸，新闸位于老闸下游44m处，建筑物等级Ⅰ级，设计防洪水位22.70m（大沽高程，下同），校核水位23.70m，设计流量为120m³/s，属大②型引水工程。新闸设计为灌注桩基开敞式水闸，共六孔，每孔净宽6m，中墩厚1.2m，闸室净宽42m，在闸室两端设岸箱（宽8.15m）和减载孔（宽6.8m），总宽71.9m，闸室在每块底板中心处分缝，底板下布桩36根，边联（即岸箱）底板宽11.15m，其下布桩51根，减载孔刺墙下布桩5根，全闸共布桩292根，桩径0.85m，平均桩长13.8m，最长20m。新闸平面布置见图1，灌注桩桩基布置见图2～图3。

2.2　桩基沉降现状情况分析

　　根据打渔张引黄闸2008年沉降观测值分析，累计沉降量：闸前右岸刺墙427mm，右岸岸箱232mm，相差195mm；左岸刺墙422mm，左岸岸箱330mm，相差92mm。沉降值由中间向两侧逐渐增大，上游沉降量大，下游沉降量小。最小值位于闸室中间下游测点为225mm，大于《水闸设计规范》SL265—2001规定的最大允许值（150mm）。相邻部位最大沉降差为右岸岸箱与刺墙，相差195mm，大于《水闸设计规范》规定的最大允许值50mm。打渔张引黄闸累积沉降量观测统计见附表一。

3　桩基沉降原因分析

　　闸室采用钢筋混凝土灌注桩基，很显然桩基发生了超过设计允许值的沉降，导致闸室沉降。桩基沉降的原因非常复杂，地质、设计、施工及使用条件的变化均有可能造成桩基沉降。

3.1　地质资料分析

　　1981年改建时在闸址处布置8个钻孔，总进尺200m，取原状土52组，散状土22个，经试验资料分析，闸址地层按其工程地质特性共划分为6大层。

　　①层：为黄～深灰色砂壤土，呈软塑状态，属中等压缩性土，厚10～13m，层底高程2.5～5m。

　　②层：为黏土，上部软塑，下部可塑，为中等压缩性土。在闸址左岸厚1.0～2.6m，右岸厚1.8～3.4m，层底高程1～2m。

　　③层：为浅黄色壤土，在左岸较软，厚度不大，在闸址左岸厚1.6～2.6m，右岸厚1.0～1.5m，层底高程-1.2～0.0m，右岸厚1.0～1.5m，层底高程-0.4～0.6m。

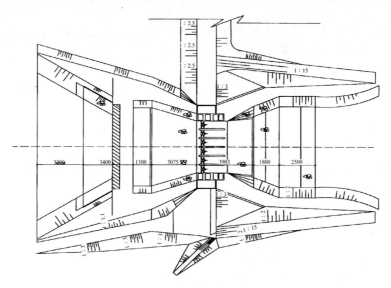

图 1　打渔张引黄闸平面布置图

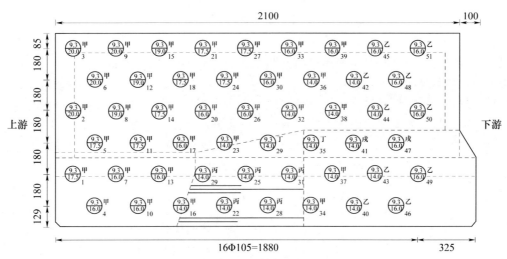

图 2　打渔张引黄闸边联灌注桩桩基平面布置图

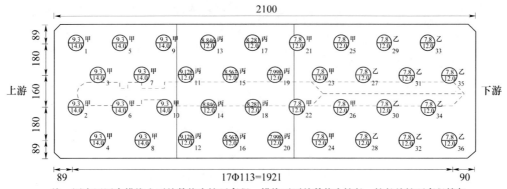

注：图中圆圈内横线上面的数值为桩顶高程，横线下面的数值为桩长，桩长从桩顶高程算起。

图 3　打渔张引黄闸中联灌注桩桩基平面布置图

④层：为灰黄色粉砂，夹杂有部分粉土和砂壤土，松散，厚 3.4～4.4m，右岸层底高程−4.6～−3.6m，左岸层底高程−4.8～−3.8m。

⑤层：为灰褐色粉质壤土，软塑，厚 2.2～4.4m，右岸层底高程−8.0～−6.6m，左岸层底高程−8.6～−6.8m。

⑥层：为浅黄色砂壤土，未揭穿，已揭露厚度最大达 4m。

2008 年 8 月进行涵闸安全鉴定时在闸室两端布置了 1#、2# 两个钻孔，孔深为 25m。2011 年该闸除险加固设计时又在闸室上游两侧翼墙的顶部布设 3#、4#、5#、6# 四个钻孔，即该闸址处又布置有 6 个钻孔。且 2011 年新布钻孔均为取土标贯孔，孔深为闸底板设计高程（10.3m）以下 30m。根据勘探、试验资料分析，两次地质钻探、试验土层分布及各土层物理力学指标与1981年改建时的地质资料试验成果基本一致，不存在地质钻探与实际不符的问题，也没有产生桩基沉降的不良土层存在。因此，可以排除由于地质问题产生的沉降。

3.2　施工分析

20世纪60年代至80年代，山东黄河下游建成的桩基开敞式闸，均由山东黄河河务局下属的安装队（现为工程局）负责施工，其施工技术、施工方法、施工机械基本一致，已建成的20座闸中，除打渔张闸外，其余各闸沉降量与原设计要求基本相符，没有超出《水闸设计规范》规定的最大沉降量150mm要求。而且根据桩基的沉降情况分析，沉降表现的很均匀，从两侧向中间逐渐增大，从上游向下游逐渐增大，趋势明显。如果是施工原因，施工质量不可靠，如发生断桩、缩径、桩长不足等现象，不可能每棵桩都出现这种质量问题，也不可能这样均匀的发生。根据施工总结及竣工报告，桩长、桩位、桩身混凝土强度等各项指标均满足设计要求。因此，基本可以排除施工原因产生的沉降。

3.3　桩基设计分析

根据2011年闸址处地质钻探资料，采用《水工钢筋混凝土结构》（下册）钻孔桩基础计算方法按下式对原闸桩长进行复核计算。

$$[P]=\frac{1}{2}\{\pi d\sum_{i=1}^{n}l_i\tau_i+2\lambda m_0$$

$$\frac{\pi d^2}{4}[\sigma_0+k_0\gamma(h-3)]+(1-m)A_if_{sk}\}$$

式中　$[P]$——单桩垂直许可承载力（kN）；

　　　　d——桩径，$d=0.85$m；

　　　　n——计算桩长内的土层数；

　　　　l_i——计算桩长内第i层土的厚度（m）；

　　　　λ——与桩入土长度、桩径比有关的影响修正系数，黏土取0.65，壤土、砂壤土取0.7；

　　　　τ_i——l_i层土的桩壁极限摩阻力（kN/m²），按地质勘察报告各土层I_L查表取用；

　　　　σ_0——采用桩底沉淀土指标，取$\sigma_0=50$（kN/m²）；

　　　　k_0——考虑桩尖以上复盖土层的附加荷载作用的系数，取$k_0=1.0$；

　　　　m_0——孔底清底系数，取$m_0=1.0$；

　　　　γ——桩长范围内土层加权平均容重，水下按浮容重（kN/m³）；

　　　　m——桩土面积置换率，$m=\frac{d^2}{d_e^2}$；

　　　　d_e——单棵桩分担的处理地基面积的等效圆直径（m），$d_e=1.05S$；

　　　　S——桩间距（m）；

　　　　A_i——单棵桩分担的地基基础面积（m²）；

　　　　f_{sk}——桩间土承载力，取15kN/m²；

　　　　h——计算桩长（m）。

桩长确定时考虑群桩折减系数，群桩折减系数由下式计算：

$$\eta=1-\alpha\frac{(m-1)n+(n-1)m}{90mn}$$

式中　m——桩的排数；

　　　　n——每排桩的根数；

　　　　$\alpha=\arctan\frac{d}{e}$；

　　　　d——桩径（m）；

　　　　e——桩的平均中心距离（m）。

根据计算结果分析，与原闸设计桩长对比，建成无水与设计关门挡水两种工况基本一致，原设计桩长满足设计要求；原闸桩基设计时未考虑地震液化的影响，地震工况计算桩长偏短，但是工程建成至今并没有发生过设计烈度的地震，因此，桩基沉降与考虑地震液化影响因素无关。且位于本闸上游的西双河闸，下游的王庄闸在闸室结构与桩基布置上与打渔张引黄闸基本一致，桩基设计计算方法完全相同，而那两座闸沉降量均很小，由此也可基本排除设计原因造成的桩基沉降。

3.4　管理运行分析

打渔张引黄闸为打渔张灌区的渠首闸，每年春季农业用水时，开闸放水，汛期则关闸挡水。1989年增加引黄济青功能后，每年冬季11月至次年3月开闸向青岛送水，其余时间则关门挡水。因为闸前有1956年建的老打渔张闸作为防沙闸使用，运行期间无漂浮物、冰凌之类的外荷载作用，闸室及两岸也没有增加任何设计之外的建筑物，因此，运行期间无外加荷载的影响。工程建成后至今没有发生过较大洪水，最大洪水位为工程建成后第二年1982年8月9日，黄河利津站流量为5810m³/s，打渔张闸前水位16.63m。最高挡水位为1996年8月13日，黄河利津站流量为3250m³/s，打渔张闸前水位16.95m，远低于22.70m的设计防洪水位。因此，运行管理上分析，不存在引起桩基沉降的因素。

3.5　边荷载影响分析

打渔张引黄闸改建闸址位于1956年始建的原闸下游44m处，改建时地面平均高程约9.3m，改建后新修两岸大堤及坝头，设计大堤顶高程 25.8m，坝头顶高程 19.3m，新增填土高 10.0～16.5m，虽然设计考虑了岸箱及减载孔措施，但由于减载孔底面积较小，设计桩长未考虑边荷载引起的桩壁负摩阻力影响，桩长偏短（每侧减载孔底板下布桩 5 棵，桩底高程为 3.2m）。再加上新修两岸坝头及大堤，新增回填土高度和面积均较大，在施工期间就发生刺墙不均匀沉降，并外倾，使刺墙与岸箱间止水片断裂。工程竣工验收时，左岸（北岸）刺墙比岸箱下沉 75mm，右岸（南岸）刺墙比岸箱下沉 100mm，加上边墩的施工沉陷已达 90～100mm。由此可初步判断，由于两岸大面积填土，引起桩周土体沉降，产生了较大桩侧负摩阻力，造成桩基严重沉降。此外，工程建成后第二年就发生了较大的洪水，闸前挡水位较高，突然增加的上游边荷载，增大了上游侧地基土沉降，使上游侧基桩产生了桩壁负摩阻力。打渔张闸的累积沉降量分布为：由两岸向中间逐渐减小，从上游向下游逐渐减小，也非常符合边荷载对沉降影响的分布趋势。因此，可推断较大边荷载作用产生了桩壁负摩阻力，引起了桩基较大沉降。

4 结语

根据山东黄河下游已建成的 20 座桩基开敞式闸的运行情况，唯有打渔张引黄闸出现了较大沉降，超过了水闸设计规范允许值。由以上分析可看出，打渔张闸发生较大沉降的主要原因是，两岸高填土产生的边荷载影响。虽然采取了岸箱与减载孔的处理措施，但是由于闸址位于河滩地上，没有经过大堤堤身预压，大堤改线，新修两岸坝头，使得两岸新增填土不仅高度大而且填土范围也很大，岸箱与减载孔宽度较小，减载孔桩长偏短，没有达到预期效果。再加上工程建成后第二年就发生较大洪水，闸前水位较高，突然增加了上游边荷载，由于地基土质较差，沉降量很大，引起较大桩侧负摩阻力，产生了较大桩基沉降。分析该闸桩基沉降的原因，不仅为该闸除险重建提供了科学依据，对于改进桩基式水闸的设计也具有重要的指导意义。今后，在未加预压的软土地基上修建桩基式水闸，边荷载影响是必须充分考虑的重要因素。

附表一　打渔张引黄闸沉降观测统计表

测点		1996 年至 2006 年 5 月间隔沉陷量（mm）	至 2007 年 6 月间隔沉陷量（mm）	至 2008 年 6 月间隔沉陷量（mm）	累计沉陷量（mm）	备注
部位	编号					
刺墙	3	67	2	8	492	1. 本表高程为 1956 年黄海高程。
	4	74	1	7	427	2. 测量引据点 Ⅱ 小民 3－1，高程为
岸箱	5	56	1	7	232	11.4008m，本点与闸基 Ⅱ（西）位于
	6	55	0	7	304	同一院内，上有盖板，距西墙 2m，距北
	7	57	0	6	296	屋西南角 2m。
	8	54	－1	7	272	3. 2007 年间隔沉陷量为负值主要原因是
1 号墩	9	55	－1	8	269	测量误差导致。
	10	51	－1	8	242	
2 号墩	11	54	－2	8	251	
	12	50	－2	8	228	
3 号墩	13	53	－2	7	248	
	14	50	－3	8	225	
4 号墩	15	54	－3	6	254	
	16	49	0	5	232	
5 号墩	17	53	－2	6	270	
	18	50	－2	5	247	
岸箱	19	48	3	1	294	
	20	53	－2	4	282	
	21	54	－2	6	330	
	22	54	－1	5	316	
刺墙	23	60	－1	6	422	
	24	64	0	5	485	

地铁穿越地下特殊管线的监测

谢裕春[1]　王志京[1]

(1. 北京城建勘测设计研究院有限责任公司，北京　100010)

摘　要：随着城市化发展的加快，城市地铁建设正迎来高潮。新建地铁与城市既有地下市政设施之间的矛盾不可避免，尤其是对原有市政管网的互相扰动。对特殊管线的长时间、多手段的监测，为后续新建地铁的勘察、设计、施工提供了可靠的技术支持。

关键词：地铁隧道；互相穿越；监测方案；实施方法

Monitor subway traversing underground special pipeline

Xie Yu-chun[1]，Wang Zhijing[2]

(1. Beijing Urban Construction Exploration and Surveying Design Research Institue CO. LTD，Beijing；100010

2. Zhengzhou School for Surveying and Mapping，Henan，Zhengzhou，450005)

Abstract：With the acceleration of urbanization，urban subway construction is ushering in a climax. The conflict between the new underground metro and existing municipal facilities is inevitable，especially for the perturbation with the municipal pipe network. The long—term monitoring for the special line with multi—means provides reliable technical support for the follow—up surveying，design and construction.

Key words：subway tunnel，monitoring program，implementation methods

引言

在城市地铁建设过程中，地铁建设与既有市政管线互相扰动现象不可避免。加强对既有重点管线的变形监测，及时反馈监测信息，为指导地铁安全施工具有重要的意义。

2010 年 5 月我院郑州项目部对郑州地铁 1 号线的其中一个盾构区间开展了监测工作，区间穿越内径 3000mm 污水管，该污水管壁承担郑州东区 60％的污水输送任务。污水管左、右线顶部埋深 6.115m、6.035m，距隧道顶部最小净距分别为 0.519m、0.512m。为保证污水管在地铁施工过程中的安全和不影响后续的使用，我们制定专项监测方案并实施了全程监测。现将监测方案的制定、实施和监测效果浅谈管窥之见。

1　监测方案的设计

鉴于国内地铁施工过程中缺少同类型的参考，监测方案将监测分为三个阶段：穿越前试推阶段、穿越阶段、穿越后阶段（长度为 12m、12m、22.5m，时间为 3 天、4 天、4 天）。第一阶段埋设轴线及断面深层沉降监测点，重点解决盾构推进过程中土体的沉降与隆起，并根据监测数据获得合适的盾构推进参数。第二阶段为监测的重点阶段，监测细分为：（1）在该阶段前端埋设分层沉降管、测斜监测管和孔隙水压力孔。分层沉降监测主要是通过电感探测装置，根据电磁频率的变化来观测埋设在土体不同深度内的钢环的确切位置，再由其所在位置深度的变化计算出不同地层沉降变化。测斜管主要是精密监测土体内部不同标高处水平方向的位移。孔隙水压力计用于监测由于盾构推进扰动土体而引起的孔隙水压力的变化。三种方法监测盾构推进中对不同深度的土体水平和垂直方向的影响。（2）在污水管外沿 1.5m 处布设与污水管同深度沉降监测点，通过该点监测数据验证盾构推进参数和施工方案的正确与否，决定盾构是否掘进通过污水管。（3）在污水管顶部布设深层沉降点，点深度位于污水管的上顶部，实时监测污水管的沉降与隆起。第三阶段为污水管安全性监测，考虑盾构通过后，由于盾构掘进与注浆等原因，造成土体产生变化而引发的污水管的沉降和位移，为污水管的后期及长远安全运营提供技术的支持，该段布设分层沉降管、测斜监测管，深层沉降点。

1.1 点位布设方案与要求

根据监测方案的设计指导思想，监测对象为各层土体沉降与隆起、水平位移、孔隙水压力变化以及污水管的沉降与隆起等，采用如图1所示的布点形式：

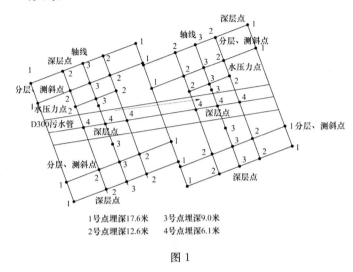

1号点埋深17.6米   3号点埋深9.0米
2号点埋深12.6米   4号点埋深6.1米

图1

1.2 仪器设备与观测要求

由于污水管监测的特殊型，沉降观测采用天宝DINI12水准仪。并配合分层沉降仪、测斜仪、孔隙水压力计等监测仪器。盾构试推段每四小时监测一次，推进段盾构每两小时监测一次，在监测过程中盾构停止施工，穿越后段每四小时一次。为保证数据的连续性，每次监测要将布设的监测点全部观测，为缩短观测时间，及时提供监测数据，同时配置多组监测人员。

1.3 监测精度要求与监测警戒值设定

盾构始发前完成各个监测项目的初始值的采集，初始值必须采集两次并取均值。为保证污水管推进阶段和后期营运的安全，特设定监测安全警戒值。污水管在盾构穿越过程中，单次最大沉降≤3mm，隆起≤2mm，累积沉降≤15mm，累积隆起≤5mm，穿越后污水管累积沉降≤30mm，累积隆起≤10mm。

2 监测程序与实施

2.1 监测水准网建立与观测

污水管沉降与隆起监测仍然是监测的主要部分，共布设了24个深层沉降监测点。水准控制网布设与观测应满足：

(1) 布设3个沉降监测基准点，点位布设在监测区域外50m，相邻不超过100m处。

(2) 每次设站至少可以观测到两个水准点，测区内各监测点观测组成附和路线。

(3) 在基准点与沉降监测点之间建立固定的观测路线，各次观测均在相同位置进行。

2.2 监测实施的目标

在不同监测阶段，为了使监测数据能够达到指导施工的目的，规定：

(1) 盾构实验推进段主要为深层沉降监测，通过连续的对深层沉降点的测量，及时计算监测点的数据变化，指导调整盾构施工推进参数，建立监测点沉降、隆起与盾构推进之间的关系。

(2) 分层沉降和测斜监测设置在推进段的开始位置，分层和测斜布置在同一监测孔中，根据该区间段地质勘查报告，测斜采用每0.5m深度为一个监测位置，分层沉降为每2m为一个监测位置。两项监测主要解决：一是各个地层土体受盾构推进产生的不均匀沉降，二是各层土体产生的水平方向的位移。技术上保证污水管水平和垂直方向位移在安全值允许范围之内。

(3) 孔隙水压力孔布设在推进段污水管中心前4.5m，主要考虑由于盾构推进中地层内部含水必将渗出，造成土体体积逐渐缩小而形成"固结"，而土体"固结"引起的地层的沉降。

(4) 在污水管中心前沿1.5m处布设的深层沉降点，监测点沉降与隆起数据满足监测要求后，才允许盾构通过污水管。污水管单线各布设三个深层沉降监测孔，钢筋深度触到污水管顶部外缘为止。六个深层监测孔监测数据必须满足监测警戒值的要求。

(5) 盾构通过污水管后仍然布设分层、测斜和深层监测孔，主要用于盾构通过污水管后的监测使用，联合其他监测数据，进一步确定盾构推进对周围土体的扰动而对污水管产生的的影响。

2.3 观测成果的统计与汇总

(1) 根据连续实时的监测数据，汇总分析及时上交盾构施工方面，达到监测的实时性。

(2) 绘制各个沉降监测点的监测变化曲线，以时间为横坐标，以各点累积沉降量为纵坐标，连线得到沉降曲线。图2为污水管沉降与隆起曲线。

(3) 绘制分层、测斜、孔隙水压力监测数据曲线。以时间为横坐标，分别以分层点沉降累积量、测斜位置水平位移累积量、孔隙水压力变化累积量为纵坐标绘制变化曲线图。图3、图4、图5分别为测斜、分层沉降、孔隙水压力的变化曲线图。

(4) 实时总结和分析各种监测手段的监测数据，根据数据报表和监测曲线走势，预推报各个监测点的变化趋势，及时施工发出警戒信息，为优化盾构施工参数，降低盾构施工对地层土体的扰动提 出建议。

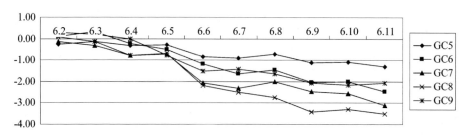

图 2　GC5 为未推进左线污水管轴线点，GC8 为右线污水管轴线点

从图 2 可以看出，6 月 2、3 号，由于盾构机巨大推力，造成污水管出现隆起现象，当盾构机穿越污水管时，污水管产生快速沉降，随着盾构穿越并 进行了快速注浆后，污水管在 6 月 11 号达到沉降峰值后开始稳定。在后续近六个月的监测中，污水管沉降值基本稳定在 11 号峰值附近。

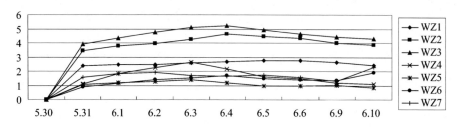

图 3　该图为污水管右线轴线测斜监测一个监测点的七个分层点连续 12 天的监测数据

原监测为每 0.5m 为一监测点位，考虑到图面显示进行了删减，WZ7 到 WZ1 依次从地面到盾构机位置。从监测数据可以看出从 5 月 30 号到 5 月 31 号测斜管底部产生较大的水平位移，通过调整 盾构推进参数后，从 6 月 1 号数据趋于稳定，在通过污水管的 6 月 3 号和 4 号，基本没有发生较大的水平位移，后续监测数据基本稳定在峰值附近。

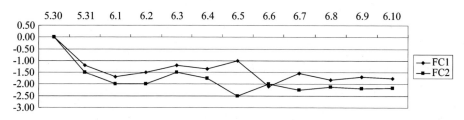

图 4　该图为污水管右线轴线一个分层沉降监测点两个分层位置连续 12 天的监测数据

与测斜管水平位移表现一致，5 月 30、31 号有较大沉降量外，经过盾构施工调整参数后，后续时 间沉降量基本保持在一个稳定的状态，达到监测的目标。

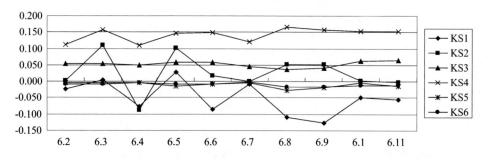

图 5　为污水管右线轴线三个孔隙水压力监测点，每监测点包含两个监测位置

由于地处城市部位，靠近地表处有通信、雨水管道，路灯电缆等，电磁干扰较大，数据表现不是十分稳定。同时在盾构推进前进行了较长时间的降 水工作，从监测数据可以看出，盾构推进过程中孔隙水压力值基本保持在一个相对稳定的状态，说明盾构推进对土体因水渗出造成的土体"固结"沉降

影响较小。

3 问题探讨

在地铁穿越污水管过程中，监测方法与建筑物的变形监测是一致的。但是地铁盾构施工对土体扰动引发管线的变化又是实时的，监测一要满足盾构推进中对监测数据的实时性、指导性，二要满足盾构推进后，对监测管线的长期安全性的监测需要。通过本次地铁穿越特大污水管的监测，监测方案的正确制定是监测顺利实施的关键所在。监测各阶段的监测目的明确，上、下阶段互相指导，各有侧重，避免监测的重复和主次不分。

1）从试推阶段监测数据可以看到，初推阶段监测数据的变化较大，数据呈现不稳定状态，通过连续监测数据指导施工盾构调整参数后，监测数据逐渐趋于平稳，基本可以保证污水管的沉降与隆起数据在安全范围之内。

2）推进阶段采用沉降、分层、测斜、孔隙水压力等多种监测手段，监测频率高而且及时。沉降、分层监测数据验证试推阶段盾构参数选择是否合理，测斜反应了盾构推进使污水管在水平方向受到推动而产生水平位移，孔隙水压力解决了土体"固结"，引起地层的沉降。分析污水管顶部深层沉降与隆起监测点监测数据，本次地铁盾构监测、施工是成功的。

3）推进后阶段的分层、测斜和深层沉降布设与监测，防止盾构通过污水管后，由于重新调整推进参数而引起土体新的扰动而对污水管产生的影响。污水管顶部深层沉降监测和推进后部分监测将持续一段较长的时间，通过监测数据进一步判断污水管安全性能否得到保证。

本次地铁盾构推进通过市政特大污水管的监测，方案明确三阶段式监测，避免盲目通过增加监测点范围和工作量来达到监测目的，同时根据盾构在不同时段时对污水管的影响，突出每个阶段监测的监测目标。本次监测在形式上表现为各阶段监测，实际上、下阶段监测具有指导、优化、完善作用。监测数据表现随时间和施工进度随意性到通过监测数据调整盾构推进参数后，监测数据反应土体沉降变化向设计所要求的沉降控制目标稳定靠近。

参考文献

[1]《工程测量规范 》GB50026—2007 建设部 2008 年 5 月 1 日实施.

[2]《地下铁道、轻轨交道工程测量规范》GB50308—2008 建设部 2000 年 6 月 1 日实施.

[3]《盾构法隧道施工与验收规划》GB50446—2008 建设部 2008 年 9 月 1 日实施.

[4]《铁路隧道设计规范》TB10003—2005 铁道部 2005 年 4 月 25 日实施.

郑州地铁车站基坑施工的风险监控及变形规律

张轩轶[1]　魏绍军[2]

(1. 北京城建勘测设计研究院有限责任公司，北京 100101；2. 北京城建勘测设计研究院有限责任公司，北京 100101)

摘　要：郑州市于 2009 年开始进行地铁施工，在地铁车站基坑施工方面没有经验积累。目前主要借鉴本地工民建基坑施工经验及外地的地铁基坑经验来进行风险监控。风险监控中采用桩顶水平位移、桩顶沉降、桩体水平位移、支撑轴力、建（构）筑物、管线、地表沉降等监测手段，结合每天的现场安全巡视工作，在监测数据异常或现场巡视出现问题时，及时反馈业主、监理、设计、施工等相关单位，最终控制了风险，保证了地铁车站基坑的结构封顶。此外，在监测过程中还发现了郑州地铁车站基坑施工的变形规律，为今后郑州地铁基坑的施工提供了宝贵的经验。

关键词：地铁；基坑；风险监控；变形规律

Risk monitoring and deformation law on the foundation pit construction of subway station in Zhengzhou

Zhang Xue - yi [1]　Wei Shao - jun [2]

Abstract：Since it only began its subway construction in 2009, Zhengzhou has less experience in the foundation pit construction of subway station. At present, the experience of foundation pit construction from local and ecdemic skilled worker was used to monitor the risk. By monitor methods, such as horizontal displacement of pile bolck, subside of pile bolck, horizontal displacement of pile, axial force, buildings, pipelines, and surface subsidence, combined with the on site safety inspection each day, timely report to the proprietors, supervisor, designer and constructor, the risk is controled, which makes sure the foundation pit construction of subway station being capped. In addition, the deformation rule of Zhengzhou subway station foundation pit construction is also found in the monitoring process, which provides the valuable experience for future Zhengzhou subway station construction.

Key words：Subway; foundation pit; risk control; deformation

1 概述

从 2009 年郑州市开始修建地铁到目前，在施的地铁线路为郑州地铁 1 号线一期工程和 2 号线一期工程。1 号线一期工程为东西走向，西起凯旋路站，沿郑上路—建设西路—嵩山路——中原东路—火车站—正兴街—二七广场—人民路—紫荆山—金水路—会展中心—金水东路—东风东路—新郑州站—明理路，终点为体育中心站，线路全长 26.2km，均为地下线，共设车站 20 座。2 号线一期工程为南北走向，北起广播台站，向南途经新龙路站、国基路站、北环路站、东风路站、农业路站、黄河路站、东大街站、陇海东路站、帆布厂街站、航海东路站、长江路站、南环路站、向阳路站，止于南四环站，线路全长 20.6km，均为地下线，共设车站 16 座。郑州地铁 1 号线一期工程和 2 号线一期工程线路分布示意图如图 1 和图 2 所示。

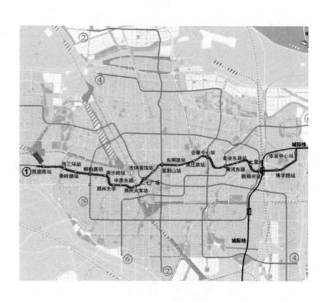

图 1　1 号线一期工程线路分布示意图

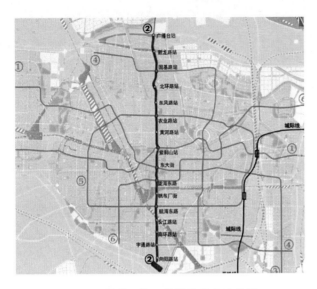

图 2　2 号线一期工程线路分布示意图

截至 2013 年 1 月，一号线一期工程全部车站主体已经顺利完工，二号线一期工程已有 4 个车站主体完成了结构封顶。在郑州地铁车站基坑施工过程中，采用现场监测和巡视的手段，掌握基坑围护结构自身和周边环境的变形情况，为基坑结构封顶提供了强有力的保障。

2　工程风险

2.1　水文地质风险

郑州地铁 1 号线一期工程整体成东西走向，地势为西高东低，西部地下水埋深较深，东部地下水埋深较浅。2 号线一期工程成南北走向，地势为北高南低，因其北临黄河，因此北部水位埋设较浅，南部水位埋设较深。例如，2 号线一期的起点站广播台站，地面标高约 88m，水位标高约 83m，南部的向阳路站，地面标高约 117m，水位标高约 97m。

郑州地铁 1 号线一期及 2 号线一期工程地层主要以粉土、砂层、粉质黏土为主，绝大多数车站底板主要位于粉土或砂层上。个别情况如 2 号线的北环路站，底板主要位于粉质黏土上，为高压缩性土层，为满足结构基坑开挖变形控制及基底承载力要求，基坑基底采用 $\phi600$ 双管高压旋喷桩裙边＋抽条加固，控制深度为基底下 2m，裙边采用 4 排 $\phi600$ 双管高压旋喷桩密排加固，抽条加固采用 $\phi600@1100$（梅花型布置）加固。

2.2　自身风险

1 号线一期和 2 号线一期的车站主体基坑开挖深度一般在 15～18m 之间，根据郑州市轨道交通风险源辨识专家评审会评审意见，列为二级风险工程；个别基坑如 1 号线市体育馆站、会展中心站。

2.3　环境风险

1 号线一期和 2 号线一期车站主体基坑施工，对临近的建（构）筑物，大量的市政管线以及金水路、花园路、紫荆山路路面有一定影响。

3　风险监控

3.1　监测目的

（1）在地铁土建施工过程中对基坑周边环境和工程自身关键部位实施独立、公正的监测，基本掌握基坑周边环境、围护结构体系和周边土体的动态。

（2）通过现场安全监测、现场巡视和安全状态预警，较全面地掌握各工点的施工安全控制程度，对施工过程实施全面监控和有效控制管理。

（3）监测数据和相关分析资料可作为处理风险事务和工程安全事故的重要参考依据。

（4）积累资料和经验，为今后同类工程设计、施工提供类比依据。

3.2　监测内容及手段

车站基坑现场监测项目包含围护结构桩（墙）体水平位移、桩（墙）顶水平位移、桩（墙）顶沉降、支撑轴力、水位、建（构）筑物沉降、管线沉降、地表沉降等。

监测频率为：基坑开挖期间，1 次/2～3 天；结构施工期间，1 次/3 天；经数据分析确认达到基本稳定后，1 次/月。此外，每天都开展现场安全巡视工作。

3.3　预警及响应

3.3.1　监测预警

监测预警分为三级预警，分别是黄色监测预警、橙色监测预警、红色监测预警。

表 1　三级警戒状态判定表

警戒级别	预警状态描述
黄色监测预警	"双控"指标（变化量、变化速率）均超过监控量测控制值（极限值）的 70% 时，或双控指标之一超过监控量测控制值的 85% 时
橙色监测预警	"双控"指标均超过监控量测控制值的 85% 时，或双控指标之一超过监控量测控制值时
红色监测预警	"双控"指标均超过监控量测控制值，或实测变化速率出现急剧增长时

当监测数据录入郑州市轨道交通工程安全风险管理系统后，平台会自动根据设计单位给定的控制指标来进行监测预警。

3.3.2　巡视预警

巡视预警按严重程度由小到大分为三级：黄色巡视预警、橙色巡视预警和红色巡视预警。巡视预警分级的内容见郑州市轨道交通有限公司系统平台使用与管理办法的附件1（施工巡视预警参考表）。

巡视预警发生后，应及时进行分析、处理。相关各方须在预警事件产生后12h内在系统平台发布预警分析结论、处置建议、相关会议记录、预警事件跟踪、风险控制效果评价等信息或文件。

3.3.3　综合预警

施工单位、监理单位、第三方监测单位、风险管理咨询单位等在施工过程中根据现场参建单位的监测、巡视信息，并通过核查、综合分析、风险评估及必要时的专家论证等，及时综合判定出工点的安全风险状态时，并及时通过系统平台向质量安全监察部提出综合预警建议。

质量安全监察部收到综合预警建议，经核查后，负责发布综合预警事件。综合预警按严重程度由小到大分为三级：黄色综合预警、橙色综合预警和红色综合预警。

3.3.4　综合预警响应

综合预警发生后，有关各方应及时进行分析、处理，质量安全监察部、总工程师办公室、总体室、施工单位（总承包单位指挥部及相应工区）、监理单位、风险管理咨询单位、第三方监测单位应在预警事件产生后及时在系统平台上发布处置建议、预警事件跟踪等信息。同时，总监代表（橙色以上综合预警时，需总监）应组织相关各方召开预警处置会议，将相关会议记录、纪要发布在系统平台上。施工单位技术负责人定期、不定期对综合预警的风险控制效果进行评价和风险分析，并发布在系统平台上。

3.3.5　综合预警处理

（1）黄色综合预警发布后的预警处理：

总监代表主持并组织相关各方实施风险处理会议，确定风险控制措施。施工单位相关负责人（尤其是工区技术负责人及工程部部长）、第三方监测单位加强监测和巡视，监理单位加强巡视、监管，风险管理咨询单位加强跟踪、建设分公司、质量安全监察部加强协调和督察。

（2）橙色综合预警发布后的预警处理：

标段总监主持并组织相关各方实施风险处理会议，确定风险控制措施。施工单位、第三方监测单位加强监测和巡视，监理单位加强巡视、监管，风险管理咨询单位加强风险分析与巡视、安全生产委员会监督、检查综合预警事件的控制措施的落实与整改情况。

（3）红色综合预警发布后的预警处理：

施工单位立即启动应急预案，2小时内组织专家论证。总承包单位主管领导主持并组织实施风险处理。施工单位、第三方监测单位加强监测和巡视，监理单位加强巡视、监管。安全工作委员会督促参建单位对安全隐患的整改落实情况，并实施总体管理。

4　变形规律

4.1　郑州西部地铁车站基坑变形规律

郑州地势为西高东低，北高南低，西部地下水埋深较深，东部地下水埋深较浅。

1号线一期中原东路站位于郑州西部。车站总长454.6m，宽18.9m，深约17m。主体基坑采用明挖法施工，围护结构采用钻孔灌注桩加内支撑支护体系（无地下水影响）。

主体基坑开挖地层主要为粉土层。潜水地下水位埋深约18m，在车站底板以下，无需降水。

中原东路站主体基坑开挖对周边地表的影响在−3～3.5mm之间（控制值30mm），围护桩桩体水平位移变形大多在9mm以内（控制值40mm），具体见图3和图4。

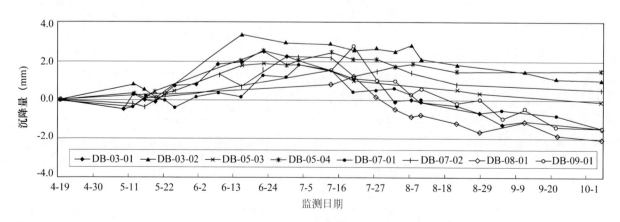

图3　中原东路站地表沉降典型测点时程曲线图

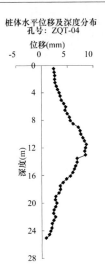

图 4 桩体水平位移典型测点
累计变形分布图

从曲线图中可以看出，地处郑州西部的 1 号线一期中原东路站，开挖过程中无地下水影响，且无不良地质条件出现，基坑开挖对围护结构及周边环境的影响较小。

4.2 郑州中部地铁车站基坑变形规律

1 号线一期紫荆山站位于郑州中部。车站总长151.6m，宽 26.1m，深约 26.2m。主体基坑采用明挖法施工，围护结构采用地下连续墙（受地下水影响较大）。

主体基坑开挖地层主要为粉土层、砂层。潜水地下水位埋深约 10.1m，在底板以上，采用地下连续墙隔水，基坑外不降水。

紫荆山站主体基坑开挖对周边地表的影响在一12～4mm 之间（控制值 30mm），墙体水平位移变形大多在 10mm 以内（控制值 40mm），具体见图5 和图 6。

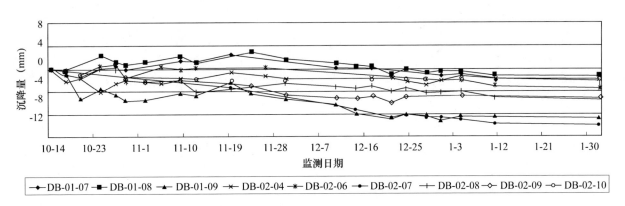

图 5 紫荆山站地表沉降典型测点时程曲线图

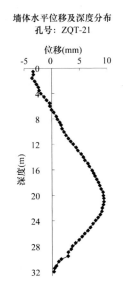

图 6 墙体水平位移典型测点
累计变形分布图

从曲线图中可以看出，地处郑州中部的 1 号线一期紫荆山站施作地下连续墙隔水，隔水效果较

好，因此基坑开挖过程中，地下水对周边地表的影响较小，地表累计沉降值不超过 12mm。但基坑开挖中，第三道钢支撑架设不及时，桩体水平位移变形量呈抛物线分布，且最大变形值在第三道钢支撑位置。

4.3 郑州东部地铁车站基坑变形规律

1 号线一期黄河东站位于郑州东部。车站总长268.4m，宽 20.7m，深约 16.4m。主体基坑采用明挖法施工，围护结构采用钻孔灌注桩加内支撑支护体系，外放 300mm 做 Φ850@600mm 的三轴搅拌桩止水帷幕（受地下水影响较大）。

主体基坑开挖地层主要为粉土层、砂层。潜水地下水位埋深 9.5～11.0m，在底板以上，采用三轴搅拌桩止水帷幕隔水。

黄河东路站主体基坑开挖对周边地表的影响在一17～7mm 之间（控制值 30mm），围护桩桩体水平位移变形大多在 13mm 以内（控制值 40mm），具体见图 7 和图 8。

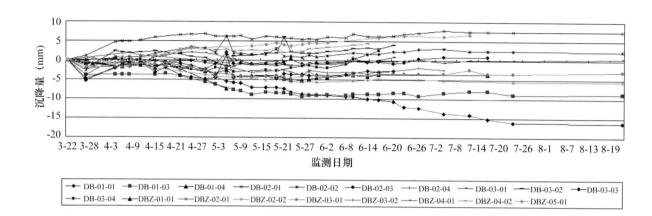

图 7　黄河东路站地表沉降典型测点时程曲线图

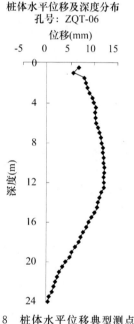

图 8　桩体水平位移典型测点
累计变形分布图

从曲线图中可以看出，地处郑州东部的 1 号线一期黄河东路站采用三轴搅拌桩止水帷幕，其隔水效果不如紫荆山站施作的地下连续墙。因此基坑开挖过程中，地下水对周边地表的影响明显大于紫荆山站。

4.4 郑州北部地铁车站基坑变形规律

2 号线一期广播台站位于郑州北部。车站总长 470.0m，宽 19.1m，深约 15.96m。主体基坑采用明挖法施工，围护结构采用钻孔灌注桩加内支撑支护体系，外放 300mm 做 Φ850@600mm 的三轴搅拌桩止水帷幕（受地下水影响较大）。

主体基坑开挖地层主要为粉土层、砂层。潜水地下水位埋深 4.3～5.8m，在底板以上，采用三轴搅拌桩止水帷幕隔水。

广播台站主体基坑开挖对周边地表的影响在 －16～5mm 之间（控制值 30mm），有 1 个测点达到 －29.6mm（基坑西南角止水帷幕出现渗漏点，涌水带砂导致阶段沉降较大），围护桩桩体水平位移变形大多测孔的变形在 15mm 以内（控制值 30mm），有 1 个测孔的累计变形达到 28.56mm（基坑西南角渗漏点最近的测孔）具体见图 9、图 10、图 11。

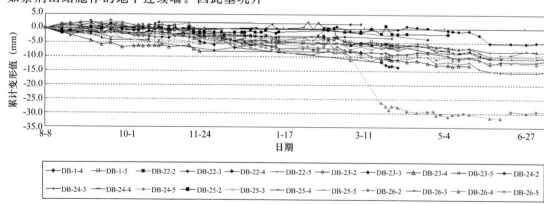

图 9　广播台站地表沉降典型测点时程曲线图

桩体水平位移及深度分布
孔号：ZQT-21

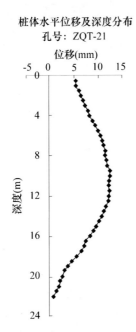

图10　桩体水平位移典型测点
累计变形分布图

桩体水平位移及深度分布
孔号：ZQT-1

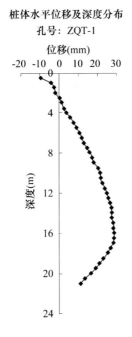

图11　桩体水平位移典型测点
累计变形分布图

郑州北部临黄河较近，2号线一期最北边的广播台站场区内地下水位较浅，基坑采用三轴搅拌桩做止水帷幕。主体基坑整体止水效果较好，基坑开挖对周边地表的影响在−16～5mm之间，但在西南角出现了渗漏点，涌水带砂导致地表沉降达到−29.6mm（控制值30mm）。出现涌水后，施工单位及时封闭了工作面，防止了沉降的进一步扩大。

此后，施工单位先采用从地面高压旋喷堵漏的方式，但效果不佳，最终对漏点位置附近一定范围内继续施作一圈封闭的高压旋喷桩止水帷幕，保证了结构的封顶。

在施工单位及时架设钢支撑的情况下，基坑围护结构桩变形能控制在15mm以内，西南角的涌水带砂以及高压旋喷等多次扰动，对该位置的围护结构产生了一定影响，导致桩的变形达到了28.56mm（控制值30mm）。

4.5　郑州南部地铁车站基坑变形规律

2号线一期向阳路站位于郑州南部。车站总长197.4m，宽18.5m，深16.84～17.35m。主体基坑采用明挖法施工，围护结构采用钻孔灌注桩加内支撑支护体系（无地下水影响）。

主体基坑开挖地层主要为砂层。潜水地下水位埋深为20.00～21.10m，在车站底板以下，无须降水。

向阳路站主体基坑开挖对周边地表的影响在−14mm以内（控制值20mm），围护桩桩体水平位移变形大多在5mm以内（控制值19.5mm），具体见图12和图13。

从曲线图中可以看出，地处郑州南部的2号线一期向阳路站开挖过程中无地下水影响，围护结构桩变形大多在5mm以内。从基坑开始开挖到结构封顶后的3个月，周边地表沉降依次出现缓慢沉降、明显沉降、趋于稳定、基本稳定等过程。

5　结论

（1）郑州地势为西高东低，北高南低，西部地下水埋深较深，东部地下水埋深较浅。在西部和南部施作基坑受地下水的影响小，在中部、东部、北部施作基坑受地下水的影响大。

（2）采用地下连续墙隔水效果较好，但成本较高，采用三轴搅拌桩做止水帷幕成本比地下连续墙低，但效果不如地下连续墙，易出现渗漏点，涌水带砂容易使周围地表出现明显下沉。

（3）郑州基坑开挖对周边地表的影响不超过17mm（止水帷幕效果不佳的情况除外），围护结构桩（墙）的水平位移变形绝大部分不超过15mm。

（4）在地铁基坑施工中采用监测及巡视的手段，掌控基坑围护结构自身及周边环境风险的控制情况，为基坑顺利的结构封顶起到了很大的作用，是十分必要的，而且也为今后郑州地铁基坑的施工提供了宝贵的经验。

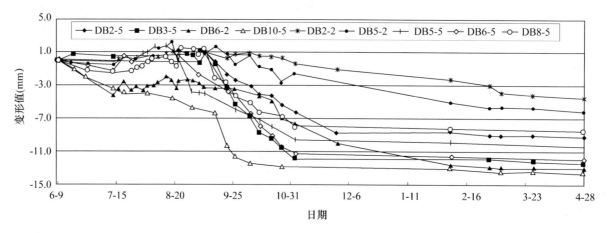

图 12　向阳路站地表沉降典型测点时程曲线图

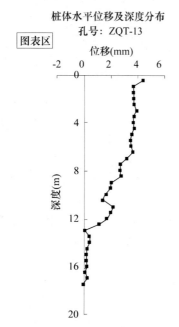

图 13　桩体水平位移典型测点
累计变形分布图

参考文献

[1] 王永杰，浅析基坑监测在工程施工中的安全预警，《城市建设理论研究》，2012 年第 20 期.

[2] 何晓东，浅谈基坑监测的内容及意义，《神州》，2012 年第 5 期.

[3] 李祥龙，基坑监测与基坑安全，《广东科技》，2012 年第 2 期.

[4] 高建国，地铁明挖车站基坑变形分析与控制，《铁道标准设计》，2006 年第 8 期.

[5] 吴彰森、胡耀平，基坑支护工程监测技术研究，《科技资讯》，2009 年第 9 期.

[6] JGJ 8—2007，建筑变形测量规范［S］.2007.

[7] 郭玉海. 盾构穿越铁路的沉降综合控制技术［J］. 市政技术，2003，第 21 卷（第 4 期）：204－208.

[8] 杨海朋. 施工过程中浅埋隧道自身性状及上部建筑物沉降变形的数值分析［D］. 湖南：杨海朋，2007.

太原某基坑支护设计实例分析

许世雄

(中国建筑科学研究院地基基础研究所，北京 100013)

摘 要：本文以太原市某商务酒店项目的基坑支护工程为例，对通过理正深基坑软件设计计算的水泥土搅拌桩复合土钉支护的方案利用 FLAC3D 程序进行了模拟分析，并对两种方式计算的结果进行综合对比，详细分析了基坑支护体系的位移、土钉内力及支护后的基坑坡体稳定性。分析表明运用理正深基坑支护设计软件设计计算并结合 FLAC3D 数值模拟进行深基坑支护设计具有较强的实践意义，具有一定的参考价值。

关键词：搅拌桩复合土钉；理正深基坑计算；FLAC3D 模拟；对比分析

Analysis of one foundation pit supporting construction design in Taiyuan

Xu Shi-xiong

(Institute of Foundation Engineering，China Academy of Building Research，Beijing 100013，China)

Abstract：In this paper，as a example of one business hotel project in Taiyuan foundation pit support construction，one soil—cement mixed pile and composite soil nailing supporting programs is simulated and analyzed by using the Lizheng and FLAC3D calculating software. And the two calculated results are Compared，detailed analysis of bracing displacement，the soil nailing internal forces and excavation slope's stability. The analysis showed that the Integrated use of the Lizheng deep foundation pit support designing software and FLAC3D numerical simulating program of deep foundation pit support designing is of a strong practical significance，which is valuable for certain reference.

Key words：Mixing pile and composite soil nailing；Lizheng software for deep excavation calculation；FLAC3D numerical simulation；comparative analysis

引言

在我国的基坑支护工程项目中，工程技术人员广泛采用的是理正深基坑软件对支护方案进行设计计算，并被工程专业人士所认可[1]，但其本身存在的一些问题无法真实模拟施工现场的实际状况，需要利用工程设计和施工的经验进行修正[2]。随着其他岩土专业的数值计算软件的开发推广，可以对设计计算的方案进行验算校核，从而进一步优化设计方案。本文将以太原市某商务酒店的基坑支护工程为例，利用 FLAC3D 程序对该支护方案进行模拟分析，并将计算分析结果进行对比，从而获得一些启示性结论供岩土工程设计人员参考。

1 工程实例

1.1 工程概况

拟建太原市某商务酒店建筑地上主楼 28 层，主要功能为商务酒店和办公楼，建筑高度 94m；裙房 6 层，主要功能为商业及酒店配套，建筑高度 36.5m。地下 2 层，主要功能为地下车库、酒店配套及相关设备机房，基础埋深为 9.0m。

根据勘察报告，为满足基坑设计及数值模拟分析需要，拟采用的参数建议参考表 1 所列数据：

表 1 土层计算参数

土层名称	H (m)	ρ (kg/m³)	C (kPa)	φ (°)	E_0 (MPa)	K (MPa)	G (MPa)
素填土	3	1.72	5.0	10.0	4.31	3.27	1.68
粉土	8	1.93	18.5	13.0	6.49	6.36	2.44
粉细砂	2	1.89	4.0	36.0	6.66	6.94	2.49
粉土	8	1.93	13.5	28.0	6.88	6.36	2.44
粉细砂	2	2.05	4.0	36.0	8.06	6.94	2.49
粉质黏土	7	2.1	20.5	23.4	6.45	4.89	2.52

1.2 支护方案

参照基坑支护工程相关规范，根据本工程的周边环境条件等特点，设计人员对该基坑工程提出了支护设计方案。本论文以该工程的一个计算剖面为例进行计算分析。该支护方案的剖面图如图 1 所示。

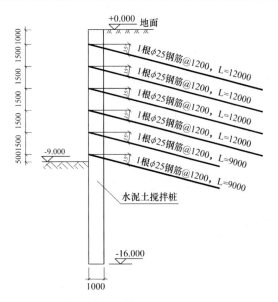

图1 搅拌桩复合土钉支护剖面图

—16.0m，有效桩长16m。

1.2.2 土钉

① 土钉钻孔直径100mm，水平间距1.2m，竖向间距1.5m，主筋采用1根Φ25的HRB级带肋钢筋；

② 土钉注浆材料采用42.5普通硅酸盐水泥，水灰比0.4～0.5注浆体强度不得低于20MPa。

1.2.3 其他

关于本设计方案的其他内容本文略去，不做详细介绍。

2 理正深基坑软件计算结果分析

按照上述参数计算获得基坑坑壁水平位移、墙后地面垂直沉降位移、基坑坑底回弹位移及土钉内力等方面的结论具体分析如下。

本文利用理正深基坑支护结构设计软件6.01版，参考前文基坑支护计算剖面图建模，分六个开挖工况，每次开挖1.5m，每个工况超挖深度0.5m，不考虑地面超载情况和地下水对土体物理力学指标及支护体系各单体的影响。经理正软件计算分析得到的土钉支撑反力、水平位移曲线、搅拌桩水泥土墙弯矩与剪力包络图、地面沉降预测曲线及土钉内力如图2、图3和图4所示。

本基坑支护深度9.0m，拟采用水泥土搅拌桩复合土钉支护形式，开挖前期施工水泥土搅拌桩对坑壁土体预加固，不放坡自地表直立开挖，之后对该坡体采用土钉进行支护，具体设计如下：

1.2.1 水泥土搅拌桩

水泥土搅拌桩桩径500mm，桩距、排距均为300mm；桩顶标高为天然地坪标高，桩底标高为

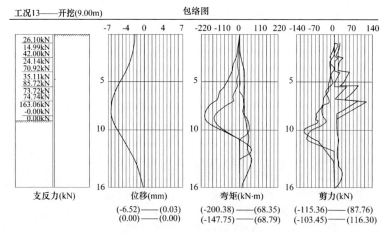

图2 理正深基坑软件计算位移、弯矩、剪力曲线

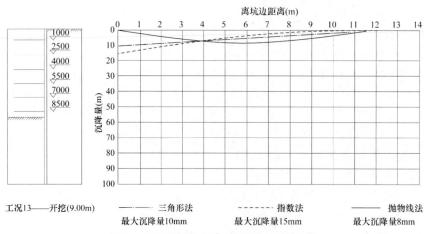

图3 理正深基坑软件计算沉降位移曲线

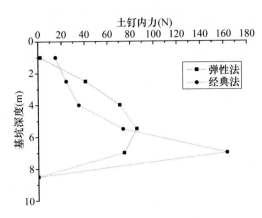

图4　理正深基坑软件计算各排土钉内力

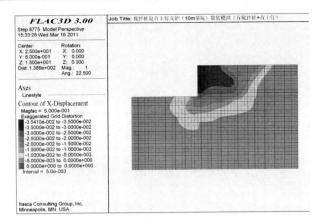

图5　数值模拟水平位移云图

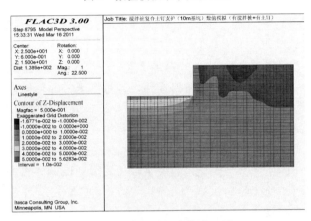

图6　数值模拟竖直位移云图

（1）基坑水平位移计算结果如图2所示，弹性法计算得到基坑的水平最大位移为6.52mm，出现在基坑底上部1m左右；

（2）墙后地表沉降位移结果如图3所示，三角形法计算得到地表最大沉降位移为10mm，出现在基坑顶部；指数法计算得到的地表最大沉降为15mm，也出现在基坑顶部；抛物线法计算得到地表最大沉降为8mm，出现在距基坑顶部相距约6.0m处；

（3）土钉轴向内力计算结果如图4所示，弹性法计算得到土钉内力最大值为74.7kN，出现在第四排，经典法计算得到土钉内力最大值为163.06kN，出现在第五排；

（4）开挖坡体的抗倾覆稳定性系数 $K_s=6.551$ 大于1.2，抗滑安全系数 $K_h=16.130$ 大于1.2，抗隆起计算中，规范[3,4]中Prandtl（普朗德尔）公式计算得到 $K_s=6.818$ 大于1.1，Terzaghi（太沙基）公式计算得到 $K_s=8.268$ 大于1.15，均满足规范要求，但开挖坡体的整体稳定安全系数 $K_s=0.515$，不满足规范要求。

3　FLAC3D数值计算结果分析

参考前文基坑支护计算剖面图数据及土层各种参数指标建立FLAC3D数值模拟模型，通过模拟分析得到基坑支护结构水平位移、垂直位移云图如图5和图6所示，坑壁水平位移曲线如图7所示，前后地表沉降曲线如图8所示，各排土钉轴向内力曲线如图9所示。

（1）FLAC3D数值模拟所得的基坑水平位移最大位移为3.54cm，出现在基坑的中下部距坡顶6m位置处，基坑土体也有向开挖侧的水平位移，一直延伸到基坑底近1倍深度处。

（2）水泥土搅拌桩（墙）后地表最大沉降位移为1.29cm，出现在距坑顶约17m处，且基坑开挖带来的地表沉降影响范围约在0.5～2.5倍开挖深

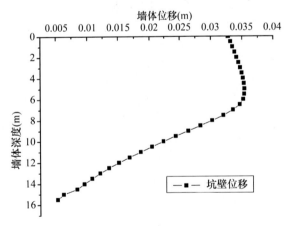

图7　数值模拟水平位移曲线

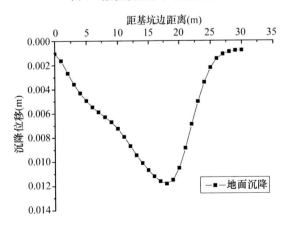

图8　数值模拟墙后地表沉降位移曲线

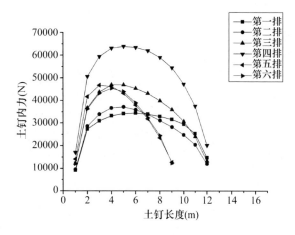

图9　数值模拟土钉轴向内力曲线

度之间。

（3）支护土钉内力最大值为 63.88kN，出现在基坑中部位置的第四排处，且每排土钉的轴向内力最大值自第一排至第六排是逐渐靠近坑壁侧的，说明其连线与基坑潜在滑移面有很大关系。

（4）通过运用 FLAC3D 有限差分软件的计算坡体整体稳定安全系数模块，计算得到该设计支护后的整体稳定系数为 1.51，达到了基坑安全性等级需要。

4　理正计算结果与数值模拟结果对比分析

4.1　基本假定

理正深基坑支护结构设计软件与 FLAC3D 岩土数值模拟软件两者的分析计算理论基础有着根本差别。理正深基坑支护结构设计软件是基于考虑围护墙体和水平支撑体系空间协同作用的有限元分析方法，FLAC3D 岩土数值模拟软件是基于显式有限差分法的三维快速拉格朗日分析程序[5,6]。本文不考虑这种差异的影响。

4.2　对比结果

（1）对于基坑的水平位移，理正软件的弹性法计算结果与数值模拟的结果趋势近似，都是最大位移出现在基坑中下部位置，坑顶和坑底也都具有趋向基坑开挖侧的水平位移，并一直延伸到坑底以下一定深度。但两者的水平最大位移值具有较大差异，理正软件计算得到的水平位移值偏小，仅仅是数值模拟计算位移值的1/6。因此在利用理正深基坑软件结果进行支护方案设计时应重视现场实际变形监测数据的结果进一步调整设计。

（2）对于基坑顶部外侧地表沉降位移，理正软件的抛物线法计算结果与数值模拟的计算结果相近，都是自基坑顶部开始随距离的增大沉降位移逐渐变大，之后达到最大值后又逐渐变小，当到达一

定距离后沉降位移趋于零。其中最大沉降位移均出现在距坑顶外侧一定距离处，但理正软件抛物线法计算得到的最大位移出现在约 2/3 倍的开挖深度位置处，而 FLAC 3D 数值模拟得到的结果出现在约 1.7 倍开挖深度位置处。与文献分析结果[7-9]相比，数值模拟的结果与现场情况吻合。

（3）对于土钉轴向内力，理正深基坑设计软件计算结果与 FLAC 3D 数值模拟结果相近，都是在基坑中部偏下位置的土钉内力最大，且向上而下逐渐减小。但是理正软件中的弹性法计算的结果与数值模拟结果最接近，与各排相比，都是第四排土钉轴向内力最大且数值也非常接近。同时第一排和第二排土钉内力都比较小，这也符合土压力分布规律和计算模式，因为坑顶部土压力较小，这样支护土钉所需提供的拉力就比较小。而基坑底部的搅拌桩具有一定的加固作用[8,9]，可能会带来该位置土钉内力较小。

（4）理正深基坑支护结构设计软件计算得到坑体整体稳定安全系数为 0.515，而 FLAC 3D 数值模拟计算结果为 1.51，结合理正坡体抗倾覆稳定性系数、抗滑安全系数和抗隆起安全系数等参数的计算结果，推断理正软件对整体稳定安全系数的计算值偏低，应参考 FLAC 3D 结果来考虑支护方案。

5　结论

本文以太原市某商务酒店基坑工程项目设计方案为例，通过运用理正深基坑支护结构设计软件和 FLAC3D 有限差分软件对其进行计算模拟分析，得到如下结论：

（1）运用 FLAC3D 有限差分软件进行深基坑支护体系的数值模拟分析完全可行。综合运用理正深基坑和 FLAC3D 有限差分软件两种软件能发挥各自的优越性，在设计中综合应用二者的优点，相互校核，设计结果既可以提高安全性，又可以降低造价，避免浪费。

（2）通过对两软件计算模拟结果的分析对比：对支护体系水平位移、土钉内力方面，推测理正深基坑支护结构设计软件的弹性法土压力模式更加合理；对墙后地表沉降方面，理正软件的抛物线法计算结果与数值模拟结果接近，但由于该软件计算得到的沉降位移影响范围过小，因基坑开挖过程对周边环境存在必然影响，建议设计师重点考虑数值模拟结果。

参考文献

[1]　屈建军，田培先．理正软件在深基坑设计中的应用探

讨［J］.山西建筑，2008.5.

［2］ 龚晓南.关于基坑工程的几点思考［J］.土木工程学报，2005，（09）.

［3］ 冶金工业部建筑研究总院.YB 9258—97 建筑基坑工程技术规范［S］.1997.

［4］ 中国建筑科学研究院，深圳市勘察研究院，福建省建筑科学研究院.JGJ 120—1999 建筑基坑支护技术规程［S］.1999.

［5］ 陈育民，徐鼎平.FLAC/FLAC 3D 基础与工程实例［M］.中国水利水电出版社.2009.1.

［6］ 管飞，尹骥.复合土钉支护作用机理及设计原理［J］.地下空间与工程学报，2007，（01）.

［7］ 王建军.基坑支护现场试验研究与数值分析［D］.中国建筑科学研究院，2006.

［8］ 王媛媛，秦四清.土钉与复合土钉支护结构数值模拟对比分析［J］.工程地质学报，2006，（02）.

［9］ 吴忠诚，汤连生，廖志强等.深基坑复合土钉墙支护 FLAC 3D 模拟及大型现场原位测试研究［J］.岩土工程学报，2006，28（z1）_6.

北京 CBD 核心区基坑土护降工程一体化施工相关问题研究

仲建军[1]　李红军[2]

(1. 北京城建道桥集团有限公司，北京　100020；2. 北京城建华夏基础建设工程有限公司，北京　100020)

摘　要：针对北京 CBD 核心区地下建筑部分一体化综合开发的相关问题进行探讨研究，并从技术角度描述一体化综合开发过程中深基坑支护对邻近建筑物的保护。

关键词：深基坑；一体化施工；土护降；护坡桩；地下水控制

Abstract：For Beijing CBD core area underground part of the building integrated and comprehensive development of research—related issues are discussed，and from a technical point of view to describe the integrated development process of deep excavation pit supporting on the nearby buildings protection.

Key words：deep excavation；Integrated construction；reduction of soil protection；slope pile；groundwater control

1　前言

随着中国经济的逐步发展，城市建设规模和等级也逐步迈入发达国家行列，各大城市在迈向国际化大都市的进程中，作为一个城市现代化标志和象征的中央商务区（简称 CBD）不断涌现出来。

中央商务区往往集中了大量的金融、商贸、文化、服务以及大量的商务办公和酒店、公寓等设施，具有最完善的交通、通信等现代化的基础设施和良好环境，有大量的公司、金融机构、企业财团在这里开展各种商务活动，是城市经济、科技、文化的密集区，是城市的功能核心。这样的功能需求决定了中央商务区的建筑规模和功能布局等必定是一个复杂的综合体，一个完整的 CBD 区域，建设期间在场地的综合平衡利用、开发步骤、建设强度等方面对建设单位、施工单位都提出了较高的要求。

北京随着城市规模的不断扩大，对土地集约化要求程度越来越高，CBD 的建设，包含地下公共空间基础设施部分和各商业、金融等专项建筑部分，二者开发步骤、建设规模的有机协调统一，是整个 CBD 建设取得快速进展的关键制约因素；同时，新建项目距离已有建筑物或道路较近，新基坑的开挖，对临近已有建筑的保护，变得越来越重要。

本文将主要从技术角度对北京 CBD 核心区的地下建筑部分一体化综合开发的相关问题进行探讨研究，并从技术角度描述一体化综合开发过程中深基坑支护对邻近建筑物的保护。

2　北京 CBD 核心区概况

2.1　建设规模

北京中央商务区地处北京市长安街、建国门、国贸和燕莎使馆区的汇聚区，其中核心区位于国贸立交桥东北角，北至光华路，东至针织路，南至建国路绿化带，西至西三环辅路，占地约 30ha，建设用地主要包含 17 个二级开发地块及地下市政公共空间，规划建筑面积约为 270 万平方米，共 18 座高层及超高层建筑，其中"中国尊"为北京第一高楼，总高度为 528m，核心区内所有建筑将通过地下公共空间全部连通，地下空间的互联互通将大大方便这一区域内人们的出行，这也是北京 CBD 核心区规划设计的最大亮点。

地下公共空间部分南北向长度 420m，东西向宽度 180m，占地面积 75600m²，共地下 5 层，建筑面积 378000m²，基坑开挖深度 27.2m。

地下管廊区域总占地面积 34969m²，地下结构为 3 层，建筑面积 11000m²，基坑开挖深度 14.5～19.7m。

17 个二级地块与管廊及地下公共空间相邻，根据各自规划，基坑开挖深度为 25～38m 不等；各二级地块与周边现有道路相邻位置采用桩锚支护或地连墙支护，与地下公共空间及管廊相邻部位支护形式根据实际情况，各不相同。

CBD 核心区用地规划及现场施工规划情况见图 1。

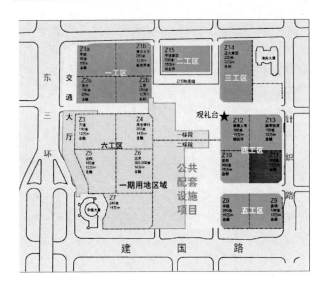

图1 CBD核心区用地规划及施工规划图

2.2 工程地质情况

北京地区的工程地质属于永定河洪冲积扇，上部以填土、黏性土为主，砂卵石层埋入较深，局部地区还夹有淤泥质土层，薄厚不一，总体而言，北京地区土质条件较好，有利于基坑工程施工。

CBD核心区拟建场地地面以下60.0m深度范围内的地层按沉积年代、成因类型等划分为人工堆积层和第四纪沉积层两大类，并按地层岩性及其物理性质指标进一步划分为10个大层，分述如下：

人工堆积房渣土、碎石填土①层，厚度为1.10~2.90m；

第四纪沉积的黏质粉土、砂质粉土②层。

粉质黏土、黏质粉土③层，含黏土、重粉质黏土及细砂、粉砂夹层；

圆砾、卵石④层；

粉质黏土、黏质粉土⑤层；

卵石、圆砾⑥层，含细砂、中砂夹层；

黏土、重粉质黏土⑦层；

卵石、圆砾⑧层，含中砂、细砂夹层；

粉质黏土、黏质粉土⑨层；

中砂、细砂⑩层，含砂质粉土、黏质粉土夹层。

2.3 水文地质情况

本场区地表下60m左右的深度范围内分布有3层浅层地下水，如表1所示：

表1 地下水类型及水位标高一览表

序号	地下水类型	钻探中实测地下水稳定水位		含水层
		水位埋深	水位标高	
1	层间水	16.50~17.60	20.70~21.42	第4大层卵石层
2	承压水	20.80~22.50	15.24~17.50	第6大层卵石层
3	承压水	24.00~26.10	11.87~13.92	第8大层卵石层

拟建场区承压水天然动态类型属渗入－迳流型，主要接受地下水侧向径流及越流等方式补给，以地下水侧向径流及人工开采为主要排泄方式；其水位年动态变化规律一般为：11月~来年3月份水位较高，其他月份水位相对较低，其水位年变幅一般为1~3m。

场区工程地质、水文地质及基坑开挖深度对应关系见图2。

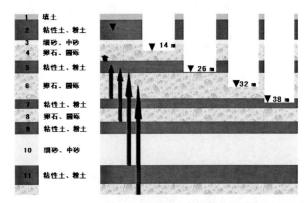

图2 场区工程地质、水文地质、基坑深度对照情况示意图

2.4 周边环境及目前施工现状

核心区场地四周建筑环境如下：

（1）场地东北角为中国海关大厦，西南角为中服大厦，为拟保留项目；

（2）西侧为东三环辅路，地下有地铁10号线；南侧建国路下有地铁1号线；

（3）北侧开挖位置紧邻光华路，垂直开挖深度大，路面下存在各种市政管线；

（4）东侧紧邻针织路，路面下存在各种市政管线；

（5）影响拆迁因素众多，基坑支护及土方开挖不能整体进行。

目前施工现状情况为：

（1）地下空间正在进行结构施工，部分管廊已经结构封顶；

（2）一工区四个地块正在进行联合一体化开发，基坑周边部位进行地连墙施工，场地中央进行土方开挖及基础桩施工；

（3）二工区为Z15地块，目前土方开挖至－27m，其四周的地连墙支护结构已经完成，正在进行基础桩施工；

（4）三工区为Z14地块，目前正在进行地连墙施工，地连墙作为边坡支护结构，也作为止水帷幕结构；

（5）四工区为Z10~Z13地块，正准备进行一体化联合开发。

北京地区目前在施的基坑工程中，该项目无论在占地面积、开挖深度、支护体系的规模等方面都是首屈一指的，这其中涉及的超大超深基坑降水、大规模土方开挖外运、多种边坡支护工艺的综合协调运用等方面，对今后大型基坑的施工，具有现实的借鉴意义。

为加快整个核心区的开发进度、统筹协调施工场地，该项目基坑工程引入"一体化施工"的概念，使市政公共空间的基坑工程与周边二级地块的开发建设有机的联系起来。

3　一体化施工概念及实施

3.1　一体化施工的由来

整个CBD核心区的建设进度总布局是先施工地下公共空间及管廊部分，后开发各二级地块，地下空间部分结构竣工后将服务于各二级地块的开发建设。

为了加快CBD核心区项目的开发进度，让地下公共空间服务于二级地块开发，方便各方的工程实施，各参与建设的单位共同研究、策划了"一体化施工"方案，其核心理念就是在CBD核心区内，在前期进行地下空间的土护降施工时，根据各二级地块特点，相互借用场地，统筹考虑不同地块的开发进度、施工强度，合理整合不同区块的基坑支护、降水、土方外运作业资源，分区域组织施工，使各二级地块提前插入土、护、降施工，使得整个CBD项目各地块开发工作有序展开，实现各方共赢，为加快整个CBD核心区的建设进度奠定了坚实的基础。

3.2　一体化概念

（1）公共空间与各二级地块相邻部位不设置直立的桩锚支护体系，改为预应力土钉墙大放坡支护，放坡场地设置在对应位置二级地块范围内；

（2）公共空间结构基础桩施工时兼顾二级地块基坑支护需要，局部基础桩同时兼作为相邻二级地块的基坑边坡支护桩；

（3）利用二级地块场地作为公共空间土方施工的通道和放坡场地，以及结构施工时物资周转场地；

（4）各相邻地块根据现场情况依次开发，相互借用场地，做到场地利用率最大化；

（5）通过一体化施工，深度较大的二级地块基坑简化为"坑中坑"模式，支护及降水难度大为降低。

3.3　一体化施工的优点及施工重点

主要优点包括：

（1）减少地下空间部分桩锚支护体系，节约施工工期；

（2）地下空间与各二级地块之间、各相邻二级地块之间取消了对应的支护体系，其结构可以与规划红线接近，增加了建筑占地面积，提高了土地利用率；

（3）地下空间土方开挖时，已经开挖掉一部分二级地块的土方，减少周边部分二级地块的土方开挖量，加快了其施工进度；

（4）解决了外墙防水施工空间狭窄的问题；

（5）各二级地块与地下公共空间可协调同步进行基坑工程施工，有利于推进整个核心区的开发建设速度；

（6）由于能够同步协调施工，一体化方式有利于各二级地块基坑工程的招投标工作，缩短前期调研、踏勘时间。

施工重点：

需要与各二级地块开发商充分沟通，协调工作量大。

3.4　一体化施工实施过程

北京CBD核心区设计理念是将中国古代城郭图案显示出来的非常规则的直角体系和中国园林传统中富有艺术性的曲线不规则形式结合起来，重叠在一起，既能给居民提供便利的功能需求，又创造出宜人的生活环境。核心区内主要道路采用"九宫格"形式布局，与周边道路衔接良好，而各条道路下，均为地下公共管廊部分，并与场地中央的地下公共空间相连。这种设计格局灵活自然，整个核心区可以分期进行开发，也可整体进行开发，实施性较强，为整个项目的一体化施工创造了有利条件。

借鉴国内外众多CBD建设的经验，北京CBD核心区的开发建设首先从市政交通基础设施入手，首先建设公共管廊及地下公共空间部分，各二级地块暂缓开发；在公共建筑部分基坑工程完工、主体结构开始进入施工阶段时，各二级地块根据各自场地位置、开发进度等因素，陆续进入开发状态，进行土护降等基础施工工作。

这种布局和规划，前期公共建筑部分施工时有较大的场地及灵活的边坡支护布置形式；公共建筑部分结构完工后，直接利用管廊和公共空间的首层顶板作为二级地块的施工通道及临时周转料场；各相邻地块的边坡支护方式统筹考虑，减少重复支护工作量；公共空间和二级地块逐步进行基坑开挖，相邻地块之间支护结构也兼顾止水功能进行设计和施工，将整个项目超大面积的基坑按照时间顺序先后分割成相对较小的呈半封闭状态的基坑，降低了基坑降水的难度和强度，有利于整个项目的推进。

相邻的几个二级地块整合在一起，按照"一体化施工"总体部署,根据施工道路布置要求,相互借用场地,陆续进入开发状态;基底标高不同的相邻地块,形成坑中坑模式,减少了支护工作量;施工降水按照"外部封闭、内部分区、逐块抽降"的方式,减小了超大面积基坑大规模抽取地下水对周边环节带来的不利影响。

4 一体化施工成果

4.1 管廊基础桩与二级地块护坡桩结合

景辉街东管廊基底标高为−14.5m,其北侧为Z14地块,基底标高为−32.25m,南侧为Z12、Z13地块,基底标高为−28.25m。管廊基底下设置基础桩,考虑到相邻二级地块基坑开挖深度较大,与管廊基底高差之间需要采取支护措施。按照"一体化施工"总体部署,管廊下最外侧基础桩按照护坡桩方式设计,桩外皮距离结构外边线0.3m,桩间距调整为1.5m,桩长按照二级地块基坑深度满足嵌固要求布置;在二级地块土方开挖后,在外排基础桩上布置锚杆。这种布置方式,减少了二级地块的二次支护结构,结构外边线距离红线可以减小到0.5m,增加了建筑面积,提高了土地利用率。

一体化支护布置形式见图3。

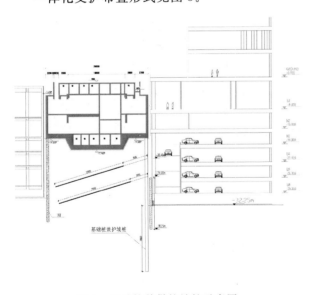

图3 基础桩兼做护坡桩示意图

4.2 Z15项目地连墙与管廊基础桩相结合

Z15地块即"中国尊"项目,基坑开挖深度为−38.5m,为目前北京地区最深的基坑,其场地四周均为地下管廊结构,基底标高为−27.2m,本项目在此基底下继续向下开挖至−38.5m。从施工先后顺序看,地下管廊结构施工期间,该项目在−27.2m位置进行基础桩施工;地下管廊结构封顶后,该项目再从−27.2m向下开挖至−38.5m,即地下管廊工程的结构施工先于该项目的二次开挖

完成。本项目的支护设计要考虑管廊自身的超载影响以及管廊外侧由于土体卸载不充分产生的附加荷载影响,确保管廊的安全稳定性,防止管廊基底发生水平位移。

此种工况条件,对本项目基坑支护体系提出了极高的要求,必须按照"一体化施工"总体部署,设置科学合理的支护方式;同时,基坑开挖深度达到38m,穿透了地下第一层承压水,揭穿了第二层承压水的顶板,基坑支护结构必须考虑对地下水的处理。

经过充分论证,该项目基坑−27.2m以上部分土方、降水工程按照整个地下空间大开挖方式一体化施工;−27.2m以下部位采用"回"字形双排地连墙支护,该项目位于"回"字形中心部位。外侧双排地连墙设置在公共管廊基底以下,兼做管廊的基础桩,其中内侧地连墙作为Z15项目的止水结构、支护结构,外侧地连墙作为止水封闭结构,阻断第三层承压水;在回字形中心部位设置减压井及疏干井,降低封闭区域内第三层承压水的水头压力。由于回字形中心部位继续向下开挖,为了防止管廊外侧土压力对管廊结构形成水平推力,在内侧地连墙上设置一排混凝土内支撑及一排预应力锚杆。

上述基坑降水、支护体系,顶标高设置在−27.2m位置,兼顾了公共管廊和Z15项目的需求:对公共管廊而言,减少了部分基础桩的施工;对Z15项目而言,提前进行了支护结构施工,缩短了建设周期,同时该支护止水结构在本地块红线范围以外,增加了建筑占地面积。

双排地连墙支护体系布置图4。

4.3 一工区大封闭开挖与各二级地块坑中坑模式的运用

一工区包含Z1−a、Z1−b、Z2−a、Z2−b四个地块,占地面积34300m²,东侧为金和路北管廊,基底标高−27.2m;南侧为景辉街西管廊,基底标高−14.5m,二者基底下均按照一体化施工要求施工了地连墙作为止水和支护结构;西侧紧邻东三环辅路,北侧紧邻光华路。

按照一体化施工部署,在一工区西侧和北侧施工地连墙,即将整个场地封闭起来,一方面阻断地层中外来地下水,只需在封闭区域内设置疏干井即可解决降水问题;另一方面整个一工区形成一个大基坑,内部四个地块按照各自基底高差不同,形成坑中坑支护模式,简化了支护结构。

在施工先后顺序上,远离边界市政道路的Z2−b地块先进行土方开挖、基础桩施工;紧邻边界

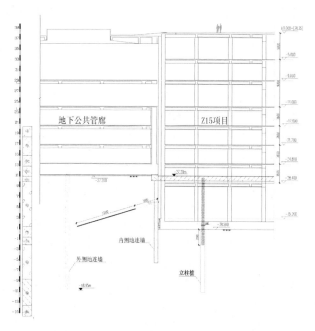

图4　Z15项目双排地连墙布置示意图

市政道路的Z1—a地块最后施工，合理布置整个场区内施工道路，调配总体施工进度。

4.4　一体化施工成果

综上所述，核心区内公共空间部分和各地块的基坑工程按照"一体化施工"整体部署，顺次逐渐展开降水施工、土方开挖、基础桩施工、主体结构施工，从场地利用、施工道路部署、工期进度及施工造价等方面，都产生了巨大的经济效益和社会效益。

以地下公共空间为例，其与各二级地块均采用"一体化施工"模式，不单独在红线范围内设置边坡支护结构，使建筑结构可以按照红线位置进行设计；同时其基底下基础桩兼做相邻二级地块的护坡桩，二级地块也可节省二次支护费用。仅此一项，地下公共空间增加建筑面积约9000m²，各二级地块也相应增加红线范围内有限占地面积，提高了土地利用率。

以Z15地块为例，与周边管廊进行一体化施工，提前进行了基坑土方开挖及基础桩施工，提前工期约90天；其地连墙与管廊下基础桩两者二合一，费用分摊，为各自节省造价约2200万元。

一工区实行"一体化施工"战略，四个地块归结为一个大基坑进行外围支护和封闭降水，费用由四个业主分摊，比各自独立进行开发，费用节省一半，基坑支护工作量减少，工期节约近120天。

5　近邻建筑物的保护

深基坑开挖及边坡支护一项最重要的任务就是对临近已有建筑物的保护。北京CBD核心区四周均临近现有城市道路，东北角Z14项目东侧为中国海关大厦，地上14层，地下一层，二者结构外皮距离仅为4m。海关大厦基底埋深为－6.65m，为天然地基；Z14项目基底埋深为－32.25m，二者基底高差达到近26m。

在该侧采用"地连墙＋预应力锚杆"的支护方式，计算得知此部位支护结构最大水平位移为26.8mm，海关大厦最大沉降量为16.8mm，水平位移为9.8mm，这种变形量对采用天然地基的海关大厦而言，是不安全的。

为保证海关大厦的安全，根据Z14项目的建筑结构分布特点，决定在临近海关大厦位置的裙楼部分采用局部逆作工艺，用主体结构自身的稳定性和水平抗力来平衡边坡的侧向压力，控制边坡的水平变形，防止海关大楼的沉降。

通过计算，此部位采用局部逆作工艺，支护结构最大水平位移为8mm，海关大厦最大沉降量为5.6mm，水平位移为1.5mm，满足海关大厦安全要求。

局部逆作剖面情况见图5。

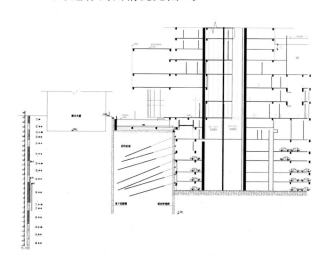

图5　海关大厦位置局部逆作示意图

6　结论

（1）CBD核心区开发建设，是一项在政府领导下，集各方力量，科学统筹规划，精心施工的一项宏大工程，从节约资源、保护环境、提高社会效益及经济效益的角度出发，采用"一体化施工"组织方式，是一种综合效益最好的统筹模式，对类似规模群体开发建设具有一定的借鉴意义。

（2）通过"一体化施工"，该项目解决了作业场地狭窄、各地块基坑深度高差较大带来的支护困难，很好的协调相邻二级地块的同步施工，降低了支护费用，缩短了总体施工工期。

（3）采用"一体化施工"，将超大规模的基坑分割封闭成相对较小的基坑，结合坑内疏干井，解决了大面积降低浅层承压水水头的施工难度，取得了很好的效果。

（4）深基坑开挖需要严格保护邻近建筑物的安全，根据不同的工况条件和外界环境因素，采用最为有效的支护方式，避免不安全问题发生；逆作法对控制支护结构变形及保护邻近建筑物安全是一种有效的工艺。

参考文献

[1] 李 沛. 北京中心商务区规划建设浅析 [J]. 2000 年北京朝阳国际商务节论文集锦，2000（8）.

[2] 张景秋等. 北京市中心商务区发展阶段分析 [J]. 北京联合大学学报，2002（3）.

[3] 徐淳厚等. 国外著名 CBD 发展得失对北京的启示 [J]. 北京工商大学，2003（7）.

[4] 邵伟平 刘宇光. 北京 CBD 核心区总体设计与公共开发 [J]. 建筑创作，2011（8）.

超深基坑地下连续墙施工技术

高明巧　周佳奇　罗会东

(葛洲坝集团基础工程有限公司，湖北葛洲坝　443002)

摘　要： 南京长江第四大桥在同类型桥梁中居世界第三、国内第一。大桥南锚碇深基坑支护首次采用了"∞"字形地连墙井筒结构。地连墙厚1.5m，最大深度达51.5m，墙底入岩深度达3.0m，而且有2个大型Y字形槽段，施工难度极大。本文主要介绍了该地连墙运用液压铣槽机进行快速成槽施工的方法和解决各种施工难题的配套技术措施，以及所取得的效果。

关键词： 南京长江四桥；南锚碇；深基坑；竖井地连墙；液压铣槽机

前言

液压铣槽机是国际上最先进的地连墙施工设备，在国外已经得到了广泛的应用，1996年在三峡二期围堰防渗墙施工中首次引入国内。液压铣槽机具有成槽快速、孔壁规则、质量优良等特点，因此在地铁、桥梁、隧道、房建等行业的地连墙施工中得到广泛的应用。本文以南京长江第四大桥南锚碇基坑支护地连墙工程为例，对采用液压铣槽机施工大深度、大厚度基坑支护竖井地连墙施工技术作详细介绍。

1　工程概况

1.1　工程简介

南京长江第四大桥是南京市城市总体规划中"五桥一隧"过江通道之一，大桥全长28.996km，其中跨江大桥长约5.448km，主桥采用双塔三跨悬索桥方案，全长2476m，主跨长1418m，在同类型桥梁中居世界第三、国内第一。大桥南锚碇深基坑支护采用井筒式地连墙结构形式，地连墙平面形状为"∞"形，长82.0m，宽59.0m，由两个外径59m的圆和一道隔墙组成，墙厚为1.50m。地连墙施工平台高程为6.5m，墙底高程为-35.0～-45.0m，墙底嵌入中风化砂岩3.0m。

1.2　工程地质

南锚碇区地层属扬子地层区，宁镇－江浦地层小区，受沉积间断及构造运动的影响，区内地层发育较全，伴有火成岩侵入。施工区域覆盖层共分为①、②、④三个大层，其中①层又分为4个亚层，②层又分为2个亚层、④层分为3个亚层。自上而下各地层的工程地质特征如表1所示。

表1　南锚碇区岩土地层工程地质特征表

土层编号	岩土名称	层厚（m）	主要特征	分布范围
①0	粉质黏土	2.20～4.10	灰黄色，可塑～软塑，含铁锰质浸染，表层约1m为素填土。	均有分布
①1	淤泥质粉质黏土	3.10～7.60	灰色，流塑，夹粉砂薄层，单层一般0.1～0.5cm	均有分布
①2	粉砂，局部细砂	0.80～3.80	灰色，饱和，松散，分选性较好，含云母碎片，夹粉质黏土，单层厚度一般0.5～3cm，局部互层状	局部地段缺失
①1夹	淤泥质粉质黏土夹粉砂	4.95～11.30	灰色，流塑，夹粉砂，单层厚一般0.2～2cm，局部互层状	均有分布
②1	粉砂	0.90～8.50	灰色，饱和，稍密～中密，分选性较好，含云母碎片，局部夹粉质黏土薄层	南侧缺失
②3	粉质黏土	9.00～21.90	灰色，软塑～流塑，下部粉质含量较高，夹粉土、粉砂薄层，局部夹粗砾砂薄层和少量卵砾石	均有分布
④2	粉砂，局部细砂	4.25～11.10	灰色，饱和，密实，局部中密，局部夹粉质黏土，层底部大多含卵砾石，粒径一般0.5～5cm，个别达10cm	北侧有分布
④3	圆砾	0.50～1.20	杂色，饱和，密实，含卵石，石英质，粒径20～60mm，中粗砂充填	西北侧有分布
④4	粉质黏土	1.30～2.50	灰绿色，可塑，含少量铁锰质浸染，局部含钙质结核，粒径1～10mm	西北侧有分布
⑦2	强风化砂岩、砂砾岩	0.40～4.10	灰、黄色，砂质、砂砾结构，层状构造，风化裂隙发育，岩芯大多呈碎块状，局部风化成砂土状	分布稳定
⑦3	中风化砂岩、砂砾岩	2.70～15.80	灰、黄灰色，砂、砾结构，层状构造，局部夹砂质泥岩、泥质粉砂岩，岩芯以柱状为主，局部裂隙发育	均有分布

1.3 工程的特点及施工难点

（1）南锚碇基坑地连墙的规模和结构形式在国内第一、世界罕见，其受力条件复杂，因此要求作为主要围护结构的地连墙具有较高的技术和施工精度要求。

（2）地连墙四周紧邻大堤、石油管线、国家粮库等重要构造物；故对地连墙的施工质量，尤其是对墙段连接质量的要求较高，需确保不出现漏水情况。

（3）地连墙的厚度达 1.5m，最大深度达 51.5m，墙底入岩深度达 3.0m，施工难度较大，需要采用特殊的施工设备和施工方法。

（4）"Y"字形槽孔在国内尚属首次采用，其成槽施工及钢筋笼下设为本工程的最大特点和难点。

（5）地连墙 65 个槽段的施工需在 3 月 20 日～7 月 20 日的 120 天内全部完成，总体施工进度计划要求在枯水期实现基坑封底，工期短，施工强度高，必须采用液压铣槽机施工。

2 施工布置

施工总平面布置见图 1。

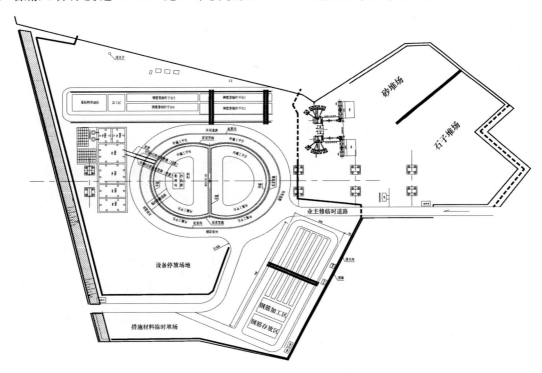

图 1 南京长江四桥南锚碇地连墙施工总平面布置图

地连墙混凝土由施工现场的 2 座 120m³/h 搅拌站进行拌制。现场施工道路主要由环场施工道路及钢筋加工区道路组成，路面为 25～30cm 厚混凝土，以满足混凝土浇筑车辆及钢筋运输车辆的行驶要求。

导墙采用"L"形断面 C25 钢筋混凝土结构，导墙高 3m，底宽 2m，厚 50cm。

固壁泥浆制浆站布置在锚区北侧，制浆站内设置 2 台 1500L 型高速制浆机。泥浆池分为膨化池、储浆池、回收池和废浆池，总容积为 1600m³。

泥浆净化系统设置在泥浆池与地连墙之间，由泥浆净化器、泥浆泵、泥浆管路和集碴坑组成。泥浆净化装置为宝峨 BE－500 型泥浆净化机。

钢筋笼加工场地布置在锚区的东侧，在压实原地面的基础上铺垫 10cm 厚的碎石。开挖小型基坑（50cm×50cm×50cm）浇筑钢筋笼制作胎架底脚混凝土基础，胎架上部结构采用型钢按照钢筋笼形状焊接而成，胎架长度 50m。每个槽段的钢筋笼分成上、下两节，在胎架上整体制作。

3 地连墙施工

3.1 基础处理

为加强成槽期间槽孔上部淤泥质黏土层的稳定性及减小设备荷载对成槽的影响，在槽孔内外侧采用两圈深层搅拌桩对表层地基进行加固处理。

为确保 P25、P26 两种特殊"Y"字形槽孔的稳定，采用塑性混凝土灌注桩对槽段内外侧拐角处的土体进行加固。

3.2 槽段划分

本地连墙工程轴线为两个直径 57.5m 的圆相交，圆心距 23m，相交点的连线为隔墙槽段，地连墙外围周长 227.966m，隔墙轴线长 52.7m。本工程采用液压铣槽机进行成槽施工，每次铣削的单孔轴线长度为 2.8m。全部地连墙共划分为 65 个槽段，Ⅰ期槽段 32 个（含两个特殊 Y 字形槽段），Ⅱ期槽段 33 个。其中外围Ⅰ期槽长 6.313m，三铣成槽；Ⅱ期槽长 2.8m，一铣成槽。三墙交界处的 2 个 Y 字形Ⅰ期槽段均五铣成槽。隔墙Ⅰ期槽段有两种槽长，其中槽长为 6.9435m 的槽段三铣成槽，槽长为 2.8m 的槽段一铣成槽。本工程采用铣削法进行槽段搭接，外围槽段搭接长度为 27.3cm，隔墙槽段搭接长度为 25cm。槽孔划分情况见图 2，Ⅰ期槽孔的铣削顺序见图 3。

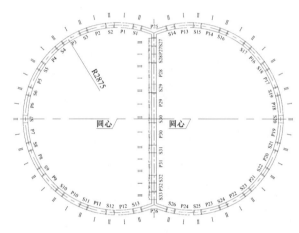

图 2　地连墙槽段划分布置图

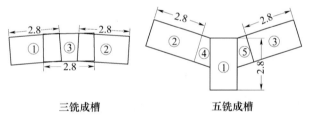

三铣成槽　　　　五铣成槽

图 3　Ⅰ期槽孔铣削顺序图

表 2　BC－32 型铣槽机性能参数表

设备型号	BC32 型
主机型号	利勃海尔 HD 885 型履带式起重机
最大开挖深度	60m
开挖尺寸	0.62～1.5×2.8m
发动机功率	760 kW
最大起重能力	120 t
泥浆泵排量	450m³/h
泥浆净化设备	处理能力 500m³/h
铣槽机及动力站重量	48t
履带式起重机整机重量	约 110t

3.3　施工工艺流程

地连墙施工主要工艺流程如下：施工准备→设备安装→泥浆制备→反铲开挖→Ⅰ期槽主孔施工→Ⅰ期槽副孔施工→基岩鉴定→成槽验收→清孔换浆→清孔验收→预埋件组装→钢筋笼加工→Ⅰ期槽钢筋笼下设→导管下设→Ⅰ期槽混凝土浇筑→Ⅱ期槽成槽施工→Ⅱ期槽清孔及接头刷洗→Ⅱ期槽钢筋笼

下设→Ⅱ期槽混凝土浇筑→接缝高喷→墙下基岩灌浆。

3.4　成槽施工

3.4.1　成槽设备

本工程采用 1 台德国宝峨 BC－32 型液压铣槽机和 6 台 CZ－6 型冲击钻机进行成槽施工，BC－32 型液压铣槽机的性能参数见表 2。

3.4.2　覆盖层成槽施工

对于粉质黏土、砂层、粉砂层采用纯铣法进行施工。在单元槽段施工前，用挖掘机将槽段开挖至导墙顶面以下 3.5～4m 的位置，以保证液压铣的吸碴泵进入工作位置。双轮铣槽机配备有孔口导向架（图 4），可在开孔时起导向作用。施工时将液压铣槽机的铣轮对准孔位徐徐入槽切削。液压铣槽机铣轮上的切齿将土体或岩体切割成 70～80mm 或更小的碎块，并使之与泥浆混合，然后由液压铣槽机内的离心泵将碎块和泥浆一同抽出槽孔。

图 4　双轮铣孔口导向架

为了能切割到在两个铣轮之间留下的脊状土，在铣轮上安装了偏头齿。这个特殊的铣齿可以在每次开挖到槽孔底部时通过机械导向装置向上翻转，切割掉两个铣轮之间的脊状土。

宝峨双轮铣槽机采用两个独立的测斜器沿墙板轴线和垂直墙板的两个方向进行孔斜测量。这些设备提供的数据将由车内的计算机进行处理并显示出来，操作人员可以连续不断的监视孔斜情况，并在需要的时候利用铣头上部的 12 块纠偏板进行纠偏操作。

本地连墙成槽施工中，液压铣槽机在覆盖层中的进尺速度一般为 15～18m/h（40～50m²/h）；孔形和垂直度均一次性合格，孔斜率小于 1/400，满足设计要求。

3.4.3　基岩成槽施工

本工程要求墙底进入中风化基岩 3m。中风化细砂岩的平均强度为 12.75MPa，最高不超过 20

MPa。基岩的强度虽然不高，但完整性好，磨削能力极强。

试验槽孔施工时，液压铣进入基岩后进尺缓慢，每小时进尺在20cm左右，铣齿消耗严重；分析其原因主要是由于铣头在完整的基岩上只能啃出几条沟槽，各排铣齿之间的盲区部分仍能保持较好完整性，铣头被基岩托住不能进尺，同时也造成了铣轮轮毂的严重磨损。

针对上述问题，综合考虑经济效益及设备资源等情况，我部决定配备6台CZ-6型冲击钻机进行基岩成槽辅助施工；即液压铣铣至基岩面时，交由冲击钻机配$\phi 1.2m$冲击钻头进行冲砸破碎，凿至设计墙底高程后再下液压铣进行修孔作业。6台冲击钻机与1台液压铣配合，流水作业，充分发挥了两种造孔设备各自的优势，既加快了施工进度，又降低了齿耗，节约了成本，确保了工期目标的实现。

3.4.4　造孔泥浆

本工程选用湖南澧县产200目优质钙基膨润土制备泥浆，分散剂选用工业碳酸钠，并适当添加增粘剂（CMC）。泥浆配合比如表3所示。新制泥浆的粘度为36s（马氏漏斗），密度为$1.03 \pm 0.01g/cm^3$。

表3　新制泥浆配合比（1m³浆液）

膨润土品名	材料用量（kg）				
	水	膨润土	CMC	Na₂CO₃	其他外加剂
钙土（Ⅱ级）	1000	80	0.6	3	

3.4.5　Ⅱ期槽孔施工及接头处理

墙段连接采用"铣接法"，即在两个Ⅰ期墙段中间进行Ⅱ期槽孔成槽施工时，铣掉Ⅰ期墙段端头的部分混凝土形成锯齿形接触面，施工方法和效果详见图5。

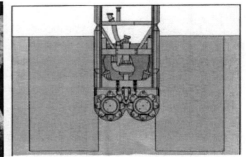

图5　"铣接法"墙段连接施工方法及效果图

Ⅰ期墙段的混凝土强度较高，Ⅱ期槽孔一旦偏斜将很难处理，所以开孔时铣头的导向定位十分重要。Ⅱ期槽孔开孔时铣轮宜采取大扭矩低转速，铣削至一定深度，在孔形稳定后再加快铣削速度，以避免因开孔过快形成偏斜。为了保证Ⅱ期槽开孔位置准确，在Ⅰ期槽浇筑混凝土前，在槽孔两端的孔口接头位置下设用钢板焊制的导向板。导向板高6m，梯形断面，平面尺寸为1.45m×0.3m×0.15m。导向板用型钢吊挂于导墙上，混凝土浇筑完毕一段时间（由现场试验的混凝土初凝时间确定）后将导向板拔出，预留出Ⅱ期槽孔的准确位置；此方法起到了良好的孔口导向作用。导向板的布置详见图6。

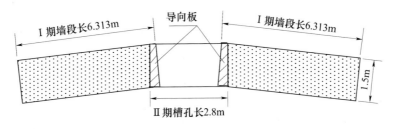

图6　Ⅱ期槽孔孔口导向板布置图

为确保在Ⅱ期槽孔施工过程中不会铣削到Ⅰ期槽段的钢筋笼，一方面Ⅰ期槽段的钢筋笼两端必须预留出足够的空隙，另一方面要严格控制钢筋笼的下设位置。本工程采用的钢筋笼定位措施是在筋笼两侧每隔5m高度安装一节直径315mm的PVC管。PVC管在Ⅱ期槽施工时可轻易被双轮铣切除，不会损伤钢筋，也不会影响Ⅱ期槽孔施工。

3.5 Y字形钢筋笼的加工及下设

3.5.1 Y字形钢筋笼制作

钢筋笼分三段同胎进行制作。Y字形钢筋笼加工胎架长45m，宽7.31m，槽钢结构。根据钢筋的形状、规格、数量分别制作，分类堆放。各节钢筋笼参数见表4。

表4　各节Y字形钢筋笼参数表

节段编号	节段长度（m）	吊点距笼底高度（m）	对接时吊点离地高度（m）	节段重量（t）
第一节（下节）	15.76	14.23	14.23	36.39
第二节（中节）	15.76	14.23	16.0	32.47
第三节（上节）	14.75	12.88	14.65	30.44
节对接处钢筋				9.30
合　计				108.6

特殊Y字形槽段钢筋笼制作程序如下（图8）：

（1）首先安设钢筋笼水平"一"字形水平横筋（2b）及中间部位的竖向框架筋（7a），接着安设紧靠2b及7a筋的5根主筋（1d）钢筋，然后安装底层的斜向交叉筋（2a1）及其上面的主筋（1a）；

（2）进行架立筋的安装；

（3）安装上层的主筋；

（4）安装上层"Λ"形水平筋（2a3）和箍筋（7b、2a2）；

（5）进行其他骨架、预埋件的设置及焊接。

（6）吊点的设置及加固。

3.5.2 起吊设备及工具

Y形钢筋笼吊装采用150t履带吊（主臂长27m）作为主吊，50t履带吊作为副吊，相互配合完成。履带吊车的性能参数选定主要与钢筋笼的总重量和分节后各节钢筋笼高度有关。

主吊机吊具由扁担梁、滑轮组、钢丝绳、卸扣组成；其中扁担梁由5cm厚钢板及2根20号工字钢组成，扁担梁上部采用4根长4.6mΦ60mm钢丝绳，配备4个60t卸扣与吊钩相连，钢丝绳总高度2m。扁担梁下部通过4个50t卸扣悬挂4个32t单柄滑轮。滑轮下部采用4根长4.9mΦ40mm钢丝绳，配备8个25T卸扣与钢筋笼相连。主吊具结构见图9。

图7　Y字形钢筋笼加工制作成品图

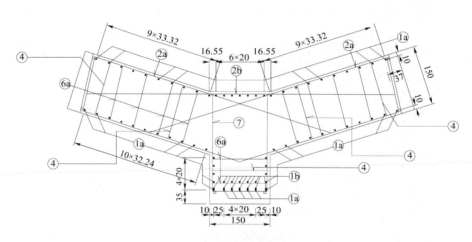

图8　Y字形钢筋笼配筋结构图

副吊机吊具与主机吊具相似，主要组成部件包括：35t卸扣12个，Φ39mm钢丝绳4根，Φ32.5mm钢丝绳4根，20t滑车组4个。

3.5.3 钢筋笼吊点确定

经计算得出钢筋笼重心位置，根据重心位置合理布置吊点，使吊心与钢筋笼重心重合，以保证钢筋笼起吊的垂直度。当吊具吊心与钢筋笼重心重合后，各钢丝绳在钢筋笼截面上的投影相等，此时所有钢丝绳同步受力，根据此原理来寻找吊点，详见图10。

由于钢筋笼在竖直过程中，内侧4个吊点开始不受力，外侧4个吊点受力；为防止钢筋笼变形，吊点位置均采用宽15cm、厚25mm钢板进行加固，吊点所在平面位置加装Φ36mm水平桁架筋，吊点径向位置加装Φ36mm加强筋，具体布置见图11。

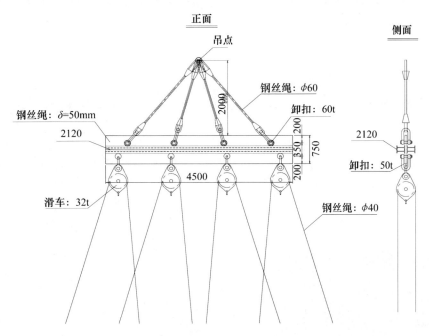

图9　钢筋笼下设 i 吊具结构图

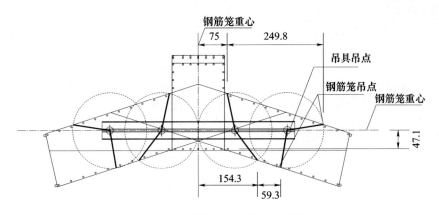

图10　钢筋笼重心及吊点布置图

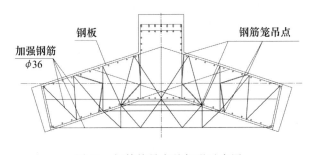

图11　钢筋笼吊点处加强示意图

3.5.4　钢筋笼起吊、下设

特殊"Y"形钢筋笼吊装采用1台150t履带吊作为主吊，1台50t履带吊作为副吊，主吊、副吊的吊具均采用滑车组自动平衡钢丝绳长度。起吊时必须使吊钩中心与钢筋笼重心重合，以保证起吊平衡。钢筋笼吊装具体步骤如下：

①　两吊机就位后分别安装吊具并与钢筋笼吊点连接。

②　检查两吊机吊具的安装情况及受力重心后，开始同时平吊钢筋笼。

③　钢筋笼平起至离地面30cm后，检查钢筋笼是否变形、吊点是否牢固后；主吊起钩，根据钢筋笼尾部距地面距离，随时指挥副机配合起钩。

④　主吊车向左（或向右）侧旋转，副吊车顺转至合适位置，让钢筋笼垂直于地面。

⑤　卸除钢筋笼上副吊车起吊点的卸扣，然后副吊车远离起吊作业范围。

⑥　主吊车将下半段钢筋笼入槽、定位。

⑦　将横担穿过钢筋笼，搁置在导墙上，卸除钢筋笼上一侧的吊点卸扣安装于另一吊点上；取出横担，继续下放底节钢筋笼至全部入槽，用横担

担起。

⑧ 重复第1步到第6步操作起吊中节钢筋笼，并在孔口与底节钢筋笼进行对接。

⑨ 两节钢筋笼对接后，取出横担，主机吊车将中、下节钢筋笼入槽、定位。

⑩ 再重复第1步到第9步的操作，起吊上段钢筋笼，将上段钢筋笼与中段钢筋笼在孔口对接，上、中、下段钢筋笼入槽、定位。然后调整钢筋笼位置与高程达到设计要求。

在钢筋笼竖起后，用经纬仪测量钢筋笼的垂直度时还是发现钢筋笼略有倾斜。为保证钢筋笼便顺利下设，下设时在每节钢筋笼顶部增设了一个吊点，通过手拉葫芦与吊钩相连，用人工方法完全校直钢筋笼。Y字形钢筋笼吊装实况见图12。

图12　钢筋笼吊装实况照片

4　项目完成情况

本地连墙工程施工时间为2009年3月20日至2009年7月16日，比合同工期提前4天完工；共施工墙段65个，成墙12233 m²，浇筑混凝土19018 m³，钢筋笼制安2085t。

2009年9月竖井开始开挖，至11月底封底。开挖后的检查结果表明，墙面平整，墙体混凝土密实均匀；墙段接缝紧密，没有出现漏水、渗水的现象，基坑日抽水量在100m³以下，基本为原状土中的饱和水。竖井开挖实况见图13。

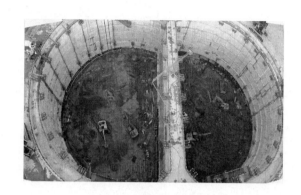

图13　竖井开挖实况照片

5　结语

随着国内基础工程建设事业的飞速发展，地下连续墙在地铁、桥梁、隧洞、建筑、矿山等工程中的应用越来越多，地连墙的深度、厚度、规模也在不断加大，地连墙的结构形式和地质条件也更加复杂；而各种大型高难度的地连墙工程往往要求在极短的时间内完成，不采用最先进的地连墙施工设备液压铣槽机难以胜任；但这也对液压铣槽机的应用技术提出了更高的要求，在合理选型并采取适当配套措施情况下才能达到预期的效果。

本工程是国内首个"∞"形超大深度竖井地连墙工程，墙厚1.5m，最大深度达51.5m，墙底入岩深度达3.0m，而且有2个大型Y字形槽段；如此高难度的地连墙工程能够在短短116天内顺利完成，且施工质量良好，主要原因是液压铣槽机的合理运用。实践证明，该地连墙工程在施工质量、技术、进度上均取得了巨大的成功。

城市轨道交通岩土工程

北京地铁砂卵石地层土压平衡盾构施工关键技术

张晋勋[1]　江　华[1,2]　苏　艺[3]　江玉生[2]

(1. 北京城建集团有限责任公司，北京 100088；2. 中国矿业大学（北京），力学与建筑工程学院，北京 100083；

3. 北京市轨道交通建设管理有限公司，第二项目管理中心，北京 100034)

摘　要：北京砂卵石地层是一种典型的力学不稳定和强磨蚀性地层，具有卵石含量高、粒径大、强度高、流塑性差、摩擦系数大、石英含量高等特点，土压平衡盾构在该类地层中掘进时面临大粒径卵石排出困难、刀盘、刀具磨损严重、刀盘扭矩、土舱压力控制困难及盾构掘进效率低等问题。总结北京地铁砂卵石地层特征，分析以往北京地铁砂卵石地层盾构施工经验与教训，结合理论研究、室内及现场试验，详细研究了砂卵石地层盾构施工关键技术，得出以下结论：（1）"以疏导、通过和排出为主"的砂卵石处理模式相比"以破碎为主"的砂卵石处理模式能更好适用于该类地层盾构施工，但应严格控制盾构出土量，确保盾构开挖面与地表稳定；（2）开口率较大的辐条式刀盘的地层适应性好于开口率相对小的面板式刀盘，带式螺旋输送机的地层适应性好于轴式螺旋输送机；（3）膨润土＋泡沫剂的组合土体改良剂具有较好的地层适应性，同时应根据盾构开挖过程中出土情况、控制土压力及刀盘扭矩等参数的变化情况实时调整土体改良剂的注入时间、注入量等参数；（4）北京地区砂卵石地层自稳性较差、自稳时间短，应避免采用不满舱的欠压推进的模式。

关键词：砂卵石地层；土压平衡盾构；盾构选型；土体改良；关键参数

Study On Key Techniques of Epb Tbm Construction in sand and Gravel Strata in Beijing Metro

ZHANG Jin—xun[1]，JIANG Hua[1,2]，SU Yi[3]，JIANG Yu—sheng[2]

(1. Postdoctoral Programme, Beijing Urban Construction Group Co. , Ltd, Beijing 10088, China; 2. School of Mechanics and Civil Engineering, China University of Mining and Technology, Beijing 100083, China; 3. The second project management center, Beijing MTR Construction Administration Corporation, Beijing 100034, China)

Abstract：Sand and gravel strata in Beijing Metro Engineering is a typical unstable and strong abradability stratum containing large diameter and high content gravel, its mechanical properties are unfavourable for TBM construction with poor fluidity, high friction coefficient and low cohesion. Therefore, it exist many problems when EPB TBM tunnelling across this kind of strata as follows: excreting of large-diameter gravel, serious wearing of tools and cutting wheel, control of torque and earth pressure, low tunnelling efficiency. The authors summarizes the mechanical characteristics of sand and gravel strata, analyzes the experience and lessons of EPB TBM excavation in Beijing Metro, carries out a serious of theoretical studies and tests both in lab and on site, key techniques of EPB TBM construction has been studied followed by the conclusions: 1) Two models are proposed of which the first is aimed at broking gravel while the second focused on guiding, exhausting then transiting the gravel. The strata adaptability of the second model is better than the first one, and quantity of mucking out should be controlled strictly. 2) Cutting wheel with large open ratio has better strata adaptability than small open ratio, and the shaftless screw conveyor is better than shaft screw conveyor. 3) The soil conditioner consists of foam and bentonite have good adapatability in sand and gravel strata, and parameters such as injection time and volume of soil conditioner should be adjust in real-time with the varying of earth pressure and quantity of mucking out; 4) under-pressure advancing mode should be avoided when earth pressure chamber is not full due to poor stability characteristics of sand and gravel strata.

Key words：Gravel strata of Beijing Metro; EPB TBM; soil conditioning; key parameters

1 引言

随着我国经济社会的不断发展，面对铁路、公路及水利等基础设施工程建设投入加大，以及为解决人口在300万以上、GDP在1000亿以上、地方财政预算收入100亿以上的大城市交通拥挤而迫切需要兴建地下铁道的客观形势，我国隧道和地下工程建设方兴未艾，工程数量之多、规模之大前所未有。在我国隧道与地下工程建设处于大规模建设时期，盾构法因其机械化程度高、对地面及地下环境影响小、掘进速度快、地表沉降小等特点，自20世纪60年代引进国内以来，已被广泛应用于铁路、市政、电力、水利等隧道建设。但是，随着盾构开挖地层与环境条件的日益复杂，盾构施工问题不断涌现，特别是砂卵石地层的盾构施工已经成为一个世界性难题。与软土地层相比，砂卵石地层由于具有卵石含量高、直径大、强度高、摩擦系数大、流塑性差等特点，致使盾构施工中面临大粒径卵石排出困难、刀盘扭矩异常增大、刀盘、刀具磨损严重及盾构掘进效率低等一系列问题，工程事故时有发生，越来越引起业界的广泛关注。为此，国内外学者从盾构选型、土体改良、刀盘、刀具配置、改进及关键参数控制等方面进行了研究，提出了一些建设性的意见及解决措施[1-17]。但基本是针对单一工程、或某些技术进行分析和评价，由于各地砂卵石地层条件和环境条件差异，相关技术局限性加大，参考价值有限。

本文总结北京地区砂卵石地层盾构施工的经验和教训，对北京地区砂卵石地层特征、砂卵石处理模式及盾构关键部件选型、土体改良以及盾构关键参数预测、设定及控制等关键技术进行系统性的阐述和分析，以期对今后类似地层盾构隧道施工具有一定的指导意义。

2 砂卵石地层特征

北京地层总体特点是西北部颗粒粗、东南部颗粒细。东部砂卵石层中卵石颗粒较小（一般小于100mm），西部及西北部砂卵石的颗粒相对较大，存在超大粒径的漂石，最大粒径可达1500mm以上，且各层的层位、层后分布不稳定，时厚、时薄、有的尖灭，也有的呈透镜体夹层，地层呈多态分布，具有卵石含量高、粒径大、强度和石英含量高、摩擦系数大等特征，对土压平衡盾构施工影响较大。具体表现在：

（1）北京砂卵石地层属于强磨蚀性地层，大大增加了刀盘、刀具及螺旋输送机等盾构部件的磨损，盾构开舱换刀频繁，掘进效率低。其中，卵石等效石英含量大于35%；平均CAI值3.821，LCPC磨蚀系数LAC值大于600g/t；同时，砂卵石地层的磨蚀性与粒径级配、卵石圆滑度及强度具有较高的相关性：1) 细小颗粒含量越多，LAC值越小，如图1所示；2) 卵石直径越大、所占比例越多，LAC值越大，土体的磨蚀性越强，如图2所示；3) 颗粒越圆滑，磨蚀性越小，如图3所示；4) 卵石强度在57～75MPa之间时，LAC值变化不大；强度高于80MPa时，LAC值急剧增加，如图4所示。

（2）砂卵石地层卵石粒径大、分布广及强度高等特征国内外罕见。1) 卵石粒径大，以500～1200mm居多；2) 卵石含量高达50%～80%，细颗粒少；3) 卵石最大强度212.25MPa，最小强度64.59MPa；平均强度约123.12MPa。地层中卵石揭露情况如图5所示。

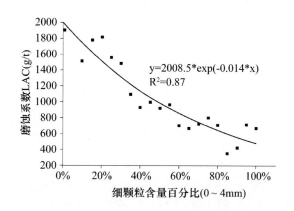

图1 细颗粒含量与LAC值的关系

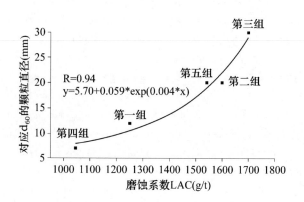

图2 限定粒径 d_{60} 与LAC值的关系

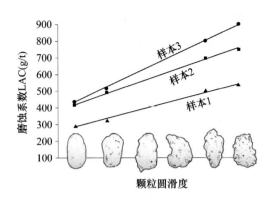

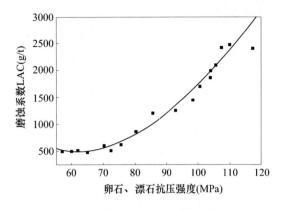

图 3　颗粒圆滑度与 LAC 值的关系　　　　　　　图 4　卵石强度与 LAC 值的关系

图 5　工程实践中揭露的砂卵石地层概况

3　砂卵石处理及盾构关键部件选型

3.1　砂卵石地层盾构掘进工作原理

根据地层开挖及卵石处理的理念不同，盾构掘进可分为"以疏导、通过和排出为主"及"以破碎为主"的砂卵石处理模式。"以疏导、通过和排出为主"的盾构施工模式主要利用先行刀将刀盘前方的砂卵石地层刮松散，卵石通过开口率较大的刀盘进入土舱，然后通过螺旋输送机排出。该模式制约卵石疏导、通过及排出过程有两个重要部位：一是刀盘开口率；二是螺旋输送机能排出卵石的最大粒径。当采用"以疏导、通过和排出为主"的处理模式时就必须采用大开口率的刀盘，尽量让大粒径卵石顺利进入土舱，减少卵石与刀盘、刀具的磨损，同时与大开口率刀盘配套的螺旋输送机也必须具备能排除大直径卵石的性能，常采用直径 800mm 以上的带式螺旋输送机。

"以破碎为主"的砂卵石处理模式主要是利用滚刀、撕裂刀等刀具将地层中大直径卵石破碎成小块卵石后再通过螺旋输送机排出，与之对应的盾构机设备特征主要为，盾构刀盘一般采用面板式，刀盘开口率约为 25%～40%，常用直径 700～800mm 的轴式螺旋输送机。

3.2　砂卵石处理模式及盾构关键部件选择

（1）"以破碎为主"的砂卵石处理模式及关键部件的配置不适用与北京砂卵石地层，应谨慎使用。

在硬岩地层中，滚刀具有较好的破岩效果，但北京典型砂卵石地层土质疏松，地层中大粒径卵石分布不均且嵌入开挖面不稳，滚刀开挖地层时由于破碎力不能得到有效传递开挖面，因此很难达到理想的破碎效果。而且，由于面板式刀盘开口率较小，大粒径卵石无法快速进入土舱，经常粘附在刀盘表面，且随刀盘循环转动，增加了刀盘、刀具与砂卵石的摩擦次数。同时，卵石强度高，刀具在破碎过程中磨损严重，通常情况下 100～200m 就需要进行开舱换刀，显著增加了施工风险和施工成本。即便大粒径卵石进入了土舱，但由于轴式输送能力有限，经常出现螺旋输送机被卡死的情况，严重时甚至会引发中心轴断裂事故。实际工程中刀盘、刀具磨损及刀盘卡死情况如图 6～图 8 所示。

（2）"以疏导、通过和排出为主"的砂卵石处理模式相比"以破碎为主"的砂卵石处理模式能更好适用于北京砂卵石地层盾构施工，建议盾构选型是采用辐条式或者辐条面板式刀盘，并因尽量增大刀盘开口率，同时应选择直径大于 800mm 的带式螺旋输送机，但是由于过大开口率可能为增加开挖面稳定性及地表沉降的控制难度，因此施工时必须严格控制盾构出土量，避免超挖、超排。

该模式是利用先行刀将砂卵石地层搅松散，再利用刮刀将卵石刮入土舱，刀具未强行破碎卵石，避免了强磨蚀性地层对刀盘、刀具的多次磨损，刀具磨损相对较小，换刀次数少。而且，由于采用了大开口（率）和大直径的带式螺旋输送机，能排出比轴式螺旋输送机所能排出的更大的卵石。

图 6　刀盘局部磨损情况

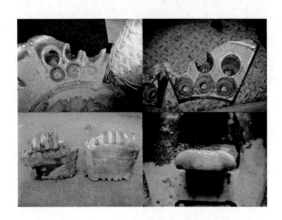

图 7　刀具异常磨损

图 8　螺旋输送机卡死

4　砂卵石地层土体改良

盾构穿越卵石含量高、粒径大的砂卵石地层时如图 9（a）所示，仅仅采用加泥措施来改善切削土体的流动性能有限，土体离析现象严重，如图 9（b）所示，盾构刀盘及土舱经常出现堵塞致使盾构无法正常推进的情况，如图 9（c）和（d）所示，且加泥量大增，大大增加了隧道开挖费用。为了适应该地层施工要求，需考虑在加泥的基础上增加泡沫系统（有时还需加入高分子聚合物），利用加入泡沫改善土体粒状构造，吸附在颗粒之间的气泡可以减少土体颗粒与刀盘系统的直接摩擦，增加刀盘切削土体的黏聚力，同时降低土体的渗透性能。又因其相对密度较小，搅拌负荷轻，容易将土体搅拌均匀，从而达到既能平衡开挖面土压，又能连续向外顺畅排土的目的。通过大量的理论研究、现场与室内试验以及工程实践得出以下结论：

（1）北京地区砂卵石地层卵石含量高、粒径大、颗粒间黏结力弱，开挖后不易形成"流塑性状态"的土体，必须在盾构施工过程中进行土体改良，才能保证盾构施工有序的进行。

（2）盾构设备选型对盾构施工地层适应性至关重要，但是设备选型不能完全决定掘进效能，盾构施工过程中可以通过土体改良措施有效的提高设备的掘进效能，弥补盾构选型的不足，使其最大程度的适应开挖地层。

（3）在保证土体改良剂质量的前提下，膨润土＋泡沫剂的组合土体改良剂适用于北京地区砂卵石地层，并能发挥较好的土体改良效果。但是，土体改良试验必须与盾构掘进模式有机结合才能起到最佳的效果，且应该根据盾构开挖过程中出土情况、控制土压力及刀盘扭矩等参数的变化情况实时调整土体改良剂的注入时间、注入量等参数。相同土体改良剂条件下，满舱欠压掘进模式下的土体改良效果要优于满舱保压模式；确保盾构出土量可控的条件下，砂卵石地层满舱欠压掘进模式可大大改善盾构掘进效率。

（a）开挖地层概况　　　（d）土体改良状态　　　（b）刀盘被卡死　　　（c）土舱结石

图 9　砂卵石地层土体改良中存在的问题

5 盾构关键参数的预测与控制

5.1 刀盘扭矩的预测与控制

根据砂卵石地层力学特性,刀盘扭矩主要由刀盘切削阻力扭矩 T_1、刀盘正面的摩擦阻力扭矩 T_2、刀盘侧面的摩擦阻力扭矩 T_3、刀盘背面及搅拌翼与渣土的摩擦阻力扭矩 T_4、轴承旋转的阻力扭矩 T_5 及刀盘密封摩擦的阻力扭矩 T_6 组成。盾构掘进时,摩擦扭矩(刀盘切削阻力扭矩、刀盘正面及侧面摩擦阻力扭矩)在刀盘扭矩中占据绝对主导地位,成为控制刀盘扭矩大小的主要因素,约占刀盘总扭矩的 $88\%\sim95\%$;刀盘切削阻力扭矩、轴承旋转阻力扭矩及刀盘密封阻力扭矩所占比例较小,总计约为 $5\%\sim12\%$,即对刀盘扭矩的影响较小。表 1 为北京地铁典型区间刀盘扭矩的统计计算情况。

刀盘摩擦扭矩影响因素主要分两类,一类是施工过程中无法改变的,包括大部分设备参数以及地层条件,如刀盘直径、宽度、隧道埋深等;另一类是:施工中可以通过相应的措施进行调整的,如刀盘开口率及砂卵石的流塑性和摩擦系数等。对表 1 中所述的四个区间进行现场试验,结果表明:1) 随着刀盘开口率的增加,刀盘扭矩呈线性降低;开口率每增加 10%,刀盘扭矩约降低 $8\%\sim10\%$。2) 摩擦系数每降低 0.1,刀盘扭矩约降低 $35\%\sim40\%$。

因此,可通过改善摩擦扭矩的方式来控制刀盘总扭矩:(1)辐条式刀盘:刀盘扭矩使用率高,平均 $70\%\sim90\%$,且时常超过额定扭矩,停机保护事故时有发生,非常不利于盾构施工,建议通过刀盘改造及土体改良的双重措施进行刀盘扭矩的控制;(2)面板式刀盘:刀盘扭矩使用率较高,保证土体改良效果的前提下,可将扭矩使用率控制在 $50\%\sim80\%$。

表 1　刀盘扭矩组成比例

线路	9 号线		10 号线二期	
标段	03 标	06 标	08 标	11 标
切削扭矩 T_1（%）	2.9	2.5	2.0	1.6
摩擦扭矩（$T_2+T_3+T_4$）（%）	88.3	93.5	91.8	93.1
机械阻力扭矩（T_5+T_6）（%）	8.8	4.0	4.2	5.3

表 2　盾构推力组成比例

线路	9 号线		10 号线	
标段	03 标	06 标	08 标	11 标
盾构外围摩擦阻力 F_1（%）	28.3	24.71%	23%	21.68%
盾构正面推进阻力 F_2（%）	38.53%	46.06%	45.78%	48.25%
切口环贯入阻力 F_3（%）	29.43%	27%	27.65%	27.49%
其他阻力（%）	3.72%	2.56%	3.17%	2.57%

5.2 盾构推力的预测与控制

在盾构推进过程中,必须克服一系列地层阻力才能保证盾构正常向前推进,这些阻力通常包括以下六项:盾壳与周围地层的摩擦阻力 F_1;盾构正面推进阻力 F_2;盾构切口环贯入地层时的阻力 F_3;管片与盾尾间的摩擦阻力 F_4;转向阻力(盾构曲线施工和纠偏)F_5;牵引后配套台车的牵引阻力 F_6。

因此,盾构总设计推力 F_d 至少应该等于上述六项阻力之和。根据北京地铁砂卵石地层特征,对表 1 中四个区间的盾构推力进行统计分析,如表 2 所示,统计计算结果表明:盾构正面与侧面的摩擦阻力(F_1+F_2)在总推力中占据绝对主导地位,所占比例约为 $65\%\sim75\%$,其次为切口环的贯入阻力 F_3,约为盾构总推力的 $25\%\sim30\%$,其他阻力所占比例少于 5%,对盾构推进影响较小,可忽略不计。

与刀盘扭矩影响结果类似,盾构施工中可以通过改善刀盘开口率和土体的摩擦性能调节盾构推力。北京地铁工程实践表明:辐条式刀盘盾构推力往往要大于面板式刀盘,但是盾构选型时配备的盾构推力基本均能满足盾构施工要求,不会出现类似刀盘扭矩的频繁跳停保护现象,盾构推力大小不会成为影响盾构刀盘选型的主导因素。但是盾构推力的合理与否不仅影响盾构掘进效率,而且对盾构施工成本影响巨大。过高的盾构推力将大大增加盾构掘进能耗,非常不利于成本控制。因此,为了降低能耗,提高盾构的掘进效率,建议采用土体改良的方式通过降低刀盘、盾体及搅拌棒等装置与土体的摩擦力来调节盾构推力的大小。

5.3 土压力的预测与控制

(1)土压力的预测

砂卵石地层的稳定性差,开挖工作面极易出现失稳、坍塌,因此,开挖工作面的稳定性控制是保证盾构正常掘进的前提,其中首要任务是控制土压力进行预测。控制土压力的影响因素较多，应综合考虑地层及环境条件进行确定。当隧道上覆地层中存在较厚的自稳性好地层时，可采用泰沙基松弛土压力理论来计算控制土压力，设定土压力不得低于泰沙基松弛土压力理论下的水平主动土压力 p_a^T；当隧道上覆地层自稳性较差，则应采用静止土压力理论或郎肯主动土压力理论计算控制土压力，最低控制土压力不得低于主动土压力 p_a；当盾构穿越重要环境风险工程时，应适当提高控制土压力，确保开挖面和地层稳定，有效控制地表沉降和不利变形。不控制土压力详细的控制范围如表 3 所示。

表 3 砂卵石地层盾构土压力控制范围

上覆土层	风险等级	控制范围
自稳性好	Ⅰ级	$p_0^T \sim p_a$
	Ⅱ级	$p_a^T \sim p_a$
	Ⅲ级	$p_a^T \sim p_a$
自稳性差	Ⅰ级	$p_0 \sim 1.2 p_0$
	Ⅱ级	$p_a \sim 1.2 p_0$
	Ⅲ级	$p_a \sim 1.2 p_0$

（2）土压力的控制

土压盾构动态平衡机理是指在盾构机推进过程中刀盘转动切削土体进入土舱，使密封土舱设定的工作压力与不断变化中的开挖面水土压力之间建立和保持平衡，同时通过贯穿隔板设置的螺旋输送机的栓塞效果控制土压和排土量。北京地铁砂卵石地层卵石含量多、颗粒大，颗粒之间以点对点传力，土舱内的压力很难及时快速的传递至开挖面，土舱压力具有建立和维持困难等特点，因此土压力控制是砂卵石地层盾构施工的重点与难点。总结北京砂卵石地层盾构施工经验与教训，得出以下结论：

（1）土压力是一个综合性的盾构施工参数，与盾构推进速度、出土量、刀盘扭矩及盾构推力等参数关系密切，施工中应综合考虑上述参数进行土压力设定与控制。

（2）土体改良效果好坏直接影响土压力控制，渣土流塑性的提高有利于土压力的控制与稳定。

（3）北京地区目前遇到的砂卵石地层自稳性较差、自稳时间短，几乎所有的地表沉降超限及地表塌陷事故均由于欠压推进所致，不建议在北京地区的砂层、砂卵石地层中采用不满舱的欠压推进的模式。

6 结论

（1）北京地铁砂卵石地层卵石粒径大、强度和含量高，属于强磨蚀性地层，"以疏导、通过和排出为主"的砂卵石处理模式比"以破碎为主"的砂卵石处理模式地层适应性更好，但应严格控制盾构出土量，确保盾构开挖面与地表稳定。同时，大粒径砂卵石地层应尽量选用大开口率的辐条式刀盘和大直径的带式螺旋输送机。

（2）土体改良是砂卵石地层盾构施工的必备手段，土体改良效果的好坏对盾构掘进效率的提升、刀盘扭矩、盾构推力及土舱压力等关键参数的控制均具有重要的作用；在保证土体改良剂质量的前提下，膨润土＋泡沫剂的组合土体改良剂具有较好的地层适应性，但应根据盾构掘进时的出土情况、土压力及刀盘扭矩等参数的变化情况实时调整土体改良剂的注入时间、注入量等参数。

（3）北京地区目前遇到的砂卵石地层自稳性较差、自稳时间短，几乎所有的地表沉降超限及地表塌陷事故均由于欠压推进所致，不建议在北京地区的砂层、砂卵石地层中采用不满舱的欠压推进的模式。相同土体改良剂条件下，满舱欠压掘进模式下的土体改良效果要优于满舱保压模式；确保盾构出土量可控的条件下，砂卵石地层满舱欠压掘进模式可大大改善盾构掘进效率，但应谨慎使用。

参考文献

[1] 魏康林，朱伟．盾构隧道施工技术发展新动向 [J]．河海大学学报：自然科学版，2001，29（S1）：157－161．

[2] 代仁平，宫全美，周顺华等．土压平衡盾构砂卵石处理模式及应用分析 [J]．土木工程学报，2010，43（增刊）：292－298．

[3] Carrieri G．，Fornari E，Guglielmetti V．et al．Torino metro line 1：Use of three TBM-EPBs in very coarse grained soil conditions [J]．Tunnelling and Underground Space Technology，2006，21（3/4）：274－275

[4] 宋克志，汪波，孔恒等．无水砂卵石地层土压盾构施工泡沫技术研究 [J]．岩石力学与工程学报，2005，24（13）：2327－2332．

[5] 周文波．盾构法隧道施工技术及应用 [M]．北京：中国建筑工业出版社，2004．

[6] 韩亚丽，吕传田，张宁川．北京铁路地下直径线盾构选型及功能设计 [J]．中国工程科学，2010，（12）：29－34．

[7] 张双亚，陈馈．北京铁路地下直径线盾构选型 [J]．铁道工程学报，2007，（3）：70－73．

[8] 黄清飞．砂卵石地层盾构刀盘刀具与土相互作用及其选型设计研究 [D]．北京：北京交通大学，2010．

[9] 杨书江．富水砂卵石地层土压平衡盾构长距离快速施工技术 [J]．现代隧道技术，2009，（03）：81－88．

[10] 吕强．盾构掘进机主要参数的分析与试验研究 [D]．上海：同济大学，2005．

[11] 吕强，傅德明. 土压平衡盾构掘进机刀盘扭矩模拟试验研究 [J]. 岩石力学与工程学报，2006，25（增1）：3137 - 3144.

[12] 徐前卫. 盾构施工参数的地层适应性模型试验及理论研究 [D]. 上海：同济大学，2006.

[13] 王洪新. 土压平衡盾构刀盘扭矩计算及其盾构施工参数关系研究 [J]. 土木工程学报，2009，42（9）：109 - 113.

[14] 魏龙海. 基于离散元法的卵石层中成都地铁施工力学研究 [D]. 成都：西南交通大学，2006.

[15] 胡欣雨，张子新. 砂卵石地层土压盾构开挖面动态平衡机理研究 [J]. 地下空间与工程学报，2009，5（6）：1115 - 1121.

[16] Feng Qiu-Ling. Soil conditioning for modem EPBM drives [J]. Tunnel and Tunnelling International，2004，36（12）：18 - 20.

[17] 龚秋明，姜厚停，闫鑫. 圆砾地层土压平衡盾构施工土改良试验研究 [J]. 北京工业大学学报，2009，（增1）：56 - 62.

浅析天津地铁深埋盾构施工接收技术

郭建国[1]　曹养同[1]　谭晶辉[2]

(1. 北京地铁监理公司；2. 天津城建集团有限公司)

摘　要：结合天津地铁 3 号线 11 合同段工程，采用冻结法加固土体及钢护筒接收方式实现了深埋盾构安全接收的工程实例，对土体冻结工艺和钢护筒安装工艺的施工技术与控制要点进行简要的分析、总结，供同行在以后的工作中参考。

关键词：深埋盾构；冻结法加固；钢护筒安装；接收技术与控制

一、工程概况

1. 工程基本概况

本工程为天津地铁 3 号线第 11 合同段，包括一站一区间，"一站"为金狮桥站；"一区间"为天津站～金狮桥站盾构区间隧道，右线长度为 1211.496m，左线长度为 1202.379m。

天津站～金狮桥站（原小树林站）为单线单洞圆形区间隧道，设计起止里程为：右 DK14＋668.004～右 DK15＋879.5m，右线 1211.496m（左线 1202.379m）。其中设防灾联络通道一座，里程为右 DK15＋300.000。

区间为单面坡形式，从金狮桥站至天津站竖向纵坡依次为 30‰、9.118‰、3‰，区间线路依次有一组 31.916m 曲线（R＝1500）、一组 312.04m 曲线（R＝400）、一组 34.511m 曲线（R＝450），线距 13.0～15.0m，隧道最大埋深为 22.5m。最小埋深为 7.1m。

盾构区间隧道主体采用盾构法进行施工，管片外径 6.2m，内径 5.5m，管片厚度 0.35m，环宽 1.2m，采用错缝拼装形式。每环衬砌环采用六分块：三个标准块 A、两个邻接块 B、一个小封顶块 K。区间隧道封顶块采用径向插入和纵向插入相结合的插入方式。管片连接采用弯螺栓连接。盾构管片接触面纵缝设凸凹榫，环缝不设凸凹榫。管片衬砌环分块如图 1 所示。

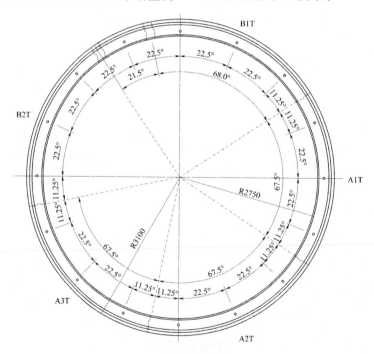

图 1　管片衬砌环分块图示意图

2. 工程周边环境

本区间由金狮桥站至天津站依次穿越狮子林大街、胜利路、华龙道、新广路等市区繁华地带，邻近建筑物较多，主要有城市星座（砖混 24 层，距离左线最近处为 3.68m，盾构埋深约 20m）、万春花园小区（砖混 10 层，距离左线最近处约 7.2m，盾构埋深约 18m）、金狮立交桥（350mm×350mm 方桩基础，桩长约 25m，桩基距离左线最近处约

1.69m，盾构埋深约 8m）等，同时还正穿京山铁路（左线里程 DK15＋446，右线里程 DK15＋450）、京津城际（左线里程 DK15＋406，右线里程 DK15＋414.20）。本工程盾构区间穿越管线较多，施工时要采取必要的措施，保证地面建筑物的安全。

3. 工程地质及水文地质概况

①地质岩性

根据《天津市地下铁道二期工程 3 号线详细勘查岩土工程勘察报告—小树林站》，本站地面较为平整，车站施工范围内地面高程约为 3.5～4.5m，站区地层主要为第四系全新统人工填土层（人工堆积 Q_{ml}），新近沉积层（故河道，洼淀冲积 $Q_{43}N_{al}$），第Ⅰ陆相层（第四系全新统上组河床～河漫滩相沉积 Q_{43al}），第Ⅰ海相层（第四系全新统中组浅海相沉积 Q_{42m}），第Ⅱ陆相层（第四系全新统下组沼泽相沉积 Q_{41h} 及河床～河漫滩相沉积 Q_{41al}），第Ⅲ陆相层（第四系上更新统五组河床～河漫滩相沉积 Q_{3eal}），第Ⅱ海相层（第四系上更新统四组滨海～潮汐带相沉积 Q_{3dmc}），第Ⅳ陆相层（第四系上更新统三组河床～河漫滩相沉积 Q_{3eal}）。

本场地内表层地下水类型为第四系孔隙潜水。赋存于第Ⅱ陆相层及以下粉砂及粉土中的地下水具有微承压性，为微承压水。

地下水的温度，埋深在 5m 范围内随气温变化，5m 以下随深度略有递增，一般为 14～16℃。

潜水赋存于人工填土层①层、第Ⅰ陆相层③层及第Ⅰ海相层④层中。该层水以第Ⅱ陆相层⑤₁ 粉质黏土、⑥1 粉质黏土为隔水底板。人工填土层为①₁ 杂填土、①₂ 素填土，土体结构松散，含水量丰富，土层渗透系数大。第Ⅰ陆相层局部缺失，以③₂ 粉土为主，土体渗透性能较好，土层渗透系数较大。第Ⅰ海相层主要含水层为④₂ 粉土。④₁ 粉质黏土中夹有大量粉土薄层，呈千层状，储水量较高，但出水量较小，垂直、水平方向渗透系数差异较大。

潜水地下水位埋藏较浅，勘测期间水位埋深约为 1.65～2.40m（高程 2.29～1.60m）。潜水主要依靠大气降水入渗和地表水体入渗补给，水位具有明显的丰、枯水期变化，受季节影响明显。地下水丰水期水位上升，枯水期水位下降。高水位期出现在雨季后期的 9 月份，低水位期出现在干旱少雨的 4～5 月份。潜水位年变化幅度的多年平均值约 0.8m。

微承压水以第Ⅱ陆相层⑤₁ 粉质黏土、⑥1 粉质黏土为隔水顶板。⑥₂ 粉土、⑦₂ 粉土、⑦₄ 粉砂为主要含水地层，含水层厚度较大，分布相对稳定。各含水层局部夹透镜体状粉质黏土。微承压水水位受季节影响不大，水位变化幅度小。该层微承压水接受上层潜水的补给，以地下径流方式排泄，同时以渗透方式补给深层地下水。该层微承压水为非典型的承压水，水位观测初期，该层水上升很快，一般在 30min 之内既完成全部上升高度的 80％左右，30min 之后，水位上升速度变缓慢，经过 24h 之后，稳定水位一般稳定于潜水位之下。勘测期间微承压水稳定水位埋深约为 3.56～4.78m（高程约为 0.88～-0.05m）。

潜水、微承压水含水层含水介质颗粒较细，水力坡度小，地下水径流十分缓慢。

经取水样试验分析，潜水对混凝土结构具弱腐蚀性，对混凝土中的钢筋具中等腐蚀性，对钢结构具中等腐蚀性；微承压水对混凝土结构具中等～强腐蚀性，对混凝土中钢筋具强腐蚀性，对钢结构具中等腐蚀性。

②车站和盾构区间所处具体地层及分析

盾构区间隧道从金狮桥站至天津站依次穿越的地层主要为④1 粉质黏土、④2 粉土、⑥1 粉质黏土、⑦1 粉质黏土、⑦2 粉土、⑦3 黏土、⑦4 粉土层。以上土层在地下水位以下，粉土、粉砂层易发生流土、流砂，影响隧道稳定性，施工时应引起重视。勘查过程中未发现岩溶、土洞，不存在液化土层。场地地形较平坦，无滑坡、泥石流、岩危等不良地质作用。

二、接收施工

始发口加固区域土质组成主要为粉质黏土粉砂。（图 2）

1. 主要施工技术措施

1）始发口土体注浆加固施工

盾构到达段几乎全断面处于微承压水层中，具有较高的承压水头，盾构到达有涌砂涌水的风险，旋喷桩的加固效果难以保证。为保证盾构机到达安全，防止泥砂及地下水涌入工作井，盾构到达地基加固拟采用"工作井内先水平加固后冻结方法"施工，所加固的土体具有强度高、均匀性好、隔水性好等优点，可有效地保障盾构顺利到达。

2）注浆孔的布置

在洞圈内，直径为 6.1m 的圆周上布置注浆孔，间距为 1.5m（弧长），共计布置 13 个注浆孔，每个注浆孔都向外小角度发散施工。布置图如图 3 所示。

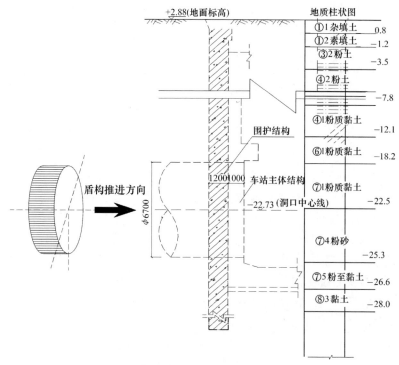

图 2　土质组成

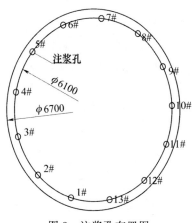

图 3　注浆孔布置图

3）注浆量及注浆压力

根据以往经验注浆体积约为加固土体体积的 8％～10％时，能有效的改良土体，减少后期的冻胀、融沉，注浆压力控制在 0.3～0.5MPa。

4）注浆方法及注浆顺序

注浆时把注浆管水平打到土体里 6m 长进行注浆，每个孔注浆量为 0.13m³，所有注浆孔注浆完成后，将注浆外拨 50cm，再进行注浆，以此循环。注浆顺序按编号间隔注，确保注浆量的均匀。

5）浆液类型和配比

采用水泥单液浆，其配比为 1000L 单液浆配比见表 1：

表 1

水（kg）	水泥（po42.5）kg
702	878

2. 冻结孔施工

1）冻结孔布置

（1）冻结孔孔位布置

每个洞口布置 43 个水平冻结孔。到达口中心布置 1 个冻结孔，深度 3.50m，从到达口中心向外布置 3 圈冻结孔。第 1 圈圈径 2.50m，孔数 6 个，孔间距 1.250m，深度 3.00m；第 2 圈圈径 4.90m，孔数 12 个，孔间距 1.268m，深度 3.00m；第 3 圈圈径 7.30m，孔数 24 个，孔间距 0.953m，深度 11.00m。布置图如图 4 所示。

（2）测温孔、卸压孔布置

共布置 8 个测温孔，深度为 4.2/7.2m，目的主要是测量冻结帷幕范围不同部位的温度发展状况，以便综合采用相应控制措施，确保施工的安全。测温孔管材选用 Φ32mm×3mm20# 低碳钢无缝钢管。冻结区域内泄压孔为 2 个，深度为 5.5m，卸压孔采用 Φ32mm×3mm 无缝钢管。具体见图 5：

2）冻结孔施工

冻结孔施工工序为：定位开孔及孔口管安装→孔口密封装置安装→钻孔→测量→（封闭孔底部）→打压试验。

（1）定位开孔及孔口管安装

首先确定孔位，再用开孔器（配金刚石钻头取芯）按设计角度开孔，开孔直径 150mm，当开到连续墙还剩 50mm 时停止 150mm 孔的取芯钻进，安装孔口管，孔口管的安装方法为：首先将孔口处凿平，安好四个膨胀螺丝，而后在孔口管的鱼鳞扣

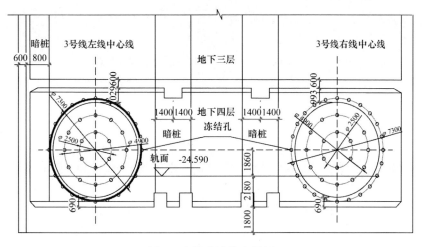

图 4　冻结孔孔位布置图

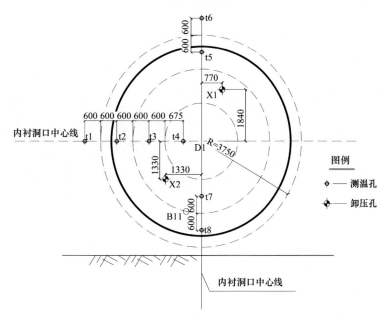

图 5　测量孔、卸压孔

上缠好麻丝、涂抹密封物后将孔口管砸进去，用膨胀螺丝上紧，上紧后装上 DN150 闸阀，再将闸阀打开，用开孔器从闸阀内开孔，开孔直径为112mm，一直将混凝土墙开穿，这时，如地层内的水砂流量大，就及时关好闸门。

（2）孔口密封装置安装

用螺丝将孔口装置装在闸阀上，注意加好密封垫片。详见图 6。

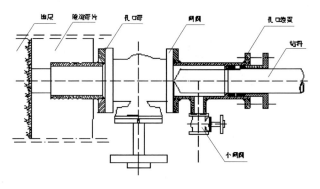

图 6　孔口密针装置示意图

（3）冻结孔施工

按设计要求调整好钻机方位角和俯仰角位置，并固定好，在孔口装置上安装旁通阀，固定密封装置。首先采用无泥浆钻进，当钻进不进尺时，调整施工工艺进行泥浆钻进，同时打开孔口装置上旁通阀门，观察出水、出砂情况。钻机选用 MD－50 型锚杆钻机，钻机扭矩 2000N·M，推力 17kN。

各种钻孔施工开孔误差不大于 50mm，冻结管深度不小于设计深度，不大于设计深度50mm。钻孔施工时先施工下部冻结孔，再施工上部冻结孔。

（4）测斜

利用经纬仪结合灯光对每个成孔进行测斜，偏斜率控制在 1% 以内，不宜内偏，最大终孔间距不大于 150mm。

（5）密封试验

将成孔管内注水进行冻结管密封试验，冻结管下放后应进行注入清水试压，试验压力为0.8MPa，经试压30min压力下降不超过0.05MPa，再延续15min压力不变为合格。

3. 冻结施工

1）冻结参数确定

（1）积极冻结期盐水温度为 $-28℃\sim-30℃$。

（2）维护冻结期温度为 $-25℃\sim-28℃$。

（3）外围冻结孔终孔间距 $L_{max}≤1000mm$，冻结帷幕交圈时间为 $15\sim18d$，达到设计厚度时间为30d。

（4）积极冻结时间为30d，维护冻结时间为7d。

（5）冻结孔布置86个，冻结管总长度为643m。

（6）测温孔布置8个，深度为4.2/7.2m，测温孔一般定在终孔间距较大的位置。

2）需冷量及冷冻机选型

冻结需冷量计算：

$$Q=1.2\cdot\pi\cdot d\cdot H\cdot K$$

式中 H——冻结总长度；

d——冻结管直径；

K——冻结管散热系数。

将上述参数代入公式得：

$$Q=1.2\cdot\pi\cdot d\cdot H\cdot K=5.5\times10^4 Kcal/h$$

选用 W－YSLGF300Ⅱ型螺杆机组两台套。备用一台，单台设计工况制冷量为 $8.75\times10^4 Kcal/h$，电机功率100kW。

3）冻结系统辅助设备

（1）盐水循环泵选用 IS125－100～200 型 1 台，流量 $200m^3/h$，电机功率30kW。

（2）冷却水循环选用 IS125－100～200C 型 1 台，流量 $200m^3/h$，电机功率30kW。冷却塔选用 NBL－50 型两台，补充新鲜水 $15m^3/h$。

4）管路选择

（1）冻结管选用 $Φ89\times8mm$，20# 低碳钢无缝钢管，丝扣连接，另加手工电弧焊焊接。单根长度 $1\sim1.5m$。

（2）测温孔管选用 $Φ32mm\times3mm$，无缝钢管。

（3）供液管选用1.5in钢管，采用焊接连接。

（4）盐水干管和集配液圈选用 $Φ159mm\times6mm$ 无缝钢管。

（5）冷却水管选用 $Φ133mm\times4.5mm$ 无缝钢管。

5）用电负荷

总用电负荷约200kW/h。

4. 钢护筒明洞施工

（1）钢护筒设计

钢护筒材料采用16mm厚的钢板，加强肋板采用24mm厚、200mm宽，间距400mm（横向），500mm（纵向）一道。根据对天津站盾构接收端头井现场实地测量，钢护筒直径为7m，长度为12m。钢护筒总重约94t，内填土土方量约为 $538m^3$，填土重量约为920t。

钢护筒分块制作，每段4块，每2m一段，采用螺栓连接，每段钢护筒设注浆孔4个。注浆孔直径50mm。同时在成型的钢护筒上设3个检查人孔，检查孔尺寸：600mm×800mm。

钢护筒设计计算模型（见图7）。

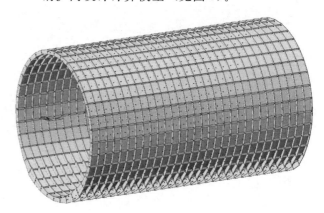

图7

面板：16mm

圆弧肋：$δ24\times200$，下部为变截面 $δ24\times200\sim500$

横肋：10# 槽钢

1）受力状况

工况Ⅰ：盾构机已进入钢管内，开始注浆封堵，此时对管壁的侧压力按 $5kg/cm^2$。

工况Ⅱ：管内填满土（按黏土计算），此时只考虑钢管自重及土的自重对钢管产生的压力，土对钢管的压力按 $70kN/m^2$ 取值。

2）计算结果

①圆弧肋板应力：

工况Ⅰ时的应力（见图8）

最大应力：100.4MPa＜140MPa，合格。

工况Ⅱ时的应力（见图9）

最大应力：132MPa＜140MPa，合格。

②面板应力：

工况Ⅰ时的应力（见图10）

最大应力：75.8MPa＜140MPa，合格。

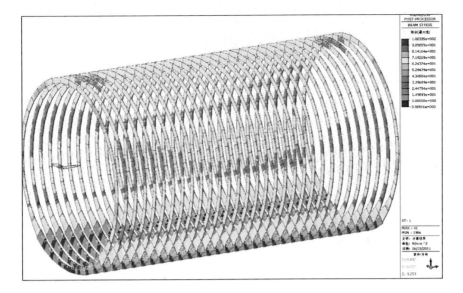

图 8

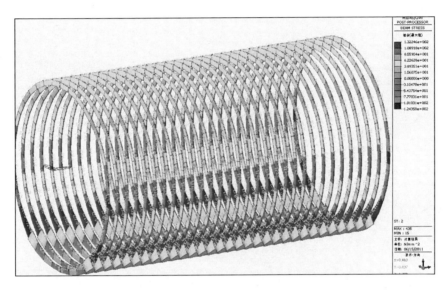

图 9

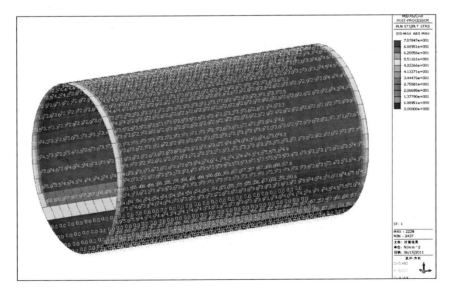

图 10

工况Ⅱ时的应力（见图11）

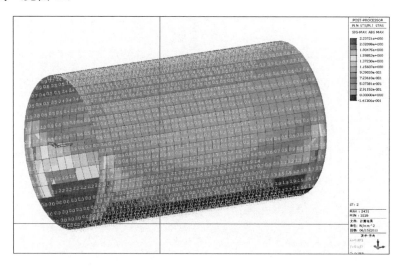

图11

最大应力：2.24MPa＜140MPa，合格。

③变形：

工况Ⅰ时的变形（见图12）

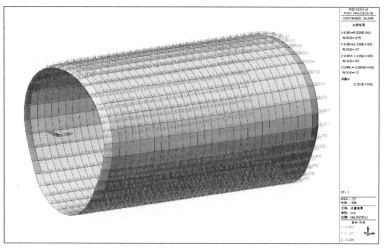

图12

最大变形2.55mm，位于左右两侧中线处，向外张。

工况Ⅱ时的变形（见图13）

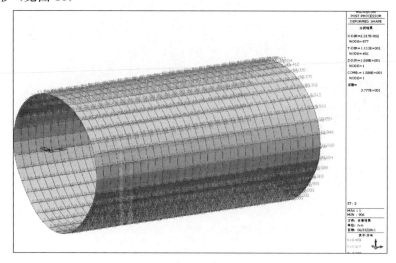

图13

最大变形 15.89mm，位于顶部，向内塌。经过工况模拟计算分析，该钢护筒能够满足盾构机接收要求。

（2）钢护筒安装

对加工好的钢护筒片运送至盾构井下，先进行分块连接，后进行分段成筒连接。同时接缝处采用安装两条遇水膨胀衬垫措施，用以止水。护筒头部与洞门圈钢环预留的螺母孔连接。护筒连接好后，对护筒用 H 型钢进行支撑。具体详见图 14。

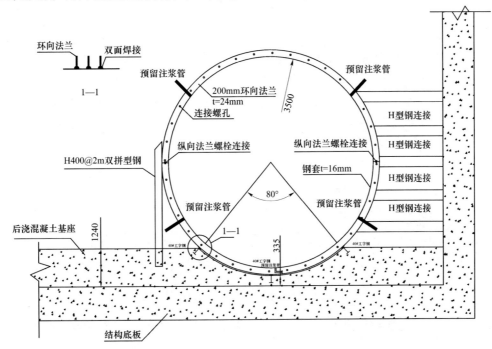

图 14　钢护筒安装横剖面图

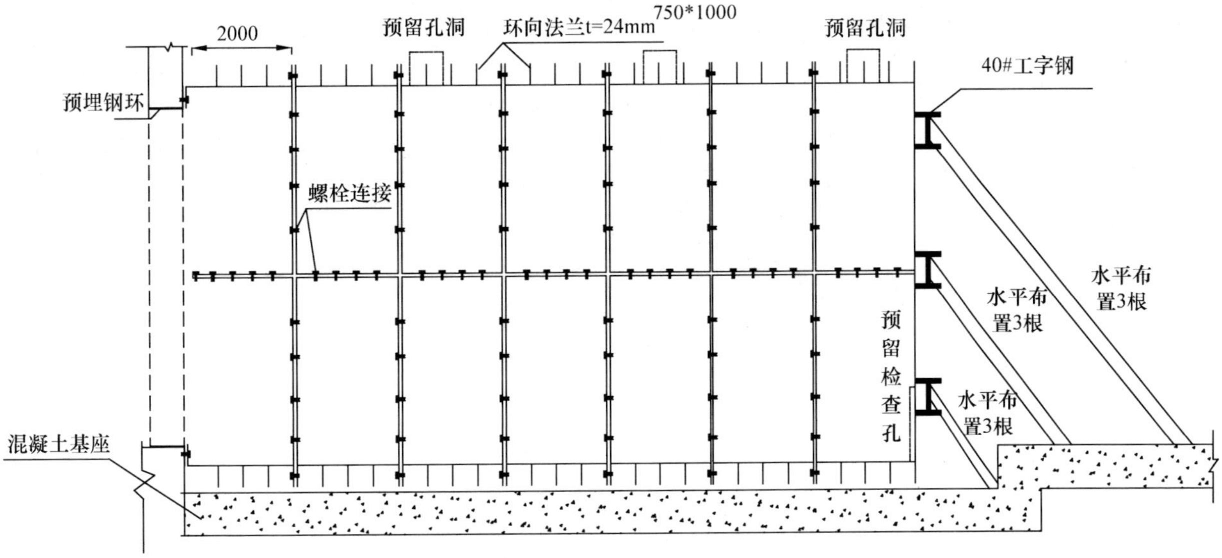

图 15　钢护筒安装纵剖面图

5. 拔管与盾构接收

1）拔管步骤

（1）槽壁破除还剩最后一层钢筋和约 0.4m 混凝土，通过探孔分析，冻土帷幕与槽壁胶结良好后，盾构靠近外圈冻结管约 1m 停止，即可拔管。

（2）拔管顺序：拔盾构到达口内的三圈孔，先拔第三圈，第三圈孔拔完后开始拔第二圈孔，拔第二圈孔和第一圈孔时要间隔拔除。

（3）拔管方法：用热盐水循环解冻 5～8min 后，利用一个 5t 手拉葫芦水平向外拉拔冻结管。

（4）拔管时间：12h。

2）盾构接收

（1）洞门破除及注意事项

本工程到达端头地连墙厚度为 1.2m。由于墙体较厚，且洞圈内冻结管密集。计划将洞门分两步破除。经理论计算，积极冻结20d后可进行洞门第一步破除，第一步破除厚度为800mm。待积极冻结30d后，进行冻结加固效果验收。验收合格后，进行洞门内冻结管的拔除，盾构推进到达洞门位置之后进行第二步洞门破除。（见图16～图19）

　　3）明洞接收回填

　　为了确保盾构到达施工的安全和有效防止地下水渗漏，采取在盾构接收井内施作护筒明洞接收。

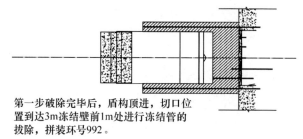

第一步破除完毕后，盾构顶进，切口位置到达3m冻结壁前1m处进行冻结管的拔除，拼装环号992。

图18

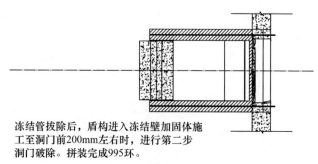

冻结管拔除后，盾构进入冻结壁加固体施工至洞门前200mm左右时，进行第二步洞门破除。拼装完成995环。

图19

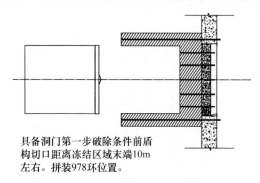

具备洞门第一步破除条件前盾构切口距离冻结区域末端10m左右。拼装978环位置。

图16

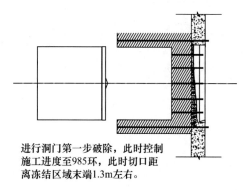

进行洞门第一步破除，此时控制施工进度至985环，此时切口距离冻结区域末端1.3m左右。

图17

　　接收护筒安装完成和外圈冻结管做好保护，并凿除完成洞门地连墙后，进行护筒回填，回填采用细沙、膨润土及粉煤灰的合理配比（现场实验确定）。回填完毕后封闭预留的填土盖。封闭盖板后，利用预留的注浆孔对护筒内土体进行双液注浆密实加固，注浆量为填土量的20%，单洞注浆量为120m³。确保护筒内填土密实具有足够的强度及抗渗性。

　　明洞内洞门钢圈下部（即洞门中心线以下3.35m即300mm高）回填沙袋，明洞上部（即洞门中心线下3.35m以上）回填细沙、膨润土及粉煤灰混合料，盾构机护筒内接收见图20。

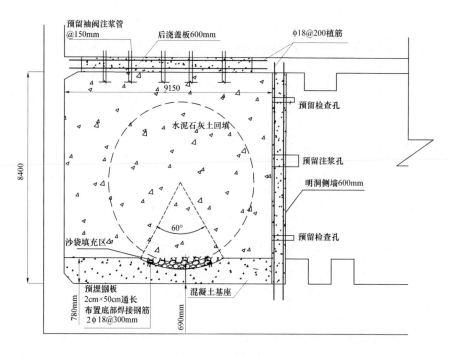

图20　填充图

4）洞门封堵

（1）盾构完全到达后，立即对洞门进行封堵，根据到达环位置确定内封或外封。（见图21和图22）

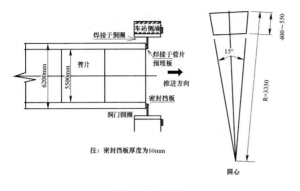

图21　内封

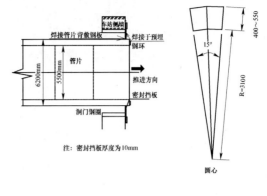

图22　外封

（2）内封利用弧形板与到达环预埋铁板进行焊接。外封将弧形板与洞门管片背敷钢板焊接。

（3）左、右线洞门封堵形式根据实际施工再行确定。

5）洞门圈封堵

盾构到达时采用弧形铁板代替橡胶止水帘带防止跑浆，同时在弧形铁板上预留注浆孔，便于及时对洞门端头土体进行加固。弧形铁板分布示意图如图23所示。

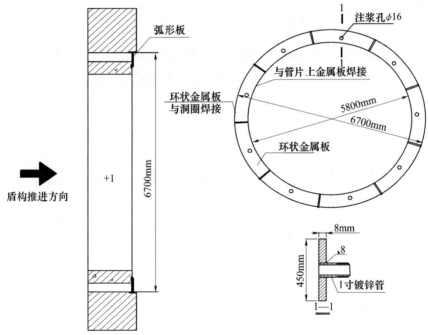

图23　洞圈封堵示意图

盾构施工引起古旧建筑物振动响应的
现场测试研究

王 鑫 韩 煊

（北京市勘察设计研究院有限公司，北京 100038）

摘 要：城市的地铁建设规模在不断扩大，而城市居民对于地铁盾构施工对其生活所产生的影响也越来越敏感，这主要包括施工引起的房屋沉降变形、施工噪音、施工振动等问题。其中，对施工引起的振动问题长期以来缺乏研究，特别是对于一些古旧建筑，振动对其产生的影响是一个亟待深入分析的课题。本文以北京地铁盾构施工工程为研究背景，首先，对盾构施工作业面的振源振动进行了现场测试，分析了其频幅特性；其次，对盾构施工振动在不同工况条件下引起的地表古旧建筑物振动响应规律，包括振动水平的时域及频域分析、振动响应的距离衰减规律（纵向和横向）及衰减频率特性等，进行了现场测试研究。上述工作可作为盾构施工引起环境振动评估分析的基础，从而为地铁项目建设的合理规划、设计和施工提供可靠依据。

关键词：地铁；盾构施工；现场测试；振动响应

Field Testing Study on Vibration Response of the Historic and Old Buildings Induced by Shield Tunnelling

Wang Xin，Han Xuan

（BGI Engineering Consultants LTD.，Beijing 100038）

Abstract：Along with the constant enlargement of the urban subway construction scale，the citizens have become less tolerant of disturbances due to the construction，including the building deformation caused by the settlement，construction noise，vibration and so on，among of that，the vibration problems caused by the construction haven't been thoroughly studied for long，especially for some of the historic and old buildings，on which the influence of the vibration should be a urgent issues to study. In this paper，taking Beijing subway NO. 8 lines construction as the research background，first of all，the field monitoring of the vibration source at the working face of the shield construction have been accomplished，and then，the amplitude and the frequency characteristics of the vibration source have been analyzed. Secondly，the field testing study on regularities of the dynamic response of the historic and old buildings induced by the shield tunneling under different conditions，including the time-domain and the frequency-domain analysis of the vibration level，research on the distance attenuation regularities and the frequency attenuation characteristics of the dynamic response，have been carried out. The above researches，can be used as the basic work of the evaluation and the analysis of the environment vibration caused by the metro shield construction，and consequently，can provide reliable basis for the reasonable planning，design and construction of the subway project.

Key words：metro，shield construction，field testing，numerical simulation，dynamic response

引言

近些年来我国经济的飞速发展，城市地铁建设的规模也在不断地扩大，与此同时，盾构施工引起的环境问题（地面沉降、施工噪音、振动等）也逐渐引起了各方的关注。随着生活水平的不断提高，城市居民对于地铁盾构施工对其生活所产生的影响的容忍度在不断地降低，特别是振动的影响。对于居民住宅密集的中心区域，又往往是古旧建筑物相对集中的地方，振动引起的二次结构振动和噪声会对住宅内居民的正常生活带来干扰，影响人们的身体健康，甚至会引起结构的损坏，带来不良的社会影响[1-5]。国内外目前这方面的研究相对较少，对盾构施工引起振动的机理、振动波传播规律、振动对结构、居民等影响的程度、减振隔振措施等方面均尚未得到深入的开展。因此需要针对盾构施工引起周围环境振动及其影响进行系统分析研究。

本文以北京地铁八号线盾构施工工程为研究背景，针对线路区间内的典型工况，首先，对盾构施工作业面的振源振动进行了现场测试，分析了其频幅特性；继而，对盾构施工振动在不同工况条件下引起的古旧建筑物振动响应规律，包括振动水平的时域及频域分析、振动响应的距离衰减规律及衰减频率特性等，进行了现场测试研究。

1 现场测试

北京地铁 8 号线工程为北京市城市轨道交通线网规划中南北走向的一条线路，途经南北中轴线，全部为地下线，其中，二期工程南段部分区间盾构隧道长距离连续下穿成片古旧平房群（大多建成年代久远且缺乏修缮维护，抗变形及振动影响能力差），建设场区地面环境与地下条件复杂（大多不具备地表加固条件），因而盾构施工风险和环境影响风险较大。本研究中，现场振动监测设备采用941B（新）型速度和位移传感器、INV3060A24位网络分布式采集分析仪等。

1.1 振源监测

首先根据地层情况，选取典型盾构施工作业断面，主要是考虑比较坚硬的土层（卵石层、砂层）所占比例情况。选定典型断面之后，再根据盾构机洞内的实际情况，选取能够反映盾构机施工振动情况的典型结构位置放置监测仪器（尽量接近刀盘），以获得较为可靠的监测数据。振源监测布置示意如图 1 所示。

图 1 振源监测布置

所测某施工作业断面卵石所占比例约为 60%，其余地层以粉质黏土为主。作业面竖向、横向（隧道横断面方向）及纵向（隧道纵断面方向）振动加速度时程及频谱分析分别如图 2 所示。

综合其他作业面测试成果，可认为：振源的振动幅值受地层条件影响较大，其中卵石含量为主要

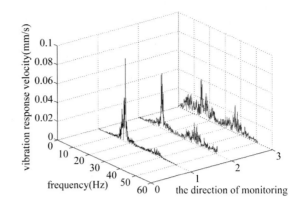

图 2 振源振动频谱

（图中，测点方向 1 代表竖向，2 代表垂直于隧道方向水平振动，3 代表沿隧道方向水平振动）

影响因素。作业面动弹性模量较高时，盾构掘进产生的振动幅值较大。作业面振源的主要频率分布在 5~45Hz 左右，其主要分布范围随地层条件的变化而变化。

1.2 古旧建筑物振动响应监测

在选定断面的典型古旧建筑物上（主要为砖木结构），每次布设 5 个测点（其中：横断面上自隧道中心分别间隔 5m、5m、10m、10m 分别布置；纵断面上自作业面前后各间隔 5 环、15 环分别布置）。典型的建筑物结构振动响应监测布置示意如图 3 所示。

(a) 典型建筑物

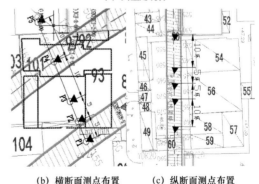

(b) 横断面测点布置　　(c) 纵断面测点布置

图 3 典型建筑物及测点布置示意

盾构施工引起的沿隧道横向及纵向上地表的典型振动响应的峰值谱，分别如图 4、图 5 所示。

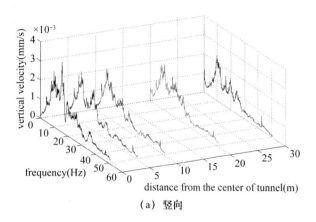

（a）竖向

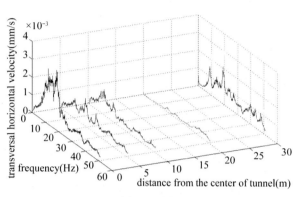

（b）垂直于隧道水平方向

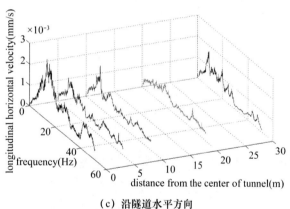

（c）沿隧道水平方向

图 4　横断面振动响应峰值谱

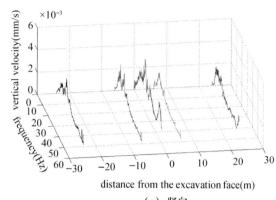

（a）竖向

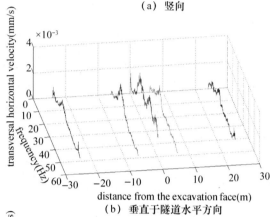

（b）垂直于隧道水平方向

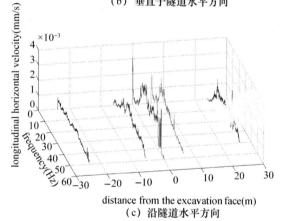

（c）沿隧道水平方向

图 5　纵断面振动响应峰值谱

2　振动响应规律分析

2.1　时域响应分析

盾构施工振动所引起的古旧建筑物的振动响应速度（本文研究中，取振动有效值的最大值），在垂直于隧道方向以及沿隧道方向上，随距离的变化规律分别如图 6、图 7 所示（图中：section1、2、3 分别为所选取的典型断面）。

由以上振动响应随距离的分布，可以看出：

（1）在所监测的断面上，各个测点由于盾构施工引起的地表古旧建筑物的竖向振动有效值的最大值分布范围约为 0.003～0.035mm/s，水平方向振动约为 0.002～0.05mm/s，根据美国的 FTR 规范计算，竖向速度振级约为 41～63dB，水平振动振级约为 38～66dB。由盾构施工引起的竖向振动与水平振动振级相当；

（2）盾构施工引起的横断面上的建筑物振动响应，总体上来说，不论是竖向振动还是两个水平方向的振动，都随距隧道中心距离的增加而呈现出衰减的趋势，但同时又表现出一定的波动性，即在一定距离上（10～20m）会出现反弹增大，但总的趋势还是随距离的增大而逐渐衰减，这种现象的存在主要是由于振动波在不同土层界面的反射和折射造成的。

（3）以施工作业面为中心，振动在前后两个方向的传播呈衰减趋势；盾构施工产生的振动，对于作业面向前 15 环的影响较其对于作业面向后 15 环的影响要大。这主要是由于隧道开挖过后形成的隧道空间起到了一定的减振作用。

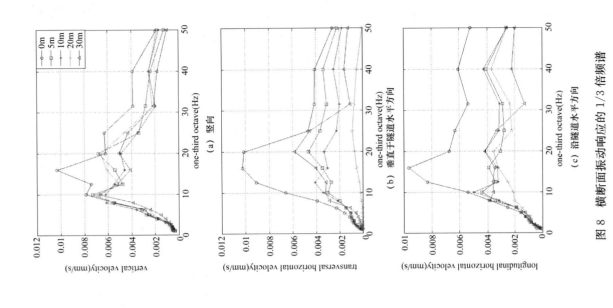

图 8 横断面振动响应的 1/3 倍频谱

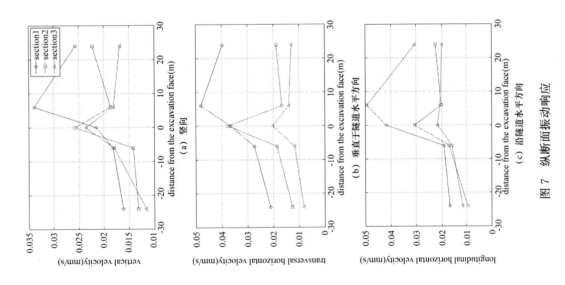

图 7 纵断面振动响应

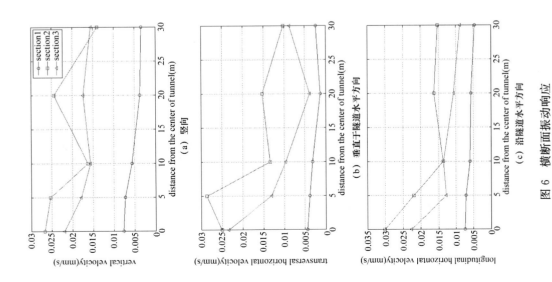

图 6 横断面振动响应

2.2　频域响应分析

古旧建筑物振动响应，在垂直于隧道以及沿隧道方向上的，典型的1/3倍频程谱分析如图8、9所示。

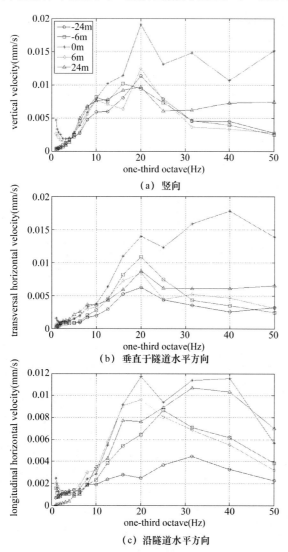

（a）竖向

（b）垂直于隧道水平方向

（c）沿隧道水平方向

图9　纵断面振动响应的1/3倍频谱

结合前述典型断面的振动响应峰值谱分析：

（1）盾构施工引起建筑物竖向振动响应的占优频率主要分布在10～30Hz，而水平向振动响应的频率则主要分布10～40Hz，分布的频带略宽，在这与作业面实测的振源频率分布范围基本一致，竖向振动响应的峰值频率出现在20Hz左右，而水平向分峰值频率分布略显分散，基本在20～30Hz左右。振动响应的频谱成分（特别是对于水平向振动来说）较复杂，这与其对应盾构作业面地层条件相对复杂有关。

（2）各测点的振动响应在10Hz以下的频段基本相当，且随距振源的距离变化不大，而10Hz以上频段，则随距作业面距离的增加，振动基本呈衰减的趋势，横断面上振动响应在10～20m测点存在一定的反弹区（这与时域分析的结果一致），可

以看出，不同频率的建筑物振动响应随距离的衰减规律是有差别的，这主要是由于土层对于高频振动的衰减作用较为明显，对低频振动的作用则相对较弱造成的。

3　结论

本文以现场测试为基础，对盾构施工振动振源及其引起的地表古旧建筑物振动响应进行了分析研究。得到以下主要结论：

（1）在所监测的断面上，各个测点由于盾构施工引起的地表古旧建筑物的竖向振动振级约为41～63dB，水平振动振级约为38～66dB，竖向振动与水平振动振级相当。

（2）盾构施工引起的横断面上的建筑物振动响应，随距隧道中心距离的增加而呈现出衰减的趋势，但同时又表现出一定的波动性。

（3）盾构施工产生的振动，对于作业面向前的影响较其对于作业面向后的影响要大。

（4）盾构施工引起建筑物竖向振动响应的占优频率主要分布在10～30Hz，而水平向振动响应的频率则主要分布10～40Hz，竖向振动响应的峰值频率出现在20Hz左右，而水平向分峰值频率分布略显分散，基本在20～30Hz左右。

（5）各测点的振动响应在10Hz以下的频段基本相当，且随距振源的距离变化不大，而10Hz以上频段，则随距作业面距离的增加，振动基本呈衰减的趋势，存在一定的反弹区。

致谢：感谢北京市勘察设计研究院有限公司工程检测所检测室同事在本项研究现场测试中提供的支持。

参考文献

[1]　Nelson, P. N. O'Rourke, T D, Flanagan, R F, etc.. Tunnel boring machine performance study [R]. Report No. 06－0100－84－1, 448pp, US Department of Transportation, Washington, DC, 1984.

[2]　New, B M. Vibrations caused by underground construction, proceedings, Tunnelling'82, London, 1982：217－229.

[3]　D. M. Hiller. Groundborne vibration generated by mechanized construction activities [J]. Proc. Instn Civ. Engrs Geotech. Engng, Groundborne vibration From mechanized Construction works, 1998：223－232.

[4]　T. L. L. Orr, M. E. Rahman. Prediction of ground vibrations due to tunnelling [J].

[5]　R. F. Flanagan. Ground vibration and shields [J]. Tunnels & Tunnelling, 1993, 10：30～33.

复合锚杆桩在地铁隧道邻近桥桩加固中的应用研究

李军锋[1]　闫松涛[2]　冯科明[1]

(1. 北京城建勘测设计研究院有限责任公司，北京　100101；2. 北京交通大学土建学院，北京　100044)

摘　要：运用 FLAC－3D 软件，依托北京地铁 14 号线丰北桥区桥基加固工程，对复合锚杆桩技术在城市地铁隧道下穿高架桥桩加固中的应用进行了数值模拟，分别分析了正常开挖工况及桩体加固后的开挖工况下隧道及桩体周围各层土体的沉降规律，并对桥桩加固前后的沉降量进行了对比分析。研究结果表明：复合锚杆桩加固技术对于减小和降低桥桩的竖向沉降量起到了非常重要的作用，明显缓解和减弱了由于土体差异变形导致的桩体不均匀沉降，桥桩竖向差异沉降量减小至 1.14mm，达到安全范围，从而保障了既有桥桩的结构稳定性和使用安全，也使得邻近地铁隧道得以顺利施工。

关键词：地铁隧道；桥梁桩基加固；复合锚杆桩；FLAC－3D

中图分类号：U443.22　　**文献标识码**：A

Research on the Application of the Multiple－Bolt－Pile in Metro Tunnel Adjacent Bridge Pile Foundation Reinforcement

LI Jun－feng[1]　YAN Song－tao[2]　Feng ke－ming[2]

(1. Beijing Urban Construction Exploration, Surveying, Design&Research Institute Co., Ltd., Beijing 100101；2. College of Architecture and Civil Engineering, Beijing Jiaotong University, Beijing 100044, China)

Abstract：Based on the reinforcement of the FENGBEI bridge foundation of the 14th Beijing subway, using FLAC－3D, the application of the multiple－bolt－pile in metro tunnel adjacent bridge pile foundation reinforcement is simulated. The result shows that the multiple－bolt－pile could highly decrease the pile settlement. The vertical settlement is 1.14mm, which meets the safety requirements and ensures the structure stability of the existed piles and the smooth construction of the adjacement metro tunnel.

Key words：Metro Tunnel；Bridge Foundation Reinforcement；Multiple Bolt Pile；FLAC－3D

近年来，随着我国各大城市车辆拥有量的不断增加，地面交通压力不断增大，城市轨道交通应运而生，并得到了迅速的发展。其中，地铁以其运量大、安全可靠等优点，在很多城市中开始广泛修建。在修建过程中，地铁隧道不可避免地要下穿建筑密集的市区，而其开挖施工如处置不当会引起地层沉降，危及地表建（构）筑物的安全，尤其对于城市高架桥梁，地铁下穿隧道的施工会引起桥梁桩基础的附加沉降和侧移，对桥梁结构的稳定性及使用安全会造成很大的危害，因此，研究地铁下穿隧道与桥梁桩基的相互影响，提出相应的桥梁桩基加固措施，并对其应用效果进行评估就成为迫切需要解决的问题。

对此，国内外学者对许多基础加固技术进行了深入研究，其中复合锚杆桩技术[1]作为一种新型加固技术，越来越受到重视，也得到了更多的应用。吴顺川、姬同庚等对单孔复合锚杆桩在软土地基加固中的应用进行了研究，初步介绍了加固机理，并结合数值模拟的方法对该技术的加固效果进行了比较系统的分析[2-3]。程良奎[4]对单孔复合锚杆桩的机理进行了初步的探索。在地铁下穿建（构）筑物基础加固方面，复合锚杆桩加固技术最早应用于北京地铁十号线国贸站邻近桥基加固工程，并且成功保护了邻近桥梁的短桩基础[5]。

从以上分析可以看出，复合锚杆桩技术已经比较广泛地应用于国内基础加固领域，并且对于相应的作用机理也有了初步的研究，但是针对地铁隧道下穿城市高架桥梁桩基础情况下的应用，还没有深入的分析研究。本文通过运用 FLAC－

3D软件，依托工程实例，对复合锚杆桩技术在地铁隧道下穿桥梁桩基加固中的应用进行数值模拟，通过分析正常开挖工况及加固后开挖工况下桥梁桩基础的变形规律，对复合锚杆桩技术的应用效果进行评估。

1 工程概况及加固方案

1.1 工程概况

北京地铁14号线是一条连接城市西南、东北方向的轨道交通干线。大井站～丰台北路站区间位于十四号线工程南段。区间始自丰台体育中心南门大井站，沿丰体南路、丰台北路自西向东下穿丰北桥，并下穿丰台北路与小井村路交叉口处人行天桥，到达丰台北路站。隧道穿越桥区位置参见图1（"隧道穿越丰北桥区位置示意图"）。区间隧道穿越地层主要为：⑤卵石—圆砾、⑦卵石—圆砾层。结构基本处于潜水水位以上。本区间设置3个竖井和横通道用于施工区间主体，联络通道与施工横通道结合设置。区间采用矿山法施工。

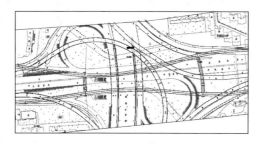

图1　隧道穿越丰北桥区位置示意图

1.2 加固方案

对临近隧道的匝道桥桥墩周围采用80余根φ150mm的内外双排复合锚杆桩进行注浆加固，作为维护桥桩结构。

复合锚杆桩平面布置见图2，复合锚杆桩分内外两排布置，钻孔间距800mm，局部有所调整，内外两排复合锚杆桩间距约1500mm。

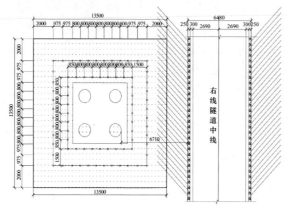

图2　复合锚杆桩平面布置示意图

2 模型建立

运用FLAC[3D]软件[6]，依托工程实际，对复合锚杆桩技术在桥基加固中的应用进行数值模拟。

2.1 模型的基本几何参数

数值模拟选用地铁丰北桥站为主要研究对象，以2号匝道桥7轴桥桩及其附近岩土体作为实体模型，根据其空间分布建立三维空间模型。7轴桥桩位于右线隧道右侧。得到模拟的高度为30m，其中隧道拱顶至地面高度为14.50m，隧道底部深度为21.13m，隧道宽度为6.40m，隧道断面形状为近圆形。与桥桩水平距离为3.59m，右线隧道底位于桩底下0.73m处，桥桩深度为20.40m，桥桩宽度为1.60m，两个桥桩间距为3.40m，具体如图3所示。

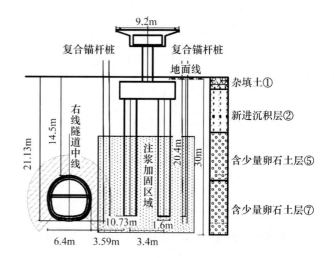

图3　数值模拟研究地质模型

2.2 模型物理力学参数

运用摩尔—库仑塑性模型，模型中土体参数选取，依据勘察报告中的《地层物理力学指标表》，工程场区附近地层的物理力学指标，结合前面土体体积模量、剪切模量计算公式，得到各岩土层的物理力学计算参数如表1所示。

2.3 边界条件确定

如上面所述，根据实际地质和工况可以做出此次数值模拟运用的力学模型和网格划分如图4所示。其中，经过桥桩且垂直于隧道工作面的剖面如图5所示。

根据五倍于其影响范围，确定模型沿工作面推进方面距离为50m，垂直于工作面方面的宽度为60m。该模型中所有的单元类型全部为8节点六面体单元。

表 1　地层物理力学计算参数

序号	岩性	厚度 /m	密度 /kg·m⁻³	体积模量 /MPa	剪切模量 /MPa	内摩擦角 /°	黏聚力 /kPa
1	杂填土	1.8	2140	46.7	21.5	27.7	11
2	新近沉积层	6.2	2090	24.7	16.3	19.6	22.5
3	含少量卵石土层	7	1980	35.8	16.5	22.8	23
4	含多量卵石土层	15	2000	3.49	18	28.3	25
5	桥梁桩体	20.4	2500	13900	10400		
6	复合锚杆桩加固体	设计范围	2150	6000	3000	40	80

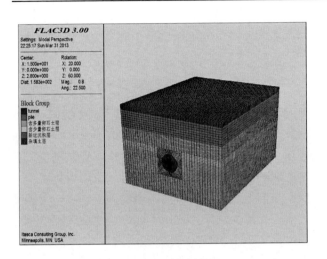

图 4　模型网格划分图

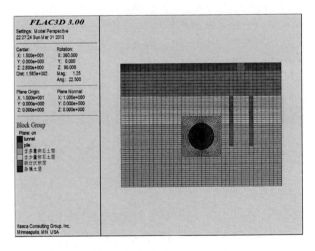

图 5　桥桩隧道地层剖面图

计算模型边界条件确定如下：

（1）模型垂直于 x 轴的两面 x 方向的位移约束，即左右边界水平位移为零；

（2）模型的垂直于 y 轴的两面 y 方向的位移约束，即前后边界水平位移为零；

（3）模型底部的 x、y、z 方向位移全部约束，即模型底部边界水平、垂直位移均为零；

（4）模型顶部边界无约束。

2.4　开挖方式及监测点布置

模型由实体单元模拟，其应力—应变关系满足莫尔—库仑准则；采用 shell 单元模拟初支，二衬采用实体单元，每循环进尺 0.5m，采用上、下台阶法施工，严格按照浅埋暗挖"管超前、严注浆、短开挖、强支护、快封闭"方针实施。分别对隧道拱顶、地表、及桥桩近暗挖侧和远暗挖侧进行竖直方向的位移监测。

3　计算结果分析

计算过程包括两个工况：正常开挖工况及桩体加固后的开挖工况。分别对两种情况下的沉降规律进行分析，并对比两种工况的结果，从而对复合锚杆桩技术的应用效果进行评估。

3.1　正常开挖工况

3.1.1　隧道及桩体附近的土体沉降情况

经计算得出的隧道及桩体附近的土体沉降情况如图 6 所示。

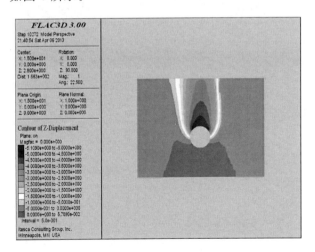

图 6　隧道及桩体周围的土体沉降图

由图 6 可以看出，在隧道的右侧，即桩体周围，由于有桩体的存在，土体沉降量较隧道左边土体偏小。桩体的存在使得桩底及桩周围土体由于压实作用，土的密实性增加，孔隙率减小，从而使土体的密度增加，压缩模量增加，整体的物理力学性能偏高，从而使得周围土体沉降偏小。

将隧道右边各层的沉降量值提取并整理后得到

隧道及桩体周围的各层土体沉降变化曲线如图7所示。

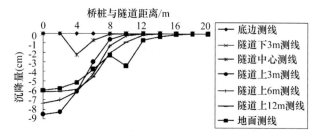

图 7　隧道及桩体周围的各层土体沉降曲线图

桩体近暗挖侧在隧道右侧7m左右，远暗挖侧在隧道右侧12m左右，桩体底部在隧道下3m左右。由图7可以明显看出由于桩体的存在，桩体左侧的土体沉降量迅速减小，而桩体右侧的沉降量较左侧的沉降量已经呈现出明显变小趋势。

3.1.2　近暗挖侧和远暗挖侧桩体及桩顶的沉降

分别对桩体的近暗挖侧和远暗挖侧以及桩顶进行沉降监测，得到了桥桩近暗挖侧沉降变化、桥桩远暗挖侧沉降变化和桥桩顶部沉降变化如图8～10所示。

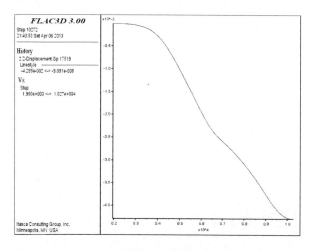

图 8　桥桩近暗挖侧沉降曲线

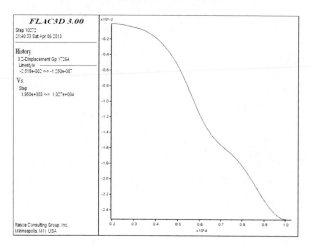

图 9　桥桩远暗挖侧沉降曲线

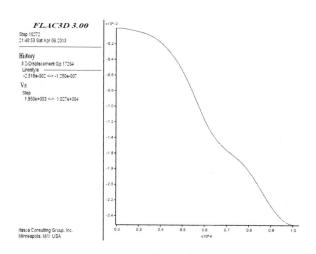

图 10　桥桩顶部沉降曲线

由图8至图10可以看出，在桩体未进行加固处理的情况下，桩体近暗挖侧的沉降值为4.285cm，桩体远暗挖侧的沉降值为2.518cm，桥桩顶部的沉降值为3.407cm。其中，近暗挖侧与远暗挖侧的沉降差异值为1.767cm，说明桥桩发生了较明显的偏移，这是由于隧道的开挖，隧道周围的土体发生差异沉降导致的。此外，桩顶的沉降值也显示出，由于桩体周围的土体发生较大范围的沉降，导致桩体本身也发生了较明显的沉降。

3.2　桩体加固后的开挖工况

3.2.1　隧道及桩体附近的土体沉降情况

经计算得出的隧道及桩体附近的土体沉降情况如图11所示。

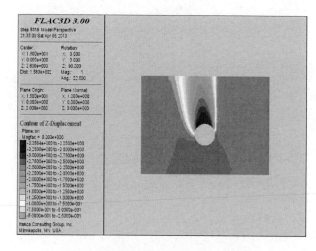

图 11　隧道及桩体周围的土体沉降图

由图11可以看出，由于注浆作用，桩体及其周围土体的沉降迅速结束，并且只发生了较小的沉降。由于复合锚杆桩的加固作用，桥桩附近土体经过注浆变得更加致密，锚杆作为加筋体致使土的抗剪强度增加，从而使得其沉降量也只发生在一个较小的范围。

将隧道右侧的各层土层的应变值进行整理后

得到隧道及桩体周围的土体沉降曲线图如图 12 所示。

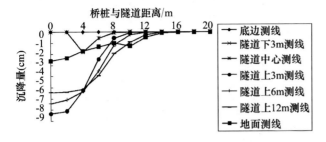

图 12　隧道及桩体周围的土体沉降曲线图

由图 12 可以看出，在桩体进行注浆加固后，隧道开挖对周围土体的扰动范围减小，其中在桥桩的远暗挖侧右边的土体，其沉降量迅速减小为零。另外，注浆加固后，土体的整体沉降值也变小，并且在桩体周围的沉降值发生迅速递减。

3.2.2　桩体近暗挖侧和远暗挖侧桩体及桩顶的沉降

经计算得出的桩体近暗挖侧和远暗挖侧桩体及桩顶的沉降如图 13～15 所示。

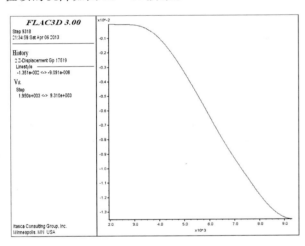

图 13　桩体近暗挖侧沉降曲线

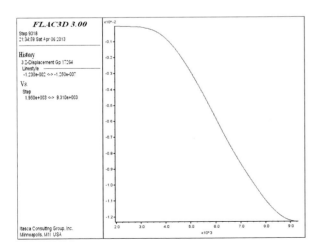

图 14　桩体远暗挖侧沉降曲线

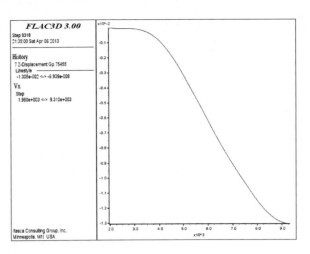

图 15　桩顶沉降曲线

由图 13 至图 15 可得，在桩体进行注浆加固的情况下，桩体近暗挖侧的沉降值为 1.335cm，桩体远暗挖侧的沉降值为 1.221cm，桩体桩顶的沉降值为 1.291cm。其中，近暗挖侧与远暗挖侧的沉降差异值为 0.114cm，说明桥桩竖向沉降量及沉降差异值都变小。

3.3　正常开挖与加固后的工况对比

通过对正常开挖工况和桩体加固后的开挖工况进行了数值计算，将桩体相应监测点的竖直沉降量计算结果统计如表 2 所示。

表 2　桩体在不同工况下的变形值

	正常开挖工况/mm	桥桩加固后的开挖工况/mm	控制标准/mm
桥桩桩顶沉降	34.07	12.91	
近暗挖侧桥桩竖向沉降	42.85	13.35	15
远暗挖侧桥桩竖向沉降	25.18	12.21	
桥桩竖向差异沉降	17.67	1.14	3

由表 2 可知，正常开挖工况下，桩体竖向沉降及差异沉降超过了控制标准范围内，桩体在加固处理后，其竖直沉降量在一定程度上减小。如桩体顶部正常开挖时沉降量为 34.07mm，经加固处理后，桩体的整体沉降量比正常开挖时减小了 21.16mm，桥桩竖向差异沉降量在加固处理后变得非常小。可以看出复合锚杆桩加固对于减小和降低桥桩的竖直沉降量起到了非常重要的作用，并且可以明显缓解和减弱由于土体差异变形导致的桩体不均匀沉降，使桩体的变形程度弱化到安全范围内，这样有助于保障桥桩的结构稳定和使用安全，也使得邻近地铁隧道顺利施工。

4　结论

本文在前人已有研究成果的基础上，依托工程实例，运用FLAC³ᴰ软件，对地铁隧道下穿城市高架桥梁桩基础加固中复合锚杆桩技术的应用进行了数值模拟。计算结果表明复合锚杆桩加固技术对于减小和降低桥桩的竖向沉降量起到了非常重要的作用，明显缓解和减弱了由于土体差异变形导致的桩体不均匀沉降，桥桩竖向差异沉降量减小至1.14mm，达到安全要求，从而保障了既有桥桩的结构稳定性和使用安全，也使得邻近地铁隧道得以顺利施工。本文的研究成果可为今后类似工程提供有益的参考和指导。

参考文献

[1] Barley A D. The single bore multiple anchor system [A]. Proc Anchorages and Anchored Structure [C]. London：Thomas Telford，1997.

[2] 吴顺川，姜春林，张友范等. 复合锚杆桩在基础加固中的应用 [J]. 北京科技大学学报，2003，25（5）：398-401.

[3] 姬同庚，吴顺川，高永涛. 单孔复合锚杆桩技术在软岩桥墩地基加固中的应用研究 [J]. 公路交通科技，2003，20（6）：59-62.

[4] 程良奎. 单孔复合锚固法的机理与实践 [A]. 岩土锚固技术的新进展 [M]. 北京：人民交通出版社，2000.

[5] 杨慧林，徐慧宇，马锴. 复合锚杆桩保护桥梁基础技术综述 [J]. 铁道标准设计，2008（2）：67-69.

[6] 刘继国，曾亚武. FLAC-3D在深基坑开挖与支护数值模拟中的应用 [J]. 岩土力学，2006（3）：505-508.

北京地铁公主坟站平顶直墙密贴既有地铁变形监测与分析

龚洁英　叶东辉

（北京城建勘测设计研究院有限责任公司，北京　100101）

摘　要： 新建北京地铁 10 号线二期工程公主坟站单层暗挖段下穿既有地铁 1 号线公主坟站段为单层双跨平顶直墙矩型结构，新建结构顶板与既有地铁车站结构底板密贴设置，采用"平顶直墙＋格栅顶撑"暗挖法施工。通过在下穿施工过程及施工后一段时间对既有地铁车站结构、道床及轨道的变形监测，实时掌握车站结构、道床及轨道变形情况，动态指导施工，确保地铁运营及结构安全，并为设计及施工方案的调整提供参考依据，对设计和施工的调整后方案进行验证，确保设计和施工的可靠性和安全性。本文主要阐述了"平顶直墙＋格栅顶撑"施工对既有地铁结构的影响规律，为今后类似重大工程设计、施工及监测工作提供参考和指导。

关键词： 暗挖车站；既有地铁；监测

Monitoring and analysis of the existing structure deformation closely attached by The Gongzhufen Station of flat－top and straight wall in Beijing

GONG Jie-ying，YE Dong－hui

（Beijing urban construction exploration & sureying design research Institute Co.，Ltd.，Beijing 100101）

Abstract： The Gongzhufen Station new built of Beijing Metro Line10 Phase II down－traversing Metro Line1 is the one－story，two－span frame of flat－top and straight wall rectangular structure. The new structure built is closely attached to the existing structure. The construction method is "flat－ top －straight wall ＋ Grille－Top bracing"。Through monitoring of the existing structure，roadbed and track deformation during the process of construction and Post－construction，master the deformation condition of the existing structure，roadbed and track，guide the construction timely，insure the structural safety and subway normal operation. Provide a reference and evidence for design and construction program adjustments，so as to insure the reliability and security of design and construction program. The paper mainly research on the influence law of the existing structure by "flat－ top －straight wall ＋ Grille－Top bracing". Provide reference and guidance for design，construction and monitoring of similar major projects.

Key words： mining station；Metro；monitoring measurement

1　工程概况

1.1　工程简介

北京地铁 10 号线二期公主坟站为换乘车站，车站下穿既有地铁 1 号线公主坟站，与之呈"双十"字换乘。车站全长 193.65m，为两端双层、中间单层车站。南北端双层暗挖主体结构宽 13.45m，顶板覆土 5.4m，为单跨拱顶直墙箱型结构，采用 PBA 法施工。下穿既有地铁 1 号线公主坟段长 26.1m，顶板覆土约 12.5m，为单层双跨平顶直墙矩形结构，采用"平顶直墙＋格栅顶撑"暗挖法施工。

地铁 1 号线公主坟站建于 1967 年左右，位于复兴路下，为东西走向，车站覆土 4.5m，底板

埋深 12.5m。车站结构为钢筋混凝土矩形框架结构，车站结构长 169.7m，宽 20.3m，高 7.95m；底板厚度 0.9m、侧墙厚度为 1.0m，顶板厚度 1.0m。新建公主坟站与既有地铁关系如图 1 所示。

1.2　工程地质及水文地质概况

根据岩土工程勘察结果，下穿既有地铁 1 号线段位于砾岩⑪层，局部有泥岩⑪₁ 层，局部在卵石⑤层。

场地存在两层地下水，上层滞水（一）及潜水（二）。上层滞水水位埋深 5.53m，潜水水位埋深 9.96～13.6m。潜水水位位于含水层底部，地下水主要集中在基岩面低洼地带，上导洞开挖在水位以上，下导洞开挖在地下水位以下。

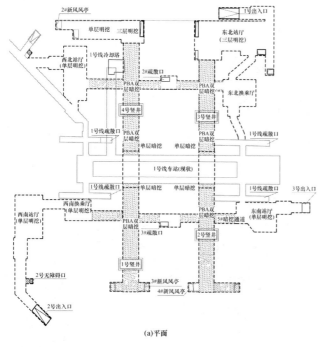

(a)平面

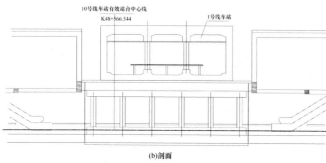

(b)剖面

图1　新建公主坟站与既有地铁关系图

1.3　结构设计形式及施工工法

车站下穿一号线公主坟站段，下穿段中心10号线里程为：K48＋558.684，起止 K48＋545.634～K48＋571.734（左线），长度26.1m。其中一号线底板下长度20.3m。一号线中心里程为：K118＋25，被下穿段里程为 K117＋984.972～K118＋2.022、K118＋48.222～ K118＋65.272，下穿长度均为14.05m。

本次穿越既有线采用了10号线公主坟站紧贴一号线底板的"平顶直墙＋格栅顶撑"工艺。"平顶直墙＋格栅顶撑"法工艺为在地下开挖时，将整个洞室分为若干垂直向的几个分块，每个分块初衬开挖完成后，即在小导洞内施工二衬顶板、底板及边墙（或柱子），尽早形成竖向传力体系，以保证洞顶土体的稳定，这样逐步分块完成整个地下洞室的开挖浇注工程。在本工程中，由于下穿段上部为一号线地铁站底板，可在施工时，将临时初期支护直接顶撑在一线地铁结构底板上，这样避免了中间夹持土的压缩问题，减少了10号线开挖时，1号线地铁结构的沉降及变位。

根据北京地铁下穿既有线工程经验，本设计采用了10号线站顶板紧贴一号线底板的"平顶直墙暗挖"工艺，结合预加力顶撑技术的综合控制措施。

施工步序如图2所示。

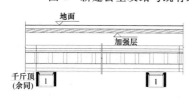

1、小步距开挖小洞室1，开挖前对侧前方土体从掌子面进行压力注浆加固

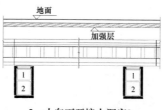

2、小向下开挖小洞室2

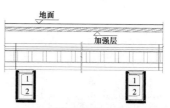

3、在1、2洞室里施做地铁站台层底板、边墙及其防水

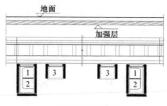

4、开挖小洞室3

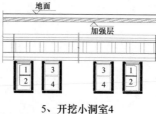

5、开挖小洞室4

6、施工3、4洞室二衬及其防水

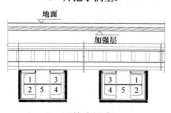

7、开挖小洞室5

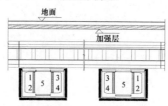

8、拆除部分千斤顶，加竖向钢支撑

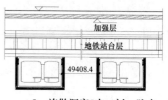

9、施做洞室5内二衬、防水及站内二次结构

图2　暗挖下穿既有地铁1号线段开挖步序图

2　监测方案

2.1　监测目的

（1）在地铁土建施工过程中对施工影响区域内的既有地铁实施独立、公正的监测，基本掌握在新建线路穿越既有线施工过程中既有线隧道结构形状和道床、轨道状况的改变，为建设方及运营方提供及时可靠的数据和信息，评定地铁施工对既有线结构和轨道的影响，为及时判断既有线结构安全和运营安全状况提供依据，对可能发生的事故提供及时、准确的预报，使有关各方有时间做出反应，避免恶性事故的发生，确保既有线安全运营。

（2）及时将监测结果反馈设计、施工，为设计动态调整方案、施工采取有效措施控制以保证既有地铁安全，实现信息化施工。

（3）积累资料和经验，为今后的同类工程设计提供类比依据。

2.2　监测范围

监测范围为自穿越中心沿既有地铁线路向东西两侧各 61.5m 范围内，相应既有地铁 1 号线里程为 K117＋62.65～K118＋85.65，长度约 123m。

2.3　监测项目及监测频率

针对既有地铁运营特点，结合对运营及结构安全风险因素的分析，结合以往经验，本工程采用自动化监测和人工监测手段相结合的方式进行，具体的监测项目及监测频率如表 1 所示。

表 1　监测项目及监测频率表

序号	监测手段	监测项目	监测频率
1	远程自动化监测	道床结构竖向变形、差异变形	自动化监测系统采集数据频率 1 次/10～30min
2		隧道结构竖向变形、差异变形	
3	人工静态监测	道床结构竖向变形、差异变形	土方开挖施工期间每天进行 1 次，结构施工重要工序转换时每天一次，其他每周一次
4		隧道结构变形缝开合度监测	
5		轨道几何形位检查	
6		无缝线路钢轨位移	

2.4　测点布设

1）隧道结构竖向变形、差异变形　在新建工程左右线每个导洞上方对应的既有地铁结构上布设监测断面，下穿影响范围内的其他位置在两条结构变形缝两侧分别布设监测断面，每个监测断面上侧墙上布设两个测点，共 16 个断面 32 个测点。

2）道床结构竖向变形、差异变形　远程自动化监测与人工静态监测均与隧道结构竖向变形、差异变形对应布设断面，共布设 32 个测点。

3）隧道结构变形缝开合度监测　在隧道结构变形缝两侧布设测点，共布设 12 个测点。

4）轨道几何形位检查　在穿越中心位置及沿既有地铁线向两侧每隔 10m 布设一处轨道几何形位检查点，共布设 16 处。

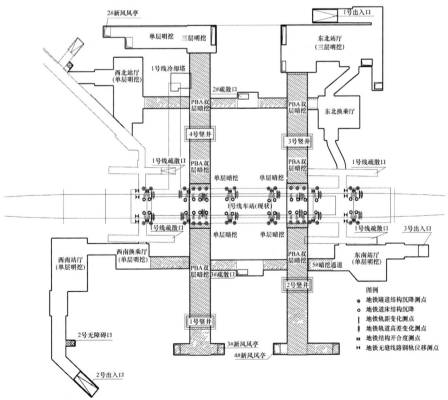

图 3　新建地铁公主坟站下穿既有地铁 1 号线公主坟站测点布置平面图

5）无缝线路钢轨位移 在两监测范围的边缘分别布设监测断面，每个监测断面上布设 4 个测点，共布设 8 个测点。

各监测项目具体测点布置见图 3。

2.5　监测指标

各监测项目的控制值根据设计文件确定，按控制的 70％和 80％作为预警值和报警值，各监测项目的控制指标见表 2，各工序分步控制指标如表 3 所示。

表 2　各监测项目控制值表

监测项目	预警值/mm	报警值/mm	控制值/mm
隧道结构竖向变形、差异变形	2.1	2.4	3
道床结构竖向变形、差异变形	2.1	2.4	3
隧道结构变形缝开合度监测	2.1	2.4	3
无缝线路钢轨位移	1.4	1.6	2
轨距变化			+4、−2
水平变化			4
高低变化			4
轨向（直线）变化			4
缓和曲线三角坑（扭曲）			4
直线和圆曲线三角坑（扭曲）			4

表 3　分步控制指标分配表

各施工阶段		变形控制值/mm	顶撑步序
超前注浆施工		0.4	———
左右洞开挖及支护	1 导	1.13	安装格栅顶部千斤顶
	2 导	1.25	初衬封闭后加顶力 30％～40％，混凝土初期强度后加顶力至 60％～70％
	二衬 I "C"	1.25	顶力锁定
	3 导	1.25（动态顶撑）	顶力动态调整 70％～85％
	4 导	1.25（动态顶撑）	顶力动态调整 70％～85％
	二衬 II "C"	1.25	顶力锁定
	5 导	1.25（动态顶撑）	顶力动态调整 85％～100％
	二衬 III "工"	1.25（顶撑替换）	1、外侧顶力动态调整；2、二衬 II "C" 满堂红脚手架局部拆除安装钢管顶撑；3、二衬 II "C" 顶板后注浆填充密实；4、钢管顶撑加力 70～100T。
	拆除钢管顶撑	2.96＝1.25＋1.71	根据工字钢格栅上应力监测逐步拆除内侧顶撑
二衬背后注浆	新建站顶板后压力注浆	无收缩注浆填充	在顶板后预埋管中压力注浆

3　过程监测及信息反馈

3.1　主要施工进度

工程自 2011 年 2 月 18 日开始土方开挖，2012 年 1 月 3 日二衬全部完成，历时 319 天。各主要工况施工进度见表 4。

表 4　施工进度统计表

序号	时间	施工进度
1	2011.02.18～2011.4.5	右线 1 号洞土方及初衬施工
2	2011.02.18～2011.4.10	左线 1 号洞土方及初衬施工
3	2011.05.13	左、右线 2 号洞初衬贯通
4	2011.7.13	左、右线 3 号洞初衬贯通
5	2011.8.22	左、右线 4 号洞初衬贯通
6	2011.9.30	左、右线 1、2 导洞二衬施工完成
7	2011.10.28	左、右线 3、4 导洞二衬施工完成
8	2011.11.22	左、右线 5、6 导洞初衬贯通
9	2012.1.3	左、右线二衬全部完成

3.2　道床结构竖向变形、差异变形

图 4 为道床结构竖向变形断面图，图 5 为道床结构竖向变形时程曲线图，数据显示，道床结构竖向变形累计值介于 −2.98mm～＋0.27mm 之间，差异变形绝对值介于 0.00mm～0.54mm 之间，均未超过控制值。2011 年 4 月 9 日，左右线 1 号导洞施工，施工导洞上方测点首次预警，变形值 −2.17mm，超过预警值 2.1mm。经各参建单位研究并参考专家意见，采取注浆控制沉降的措施，同时严密监测，控制注浆压力及注浆量，至 4 月 13 日，既有线道床最大沉降处上升至 ＋0.6mm，停止注浆，继续施工。由于 1 号、2 号导洞开挖完成后，既有地铁道床及结构竖向变形累计变形量较大，超设计分布沉降量，经过专家讨论开挖 3 号、4 号、5 号、6 号导洞加强超前注浆及初支背后补注浆，增加临时立柱数量及千斤顶预加力。

3.3　隧道结构竖向变形、差异变形

图 6 为隧道结构竖向变形断面图，图 7 为隧道结构竖向变形时程曲线图，数据显示，隧道结构竖向变形累计值介于 −2.9mm～＋0.2mm 之间，差异变形绝对值介于 0.0mm～1.0mm 之间，均未超过控制值。隧道结构竖向变形规律与道床结构竖向变形基本一致。

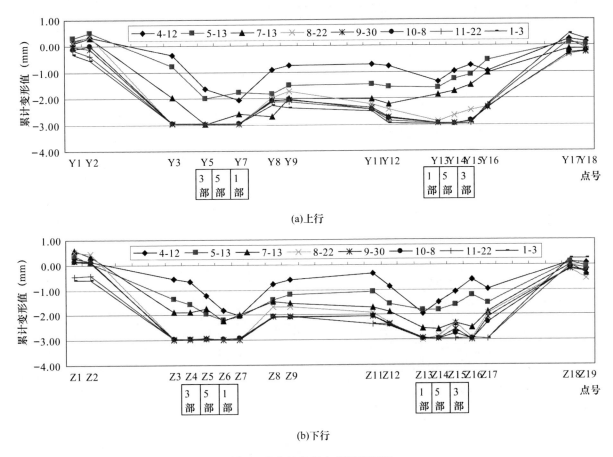

(a)上行

(b)下行

图 4 道床结构竖向变形断面图

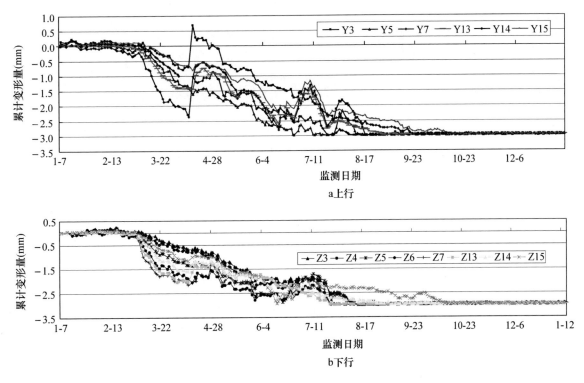

a上行

b下行

图 5 道床结构竖向变形时程曲线图

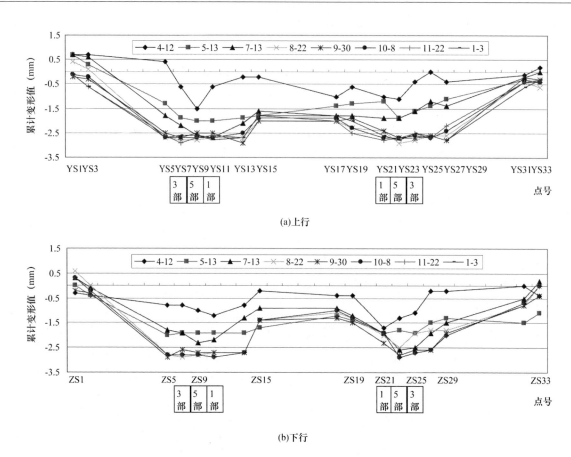

(a)上行

(b)下行

图 6　车站结构竖向变形断面图

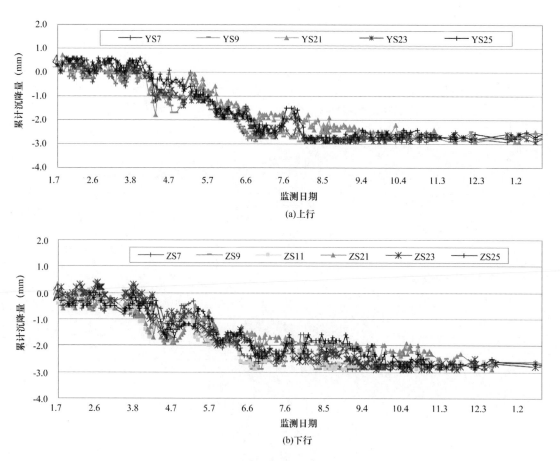

(a)上行

(b)下行

图 7　车站结构竖向变形时程曲线图

3.4 隧道结构变形缝开合度监测

车站结构变形缝开合度累计变形值介于 $-0.8mm\sim+0.3mm$ 之间，该项监测控制值为 3.0mm，监测数据处于正常状态。

3.5 轨道几何形位检查

轨道静态几何尺寸测量值均满足《北京市地铁运营有限公司企业标准技术标准 工务维修规则》QB（J）/BDY（A）XL003－2009 中整体轨道静态几何尺寸容许偏差综合维修标准管理值，处于正常范围内。

3.6 无缝线路钢轨位移

车站无缝线路钢轨位移 4 对测点累计变形值介于 $-0.2mm\sim+0.3mm$ 之间，监测数据处于正常状态。

4 结论

经过各方的努力，北京地铁 10 号线公主坟站零距离下穿既有地铁 1 号线公主坟站施工安全完成，同时确保了既有地铁沉降在控制范围内，监测工作的有效实施、及时反馈在此工程中起到了为信息化施工提供基础数据支持的重要作用。通过本工程的监测可以总结以下经验及建议。

1）对于类似穿越既有不间断运营线路的监测，采用关键项目自动化监测结合全项目人工监测相结合的方式实施监测十分有效。

2）"平顶直墙＋格栅顶撑"工艺零距离下穿既有运营线施工中，实时的监测数据是采取有效措施控制既有结构及设施变形的必要手段。

3）第三方监测作为独立于施工、监理之外的第三方，能够客观、及时、准确地提供动态监测数据，为动态施工、动态设计提供了数据基础，是工程施工过程中保证工程自身及周边环境安全的重要保证措施。

参考文献

[1] 马雪梅. 北京地铁首都机场线东直门站上跨下穿既有折返线变形监测.

[2] 北京城建勘测设计研究院有限责任公司. GB50308－2008 城市轨道交通工程测量规范［S］. 北京：中国建筑工业出版社，2008.

[3] 建设综合勘察研究设计院. JGJ8—2007 建筑变形测量规范［S］. 北京：中国建筑工业出版社，2007.

[4] 北京地铁运营有限责任公司. 北京地铁工务维修规则. 北京，2009.

石家庄地铁岩土工程勘察重点问题分析与解决方案

李世民

（北京城建勘测设计研究院有限责任公司，北京　100101）

摘　要：石家庄市是河北省省会，但作为首次开展地铁工程建设的地区，严重缺乏城市轨道交通岩土工程勘察的经验。本文首先介绍了石家庄市地铁建设规划的情况，以及石家庄市区域地质和地层情况，针对石家庄地区特殊的工程地质与水文地质条件，分析了地铁工程岩土勘察过程中遇到的重点问题。通过分析这些勘察重点问题提出了相应的勘察方法、手段和措施，同时提出了一套针对地铁工程的相对完整的岩土特殊参数经验体系的解决思路，为石家庄地铁设计和施工提供了技术支持，并对石家庄市其他类似地下工程建设具有重要的参考意义。

关键词：石家庄地铁；岩土工程勘察；重点问题

Analysis of Key Problems and Solutions for Geotechnical Engineering Investigation of Shijiazhuang Metro

LI Shi - min

（Beijing Urban Construction Exploration & Surveying Design Institute Co. Ltd.，Beijing 100101，China）

Abstract：Shijiazhuang is the capital of Hebei Province，but there is no metro construction before，so it lacks city rail traffic investigation of geotechnical engineering experience. Firstly，the paper introduces the plan of metro construction，the regional geology and formation of Shijiazhuang City，then it analysis the key problems of rock and soil in the metro engineering investigation aimming at the special engineering geological and hydrogeological conditions. Lastly，the paper puts forward a set of relatively complete subway engineering geotechnical parameter experience system solutions，which can provide technical support for the design and construction for the Shijiazhuang metro. And the solutions are also very important for other similar underground engineering construction in the same city.

Key words：Shijiazhuang Metro；geotechnical engineering survey；key problems

1 引言

当前全国城市轨道交通工程正处于发展的黄金时期，各地的城市轨道交通工程建设如雨后春笋般迅猛发展。但是城市轨道交通工程勘察经验不足，尤其是一些首次开展城市轨道交通工程建设的地区，更是缺乏类似经验。针对这种情况，石家庄城市轨道交通工程建设单位高度重视，在石家庄地铁岩土工程的勘察过程中成功引进勘察设计总承包的管理模式，为该项目勘察设计工作的顺利进行提供了强有力的技术和管理支持。根据目前已完成的部分可行性研究及初步勘察工作，对石家庄地铁沿线存在的勘察重点问题有了初步的认识和了解，对下步勘察工作提供了明确的工作思路，同时也为石家庄地区其他线路的勘察工作具有重要的借鉴意义。

2 项目概况

石家庄作为河北省省会，位于河北省中南部，是京津冀都市圈第三极核心城市。石家庄市轨道交通线网规划为 6 条线，其中，1、2、3 号线为骨干线，4、5、6 号线为辅助线。线网总长 244.7km。中心城（三环以内）轨道交通线路全长 169.2km，核心区内线网密度达到 $1.09km/km^2$。石家庄近期建设轨道交通 1 号线一期工程、2 号线一期工程、3 号线一期工程共三条线路，线路总长 59.6km，车站 53 座，均为地下站，工程总投资 421.9 亿元。

目前，石家庄地铁在建的为 1 号线、3 号线。石家庄地铁 1 号线是线网中的东西向骨干线，线路全长 36.6km，全部为地下线。共设 28 座地下车站，一座车辆段，两座停车场。石家庄地铁 3 号线是石家庄市都市区轨道交通骨干线，线路全长 27.6km，其中地下线长 20.2km，高架线及过渡段

7.4km，共设 21 座车站及一座车辆段。

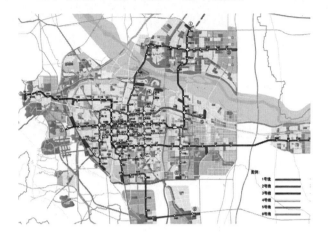

图 1   石家庄市轨道交通线网规划图

3   工程地质概况

3.1   地形地貌

石家庄地区跨太行山地和华北平原两大地貌单元。西部地处太行山总面积的 50%，东部为滹沱河冲积平原。地势西高东低，西部太行山，地貌由西向东依次排列为中山、低山、丘陵、盆地、平原。

石家庄市的平原是河北平原中太行山前倾斜平原的滹沱河冲积扇形平原，坐落在市域东部，由滹沱河水系和滏阳河水系的冶河联合组成的，大致包括灵寿～深泽一线以北的太行山山前平原地区延伸 70～80km，坡缓，平均坡降为 1/850，其中石家庄至辛集的坡扇顶冲沟发育，近扇缘带保留有密集的滹沱河故道。故道分布区伴冲积扇的北部分布于本区，规模较小，山麓平原也相对狭窄。总地势由西、西北向东、东南倾斜，地面坡降为 1.5‰～2.0‰。

图 2   区域地形地貌剖面

线路位于太行山山前冲洪积平原，跨越滹沱河河道、河漫滩、一、二级阶地等多个地貌单元。

3.2   地质构造与断裂

石家庄地区大地构造，属山西地台和渤海凹陷之间的接触地带。西部山区为山西地台太行山复背斜之东冀，不同地质时代的地层，主要分布在这一地区。东部平原分属于华北凹陷之西部边缘的冀中台陷和临清台陷，其上覆盖着巨厚的第四纪沉积物。

石家庄平原区位于中朝准地台的中间，华北板块上的冀中板块与晋冀板块的交界部位，以石家庄山前深断裂带为界，以西属山西中台隆的东部边缘，井陉盆地在沁源台拗陷的东北端，是山西地台背斜遭受破坏的向斜断陷盆地；以东属华北拗断带的一部分，地处冀中拗陷的西南部；东邻沧县隆起。形成于燕山运动的北东向太行山山前断裂带，纵贯石家庄地区。

3.3   沿线地层

根据区域地质资料、工程地质调绘及勘察成果显示，场区土层类型较复杂，性质差异较大，地层从上更新统（世）至全新统（世）一般均有发育，成因类型较多，主要有冲积相、冲洪积相等。

上更新统（Q3）：底板埋深自西向东一般 20～160m，岩土层厚度一般为 50～100m。颜色为棕黄色、浅黄色，岩性为粉土、黏性土、中粗砂及砂卵砾石。

全新统（Q4）：底扳埋深自西向东一般 10～30m。颜色以褐黄色为主，黄褐次之的粉土、粉细砂、中粗砂及砂卵砾石，东部南部为黏性土，多夹有淤泥层，砂层多为粉细砂透镜体。

4   水文地质概况

4.1   地表水

石家庄市主要地表水为滹沱河，滹沱河发源于山西省繁峙县，向西南流经晋西北高原上的忻州盆地，在平山县猴刎村附近流入石家庄地区境内。在流经平山、获鹿河段内，建有岗南、黄壁庄大型水库两座。在南甸河上，建有下观中型水库一座。在文都河上建有石板中型水库一座。

4.2   地下水

石家庄市区主要含水层为上更新统及全新统地层，为冰川沉积、冲洪积和近代滹沱河冲洪积卵砾石－砂砾堆积的强富水层，北以滹沱河河床为中心地带向南延伸。

由于石家庄地下水开采较为严重，整个石家庄市区域内地下水位普遍较深，整体地下水位埋深沿东西方向呈漏斗状，以省博物馆站为漏斗中心，地下水位埋深达 55m，地下水位向东西两个方向逐渐变浅，水位埋深一般在 25～50m 之间。

随着城市发展，石家庄市区地下水开采量不断增大。因此，石家庄市区地下水呈逐年下降趋势。

石家庄地区 1957～1985 年平均地下水位动态变化如图 3 所示。

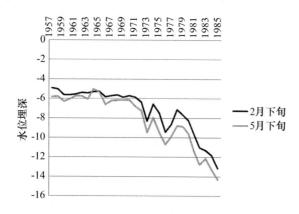

图3　石家庄地区历年平均地下水位
动态变化曲线图（1957～1985年）

5　勘察重点问题分析

根据地铁工程特点及地质条件与水文地质条件分析，石家庄市地铁工程在勘察过程中可能遇到的重点问题主要有以下几个方面：

5.1　湿陷性黄土状土问题

根据已有勘察成果及搜集石家庄市区域资料显示，石家庄市及近郊地面下平均8m普遍存在黄土状土（为黄土状粉土及黄土状粉质黏土），而地铁工程车站基坑开挖深度一般为15m左右，因此，在基坑范围内普遍存在黄土状土，另外车站出入口、车辆段建筑物等浅基础的地基均位于黄土状土上。已有勘察成果及搜集资料显示，该黄土状土地基的湿陷等级为Ⅰ～Ⅱ级，具轻微～中等湿陷性。

因此，黄土状土对地铁工程的基坑支护及地基承载力产生较大影响，为解决黄土状土对地铁工程的影响，在勘察工作过程需要针对黄土状土进行以下方面的研究：

（1）黄土状土物理力学指标的特殊性；

（2）物理指标变化与力学指标的变化规律；

（3）黄土状土物理力学性质对工程建设的影响；

（4）提出适合石家庄地铁的湿陷性黄土状土基坑支护及地基处理方法。

5.2　抗浮设防水位问题

石家庄市区域内地下水位普遍较深，地下水最大埋深达55m，一般在25～50m之间。

历史上，石家庄市抗浮设防水位尚未进行系统的科学研究工作，没有形成一套比较完善的抗浮设防水位研究和计算体系。经调研，已建工程的设防水位多由勘察、设计单位凭经验确定，出现了距离很近的工程但抗浮设防水位却相差较大的现象，这使工程设计或偏于保守或存在安全隐患，而且近些年由于水位下降幅度较大，有些工程都不提供抗浮

设防水位。

但地铁工程不同于一般民用单体建筑，整体为线状形态，穿越城市多个水文地质单元及分区，且地铁建成后将不同程度地改变区域水文地质环境及地下水赋存、运移条件，使抗浮设防水位确定更为复杂。浮力的大小主要取决于作用于地下结构物底板的孔隙水压力，且与地下水的赋存特征及运移规律息息相关。

地下轨道交通，其主体结构全都处于地下，当地下位较高时，其结构底板承受的浮力荷载将十分可观，势必将产生严重的浮力破坏隐患。此外，随着季节和降雨量变化，结构底板的浮力荷载还存在明显的非确定性，更加大了灾害的风险程度。

因此，开展石家庄市轨道交通工程抗浮设防水位专项研究工作就显得十分必要。

5.3　地震液化问题

石家庄市处于抗震设防烈度6度区内，历史上也曾发生过多次地震，其中近代以1966年的邢台7级地震最为强烈，房屋倒塌过半。据地震安全性评价，石家庄地铁工程的抗震设防烈度按7度考虑，因此根据相关规范要求，需要对场区内粉土及砂土层进行地震液化分析和评价。

由于石家庄地下水开采较为严重，整个石家庄市区域内地下水位普遍较深，地下水最大埋深达55m，一般在25～50m之间，均位于地铁结构底板以下，但考虑地铁工程设计期内（100年）地下水位上升的可能性，仍有必要对场区粉土及砂土层按饱和状态下进行地震液化分析和评价。

勘察过程中如果没有查清液化土层的分布范围及液化程度，会给工程留下隐患。

5.4　岩土特殊参数的问题

由于地铁工程不同于一般工民建或市政工程，其既要按建筑基坑工程也要按铁路隧道工程考虑，因此，地铁设计所岩土参数也有别于一般工程，地铁工程的岩土特殊参数是指除常规物理力学参数以外的岩土参数，主要包括热物理、基床系数（水平、垂直）、静止侧压力系数、无侧限抗压强度、泊松比、动弹性模量、动泊松比、动剪切模量等。

石家庄市属首次修建地铁工程，勘察工作中虽然有比较成熟的土工试验及原位测试方法和手段，但针对石家庄特有的地质条件，在地铁工程岩土特殊参数方面没有形成一套完整的经验体系，使地铁设计和施工或偏于保守或存在安全隐患，影响地铁工程的顺利建设。

因此，如何使地铁工程岩土特殊参数更加准确、合理、可靠，更能反映石家庄地区岩土的实际

特征，成为石家庄地铁勘察工作的重要内容。

6 勘察重点问题的解决方案

在分析地铁工程特点、工程地质和水文地质条件的基础上，除应执行现行相关的标准、规范外，还应重点分析可能遇到的勘察重点问题，结合重点问题，采取合适的勘察手段和方法，并布置相应的工作量。下面简要说明针对以上重点问题应采取的勘察手段和措施。

6.1 湿陷性黄土状土问题的解决方案

采用搜集资料、人工挖探、现场原位测试及试验、室内试验、数值模拟分析的手段和方法进行研究，具体方法如下所述。

（1）搜集资料

搜集国内外针对黄土状土的研究成果及石家庄市勘察资料，了解陷性黄土状土的年代、成因及其与地质、地貌、气候之间的关系，为下一步工作提供条件。

（2）人工挖探与钻探相结合

根据地铁线路走向及车站分布情况，布置一定数量的人工探井，利用探井进行土样采取和原位测试，了解黄土状土的空间分布情况，对石家庄市黄土状土进行分区，并根据现场勘察，查明湿陷性黄土状土的地层结构，厚度变化以及与非湿陷性土层的关系。

（3）现场原位测试及试验

主要采用标准贯入、K_{30} 现场载荷试验、现场试坑浸水试验等原位测试手段，了解黄土状土的基本物理力学指标。

（4）室内试验

通过人工探井采取原状土样进行室内试验，主要进行常规物理指标、湿陷系数、自重湿陷系数、起始压力、基床系数、抗剪强度等物理力学指标。并根据各种指标的关系，绘制成分散图，并了解湿陷系数与自重湿陷系数随深度的变化规律。

（5）数值模拟分析

采用有限元数值模拟软件（ANSYS、FLAC等），利用前期研究建立的黄土状土计算方法，分析计算在各种支护下的基坑变形与应力变化，并对比现场监测数据，验证和改进计算方法，同时分析围岩应力与支护结构相互作用力变化过程和规律以及对地铁建设的影响，指导设计和施工。

（6）提出合理的基坑支护及地基处理方法

目前，国内地铁基坑多采用桩锚、灌注桩加内支撑、土钉墙支护或相结合的支护方式。而湿陷性黄土状土地基处理工程中比较常见的处理方法有：换土垫层法、强夯法、挤密土（灰土）桩法、深层搅拌法和预浸水法等。各种方法都有各自的适用范围。通过对黄土状土物理力学性质对工程建设的影响研究，针对黄土状土提出适合石家庄地铁的基坑支护及地基处理方法。

6.2 抗浮设防水位问题的解决方案

在收集石家庄市地下水长期观测资料的基础上，通过对沿线多年来地下水的动态分析，预测地下水的水位变化趋势，充分考虑历史地下水位的动态变化、线路附近地表水体的分布、河流的洪水位等，结合石家庄地区典型地层结构及地铁结构特点，提出安全可靠经济合理的抗浮设防水位高程。

（1）注重调研，进行地层结构的研究、了解地下水赋存条件、划分水文地质单元。

（2）分析影响研究区内地下水动态变化规律的各种随机因素，预测今后 100 年内水位变化趋势。

（3）根据地铁工程的结构埋深、场地的地层结构、含水层与隔水层的组合关系，确定对基础产生浮力作用的含水层和地下水位。最后根据预测出的对基础产生浮力作用的最高水位，通过渗流分析，计算确定抗浮设计水位。

6.3 对应地震液化问题的勘察解决方案

对应石家庄地区粉土、砂土地震液化的问题提出以下勘察解决方案：

（1）根据区域资料分析各工点的地形地貌、地层、地下水等与液化有关的场地条件，地下水位深度按历史最高水位考虑；

（2）依据石家庄地区的工作经验，结合土工试验及原位测试，确定粉土、砂土的沉积年代，首先进行初步判定；

（3）对于初步判定为可能液化的土层，采用标准贯入、静力触探、波速测试等原位测试方法进一步判定其液化可能性。

6.4 岩土特殊参数问题的解决方案

针对石家庄地铁工程岩土特殊参数问题主要提出以下解决方案：

（1）广泛搜集石家庄地区已建地下工程岩土工程勘察、设计、施工、监测资料；

（2）根据已有勘察及区域工程地质与水文地质资料，对石家庄地铁线路范围内进行工程地质单元分区；

（3）结合勘察工作，在每个工程地质单元内对各个对地铁工程有影响的地层进行现场原位测试，并采取一定的土样进行室内土工试验；

（4）热物理指标可采用线热源法或面热源法获取；基床系数采用室内试验与现场载荷试验相结合

的方法获取，现场测定时采用 K_{30} 方法，即采用直径 30cm 的荷载板垂直或水平加载试验，即可直接测定地基土的垂直基床系数 K_v 和水平基床系数 K_h；静止侧压力系数和无侧限抗压强度主要通室内过三轴试验获取；动弹性模量、动泊松比、动剪切模量则采用波速测试方法获取。

（5）根据室内试验和现场原位测试得到对地铁工程有影响的各岩土层特殊参数，结合已建地下工程经验进行对比分析，得出一套针对地铁工程的相对完整的岩土特殊参数经验体系，并在以后的勘察、施工工作中进一步补充完善，从而更加准确、合理地指导地铁设计和施工。

7　结语

石家庄地区的地质条件相对较为复杂，存在湿陷性黄土状土、砂土液化等多种不良地质和特殊性岩土，同时石家庄地区首次修建城市轨道交通线路，在地铁工程岩土特殊参数方面没有形成一套完整的经验体系，给工程勘察带来了严峻的考验。同时由于石家庄地下水位的特殊性，使得地下水位抗浮设防水位的确定增加了不少难度。

针对以上勘察重点问题，通过对石家庄市区域地质及各地铁线路沿线工程地质与文地质条件的分析，提出了解决勘察重点问题的方法、手段和措施，为下一步勘察工作提供了思路，为石家庄地铁设计和施工提供资料完整、数据可靠、评价正确、建议合理的勘察成果资料提供了技术支持，从而以保证地铁工程勘察工作的顺利进行，保质保量高水平的进行城市轨道交通工程建设，并对石家庄市其他类似地下工程建设具有重大的参考意义。

参考文献

[1] GB 50307－1999 地下铁道、轻轨交通岩土工程勘察规范 [S]．北京：中国计划出版社，2000．

[2] GB 50025－2004 湿陷性黄土地区建筑规范 [P]．北京：中国建筑工业出版社，2004．

[3] 彭友君．地铁设计中基床系数的解决方案 [J]．都市快轨交通，2007．（2）．

[4] 周宏磊，张在明．基床系数的试验方法与取值 [J]．工程勘察，2004．（2）．

[5] 安进英，郝翠样．石家庄市湿陷性黄土状土土质分析 [J]．河北地质学院学报，1999 [17卷7期]．

[6] 高宗文．挤密灰土桩或土桩对湿陷性黄土地基的处理 [J]．河南水利与南水北调，2009 [3]．

[7] 迟俊德．湿陷性黄土地基处理方法比较 [J]．工程技术，2010．

[8] 何翠香．如何确定北京地铁工程的抗浮设防水位 [J]．工程勘察，2010．

[9] 兰坚强．地下水的抗浮设防水位取值及工程实例 [J]．工程勘察，2010．

扁铲侧胀试验在沈阳地铁勘察中的应用

刘满林

（北京城建勘测设计研究院有限责任公司，北京　100101）

摘　要： 在前人研究的基础上，结合扁铲侧胀试验在沈阳市地铁2号线一期南延段的应用实例，对其所获得的岩土参数及室内土工试验所得出的岩土参数进行对比分析，同时对勘察中存在的问题进行了探讨，提出了适合沈阳地区的参数计算公式和相关修正系数，从而为地铁勘察积累了一定的地区经验。

关键词： 扁铲侧胀试验；室内土工试验；计算公式；修正系数

Abstract： The paper put up contrasting and analysing towards the geotechnical parameter which has been obtained from soil test and other parameters from the previous research and the combining application of flat dilatometer test (DMT) in the first period of subway line 2 in Shenyang, at the same time, discussing the problems among the geotechnical investigation. It has put forward suitable parameter calculate formulas and relevant modifing modulus for the undergoud of Shenyang, accordingly, accumulated some region construction experience in subway geotechnical investigation.

Key words： DMT (flat dilatometer test)；soil test；calculate formulas；modifing modulus

1　前言

扁铲侧胀试验（DMT）系20世纪70年代意大利 Silvano Marchetti 教授创立[1]，是岩土工程勘察中一种新兴的原位测试方法。扁铲侧胀试验是将接在探杆上的扁铲测头压入至土中预定深度，然后施加压力，使位于扁铲测头一侧面的圆形钢膜向土内膨胀，量测钢膜膨胀三个特殊位置（A、B、C）的压力，获得扁铲侧胀参数，利用扁铲侧胀参数又可以获得多种岩土参数，如划分土类、计算静止侧压力系数 k_0、计算水平基床系数 K_h 等。扁铲侧胀试验自从引入我国以后，受到了岩土工程界的普遍重视，已经列入到了中华人民共和国国家标准《岩土工程勘察规范》GB50021—2001、中华人民共和国行业标准《铁路工程地质原位测试规程》TB10041—2003。扁铲侧胀试验目前在我国的应用仍处于初步发展阶段，另外由于各地区地质条件的差异，利用扁铲侧胀试验资料计算的岩土参数经验公式也不尽相同，而利用不同的公式计算出的结果相差甚远。目前比较成熟的地区经验主要集中了沿海及软土地区。

沈阳市地铁发展时间较短，扁铲侧胀试验在沈阳地铁勘察中应用还比较少，缺乏足够的岩土参数经验计算公式，因此我院利用沈阳市地铁二号线一期工程南延段所进行的大量扁铲侧胀试验与室内土工试验进行对比分析，参照前人提出的岩土参数计算公式，总结提出了比较适合沈阳地区的试验应用方法和参数计算经验公式，为以后的沈阳市地铁勘察工作积累了一定的实践经验。

本文叙述利用扁铲侧胀试验获得静止侧压力系数和水平基床系数。

2　工程概况

2.1　场地工程地质条件

沈阳市地铁二号线南延段全长3228.5m，为地下线，所处地貌为浑河新冲积扇，设计结构底板埋深约为3~19m，隧道穿越土层主要为粉质黏土和砾砂圆砾层。试验场地勘察深度范围内地层分布主要如下：

（1）层粉质黏土填土：黄褐色、灰褐色，主要为黏性土，含植物根系、砂砾，平均厚度1.1m。

（4—1）层粉质黏土：褐黄色，软塑~硬塑，含云母、砂砾，平均厚度3.4m。

（4—1—1）层粉质黏土：深灰色、灰黑色，软塑~硬塑，含氧化铁、砂砾，局部层底部位含粉土、粉细砂透镜体，平均厚度4.4m。

（4—4）层砾砂圆砾：浅黄色、黄褐色，中密，湿~饱和，含黏性土约为10%~20%，局部夹粗砂透镜体，平均厚度 13.5m。

（5－4）层砾砂圆砾：黄褐色，中密，饱和，含黏性土约为 10－25％，平均厚度大于 10m。

拟建隧道穿过地层主要为（4－1）层、（4－1－1）层、（4－4）层，本次扁铲侧胀试验主要集中在（4－1）层、（4－1－1）层。

2.2　试验仪器和试验原理、方法

2.2.1　试验仪器

试验采用仪器为南光地质仪器厂生产的 DMT－W1 型扁铲侧胀仪，贯入设备为锤击机具，设备简图见图 1。

侧胀器（俗称扁铲）由不锈钢薄板制成，其尺寸为：厚 15mm、宽 95mm、长 230mm。侧胀器的一个侧面上装有直径为 60mm 的薄钢膜片，膜片厚约 0.2mm，侧胀部分最大直径 60mm，富弹性可侧胀。

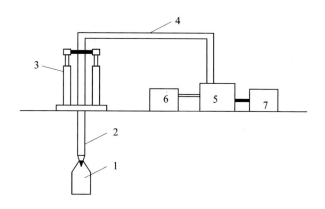

图 1　扁铲试验设备简图
1. 侧胀器　2. 钻杆　3. 贯入主机（锤击机具）
4. 气电路管　5. 压力控制及信号接收单元
6. 压力源　7. 信号记录单元

2.2.2　试验原理、方法

试验中试验点竖向间距为 0.20m，试验前、后均对侧胀器膜片进行率定，即测出侧胀器在空气中自由膨胀时的膜片中心外移 0.05mm 和 1.10mm 所需的压力 ΔA 和 ΔB。

试验时先将侧胀器锤击贯入到地层中某一预定深度，然后立即加气压开始试验，膜片在气压作用下压向土体，当膜片中心向外侧张位移 0.05mm 时测度气压 A；当膜片中心外移 1.10mm 时测度气压 B；控制降低气压，当膜片内缩到开始扩张的位置时测度气压 C。

2.2.3　基本参数整理

根据读数计算以下三个参数：

$$P_0 = 1.05(A - Z_m + \Delta A)$$
$$- 0.05(B - Z_m - \Delta B) \qquad (1)$$

$$P_1 = B - Z_m - \Delta B \qquad (2)$$

$$P_2 = C - Z_m + \Delta A \qquad (3)$$

由 P_0、P_1、P_2 可计算出以下四个基本指数：

扁胀指数（土类指数）

$$I_D = (P_1 - P_0)/(P_0 - U_0) \qquad (4)$$

水平应力指数

$$K_D = (P_0 - U_0)/\sigma_w \qquad (5)$$

扁胀模量

$$E_D = 34.7(P_1 - P_0) \qquad (6)$$

扁胀孔压指数

$$U_D = (P_2 - U_0)/(P_0 - U_0) \qquad (7)$$

Z_m——未加压时仪表的压力读数，DMT－W1 型扁铲侧胀仪本身有调零装置，故不考虑 Z_m 值的影响，即 $Z_m = 0$；

P_0——土体水平位移 0.05mm（即 A 点）时，土体所受的侧压力；

P_1——土体水平位移 1.10mm（即 B 点）时，土体所受的侧压力；

P_2——回复初始状态（即 C 点）时，土体所受的侧压力；

ΔA——率定时钢膜片膨胀至 0.05mm 时的实测气压值，$\Delta A = 5 \sim 25$kPa；

ΔB——率定时钢膜片膨胀至 1.10mm 时的实测气压值，$\Delta A = 10 \sim 110$kPa；

I_D——扁胀指数（也称材料指数）；

K_D——水平应力指数；

E_D——侧胀模量（也称扁胀模量）；

U_D——孔压指数；

U_0——静水压力；

σ_{v0}——试验点的有效上覆土压力。

2.2.4　工作量布置

本次在沈阳地铁二号线南延段共布置扁铲侧胀试验孔 7 个，累计测点数为 207 个，同时在本场地布置 29 个取土孔，累计取Ⅰ级土样 248 件、Ⅳ级土样 262 件，选取 12 组有代表性的土样进行静止侧压力系数试验、40 组土样进行基床系数试验，以便与扁铲侧胀试验进行比较。

3　扁铲侧胀试验分析与应用

3.1　室内试验参数与扁铲侧胀参数统计表

依据室内试验结果，对相关土层试验指标按照《岩土工程勘察规范》GB50021—2001 的有关要求进行分层统计，统计结果见表 1。

表 1　各土层主要岩土参数表

土层编号	岩性名称	统计项目	含水量 w（%）	比重 G_s	密度 ρ（g/cm³）	饱和度 Sr	孔隙比 e	塑性指数 Ip	液性指数 Il
4-1	粉质黏土	范围值	22.8～35.4	2.69～2.71	1.83～2.00	86.0～99.0	0.641～0.870	11.6～16.1	0.15～0.75
		平均值	27.2	2.70	1.93	93.6	0.748	14.3	0.37
4-1-1	粉质黏土	范围值	20.8～30.7	2.69～2.70	1.83～1.99	83.3～99.5	0.661～0.887	10.7～15.5	0.15～0.65
		平均值	24.8	2.69	1.91	87.7	0.756	12.6	0.33

通过现场试验所测的 A、B、C 值和试验前后率定的 ΔA、ΔB 值，利用公式（1）、（2）、（3）计算出 P_0、P_1、P_2 值，再根据公式（4）、（5）、（6）、（7）计算求出 4 个扁铲试验指标，即 I_D、K_D、E_D、U_D，其中 I_D 和 U_D 可以用来划分土类别；K_D 反映了土的水平应力；E_D 能够反映土的固结特性。

将上述试验参数代入相应经验公式便可求出多种岩土工程参数，本文利用试验参数求解静止侧压力系数 k_0 和水平基床系数 K_h。试验参数统计值见表 2。

表 2　各土层扁铲侧胀参数表

土层编号	岩性名称	统计项目	I_D	K_D	E_D(MPa)	U_D	ΔP（P_1-P_0）（kPa）
4-1	粉质黏土	范围值	0.22～0.70	3.32～6.81	3.1～7.9	0.03～0.10	110～265
		平均值	0.41	5.21	5.5	0.06	175
4-1-1	粉质黏土	范围值	0.22～0.69	2.49～4.34	4.4～8.1	0.03～0.08	125～261
		平均值	0.41	3.47	6.1	0.05	184

3.2　求解岩土工程参数

3.2.1　静止侧压力系数

扁铲测头贯入土中，对周围土提产生挤压，不能有扁胀试验直接测定原位初始侧向应力，可通过经验建立静止侧压力系数 k_0 与水平应力指数 K_D 的关系式。目前此类关系式的研究成果有很多，如 1980 年由意大利人 Marchetti 提出的经验公式[2]：

$$k_0=(K_D/1.5)^{0.47}-0.6 \quad (I_D<1.2) \quad (8)$$

以及后来 Lunne 等人于 1989 年提出的：

新近沉积黏土 $k_0=0.34\,K_D^{0.54}$ （9）

老黏土 $k_0=0.68K_D^{0.54}$ （10）

某地区的经验公式：

$$k_0=0.34K_D^{n}-0.06K_D \quad (11)$$

其中 n 值根据土类确定，黏性层取 0.54，粉性土和砂土取 0.47。

淤泥质土层 $k_0=0.34\,K_D^{0.44\sim0.60}$ （12）

文献［3］给出的经验公式：

$$k_0=0.30K_D^{0.54} \quad (1.5<K_D<4.0) \quad (13)$$

由于（4-1）土层 K_D＝4.18～7.80、（4-1-1）土层 K_D＝2.49～4.34 与公式（13）的条件要求 1.5＜K_D＜4.0 不完全相符，因此计算 k_0 不适合应用公式（13）；又本地区土层不属于淤泥质土层，故公式（12）同样不适本地区。

利用公式（8）～（11）计算得出的 k_0 值见表 3。

表 3　不同方法求得的 k_0 值对比表

土层编号	岩性名称	统计项目	扁铲侧胀试验 公式（8）	公式（9）	公式（11）	室内试验	参考经验值[2]
4-1	粉质黏土	范围值	0.70～1.92	0.57～1.30	0.44～0.55	0.34～0.56	0.43～0.53
		平均值	1.30	0.89	0.51	0.46	
4-1-1	粉质黏土	范围值	0.72～1.05	0.58～0.75	0.42～0.49	0.35～0.48	0.43～0.53
		平均值	0.89	0.67	0.46	0.44	

由表 3 可以得出：

(1) 扁铲侧胀试验采用公式 (8)、(9) 计算的岩土工程参数 k_0 值与室内试验和参考经验值相差甚远，因此公式 (8)、(9) 不适合在本地区应用。

(2) 利用公式 (11) 计算的 k_0 值与室内试验值和参考经验值已经很接近，计算结果趋于合理，因此建议在沈阳地区采用公式 (11) 求解土层静止侧压力系数 k_0 值。

3.2.2 水平基床系数

根据扁铲侧胀试验，可以计算出地基土的水平基床系数，依据文献 [2] 给出的经验公式：

$$K_h = (P_1 - P_0)/\Delta s \qquad (14)$$

式中 $(P_1 - P_0)$，即 ΔP，为扁铲侧胀试验的压力增量；Δs 为相对应的位移增量。

当考虑 Δs 为平面变形量时，其值为 2/3 中心位移量，把扁铲侧胀试验的应力和变形用双曲线拟合时，土的水平基床系数为：

$$K_h = 955(P_1 - P_0) \qquad (15)$$

依据公式 (15) 计算的水平基床系数见表 4。

表 4　基床系数 K_h 值计算表

土层编号	岩性名称	统计项目	扁铲侧胀试验 公式 (14)	室内试验	规范经验值[4]
4-1	粉质黏土	范围值	105～255	20.7～49.4	20～50
		平均值	165	37	
4-1-1	粉质黏土	范围值	120～250	23.0～48.0	20～50
		平均值	175	36	

由表 4 可以得出：

直接采用公式 (14) 计算的水平基床系数与室内试验、规范给出经验值存在巨大差别，与实际工程不相符，因此利用扁铲侧胀试验求解水平基床系数不能直接采用公式 (14)。这主要是由于利用公式 (14) 求出的 K_h 为扁铲侧胀试验弹性阶段的水平基床系数，而实际工程中 K_h 往往处于弹－塑性或塑性阶段的应力状态，故公式 (14) 计算值偏大很多。

基床系数用于模拟地基土与结构物之间的相互作用，计算结构物的内力与变位。结构物是指受水平、垂直力和弯矩作用的基础、衬砌和桩等，变位是指基础竖向变位、衬砌的侧向变位、桩的水平变位和竖向变位等[4]。地基土的基床系数除受土的本身工程性质制约外，还与结构物的形态、基底面积、受力条件等有关，实际工程中采用扁铲侧胀试验计算水平基床系数时，应根据不同应力条件、土性、工况及变形量乘以不同的修正系数加以修正，依据某地区较成熟的试验经验，修正系数一般取 0.1～0.4。

我院通过本次扁铲侧胀试验的归纳总结，经多次反复计算，采用修正系数为 0.2，修正后的水平基床系数计算结果见表 5。

表 5　基床系数 K_h 值计算表 (修正后)

土层编号	岩性名称	统计项目	修正后水平基床系数	室内试验	规范经验值[4]
4-1	粉质黏土	范围值	21～51	20.7～49.4	20～50
		平均值	33	37	
4-1-1	粉质黏土	范围值	24～50	23.0～48.0	20～50
		平均值	35	36	

由表 5 可以得出，当采用修正系数为 0.2 时，其计算结果与室内土工试验、规范给出经验值接近。鉴于引进的修正系数与地基土岩性、工程性质关系密切，建议在沈阳地区地铁勘察中，黏性土层采用 0.2～0.3 的修正系数，修正后的计算结果与室内试验值、规范给出经验值是一致的。

4　结语

(1) 扁铲侧胀试验是一种新兴的原位测试方法，利用其可以求得很多种岩土工程参数，如静止侧压力系数、水平基床系数等，丰富了岩土工程勘察手段。

(2) 扁铲侧胀试验的应用在国内尚不广泛，本文对扁铲侧胀试验的分析与应用，多参照国外推导的计算公式和国内较成熟的地区经验公式，实际应用时应根据不同的地质条件，选择适合本地区的经验公式。沈阳地区利用扁铲侧胀试验计算静止侧压力系数建议采用公式 (11)，其计算结果趋于合理；计算水平基床系数建议采用公式 (14)，同时根据地基土的不同岩性，引入合适的修正系数，黏性土建议采用 0.2～0.3 的修正系数。

(3) 由于本试验段土层较单一，仅浅部（约 10m 范围）普遍分布的粉质黏土层适合于扁铲侧胀试验，而其他适合于扁铲侧胀试验的土层缺失或呈透镜体分布，本次未能获得足够的试验参数，如利用扁铲侧胀试验求解其他岩性土层的岩土参数时，还应总结相应的经验公式。

(4) 目前国内扁铲侧胀试验的应用还比较少，缺乏足够的试验经验，因此在近阶段岩土工程勘察时扁铲侧胀试验还不宜单独应用，应结合其他原位测试、室内土工试验等较成熟的勘察手段进行更深入的试验研究。

参考文献

[1]　中华人民共和国建设部．岩土工程勘察规范［S］．北京：中国建筑工业出版社，2002.

[2]　常士骠、张苏民．工程地质手册（第四版）［M］．北京：中国建筑工业出版社，2007.

[3]　中华人民共和国铁道部．铁路工程地质原位测试规程［S］．北京：中国铁道出版社，2003.

[4]　中华人民共和国建设部．地下铁道、轻轨交通岩土工程勘察规范［S］．北京：中国计划出版社，2000.

城市轨道交通基坑工程周边地表变形影响区域*

吴锋波[1,2,3]　金　淮[1]　张建全[1]　刘永勤[1]

(1. 北京城建勘测设计研究院有限责任公司，北京　100101；2. 北京城建集团有限责任公司，北京　100088；
3. 北京科技大学土木与环境工程学院，北京　100083)

摘　要：通过城市轨道交通基坑工程周边地表监测断面实测数据的分析，可以确定工程的主要影响区域，为监测范围的确定提供依据。对北京、上海、杭州、宁波等城市37个基坑工程、231个监测断面的数据进行分析，研究了基坑工程地表沉降实测数据的分布情况和软土地区沉降槽的形态特点，划分了基坑工程的主要影响区和次要影响区。基坑工程周边地表变形的监测范围需覆盖主要影响区和次要影响区，以全面监控工程施工对周边地层和环境对象的影响。

关键词：城市轨道交通；基坑工程；地表变形；沉降槽

The Ground Surface Deformation Area around Urban Rail Transit Foundation Pit Engineering

WU Feng – bo[1,2,3]　　JIN Huai[1]　　ZHANG Jian – quan[1]　　LIU Yong – qin[1]

(1. Beijing Urban Construction Exploration & Surveying Design Research Institute Co. , LTD, Beijing 100101, China；
2. Beijing Urban Construction Group Co. , LTD, Beijing 100088, China；3. Civil and Environmental Engineering Institute, University of Science and Technology Beijing, Beijing 100083, China)

Abstract：By the analysis of urban rail transit foundation pit engineering ground surface deformation data, the influence area can be determined. The analysis may also provide basis for determining the monitoring area. The 37 foundation pit engineering, 231 monitoring sections data are analyses in Beijing, Shanghai, Hangzhou and Ningbo. The ground surface deformation data distribution is studied, and the settling tank shape is given in soft soil area. The first influence area and secondary influence area of foundation pit engineering are divided. The monitoring area should include the both areas in order to control the impact on the surrounding strata and environment objects.

Key words：urban rail transit；foundation pit engineering；ground surface deformation；settling tank

1　引言

明（盖）挖法基坑工程是我国城市轨道交通工程建设主要施工方法之一，一般应用于车站建设，有的区间也采用基坑开挖的方式进行修建。城市轨道交通基坑工程开挖面积和深度均较大、支护结构形式多样，所处城市区域的地质条件、环境条件均较为复杂，工程建设过程中需保证自身结构和周边环境对象的安全。

作为安全风险管控的重要技术手段，基坑工程监测工作在安全保障方面发挥了积极的作用。通过基坑工程监测数据和现场巡查结果可以很好地判断工程支护结构、周边地表和环境对象的安全状态变化情况，为风险控制措施的采取提供基础性依据。

基坑工程监测过程中，监测范围的确定是一项重要的内容。合理的监测范围划定可以明确工程的主要监测对象，经济、有效地开展监测工作，保证工程建设的顺利开展。基坑工程监测范围受基坑开挖深度、支护结构形式、地质条件、环境条件等因素的综合影响，一般需覆盖工程的主要影响区域，可由周边地表的变形情况结合环境风险分布特点进行确定。基坑工程周边地表变形影响区域研究对确定工程监测范围具有重要的意义。

目前，基坑工程地表变形方面已积累了一些研究成果。Peck（1969）[1]等研究了钢板桩为主的基坑影响范围，砂土和硬黏土一般为2倍开挖深度，软土为2.5～4倍开挖深度。Clough和O'Rourke（1990）[2]研究了不同土层中基坑墙后地表沉降的包络线。Ou（1993）[3]对台湾地区10个基坑统计表明最大地表沉降位于墙后0.5倍开挖深度处。Heish（1998）[4]指出了基坑工程墙后地表三角形和凹槽形沉降最大值的位置。

---
* 基金项目：北京市优秀人才培养资助个人项目（2012ZG－40）

国内方面，刘涛（2007）[5]统计了上海地铁基坑182个监测断面，得出了最大地面沉降处距离基坑的水平值与开挖深度的比值。刘小丽（2011）[6]等利用经验关系式对现有软土地区深基坑开挖地表沉降曲线正态和偏态分布计算方法进行了改进。李淑（2012）[7]等对北京地铁30个明挖车站的监测数据进行了统计分析，指出基坑外10~15m内沉降量最大。

本研究收集、整理了北京市轨道交通9号线、10号线二期、14号线、亦庄线和房山线等5条线路、24个基坑工程、53个监测断面的地表变形监测数据，以及上海、杭州、宁波等软土地区13个基坑工程、178个监测断面的地表变形监测数据。这些数据均为第三方监测成果，较为真实、可靠。所收集基坑工程的空间尺寸参数见图1。

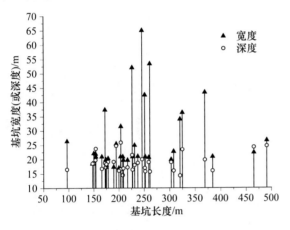

图1　基坑工程空间尺寸

根据国家标准《城市轨道交通工程监测技术规范》（报批稿）中相关分级要求，将基坑工程风险等级分为三级，分别进行研究，其中一级基坑工程深度为20m以上（含20m），二级基坑工程深度为10~20m（含10m），三级基坑工程深度为小于10m。

2　北京地区基坑工程影响区域

北京地区基坑工程所处地层主要为黏性土、粉土、砂土及卵砾石层，支护结构形式主要为钻孔灌注桩＋钢管内支撑，部分基坑周边邻近雨污水等地下管线。

2.1　一级基坑

北京地区5个最大开挖深度为21.5~25.9m的一级风险基坑工程15个周边地表变形监测断面的监测结果见图2。

由图2（a）可知，所统计一级基坑地表变形监测断面中部分监测点出现隆起，隆起量一般在＋10mm以内，隆起监测点分布范围一般在距基坑边缘8m以内。地表沉降分布在－30mm以内，实测值分布较离散，邻近基坑边缘区域的实测沉降量较大。

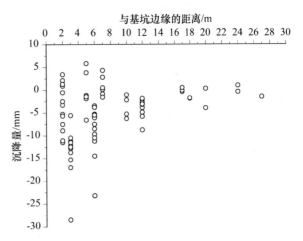

(a)地表沉降测值分布

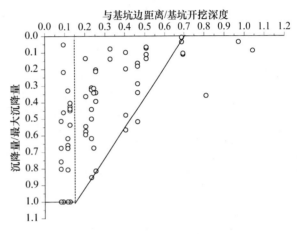

(b)地表沉降影响区划

图2　北京一级基坑地表变形

由图2（b）可知，最大地表沉降一般分布在距基坑边缘0.15H（H为基坑开挖深度）范围内，周边地表沉降主要分布于距基坑边缘0.7H范围内。0.7H以内地表沉降实测值分布较为均匀，可认为0.7H以内为基坑工程的主要影响区，0.7H以外为次要影响区。

2.2　二级基坑

北京地区19个最大开挖深度为14.35~19.3m的二级风险基坑工程38个周边地表变形监测断面的监测结果见图3。

由图3（a）可知，所统计二级基坑地表变形监测断面中部分监测点出现隆起，隆起量一般在＋10mm以内，隆起监测点分布范围一般在距基坑边缘16m以内。地表沉降主要分布在－40mm以内。

由图3（b）可知，最大地表沉降一般分布在距基坑边缘0.6H范围内，基坑工程周边地表沉降主要分布于距基坑边缘1.7H范围内。1.7H以内地表沉降实测值分布主要集中在0~0.6H，可认为0.6H以内为基坑工程的主要影响区，0.6H~1.7H为次要影响区。

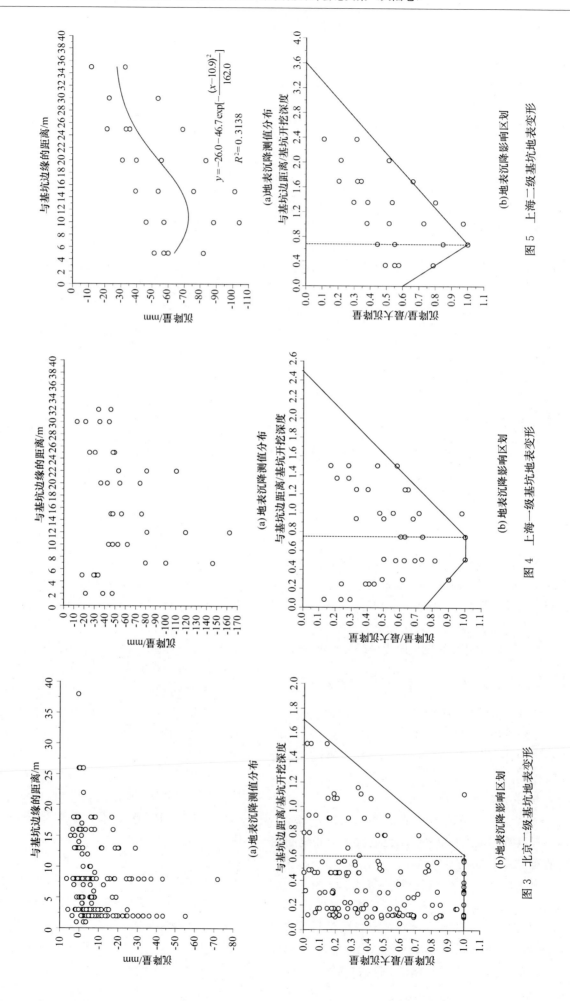

图 5 上海二级基坑地表变形

图 4 上海一级基坑地表变形

图 3 北京二级基坑地表变形

3　软土地区基坑工程影响区域

3.1　上海地区

上海地区基坑工程所处地层主要为砂质粉土、淤泥质黏土、黏性土、粉细砂等，地下水位埋深较浅。支护结构形式主要为地下连续墙，部分采用钻孔灌注桩（局部地下连续墙）施工。

1）一级基坑

上海地区 2 个最大开挖深度分别为 20.0m、23.4m 的基坑工程 7 个周边地表变形监测断面的监测结果见图 4。

由图 4（a）可知，所统计基坑地表变形监测断面中监测点全部为沉降变形，监测范围内监测点的沉降量相对较大，最大沉降量达到 −162.3mm。

由图 4（b）可知，最大地表沉降一般分布在距基坑边缘 $0.75H$ 范围内，$0.75H \sim 1.5H$ 以内监测点地表沉降实测值与最大沉降量的比值较大。综合分析后可认为 $0.75H$ 以内为基坑工程的主要影响区，$0.75H \sim 2.5H$ 为次要影响区。

2）二级基坑

上海地区 1 个最大开挖深度为 14.75m 的基坑工程 4 个周边地表变形监测断面的监测结果见图 5。

由图 5（a）可知，所统计基坑地表变形监测断面中监测点沉降变形较大，最大沉降量为 −104.1mm。监测断面形成了较为明显的沉降槽，图中正态分布曲线的拟合效果较好，说明沉降槽整体符合正态分布的特点。

由图 5（b）可知，最大地表沉降分布在距基坑边缘约 $0.7H$ 处，$0.7H \sim 2.4H$ 范围内监测点地表沉降实测值逐渐减小。工程影响范围较大，可认为 $0.7H$ 以内为基坑工程的主要影响区，$0.7H \sim 3.6H$ 为次要影响区。

3.2　杭州地区

杭州地区基坑工程的支护形式主要为地下连续墙，2 个最大开挖深度分别为 16.0m、18.0m 的基坑工程 30 个周边地表变形监测断面的监测结果见图 6。

由图 6（a）可知，与基坑边缘距离相同监测点的实测值变化较大，监测范围内监测点的最大沉降量为 −99.5mm。由图 6（b）可知，最大地表沉降分布在距基坑边缘 $0.3H$ 和 $0.63H$ 处，$0.63H \sim 1.56H$ 以内监测点地表沉降实测值变化较大。综合分析后可认为 $0.63H$ 以内为基坑工程的主要影响区，$0.63H \sim 2.1H$ 为次要影响区。

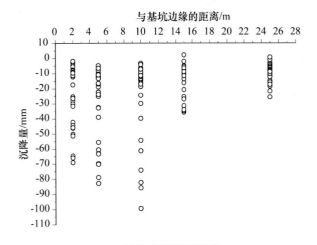

(a) 地表沉降测值分布

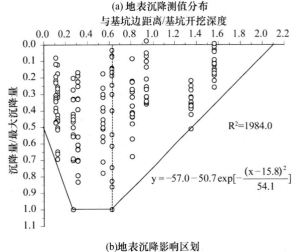

$$y = -57.0 - 50.7 \exp\left[-\frac{(x-15.8)^2}{54.1}\right]$$

$R^2 = 1984.0$

(b) 地表沉降影响区划

图 6　杭州二级基坑地表变形

3.3　宁波地区

1）一级基坑

宁波地区基坑工程的支护形式也主要为地下连续墙，1 个最大开挖深度为 24.3m 的基坑工程 27 个周边地表变形监测断面的监测结果见图 7。

由图 7（a）可知，与基坑边缘距离相同监测点的实测值变化较大，最大沉降量为 −166.3mm。监测断面上所有监测点的实测值整体符合正态分布的特点，图中对沉降槽进行了正态分布曲线拟合。

由图 7（b）可知，最大地表沉降分布在距基坑边缘约 $0.53H$ 处，约 $0.9H$ 处的最大沉降量为 −166.0mm，可认为 $0.9H$ 以内为基坑工程的主要影响区，$0.9H \sim 2.6H$ 为次要影响区。

2）二级基坑

宁波地区 7 个最大开挖深度为 $16.0 \sim 19.8m$ 的二级基坑工程 110 个周边地表变形监测断面的监测结果见图 8。

由图 8（a）可知，基坑周边地表沉降量较大，最大沉降量可达 −352.9mm。图中对所有监测点的实测值进行正态分布曲线拟合，其沉降槽整体形

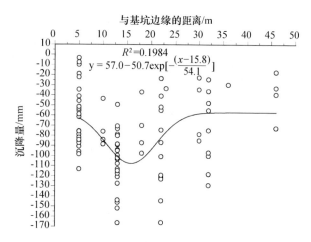

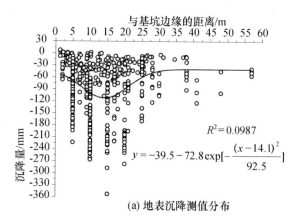

(a) 地表沉降测值分布

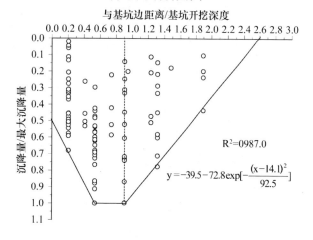

(b) 地表沉降影响区划

图 7　宁波一级基坑地表变形

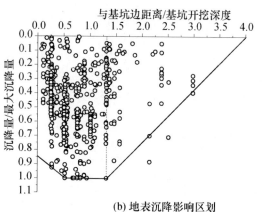

(b) 地表沉降影响区划

图 8　宁波二级基坑地表变形

态符合正态分布的特点。

由图 8（b）可知，最大地表沉降主要分布在距基坑边缘约 $1.3H$ 以内，基坑工程施工对周边地表的影响范围较大，可认为 $1.3H$ 以内为基坑工程的主要影响区，$1.3H \sim 4.0H$ 为次要影响区。

区为基坑边缘外 $1.3H$ 范围内，基坑周边地表沉降槽基本符合正态分布的特点。

5）我国城市轨道交通基坑工程建设已大规模开展，积累了丰富的地表沉降实测数据，有必要对其监测断面进行数据分析，研究确定工程的影响区域，以便于合理确定工程的监测范围。

致　谢：上海岩土工程勘察设计研究院有限公司褚伟洪高级工程师提供了上海地区的实测资料，在此表示感谢！

4　结论与建议

1）北京地区 24 个基坑工程地表变形实测结果分析表明，一级基坑边缘外 $0.7H$ 范围内为工程的主要影响区；二级基坑 $0.6H$ 以内为主要影响区，$0.6H \sim 1.7H$ 为次要影响区。

2）上海地区 2 个一级基坑的主要影响区为基坑边缘外 $0.75H$ 以内；1 个二级基坑周边地表沉降槽基本符合正态分布的特点，主要影响区为基坑边缘外 $0.7H$ 以内。

3）杭州地区 2 个二级基坑边缘外 $0.63H$ 以内为工程的主要影响区，$0.63H \sim 2.1H$ 为次要影响区。

4）宁波地区 1 个一级基坑的主要影响区为基坑边缘外 $0.9H$ 范围内，7 个二级基坑的主要影响

参考文献

[1]　Peck R B . Deep excavation & tunneling in soft ground. State-of-the-Art-Report; prothe 7th Int Conf Soil Mech, Fdn. Engrg, F, 1969 [C] .

[2]　G. Wayne Clough, Thmas D, O'Rourke. Construction induced movements of insitu walls; proceedings of the ASCE Conference on Design and Performance of Earth Retaining Structures, New York, F, 1990 [C] . Geotechnical Special Publisher.

[3]　Chang-Yu OU, Pio-Go Hsieh, Chiou D-C. Characteristics of ground surface settlement during excavation [J] . Journal of Canada Geotechnical, 1993, 30 (7): 58 – 67.

[4]　Heish P-G, Ou C-Y. Shape of ground surface settlement Journal of Canadia Geotechnical, 1998, 35 (6):

1004 – 1017.

［5］ 刘 涛. 基于数据挖掘的基坑工程安全评估与变形预测研究［D］. 同济大学，2007.

［6］ 刘小丽，周贺，张占民. 软土深基坑开挖地表沉降估算方法的分析［J］. 岩土力学，2011（增1）：90 – 94.

［7］ 李 淑，张顶立，房倩等. 北京地铁车站深基坑地表变形特性研究［J］. 岩石力学与工程学报，2012（1）：189 – 198.

重庆地区岩质地层地铁明挖车站基坑支护设计

赵子寅

（北京城建设计研究总院有限责任公司重庆分院，重庆　400039）

摘　要：本文以重庆市轨道交通一号线较场口及杨公桥车站为依托工程，总结、分析论述了重庆地区岩质地层地铁明挖车站基坑支护设计要点，旨在对类似工程能够有一定参考作用。

关键词：岩质地层；地铁车站；基坑；设计

Design of The Subway Station Foundation Pit Supporting in Rock Stratum of Chongqing Area

Zhao Zi－yin

（Beijing Urban Engineering Design&Research Institute CO.，LTD，Beijing，100073，China）

Abstract：This paper based on the Chongqing project，analysis and summarizes the chongqing area rock stratum subway station the foundation pit supporting design key points of the dig. The aim is to similar projects is a good guide to action.

Key words：rock stratum；subway station；foundation pit；design

1　引言

重庆市成为直辖市以来，经济飞速发展，人口逐步增多，为建设"畅通重庆"、满足市民出行需求，城市核心区轨道交通线网密度的提高势在必行，鉴于重庆市特有的地形、地貌及地质特点，位于城市核心区的明挖地铁车站逐渐增多，本类车站明挖基坑支护设计与平原地区类似工程有着本质上的区别，本文以重庆市轨道交通一号线较场口及杨公桥车站为依托工程，详细论述了重庆地区岩质地层地铁明挖车站基坑支护设计要点，旨在对类似工程能够有一定参考作用。

2　工程概况

2.1　较场口站

2.1.1　工程简介及环境

重庆市轨道交通一号线较场口站位于渝中区和平路北，为区域性城市中心，其东侧为较场口环岛，西侧为石油大厦，南侧道路对面为中兴花园，北侧为鼎固世纪星城，场地周边商业密集，施工空间紧张。

较场口站长 177.6m，宽 21.2m，为地下五层箱形框架结构，采用明挖法施工。

2.1.2　地质条件

较场口站为侵蚀剥蚀丘陵坡顶平台地貌，地势较平缓，总体趋势西高东低。地形总体坡角 1～5°。目前地面高程 250～256m，相对高差约 6m。

较场口站沿线揭露地层有：第四系全新统人工填土层（Q_4ml）和侏罗系中统沙溪庙组（J_2s）沉积岩层。第四系全新统的人工填土层主要有素填土、杂填土；侏罗系中统上沙溪庙组主要有砂岩和砂质泥岩。

较场口站位于川东南弧形构造带华蓥山帚状褶皱构造束东南部，重庆向斜西翼近轴部。岩层呈单斜产出。岩层倾向 110°，岩层倾角 8°。区内无断层，地质构造简单，其主要构造裂隙为：

（1）J_1 组倾向 323～340°，倾角 65～85°，裂隙部分张开 2～3mm，延伸 2～3m，偶有泥质充填，裂隙频率 0.5 条/m，局部 1 条/m。层间结合一般；

（2）J_2 组倾向 40°，倾角 70～85°，间距 0.5～0.8m/条，裂隙面平直，裂面张开约 1～3mm，延伸 3～5m，有泥质充填。层间结合一般。

（3）J_3 组倾向 170～190°，倾角 60～65°，裂面粗糙，有 5mm 厚的黏土充填。延伸长度 5～8m，间距 0.2～0.5m/条，层间结合差。

较场口站范围内水文地质条件简单，主要为基岩裂隙水，水量较小，对混凝土结构无腐蚀性。

2.2　杨公桥站

2.2.1　工程简介及环境

重庆市轨道交通一号线杨公桥站位于重庆市沙坪坝区杨公桥立交西侧俊峰龙风云洲小区内，紧邻

319 国道，场地周边市政道路四通八达，交通极便利，为城市繁华地段。

杨公桥站车站两侧为峻峰物业开发，小里程端为清水溪涵洞，大里程端为梨树湾立交。由于场地限制，车站临近杨公桥立交侧采用暗挖法施工，长43.72m，宽 19.7m；其余区段采用明挖法施工，为地下五层箱型框架结构，长 118.4m，宽 18.9～38.8m，与峻峰物业结合段通过抗震缝脱开。

2.2.2 地质条件

杨公桥站为侵蚀剥蚀丘陵坡顶平台地貌，地势较平缓，总体趋势西高东低。地形总体坡角 1～5°。目前地面高程 215～234m，相对高差约 19m。

杨公桥站沿线揭露地层有：第四系全新统人工填土和粘质黏土，下伏基岩为侏罗系中统沙溪庙组砂岩和砂质泥岩。

杨公桥站位于川东南弧形构造带华蓥山帚状褶皱构造束东南部，磁器口向斜近轴部。岩层呈单斜产出。岩层倾向 10°，岩层倾角 8°。区内无断层，地质构造简单。其主要构造裂隙为：

(1) J_1 组倾向 320～340°，以 330°为主，偶见翻转现象，倾角 65～85°，以 70°为主裂隙部分张开 2～3mm，延伸 2～10m，偶有泥质充填，裂隙频率 0.5 条/m，局部 1 条/m。属硬性结构面，结合一般；

(2) J_2 组倾向 240～260°，以 250°为主偶见翻转现象，倾角 70～85°，以 70°为主，间距 0.5～0.8m/条，裂隙面平直，裂面张开约 1～3mm，延伸 3～5m，有泥质充填。属硬性结构面，结合一般。

3 重庆地区岩质地层地铁明挖车站基坑特点

根据重庆市地形、地貌及地质，地铁明挖车站基坑支护设计有如下特点：

(1) 重庆市地处四川盆地东南丘陵山地区，地势起伏大，地貌类型复杂多样，其中山地及丘陵约占全市面积的 90%，重庆市城市核心区地表主要为厚度不均的第四系素填土及侏罗系沙溪庙组岩层，节理、裂隙较发育，边坡破坏机理与土层中不甚相同，其基坑支护设计亦如此；

(2) 地铁明挖车站一般均位于城市核心区，周边商业密集，环境复杂，人流量大，车站基坑实施时社会影响极大；

(3) 地铁明挖车站与区间、出入口、风道等附属结构接口较多，基坑设计时为其预留衔接条件；

针对以上特点，重庆地区岩质地层地铁明挖车站基坑支护设计应综合考虑周边环境、水文地质、基坑特点、施工技术及工程造价等诸多因素，因地制宜，选择一种或多种技术安全可靠、经济合理的支护型式。

4 设计要点

4.1 设计依据

岩质深基坑支护设计是一个复杂的系统工程问题，根据地质条件，如结构面、层面、产状及结构面性质等不同因素，有不同的设计方法及理论。

本工程主要依据《建筑边坡工程技术规范》GB 50330—2002 及其他相关研究成果进行设计。

4.2 设计理念

4.2.1 岩质基坑的破坏形式

岩质基坑的破坏形式分为滑移形、崩塌形，且大多数为滑移形。

(1) 滑移形：滑移形破坏主要分为有外倾结构面（软弱结构面或硬性结构面）和无外倾结构面两种情况；

有外倾结构面的岩质基坑破坏特征是沿单个外倾结构面或多个外倾结构面所组成的楔形体滑动破坏；

无外倾结构面的岩质基坑其破坏形式与土坡相似。

(2) 崩塌形：主要沿陡倾大裂隙或结合极差的软弱外倾结构面倾倒或坠落。

4.2.2 岩质基坑的稳定性分析

岩质基坑支护设计过程中，首先应确定边坡破坏形式，主要通过极射赤平投影法进行分析，而后根据平面滑动法判断边坡的整体稳定性。

4.2.3 岩土压力计算

(1) 对有外倾结构面边坡：

其主动岩土压力分别按《建筑边坡支护技术规范》6.3.2 条和 6.2.3 条计算，取其大值。

当坡顶有重要建、构筑物时，应按 6.4 条对岩土压力进行修正。

(2) 对于无外倾结构面边坡：

根据平面滑裂面假定按《建筑边坡支护技术规范》6.2.3 条计算。

4.3 支护型式

针对不同的破坏机理及稳定性情况，综合考虑周边环境、水文地质、基坑特点、施工技术及工程造价等诸多因素，重庆地区岩质地层地铁明挖车站基坑可采用的支护型式主要有如下几种：

(1) 坡率法：针对无外倾结构面、软弱结构面的岩质边坡的一种快速、经济的柔性支护方式。

根据岩体类别采取不同的坡率放坡开挖，其边坡稳定性受岩体自身强度控制，因此，开挖后需及时喷设早强混凝土封闭，避免主体结构施工期间岩体风化，确保边坡稳定。

(2) 土钉墙：针对基岩上覆土层的一种支护方

式，常见于平原地区浅基坑或基坑顶局部放坡。

土钉墙是由天然土体通过土钉墙就地加固并与喷射混凝土面板相结合，形成一个类似重力挡墙以此来抵抗墙后的土压力；从而保持开挖面的稳定。

（3）格构（板肋）式锚杆挡墙：适用于上覆土层较薄，岩性较好的岩质边坡，属于柔性支护体系。

板肋式锚杆挡墙，由锚杆、肋柱、挡板共同组成的结构承受岩土压力。根据其肋柱、挡板施工工艺不同，可分为现浇式锚杆挡墙和喷混凝土式锚杆挡墙，其肋柱亦可采用内肋、外肋、暗肋等不同方式。

（4）桩锚挡墙：适用于岩性较差的岩质边坡，属于刚性支护体系。

桩锚挡墙，由锚杆（索）、桩、挡板共同组成的结构承受岩土压力，其支护能力较板肋式锚杆挡墙强，适用于存在不利结构面的岩质边坡。

（5）抗滑桩：适用于地表土层较厚，又需要直立开挖的边坡，属于刚性支护体系。

抗滑桩是穿过滑坡体深入于滑床的桩柱，用以支挡滑体的滑动力，起稳定边坡的作用，其桩径较大，施工进度慢，造价高。

重庆市轨道交通一号线4座明挖车站所采用基坑支护型式如表1所示。

表1 重庆市轨一号线围护结构选型表

	坡率法	土钉墙	锚杆挡墙	桩锚挡墙	抗滑桩
较场口站		◆	◆		
石桥铺站		◆	◆		
石油路站			◆	◆	
杨公桥站	◆			◆	◆

4.4 工程实例及其他问题

4.4.1 判断基坑破坏形式及其稳定性分析（以较场口站南侧边坡为例）

车站南侧边坡走向110°，倾向20°，边坡长约180m，坡高21m左右。通过节理极射赤平投影图分析，该边坡呈切向坡。J_2裂隙及J_1、J_2裂隙组合交线与坡向倾向呈顺向相交，可能产生局部滑塌。

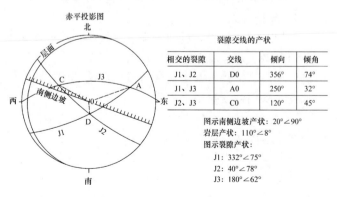

赤平投影图
北
层面
C
J3
A
西
南侧边坡
O
东
D
J1
J2
南
裂隙交线的产状
相交的裂隙 | 交线 | 倾向 | 倾角
J1、J2 | DO | 356° | 74°
J1、J3 | AO | 250° | 32°
J2、J3 | CO | 120° | 45°
图示南侧边坡产状：20°∠90°
岩层产状：110°∠8°
图示裂隙产状：
J1：332°∠75°
J2：40°∠78°
J3：180°∠62°

图1 结构面赤平投影分析

（1）为了判断J_2裂隙对该段边坡直立开挖岩体稳定性影响，根据地质横断面进行稳定性计算。该段边坡岩性主要为泥岩，裂面充填黏性土，结构面属软弱结构面层间结合差。

计算公式：

$$K_s = \frac{\gamma V \cos\theta tan\varphi + Ac}{\gamma V \sin\theta}$$

式中 γ——岩体重度（kN/m^3）；

c——结构面黏聚力（kPa）；

φ——结构面内摩擦角（°）；

A——结构面面积；

V——岩体体积（m^3）；

θ——结构面倾角（°）。

表2 稳定性计算结果一览表

块体编号	岩体重度（kN/m^3）	岩块单宽体积（m^3/m）	岩块单宽面积（m^2/m）	坡长（m）	滑块的滑面倾角（°）	滑面黏聚力（kPa）	滑面内摩擦角（°）	稳定性系数（K）
A	25.9	27.18	16.35	155	78	50	15	1.24

计算结果表明，当车站南侧边坡直立开挖，稳定性系数$K_s=1.24$。直立开挖岩质边坡稳定，但小于《建筑边坡支护技术规范》GB 50330—2002表5.3.1 规定一级边坡稳定安全系数1.35。

（2）在南侧边坡上有J_1、J_2两组裂隙组合交线呈顺向外倾，可能产生楔形岩体滑塌。根据楔形体滑动稳定系数计算公式：

$$F_s = \frac{\sin\beta}{\sin\dfrac{\xi}{2}} \times \frac{\tan\varphi}{\tan\psi_i} + \frac{C_A S_A + C_B S_B}{W \sin\psi_i}$$

其中 ξ——J_1、J_2结构面夹角47°；

β——ξ的平分线与水平方向的夹角86°；

ψ_i——J_1、J_2组合交线倾角73°；

φ——结构面内摩擦角20°；

C_1、C_2（公式中的C_A、C_B）——J_1、J_2结构面内聚力50kPa；

S_1、S_2——（公式中的S_A、S_B）——J_1、J_2面积，分别为$76.74m^2$、$175.21m^2$；

W——楔形体重量8383.8kN（见图2）

J1
ζ=46°
J2
β=86°
63°
71°

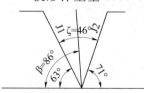

图2 楔形体立面视图

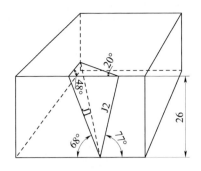

图 2　楔形体空间视图

计算结果 $F_s = 1.85$，南侧边坡直立开挖安全系数为 1.85。表明 J_1、J_2 裂隙组合交线在南侧边坡上产生的楔形体稳定。

根据上述分析及验算，较场口车站南侧边坡稳定性受由 J_2 裂隙所形成的外倾结构面控制。边坡破坏方式为沿外倾结构面产生局部剪切破坏。

4.4.2　岩土混合边坡（以较场口站西侧边坡为例）

重庆市城市核心区地表存在厚度不均的第四系素填土，而岩质基坑设计中，岩土不分，将其均视为岩石或土进行设计，不但会造成浪费，也会导致设计偏于不安全。

较场口站南侧边坡揭露第四系素填土厚度为 1～7m，针对其上部素填土较厚的情况，本段基坑采用上部土钉墙，下部板肋式锚杆挡墙的支护型式，并在计算下部挡墙时，将上部覆土作为超载，具体做法如图 3 所示。

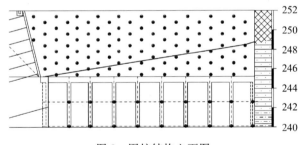

图 3　围护结构立面图

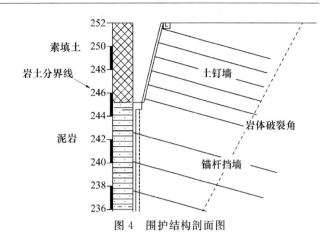

图 4　围护结构剖面图

4.4.3　与出入口、区间等结构接口（以杨公桥站清水溪侧边坡为例）

杨公桥站清水溪侧边坡采用桩锚挡墙支护，设计时主要考虑通过如下方法为沙坪坝至杨公桥区间预留衔接条件：

（1）调整桩（或肋柱）间距，减少区间实施对基坑支护结构破坏；

（2）于区间断面顶、底部设锁口梁，减小区间实施时施工风险（见图 5）；

4.4.4　永久挡墙耐久性问题

根据《地铁设计规范》GB50157－2003 中要求，地下结构应根据环境类别，按设计使用年限为 100 年的要求进行耐久性设计。

综合考虑《建筑边坡工程技术规范》及《混凝土结构耐久性设计规范》GB/T 50476—2008 及其他相关规范规程，提出如下设计思路：

（1）尽量不选用锚拉式基坑支护型式；

（2）当采用锚拉式基坑支护型式时，永久边坡部分不考虑锚杆（索）的作用，或采用可更换式锚杆（索）；

（3）根据《混凝土结构耐久性设计规范》提高支护结构材料的标准；

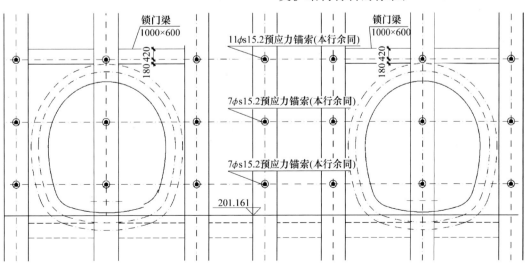

图 5　围护结构立面图

（4）计算时予以更大的安全储备；

4.4.5　锚杆挡墙的一些细节问题

锚杆挡墙计算中，肋柱作为主要受力构件，可采用内肋、外肋、暗肋，其施工工艺、工期、难度、造价、结构性能等不甚相同，内肋式锚杆挡墙，主体结构实施前需对肋柱间凹陷部分回填，有一定的施工风险；而外肋式锚杆挡墙，肋柱施工时需掏槽，施工速度较慢，但结构受力较好；暗肋式锚杆挡墙，施工速度快，造价高，结构受力相对较差。具体内容详见表 3：

表 3　锚杆挡墙比选表

做法	特点	施工工期	施工风险	造价	结构性能
内肋	肋柱迎土侧平齐，背土侧凸出	较快	较低	较高	较差
外肋	肋柱背土侧平齐，迎土侧凸出	较慢	较高	较低	较好
暗肋	加厚挡板，肋柱与其同厚	快	高	高	差

锚杆挡墙在岩质地层基坑支护中适用范围广，施工速度相对较快，但应根据工程实际情况选取适宜的型式。

5　结语

本文以重庆市轨道交通一号线较场口及杨公桥站为依托工程，归纳总结了重庆地区岩质地层地铁明挖车站基坑支护设计的要点，提出了一些解决地铁明挖基坑设计中独有问题的思路，对类似工程具有一定的指导意义。

参考文献

[1] 北京城建设计研究总院有限责任公司. 重庆轨道交通一号线较场口车站围护结构施工设计，2007.
[2] 北京城建设计研究总院有限责任公司，重庆轨道交通一号线杨公桥车站围护结构施工设计，2009.
[3] 郑颖人，方玉树. 建筑边坡工程技术规范中有关侧向岩石压力计算的思路. 岩土工程界，2002（12）第 5 卷.
[4] 李敬卫，刘兵权，王中华，樊国川. 重庆地区岩质边坡深基坑支护设计与施工施工技术，2008（S2）：104 -109.
[5] 吴绍强. 极射赤平投影法在岩质边坡稳定性分析中的应用，西部探矿工程，2009（10）：117 - 121.
[6] GB 50157—2003，地铁设计规范［S］.
[7] GB 50330—2002，建筑边坡工程技术规范［S］.

隧道工程设计与施工

盾构下穿首都机场停机坪施工控制

周林生　郭建国　曹养同

（北京长城贝尔芬格伯格建筑工程有限公司；北京地铁监理公司）

摘　要： 本工程是北京机场线 T2 支线地下段盾构区间右线工程，全长 4102m，盾构机穿越首都 P4 停机坪地段地层为富水软弱地层，对盾构机姿态的控制、地表地层的稳定性及沉降控制不利；同时鉴于停机坪的特殊性和重要性，停机坪段对地表沉降的要求极高，地表沉降不大于 10mm。针对影响地面沉降的主要因素土仓压力、注浆情况、出土量等，制定了针对性措施：包括重新设定土仓平衡土压；掘进时注意调节掘进速度和螺旋机出土速度；控制每环出土量；将冬季用盾尾密封油脂换成夏季用盾尾密封油脂，并提高密封油脂的频率和次数；改善同步注浆的浆液配比，将普通型浆液变成速凝型浆液；调整同步注浆的压力，严格控制注浆量等。通过监测结果证明，以上措施对地表沉降控制起到了很好的作用。

关键词： 土压平衡盾构；富水软弱地层；穿越停机坪；地表沉降控制

1　工程概况

本工程为北京市轨道交通机场线工程 10B 标段，为 T2 支线地下段盾构区间右线工程，是北京市重点工程，也是奥运工程。设计起点为 T2K1＋295，设计终点 T2K5＋397，全长 4102m。盾构机自位于岗山村天竺苗圃（里程 T2K1＋295）的盾构始发井下井始发向 T2 航站楼方向掘进，依次通过 1 号风道、2 号风道，最后穿越停机坪，到达位于 T2 航站楼南侧的盾构接收井。

右线盾构区间里程右 T2K4＋960～右 T2K5＋332 为下穿停机坪段（长 372m，第 3025～3335 环），隧道埋深浅，仅 8.6～10.2m。停机坪为长宽 5m×5m，厚度为 38～42cm 的现浇钢筋混凝土结构；大部分为六十年代建造，局部为 2003 年建造。根据机场管理单位提供的地下管线资料，在停机坪范围内还有排水沟、飞机加油管等管道，均为埋深在地表下 1～2m 的浅埋设管线。

盾构隧道穿越停机坪平面图见下图 1。

本工程隧道掘进采用德国海瑞克 S254 土压平衡式盾构机进行施工。

2　施工难点

1）工程地质和水文地质条件复杂

隧道下穿停机坪段，土层的土体含水量高，N 值低，空隙率较大，为富水软弱地层；同时，该段层间滞水水位位于地表下 5.3～5.8m，潜水水位于地表下 10.6～12.7m，承压水水位位于地表下 15.4～18.4m；考虑隧道埋深仅为 8.6～10.2m，容易造成管片上浮。

穿越的地层主要为粉质黏土④层，局部穿越黏

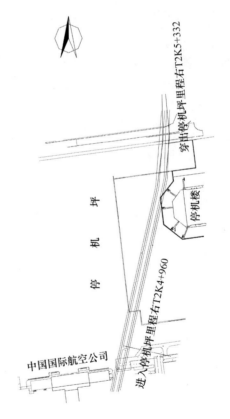

图 1　盾构隧道穿越停机坪平面图

土④1 和粉土④2 层；覆土主要为粉质黏土④、黏土④1、粉土③、粉质黏土③1 和粉质黏土填土①层。各层土的特性见表 1。

由以上报告可知，该地层易于盾构掘进，但对盾构机的姿态控制、地表地层稳定性及沉降控制不利，在盾构机穿越时可能引起较大的沉降。

停机坪段地质剖面图见图 2。

表1　土层特性表

	土层名称	描述	压缩性
覆盖土层	粉质黏土填土①层	稍密，稍湿～湿	
	粉质黏土③1层	软塑	高压缩性～中低压缩性
	粉土③层	中密～密实	中高压缩性～中低压缩性
	黏土④1层	软塑为主，局部硬塑	高压缩性～中高压缩性
	粉质黏土④层	硬塑为主，局部软塑	高压缩性～中高压缩性
穿越土层	粉质黏土④层	硬塑为主，局部软塑	高压缩性～中高压缩性
	黏土④1层	软塑为主，局部硬塑	高压缩性～中高压缩性
	粉土④2层	密实，很湿	中高压缩性～中低压缩性

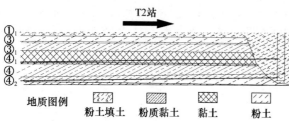

图2　盾构隧道穿越停机坪段地质剖面图

2）地面沉降控制要求高

现行北京市地铁盾构施工规范中对地面沉降要求为－30～10mm，但考虑到停机坪的特殊性和重要性，业主、机场管理单位和设计单位提出了更高的要求，详见表2。

表2　停机坪地表沉降控制要求表

项目	最大容许沉降值	停机坪沉降预警值	停机坪沉降报警值	停机坪沉降控制值
数值（mm）	－10～10	－7～7	－8～8	－10～10

3　施工措施的制定与实施

1）穿越前的准备工作

（1）穿越前对停机坪下方土体全面调查，并进行雷达探测，掌握停机坪下施工影响范围内的第一手资料。经探查未发现明显的土体空洞、松散区或水囊等。但在停机坪范围内有排水沟、飞机加油等管道，均为埋深在地表下1～2m的浅埋设管线。

（2）对停机坪高程及平整度现状进行检测，标明盾构施工影响范围内水泥方砖的现状标高。

（3）监测点的布置

沿隧道轴线方向，每间隔10m设置一个垂直于隧道轴线的监测断面，共设置了40个监测断面。

（4）停机坪宽约350m，但飞机滑行通道宽仅24m。进入停机坪前详细调查停机坪场区内飞机滑行道的活动区域及与隧道的位置关系；调查飞机每

天滑行密集的时间段，据此可调整盾构掘进速度，尽量使盾构机在飞机滑行频率较低时穿越。

依据停机坪变形对飞机活动的影响大小，对停机坪进行分区。见表3。

表3　停机坪分区表

区域	位置	主要功能	地面沉降对飞机的影响
1	断面1—7	机动车主要活动区域	影响最小
2	断面7—12	飞机滑行区域	影响最大
3	断面12—34	飞机停靠区域	影响居中
4	断面34—40	机动车主要活动区域	影响最小

监测点的布置及停机坪的区域划分见图3。

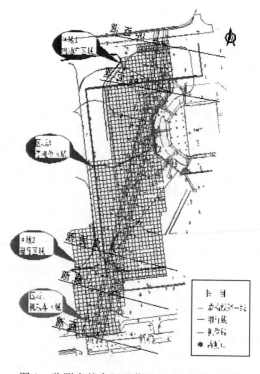

图3　监测点的布置及停机坪的区域划分图

（5）相类似地层施工方法小结

查看地质勘查报告，可知机场线右线1#风井～2#风井段地层与停机坪段类似，也为富水软弱地层。我们对1#风井～2#风井段隧道轴线处的

地层沉降数据结合当时采取的主要施工措施进行了整理分析。

a. K2＋860～K3＋450 段。根据始发井～1#风井段的施工经验，该段施工的土仓控制压力仍为主动土压，采用普通型浆液进行同步注浆，经过监测发现土体沉降过大。具体数值见表4。

表4 K2＋866～K3＋450 沉降值

序号	点号	里程	最终沉降（mm）	浆液类型	土压取值标准
1	50433	K2＋866	−5.9		
2	50443	876	−8.5		
3	50452	910	−11.5		
4	50463	940	−11.2		
5	50473	970	−14.1		
6	50483	K3＋000	−10.4		
7	50493	30	−5.1		
8	50503	60	−4		
9	50513	90	−11.4		
10	50523	120	−9.6	普通型浆液	土仓上部压力为主动土压
11	50533	150	−11.8		
12	50543	180	−10.1		
13	50553	210	−6.3		
14	50583	300	−9.3		
15	50593	330	−12.6		
16	50603	360	−11.9		
17	50613	390	−15.6		
18	50623	420	−11.5		
19	50633	450	−11.9		

沉降曲线见图4。

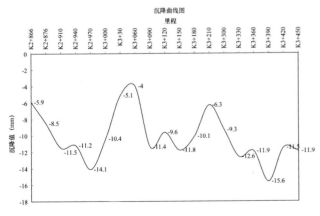

图4 K2＋866～K3＋450 沉降曲线图

b. K3＋480～K4＋080 段。该段施工我们总结了前段的施工经验，将土仓控制压力调整为略高于静止土压，同步注浆的浆液改为速凝型浆液，经过监测，发现上述措施对于土体沉降控制有良好的作用。详见表5。

表5 K3＋480～K4＋080 沉降值

序号	点号	里程	最终沉降（mm）	浆液类型	土压取值标准
1	50643	K3＋480	−8.2		
2	50653	510	−8.5		
3	50663	540	−7.9		
4	50673	570	−6.5		
5	50683	600	−5.9		
6	50693	630	−9.5		
7	50703	660	−9.1		
8	50713	690	−7.3		
9	50723	720	−4.1		
10	50733	750	−2.4		
11	50743	780	−6.1	速凝型浆液	土仓上部压力略高于静止土压力
12	50753	810	4.7		
13	50763	840	−3.4		
14	50773	870	2.8		
15	50783	900	−3.6		
16	50793	930	−3.1		
17	50803	960	−7.1		
18	50813	990	−11.5		
19	50823	K4＋020	−8.2		
20	50893	50	−0.7		
21	50843	80	−6.3		

沉降曲线见图5。

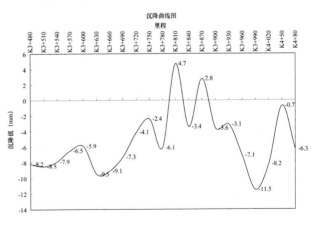

图5 K3＋480～K4＋080 沉降曲线图

可以看出，在富水软弱地层上，将同步注浆的浆液由普通型改为速凝型浆液，同时提高土仓上部压力，使其略高于该处的静止土压力，可以明显改善地表沉降值。

2）施工措施

通过对以往施工中地面沉降的原因进行分析，影响地面沉降的主要因素有土仓压力、注浆情况、出土量等，同时考虑到穿越停机坪的特殊情况，制定了以下施工措施。

（1）依据前段相类似地层的掘进施工经验，掘进时注意调节掘进速度和螺旋机出土速度，掘进速度一般控制在 30～40mm/min 左右，螺旋机转速一般在 12～19 转/min，保证土仓上部土压稳定在比计算静止土压高 0.2－0.3bar 左右，同时控制每环出土量控制在 54m³ 左右，这样有利于盾构掘进姿态控制及土体变形控制，地表变形一般小于 7mm。

（2）穿越停机坪的时间是 4 月 4 日～4 月 21 日，我们参考了在此期间的气温，提前将冬季用盾尾密封油脂换成夏季用盾尾密封油脂；并提高打密封油脂的频率和次数，将原有的每隔 30s 打 3 次改为每隔 15s 打 5 次。通过这两项措施，发现盾尾密封性能得到明显提高，盾尾漏浆得到很好的控制。

（3）改善同步注浆的浆液配比，将普通型浆液变成速凝型浆液，浆液凝结时间≤5h。两种浆液的配比见表 6。

表 6　浆液配比表

浆液种类	水泥 kg	粉煤灰 kg	砂子 kg	膨润土 kg	水 kg	早强剂
普通型	58	410	440	33	335	
速凝型	180	130	400	35	305	2%

同时调整同步注浆的压力比正常掘进段高 0.5～0.8bar，控制在 2.8～3.3 bar 左右，最高不得高于 4.0 bar；严格控制注浆量，保证注浆充盈系数达到 1.3～1.6（3.6～4.6m³/环）；停机拼装时如果土仓内压力过低，也要补注浆。

（4）穿越停机坪期间掘进速度以保证盾构掘进姿态良好，同步注浆速度跟得上掘进速度为控制标准；边推进、边注浆；推进完成，同步注浆基本结束。经摸索验证，掘进速度保持在 30～40mm/min 时，可以满足要求。

（5）在 2# 风井过站时，提前对刀盘、盾尾密封刷、螺旋输送器、铰接系统、盾尾油脂注入系统、注浆系统等进行一次全面的检查、维修，穿越停机坪前 50m 对盾构机的掘进状态及时进行纠偏、调整，以确保盾构连续、平稳穿越停机坪。

（6）严格控制盾构机的掘进姿态，对盾构机的仰俯角、上下左右的趋势值的大小都进行了规定，每环的纠偏值不得过大，避免盾构机蛇行等，保证连续、平稳掘进；同时注意观察出土情况，合理使用膨润土液、泡沫等土体改良和润滑材料，确保开挖面稳定，出土顺利；做好管片选型工作，控制管

片拼装质量，确保盾尾间隙满足要求，保证管片脱出盾尾后的防水效果及较好的隧道线型，从而保证平稳连续的施工。

4　沉降监测结果及分析

依据监测记录，绘制了右线隧道中线沉降断面图，见图 6。

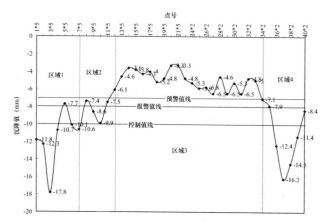

图 6　停机坪内右线隧道轴线沉降断面图

从上图可以看出，区域 1 沉降值均超过预警值，其中 6 点超过控制值，最大沉降值为 17.8mm；区域 2 沉降值都小于控制要求，2 点超过报警值，2 点超过预警值，最大沉降值为 9.9mm；区域 3 各个点沉降值均未超过预警值，最大沉降值为 6.5mm；区域 4，沉降值都超过预警值，其中 4 点超过控制值，最大沉降值为 16.2mm。

沉降超过控制值的共有 10 个点，都位于区域 1 和区域 4，对飞机活动影响较小；在沉降值对飞机活动影响较大的区域 2 和区域 3，沉降值均小于控制值，故可认为盾构机穿越右线隧道是成功的。

下面对 10 个达到控制标准级别的点的沉降原因及位置进行分析分类，结果见表 7。

表 7　沉降位置及原因分析表

点号	里程	位置描述	离最近滑行线间距	沉降原因分析
1－5	4＋940	南门绿化带内，区域 1	87.6m	回填土，土质松散，掘进时掉压严重
2－2	4＋950		77.6m	
3－5	4＋960	停机坪南侧，下有管线，区域 1	67.6m	地表下有管线，有回填土，土质松散，掘进时掉压严重
4－2	4＋970		57.6m	
6－2	4＋990	停机坪内南侧，区域 1	37.6m	掘进时土压不稳，或注浆不实等参数没控制好
7－5	5＋000		27.6m	

点号	里程	位置描述	离最近滑行线间距	沉降原因分析
36—2	5+290	停机坪内北侧，区域 4	18.86m	意外停机，土压损失，不能及时补压、补注浆
37—5	5+300		28.86m	
38—2	5+310	停机坪内近北门，区域 4	38.86m	掘进时土压不稳，或注浆不密等参数没控制好
39—5	5+320		48.86m	

通过上表可以发现这 10 个点有 4 处位于回填土下方，土体空隙率大，掘进和拼装时掉压严重且来不及采取补压措施造成的，2 处由于意外停机造成的，剩余 4 处是由于未严格按照施工对策施工造成的。

对于这 10 个点处前后 4 环的管片，我们都进行了壁后二次补注浆，二次注浆的浆液为 1∶1 的水泥浆。

盾构机于 2007 年 4 月 4 日进入停机坪，于 2007 年 4 月 22 日顺利通过，为整个项目提前、优质完工添加了漂亮的一笔。

5 结论

通过以上分析，可以得出结论，土压平衡盾构在富水软弱地层的施工中，只要设置好土仓控制土压；合理调节盾构推进速度、螺旋输送机出土速度；控制好每环出土量；改善浆液配比，做好同步注浆；保证盾构机的连续平稳的施工，是完全可以达到沉降控制要求的，对以后同类工程的盾构施工提供了可靠的一手资料。

西安地铁某区间暗挖穿越地裂缝工程风险浅析

米保伟

（北京安捷工程咨询有限公司，100037，北京）

摘　要：西安地区地裂缝是特有的地质灾害，地铁建设遇地裂缝不能采取避让施工，必须穿越地裂缝施工。在对地裂缝工程特性分析的基础上，结合西安地铁工程建设某区间遇地裂缝施工过程中的风险分析，提出了在遇地裂缝施工过程中风险控制措施，总结了相关经验。

关键词：地裂缝；地铁；穿越；风险分析；控制措施

XI′AN Subway Interval Tunnel Crossing Ground Fissure Engineering Risk Analysis

MI Bao – wei

（Beijing Agiletech Engineering Consultants Co.，Ltd.，100037，Beijing，China）

Abstract：Xi′an area ground fissure is the unique geological disasters，subway consyruction in the ground cracks cannot be taken to avoid construction，must travel to crack construction. On cracks in engineering based on the analysis of the characteristic，combining with sone interval in Xi′an metro construction cracks during construction of the risk analysis，put forward in the case of ground fissures in the process of construction risk control measures，summarizes the related experience.

Key words：ground fissures；subway；crossing；risk analysis；control measures

前　言

西安地区地裂缝是一种地区性的地质灾害，目前已发现有 14 条，面积约 150km²，地裂缝出露总长度 72km，延伸长约 103km，单条地裂缝出露最长 11.38km，最短约 2km[1]，给各类工程建设带来相应影响。同时，也引起相关学者的研究，李新生，王万平等通过室内土工试验结果对西安地裂缝两盘地层的岩土物理力学性质进行了对比分析发现地裂缝两盘的地层岩土物理力学性质存在显著差异[2]。邓龙胜，范文等结合模型计算对地裂缝环境下隧道变形及受力进行了分析，并提出地裂缝的设防范围[3]。地铁隧道遇地裂缝不能采取避让的施工方法进行施工，必须穿越地裂缝施工。本文结合工程实际，根据某区间隧道穿越地裂缝施工过程中存在的风险进行了分析与相应的控制措施，指导地铁隧道施工时顺利穿越地裂缝。

1　地裂缝工程特性

1.1　变形范围及受力分析

地裂缝活动是使隧道破坏的主要原因，是裂缝两侧土体的不均匀沉降导致隧道的不均匀变形引起

的，因此地裂缝对地铁隧道影响主要是隧道受应力变化产生弯曲变形。当地表相对沉降量等于小于 30cm 时，隧道弯曲变形的范围为上盘距离裂缝 30.0m，下盘距离裂缝 20.0m 共 50.0m 范围，当地表相对沉降量较大时，变形范围随位移的增大而呈增大趋势[5]。

当地裂缝活动时，隧道周围土体将会上下移动，产生位移，而地裂缝带的隧道结构要阻止此处的土体位移，因此对隧道结构产生剪切作用，且随着地表沉降量的增大剪应力是随之增大。其次，裂缝带两侧的纵向应力剧增，上盘范围内隧道是顶部受压，底部受拉，下盘反之。最大拉、压应力基本出现在距裂缝 15.0～20.0m 的隧道两侧，所以此范围内为隧道纵向受力的最危险断面，在设计及施工过程中应加强纵向连接及重点设防。

1.2　穿越方式分析

西安地裂缝都属于正断构造，上盘相对于下盘下滑，地铁隧道穿越方式不一样产生影响有差异。隧道由上盘穿越下盘，在隧道穿越地裂缝过程中，上盘开挖时对下盘是顶部卸荷过程，而隧道由下盘穿越上盘，属于反角开挖，对于上盘是基础削弱过程，容易造成上盘大幅度沉降甚至坍塌，施工难度

及施工过程中的风险增加。因此本区间采用由上盘向下盘穿越地裂缝。

2 工程概况

2.1 工程地质条件

本区间地裂缝走向 NE60°，倾向 SE，倾角约 80°，与隧道左线夹角为 42.86°，右线夹角为 39.29°（见图 1），该地裂缝现阶段活动速率为 5.0～10.0mm/a，下盘基本稳定，上盘沉降，预测百年沉降值 500mm，影响范围为主变形带 10m（上盘 6.0m，下盘 4.0m），微变形带 22.0m（上盘 14.0m，下盘 8.0m）。地裂缝地层自上由下为第四系全新统人工填土、冲击黄土状土、粉质黏土、砂类土、碎石类土、中更新统冲积粉质黏土、砂类土及碎石土等地层，该区间水位埋深 0.5～14.5m，隧道埋深 21.0m。地裂缝东侧为河，距场地 300m，基本常年有水，为地下水的补给源之一。地裂缝总体上呈隐伏状态，仅个别地点地表有破裂迹象，总体活动性较弱。

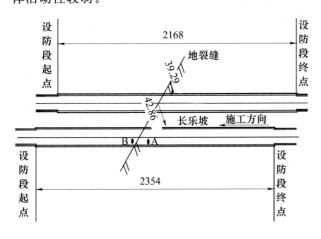

图 1　隧道与地裂缝平面关系示意（单位：m）

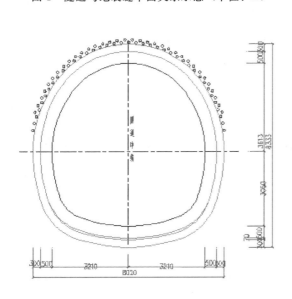

图 2　马蹄形断面（单位：mm）

2.2 设计概况

本区间隧道为减少开挖对围岩的扰动及地裂缝沉降，设防段采用台阶法施工及马蹄形断面设计（见图 2），设防范围右线为 235.4m，左线为 216.8m，结构形式采用复合式衬砌，即初期支护采用喷混凝土，钢筋网，格栅钢架，二衬为防水混凝土[4]。开挖前采用超前小导管注浆加固地层，并作超前支护辅助工作，严格按照"管超前，严注浆，短开挖，强支护，快封闭，勤量测"的原则组织施工，施工工序见图 3。

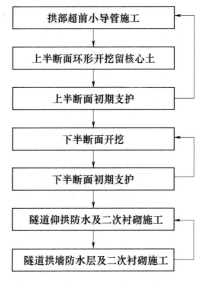

图 3　施工工序图

3 工程风险分析

3.1 风险汇总

地铁隧道穿越地裂缝带工程风险分析主要从地裂缝带的地质条件及施工工艺进行分析（见表 1）。

3.2 自身风险分析

（1）地裂缝活动地裂缝带土体较松散，渗透系数较大，首先，地裂缝的形成原因之一就是地下水开采，因此降水井点的布设及抽水量的控制直接影响地裂缝的活动及地表、管线、周边建（构）筑物的沉降。其次，降水效果不佳及对隧道开挖容易对地裂缝带土体产生扰动造成集中渗水及地表沉降影响管线及地面建筑沉降变形、开裂甚至涌水、涌砂甚至隧道坍塌等，因此地铁隧道穿越地裂缝带时首先设计好降水井点的布设、严格控制降水量（特别要控制抽水的泥砂含量），其次是选择合理的施工工艺及断面设计尤为重要。

（2）隧道小角度穿越地裂缝施工，相交角度与土层破坏剪切角一致，对土体易产生扰动，造成土体自身剪切破坏。

（3）裂缝带土体渗透系数增大，透水性增强，水的渗流造成土颗粒的移动，土体自身稳定能力降低，容易造成开挖面渗水及坍塌。

表 1　工程风险一览表

风险类型	风险因素	风险后果	风险控制措施
地裂缝自身风险	地裂缝带易形成过水通道	涌水、涌砂	加强施工降水，保证开挖面处于无水状态
	地质较松散，自稳性差，工程性质差	坍塌	提前加固，控制开挖长度
	小角度穿越	渗水、坍塌	地层预加固
施工过程风险	水位较高，降水失效	涌水、涌砂、工作面坍塌	及时安全封闭掌子面排水，WSS注浆补充加固
	超前小导管打设角度不合理，注浆不饱满，加固效果差	拱顶坍塌	检查注浆效果，及时补注浆加固
	采用正台阶法施工，台阶留设长度不合理，超挖	掌子面失稳、坍塌	严禁超挖，合理控制台阶长度及高度
	开挖时对地裂缝带土体扰动，格栅拱架架设、喷混凝土滞后	拱顶下沉、开挖面坍塌	选择合理的开挖方式，及时架设拱架及喷混凝土进行封闭

3.3　施工风险分析

（1）设防段采用正台阶法跨地裂缝施工，鉴于该处隧道位于砂层中，含水较为丰富，隧道开挖前合理设计降水方案，确保施工过程中水位位于开挖面1.0m以下。

（2）由于地裂缝带土体工程性质较差，超前小导管施工时打设角度不合理，搭接长度不够，注浆压力控制不当，注浆材料选择不合理都有可能达不到超前加固地层的目的，造成隧道开挖时坍塌。

（3）开挖时台阶留设不合理，台阶留设过短，对掌子面的稳定性起不到很好的支撑作用，容易造成掌子面坍塌。台阶留设过长，上下台阶格栅封闭成环时间受到影响，因此容易造成拱顶沉降，地表沉降加剧。

（4）开挖时易对地裂缝带土体扰动，超挖不能及时架设格栅喷射混凝土进行封闭，容易开挖面坍塌，造成隧道拱顶下沉。

（5）隧道开挖造成土体应力场的改变，开挖面变成零应力界面，在应力场调整的过程中，开挖面不及时封闭将可能造成坍塌。所以在过地裂缝段时必须严格控制开挖进尺（必要时可适当缩短每步进

尺），及时封闭掌子面。

4　施工过程风险控制

本区间隧道与地裂缝斜交通过，采用台阶法施工，施工过程中增加了降水及土体扰动，所以必须采取有效措施降低风险。

4.1　施工过程风险控制

（1）为了隧道结构变形适应地裂缝活动导致的变形，设计采用了特殊马蹄形断面及在设防范围内每10～15m设置特殊变形缝一道，变形缝宽度为100mm，预留地裂缝百年沉降量确定主变形区结构空间。

（2）开挖过程中发现未达到超前预期降水效果，如遇开挖面有渗水现象，立即封闭掌子面并及时采用WSS注浆加固，起到止水效果和提高地层自身稳定性的作用。

（3）小导管对地层超前加固时，采用双排超前小导管注浆，格栅间距50cm一品一打小导管，小导管长度为2.5m，沿隧道纵向搭接长度为1.5m，环向间距为300～400mm，小导管为Φ42壁厚为3.5mm钢焊管，注浆直径不小于0.25m，打设外插角为10°左右，初支拱顶注浆压力控制在0.3～0.5MPa，二衬拱顶注浆压力控制在0.1～0.3MPa，浆液为水泥浆固结地层，注浆结束后必须对注浆效果进行检查。本区间隧道通过地裂缝施工过程中采用上述方法注浆后，在开挖时未发生涌水、涌砂、坍塌和大变形情况，大大降低了风险，注浆效果明显。

（4）为了减小隧道开挖对地裂缝土体的扰动，本区间采用人工开挖，严格控制每循环进尺长度0.5m，每步台阶长度不宜过长，以4～5m为宜，台阶高度以2.5m为宜，及时架设拱架与喷射混凝土进行封闭，每侧拱角均设两根锁脚锚管，采用长3m，Φ42钢管，内注水泥—水玻璃双液浆。

4.2　风险控制效果

隧道穿越地裂缝过程中，在地裂缝的上下盘各布置测点一个（见图1），观察隧道开挖过程中对地裂缝的影响，监测数据反映了隧道穿越地裂缝施工过程中地表沉降规律。

由图4可知：

（1）上盘A点与下盘B点沉降规律一致，均表现出隧道开挖过程中地表发生较大沉降，经初支加固完成后沉降趋势趋于稳定。

（2）隧道开始穿越地裂缝由于采取由上盘穿越下盘，施工前期上盘沉降点较下盘沉降点沉降量大，随着隧道开挖进一步穿越至B点表现出下盘

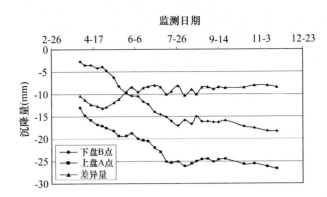

监测日期

图4 地裂缝上下盘地表沉降时态曲线

沉降大于上盘沉降，差异沉降量变小，最大差异量为（13.2mm），最小差异量为（8.0mm）。

（3）最终沉降表现稳定，并且表现上盘沉降大于下盘沉降的特点，上盘最大沉降量（－26.9mm），下盘最大沉降点（－18.3mm），与该地裂缝现阶段活动状态相符。

5 结论与建议

经过某区间隧道穿越地裂缝施工过程中风险分析及采取有效控制措施，较好地解决了地铁隧道穿越地裂缝施工过程中存在的风险，为地铁建设穿越地裂缝施工积累了经验。

（1）地铁隧道遇地裂缝穿越可通过设计、施工及风险咨询等手段有效控制地裂缝对地铁工程的影响。

（2）本工程穿越地裂缝设计合理，有效地控制了穿越地裂缝过程中施工风险。

（3）本工程通过施工过程中对风险源的辨识、分析及采取有效的控制措施，有力地控制了暗挖穿越地裂缝施工过程中的风险，施工顺利进行，值得类似工程借鉴。

针对地裂缝长期作用的影响，做好以下工作：

（1）在底板结构施工时建议预留安装监控仪器位置，以满足施工结束后长期监测工作的需要。

（2）为了适应地裂缝活动导致的结构偶然或长期积累的错位变形，采用相应的道床形式消除影响。

参考文献

[1] 张家明．西安地裂缝研究［M］．西安：西北大学出版社，1990．

[2] 李新生，王万平，王静，等．西安地裂缝两盘地层岩土力学性质研究［J］．水文地质工程地质，2008，2：58－61．

[3] 邓胜龙，范文，闫芙蓉，等．地裂缝活动对跨越裂缝带地铁隧道的影响分析［J］．岩土工程学报，2010，3：481－487．

[4] 中铁第一勘察设计院集团有限公司．西安市地铁一号线一期工程施工图设计［G］．西安，2009．

[5] 黄强兵，彭建兵，高虎艳，等．地铁隧道斜交穿越地裂缝带的纵向设防长度［J］．铁道学报．2010，2：73－78．

不停航机场主跑道下修建大跨
交通隧道技术研究*

李名淦　周江天

（北京市市政工程设计研究总院，北京，100082）

摘　要：作为北京首都国际机场 T3 航站楼的配套项目，在建的 T3E－T2 捷运联络线及汽车通道工程投入使用后，可以有效地改善空侧交通组织并提高机场服务水平。在不停航的条件下，本文重点研究机场主跑道下修建大跨交通隧道的技术方案，包括对明挖法、浅埋暗挖法、管幕保护下箱涵顶进法及管幕保护下暗挖法等多方案的技术比选，以及推荐方案的管幕工艺、分部开挖、道面沉降控制、自动化远程监测等关键技术。

关键词：管幕；暗挖法；分部开挖；沉降控制；远程监测

Study on the Technologies for Constructing a Long-span Traffic Link Tunnel under the Non－stop Airport Main Runway

Li Minggan　Zhou Jiangtian

（Beijing General Municipal Engineering Design & Research Institute，Beijing 100082，China）

Abstract：After the T3E-T2 MRT Link and the vehicle tunnel，the supporting project for the Beijing Capital International Airport Terminal 3，are putting into use，the airside traffic organization and airport service level will be significantly improved. Under non-stop conditions，this paper mainly discusses the technical solutions for constructing a long-span traffic link tunnel under the airport main runway. The main content of this paper includes the multi solutions technical comparison among cut and cover method，shallow subsurface excavation method，pipe-roof culvert box jacking method and pipe-roof subsurface excavation method，and the discussion on the key technologies of the recommended solution such as pipe－roof technique，excavation by steps，settlement control，automatic remote monitoring，etc.

Key words：Pipe-Roof；Subsurface Excavation；Excavation by Steps；Settlement Control；Automatic Remote Monitoring

1　工程背景

1.1　工程概况

根据民航部门的研究，预测 2015 年首都机场年旅客吞吐量为 6000 万人次；其中，国内旅客吞吐量 4200 万人次，国际旅客吞吐量 1800 万人次；结合首都机场的旅客构成预测，T3 的设计参数中国际转国内的中转旅客比例为 13%，国内旅客之间的旅客中转比例为 1.5%～2%，3 号航站楼和 1、2 号航站楼（以下分别简称"T3、T1、T2 航站楼"）之间的国内旅客周转量十分巨大，且有高峰不确定性。事实上，随着 T3 航站楼的投入运营，T1、T2 与 T3 航站楼之间的交通联系已经成为困扰管理单位和旅客的难题之一。首都机场作为中国的门户机场、东北亚的枢纽机场，为保证中转旅客的时间要求及机场运行管理的需要，建设联络东西区的地下式联络通道也是非常必要的。根据批复的《首都机场总体规划》，首都机场应建设 3 条联络东西区的地下式道路，以避免机场地面车辆与飞机运行交叉的影响，保证首都机场的运行效率。

国外类似的情况，如香港、日本大阪、西班牙马德里等机场均建设有类似的地下联络道路，但这些地下通道都是与机场同步规划、同步建设的。

拟建工程位于北京首都国际机场现况 T2 与 T3 航站楼之间，系首都国际机场规划的 3 条东西向地下联络通道中的 1 条；包括运输中转旅客为主

---

* 基金项目：住房和城乡建设部研究开发项目（编号：K3201216）；民航科技项目（ 编号 MHRD201236）

的捷运联络线（即自动导向轨道交通系统，简称
"APM"），以及通行行李拖车、配餐车、摆渡车为
主的空侧汽车隧道。APM 隧道长 1642m，汽车隧
道长 1265m。两隧道中线均为东西走向，T2 位于
隧道西端，T3 位于隧道东端。捷运系统及汽车隧
道均按双向交通设计，捷运系统隧道内净宽
10.3m，汽车隧道内净宽 10.1m。两条隧道主体部
分相互平行并垂直下穿使用中的机场西主跑道。现
况机场西主跑道为南北方向设置，其宽度为 60m，

长度为 3.8km。跑道以西 260m 为西航站区跑道服
务道路区，服务道路区以西 294m 为停机坪；跑道
以东 297m 为新建的东航站区跑道服务道路区，规
划服务道路以东 326m 为新建的东航站区停机坪，
东航站区于 2008 年奥运会前夕投入使用。

在不停航的条件下，穿越国际机场主跑道修建
大跨交通隧道，目前国内外尚无先例，如何确定合
理的技术方案，并把技术方案和工程建设风险紧密
结合起来是本文研究的重点。

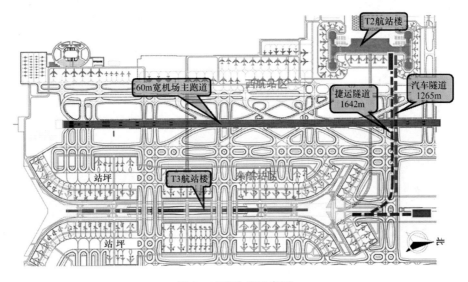

图 1　工程位置示意图

1.2　工程地质条件

工程场地处于温榆河及其支流小中河联合冲洪
积扇的叠合地带，第四纪堆积物质层厚达 700 多
米，多为冲积和洪积相沉积物。场区勘探深度范围
内，地层表层为人工填土层，其下为一般第四纪冲
洪积成因的黏性土、粉土和砂类土构成。隧道主要
穿越的地层为：粉质黏土②层、粉土②$_1$ 层、黏土
②$_2$ 层、粉质黏土③层及黏土③$_2$ 层。

勘探深度内见两层地下水：上层滞水、潜水
～层间水。上层滞水见于部分钻孔中，静止水位

埋深 1.3～4.9m，绝对标高为 28.60～32.25m。
主要含水层为粉土②$_1$ 层，补给来源主要为大气
降水及绿化用水，以蒸发为主要排泄方式。各钻
孔均见潜水～层间水，局部潜水与层间水混合，
静止水位埋深 16.5～18.8m，绝对标高为 14.71
～16.32m，潜水主要补给方式为大气降水及侧向
径流补给，主要排泄方式为蒸发及侧向径流，主
要含水层为粉土③$_2$ 层及中砂④层，受地层分布
影响，该层水局部表现为微承压性。隧道施工主
要受上层滞水影响。

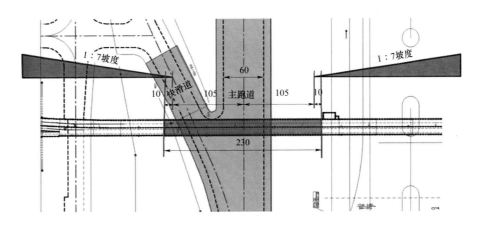

图 2　下穿跑道段隧道长度的确定和空管的要求

1.3 机场施工的外部条件

由于工程地处敏感的机场管控区域，且要从不停航的机场主跑道下方穿过，施工组织管理和环境风险都非常特殊。经与民航部门一道充分研究分析飞行区的有关制度和安全要求，基本确定在跑道中线东西各 105m 范围所有人员、机具不得入内，所有建构筑物不得高出地面，在此范围之外，可以按 1：7 的坡度开放地面上的空间。考虑潜在的各种施工方案的可能性，再向两侧各延伸 10m 作为本次研究的特殊区段，总计 230m。

结合 T3 内 APM 系统的布设情况和 T2 空侧区的建设条件，线路垂直穿越主跑道，拟建隧道结构顶控制在地坪以下 6m 左右。

由于隧道结构需穿越机场主跑道，受到上部飞机荷载引起的附加压力，以最大的空客 A380-800F 静止时荷载考虑。6m 覆土条件下，飞机荷载引起隧道顶板处竖向土压力附加荷载经计算确定取 23kPa。

2 隧道技术方案比选

在上述确定的下穿跑道段 230m 范围之外，通过协调民航各部门的作业，创造明挖施工的条件；而主跑道重点影响范围内的特殊区段，进行了多种工法的技术比选。

首先放弃的是盾构法，主要原因是场区不能满足盾构施做条件。明挖法相比较而言，工艺简单，造价低廉，质量和安全易于保证，但需要暂停主跑道的使用，经民航部门测算，工程建设期间，停运带来的经济损失和社会影响是不能接受的，因此在方案研究初期就放弃了明挖方案。在对国内外类似工程的进行充分调研的基础上，结合我们在北京地区城市交通隧道的设计经验，针对下穿跑道段隧道重点对浅埋暗挖法、管幕保护下箱涵顶进法及管幕保护下暗挖法三种工法进行论证和比选（详见表1）。方案比选以隧道施工引起跑道沉降小、施工风险小、能确保工程万无一失为原则。

在比选方案时，为减少浅埋暗挖法修建隧道施工对飞行区的影响，将 APM 隧道与汽车隧道分设，单孔跨度 13.5m（如图 3），隧道间净距 10m；当采用管幕保护下顶进法或暗挖法施工时，APM 隧道与汽车隧道合建，以中墙分隔，顶进方案结构总宽 23.2m（如图 4），暗挖方案结构总宽 23.9m（如图 5）。

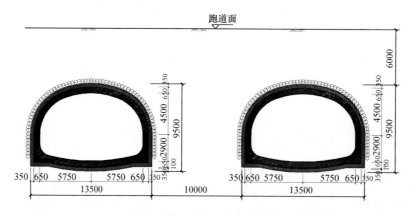

图 3   浅埋暗挖方案隧道断面

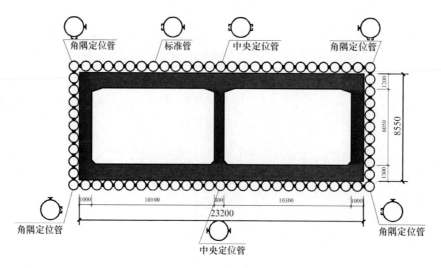

图 4   管幕保护下箱涵顶进方案隧道断面

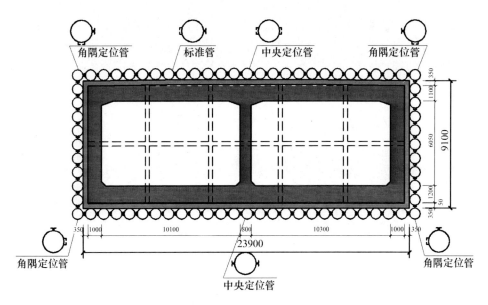

图 5　管幕保护下暗挖方案隧道断面

表 1　下穿跑道段隧道方案比选表

比选项目	推荐方案	比选方案一	比选方案二
	管幕保护下暗挖法	管幕保护下箱涵顶进法	浅埋暗挖法
适用地质	第四系人工填土、黏土、淤泥质黏土、粉质黏土、粉砂、细砂等	第四系人工填土、黏土、淤泥质黏土、粉质黏土、粉砂、细砂等	第四系人工填土、黏土、粉质黏土、粉砂、细砂、中粗砂、圆砾土及岩石地层
沉降控制	管幕保护下进行暗挖施工，类似工程经验地表沉降可控制在40mm之内。考虑到掌子面加固与封闭，进一步减少地层损失。经初步计算分析，地表沉降应能控制在30mm之内	管幕保护下进行顶进，类似工程经验地表沉降可控制在40mm之内。考虑到掌子面加固与封闭，进一步减少地层损失。经初步计算分析，地表沉降应能控制在30mm之内	通过超前预支护，以及化整为零分步开挖、快速封闭、及时支护，加强初支刚度、初支背后注浆等技术措施，以及参考本地区的类似工程经验，地表沉降控制在30mm以内存在一定难度
施工难度	可以适应变化多端的复杂地质条件，管幕保护下减少了施工风险，两个隧道一个断面也避免了群动效应，且由于增设了型钢支撑作为初期支护，与管幕能够形成较好的整体刚性体系。如施工沉降达到预警值时，可采用多种支顶措施抬高地面。但分仓浇筑工序较多，工序较为繁琐	其工序简洁，工序间管理易于控制。但长距离顶进在国内尚无先例，管幕精度的控制、顶进推力的控制、掘进姿态的控制、有效的减阻措施以及掌子面的稳定等施工技术与管理是未来现场管理的重点。同时顶进过程中一旦发生机械故障等，带来的风险控制难度较大	可以适应变化多端的复杂地质条件，超前支护的有效性、分步施工的变形控制、群洞效应的防范以及二衬的分段浇筑等施工技术与管理是未来现场管理的重点。但隧道由于覆土较浅，风险控制难度大
地下水处理	管幕保护下基本形成封闭施工空间，采用水平旋喷工艺加固土体，改善地层的密实性，以堵为主	重点控制顶进间隙地下水弱化地层的作用，采用水平搅拌工艺加固土体，改善地层的密实性，以堵为主	采用水平搅拌工艺在开挖轮廓线以外形成密闭的保护圈，限制地下水对开挖面的影响，掌子面及时封闭，并设洞内轻型降水设施，堵排结合
场地布置	需要管幕施做空间，基坑宽度26m，长度12m，可采用双向开挖。场地东西段均可布设	考虑管幕施工、箱涵制作及顶进的作业空间，顶进始发需设置较大的基坑。接收端需设置规模相对小的基坑，接收管幕与箱涵	穿越跑道的两端结合明挖段的开挖形成作业面，双向施工，无须独立设井
施工工期	考虑基坑开挖、管幕施工、临时支撑、初衬、防水层、二衬，穿越跑道段的工期需16个月	考虑基坑开挖、管幕施工、箱涵的准备、箱涵浇筑、箱涵顶推及端部与中继间的后期浇筑，穿越跑道段的工期需18个月	考虑端头作业面与明挖段同步实施，APM隧道超前实施探明地质、总结经验，双车道隧道分步施工制约总体进度，总工期需12个月
概算	1.84亿元	1.44亿元	1.21亿元
总体评价	技术先进、安全，但造价较高、施工环节多，工期略长	技术先进、安全，但造价较高、工期最长，但长距离顶进无成功经验，存在风险	技术、管理均较成熟，施工快捷，但浅覆土施工风险较大，沉降控制难度大

管幕法最早于1971年出现在日本，而后在全世界范围内的穿越工程中得到普遍应用。当钢管形成一个封闭的或半封闭的围护体系时就是管幕。钢管可用顶管法顶进，钢管之间有锁口，当采用封闭管幕形式时可以起到止水效果。管幕法的优点主要有以下几个方面：1）该工法施工时无噪声和振动，当形成封闭管幕时，不必降低地下水位和大范围开挖，不影响地面道路正常运行；2）适于在软土中应用；3）可以有效控制地面沉降以及对周围环境的影响；4）不破坏地面环境，从而有利于环境保护和可持续发展。

日本在管幕工法方面发展处于领先地位，管幕有钢管、方形空心钢梁和纵向可施加预拉力方形空心混凝梁（PRC -method）。结合箱涵顶进研究开发出许多工法，如：ESA（endless self-advancing）工法，FJ（front jacking）工法、奥村组R&C工法、RBJ（roof-box jacking method）工法等。1991年日本近几公路松原海南线松尾工程采用ESA工法推进大断面箱涵，箱涵宽26.6m，高8.3m，长121m。2000年大池成田线高速公路下大断面箱涵长度47m，宽19.8m，高7.33m，采用管幕结合FJ工法施工，注浆加固管幕内土体。

中国首次应用管幕工法是1984年在香港修建地下通道。1989年台北复兴北路穿越松山机场地下通道工程由日本铁建公司承建，采用管幕结合ESA箱涵推进工法施工，长100m，箱涵宽22.2m，高7.5m，水平注浆法加固管幕内土体。2004年，上海中环线虹许路北虹路地道施工，采用了RBJ工法，管幕为80根直径为970mm的钢管组成的矩形，钢管单根长度为125m。该工程规模为双向八车道，内部箱涵横断面尺寸为34m×7.85m，箱涵分8节，单向顶进。管幕与箱涵间的间隙为：上部各10cm，左右两侧10cm，下部箱涵与管幕紧贴。管幕和箱涵所处地层为灰色淤泥质粉质黏土和灰色淤泥质黏土，为饱和软土，且箱涵内部土体并未采用加固措施，开挖面采用网格工具头，以稳定土体。这是我国第一次引进管幕结合箱涵顶进施工工艺，也是世界上在饱和含水软土地层中施工的横截面最大的管幕法箱涵顶进工程。

从调研结果看，国内外穿越工程采用管幕法时，一般配合采用箱涵顶进法完成隧道结构，因此本工程也重点研究了管幕保护下箱涵顶进方案，并曾一度作为推荐方案。本工程采用管幕保护下箱涵顶进方案主要面临2个方面的技术难题：1）230m长距离管幕施工的精度控制；2）长距离箱涵顶进的触变泥浆循环、保压技术。

为满足封闭堵水要求，管幕之间设置了锁口，管幕钢管顶进过程中，如果顶进偏差过大，会导致锁口变形或开裂，使管幕无法闭合，管幕与箱涵之间难以形成浆液保压，且管幕偏差过大还将有可能成为顶进的障碍，甚至可能导致过程中顶进无法继续，因此对管幕施工的方向控制精度最低要求是：上下±10 mm，左右±15mm，从对顶进设备调研情况看，230m单根钢管实现以上精度难度不大，但全断面72根均控制在这个精度难度较大。

顶进方案箱涵总长232m（两端各超出洞门1m，以利于衔接），划分为13节，包括1节首节、4节中继间节和7节标准节和1节尾节。其中，首节箱涵长16m，其余各箱涵的纵向长度均为18m。若单向顶进，则一次顶进距离232m；若双向顶进，控制对接位置不能位于主跑道下方，一次顶进距离也达到161m。国内外管幕保护下顶进箱涵最长的记录是上海中环线虹许路北虹路地道，为125m。箱涵顶进过程中，管幕与结构之间的空隙需要压住润滑浆液，带有一定压力的浆液既支撑上部管幕，又极大地降低推进阻力。因此在整个施工过程中必须采取可靠措施保证润滑浆液的压力及流动性，防止由于润滑浆液跑压引起的上排管幕下沉阻碍箱涵顶进并导致地面较大沉降。由于顶进距离长，施工时间长，顶进过程中浆液易凝结，长距离箱涵顶进的触变泥浆循环、保压技术难度极大。

近年来，浅埋暗挖法技术在我国城市交通隧道施工中得到了广泛的应用和发展，积累了一套在各种条件下浅层地层修建隧道的成熟技术。尤其是在北京地区，随着地铁等地下工程的建设的大面积展开，暗挖施工的各项技术水平得到了全面的提高。如分步开挖工法、格栅＋挂网喷射混凝土初期支护、超前深孔注浆等工法工艺被广泛应用。浅埋暗挖工法对沉降的控制技术也日趋完善，这些为本工程提供了充分的技术支持。但目前国内外下穿机场跑道的隧道工程尚无采用浅埋暗挖法及类似工法施工的实例，采用常规的浅埋暗挖法施工本下穿机场跑道的隧道工程建设阶段管理也存在较大风险。在覆土仅6m的情况下，开挖并行两条13.5m跨的隧道，沉降需控制在30mm内难度较大。因此，对于下穿跑道段这种要确保"万无一失"的工程，若采用浅埋暗挖法，必须采取强有力的超前支护措施来控制沉降。

因此，本工程的推荐方案是结合了"管幕法"和"浅埋暗挖法"的优点，即采用管幕保护下的暗挖的施工方案。暗挖法可通过调整初支来适应管幕的施工偏差，对管幕施工精度控制可适当降低，推荐方案既利用了管幕法的优点，又回避了管幕保护下顶进方案面临的技术难题。

3 管幕保护下暗挖关键技术分析

3.1 沉降控制因素分析

根据广泛的工程实例调查，国内外还没有在不停航的情况下下穿飞机主跑道的工程先例，因此本工程中下穿跑段的地面沉降控制是整个工程成败的关键。机场运营部门提供的允许沉降量即最终沉降值为 40mm，包括施工期间的沉降和隧道使用中的变形，因此施工阶段沉降值确定为 30mm，同时跑道的平整度要求为 1‰，这个指标对设计和施工提出的很高的要求。

本工程的推荐方案即管幕保护下暗挖方案从土体的超前支护、开挖过程的土体加固、初期支护刚度、地下水的处理等方面保证了施工阶段以及使用阶段隧道上方土体的稳定，因此施工过程中严密的管理控制是保证沉降控制的另一关键因素。

管幕保护下暗挖施工中对地表沉降影响主要包括以下三个阶段：

（1）管幕顶进阶段引起的地表沉降：小型盾构牵引管幕就位过程中，盾构掘进引起开挖面地层损失、盾构四周土层损失及盾尾间隙等因素，均造成顶进阶段的地表沉降。因此选择先进设备保证管幕施工精度，确保掌子面土压平衡减少地层损失是这个阶段的重点。

（2）暗挖过程中引起的地表沉降：暗挖过程中由于掌子面土体向隧道内的变形造成地层损失及管幕变形进而影响地表变形。因此结合暗挖法的分部开挖、化大断面为小断面施工，及时架设临时支撑及支护，做好掌子面前方的土体加固加强稳定性是这个阶段控制沉降的重点。

（3）施工完成以后的后期土体固结沉降：施工完成后，管幕上方土体因受扰动，可能会发生地层松散或附加地层空隙，后期土体固结产生一定沉降，但北京地区的地层这部分沉降一般较小。

以上三个阶段过程中第二个阶段引起的沉降最为显著，施工过程中应严格控制开挖进尺，杜绝超挖现象，施工暂停期间采用可靠措施保证掌子面稳定。

3.2 管幕设计

管幕布置形式为封闭的"口"字形（如图 5）。由于形成封闭的管幕结构，在锁口注防水材料后，就可形成水封闭的围幕，暗挖施工时只要掌子面土体超前加固一段距离即可不必进行地下水处理。此种管幕布置形式，虽然管幕数量大，造价稍高，但由于解决了地下水问题，降低了施工难度，对控制地层变形也较为有利，在地下水丰富的地区较具优势。

管幕采用无缝钢管，管径 800mm、壁厚 10mm；钢管分节长度为 10m，分节之间采用丝扣加围焊的方式连接。管幕之间采用外接式锁口。锁口内填充防水材料，使全断面隔水。为最好的控制地表沉降，应严格控制管幕施工精度，管幕不得侵入衬砌限界，初期支护与管幕必须顶紧牢靠，顶部型钢架设完成后应立即与管幕进行点焊，确保结构刚性连接。

根据本工程地层条件，选用泥水平衡式微型盾构机进行管幕钢管顶进施工。目前国外生产此类型盾构机的厂家主要有：日本伊势机公司、德国海瑞克公司、加拿大拉瓦特公司等，国内主要有上海城建集团、江南造船厂、广州重型机器厂和首都钢铁厂等。国外生产的盾构机设备先进，施工精度高，但价格较高。国产的微型盾构机，施工精度稍差，但价格具有较大的优势。本工程推荐选用国外的水泥水平衡式微型盾构机设备。

3.3 分部开挖技术

浅埋暗挖法十八字方针是"管超前、严注浆、短开挖、强支护、早封闭、勤测量"，其中"短开挖、强支护、早封闭"强调的是隧道断面分部开挖、化大为小、尽快封闭成环。本工程暗挖施工秉承以上精髓，横断面划分为 10 个洞室，分部开挖，并配合施做二衬。

采用水平旋喷桩或深孔注浆工艺加固掌子面后（分段进行，搭接 2m），先开挖中墙位置的 1、2 洞室并支护，上下洞室掌子面拉开 10～15m；1、2 号洞室贯通后，铺设防水层，浇筑中墙位置的二衬结构；中墙位置的二衬达到强度后，对称开挖两侧的 3、4 洞室并支护，上下洞室掌子面拉开 10～15m；3、4 号洞室贯通后，铺设防水层，浇筑侧墙位置的二衬结构；侧墙位置的二衬达到强度后，对称开挖中间的 5 号洞室并支护；5 号洞室贯通后，分段拆除临时隔壁，铺设防水层，浇筑顶板剩余二衬结构；顶板二衬达到强度后，开挖 6 号洞室范围内的土体，初支封闭成环，分段及时铺设防水层，浇筑剩余底板结构，二衬结构封闭成环。具体断面施工步序见图 6。

为控制沉降，各部初支封闭成环后，应及时进行初支背后与管幕之间的空隙的充填注浆，二衬封闭成环后，及时进行初支与二衬之间的空隙充填注浆。

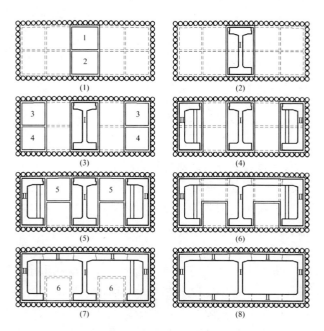

图 6　管幕保护下分部暗挖施工步序图

3.4　管幕内对道面下压浆控制沉降技术

在跟踪道面沉降的基础上，本工程还设计利用上排管幕向上径向对道面下土体进行顶升注浆，以控制道面沉降及变形始终保持在允许范围内，并保证道面下不产生脱空，不发生道面突发沉降的情况。注浆方式采用导管径向注浆，注浆压力：0.1～0.3MPa（根据道面沉降情况调整），注浆材料：1∶1 水泥浆液。

管幕内注浆各阶段三级预警值情况，确定注浆时机，各阶段达到预警值时即进行注浆。

（1）管幕阶段，道面总沉降不超过为 6mm，道面沉降预警值为 4mm。

顶升注浆启动标准达到以下条件之一：

1）道面沉降累计值超出预警值（4mm）。

2）土体沉降速率≥0.5mm/d。

3）土体沉降值≥6mm，或经过注浆顶升修复后土体与修复前土体沉降差值≥6mm。

（2）暗挖阶段，道面总沉降值不超过 24mm，初衬施工期间道面预警值为 15mm，初衬与二衬转换拆除期间道面预警值为 10mm。

顶升注浆启动标准达到以下条件之一：

1）道面沉降累计值超出预警值（初衬期间 15mm，初衬与二衬转换期间 10mm）。

2）土体沉降速率≥2 mm/d，或拱顶沉降≥2 mm/d，或初支侧壁收敛≥1mm/d。

3）土体沉降值≥24mm，或经过注浆顶升修复后土体与修复前土体沉降差值≥18mm。

（3）道面平整度不超出 1‰的平整度标准，顶升注浆启动标准：超出 1‰的平整度标准。

顶升注浆停止标准：

1）道面顶升后沉降值小于沉降预警值。

2）管幕期间土体沉降速率小于 0.5mm/d。

3）暗挖阶段土体沉降速率小于 2 mm/d，或拱顶沉降小于 2 mm/d，或初支侧壁收敛小于 1mm/d。

道面顶升注浆应密切注意注浆压力的控制，做好道面巡查，避免发生道面隆起及泛浆等问题。如施工过程中道面沉降达到预警值，可反复多次补充注浆。

3.5　远程自动监测系统

该项目建立完善的远程自动监测系统，监测项目包括地面沉降、地层变形、结构变形等项目，其中主要是地面跑道沉降的监测，跑道沉降监测采用跑道上设反光片—全站仪观测的方式。

表 2　监测项目表

序号	监测项目	方法及工具	测点布置	监测频率
1	地层情况观察	现场观察及地质描述	开挖后	开挖后 2 次/天
2	地表沉降	精密水准仪	纵向每 10m 布置	开挖后 2 次/天
3	地层垂直位移	水平探孔、沉降仪	纵向每 20m 布置	埋设后 1 次/天
4	初支拱顶下沉	精密水准仪	跑道下方 10m 一个断面	
5	初支仰拱隆起	精密水准仪	同上	开挖面距离量测断面前后＜2B 时：1 次/天
6	初支净空收敛	收敛计	同上	开挖面距离量测断面前后≤5B 时：1 次/2 天 开挖面距离量测断面前后＞5B 时：1 次/周
7	管幕钢管下沉	沉降仪	纵向每 20m 布置	

4　结语

通过前期大量的研究，可以得出采用管幕保护下暗挖法下穿机场跑道的技术方案可行的结论。

（1）经计算分析和工程类比，预测施工期间，管幕施工、暗挖施工引起的最终沉降，可控制在 30mm 之内；考虑竣工后地层固结沉降等综合不利因素，最终可控制在 40mm 之内；沿隧道横向地表变形曲率不大于 1/1000，基本保证了跑道正常使用。

（2）所选择的施工工艺相对成熟，在国内外都有成功应用的实例。管幕采用先进的泥水平衡微型盾构掘进，具有自动导向、精确定位的功能；钢管之间采用自锁机构，加强了横向刚度，起到有效的棚蔽作用；浅埋暗挖属于成熟技术，在北京地区地下工程中广泛应用。且本项目从多方面对沉降进行了控制，确保工程万无一失。

（3）鉴于场区条件的复杂性与特殊性，在工程实施之前尚应建立完善的应急处置体系：明确工作原则，以人为本，科学决策，统一管理，分级负责；健全预警预防体系，如监测机构、监测和预警标准、监测内容、监测网络和信息反馈等；建立应急响应机制，包括分级响应原则、应急技术措施、应急情况报告、报告程序、应急预案启动的决策、紧急处置、安全与防护、现场检测与评估、信息发布、应急结束；以及后期处置等组织方式、协调机制、运作程序。做到事先预测、过程监测、事后检测的全过程控制。

（4）通过本项目的研究，虽然证实了在既有机场跑道下修建大型交通隧道的技术是可行的，但其风险大、投资高是不容忽视的；所以，建议在进行机场建设之初，应提前规划远期发展，必要时，应预埋地下通道工程或预留建设的条件。

参考文献

［1］ 北京市市政工程设计研究总院.北京首都机场捷运系统及汽车通道工程初步设计：北京，2010.（9）.

［2］ 王梦恕.地下工程浅埋暗挖技术通论［M］.合肥：安徽教育出版社，2004.（6）.

［3］ 沈桂平，等.管幕法综述［J］.岩土工程界，2006.（2）.

［4］ 周江天.大跨度浅埋复杂渡线隧道施工模拟数值及其分析［J］.特种结构，2008.（5）.

湿陷性黄土地层盾构施工引发
地层变形特性的研究

贾嘉陵

（北京工业大学）

摘　要：在研究西安湿陷性新黄土 Q_3、Q_4 地层基础上，针对黄土隧道盾构施工，提出"湿陷性新黄土地层二元结构"，结合'西安轨道交通地铁二号线盾构施工地面沉降监测'数据，采用数值模拟计算与理论分析，揭示湿陷性新黄土层盾构施工的变形规律，指出：在新黄土上元非饱和地层中盾构施工，与一般地层比较，地层变形具有五个阶段，地层沉降变形主要影响因素是地层损失、盾尾注浆黄土湿陷和固结变形，地层变形存在湿陷突变脆性破坏；同时，与上元非饱和黄土结构相比较，下元饱和黄土盾构施工地层变形是地层损失，不存在盾尾注浆黄土湿塌的沉降突变，在上元非饱和黄土结构稳定区域产生"压力拱"，约束下元结构的沉降变形。在分析施工掌子面稳定极限状态基础上，通过数值计算分析和施工监测，认为在盾构施工过程中，盾构施工围岩地层存在三区（挤压区、剪切区和松动区），黄土盾构施工影响范围在 $10\sim30\%$D。

关键词：湿陷性黄土；盾构施工；二元结构

Abstract：Based on the collapsed loess, the "dualistic structure of collapsed loess for shielding in Q_3, Q_4" is put forward. And with XiAn metro engineering construction No. 2, the law of loess settlement in shielding was found out by analysis of data of shielding settlement by supervision and demonstrated by digitally in theory. We have gotten that there are 5 phrases in settlement under construction when shielding in above block, in which the loss of clay by shielding and collapsed loess after jetting are two main factors. When in under block of the dualistic structure, there is one pressure arch in above block, which restrains deformation of under block. Stability of clay face and shielding knife face pressure, after analysis of stability of clay face, get the critical pressure of shielding face, which has influences in $10\sim30\%$ of diameter of face. The shielding is kept on stability by the financial pressure.

Key words：collapsed loess；shielding；dualistic structure

1　问题提出

　　2007 年西安市人民政府动工新建"西安市轨道交通地铁二号线（张家堡站～长延堡站），全线 26.7km，隧道埋深 15～18m，全线 26 个车站，区间 24km（图 1），西安地铁是地铁工程界首次在湿陷性黄土地层中进行的城市地铁建设；尽管北京、上海、广州和深圳地铁盾构施工技术成熟，对于第四纪一般黏质粉土或粉质黏土土层或砂砾石地层、或沿海饱和软土和风化岩石地层，均有系统的盾构施工参数和地层沉降变形规律，但对于西安地铁盾构施工在湿陷性黄土地区是第一次，没有相关文献资料和施工参数记录，所以，针对湿陷性黄土地层盾构施工，提出"湿陷性黄土地层盾构施工引发地层变形特性的研究"。

2　湿陷性新黄土地层二元结构

2.1　湿陷性黄土一般工程性质[1-4]

　　黄土地层是第四纪沉积物，分布于特定的地理环境区域，具有独特的组成成分和形态特征[1]，一般老黄土埋深在几百米下，而新黄土埋深在 100 米范围内（图 2），其物理状态和力学性质对地铁工程设计施工存在直接影响作用。

　　全新世黄土 Q_4 为水成新堆积，分布在塬、梁、峁表层及其河谷阶地，坡脚以及阶地上及地层顶部，质地疏松，成岩性差，具有明显的湿陷性。晚更新世马兰黄土 Q_3 构成黄土地层的上部结构，地层厚 100m（图 1），与全新世黄土 Q_4 相似，质地疏松，无层理性，大孔隙结构，垂直节理裂隙发育，具有强烈的湿陷性或自重湿陷性[3]。

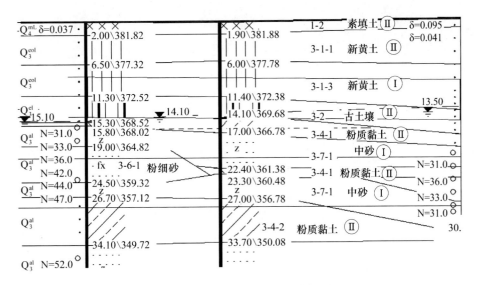

图 1 湿陷性新黄土盾构施工剖面图

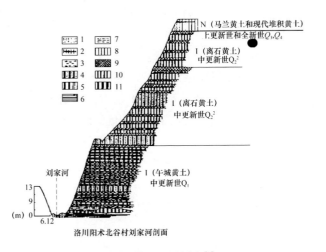

图 2 黄土地层层序[3]

新黄土是由全新世黄土 Q_4 和晚更新世马兰黄土 Q_3 组成[3]，其颗粒组成属粉质土壤，粉粒含量在 40%～70%，颗粒不均匀系数 C_u 为 6～12。

全新世黄土 Q_4 的干重度较小，孔隙比较大，压缩变形大，渗透性强，干硬状态具有结构强度，浸水饱和后结构迅速破坏，黏聚力减少，呈现较强的湿陷性；晚更新世马兰黄土 Q_3 与新堆积黄土相似，受水浸湿作用影响明显[3]。

根据工程性质和工程目的，研究湿陷性黄土对工程的影响作用，黄土分类命名一般有四种方法[4]。

①以黄土地层构造、生成年代和形成成因的工程地质分类。

②以黄土的颗粒组成分类，适用土力学和水工建筑学，不仅反映黄土颗粒组成及其占有百分率比例。

③以黄土的塑性指数 I_p 分类，反映黄土物理力学性质，适用建筑地基基础承载力的计算。塑性指数 I_p 是黄土分类命名的敏感性指标，根据它可

以近似地了解黄土的物理力学性质，掌握黄土的颗粒组成、水理性和强度变形，与黄土的含水量 w、变形模量 E、强度指标（C，φ）建立相关关系，可以判定黄土的承载力变形量和变形速率。

④以黄土湿陷性分类，新黄土地层 Q_3，Q_4 的湿陷性是黄土的典型特征，用湿陷性系数 δ_s 来判定地层湿陷性程度，当 $\delta_s < 0.015$ 时为非湿陷性地层，$\delta_s > 0.015$ 时为湿陷性。

2.2 湿陷性新黄土地层二元结构

西安轨道交通地铁二号线（张家堡站～长延堡站）由北向南全线 26.7km，区间隧道埋深 15～18m，正处于晚更新世马兰黄土 Q_3 地层中（图1），直接影响作用地铁施工，所以，西安湿陷性黄土 Q_3、Q_4 地层按黄土浸湿饱和程度，可分为非饱和黄土和饱和黄土。

处于地下水位以上的为非饱和黄土，非饱和原状黄土一般都具有较高的抗压和抗剪能力，是一种大孔隙、欠压密、遇水后强度骤然降低的特殊土，但若在浸水、扰动的情况下就可能发生湿陷（坍塌）、承载力骤降和强度弱化等现象。

处于地下水位以下的为饱和黄土（饱和度达 80% 以上），湿陷性退化，压缩系数（a_{1-2}）高，属高压缩性土，土体强度低，所以，在地下水位上下，湿陷性新黄土地层物理力学性质具有明显的差异，含水量 w、饱和度 S_r 和应力状态直接作用新黄土地层，使新黄土地层以地下水位为界面，自然地形成上下层二元结构（图3），即上元非饱和性黄土结构地层和下元饱和黄土结构。

"新黄土地层二元结构"使地铁盾构施工具有不同的盾构效应，作者根据新黄土地层性质，利用液性指数 $I_L = 0.25$ 土体含水量百分率，反映土体

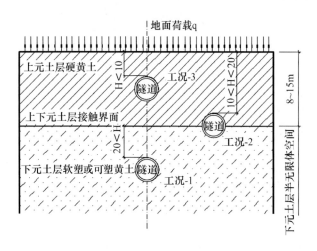

图 3 湿陷性新黄土地层二元结构

的饱和程度和软硬程度，针对地铁盾构施工，结合黄土一般命名方法，划分新黄土地层为上下层二元黄土结构，以便于建立黄土地层模型，分析盾构施工的作用影响。所以，采用液性指数 $I_L = 0.25$ 作为上下元结构临界值，以确定新黄土地层上下元结构（表1）。

表 1 新黄土地层二元结构上下元划分标准

液性指数 I_L	$I_L < 0.25$	$I_L = 0.25$	$I_L > 0.25$
二元结构	上元结构	分界面	下元结构
黄土状态	坚硬或干硬	可塑	可塑、软塑或流塑

$$I_L = \frac{W - W_P}{W_L - W_P}$$

其中，W 为黄土体天然含水量，W_P 为黄土体塑限含水量，W_L 为黄土体液限含水量。

2.3 上元非饱和黄土地层

（1）上元结构性

黄土结构强度是土体结构在生成过程中形成的一种胶结性联结强度，是结构性土特有的，伴随土体结构的生成而生成，随土体结构的破坏而消失[3]。在侧限抗压下原状黄土应力应变曲线具有明显的拐点，是土体破坏的起始点 p_0 和孔隙比 e_0，而重塑黄土不存在（图4）；与 e_0 对应的原状黄土应力和重塑黄土应力差就是黄土的结构强度 q_0，随着含水量的增加，黄土强度减小，但提高围岩压力可以提高黄土的结构强度。

（2）上元脆性破坏

结构强度破坏，上元非饱和黄土在三轴室内试验 CD 应力应变曲线表明，应变 $\varepsilon < 1\% \sim 2\%$ 时土体发生瞬时崩塌脆性破坏，是典型的脆性材料（图5）。湿陷脆性破坏，上元非饱和黄土结构受水的浸湿作用，在 $3 \sim 5$min 内连结强度迅速降低，骨架颗粒充填到架空孔隙中导致瞬间湿陷脆性破坏。

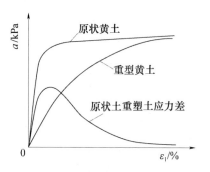

图 4 原状黄土和重塑黄土应力应变曲线[5]

（3）上元湿陷性

1）上元结构非饱和黄土湿陷性

除与其他土体一样具有弹性变形、压密变形、塑性变形和蠕变变形外，新黄土体还具有湿陷变形特性，湿陷变形存在突变性、非连续性和不可逆性，是一种特殊的塑性剪切变形，因为增湿导致其发生剪切破坏，它不同于在不同初始含水量下施加剪切应力而得到 c、ϕ 值强度，它是土在已有剪应力作用时遭受增湿或浸水时，随着水分的浸入，黄土结构性开始软化，负孔隙水压力逐渐消失，导致黄土的抗剪强度大幅度下降，出现增（浸）湿剪切破坏。

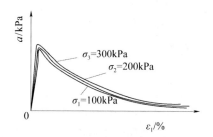

图 5 黄土应力应变脆性破坏曲线[6]

黄土湿陷剪切变形分三个阶段（图6），oa 段为正常压密阶段，未发生湿陷，似直线线性；ab 段是原状黄土压缩变形起始阶段，原有结构强度未破坏，随着外荷增加发生压密变形，似弹性变形 $\Delta\delta = a \cdot \Delta p$；bc 段为湿陷变形屈服阶段，在外荷不变条件下，原有结构强度破坏而新结构未形成（前半部）或已逐渐形成（后半部），由于浸水作用改变土体物理状态和降低土体强度而发生变形，

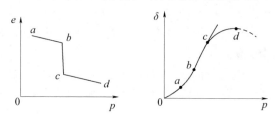

图 6 新黄土湿陷剪切变形[7]

属浸水后结构软化的塑性变形，符合全增量塑性理

论；cd 段为湿陷后饱和黄土塑流固结变形，原有结构破坏而次生结构已难于形成，属粘弹塑性变形，符合 Biot 固结理论。

2）弹塑性模型[3]

根据黄土湿陷成果拟合相应的数学模式，采用非线性弹性增量模型（$E-u$ 模型或 $E-G$ 模型）进行黄土的增湿湿陷变形计算，分别计算增（浸）湿前后含水量对应的变形量，二者差值就是增（浸）湿引起的湿陷量。

在轴对称三轴试验应力下得到的硬化、软化屈服面已被引入形状函数推广到三向应力条件，在计算湿陷变形量时，按增（浸）湿前后一个广义的力引入屈服函数，将湿陷变形完全视为塑性变形，则按照塑性理论计算湿陷变形。研究表明，它的湿陷起始屈服面和硬化屈服面也可以有椭圆曲线拟合，硬（软）化屈服面 Φ 的硬化参数选用 ε_v^{sh}，只是含水量愈大湿陷屈服应力愈小，而且屈服函数中除应力以外的各个参数，都既是硬化参数 ε_v^{sh} 的函数又是含水量 w 的函数，湿陷屈服空间面：

$$\Phi = \Phi(p, q, w, H_a) \qquad (2.1)$$

当黄土增（浸）湿满足：

$$\frac{\partial \Phi}{\partial p}\mathrm{d}p + \frac{\partial \Phi}{\partial q}\mathrm{d}q + \frac{\partial \Phi}{\partial w}\mathrm{d}w \geqslant 0 \qquad (2.2)$$

时，发生湿陷变形，湿陷塑性应变增量为：

$$\mathrm{d}\varepsilon_v^{sh} = \frac{\partial \Phi}{\partial p} \cdot \frac{\dfrac{\partial \Phi}{\partial p}\mathrm{d}p + \dfrac{\partial \Phi}{\partial q}\mathrm{d}q + \dfrac{\partial \Phi}{\partial w}\mathrm{d}w}{A}$$

$$(2.3)$$

$$\mathrm{d}\varepsilon_s^{sh} = \frac{\partial \Phi}{\partial q} \cdot \frac{\dfrac{\partial \Phi}{\partial p}\mathrm{d}p + \dfrac{\partial \Phi}{\partial q}\mathrm{d}q + \dfrac{\partial \Phi}{\partial w}\mathrm{d}w}{A}$$

$$(2.4)$$

其中，加工硬化模量：$A = -\dfrac{\partial \Phi}{\partial H_a} \cdot \dfrac{\partial H_a}{\partial \varepsilon_v^{sh}}$ $\cdot \dfrac{\partial \Phi}{\partial p}$

3）非饱和黄土湿陷屈服空间面

A. 湿陷起始屈服面

在 $p \sim \varepsilon_v^{sh}$ 和 $q \sim \varepsilon_s^{sh}$ 曲线平面上，以 ε_v^{sh} 和 ε_s^{sh} 等于 1.5% 作为湿陷起始屈服点，其对应的 p，q 值绘制在 $p \sim q$ 平面，构成屈服椭圆（文献 [8]，[9]）。

$$\Phi = \frac{q^2}{(\alpha \cdot p_0)^2} + \frac{(p-r)^2}{(\beta \cdot p_0)^2} - 1$$

B. 湿陷后继屈服面

$$\Phi = \Phi(p, q, w, H_a) = 0 \qquad (2.5)$$

（4）上元节理性

黄土节理是黄土颗粒在堆积加厚的过程中受重力作用结果。在重力作用下颗粒间距越来越紧密，而粒间水平间距却维持原状，水和空气沿着黄土体垂直管状孔隙不断地作上下反复升降运动，形成黄土垂直节理、构造节理和风化节理，在风和水的冲蚀浸润作用下崩坍，正是黄土的节理性在地下水的作用下，使上元非饱和结构 $I_l < 0.25$ 易于转变为下元饱和结构 $I_l > 0.25$。

（5）上下元相互转化

随着土体含水量的增加，上元结构非饱和黄土从干硬或半干硬状态逐步过渡到软塑或流塑状态，同时，土体颗粒间胶凝物质黏结化学键受到破坏，降低毛细吸力和双电层引力，导致黄土结构强度迅速降低，逐步转化为下元饱和黄土（见图 7）。

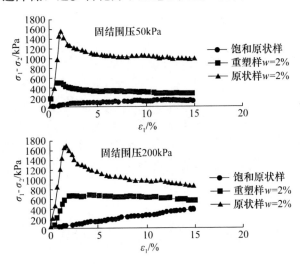

图 7 含水量对上元非饱和黄土与下元饱和黄土的影响作用

天然黄土在一定压应力下充分浸水后，其结构迅速破坏而发生显著附加下沉的现象称为湿陷。湿陷是黄土区别于其他类土的一个非常重要的特性，它受黄土的微结构、物质成分、孔隙比、含水量、压应力等方面的影响。

根据新黄土地层二元结构，上元黄土层为非饱和状坚硬或干硬状态，其内部单元的应变增量主要是由弹脆性元的应变增量引起，所以变形特征表现为弹脆性状态；下元黄土层为饱和状可塑、软塑和流塑状态，其内部单元的应变增量主要是由弹塑性元的应变增量引起，其变形特征表现为弹塑性状态。西安黄土的试验表明，黄土抗剪强度具有水敏感性，抗剪强度随着含水量的增加而下降。上元结构中的黄土为非饱和状态 $I_l < 0.25$，具有脆性变形特征。同时，天然含水状态下的下元结构黄土结构高含水量处于饱和状态 $I_l > 0.25$，土体变形为塑性变形，所以液限指数 $I_l = 0.25$ 确定二元结构的上下元的交界面，定义黄土变形由脆性变形转变塑性变形。

2.4 新黄土地层二元结构的影响因素

（1）上下元相对厚度

如图3所示，当地下水位升高，上元结构厚度逐步减少甚至消失时，地层变为单一饱和黄土地层属于饱和软土状，地面沉降变形符合一般地层盾构施工，以地层损失和固结沉降变形为主。

当地下水位降底，上元结构厚度增大逐步变为单一非饱和黄土地层，属于结构性黄土体。盾构掘进施工地面沉降变形以地层损失和盾尾注浆湿陷主要因素，属脆性沉降变形。

上元结构厚度 H＝0，一般饱和软黏性土（如上海、深圳和广州，$I_l > 0.25$）；

上元结构厚度 0＜H＜3D，黄土地层二元结构；

上元结构厚度 H＝∞，非饱和结构性黄土（$I_l < 0.25$）；

其中，D—盾构机直径；H—上元结构厚度。

（2）含水量及其饱和度

文献［10～13］表明，当黄土含水量w和S_r较小，土体呈坚硬～硬塑状态（$I_l < 0.25$），在自然条件下形成深10米以上黄土塬边或沟壑，具有较强的直立性和稳定性。黄土在增湿过程中强度和变形均会发生显著变化，文献［13］低含水量下黄土具有较高的c、φ值，随初始含水量的增大c、φ值不断减小，土体抗剪强度不断降低，所以，黄土体从上元非饱和状态逐渐转变为饱和状态下元结构。

（3）孔隙比和干容重

黄土体结构存在大孔隙、架空孔隙、粒间孔隙和细孔隙；大孔隙一般肉眼可见直径几毫米至10毫米间，占土体孔隙体积的6～18％，具有水稳定性；架空孔隙，是一定数量的颗粒骨架堆积形成

的，是赋存孔隙水的主要空间粒间孔隙，土体颗粒在土体结构形成过程中，堆积排列形成平面上犬牙交错、空间上镶嵌排列的孔隙空间，架空孔隙和粒间孔隙组成土体内部主要的孔隙空间占80％上；细孔隙是土体内部吸附水膜所占胶体颗粒间的体积，所以，黄土体孔隙比 e 变化范围为 0.85～1.24，孔隙比越大，表明土体含水能力越大，含水量值变化范围大，湿陷性强烈（文献［13］），黄土二元结构性更加显著。

3 盾构掘进施工黄土地层沉降变形的研究

3.1 隧道施工地面沉降曲线

根据"西安市轨道交通二号线试验段张家堡站～尤家庄盾构区间地表沉降变形监测报表"，绘制监测断面沉降槽曲线和纵向沉降曲线（图8），沉降槽符合一般地层沉降规律，以盾构线路为中心对称沉降显示 Peck 曲线，较北京、上海、广州和深圳等盾构施工地面沉降值大，最大沉降值达37mm，平均沉降值约 27～33mm；沉降槽宽度13.5m，其沉降槽宽度系数为 $i = 6.75m$。

盾构施工地面纵向沉降曲线见（图8），与北京、上海、广州和深圳等盾构施工地面纵向沉降比较，在湿陷性黄土中盾构施工，地面沉降变形没有明显的向上隆起现象，在盾构达到观测面前，地面沉降较稳定，沉降值维持在 2～3mm；通过观测面时，沉降曲线逐渐出现拐点，沉降值增加 2～3mm，反映盾构施工前期对地层扰动破坏，地层变形达到 4～6mm。盾构通过观测面，先是地层损失诱发地层变形 9～21mm，之后盾尾注浆导致地层湿陷沉降 6～15mm；随着盾构施工地面沉降趋于稳定，固结变形维持在 2～5mm。

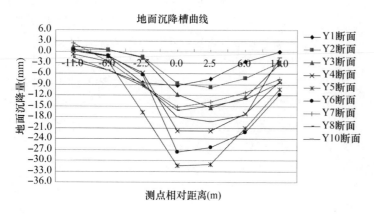

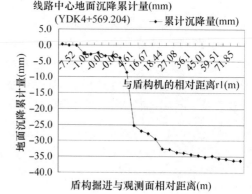

图 8　纵向沉降曲线

3.2　隧道施工地面沉降分析

　　湿陷性黄土地层盾构施工，地面沉降的主要原因是盾构掘进的地层损失、盾尾注浆黄土湿陷和盾构施工地层扰动破坏的固结变形；盾构掘进地层损失、盾尾注浆黄土湿陷导致地面沉降在施工期间就完成，固结变形导致地面沉降持续时间 3～5 年，与北京、上海、广州和深圳等地区施工比较，结合西安地铁 2# 线盾构施工地面沉降监测曲线和 Peck 沉降理论分析，认为湿陷性黄土盾构施工地面沉降变形具有"五个阶段"过程（见图 9）。

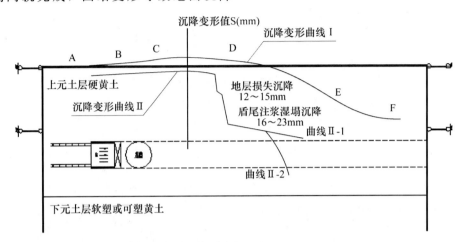

沉降变形曲线Ⅰ：北京松散颗粒地层盾构施工地面沉降曲线
　　　　　　　上海、广州、深圳等软土地层盾构施工地面沉降曲线
沉降变形曲线Ⅱ-1：黄土地层沉降正常曲线
沉降变形曲线Ⅱ-2：黄土地层坍塌脆性破坏
沉降变形曲线Ⅱ：湿陷性黄土上元结构盾构施工沉降曲线
盾构施工地面沉降变形五阶段：AB初始沉降　BC前期沉降　CD通过沉降　DE后期沉降　EF再固结沉降

图 9　上元非饱和黄土盾构施工地面沉降曲线

　　（1）初始沉降 δ_1，盾构到达前的地面变形 AB 段，盾构推进对前方土体施加正面刀盘压力 Δp，挤压地层压缩变形，与其他地层相比较，黄土地层不存在向上隆起变形，主要是湿陷性黄土 Q_3、Q_4 地层颗粒骨架是架空结构或絮状结构，存在架空孔隙、粒间孔隙、大孔隙和细孔隙，孔隙率在 $e=0.85\sim 1.24$，同时存在节理裂隙。所以，在刀盘正压力 Δp 作用下，首先剪切破坏颗粒间胶结物质，压缩土体孔隙，颗粒向孔隙位移，土体产生沉降变形。

　　同时，地层开挖卸载，造成的地层松弛，在开挖面前方形成潜状滑裂面；地下水位下降也使颗粒间有效应力增加，产生压缩变形或固结沉降。

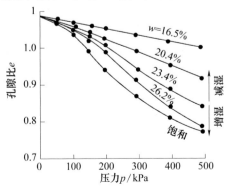

图 10　湿陷性黄土结构（架空结构）[8]

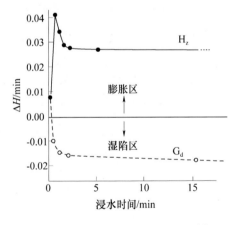

图 11　湿陷性黄土结构脆性破坏[9]

　　（2）前期沉降 δ_2，盾构到达时地面变形 BC 段，δ_2 是由于盾构推进引起土体应力状态改变而产生的变形。在盾构达到观测断面点前，地层位移变形，开挖面前方向地层滑落面位移变形，地层隆陷、坍塌，释放地层应力；盾构机通过设置密封舱中的压力来抵抗开挖面处的土压力，理想状态为压力平衡。当设置的抵抗压力不足时，开挖面产生主动土压力，土体向盾构方向移动，产生地层损失，引起地层沉降；反之，产生被动土压力，盾构前方土体有向上拱隆趋势，当刀盘压力过大，引起地表向上隆起。在黄土上元结构中，地层向上隆起将会

导致地层沿节理裂隙滑动，发生错动剪切破坏。

（3）扰动沉降 δ_3，盾构通过观测断面时的地面变形 CD 段，盾构外壳与土层之间形成剪切滑动面，剪切破坏从刀盘切口到盾尾间的原始土体结构，形成土体结构孔洞，颗粒间移动充填孔洞，形成沿盾构机体方向的剪切沉降变形 δ_3；盾构推进速度越快，剪切应力越大，地表沉降位移 δ_3 也越大。

（4）地层损失地面沉降 δ_4，盾构通过后的瞬时沉降变形 DE 段，主要是盾构管片拼装与盾构外壳之间形成空隙以及盾构施工偏移隧道轴线引起的空隙总和 $\sum \Delta A$；空隙体积使管片周围的土体向隧道轴线方向的径向位移，同时导致盾

构机周围的围岩土体发生弹塑性变形，从而引起地表沉降变形，其地层损失沉降量为 12～21mm，占地层总沉降量（36mm）的 33.3%～58.3%；在土体颗粒不产生压缩条件下，建筑空隙的体积即等于地面沉降槽的体积，适时注浆能有效地减小建筑空隙。

（5）盾尾注浆黄土湿陷 δ_5，盾尾注浆隧道围岩黄土，导致黄土自重湿陷，管片基础下土体湿陷软化，承载力低，引起黄土体脆性"湿塌"破坏［文献9］，发生土体剪切破坏和固结变形，根据实测资料分析，黄土湿陷沉降量为 6～15mm，占地层总沉降量（36mm）的 16.7%～41.7%。

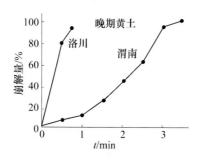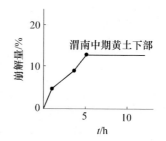

图 12　黄土地层二元结构脆性破坏[9]

所以，黄土盾构施工地层沉降五阶段变形：

$$S = \sum_{i=1}^{5} \delta_i = \delta_1 + \delta_2 + \delta_3 + \delta_4 + \delta_5$$

表 2　盾构施工新黄土地层变形曲线分析

曲线阶段	沉降类型	变形机理
I 阶段（AB）	初始沉降 δ_1	挤压土体孔隙，颗粒位移，土体沉降变形
II 阶段（BC）	前期沉降 δ_2	盾构刀盘作用工作面，开挖土体，滑移破坏
III 阶段（CD）	扰动沉降 δ_3	刀盘作用工作面扰动土体，同时剪切破坏盾构体周围土体
IV 阶段（DE）	盾尾沉降 δ_4 地层损失	管片拼装与盾构外壳之间形成的空隙 ΔA 以及盾构偏移隧道轴线引起的空隙地层损失总和 $\sum \Delta A$
V 阶段（EF）	黄土湿陷 δ_5	黄土地层上元结构湿陷性沉降变形

图 9 中的"曲线 II－2 段"是上元非饱和黄土地层的脆性破坏，在盾构施工作用下，下元饱和黄土结构固结变形，促使上元结构裂缝发展；在大气压和毛细管作用下，地下水沿上元黄土裂缝向上渗透，在非饱和黄土中便产生"湿塌"脆性突变破

坏；"曲线 II－1 段"是正常的二元结构沉降变形收敛曲线，地层稳定，地面沉降变形在允许范围内。

3.3　隧道盾尾注浆新黄土"湿塌"沉降

（1）分层湿陷计算

根据"78 黄土规范"式（4-13）计算，以每层黄土的湿陷系数乘以相应的土体厚度，得出每层土浸湿状态下的湿陷量；所以，在上元黄土结构施工盾尾注浆，属单一地层，根据"西安市城市快速轨道交通二号线试验段详细勘察地质报告"，非饱和黄土 Q_3 地层埋深 15m 附近的的湿陷系数 $\delta_s = 0.001～0.025$，建立计算模型（图 11），考虑盾尾注浆量有限性（盾构机配置注浆液体积只是 $5.8m^3$），认为盾尾注浆影响黄土范围在管片外 300～500mm，同时，浆液沿管片外径自然流入管底，湿陷管底黄土承载力，产生黄土湿陷效应，所以，注浆体积应该等于孔隙体积：

$$6.6 \cdot H \cdot e = 5.8$$

其中，因孔隙比 $e = 0.67～1.13$，则湿陷厚度在 $H = 0.78～1.32m$ 范围，盾尾注浆黄土湿陷量：

$$S_s = \sum_{i=1}^{n} S_{si}, \quad S_{si} = \delta_{si} \times h_i$$

其中湿陷系数 δ_{si}＝0.015～0.025，取 0.02 即可，则黄土湿陷量：

$$S_s＝11.7～19.8mm$$

所以，规范湿陷计算量与施工监测数据较一致，从而推断在非饱和黄土地层中盾尾注浆黄土湿陷量在 11.7～19.8mm 范围。

（2）弹塑性模型

根据"湿陷性黄土二元结构"式（2.1）～（2.4）黄土湿陷弹塑性模型的建立要求，需要严格完成系列室内常规三轴试验测取相关试验数据，才能进行塑性理论黄土湿陷计算，但是西安地铁施工速度较快，没有开展常规三轴试验，均以实际监测为主，为此，本次论文采用规范计算与监测统计数据相结合的方法，进行黄土湿陷沉降分析，为以后理论分析计算奠定数据基础。

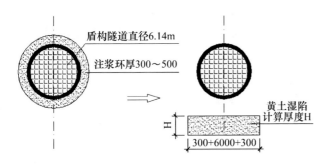

图 13　上元非饱和黄土盾尾注浆黄土湿陷计算模型

四、结论与建议

以"湿陷性新黄土地层二元结构"为基础，结合西安地铁二号线盾构施工，研究在湿陷性黄土地层中盾构施工引发地层变形特性，其研究结论如下：

（1）湿陷性新黄土地层二元结构

在分析湿陷性黄土 Q_3、Q_4 地层的工程物理力学性质基础上，针对地铁隧道盾构施工，提出"湿陷性新黄土地层二元结构"，指出，新黄土地层二元结构上元非饱和黄土结构是结构性黄土，具有节理性，属弹性脆性破坏，在遇水情况下湿陷突变；下元饱和黄土的性质类似一般的软黏土，但仍然具有湿陷性黄土特性（高含水率、高灵敏度和低强度），属于塑性变形破坏。黄土地层二元结构上下元变形耦合性[14][15]，在外力作用下地层结构受力由上元传递下元，在外力作用下下元发生弹塑性变形，形成下元结构变形；上元结构在下元变形作用下，沿自身节理裂隙发展，产生剪切破坏。

（2）新黄土上元非饱和地层变形

在新黄土上元非饱和地层中盾构施工，与其他一般地层比较，地层变形具有五个阶段。与其他地层不同的是，地层沉降变形主要影响因素是地层损失 S_1、盾尾注浆黄土湿陷 S_2 和固结变形 S_3。地层变形存在湿陷突变，属黄土脆性破坏；各因素对地层变形的贡献是地层损失 15～23mm、盾尾注浆黄土湿陷 9～15mm、固结变形 2～5mm。采用修正Peck 曲线拟合新黄土地层上元结构盾构施工地面沉降曲线。

（3）新黄土下元饱和地层变形

与上元非饱和黄土结构相似，下元结构盾构施工地面纵向沉降曲线没有向上隆起现象，地面沉降变形是盾构施工地层损失，不存在盾尾注浆黄土湿塌的突变。地层损失导致下元结构产生沉降槽（16.88～30.71mm），同时在上下元结构界面处、在上元非饱和黄土稳定区形成"压力拱"，约束下元结构的沉降变形，使上元结构处于稳定状态。上元结构"压力拱"的稳定就是拱脚的稳定和上元结构的稳定，所以，下元结构盾构掘进过程中，黄土二元结构存在"压力拱"失稳的安全隐患。

参考文献

[1] 黄文熙．土的工程性质［M］．北京：水利电力出版社，1984．

[2] 张苏民．黄土湿陷性的基本属性［A］．湿陷性黄土研究与工程［C］．北京：中国建筑工业出版社，2001．

[3] 刘祖典．黄土力学与工程［M］．西安：陕西科学技术出版社，1996．

[4] 刘祖典．黄土的工程地质特征及分类命名［J］．中国岩石力学与工程学会第七次学术大会论文集，2000．

[5] 林斌，赵法锁．黄土的小变形本构特征及参数研究［J］．工程地质学报，2005．

[6] 骆亚生．黄土结构性的研究成果及其新发展［J］．水力发电学报，2004，23（6）．

[7] 陈存礼，高鹏，胡再强．黄土的增湿变形特性及其与结构性的关系［J］．岩石力学与工程学报，2006，25（7）．

[8] 陈存礼，高鹏，胡再强．黄土的增湿变形特性及其与结构性的关系［J］．岩土力学与工程学报，2006．

[9] 赵法锁．三向应力及湿度状态改变对非饱和黄土力学特征的影响［J］．地球科学与环境学报，2007，29（1）．

[10] 张茂花，谢永利，刘保健．增湿时黄土的抗剪强度特性分析［J］．岩土力学，2006，27（7）．

[11] 杨鸿贵，黄土基坑抗壁自立稳定高度的计算分析［J］．陕西建筑，2007．

［12］　林本海，宗鸣. 黄土深基坑开挖边坡稳定的实例分析 ［J］. 陕西水力发电，1996，12（4）.

［13］　田堪良，张慧莉，张伯平，骆亚生. 黄土的结构性及其结构强度特性研究 ［J］. 水力发电学报，2005，24（2）.

［14］　贾嘉陵，孙国富，邓坤. 湿陷性黄土地层二元结构

本构模型 ［J］. 西安科技大学学报，2008，21（2）：76－81.

［15］　贾嘉陵，孙国富，高学军. 湿陷性黄土地层二元结构沉降变形耦合的研究 ［J］. 北京交通大学学报，2008，32（4）：120－122.

在既有大直径盾构隧道上方开挖的变形预测研究

申建彪[1]　张伟立[2]

（1 上海新强劲工程技术有限公司，上海　200235；2 上海市政工程设计研究总院，上海　200092）

摘　要：本文利用有限单元法对不同留土比情况下隧道上方基坑开挖过程中隧道隆起变形进行了计算，并对通过曲线拟合的方式推导隧道隆起变形的简化预测方法进行了探讨，结合工程实例进行了初步验证，希望能够对优化隧道上方基坑开挖施工有一定的借鉴意义。

关键词：盾构隧道；上跨施工；变形预测；留土比

1　引言

城市地下通道的建设对缓解城市交通压力和改善城市交通条件具有重要的意义。然而，随着城市市政建设的快速发展，地下通道建设的环境条件也变得越来越复杂，房屋、管线、隧道等（构）建筑物的存在给工程建设带来了很大的难度。

隧道作为现代城市的交通命脉，其安全性极为重要。明挖法施工对临近隧道的影响是我们在进行基坑开挖过程中需要密切关注的问题，如何评估和控制开挖对隧道的影响是工程的关键，它关系到隧道的正常使用及安全性问题。

根据基坑和隧道的不同位置关系，基坑施工对隧道的影响可以主要分为两大类（见图 1）：隧道上方的基坑开挖和隧道侧方进行的基坑开挖。

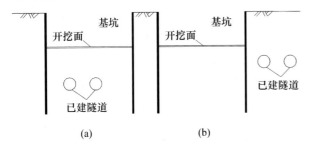

图 1　两类不同开挖基坑与隧道的位置关系

对于第一类基坑，基坑开挖对下方隧道的影响体现在以下方面：（1）由于隧道上方土体开挖，造成隧道在竖直方向上产生卸荷，因此隧道会由于周边土压力的变化而产生相应的"竖鸭蛋变形"；（2）由于隧道上方的开挖卸载作用，使得隧道下方土体产生回弹变形，隧道随之产生隆起变形，但开挖区域范围有限，且卸载作用也会有一定差异，因此隧道在纵向的竖直方向上会产生不均匀沉降，从而对隧道结构和防水产生不利影响。

相较于第二类工程，第一类工程通常单次卸荷量更大，可用的保护措施也较为有限，因此工程中对隧道的保护较第一类情况更为困难，已有的工程经验也较少。

本文主要对基坑开挖过程中隧道隆起变形的预测方法进行了探讨，并结合工程实例进行了初步验证，希望能够对优化隧道上方基坑开挖施工有一定的借鉴意义。

2　隧道隆起机理及变形预测方法

坑底隆起是垂直向卸荷而改变坑底土体原始应力状态的反应。在开挖深度不大时，坑底土体在卸荷后发生垂直的弹性隆起。当围护墙底下为清孔良好的原状土或注浆加固土体时，围护墙随土体回弹而抬高。坑底弹性隆起的特征是坑底中部隆起最高，而且坑底隆起在开挖停止后很快停止。这种坑底隆起基本不会引起围护墙外侧土体向坑内移动。随着开挖深度增加，基坑内外的土面高差不断增大，当开挖到一定深度，基坑内外土面高差所形成的加载和地面各种超载的作用，就会使围护墙外侧土体产生向基坑内移动，使基坑坑底产生向上的塑性隆起，同时在基坑周围产生较大的塑性区，并引起地面沉降。

对于基坑坑底隆起的估算方法，国内外许多学者都进行了相关的研究。使用较多的有三种方法[1]：

（1）日本建筑规范推荐使用分层总和法计算回弹量，需要对每一层土都进行计算，然后求和，每一层土的计算参数（回弹指数、孔隙比等）是不同的。

（2）采用基于模型试验的同济大学的隆起估算公式，该公式一般适用于开挖深度在 7m 以上的基坑。

（3）《软土基坑隆起变形的残余应力法》中根据大量的实测资料，建议的一个应用残余应力原理和应力路径方法基础上的基坑隆起变形计算模型。

坑底隆起变形与基坑下方隧道隆起的变形是有差异的，基坑隆起量不能代表隧道的隆起量，因此在对基坑隆起机理和计算的研究基础上，部分学者又对由于基坑开挖引起的隧道变形进行了计算方法的研究。

《基坑开挖卸荷引起下卧隧道隆起的计算方法》[2]一文利用 Mindlin 弹性半空间应力解，以上海东方路下立交工程为背景，推导了基坑开挖引起隧道结构的附加应力情况，进而通过弹性地基梁理论得到隧道隆起的定量计算方法。《开挖卸荷引起地铁隧道位移预测方法》[3]研究了处于软土基坑之下的地铁隧道的位移变化规律，分析了基坑工程中时间、空间效应对隆起的影响规律，提出了时间、开挖宽度影响系数，推导出考虑基坑施工影响的隧道位移变形的实用计算方法。

虽然众多学者对坑底和坑底下方隧道的隆起计算进行了深入的研究，但基坑开挖引起的隧道隆起影响因素复杂，纯理论的方法难以全面考虑以上各因素的影响且不方便、实用，难以满足工程设计与施工的需要。

3　基于留土比的隧道变形预测方法

定义"留土比"为 h/H，其中 h 为基坑开挖后隧道上方的覆土厚度，H 为基坑开挖前隧道上方的覆土厚度。通过有限元计算探索留土比与开挖变形的关系。

计算模型[4]如图 2 所示，在有限元模拟中，围护墙以及盾构隧道衬砌采用板单元模拟，基坑内支撑采用锚单元模拟。土体采用具有双屈服面的土体硬化模型（Hardening Soil Model）来模拟。

图 2　有限元计算模型

一共对 4 种不同工况进行计算，不同工况下隧道中心距离坑底的距离如表 1 所示。

表 1　计算工况表

计算工况	与基坑轴线水平距离	与坑底垂直距离
1	0	1D
2	0	1.5D
3	0	2D
4	0	2.5D

将不同数值模型中隧道的单次开挖变形量与当层土工况下的留土比绘成图 3。

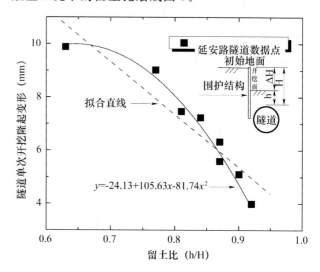

图 3　隧道单次开挖变形量与留土比的关系

从图 3 中可以看到，隧道的开挖变形量于留土比基本成抛物线型关系。拟合曲线的关系式可以用 $y = -24.13 + 105.63x - 81.74x^2$ 表示。且该式近似满足当留土比为 1 时，即开挖深度为 0m 时，隧道变形量为 0。根据该拟合关系，当已知第一、二层土开挖隧道变形量时，就可以得到二次抛物线公式，从而预测后几层土的开挖变形。同时从图中也可以看到，隧道单次开挖变形量同留土比也可以近似为直线关系，且利用直线关系所得结果更为保守。因此在实际使用中，也可以在已知某一层土开挖的隧道变形量时，利用直线关系式来近似预测后几层土开挖时的隧道变形。

4　工程实例

某工程[4]需采用明挖法上穿延安路南线和北线隧道，其中北线隧道正上方的基坑开挖平均深度约为 10.3m，与延安路北线隧道顶最小距离约 5.24m。工程跨越延安路隧道区域，相互关系见图 4。

图 5 为延安东路北线隧道在施工开挖期间上浮量的时程变化曲线。北线隧道上方最后一层土原设计中应采用"工字形"抽条开挖。但监测数据显

示，开挖第二层土时，隧道总变形量为 0.63mm；开挖第三层土时，隧道总变形量为 0.75 mm。根据前文的定义，二者的"留土比"分别为 0.78 和 0.77。由此近似采用留土比与变形量的线性关系，

预测在不采取任何额外措施下，开挖最后一层土时的隧道隆起量为 2.43mm。仍然能够满足隧道保护要求。因此在开挖最后一层土时取消了隧道上方的抽条开挖施工。

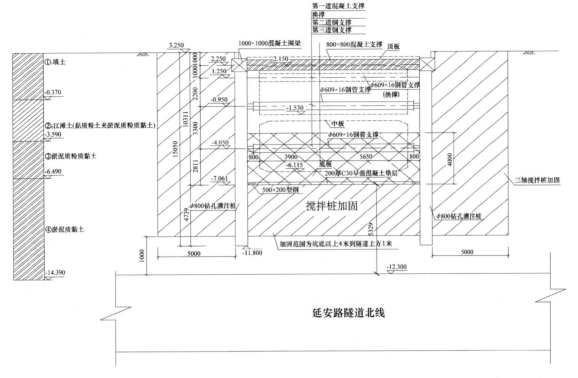

图 4 基坑与下方隧道关系

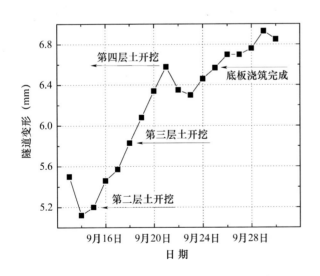

图 5 北线隧道 N27 点开挖阶段变形时程曲线

监测结果显示第四层开挖后变形量极小，该决定节省了施工时间，保障了环境安全，创造了极大的社会效益和经济效益。

5 结语

本文利用有限元法计算得到的数据，通过留土比这一概念，提出预测基坑开挖对下方隧道变形的预测方法。实际使用中，只需知道开挖第一、第二层土时隧道的变形就可以近似预测出以后各阶段的开挖变形，为优化施工提供了依据。

但本方法仅在延安路隧道上方某工程开挖中进行了使用，其有效性还需要更多工程加以验证。

参考文献

[1] 刘国彬，王卫东. 基坑工程手册（第二版）[M]. 北京：中国建筑工业出版社，2009.

[2] 陈郁，李永盛. 基坑开挖卸荷引起下卧隧道隆起的计算方法 [J]. 地下空间与工程学报，2005，1（1）：91-94.

[3] 吉茂杰，刘国彬. 开挖卸荷引起地铁隧道位移预测方法 [J]. 同济大学学报，2001，29（5）：531-535.

[4] 上海市政工程设计研究总院等. 地下通道明挖施工对既有盾构隧道影响及变形控制关键技术研究 [M]. 2010.

自然灾害防治（包括地震、台风及洪水等）

西藏江雄水库新建大坝渗漏分析与处理

司马世华[1]，辛建芳[1]，普　布[2]，杨　俊[3]，朱家旺[1]

(1. 长江岩土工程总公司（武汉），湖北武汉 430010；2. 西藏自治区重点水利建设项目管理中心，
西藏拉萨 850000；3. 湖南澧水流域水利水电开发有限责任公司，湖南澧水 410000)

摘　要：江雄水库蓄水初期，随着库水位逐渐上升，观测孔内水位壅高，坝下游陆续出现的渗漏量不断增大，量水堰最大渗漏量达到 300L/s 的异常现象，影响大坝安全。通过大坝监测系统、电法探测、连通试验等成果，分析了坝基、绕坝、溢洪道、输水洞等渗漏主因，查找到主要渗流通道，为大坝堵漏处理方案设计提供了决策依据。还提出了安全渗流对保护下游生态有巨大作用的观点。

关键词：水库大坝；渗漏；成因；分析

Causes Analysis on Seepage of Newly Built Dam of Tibet Jiangxiong Reservoir and Treatment

SIMA Shi－Hua[1]，XIN Jian－fang[1]，Pu Bu[2]，YANG JUN[3]，ZHU Jia－wang[1]

(1. Changjiang Geotechnical Engineering Corporation (Wuhan)，Wuhan，Hubei430010，
2. Key Hydro-Project Management Center of Tibet，Lhasa，Tibet，85000；
3. Hunan Lishui Hydro & Power Co.，Ltd. Hunan Lishui Water Basins，410000)

Abstract：At initial impoundment period，the water level in observation hole became high，the seepage amount was gradually increasing at the downstream of Jiangxiong reservoir dam and the abnormal phenomena appeared with maximum seepage amount of 300L/S at the measuring weir，which affect the dam safety. Analysis was made on the major seepage causes of dam foundation，around-the-dam，spillway and water intake tunnel by dam observation system，electricity detection and interconnection test，the main seepage channels found to provide decision basis for dam impermeable scheme. And a view is also presented in this paper that safe seepage has enormous function to protect downstream ecology.

Key words：reservoir dam；seepage；cause；analysis；treatment

1　工程概况

江雄水库位于西藏山南地区贡嘎县境内，在朗杰雄曲上游河段江雄曲上。坝址海拔 3790m，以上流域面积 154.17km²，河道长 18.58km，比降 47％。坝高 33.66m，长 691.5m，总库容 1169.19 万 m³，坝顶高程 3824.15m，宽 5.0m，正常蓄水位 3821.05m。

有挡水坝、输水洞、溢洪道等建筑物，大坝为土工膜心墙土石坝。坝基防渗为"上墙下帷"，即河间地块深厚覆盖层段，设混凝土防渗墙，最深 40m，墙下设有帷幕灌浆，最深 35m。左右坝肩库岸设有单排帷幕灌浆防渗体。左岸布置溢洪道。右坝肩设穿山输水隧洞，洞长 136m，进出口段属 V 类围岩；洞身段属Ⅲ类围岩。

2　坝址地质条件

2.1　地形地貌

坝址区位于横向河谷地段，为高山深切宽谷，谷底宽约 400m；左坝肩羊达帮山海拔 4460m，右坝肩协帮日山海拔 4561m。坝区右段为冲洪积扇，左段为河床漫滩。

2.2　地层岩性

坝址区地层为第四系冲积、冲洪积松散堆积地层和晚三选系浅变质岩地层。

全新统冲积与冲洪积，由含漂石砂卵石组成，分选较差、磨圆较好，粒径 0.5～20cm，厚 7～16m；

下部上更新统冲积或冲洪积，为含黏性土砂砾卵石层、砾质壤土等组成，粒径 0.5～7cm，厚度 20～30m；底部中更新统冲积，含黏性土砾卵石夹

微含黏性土砂砾卵石层、砾质壤土等组成，粒径 0.5～10 cm，厚 32～43m。

晚三迭系江雄组基岩地层岩性为薄层泥质板岩、砂泥质板岩和中－厚层砂岩、薄－中厚层砂质板岩等。

2.3　岩体风化带

左岸地表残积层厚 5.4～6.1m，强风化带厚 7.7～23m，右岸地表基岩裸露，强风化带厚 10～23m。

强风化带均为泥质板岩，呈片状碎石夹土状，渗透系数为 1.1×10^{-2}～5.6×10^{-3}cm/s。

弱风化带呈片状碎块及岩屑，为泥、砂质板岩、砂岩等组成。38m 浅岩体透水性 3.55×10^{-2} cm/s；44.75～47.25m 岩体透水率 15.7Lu；49.15～54.05m 岩体透水率 9Lu。

2.4　水文地质

朗杰雄曲有常年流水，两岸冲沟汇集季节性流水。河滩及右岸水沟均有地表水流入施工区后汇入河床。地表渗水能力强，降水直渗地下，洪水汇流、起涨、流速快等特点。最大日降水量 35.9mm，最大年降水量 549.6mm。冻土深度 1.5m。

坝址区地下水主要为松散介质孔隙水与基岩裂隙水，水量较丰富。岩体构造作用强烈，裂隙发育，部分裂隙张开，倾角约 45°，垂直裂隙多。强风化带及弱风化带中赋存有裂隙潜水，与松散介质孔隙潜水为同一潜水面，同江雄河水及右岸支流等地表水存在补排关系。

3　大坝渗漏观测

2003 年 8 月，江雄水库开工建设；2006 年 9 月主体工程完工；2007 年 7 月，大坝自动监测系统建成完工。2007 年 7 月 20 日，水库初次蓄水。9 月上旬，库水位 3813m 时，大坝下游渗水量加大，量水堰渗漏量为 200～300L/s，相当年渗漏量 600 多万立方米，大于设计允许渗漏量 180 万立方米/年。

3.1　右岸坝下渗流

2007 年 7 月 31 日，库水位达到 3805m，水深 15m 时，右岸坝下量水堰开始有渗流现象，其渗流量 90～100L/s；8 月 3 日，库水位达 3807m 时，8 号观测孔涌水较大。渗漏量 110～120L/s；9 月 16 日，水库最高蓄水位 3813m，最大水深 23m 时，最大渗流量 300L/s。

9 月底水库开始加大放水流量。10 月中旬，水位回落至 3811.20m，减小放流至关闭水闸阀，保持库来水量与放水量基本平衡，维持库水位稳定。量水堰渗漏量为 180～220L/s。

11 月初，上游来水量逐渐减小时，闸阀全部关闭，库水位每天下降 1～2cm。右岸坝下量水堰渗漏量 160～200L/s，渗漏水流为清泉水，不含泥砂。

11 月上旬，沿坝下游平行坝脚线，间距 2m 位置为轴线，开挖深 2m 的探渗沟观测渗水情况。库水位 3811m 时，坝右侧桩号 0＋410～550、0＋615～650 渗漏量约占探渗沟流量的 50% 和 30%，渗流水情，具有面宽、点多、分散的特点，见表 1。

表 1　主要透水点漏水状况表

序号	桩号	渗水高程（m）	渗水形态	备注
1	0＋416	3784.5	片状	渗量较大
2	0＋418	3784.3	片状	渗量大
3	0＋467	3783.4	线状	渗量较大
4	0＋470	3784	带状、线状	渗量大
5	0＋486	3783.6	面状	渗量大
6	0＋503	3783.5	径流	渗量特大

此间渗漏水流，来自输水洞山体绕右坝肩渗流的可能性极大。

3.2　左岸坝下渗流

2007 年 8 月 13 日，左岸溢洪道出口，下游约 52m 处，距坝脚 146.36m，开始产生渗水现象，渗流量为 80～130 L/s，平均渗流量 105 L/s，出水点高程 3794.51m。

左岸坝下游，桩号 0＋066～289，均设 8 个探坑；溢洪道坡角设 3 个探坑。各探坑均有不同程度渗水，高程为 3783～3785m。

坝后溢洪道中部冲沟的左侧约 50m 处，观测孔内发出水流声响。

3.3　坝基渗流

坝脚下游距离 400m 处为旱地农田，水位明显抬升，有地表径流，漫浸范围逐步扩大，有沼泽化地象。农田水位高程 3783.27m，此时，输水渠水位高程 3784.51m，相差 1.24m。冰封期坝上游水面观测，桩号 0＋410 处，冰层下有微弱小股旋涡状水流，至接近坝基部位流向下游。

3.4　输水洞渗流

库水位为 3811.1m 时，洞身两侧及洞顶有 8 个透水点，均在混凝土接缝处，分布帷幕轴线上下游，渗流量 100～120L/s。局部呈线状射流，截水环部位渗水量较小。

4　大坝渗漏及成因分析

4.1　安全监测布置

大坝安全监测系统主要内容包括：中心站、变形、浸润线、视频等监测项目，坝体和表面均布置有监测仪器。

滑坡体位移监测，采用视准线及三角网控制相结合的方法。布置有 12 个觇标点，周边布置有 6 个控制觇标点。内部断层、夹层监测布置有 2 套测斜仪，测斜方向平行于坝轴线。

大坝变形观测觇标布置有大坝两端控制点 N3 和 N5，施工控制点 JX7 和 JXs－4，坝两侧各埋设了 3 个校核标点，下游空旷地带埋设有 2 个校核标点，共 12 个标点，采用视准线和水准测量等方法观测。

大坝渗流监测布置有 6 个断面，共 24 个浸润线监测孔，见图 1。监测仪器有水位传感器、绕坝渗流监测孔、渗流收集三角量水堰。新增探渗沟 1 条，探渗坑 10 个，勘探及连通试验孔 16 个。

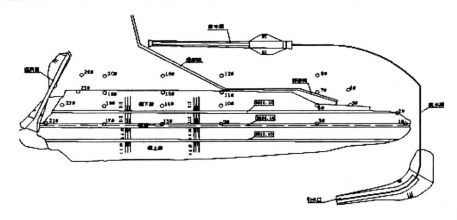

图 1   大坝浸润线监测孔平面布置示意图

4.2   勘探及连通试验

取可疑点设钻孔，钻探取心率低，冲洗液漏失量大，揭露岩层破碎，垂直裂隙多。桩号 0＋684.5～715.5 段 6 个孔的压水试验表明，岩层 20～35m 透水率为 14.36～9.2Lu＞5Lu。

经过多次连通试验，示踪剂表明 9、10、11 孔同坝后探渗沟之间有良好的连通性。其透水率至 9 号孔～10 号孔～11 号孔，呈渐进增大趋势。通过计算、分析、对比，观测孔、探渗沟、量水堰及库内水温、电解质、电阻等指标变化规律，获得渗流层边界成果：

（1）高温渗流层在 22m 以浅，浅部渗漏通道在 25m 以浅，范围较宽广；

（2）低温渗流层为 22～45m，深层渗流在 45m 以深，划定强渗漏层应在 35m 以浅。

4.3   渗流与库水位关联曲线

库水位与量水堰观测到的渗漏量之间，大致呈正相关系，见图 2。库水位高，渗漏量大，库水位下降，渗漏量随之减小。

2007 年 7 月 31 日～8 月 3 日，库水位从 3804.90m 上升到 3806.60m 时，库水位上升 1.7m，渗漏量由 95L/s 增加到 115L/s，渗流量增加 20L/s；库水位上升 1m，渗流增量约 11L/s，渗流增量与库水位增量比值约 11∶1。

2007 年 8 月 3 日～9 月 16 日，库水位从 3806.60m 上升到水库最高水位 3813.12m，渗漏

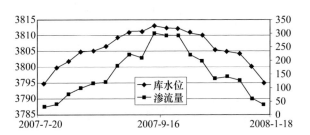

图 2   库水位与渗漏量关系变化曲线图

量由 120L/s 增加到最大渗流量 300L/s。库水位上升 6.52m，渗流量增加约 180L/s，渗流增量与库水位增量的比值约 28∶1，库水位上升 1m，渗流增量约 28L/s，说明高水位下，渗流量变化明显。

库水位在 3798m 以下时，未见量水堰有明显水流现象，其流量减小几乎为零，说明量水堰高程以下渗漏量，无法获取监测数据，此前观测到的最大渗流量仅是"相对值"，实际渗漏量要大于"相对值"。

4.4   渗漏主因分析

依据监测数据分析，库水位逐步上升的同时，坝体及左右库岸围岩内水位抬高，原地质构造固有的渗流通道，开始发挥作用，加之占全年降水总量 89％的大气降水补给，促成渗流量汇集增大。

4.4.1   地质构造成因

江雄水库实际位于两条断裂带之间的地块上。北则约 2km 处，有多条次级断层，主破碎带宽 40m。坝址冲沟切割深度 20～50m。

左岸强风化带厚23m，裂隙张开，充填岩屑，线密度5～10条/m。右岸基岩裸露，为泥质板岩，坝肩处褶皱、破碎带、裂隙发育。褶皱平卧或倒转，裂隙张开，充填岩屑，线密度5～15条/m。河间地块，砂砾卵石层厚72.31m（未见底），整个坝区无相对隔水层，河水及右岸支流补给地下水，工程地质条件较差。

由于坝址山体构造运动剧烈，造就的深切割河谷、褶皱、破碎带、裂隙等，分布坝轴线上下游，形成良好的导水构造。库水位抬高后，在上下游水位差的作用下，库水沿着坝基深厚"砾卵石层"或大坝两端岩体中的空隙、古泉水道、裂隙、破碎带等通道向下游渗漏。是坝基和绕坝肩渗漏主要地质因素。

4.4.2　坝基渗流成因

（1）水库挡水大坝为土工膜黏土芯墙碾压土石坝。"芯墙"同大坝基础防渗墙顶部连接方式为"倒八字"榫头连接。"芯墙"埋设及大坝填筑施工时，没有拆除坝基防渗墙的施工"导墙"，残留防渗墙顶部的施工"废弃物"和"松散体"有效清除难度大。"导墙"同地层接触带未作任何处理。

（2）河间地块，为深厚覆盖层，209m长坝基轴线，防渗采取"上墙下帷"防渗方案。墙厚60cm，墙体施工时，未埋设钢管，预留墙下帷幕施工通道。成墙后，为进行墙下"帷幕"施工，用

金刚石钻头钻取防渗墙的210个芯孔，其孔斜率很难满足 < 0.71%，因此，一般在35m以浅，钻头即漂出墙体，为墙体与上游"松散层"留有人为通道，库水位压力作用下，沿"芯孔"环状间隙，形成毛细渗流上升通道的可能性及大。

（3）坝基Ⅰ、Ⅱ序防渗墙接头处理，采用"平接＋高压旋喷桩"工艺封闭接头。此种接头处理新工艺，未见有效验证资料，还缺少现行有效的规程、规范支撑，防渗墙体接头处必然存在软弱夹层；规范要求，高水位下，深厚砾卵石层中，慎用、不宜使用高压旋喷工艺，其成桩质量差，难以达到补强封闭的初衷。由于接头处理工艺缺陷，造成Ⅰ、Ⅱ序墙体接头未能有效封闭。

（4）冰封期坝上游水面观测，桩号0＋410～460，冰层下有多处微弱小股旋涡状水流，说明该处大坝土工膜芯墙存在缺损。

综合上述因素，都为坝基渗流，提供了导水构造条件，形成坝基汇集渗流。

4.4.3　右岸绕坝渗流成因

大坝共布置有6条剖面，24个水位观测孔。右岸2条剖面，观测孔内水位，随库水位升高而抬升，应能说明库水位变化对大坝渗流量变化之间存在的关联作用。2007年8～10月，水库蓄水前后，右岸坡观测孔内水位变化明显（见表2）。

表2　右岸主要观测孔内水位情况表

观测时间	迎1#孔（右）	背2#孔	背3#孔	背4#孔	迎5#孔（右）	背6#孔	背7#孔	背8#孔
2007.08.11	3802.47	3802.05	3801.7	3800.25	3799.6	3799.28	3798.65	3798.616
2007.09.04	3805.56	3803.07	3802.867	3802.504	3801.657	3801.99	3800.744	3800.011
2007.10.3	3806.11	3803.3	3803.133	3802.193	3801.342	3801.46	3801.117	3800.408
最大增量	△3.64	△0.8	△1.43	△1.94	△1.74	△2.18	△2.47	△2.47

库水位上升期间，迎水面和背水面观测孔内水位随库水位上升而逐次抬升。库岸水位升高，库水沿输水洞山体原生古泉水通道、破碎带、裂隙等导水构造，以近似平行坝轴线方向，流动一段路径后，遇阻隔岩层，转向流入坝下游洼地"探渗沟"内，这是大坝浇渗水流的主要渗源路径，见图3。

4.4.4　左岸溢洪道渗流

左岸明显出水点在溢洪道消能段下52m左右的位置处，距坝脚线146.36m，出水点高程3794.51m，出水点流量随着库水位的降低而有明显减少。排除地表水因素影响，此处渗水与库水位相关。左坝肩桩号0－107～0＋055，两侧南

东、东西向分布两条冲沟，同左库岸水位存在补排关系，库水位高时，向冲沟补水，库水位低时，冲沟向库内补水。现场观测发现，雨季蓄水期，冲沟向库内补水，然后沿左库岸山体透水层向下游排泄。

4.4.5　放水洞渗流

放水洞截水环处渗流较小，该处辐射灌浆深度为3m。不能排出截水环与防渗体连接部位能有效封闭。洞身两侧及洞顶共有8个透水点说明，洞体防渗帷幕存在缺陷，没能有效封堵岩层导水构造。通过物探手段查明该处有来自山体的渗漏通道。

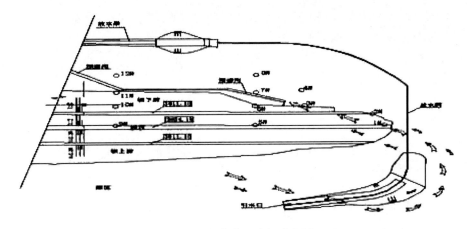

图 3   右坝肩渗源路径示意图

5   渗漏处理

在分析连通试验、电法勘探，钻探点岩层压水试验等成果，又结合分析原防渗体系薄弱部位的基础上，查明渗源及渗流路径后，确定施工处理方案。

5.1   处理方案设计

（1）右岸，0＋558～0＋716 原孔距 1m 的单排灌浆段，再进行加排灌浆，按孔距 1m，排距 0.5 和 2m 两种型式布置；轴线向上游偏移 1m。

（2）右岸 0＋716～0＋770 原孔距 2m 的单排灌浆段，再进行加密灌浆，孔距按 1m 布置；

（3）左岸 0＋008～0－079 原孔距 1m 的单排灌浆段，再进行加密灌浆，孔距按 0.5m 布置；

（4）桩号 0＋401～0＋556 段，坝体直接渗漏，帷幕灌浆处理范围，为防渗墙顶以上 2m 至防渗墙底以下 2m。孔距 1m，轴线向上游偏移 1.1m～1.5m。

（5）输水洞桩号 0＋233～0＋268 段洞体两侧进行固结灌浆，孔距 2m；灌浆轴线输水洞桩号 0＋270～0＋278 洞身两侧进行三排固结灌浆，排距均为 1m，梅花型布置。

灌注材料选用抗冲蚀，抗稀释性能强的浆液；灌浆孔深按岩层透水率＜5Lu 线控制。

5.2   渗漏处理效果评价

堵漏处理时，主要串浆位置发生在坝基防渗墙顶接触带或以下 25～40m 部位。桩号 0＋479，灌浆 28～30m 处时，探渗沟 0＋467 串浆；0＋493 灌浆 43～46m 处时，探渗沟 0＋430 串浆，见图 4。串浆现象表明，坝基、右坝绕渗探测无误，其堵漏效果明显。

江雄水库后续监测结果说明，大坝渗漏处理前后比较，同一库前水位 3813m，由原来的 300L/s 减少到 101L/s，对比减少了 66％，堵漏效果明显。大坝变形、沉降量观测稳定，无异常现象。

图 4   桩号 0＋493 处灌浆，探渗沟 0＋430 处串浆

2011 年，水库正常蓄水后，库水位 3815m，渗漏量 85L/s；12 月库高水位 3815m，渗漏量 68L/s。排除右坝肩水渠渗漏、地表水影响，渗漏量对比不断减小，满足设计允许渗漏量 60L/s，达到了预期效果。

但应该看到水库深层渗漏依然存在，不影响大坝安全且水库仍能发挥效益的情况下，可考虑暂不作处理，适宜的安全渗流对保护下游生态有巨大作用。

水库运行管理，在做好疏导排渗的同时，应加强对大坝渗流、变形、沉降监测，保证水库安全运行。

6   结   语

（1）江雄水库位处高海拔地区，施工季节性强，年施工期不足 8 个月，多在丰水期施工，地下水力坡降大，径流大，水泥浆液经过钻具通道，泵入地下，进入裂隙、破碎带后，易被地下水流稀释，地下水力作用下，部分稀释浆液被带走，流向下游，滞留岩层中的浆液所形成的帷幕，完整性较差。

（2）坝址左右岸，河间地块，分布岩层具强透水性；古泉水道、裂隙、破碎带等地质构造发育，在坝轴线上下游，形成立体网状水力通道，其导水构造的复杂性，隐蔽性，极大增加了防渗难度。

（3）江雄水库的堵漏经验表明，施工前应专题研究坝址区地层构造、生成机理；地下水高程、流向、流速、路径等规律后。制定堵塞岩层通道、截断地下水流的防渗方案。通过试验，选择适合施工的材料、工艺、机械、参数等，评估方案，确认过程。实践证明，前期工作研究充分且可靠，是实现预期目标的保证。

参考文献

[1]　于维娟，赵永财. 西藏贡嘎县江雄水库工程绕坝渗流计算分析 [J]. 水利水电工程设计，2012，31（1）：9-10.

[2]　秦淑芳，周文斌. 关于混凝土面板堆石坝监测仪器布置的探讨 [J]. 大坝与安全，2007，（2）：38-42.

[3]　魏迎奇，彭卫军，蔡红，等. 新疆吉林台一级水电站混凝土面板堆石坝渗漏成因分析 [M]. 郑州：黄河水利出版社，2006.

[4]　林宗元. 岩土工程治理手册 [M]. 沈阳：辽宁科学技术出版社，1993.

[5]　林宗元. 岩土工程试验检测手册 [M]. 沈阳：辽宁科学技术出版社，1994.

基于雨洪调蓄的湿地生态景观设计策略研究

——以泾河湿地生态公园为例

郝 欣

（机械工业勘察设计研究院，陕西西安 710043）

摘 要：雨洪管理这一新课题是基于目前我国城市的洪涝灾害和水资源紧缺的情况越来越严重的现象提出的。通过景观途径规划出适应于当地安全格局的设计理念越来越多地被应用于雨洪管理系统中。此种方式可以前瞻性地识别雨洪管理的关键位置和要害区域，进一步精确土地利用规划。本文在讨论雨洪管理系统的同时提出"湿地泡"这一概念，以"湿地泡"作为单元的蓄水系统可以灵活定量的完善雨洪管理系统，并通过景观途径加强和完善湿地泡工作效率，将资源和投入最优化。最后通过规划前后定量化的计算比较，对设计方案进行综合评估，在一定程度上对规划的结果进行检验。

关键词：雨洪管理；湿地泡；湿地公园；景观规划

Strategy of wetland ecological landscape design Based on regulation and storage of stormwater
——In Jinghe River Wetland Park as an example

HAO Xin

（machinery Industry Survey and Design Institute，Xi'an 710043）

Abstract：The new topic of stormwater management is based on the situation of the floods and water shortage becoming increasingly serious in urban China. The concept that the landscape can adapt to the local security pattern is increasingly being applied to stormwater management systems. This way can identify forward-looking the key positions of the areas，to further refine land use planning. This paper point out the "wetlands bubble" concept，which can perfect stormwater management system flexibly and quantitatively as a unit. The landscape can strengthen and improve the effect of the "wetland bulbs" to optimize the resource and inputs. Finally，a comprehensive assessment of the design can be given by the quantitative calculation and comparison. This assessment can test the rationality of the design.

Key words：Stormwater management；wetland bubble；wetland；landscape planning

1 引言

在我国，洪涝灾害和水资源紧缺是两大同时存在的问题，因此，水的治理与利用已经成为影响我国经济发展的主要方面，也是国内学者广泛关注的课题，其中涉及的内容以及相关研究较为广泛。就目前国内研究而言，一方面，对防洪减灾思路进行了转变，即从传统的单一控制洪水向现代的综合管理洪水转变，即从过去的全面泄洪转向如今的以蓄积为主预留防洪空间转变；另一方面，洪水和雨水资源化管理有了更完善的思路，提出雨水利用不仅可以开源节流，而且有利于生态环境的改善和水污染的控制。而国外在如何管理雨水和洪水进而实现水资源的最优化这一方面的研究起步较早，从起初的关注雨洪的污染物含量及水质管理到近年越来越趋于整体的综合地进行雨洪管理。

为此作者以泾河湿地公园景观规划项目为例，对综合性雨洪管理的思路进行实际探讨和研究。此次研究对象的范围划定为泾河湿地公园。研究区位于陕西省西咸新区东北方向的泾河新城内，属于泾河新城总体规划的一部分，也是中华人民共和国大地原点所在地。公园区位特殊，南有吕后墓文化保护区、北有中国第一高砖塔崇文塔旅游景区、东临正阳大道、西临秦汉大道。公园规划面积6400亩（427万平方米），但因近年城市快速发展、污染问题日益突出，规划建设缺乏合理性等问题导致河流水域生态承载力严重和不足，滨水生态环境急待修复与保护。

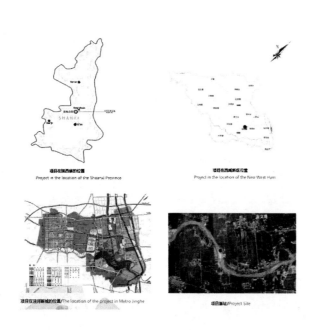

图1　研究区区位（来源：作者自绘）

2　相关概念

2.1　湿地雨洪调蓄

所谓雨洪调蓄系统，是将调蓄暴雨峰流量作为核心，更好地综合排洪减涝、雨洪利用与景观、生态环境以及其他一些社会功能各方面因素，将所调蓄范围内的土地资源的一类治水和雨洪利用设施更高效地利用起来。

城市湿地属于自然雨洪调蓄系统，它与河流、沟渠、坑塘、湖泊等相互联系，进行洪水的调节、雨水的蓄纳、水质的净化以及生物多样性的维持。

湿地雨洪调蓄系统作为城市的绿肺，为了达到防火减灾的目的，可以通过就地滞洪蓄水，将已破损的天然的湿地水循环过程得意重新恢复，同时配合景观要素将雨水分散蓄留、净化和吸收。相关的景观要素有可渗水铺装和植被、下凹绿地、坑塘水体以及城市生态基础设施。这样，湿地对暴雨和多种物种的适应能力都会得到提高。

在这样的设计理念下，本方案对雨洪的防护设计也将延续绿色生态的思路，从传统的硬性抗灾转变为绿色的柔性避灾。本项目根据总体规划的要求及原则，即利用原有生态资源，打造泾河湿地景观

带，营造都市绿色生态环境，以生态性、整体性、自然性和主体性为原则将此湿地公园打造成"城市绿肺"，创建出多元化的生态湿地的设计理念。为此，此方案将保留原有的生态系统并加以改造，寻求自然和文化相和谐的发展模式，创造一个完善的生态系统，融合各种不同的景观元素——河道、湿地、滩涂、芦苇以及农田，将城市与生态自然重新联系起来。

2.2　湿地景观泡

2.2.1　湿地泡的提出

景观的潜在空间格局指的是景观中一些对雨洪灾害的维护控制起到关键作用的局部位置。为此在这些景观的潜在空间格局中设置大小不一，功能各异的湿地泡群，并结合整体景观加以景观塑造，达到优化空间格局，加强雨洪管理系统工作效率的目的。

将湿地泡看作是整个湿地公园——生命系统里的基本单位——细胞，保证其能高效的新陈代谢和自我繁殖，并与其他湿地泡协同工作。

2.2.2　湿地泡的工作原理

所谓湿地泡，是在整个研究区域内设置大小不一的蓄水池，这些蓄水按照一定的规律排列组合起来，构成了一定面积的集水面，构成雨洪调蓄系统的一部分。湿地泡不同于一般蓄水池，它与整个湿地的雨洪管理系统相连接，根据其容积和规模可以定量地调控雨洪的排蓄能力。单个典型的湿地泡如下图所示。

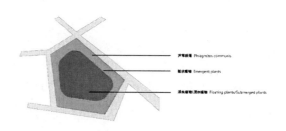

图2　典型湿地泡平面图（作者自绘）

湿地泡系统本身并没有设置专门的设施连接到城市的雨水排放系统，而是以景观的方式来实现雨洪管理功能。雨洪期间过多的雨水经过管道和水沟被有规律的收集之后被转移到周边的新打造的景观空间格局——湿地泡中。湿地泡中的雨水会直接被用于浇灌各种植被和土地。当降雨量增加，湿地泡里的雨水就会逐渐增多，这时会全面启动雨洪管理系统，引出多余的水至景观区之外，直至联合下水道系统。具体工作过程如下图所示。

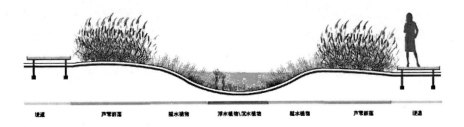

图 3　典型湿地泡剖面图（作者自绘）

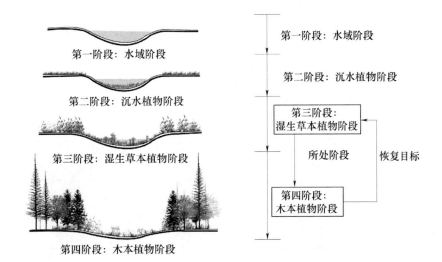

图 4　湿地泡的工作过程示意图（作者自绘）

图 5　湿地泡的工作原理示意图（作者自绘）

3　研究区内湿地雨洪调蓄现存问题

3.1　潜在洪水隐患

现有的河道建设是以迅速排洪为目的，并视雨洪为危险源。由于没有考虑到雨水利用，流域内缺乏相关设施的建设，而在局部位置的部分河床有因洪水猛烈冲刷而导致的侵蚀（图11），这些地段在暴雨来临之前，河道内的流速会陡然加快，存在洪水隐患。

图 6　河床上的冲刷图（来源：作者自拍）

3.2　低洼和坑塘环境受损

流域内某些水生环境在不同程度上受到生活区和农业区的污染。当地的生活污水、洗车污水无组织地任意排入河道，农业区的污染物随径流进入河道和坑塘后，对河流坑塘环境造成严重损害。

图 7　水塘湿地被填埋（来源：作者自拍）

4　基于雨洪调蓄的城市湿地生态景观设计策略研究

4.1　构建湿地泡系统雨洪安全格局

4.1.1　构建湿地公园雨洪安全格局

表 1　泾河流域植被景观格局数量特征

斑块	斑块破碎度	形状指数	聚集度	多样性	丰富度	优势度	优势类型
890	0.332	22.850	28.496	1.808	7	0.138	森林灌丛

根据泾河湿地公园现有的环境资源（如表1），配合景观规划，划分出可行的雨洪安全格

局。雨洪安全格局的建立大体上要从功能、流线、安全设施以及水纹植物四个方面来考虑，具体如下：

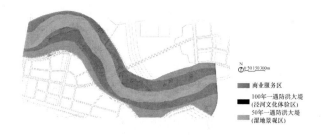

图8　泾河湿地公园功能划分（作者自绘）

通过前期对现场考察，地形分析，植物分布分析，规划设计把整个湿地公园区，划分成三个区块，即：湿地景观区，泾河文化体验区，商业服务区。

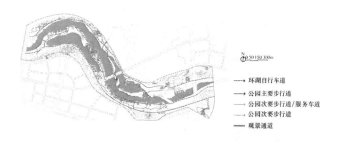

图9　泾河湿地公园交通流线（作者自绘）

自行车道及主要人行线与公园机动车服务道路和紧急通道重合，徒步使用的次要步道起到连接活动区域和营造多维步行体验的作用。景观小道则融入了各个趣味小空间中。

处于流量控制的需要和便于道路交叉口的交通组织，建议由东西单向行驶。停车场以10分钟步行半径为原则，结合公园主要出入口布置。

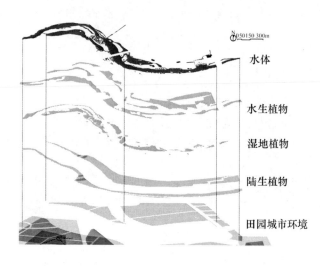

图10　泾河湿地公园植物绿化系统分析（作者自绘）

各区域分区因自然条件和功能不同而产生不同的特性，对应于区分的不同特征，所考虑的景观因素也因此发生变化，体现在氛围、形式、材质、颜色等各方面进行分类和组织，力图创造湿地公园丰富多采的景象，并为人们带来不同体验。

图11　泾河湿地公园湖面水体变化分析（作者自绘）

通过挖深，使湖面低于河床底面，由于水位的平衡原理，人工睡眠会自然和河面相平衡，这样可以减少水面后期的维护，可以保持水面长久富裕。这种做法的优势是，不需要人工的引水，减少后期的维护，缺点也显而易见，如果附件的地形没有注地，需要大量的挖土量，进而提高整个工程的造价。因此在周边大量开挖湿地泡势在必行。

根据上述分析得出如下图所示的整个泾河湿地公园的景观构架，次构架与雨洪管理安全格局相互补充。

4.1.2　湿地泡系统片区划分

在生态雨洪调蓄系统中，设定管理区控制的降雨类型分为大型和中型两种。在管理区内配置相应的设施，保证从径流按照不同的路径被蓄积或者消减。

经过对地形现状的勘测，根据其道路和沟渠分布，同时考虑未来湿地公园规划对地块分割的要求，对研究地块进行集水区划分。结合场地的实际情况，场地中零散的湿地泡面大小不一，为此在后期计算时，将其近似化处理为主要的两大片区和零散的若干片区，共65万平方米。

4.1.3　湿地泡系统用地指标

湿地泡片区的划定主要在百年一遇的防洪大堤的范围内，依据城市规划建设用地标准和生态景观的设置要求，设定其雨水景观设施占地113万平方米；除去占地约47.6万平方米的区域道路广场用地后，湿地泡片区占地约 65 万平方米。

图 12 泾河湿地公园的景观构架（作者自绘）

图 13 湿地泡系统片区的划分（作者自绘）

4.2 塑造湿地泡系统的局部景观

4.2.1 湿地泡的景观塑造

该规划将一个未充分利用的原始湿地设计成一个具有创新意义的湿地泡片区，不仅用绿色生态的概念激活了原始场地的利用价值，还解决了当地的雨洪安全隐患问题。景观艺术和生态技术在这个项目中得到了结合和统一。

每个湿地泡所在的位置都赋予其特殊性，因此在景观处理上不能千篇一律，应给予相应的景观塑造。在湿地公园的景观设计上充分意识到这一点，将设计微观到每个湿地泡，给出了 24 种景观塑造方式具体如下。

	50年防洪堤		百年防洪堤		商业区		合计
用地面积	2237492m²		2836807m²		1434074m²		6508373m²
建筑基底面积			4522m²		148610m²		153132m²
景观面积	道路铺装	39433m²	道路铺装	145068m²	道路铺装	291646m²	476147m²
	水体	1244980m²	水体	640754m²	水体	1126m²	1885734m²
	景观构筑物	2077m²	景观构筑物	16584m²	景观构筑物	—	18661m²
停车场	—		—		32030m²		32030m²
绿化率	98%		94%		46%		90%
容积率			0.1		0.3		0.4
建筑密度			0.1%		18%		18.1%
小品设施	亭子	26	亭子	58	亭子	—	71个
	廊子	10	廊子	18	廊子	—	28个
	自行车驿站	7	自行车驿站	17	自行车驿站	11	35个
	座椅	92	座椅	172	座椅	84	262个
	垃圾箱	92	垃圾箱	172	垃圾箱	84	252个
	灯具	278	灯具	258	灯具	128	1896个
	公共卫生间	37	公共卫生间	90	公共卫生间	17	144个

图 14 经济技术指标（作者自绘）

4.2.2 湿地泡的节点设计

在湿地泡中，本方案设计了一系列关于科普教育的生态展示，通过有机玻璃，人们可以轻易在其中观察到湿地泡的发生。它是如何产生，如何运作，如何经过长时间的沉淀、过滤、进化，经过集水区、草坪区、表面径流水域来形成一个湿地泡。也可以透过有机玻璃看到湿地泡剖面，最底层是土壤，然后是沙石、砾石、水生植物、鱼类以及正在沉淀中的水体。

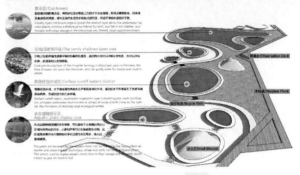

图 15 湿地泡系统展示片区（作者提供）

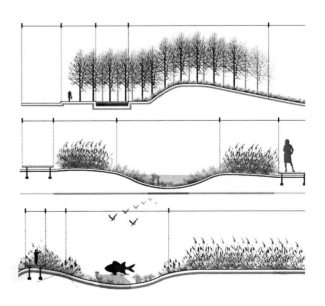

图 16 不同种类的湿地泡的景观截面（作者提供）

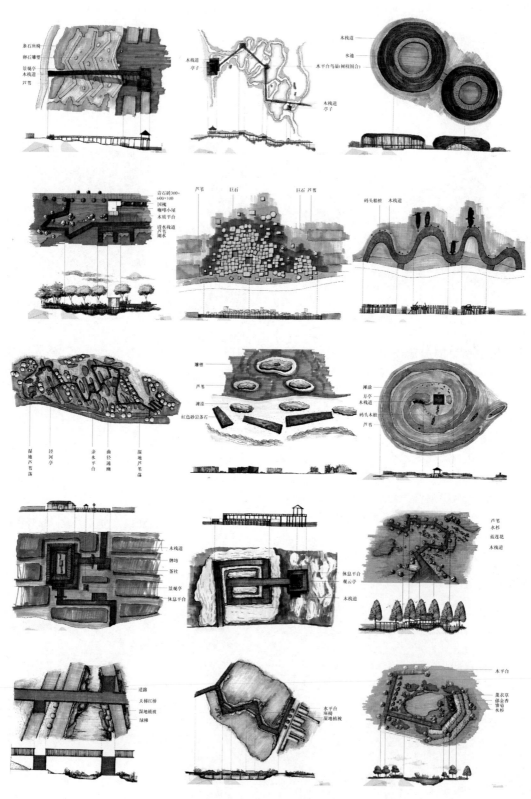

图17　不同种类的湿地泡的景观塑造方式

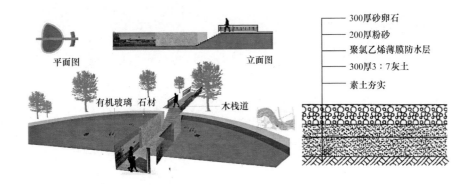

图 18　湿地泡断面（作者提供）

5　湿地公园的排蓄效能分析讨论

5.1　暴雨拦蓄能力的讨论

5.1.1　计算方法和关键参数

（1）产流分析

径流量是由历年雨洪记录的流量确定需要调蓄的雨洪总量。其计算方式可以按照公式 $O_r = A0.001\Phi H$ 计算，式中 O_r 为径流量，A 为集水区面积，Φ 为径流系数，H 为降雨量。

其中流径系数主要受不透水地面（0.9），透水铺装（0.38）以及绿地（0.15）综合构成，可用公式 $\Phi = E\Phi_i (S_i/S)$ 计算各区域综合径流系数。集水区面积的确定是根据生态雨洪调蓄系统用地构成，计算得出湿地泡片区积水面积为 640754 平方米。

表 2　泾河每月径流量记录

月	1月	2月	3月	4月	5月	6月
径流	0.52	0.66	1.03	0.82	0.98	0.98
Cv	0.32	0.3	0.34	0.5	0.73	0.72
比例（%）	3.1	4.1	6.2	5	5.9	5.9
月	7月	8月	9月	10月	11月	12月
径流	2.53	3.23	2.34	1.72	1.06	0.66
Cv	0.64	0.68	0.83	0.83	0.54	0.48
比例（%）	15.3	19.5	14.1	10.4	6.4	4.1

（2）降雨历时

此规划用地的雨水特性主要为水利河道洪灾特性，计算时一般采用 6h、7h 和 24h 的长历时降雨过程，城市水文学计算中所采取的降雨历时一般不超过 6h。根据当地区域暴雨集水的相关报道和实际经验，本文选择 6h 降雨历时进行分析。

（3）下凹深度

湿地泡的下凹深度必须满足降低短期降雨条件下地面径流深度和径流系数。但湿地泡下凹深度一般不超过 1500mm，否则高差过大，集水比过深，容易影响植物生长和游人活动。

5.1.2　蓄水指标

由于湿地泡要成为调蓄系统的一部分，保证就地消减和滞蓄所有雨水，所以进行系统雨洪调蓄指标估算时，将此湿地片区以往产生的径流作为湿地泡所需吸收的容量的最小值，以达到本方案实施之后径流不再增长的目标。因此，依据场地雨洪过程分析和管理区域设置的雨量控制径流量，得出系统雨洪调蓄指标如下：

表 3　湿地泡雨洪调蓄指标

湿地泡等级	平均面积（m²）	要求消减径流（m³）	集水区个数	消减径流总量（m³）
主要湿地泡片区	6667	13215	45	594675
次要湿地泡片区	3933	2538	89	225882

5.2　雨水利用潜力的讨论

在此方案中，大面积湿地泡为生态雨洪调蓄系统蓄积了大量的雨水，对这些雨水加以利用，极大地提高了周边水资源短缺的问题。根据之前的计算，当地历时 6 小时的单次降雨，雨洪管理区内总共可完全拦蓄雨水径流，保证雨水不再外排。直接通过湿地泡的天然入渗和净化能力将主要雨水回补至地下水，而其他雨水可以作为景观用水或生活杂用水的水源，有着相当可观的资源储量。若提高湿地泡片区的湿地泡数量和下凹比重时，可拦蓄利用的雨水量还将继续增加。

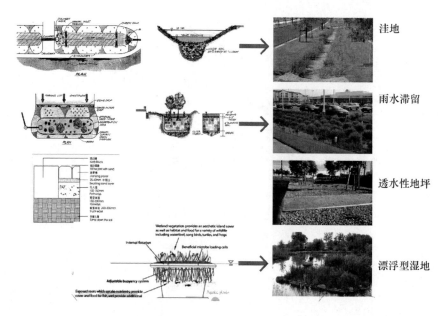

洼地

雨水滞留

透水性地坪

漂浮型湿地

图 19　雨水利用方式（作者提供）

6　结论

以工程手段应对城市水问题所存在的弊端越来越显著，因此加强以自然雨洪调蓄系统对城市湿地水系统的调节能力十分必要。

基于自然雨洪调蓄系统的湿地景观设计，宏观上根据景观安全格局构建局部雨洪安全系统，适应流域内水导向的生态基础设施的空间位置；微观上通过结合雨水利用、生态修复途径的场地设计进行小范围落实，更好地调节洪水，蓄滞雨水，应对水问题。

参考文献

[1]　黄威文，白晶．北京山区小流域自然雨洪调蓄系统维护的景观途径——以沙涧河梁家园支流流域为例［C］//2012 城市发展与规划大会论文集，北京：城市发展研究，2012.

[2]　莫琳，俞孔坚．构建城市绿色海绵——生态雨洪调蓄系统规划研究［J］．城市发展研究，2012，19（5）.

[3]　宋云，俞孔坚．构建城市雨洪管理系统的景观规划途径——以威海市为例［J］．城市问题，2007.

[4]　俞孔坚，乔青，李迪华，袁弘，王思思．基于景观安全格局分析的生态用地研究［J］．应用生态学报，2009，20（8）.

西藏夏步曲干流拉洛电站坝址比选地质分析

司马世华[1]　辛建芳[1]　普　布[2]

(1. 长江岩土工程总公司（武汉）湖北武汉 430010；2. 西藏自治区重点水利
建设项目管理中心，西藏拉萨 85000)

摘　要：西藏夏步曲拉洛水利枢纽坝址规划在峡谷河段。坝址选择中，同时遇到了区域断层、滑坡、崩塌、泥石流及深厚覆盖层等多种地质现象。坝址宜选在库盆较大，宽度适中、区域地质相对稳定，已有地质缺陷易处理且成本较低的峡谷河段，这些条件成为坝址勘察设计的关键因素。对坝址选择起决定性作用的区域性断裂，滑坡和深厚覆盖层等特性，进行定性及危害性分析研究，为比选决择坝址提供了可靠的地质依据，有效规避影响工程建设的重大地质缺陷，准确地提出了本阶段设计推荐坝址，节省了投资。该工程具有高海拔地区峡谷河段坝址选择的典型性。

关键词：坝址比选；岩土问题；分析

Geotechnical Problem Analysis in Comparing and Choosing Dam Site of Lalo Hydro Project

Sima Shihua[1]，Xin Jianfang[1]，Pubu[2]

(1. Changjiang Geotechnical Engineering Corp. (Wuhan)，Wuhan，Hubei Province，Post Code：430010；2. Administration Center for Construction of Tibetan Crucial Hydro Projects，Lhasa，Tibet Autonomous Region，Post Code：85000)

Abstract：The dam site of Lalo Hydro Projec is planned to locate at canyon river part. Domain fault，landslide，collapsing，mudflow and thick capping are found out during the job of dam site choosing. The dam site should be located at canyon river part，where the reservoir basin is big，the width is moderate，the geology condition is good，and geological default could be easily and cheaply handled，and they becomes the key factors to survey and design of the dam site. The article has made qualitative and hazard analysis about area abruption，landslide and thick capping which have decisive effects to choosing of the dam site，and offer credible geological evidence，it helps to avoid vital geological defaults for the construction of the project，suggest the dam site correctly at this design stage，and save the investment. This project also has the classic features of choosing dam site at canyon river part.

Key words：Comparing and Choosing Dam Site；Geotechnical Problem；Analysis

1　工程概况

西藏夏步曲拉洛水利枢纽工程位于日喀则地区萨迦县境内，是雅鲁藏布江右岸一级支流夏布曲干流上的控制性水利枢纽工程，为大（2）型水利工程，等别为Ⅱ等。工程由一个大坝、两个水电站、三个隧洞、四个灌区组成，配套工程主要包括1条总干渠、8条分干渠，总干渠长39.6公里，分干渠总长115.3公里。项目完工后，可为申格孜、扯休、曲美、聂日雄四大灌区提供水源保障。

工程总投资43亿元，规划建设的水库库容3.55亿立方米，可提供1.76亿方/年水量。灌溉土地总面积54.18万亩，可开发利用土地39.89万亩；项目规划建设拉洛、德罗两座电站，总装机容量4.84万千瓦，年发电量1.64亿度。

拉洛水利枢纽建库坝址选在库盆较大而坝址宽度适中的峡谷河段。峡谷河段具有岩质坚硬、松散沉积堆积物和岩石风化厚度不大的优点，但往往也存在滑坡、崩塌等不良地质现象发育的缺陷。根据工程需要，建库坝址选择在夏布曲干流亚木夏瓦——库堆峡谷段。在对该河段的勘察过程中发现了滑坡、崩塌、泥石流及深厚覆盖层等不利地质条件，对坝址能否成立构成直接影响。通过对上述地质问题的准确认识，为坝址选择提供了可靠的地质依据，避开了影响工程的重大地质缺陷，在峡谷河段的坝址选择中具有典型性和代表性。

2　区域地质

2.1　地形地貌

西藏拉洛水利枢纽位于青藏高原中南部，辽阔的高原面上山脉高耸、湖盆星罗棋布，地貌总体表现北部为山原盆地区，南部为高山区[2]。山原盆地区以面状冻融剥蚀、风蚀、盐沼地貌为主要特征，由一系列起伏低缓的丘陵山地和星罗棋布的湖泊及宽缓的谷地构成的缓坡形地貌。南部高山区山地主体为冈底斯山、念青唐古拉山和喜马拉雅山，水系为雅鲁藏布江及其支流，属印度洋水系。山体、水系走向以近东西向为主，局部为北东、北西或近南北向。

夏布曲流域地处冈底斯山脉与喜马拉雅山脉之间的藏南谷地南侧，总体地势自西向东阶梯式递降，南高北低波状起伏。山脊高程多在4500m以上，最高达6092m。夏布曲发源于喜马拉雅山北麓白朗县姆底雪清，河源高程5496m，河口高程3878m，全长185km，年平均径流量7.31亿立方米，河谷形态呈宽谷与峡谷相间分布。

2.2　构造稳定性

勘测区位于喜马拉雅板片之次级构造拉轨岗日陆隆壳片及雅鲁藏布江缝合带之次级构造仲巴——朗杰学陆缘移置混杂地体、日喀则弧前蛇绿岩地体之昂仁——仁布地体。

新构造运动分区属于喜马拉雅边界翘起带，处于四条活动构造带环绕的相对稳定的地块上，北侧为噶尔藏布——雅鲁藏布江断陷谷地带、南侧为喜马拉雅北坡断陷盆地带、西侧为定结——申扎活动构造带、东侧为亚东——康马——羊八井——那曲活动构造带[3]。

区内地震震中主要集中在定结——申扎活动构造带，震级4.7～5.9级。区内以近东西向断裂为主，间或发育北北东向及北西向断裂，均为早——中更新世活动断裂，没有发现晚更新世以来活动的断裂。测区地震动峰值加速度为0.10g、0.15g，相应地震基本烈度为Ⅶ度[4]。

3　坝址河段选择

根据工程需要，建库坝址选择在夏布曲干流亚木夏瓦——库堆峡谷段。

3.1　河段地质条件

夏布曲亚木夏瓦——库堆河段平面形态呈"L"型，长22.1km。河谷剖面形态呈"V"字型，两岸山体雄厚，谷顶高程5000～5500m，谷底高程4055～4255m，谷底宽50～100m，两岸地形坡度一般40°～50°，见图1。

上游亚木夏瓦——加布隆河段地层岩性为二叠系、三叠系板岩、片岩，岩体强度属于中等偏软弱类；下游加布隆——库堆河段地层岩性为花岗岩，属坚硬岩[5]。

峡谷河段内共分布大型滑坡10个，体积（320～3280）×10⁴m³，其中进、出口段各4个，峡谷内2个。滑坡大多发育于板岩、片岩等软质岩层中，以堆积层——基岩滑坡为主。下游加布隆——库堆花岗岩河段崩塌发育，该段长约8km。峡谷进口段亚木夏瓦附近发育大型泥石流堆积体1个，堆积体面积11×10⁴m²，厚度30m左右，体积约330×10⁴m³，临河形成高达50～60m的陡坡。

3.2　不利地质条件

夏布曲亚木夏瓦上游为宽谷河段，是良好的库盆。亚木夏瓦——库堆峡谷河段两岸山体雄厚，上游河段岩层为中等偏软类的板岩、片岩，下游以坚硬花岗岩为主。河谷内无区域性断裂及活断层分布，但滑坡、崩塌等不良地质现象发育。为此，滑坡、崩塌成为该河段内影响坝址选择的主要地质缺陷[6]。

3.3　坝址河段比选

夏布曲亚木夏瓦——库堆河段内河谷狭窄，谷底仅宽50～100m，而滑坡规模大，体积（320～3280）×10⁴m³。当滑坡位于水库内，受库水影响其稳定性将变差，滑坡一旦失稳，将会堵塞河道，近坝滑坡产生的涌浪亦将危及大坝的安全；当滑坡位于坝后的近坝河段，泄洪与大坝之间存在相互作用和相互影响。崩塌发育段对工程亦存在不利影响。因此，坝址选择应避开滑坡、崩塌等重大工程地质缺陷[7,8]，岩土分段主要表现情况：

（1）峡谷进口段发育大型滑坡4个，中小型滑坡亦较发育，分布大型泥石流堆积体1个，库岸稳定性差，不宜选作坝址。

（2）峡谷内亚木夏瓦下游至加布隆河段发育大型滑坡1个，坝址可选在远离滑坡的位置，但进口段的滑坡将位于库内，不利于水库的正常运行，潜在危险较大；加布隆至库堆河段发育大型滑坡1个，两岸崩塌发育，库内滑坡、崩塌对工程的影响较大。

（3）峡谷出口段发育大型滑坡4个，库岸稳定性差，不宜选作坝址。

局部而论，亚木夏瓦下游至加布隆河段选择近坝库岸稳定性好的坝址并不难，但总体分析，无论在峡谷中还是出口段选择都不可避免滑坡或崩塌的不利影响，唯有亚木夏瓦上游的峡谷进口段方可避开滑坡、崩塌的威胁。因此，在对峡谷河段地质条

件分析的基础上，将坝址选在亚木夏瓦上游的峡谷

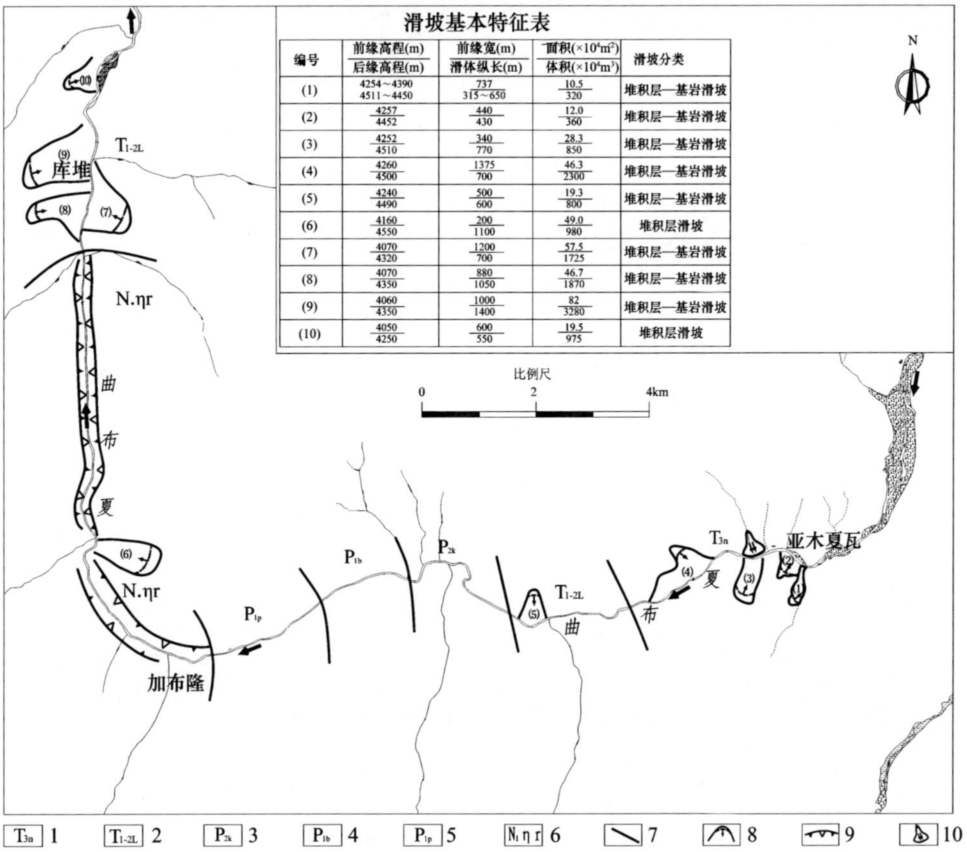

滑坡基本特征表

编号	前缘高程(m) / 后缘高程(m)	前缘宽(m) / 滑体纵长(m)	面积(×10⁴m²) / 体积(×10⁴m³)	滑坡分类
(1)	4254~4390 / 4511~4450	737 / 315~650	10.5 / 320	堆积层—基岩滑坡
(2)	4257 / 4452	440 / 430	12.0 / 360	堆积层—基岩滑坡
(3)	4252 / 4510	340 / 770	28.3 / 850	堆积层—基岩滑坡
(4)	4260 / 4500	1375 / 700	46.3 / 2300	堆积层—基岩滑坡
(5)	4240 / 4490	500 / 600	19.3 / 800	堆积层—基岩滑坡
(6)	4160 / 4550	200 / 1100	49.0 / 980	堆积层滑坡
(7)	4070 / 4320	1200 / 700	57.5 / 1725	堆积层—基岩滑坡
(8)	4070 / 4350	880 / 1050	46.7 / 1870	堆积层—基岩滑坡
(9)	4060 / 4350	1000 / 1400	82 / 3280	堆积层—基岩滑坡
(10)	4050 / 4250	600 / 550	19.5 / 975	堆积层滑坡

图 1 亚木夏瓦——库堆峡谷河段地质略图

1. 三叠系上统涅如组板岩；2. 三叠系中下统吕村组板岩；3. 二叠系上统康马组片岩；4. 二叠系下统比聋组片岩；5. 二叠系下统破林浦组片岩；6. 花岗岩；7. 地层界线；8. 滑坡；9. 崩塌；10. 泥石流

进口段。

4 选择坝址

初拟亚木夏瓦及其上游 1.26km 处两个坝址，根据其所处的上下游位置分别称为下坝址、上坝址。

4.1 坝址区地质简述

坝址区位于峡谷进口段，河流自东向西蜿蜒展布。河谷呈不对称"V"型，左岸略缓，地形坡度一般 20°～30°，右岸较陡，地形坡度一般 40°～50°。谷顶高程 4500～5000m，谷底高程 4254～4260m，宽 150～250m，自上游向下游渐窄，其中河床宽 20～40m，呈近东西向蜿蜒展布；漫滩宽 10～200m，漫滩与河床呈缓坡相接。坝址区分布 I 级阶地，属基座阶地，阶面高程 4300～4310m，阶地物质多被剥蚀，残留少量砾卵石，基座呈基岩平台，高程 4260～4262m，宽 50～140m，见图 1。

坝址区基岩为三叠系涅如组（T_{3n}）变质岩，岩性为泥质、砂质、炭质板岩；第四系有冲积（Q^{al}）、洪积（Q^{pl}）、崩坡积（Q^{col+dl}）及地滑堆积（Q^{del}），其中冲积层为砂壤土、砂、砾卵石等，其余均为碎块石土，基岩滑坡中分布有滑动解体岩体。第四系厚度一般 0～14.4m，仅下坝址左岸分布较厚的崩坡积层，厚 28.3～48m。第四系沉积、堆积层呈中等——强透水性。基岩强风化厚 0～3.4m，弱风化带厚 1.1～20.6m。基岩透水性总体上随深度增加而减小，透水率小于 3～5Lu 的基岩埋深一般 9.5～20.4m。

坝址区河谷为横向谷～斜向谷，片理总体倾向北东（上游），倾角 30°～75°。坝址区共分布 12 条断层或破碎带，断层带宽 3～160cm 不等，断层物质为碎屑夹泥，部分断层充填石英脉。

坝址区两岸共分布滑坡 11 个，滑坡基本情况列于表 1。体积大于 100 万立方米的大型滑坡 2 个，均位于下坝址下游，目前均整体处于稳定状态。体积（10～60）万立方米的中型滑坡 4 个，滑坡编号分别为①、⑤、⑩、⑪，目前均处于整体稳定状态。其中⑤号和⑩号滑坡位于下坝址下游，水库蓄水后，主要受到泄洪冲刷的影响；⑪号位于两

坝址之间，体积30.1万立方米，距下坝址830m，①号位于上坝址上游，体积21.9万立方米，距上

坝址530m，两滑坡前缘高程均低于正常蓄水位，在库水影响下，滑体稳定性将变差。

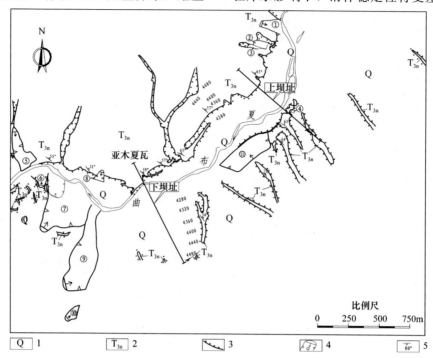

图2　坝址区地质略图

1. 第四系；2. 三叠系上统涅如组；3. 覆盖层与
基岩界线；4. 滑坡及编号；5. 片理产状

表1　坝址区滑坡一览表

编号	岸别	距上坝址距离	前缘高程（m） 后缘高程（m）	前缘宽（m） 纵向长（m）	面积（万平方米） 体积（万立方米）	滑坡分类
①	右岸	530m	4259 4362	120 177	1.46 21.9	基岩滑坡
②	右岸	360m	4307 4360	56 133	0.6 3.0	堆积层滑坡
③	右岸	310m	4320 4375	4 101	0.2 0.9	堆积层滑坡
④	左岸	35m	4286 4300	28 30	0.06 0.12	堆积层滑坡
⑤	右岸	2290m	4252 4415	80 305	3.0 6.0	基岩滑坡
⑥	左岸	2260m	4252 4310	150 115	0.9 9.0	堆积层滑坡
⑦	左岸	1760m	4257 4452	440 430	12.0 360	堆积层——基岩滑坡
⑧	右岸	1610m	4255 4330	100 90	0.5 6.5	基岩滑坡
⑨	左岸	1670m	4254～4390 4511～4450	737 315～650	10.5 320	堆积层——基岩滑坡
⑩	左岸	1670m	4452 4530	110 120	0.8 12.0	基岩滑坡
⑪	左岸	430m	4256～4264 4296～4310	470 153	6.1 30.1	堆积层滑坡

体积＜10万立方米的小型滑坡5个，编号为②、③、④、⑥、⑧。②号和③号滑坡位于上坝址上游，分别距上坝址360m、310m，目前均处于整体稳定状

态，滑坡前缘均高于正常蓄水位，库水对其基本无影响。④号滑坡位于上坝址右坝肩，目前处于不稳定状态，滑坡整体低于正常蓄水位，受库水影响较大，但

体积仅 0.12 万立方米，对坝址影响不大。⑥号和⑧滑坡均位于下坝址下游，库水对其基本无影响，⑥号滑坡目前处于整体稳定状态，⑧号滑坡稳定性差，距下坝址 350m，体积仅 6.5 万立方米，对坝址影响不大。

4.2　关键地质问题

坝址区地处峡谷进口段，为横向～斜向谷，基岩岸坡稳定性好；河床覆盖层厚度不大，仅下坝址左岸分布较厚的崩坡积层；下伏基岩为板岩，岩体强度属中等偏软类，强、弱风化带较薄，基岩透水性总体上随深度增加而减小，透水率小于 3～5Lu 的基岩埋深一般为 9.5～20.4m。总体上具备建中、低坝的地形地质条件，影响坝址选择的主要地质因

素是滑坡及覆盖层厚度。

4.3　比选坝址

始拟的两坝址相距 1.28km，两坝址比选，上坝址比下坝址宽约 70m，但下坝址左岸覆盖层深厚，存在渗漏和边坡稳定问题，基础处理工程量大，大、中型滑坡体分布在下坝址下游附近，泄洪对滑坡稳定性影响较大，滑坡一旦失稳对下坝址影响较大。而上坝址覆盖层薄，基础处理工程量较小，较大规模的滑坡位于上坝址下游 1.6km 以远，上坝址附近滑坡规模较小，处理工程量不大。比较而言，上坝址工程地质条件较好，选择上坝址为推荐坝址。上、下游坝址的工程地质特征见表 2、图 3。

表 2　两坝址工程地质特征一览表

坝址		上坝址	下坝址
工程地质条件	河谷地形	左岸地形坡度 30°～40°，右岸地形坡度 45°左右，河床及漫滩宽约 160m，阶地宽约 100m	左岸地形坡度 19°～27°，右岸地形坡度 50°左右，河床及漫滩宽约 70m，阶地宽约 100m
	覆盖层	覆盖层主要分布于河床、漫滩、阶地。河床、漫滩、阶地覆盖层为冲积砂砾卵石，厚 0～13.5m。两岸局部覆盖崩坡积碎石土，厚 0～10m	覆盖层主要分布于河床、漫滩、阶地及左岸。河床、漫滩、阶地覆盖层为冲积砂壤土、砂、砾卵石，厚 0～14.4m；左岸覆盖层为崩坡积碎石土，厚 28.3～48m
	坝基岩体	两岸基岩裸露，岩性为板岩，岩层倾向上游，倾角 53°～70°，为横向坡。基岩强风化带厚 0～3.4m，弱风化带厚 1.1～8.8m。透水率小于 3～5Lu 的基岩埋深一般为 11.7～20.4m	基岩为板岩，右岸基岩裸露，岩层倾向上游，倾角 54°～75°，为横向坡。风化带厚度：河床、漫滩、阶地覆盖层下伏基岩强风化带厚 0～2.1m，弱风化带 2.7～6.8m；左岸覆盖层下伏基岩强风化带 0～0.7m，弱风化带 0～12.2m；右岸基岩弱风化带厚 20.6m。透水率小于 3～5Lu 的基岩埋深：河床为 9.5～12.5m，左岸 28.3～48.8m，右岸为 24.4m
	滑坡分布及影响	较大规模的滑坡均分布在上坝址下游 1.6km 以远，上坝址附近滑坡规模较小，处理工程量不大	大、中型滑坡分布在下坝址下游附近，泄洪对滑坡稳定性影响较大，滑坡一旦失稳对下坝址影响较大
初步评价		两岸为横向坡，稳定性好。河床及左岸覆盖层厚度不大，下伏基岩强、弱风化带较薄	右岸为横向坡，稳定性好。河床覆盖层厚度不大，下伏基岩强、弱风化带较薄。但左岸覆盖层深厚，存在渗漏及边坡稳定问题

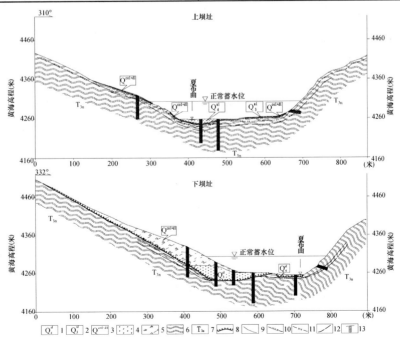

图 3　河谷地质剖面图

5　结语

坝址选择是水电站工程预可研阶段的重要工作内容。西藏拉洛水利枢纽建库坝址选择涉及的工程地质问题较多而且还很复杂，难度大，给科学合理选择坝址带来了相当的困难。勘测选址工作中，本着"先大区域构造，再小环境构造，由面到点，重点分析研究"的原则，开展选址工作。对坝址选择起决定性作用的区域性断裂，滑坡和深厚覆盖层等特性，进行定性及危害性分析研究，方能准确地提出设计推荐坝址。

峡谷河段坝址选择是水利枢纽工程的关键。西藏拉洛水利枢纽建库坝址选择在夏布曲干流亚木夏瓦——库堆，长 22.1km 的峡谷河段。勘察过程中发现河段内滑坡、崩塌发育，成为影响选址的主要地质问题，在对这些问题全面、准确分析的基础上，坝址初步选在亚木夏瓦上游区域构造稳定的峡谷进口段。

峡谷进口段初选上、下游两个坝址进行比选勘测，在进一步勘察工作的基础上，分析认为滑坡、覆盖层厚度成为影响坝址选择的两个关键地质因素，经综合比较验算，初选坝址距下游大规模滑坡较远，且覆盖层厚度不大的上游坝址，作为设计推荐坝址。（大坝布置在日喀则地区萨迦县境内拉洛乡下游约 5.6km 的峡谷进口）。后期的勘察设计成果表明：推荐坝址，较下游坝址比较而言，筑坝技术可行，投资经济合理，可行性极大，具有高海拔峡谷区坝址选择的典型。

参考文献

[1] 陈德基，等.《水利水电工程地质勘察规范》GB 50287—99［M］. 北京：中国计划出版社，2009.

[2] 西藏自治区地质矿产局. 西藏自治区区域地质志［M］. 地质出版社，1993.

[3] 王珊等. 岩土工程新技术实用全书［M］. 长春：银声音像出版社，2004.

[4] 胡厚田，韩会增，吕小平，等.《边坡地质灾害的预测预报》［M］. 成都：西南交通大学出版社，2001.

[5] 陆兆溱.《工程地质学》［M］. 北京：中国水利水电出版社，2008.

[6] 陈省宏，陈敏林，赖国伟，等.《水工建筑物》［M］. 北京：中国水利水电出版社，2004.

[7] 中国地震局. GB18306—2001《中国地震动参数区划图》［M］. 北京：标准出版社，2001.

地铁车站抗浮分析与计算[*]

庞　炜[1]　戴迎春[2]

(1. 北京城建勘测设计研究院有限责任公司，北京，100101；2. 北京市地质研究所，北京，100120)

摘　要：浅埋地下车站中，抗浮设计是一个不容忽视的问题。本文依托长春市地铁1号线一期工程，针对地铁车站结构设计时抗浮分析与计算问题，分析了地下水赋存状态与渗流特性、基础埋深与地下水层关系，通过采用地下水动态监测、动态比拟、频率分析等先进技术手段对长春地区今后百年最高地下水进行了预测，总结出适用于长春地铁1号线工程的抗浮设防水位及地下水浮力取值方法。

关键词：设防水位；浮力；渗流；动态比拟；频率分析

Underground Stations Analysis and Calculation of Anti-floating

Pang Wei[1]，Dai Yingchun[2]

(1. Beijing Urban Construction Exploration & Surveying Design Research Institute Co.，Ltd，Beijing　100101；

2. Beijing Institude of Geology，Beijing，100120)

Abstract：It's an important issue that the anti-floating design is applied in lowly-burried underground stations. The key is to find the definition of thewater level and the appropriate calculation of up lift pressure. The characteristics of the layered groundwater conformations and seepage patterns，the relative relationship of the soil layers and the depth of underground structures are analyzed. Based on the dynamic monitoring of groundwater，dynamic analogy method and frequency analysis to forecast the highest water level，the calculation method of water float is proposed.

Key words：water level for prevention；up lift pressure；seepage flow；Dynamic analogy method；frequency analysis

1　引言

随着现代化城市的建设发展，城市轨道交通快速发展，由于，地铁工程不同于一般民用单体建筑，整体为线状形态，穿越城市多个水文地质单元及分区，且地铁建成后将不同程度地改变区域水文地质环境及地下水赋存、运移条件，使抗浮设防水位确定更为复杂。设计的关键就是抗浮问题，核心内容无外乎抗浮设计水位的确定和结构托浮力的计算。抗浮设计水位取值过高，为平衡设计浮力势必要增加结构自重或抗拔桩等复杂的抗浮措施，使费用增加，造成浪费。抗浮设计水位确定过低，修建或使用期间遇到地下水位上升，则会造成结构开裂、渗水，甚至失效浮起，国内此类安全事故已发生多起。[1]

长春作为吉林省省会，地处东北平原中央，是全省政治、经济、文化、科技和交通中心，共规划有5条轨道交通线路。历史上，长春市抗浮设防水位尚未进行系统的科学研究工作，没有形成一套比较完善的抗浮设防水位研究和计算体系。经调研，已建工程的设防水位多由勘察、设计单位凭经验确定，出现了距离很近的工程但抗浮设防水位却相差较大的现象，这使工程设计或偏于保守或存在安全隐患。长春地铁1号线一期地质勘察工作已基本完成，详勘报告中提供的抗浮设防水位为地表下2m，按此设防水位，各车站均需采取相应的抗浮措施。在详勘报告审查过程中，各地专家通过对长春市地质情况的分析，对此设防水位提出了异议，认为其经济性和准确性还有待商榷。

以1号线试验段庆丰路站为例，若按详勘报告提供的抗浮设防水位与考虑设防水位优化（即水位下降1m）后的抗浮设防水位进行技术经济对比，可节约用于结构抗浮的措施费，约900万元，整条线路节约费用约1.35亿元。此外，可缩短由于试

---

　* 基金项目：济南轨道交通建设对泉水影响研究

桩周期引起的车站工期约2个月。为此，我公司果断决定，与北京城建勘测设计研究院有限责任公司一起开展长春地铁1号线一期工程抗浮设防水位专项研究工作。

2 工程概况

长春地铁1号线一期工程共设15个地下站，线路为南北走向，位于长春冲积洪积黄土台地上，地层自上而下依次为中更新统黄土状粉质黏土、黏土、砂砾石及白垩系泥岩、砂岩。受气候、地形地貌及构造影响水文地质条件复杂，1号线沿线主要

包含台地冲洪积黄土状粉质黏土孔隙水潜水含水层，研究期间水位标高199.89～233.13m，埋深3.40～5.20m，地下水水位年变幅因地而异，市区内变幅较小，一般在2.0m左右，市区外围及郊区变幅较大，一般为3.0～4.0m；台地冰水沉积砂砾石孔隙水承压含水层，研究期间水头标高196.15～212.76m，埋深15.80～33.10m，水位变幅多小于2.0m；基岩裂隙水承压含水层，研究期间水头标高199.70～215.70m，埋深10.92～17.80m，静水位年变幅3.0～5.0m，动水位年变幅达6.0m以上。如图1至图2所示。

图1 长春市快速轨道交通线网

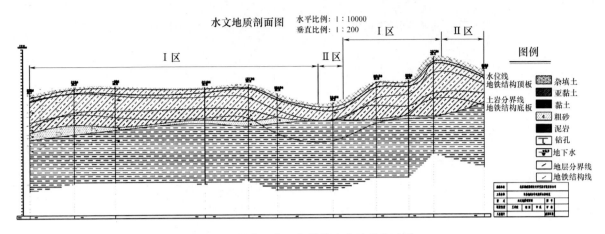

图 2　1 号线一期工程沿线水文地质分区图

3　地下水位预测

3.1　地下水补给量的分析和预测

长春地区各层地下水的补给来源，以大气降水、河渠水、农田绿地灌溉水的垂直入渗补给为主，随着城市的高速发展，地下管线的渗漏也成为其补给来源。根据 2007 至 2009 年长春市水资源公报，平原区地下水补给来源中，2007 年降水补给占 86.1%，2008 年降水补给占 90.8%，2009 年降水补给占 79.4%，因此，地下水的补给来源归根结底是大气降水的垂直渗入补给，因此首先要对大气降水进行预测。

根据 1940 年至 2010 年降水量资料如图 3 所示，绘制降水量差积曲线如图 4，曲线的水平段表示平水年，上升段表示丰水年份，下降段表示枯水年份。可以看出，1940－2010 年系列包含了丰水期、平水期和枯水期，具有良好的代表性。2004 年至今处于偏丰水期。同时采用矩法估计频率曲线参数绘制长春站年降水频率曲线如图 5，在频率曲线上求出指定频率的设计值，从而预测不同频率下的降水量，见表 1。

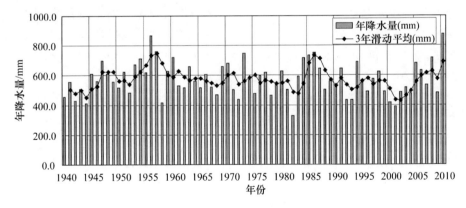

图 3　长春市历年降水量变化图

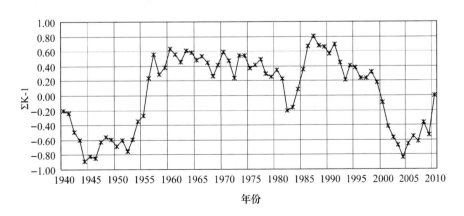

图 4　长春市降水量差积曲线图

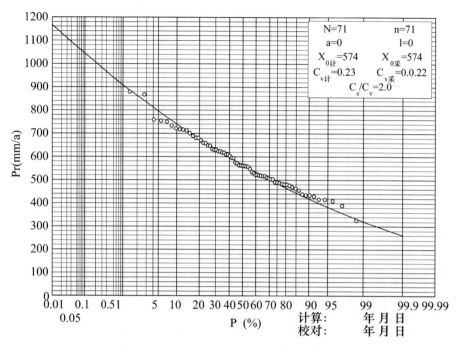

	N=71	n=71
	a=0	l=0
	$X_{0计}$=574	$X_{0采}$=574
	$C_{v计}$=0.23	$C_{v采}$=0.0.22
		C_s/C_v=2.0

计算： 年 月 日
校对： 年 月 日

图5 长春站年降水频率曲线

表1 不同频率降水量计算结果

系列	统计参数			不同频率降水量（mm）			
	平均值	Cv	Cs/Cv	50%	5%	2%	1%
1940～2010	574.0	0.22	2.00	564.7	796.0	861.9	908.4

3.2 地下水排泄量的分析和预测

长春市人均水资源量不足 300m³，属于极度缺水城市。根据 2007 年至 2009 年长春市水资源公报，2007 年长春市总用水量 22.90 亿立方米，2008 年长春市总用水量 19.50 亿立方米，2009 年长春市总用水量 20.75 亿立方米。而 2007 年地下水供水量 8.74 亿立方米占全市供水量的 38.2%，2008 年地下水供水量 9.27 亿立方米占全市供水量的 47.5%，2009 年地下水供水量 9.70 亿立方米占全市供水量的 46.8%，由此可见，长春市地下水排泄方式主要是人工开采。

20 世纪 70 年代由于城市供水的需要，长春市开始大量开采地下水，到 20 世纪 80 年代在城市供水集中开采区分别形成了贾家洼子地段、市中心地段、四间房地段和铁北地段形成了四个比较大的水位下降漏斗，随着开采量的增加有些漏斗中心已近含水层底板，且范围不断扩大，过量开采导致各开采井水量不断衰减，长春市开始限制在开采，并启动引松入长项目。届时由于城市供水水源主要为地表水水源，地下水开采量将得到进一步控制或限采，地下水污染加重、水质变差也使地下水开采量减少，地下水的循环条件有可能恢复到开采之初，承压水位将会缓慢上升，

最终有可能恢复到地下水开采之初的水平，也就是水位埋深普遍为 2～3m。

3.3 动态曲线比拟法确定最高水位

根据长期观测资料分析确定地下水动态变化的特征曲线，利用勘察及研究期间的水位资料分析确定勘察年份地下水位最高值（即地下水位最小埋深）；然后利用预测的最大降雨量及下述公式计算设计标准（P=1%）下的地下水位埋深。如表2所示。

$$WL_d = WL_{min} - \Delta WL \qquad (1)$$

式中，WL_d 为设计标准下的地下水位埋深，m；WL_{min} 为现状条件下（勘察期所在水文年）地下水位最小埋深，m；WL 为设计标准情况下由于降水量增加而引起的地下水位上升值增幅，m。

地下水位上升值增幅，可采用计算：

$$\Delta WL = \Delta WL(P=1\%) - \Delta WL(P) \qquad (2)$$

式中，$WL（P=1\%）$ 为设计标准情况下的地下水位上升幅度，m；$WL（p）$ 为勘察年份地下水位上升幅度，m。

$$\Delta WL = 2.5475 Ln(P) - 13.506 \qquad (3)$$

表2 不同车站抗浮水位计算结果

站名	2010 年最小水位埋深 m	P=1%时地下水位增幅 m	P=1%时最高水位埋深 m
庆丰路站	3.37	0.30	3.07
人民广场站	2.50	0.26	2.24
南湖大路站	3.07	0.34	2.73
卫星广场站	3.50	0.23	3.27

再根据勘察期间水位的差值的平均值，确定其他车站的 $P=1\%$ 历史最高水位埋深。而下部承压水在 50 年代末集中开采初期多数地段的水头埋深为 $2\sim3m$，低洼地段的甚至可以自流；20 世纪 80 年代以后集中开采导致水位大幅下降，但随着近些年限制开采及引松入长等工程的启动，地下水开采量逐年下降，水位也逐渐恢复。再加之长春地铁 1 号线一期工程多采用灌注桩进行支护，结构直接贴着灌注桩进行施工，完成后灌注桩与结构之间的缝隙无法回填密实，从长远来看上下地下水水位会趋于一致，因此，下部承压水水位也取和潜水水位一致。具体如表 3 所示。

4 抗浮设防水位的确定

抗浮设防水位的确定取决于地下结构底板所处土层地下水类型和水头高度，首先对地铁结构埋深与地下土层的相对关系情况进行分析，如表 4 所列的几种情况所示。

根据收集的一号线勘察报告及地铁车站结构埋深情况，其中北环路站、北京大街站、繁荣路站、庆丰路站、卫星广场站、一匡街站属于表 4 中所列编号 5 的情况，上下含水层水位均为考虑的设计水位，上部含水层向下传递过程中有水头损失要考虑折减，其中解放大路站、南湖大路站、南环路站、人民广场站、自由大路站属于表 4 中所列编号 6 的情况，设计水位为下部承压水水位。计算模型如图 6 所示。

按照上述计算模型计算浮力如下，最终确定的抗浮设防水位如表 5 所示。

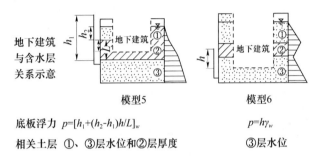

模型5　　　　　　模型6

底板浮力 $p=[h_1+(h_2-h_1)h/L]_w$ 　　$p=h\gamma_w$

相关土层 ①、③层水位和②层厚度　　③层水位

图 6　浮力计算模型

表 3　预测最高水位一览表

工点名称	冲洪积黄土状粉质黏土孔隙水（m）		台地冰水沉积砂砾石孔隙水（m）		基岩裂隙水（m）	
	水位埋深	水位标高	水头埋深	水头标高	水头埋深	水头标高
北环路站	2.9	210.8	2.9	210.8	2.9	210.8
庆丰路站	2.5	217.0	2.5	217.0	2.5	217.0
一匡街站	3.4	215.6	3.4	215.6	3.4	215.6
北京大街站	2.7	213.9	2.7	213.9	2.7	213.9
人民广场站	1.8	217.2	2.3	216.7	2.3	216.7
解放大路站	3.0	212.1	3.0	212.1	3.0	212.1
自由大路站	4.0	202.8	4.0	202.8	4.0	202.8
南湖大路站	2.3	220.0	2.7	219.5	2.7	219.5
繁荣路站	3.1	222.7	3.1	222.7	3.1	222.7
卫星广场站	2.6	233.5	2.6	233.5	2.6	233.5
南环路站	3.6	221.4	3.6	221.4	3.6	221.4

表 4　地铁结构与地下水层的关系

编号	简图	地铁结构与隔水层关系	地下水的作用	抗浮设计需考虑的地下水位
1	地铁结构	结构底板位于上部潜水层中	结构底板要承受地下水的上浮作用	设计水位为潜水水位
2	地铁结构	结构穿过上部潜水含水层，底板位于下部隔水层中	由于地下水的渗流作用，底板存在地下水的上浮作用	设计水位为潜水水位，但需折减
3	地铁结构	结构底板位于上部隔水层中	下部承压水由于渗流作用对底板有浮力作用	设计水位为承压水水位，考虑渗流要折减

续表

编号	简图	地铁结构与隔水层关系	地下水的作用	抗浮设计需考虑的地下水位
4	地铁结构	结构底板穿过上部隔水层，底板位于下部承压水含水层	结构底板承受下部承压水的浮力作用	承压水位为设计水位
5	地铁结构	结构穿过上部潜水层，底板位于隔水层之上，隔水层之下还存在承压水含水层	由于上下含水层的渗流作用，地下水对地铁结构的作用兼有编号2、3所示的特点	上下含水层水位均为考虑的设计水位，上部含水层向下传递过程中有水头损失要考虑折减
6	地铁结构	结构穿过上部潜水层及中间隔水层，底板位于承压水含水层	结构底板承受的上浮力作用同编号4	设计水位为下部承压水水位

表5　抗浮设防水位计算表

工点名称	h_1 (m)	h_2 (m)	h (m)	L (m)	P (kPa)	基底标高 (m)	抗浮设防水位标高 (m)	抗浮设防水位埋深 (m)	模型
北环路站	12.5	18.0	0.6	6.0	131	197.1	210.1	3.6	5
庆丰路站	13.2	19.9	0.6	8.6	136	203.0	216.6	2.9	5
一匡街站	11.8	16.1	1.3	9.5	124	203.0	215.4	3.6	5
北京大街站	10.8	18.2	4.0	8.6	142	199.1	213.3	3.3	5
人民广场站		21.6			216	195.1	217.2	2.3	6
解放大路站		20.5			205	191.6	212.1	3.0	6
自由大街站		19.1			191	183.7	202.8	4.0	6
南湖大路站		22.7			227	196.8	220.0	2.7	6
繁荣路站	16.0	22.6	2.5	11.4	175	204.5	222.0	3.8	5
卫星广场站	19.2	31.6	4.8	13.4	236	209.5	233.1	3.0	5
南环路站		16.4			164	205.0	221.4	3.6	6

注：表中 h_1、h_2、h 及 L 均为平均值。

5　结论

（1）抗浮设防水位应根据场地工程地质、区域水文地质、建筑条件和地貌情况综合确定，根据不同的地质条件、不同的基础埋深及地貌等，分析各种因素对抗浮设防水位影响，采用最不利组合，合理预估建筑场地可能的最高水位，综合确定地下构筑物的抗浮设防水位。

（2）采用水文频率分析利用多年最大降水量，预测频率 $P=1\%$ 时（百年一遇）年最大降水量为 908.4mm。

（3）根据动态曲线拟分析确定了代表性地铁车站的百年一遇（$P=1\%$）的水位埋深的方法是可行的。

（4）地下水浮力计算应针对基础底板与含水层关系区别对待。地下水赋存状态与基础埋深决定了地下水浮力的计算办法，因此，不能一味地按照场地最高水位进行设计，应合理选用计算模型，才能使得结构物抗浮设计既经济又安全。

（5）本次研究成果得到了北京及长春专家的一致好评，结果表明长春地铁1号线一期工程沿线各车站抗浮设防水位均较勘察报告有所下调，下调范围在 0.3～2m 之间，初步估算以节约工程成本约1个亿。

参考文献

[1] 肖林峻，杨治英．地下结构抗浮设防水位和浮力计算 [J]．河北理工大学学报，2009，11（31）：4.

[2] 张在明，孙保卫，徐宏生．地下水赋存状态于渗流特征对基础抗浮的影响 [J]．土木工程学报，2001，2（34）：4.

[3] 肖长来，梁秀娟．降水入渗补给系数的影响因素及其计算方法的探讨．长春地质学院学报（吉林省首届青

年地质工作者学术研究论文集），1991.

[4] 丁桂兰，张兴国. 长春地区地下水形成条件及开发利用现状［J］. 东北水利水电，1985，(8)：32-34.

[5] 中华人民共和国国家标准. 岩土工程勘察规范［S］. GB 50021—2001，2009 版. 北京：中国建筑工业出版社，2009.

[6] 中华人民共和国国家标准. 建筑地基基础设计规范［S］.GB 5007—2002. 北京：中国建筑工业出版社，2002.

济南轨道交通建设对泉水影响预测及情景分析

庞 炜

（北京城建勘测设计研究院有限责任公司，北京 100101）

摘　要：随着经济和社会发展，城市轨道交通已成为城市交通发展的重点。济南作为世界著名的"泉城"，建设轨道交通与泉水生态系统的保护之间不可避免地产生矛盾。作者从分析济南地区水文地质条件入手，结合轨道交通特点，应用Visual MODFLOW对研究区的地下水流进行了数值模拟，利用情景分析预测未来济南市轨道交通建设中及建设后的地下水水位的动态变化，为泉水系统与轨道交通和谐共处提供了科学依据。

关键词：轨道交通；情景分析；数值模拟；MODFLOW

A Scenario Analysis Study On Influence Of Urban Rail Transit Engineering To Spring Ecosystem In JINAN

Pang Wei

（Beijing Urban Construction Exploration & Surveying Design Research Institute Co.，Ltd，Beijing 100101）

Abstract：As economy and society develop，rail transit become important option to many cities. Jinan city is famous for its springs in the world. Rail transit is about to construct in Jinan city. Thus，contradiction between rail transit and spring will produce. In this paper，author discusses hydrogeologic condition. After introduce characteristics of rail transit，the numerical simulation for the groundwater is carried out with Visual MODFLOW，applies scenario analysis to forecast variation of the groundwater level and the flow fields in rail transit construction. The conclusions in this paper supply support for the spring ecosystem in rail transit construction in Jinan city.

Key words：Urban Rail transit；Scenario Analysis；Numerical Simulation；MODFLOW

1　引言

近年来，随着经济的快速发展，许多城市为改善投资环境，促进社会经济进一步发展进行大规模工程建设。在此情况下，不可避免地对地下水补、径、排及其流场变化产生影响。数值模拟方法是目前模拟地下水流动和评价地下水资源量的主要方法之一，相比以往的方法，这种方法以其有效性、灵活性和相对廉价性而成为地下水研究领域中一种不可或缺的重要方法，并受到越来越大的重视和广泛的应用。

济南市以其独特的地层结构和地质构造成就了"世界泉城"的美誉，随着经济快速发展，轨道交通建设被提上日程。但轨道交通工程埋于地下，涉及范围较广，对地下水的影响不容忽视，必须解决好轨道交通工程建设、运营与泉水的关系，确保济南泉水正常喷涌。以往的地下水研究方法投资大、耗时长，不太适合做长期地下水流场变化预测。因

此，利用地下水模拟软件的强大功能，可以直观方便地显示轨道交通结构施工及运营期间地下水流场的变化，从而为轨道交通建设期间和后期运营提供决策依据，同时达到节约投资、合理规划的目的。

2　研究区概况

济南地处鲁中山地的北缘，南依泰山，北临黄河，地形南高北低，变化显著。独特的地理环境及地质构造形成了济南泉域，济南泉域总体为单斜构造，地形南高北低，南部低山丘陵区，寒武和奥陶系灰岩裸露，地表岩溶发育，易于接受大气降水补给。地下水沿单斜构造向北运动，受北部燕山期岩浆岩侵入体的阻挡；同时由于千佛山和文化桥两条断裂带之间形成"地垒"，市区灰岩向北凸出，地下径流在这一带受到西、北、东三面的阻挡，水头抬高，在较高压力下沿灰岩裂隙岩溶通道和岩浆岩构造裂隙穿过不厚的松散层或被溶蚀的砾石层于低洼地段喷涌成泉。

济南泉域范围东至东郊、港沟、西营一线，西部以长清、马山一线为界，北部在市区以北以黄河为界，南到南部地表分水岭。地理坐标为 E116°40′30″～117°14′10″，N36°28′50″～36°46′10″，面积约 1 500km²。[1]

3　模型构建

3.1　模型构建思路

模型构建思路如图 1 所示。基于资料调研，完成研究区的范围及含水层空间结构的概化，设定初始条件、边界条件及源汇项，建立研究区的水文地质概念模型；把水文地质条件数学化，用数学关系式描述地下水流场的数量和结构关系，建立数学模型；对泉群研究区域进行有限差分，剖分网格，离散研究区域；率定关键的水文地质参数，进行模型验证；基于建立的模型，针对轨道交通建设中及建设后可能遇到的情况进行了情景分析，模拟和预报未来济南市轨道交通建设中及建设后的地下水水位的动态变化，以提供决策支持。

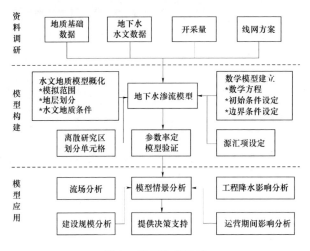

图 1　模型构建思路

3.2　水文地质概念模型

研究区西部以马山断裂为界，东部以文祖断裂为界，南部以泰山北麓山脊为界，北部边界为沿长清县城北——平安店——小金庄，向北至小清河一段，如图 2 所示。研究区的渗流系统由第四纪松散岩类孔隙水含水层、岩溶水和岩浆岩裂隙水组成，三者之间存在复杂的水力联系。根据已有的钻孔资料（1894 个钻孔及 39 组抽水试验）和水文地质资料，对研究区进行了三维地质建模，概念模型共分为五层，从上往下岩性依次为第四系含水层、碎石层及残积土、全风化岩浆岩、强中风化岩浆岩、灰岩。北部边界为沿长清县城北——平安店——小金庄，向北至小清河一段，在现状条件下，与黄河冲积平原形成的含水层有水量交换，在模型中以通用水头边界处理，小清河作为北

部边界的一段，与研究区地下水有水量交换，在模型中作为河流边界处理，由于地下灰岩顶板上覆盖孔隙含水层，灰岩可作为隔水边界，但其上部覆盖的孔隙含水层与研究区外地下水有水量交换，所以灰岩以上作为径流边界。东部边界为文祖断裂，是一条隔水断裂，可作为隔水边界。南部边界为泰山北麓山脊线可作为零通量边界。西部边界在马山断裂南端，季家庄——马东——岗辛庄一线为隔水断裂，可作为隔水边界；岗辛庄——新周庄，具有弱透水性，断裂两侧有微量的水量交换，可作为径流边界；新周庄——老屯，透水性较强，亦可作为径流边界处理。综上所述，将研究区概化为非均质各向同性三维非稳定地下水流系统。

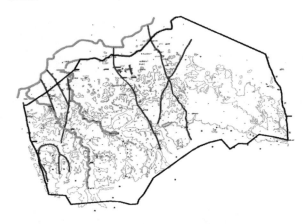

图 2　研究区数值模拟范围

3.3　数学模拟模型

根据上述水文地质概念模型，可建立研究区的地下水流数学模拟模型，如下式所示：

$$\frac{\partial}{\partial x}\left(k_x \frac{\partial H}{\partial x}\right) + \frac{\partial}{\partial y}\left(k_y \frac{\partial H}{\partial y}\right) +$$
$$\frac{\partial}{\partial z}\left(k_z \frac{\partial H}{\partial z}\right) + W = S_s \frac{\partial h}{\partial t} \qquad (1)$$

$$H(x, y, z)\mid_{\Gamma 1} = \varphi(x, y, z) \qquad (2)$$

$$k \frac{\partial H}{\partial n}\mid_{\Gamma 2} = q(x, y, z) \qquad (3)$$

$$H = Z \qquad (4)$$

式中：H 为渗流场的水头；k_x、k_y、k_z 为三个主渗透方向的渗透系数；S_s 为贮水率；$W = W(x, y, z, t)$ 为含水层的源汇项；Γ_1、Γ_2 分别为第一、第二类边界条件；（4）式为可能逸出面边界条件，自由面边界须同时满足式（3）和（4）。在应用公式（1）计算岩溶水时将岩溶视为等效的多孔介质。

采用 Visual MODFLOW 对上述模型进行求解。计算模拟区水平面积为 2614.23km²，采用矩形网格进行剖分，网格剖分采用不同的尺寸，在南起经十路，北到明湖北路，西自大纬二路，东至山大路所围成的泉水集中出露的核心区域，共剖分为

159行、136列、5层，共108120个单元，每个单元格均为50×50m² 的正方形，其他区域共剖分为204行、263列、5层，共268260个单元，每个单元格均为300×300m² 的正方形。

3.4 模型识别与验证

根据水文地质模型所建立的数学模型，必须反映实际流场的特点，因此，在进行模拟预测前，必须对数学模型进行校正（识别），即校正其方程、参数以及边界条件等是否能确切地反映计算区的实际水文地质条件[2]。研究区内南部出露有变质岩和寒武奥陶灰岩，北部为第四系，下覆岩浆岩层，根据岩性不同进行参数分区。研究区岩溶地层岩性及构造控水特征明显，岩溶发育程度及富水程度极不均匀，渗透特征成方向性变化，岩溶分布具有明显的水平及垂直分带特征。根据模拟研究区的地质构造、岩石特性及岩溶发育程度、抽水试验资料等，并结合长期以来对我国北方型裂隙岩溶水演变规律的研究成果[3,4]，将模拟研究区的渗透系数、贮水率、给水度等分为若干参数分区，图3为研究区第五层灰岩的参数分区图。

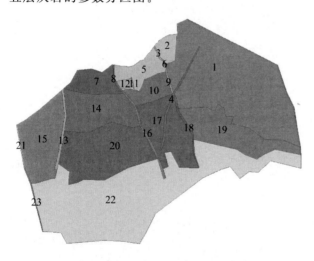

图3　研究区第五层渗透系数及贮水率分区图

模型参数的识别采用间接法，即假定同一参数分区内水文地质参数相同，先给出各个参数的范围值，采用自动手动相结合的方法，通过计算水位和实际水位的拟合分析[5]，反复地修改参数，当两者之间误差达标准后，即认为此时的参数值代表含水层的参数。

模型的拟合时间从2005月4月1日到2006年12月31日。时间步长以一个月计算，共分为21个时段。在整个拟合校正过程中，以研究区内观测孔实际观测水位作为模型识别的依据。模型以2005年4月1日的岩溶水等水位线作为模型的初始流场，源汇项的处理为：储水率根据现场抽水试验和经验值取值；河流的水位是实际资料；开采地下水水源

地开采量按照井点处理，来源于水源厂及自备井实际调查，地下水开采水源地主要位于模型范围的北部，但所收集的地下水开采量与资料统计的总量相比较少，资料统计东郊的地下水平均开采量为35万立方米/天，因此在模型中经识别加进了几个开采井；泉按排水沟边界处理；侧向交换量经模拟识别确定；农业开采按井点处理；降雨入渗按强度给出，降雨入渗系数在城区较小为0.09，在灰岩地区较大，经模型识别为0.38。对模型采用PCG2（预调共轭梯法）进行求解，经1000次迭代得到在给定水文地质参数和各均项条件下地下水位的时空分布。

在模拟区选取28个有代表性的岩溶水观测孔，其中部分观测孔地下水位计算值与观测值拟合见图4，第五层岩溶水参数识别结果见表1，误差绝对值的平均值为0.05m，其中拟合误差的绝对值小于0.1m的观测井数占总观测井数的90%，可见计算水位与实测水位达到了很好的拟合，说明所建立的水文地质概念模型和数学模型是正确的。

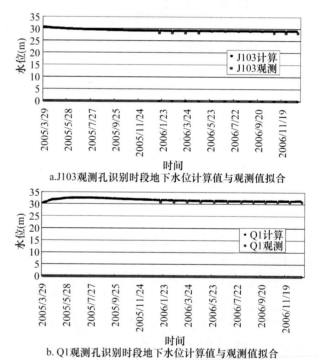

a.J103观测孔识别时段地下水位计算值与观测值拟合

b.Q1观测孔识别时段地下水位计算值与观测值拟合

图4　识别时段地下水位计算值与观测值拟合图

表1　研究区第五层岩溶水地下水流数值模拟拟合参数

分区号	K_x (m/d)	K_y (m/d)	K_z (m/d)	S_s (1/m)
1	5	5	0.5	1.00E-05
2	38.6	47.9	3.68	1.00E-05
3	0.01	0.01	0.001	1.00E-07
4	10	10	1	1.00E-05
5	100	100	10	1.00E-05
6	50	50	5	1.00E-05
7	73.8	66.9	6	1.00E-05

续表

分区号	K_x (m/d)	K_y (m/d)	K_z (m/d)	S_s (1/m)
8	100	100	10	1.00E−04
9	0.01	0.01	0.001	1.00E−07
10	50	50	5	1.00E−05
11	100	100	10	1.00E−05
12	200	200	20	2.40E−05
13	6	6	0.6	1.00E−05
14	2.06	1.53	0.41	1.00E−05
15	2.19	2.16	0.98	3.00E−06
16	0.01	0.01	0.001	1.00E−07
17	20	20	2	1.00E−05
18	0.01	0.01	0.001	1.00E−07
19	20.1	21.6	1.95	1.00E−05
20	5	5	0.5	1.00E−05
21	5	5	0.5	7.00E−05
22	5	5	0.5	1.00E−07
23	0.01	0.01	0.001	1.00E−07

为进一步验证所建立的数学模型和模型参数的可靠性，利用已有的其他时段的地下水位动态观测资料对数学模型进行了检验。选用 2007 年、2008年、2009 年的实际观测资料作为对比，模型识别阶段与拟合阶段一致，以一个月为一个应力期，共57 个阶段，对模型范围内的地下水渗流场又进行了一次校核分析。模型检验时段的主要补给来源为降水入渗，主要排泄为人工开采。从拟合和验证结果来看，研究区地下水流场模拟结果与实际相符，大多数观测井的模拟计算值与实测值吻合良好，绝对误差较小。岩溶水的拟合检验结果分别见图5，模型识别和检验结果证明所建立的数学模型、边界条件及调定的水文地质参数和源汇项都是正确可靠的，能够反映研究区主要地区地下水动态的主要影响因素，比较准确地模拟了地下水水流变化状况，正确地描述了研究区渗流场的本质特征，再现了研究区地下水流场的实际变化规律，可以运用该模型进行地下水流系统的预报。

4 情景分析

本文分别针对轨道交通建设中及建设后可能遇到的情况进行了情景分析，包括降水条件下轨道交通施工影响情景分析、建设规模情景分析、运营50 年后情景分析，模拟和预报未来济南市轨道交通建设中及建设后的地下水水位的动态变化。

4.1 降水条件下轨道交通施工影响情景分析

研究区大部分属于灰岩深埋区，在轨道交通建设影响范围内，地下水以浅层孔隙水为主，触及不到岩溶水，从而不会影响泉水的喷涌。而在泉水集中出露的城市功能的核心区，是轨道交通线网规划的重点区域，同时也是泉水集中出露、地质结构变化大，构造异常复杂地段。该区域浅层50m 范围内同时分布着第四纪土层、岩浆岩岩体和灰岩。特别是在历山路、经十路、泉城路和泺源大街等这些城市主干道，泉水通道埋深较浅，因此假定建设过程中采用降水的措施，分别预测在降水建设的工况下在历山路、经十路、泉城路和泺源大街进行轨道交通建设过程中轨道交通隧道底板属于不同埋深（12m、15m、20m 三种情况下）时岩溶水水位，计算出轨道交通建设对泉流量的影响。在模型中将各条线路定为定水头边界，水头值为轨道交通隧道底板标高。以 2009 年12 月的孔隙水、裂隙水、岩溶水的等水位线作为初始流场，采用稳定流计算，计算出各条线路在降水到一定水头条件下的流场及泉流量，将计算出的泉流量与轨道交通建设前的泉流量作对比，分析各条线路在隧道底板不同埋深的情况下进行轨道交通建设时的适宜程度。预测结果显示在这几条城市主干道轨道交通施工若采取降水措施会对泉水造成一定的影响，甚至导致泉水停喷。如在泺源大街施工，将地下水降至地下 15m时，四大名泉将全部停止喷涌；图5 显示了降水条件下，在泉城路一线分不同深度布设轨道交通结构时的泉流量变化情况，由图可知，轨道交通结构埋深 15m 时，泉流量减少50% 以上，埋深 20m 时泉水停喷。

4.2 建设规模情景分析

在轨道交通建设的过程中可能会考虑同时修建两条或几条线路，在模型中将各条线路定为定水头边界，水头值为轨道交通隧道底板标高，同时考虑采取降水的措施。降雨补给采用 2009 年降雨量，以 2009 年12 月的孔隙水、裂隙水、岩溶水的流场作为初始流场，进行了稳定流计算。预测结果显示两条线路同时修建时泉流量减少量增加，如历山路和文化西路同时修建时泉流量减少量达到31.58%；三条线路同时修建时泉流量减少量增加更多，如大明湖路、经十路与文化西路同时修建时泉流量减少量达到了 34.91%。

4.3 运营 50 年后情景分析

研究区地下水的补给主要为大气降水入渗补给，通过调研降雨量大约 10 年为一个周期且总体上呈增加的趋势，在模型中，取近十年的平均大气降雨量来预测 2010—2049 年的大气降雨量，在2013—2015 年是丰水年，2010—2012 为枯水年，

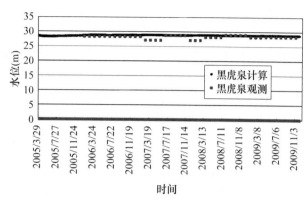

a.验证时段黑虎泉地下水位计算值与观测值拟合

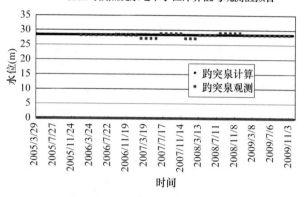

b.验证时段趵突泉地下水位计算值与观测值拟合

图 5　验证时段地下水位计算值与观测值拟合图

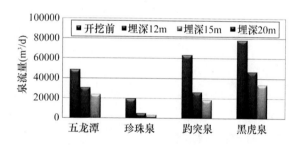

图 6　降水条件下泉城路泉流量对比图

以后四十年内以十年为一个周期，相应的年份对应丰水年与枯水年。在本次计算中以一年为一个应力期，共分为 50 个应力期，取近十年的年平均降雨量预测后五十年的年平均降雨量，进行非稳定流计算，轨道交通轨道在模型中采用防渗墙边界，在降水条件下达到稳定后的流场作为初始流场预测轨道交通建设完成且运营五十年后地下水流场及泉流量变化。预测结果显示，在降水条件下轨道交通建成 50 年后对整个区域内流场没有很大影响，流场变化不大，五龙潭、珍珠泉、趵突泉、黑虎泉流量分别为 50837　m³/d、20566　m³/d、67138m³/d、78824m³/d，泉的总流量增加了 4.24%。

5　结论

（1）从数值模拟结果可以看出，所建立的水文地质概念模型和数学模型是正确的，选取的水文地质参数和计算的源汇项基本合理，符合济南地区地下水的实际情况，可用于流场研究和轨道交通线网规划。

（2）研究区大部分属于灰岩深埋区，灰岩埋置深度超过 50m，在轨道交通建设影响范围内，地下水以浅层孔隙水为主，轨道交通建设触及不到岩溶水，不影响泉水的补给和径流合排泄。因此，在这些区域进行轨道交通工程建设几乎对泉水没有影响。

（3）在泉水集中出露的城市功能的核心区，岩溶水埋置深度较浅，在降水条件下进行轨道交通建设，会对泉水造成一定的影响。特别是泺源大街和泉城路，进行轨道交通建设会显著影响泉水喷涌，甚至导致断流，对泉水生态系统影响较大。

（4）随着轨道交通建设规模的增大，对泉水喷涌的影响也随之增大，因此应避免同时修建多条轨道交通。

（5）在轨道交通建成 50 年后对整个区域内流场没有影响，流场几乎无变化，且计算结果显示五十年之后泉流量有一些增加。

参考文献

[1]　王庆兵，段秀铭，等．济南岩溶泉域地下水位监测[J]．水文地质工程地质，2007，2：1-8.

[2]　林学钰，侯印伟，等．地下水水量水质模拟及管理程序集[M]．长春：吉林科学技术出版社，1988，1-7.

[3]　朱学愚，等．中国北方裂隙岩溶水水资源和水污染研究[Z]．2002.

[4]　周念清，等．中国北方岩溶区优势面控水机理及优势参数的确定与应用[J]．地质论评，2001，02.

[5]　Reevea A. S，Warzochaa J. et al. Regional ground-water flow modeling of the Glacial Lake Agassiz Peatlands，Minnesota [J]．Journal of Hydrology，2001，243（1-2）：94-100.

[6]　金淮，等．济南轨道交通建设对泉水生态系统的影响[J]．都市快轨交通，2010，06.

[7]　李平，卢文喜，等．Visual MODFLOW 在地下水数值模拟中的应用——以公主岭市黄龙工业园水源地为例[J]．工程勘察，2006，3.

石家庄市区地下水位动态影响因素分析

周玉凤[1]　容建华[2]　金　淮[1]　郭现钊[2]　朱国祥[1]

(1 北京城建勘测设计研究院有限责任公司，北京　100101；2 石家庄市轨道交通有限责任公司，河北石家庄　050000)

摘　要：本文通过对石家庄市区地下水位动态变化规律进行分析，将石家庄市区的地下水位多年动态划分成10个不同阶段；通过分析不同阶段地下水位的变化特点和引起地下水位变化的因素，得出了石家庄市区地下水位动态主要受大气降水、地下水开采和水库放水等因素的影响，同时分别对降雨量、地下水累计开采量和水库放水引起地下水位变化进行统计回归，得到了地下水位升幅与降雨量的关系、地下水位埋深与地下水累计开采量的关系以及地下水位升幅与观测孔距滹沱河距离之间的关系，相关性均较好。

关键词：地下水位动态；降雨量；地下水开采量；水库放水

Analysis of effects on the groundwater regime in Shijiazhuang city

Zhu Guo-xiang[1]，Zhou Yu-feng[1]，Rong Jian-hua[2]，Jin Huai[1]，Guo Xian-zhao[2]

(1. Beijing Urban Construction Exploration & Surveying Design Institute Co. Ltd. ；2. ShiJiaZhuang Metro Co. ，Ltd.)

Abstract：10 stages are experienced according to the groundwater regime in Shijiazhuang city . Based on the analysis of the fluctuation data in above 10 stages，the principal effects of precipitation，groundwater mining and water release from Huangbizhuang reservoir on the groundwater regime are revealed in this paper. In addition，good relations of groundwater increase vs precipitation，groundwater depth vs accumulated amount of groundwater mining and groundwater increase vs distance from Hutuo River are deduced respectively.

Key words：groundwater regime；precipitation；amount of groundwater mining；water release of reservoir；Shijiazhuang city

1　前言

石家庄市区是我国华北地区地下水资源严重枯竭的地区之一，目前地下水位埋藏较深。由于浅层地下水大幅度下降，给石家庄市带来了众多的环境地质问题。因此分析石家庄市区地下水位动态变化规律，研究引起地下水位变化的各种因素及其影响程度，对石家庄市区地下水资源的合理利用，减轻对地质环境的破坏以及合理确定建设工程的抗浮设防水位均具有重要的意义。

2　石家庄市地形地貌特点

石家庄地区跨太行山地和华北平原两大地貌单元，西部为太行山地，东部为滹沱河冲积平原，地势西高东低。从石家庄市西部山前至石家庄市区，地貌单元依次为构造剥蚀低山丘陵区、剥蚀及侵蚀堆积山前平原区和侵蚀堆积平原区。在市区的北部沿滹沱河两侧分布有二级阶地、一级阶地和河漫滩等地貌单元。石家庄市主体位于侵蚀堆积平原区（Ⅲ），见图1。侵蚀堆积平原区（Ⅲ）主要是晚更新世时期以来由滹沱河冲洪积形成的扇形地，宏观上保持原来的微倾斜地貌特征。滹沱河上游修建有黄壁庄水库。石家庄市区地势开阔，地形总体上由西向东缓倾，地面高程一般在 60.0～90.0m 之间。

3　含水层岩性及分布特点

根据含水层沉积年代和地下水埋藏条件，将第四系松散岩层孔隙水分为浅层孔隙水和深层孔隙水。

（1）浅层孔隙水

浅层孔隙水含水层主要是上更新-全新统的砂卵石、砂砾石和中粗砂层（简称 Q_{3-4} 砂卵砾石，图2中的Ⅰ层），区内该含水层均有分布，埋藏深度5～90m，厚度由山前的几米向东逐渐增至90m，目前 Q_{3-4} 砂卵砾石含水层多数已被疏干。

其次是中更新统的砾卵石、砂砾石（简称 Q_2 砂砾卵石，图2中的Ⅱ层），该含水层广泛分布于

图1　石家庄区域地貌图

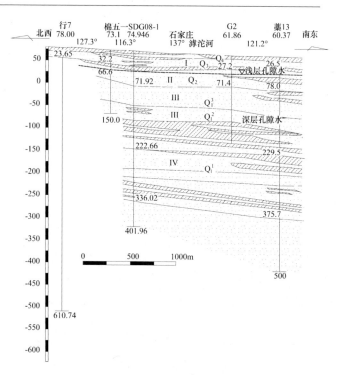

图2　石家庄市水文地质剖面图
（沿滹沱河冲洪积扇轴部）

工作区，埋藏深度西部为40m，向东逐渐加深至200m，厚度由山前的十几米，向东逐渐增至120m，该含水层为石家庄地区目前主要开采层。

（2）深层孔隙水

Q_{2-4}含水层组以下为下更新统（Q_1）孔隙承压含水层组，此含水层组主要由两个含水层组成，即$Q_1^2-Q_1^3$含水层（图2中的Ⅲ层）和Q_1^1含水层（图2中的Ⅳ层），统称为深层孔隙水。此含水层组主要分布于滹沱河大桥－谈固以东和滹沱河以北地区，含水层岩性主要为砂卵石、砂砾石、中粗砂和中细砂层。

4　石家庄市区地下水多年动态变化规律

石家庄地区1959年就开始了地下水位动态监测，积累了大量地下水位监测数据。利用收集到的监测数据，研究地下水位的多年动态变化规律，有助于揭示影响该地区地下水位升降的主要因素。

石家庄市区由于地下水开采量较大，多年来地下水呈现出以快速下降为主的特点（见图3）。由于受不同影响因素的作用，不同时间段地下水动态表现出各自的特点，大致可分为10个阶段。

①初始阶段

1971年以前石家庄市地下水处于未受人为影响的初始状态，在该时段内连续多年出现丰水年，地下水主要由大气降水补给，市区地下水位埋藏较浅，水位动态变化不大。

②首次下降阶段

1972～1976年黄壁庄水库弃水量总体减少，石家庄市首次出现地下水位连续下降，期间虽在

1973年受黄壁庄水库放水影响，地下水位一度有小幅回升，但随后地下水位又连续下降。

③小幅回升阶段

1977～1979年受黄壁庄水库放水影响石家庄市地下水位出现小幅回升，但城区地下水位总体上仍略低于初始阶段的水位。

④持续较快下降阶段

1980～1987年为连续平枯水年，黄壁庄水库无弃水，地下水开采量较大，仅水源地每年集中开采量在$1～1.2×10^8 m^3/a$，地下水位持续下降，水源开采中心地下水位累计下降约21m，年均降幅达2.6m/a。

⑤平稳阶段

1988～1991年，虽然地下水开采量较大，但黄壁庄水库放水量也较大，因此地下水位变化不大，个别年份地下水位出现小幅回升。

⑥快速下降阶段

1992～1995年又遇连续平枯水年，黄壁庄水库无弃水，地下水开采量增大，仅水源地集中开采量增加到$1.8～1.9×10^8 m^3/a$，水源开采中心地下水位降幅12.8m，年平均降幅达3.2m/a。

⑦大幅回升阶段

1996年石家庄市遇丰水年，年降雨量超过1000mm，各地发生洪灾，洪水使地下水位快速回升，上升幅度达16m。

⑧快速下降阶段

1997～2001年又为连续平枯水年，水源地集

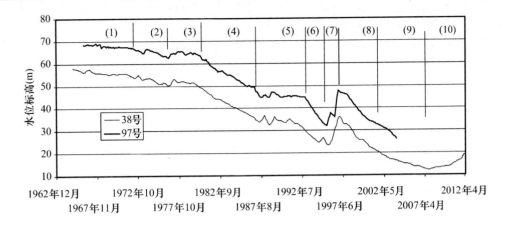

图 3　石家庄市区地下水位动态变化
规律（观测孔位置见图 8）

中开采量为 $1.6\sim1.8\times10^8\,m^3/a$，地下水位又出现持续下降现象，水源开采中心地下水位下降幅度达 13m，年均降幅达 3.25m/a。

⑨下降趋缓阶段

2002～2007 年，地下水开采量逐年减少，但受黄壁庄水库副坝截流影响和遭遇连续平枯水年，地下水位仍继续下降，降幅约为 7.3m，年均降幅约为 1.2m/a，降幅趋缓。

⑩缓慢回升阶段

2008 年至今，地下水开采量仍逐年减少，又遇 2008 年和 2009 年连续丰水年，地下水位开始缓慢回升。

5　影响地下水位变化的因素

从上述地下水位多年动态变化规律的分析中得知，石家庄地区影响地下水位升降的因素主要有大气降水、地下水开采、黄壁庄水库放水、灌溉回归水入渗等，以下对影响地下水位变化的各个因素逐一进行分析。

（1）大气降水影响

石家庄地区大气降水是地下水的主要补给来源之一，虽然近年来市区由于地面硬化面积扩大，地下水入渗条件变差，降水对地下水补给有所减弱，但郊区、市区绿化带及公园绿地等区域降水入渗条件较好，降雨对地下水的补给量较大。

为分析降雨对地下水位的影响，本次对石家庄市每年 7、8 月份的降雨量和市区西部山前地带地下水位的升幅进行统计分析，统计分析采用的地下水位变化数据选用石家庄市区西部地面硬化程度较小、受地下水开采影响不大的地下水长期观测孔中的观测值。统计分析表明，降雨量与地下水位升幅有较好的相关性（见图 4），相关系数达 0.95。当集中降雨量为 100mm 时，地下水位上升约 0.1m；

当集中降雨量达到 500mm 时，地下水位升幅达 1.7m。

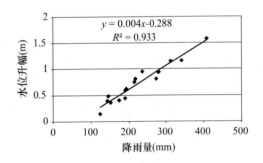

图 4　大气降水与地下水位升幅统计关系

（2）地下水开采影响

为研究地下水开采对地下水位埋深变化的影响，我们收集了石家庄市区地下水开采量（包括水源地集中开采量、自备井开采量、郊区及正定县的开采量）和地下水降落漏斗中心附近地下水位埋深数据（见图 5）。

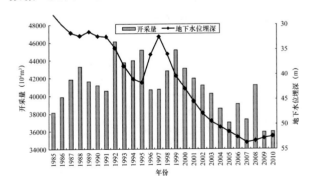

图 5　地下水开采量与地下水位埋深变化图

由于石家庄地区地下水位动态受多种因素影响，因此从图 5 中似乎看不出地下水位埋深随地下水开采量增大而加深、随开采量减少而上升的规律。但从图 5 中发现 1999～2007 年每年的开采量逐年减少，而地下水位埋深却逐年增大。究其原因，1998 年以后，黄壁庄水库副坝除险加固工程实施后，基本上阻断了黄壁庄水库对地下水的补给，而且 1999～2007 年总体为连续的平枯水年，平均降雨量 473mm，每年降雨量对年平均水位埋深的影响差别不大，因此该时段内地下水位变化可近似认为只受地下水每年累计开采的影响。为此以 1999 年的开采量和地下水位埋深为基础，对 1999～2007 年间地下水位埋深和累计开采量进行统计分析，以期找出隐藏着的某种规律。统计分析表明，地下水累计开采量与漏斗中心附近地下水位埋深有很好的相关性（见图 6），相关系数达 0.99。由此说明，在外来补给减弱的情况下，石家庄地区即使开采量每年递减，但由于累计开采量的增加，地下水位仍然逐年下降，但下降幅度逐年减少。

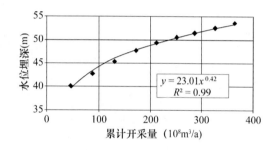

图 6　地下水累计开采量与地下水位埋深关系

（3）黄壁庄水库放水影响

黄壁庄水库是石家庄市最大的地表水体，通过对黄壁庄水库放水和地下水位动态变化关系进行分析，不难看出，石家庄市区地下水位变化受黄壁庄水库放水影响较大（见图 7）。图中 1977～1979 年，受黄壁庄水库放水影响，地下水位

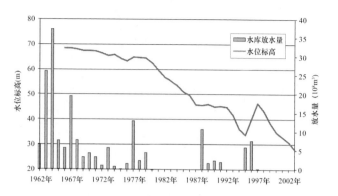

图 7　黄壁庄水库放水和地下水动态变化的关系

明显上升；1988～1991 年受黄壁庄水库放水影响，地下水位下降的趋势得到控制；1995 年～1996 年，受黄壁庄水库放水影响，地下水位出现大幅度回升。

为分析黄壁庄水库放水对石家庄市区地下水位上升影响程度，本次选择 1977 年黄壁庄水库放水引起地下水位上升数据进行分析。从地下水位多年动态规律分析可知，1977 年石家庄市区地下水开采对地下水位影响相对而言还不算太大，此外，水库放水引起地下水位上升一般在 4 个月内已达到最大值，在这 4 个月中地下水开采引起的水位下降也不会太大，因此采用 1977 年的相关数据进行分析时，可忽略地下水开采因素的影响。

根据资料记载，1977 年黄壁庄水库放水 12.9903×10⁸m³，石家庄市区离滹沱河约 10km 范围内的观测孔中水位有明显变化，观测孔位置详见图 8。通过对数据进行统计分析，得到黄壁庄水库放水引起地下水位升幅随观测孔离滹沱河距离的关系（见图 9），结果表明，水库放水引起地下水位上升的幅度与观测孔离滹沱河的距离之间呈对数关系，相关系数达 0.91。

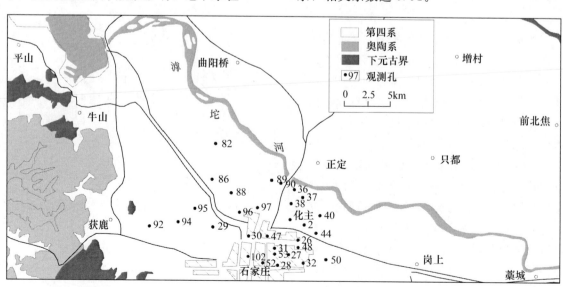

图 8　观测孔分布图

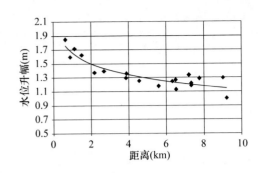

图9　黄壁庄水库放水引起地下水位升幅随观测孔距
滹沱河距离的关系（1977年）

然而，由于水库放水通常在雨季进行，因此上述关系中包含了降雨对地下水位的影响，特别是离滹沱河较远的观测孔中，因降雨引起的地下水位上升部分可能占更大的比例。

（4）灌溉回归水入渗影响

灌溉回归水入渗也是地下水的补给来源之一，石家庄市周边每年春灌和秋灌季节有大量农田得到灌溉，灌溉水除部分通过大气蒸发和农作物吸收外，大部分渗入到地下。由于近年来节水灌溉措施的推广，灌溉回归水入渗引起地下水位变化的因素逐渐减弱，特别是在市区地下水位受灌溉回归的影响不明显。

6　结论

通过上述对石家庄市区地下水位动态规律的研究，得到以下几点结论：

（1）石家庄市区地下水位主要受大气降水、地下水开采和黄壁庄水库放水等因素的影响，自有地下水监测纪录以来，石家庄市区地下水位的动态大致经历了10个不同变化的阶段。

（2）地下水位随集中降雨量的增大而上升，两者之间具有很好的相关性，在地表入渗较好的地区，降雨量与地下水位升幅呈线性关系，相关系数达0.97。

（3）地下水开采是石家庄市区地下水下降的主要因素，以1999年的地下水开采量和地下水位埋深为基础，地下水累计开采量与地下水位埋深具有很好的相关性，地下水位埋深一般随累计开采量的增加而增大。地下水漏斗中心，这种相关性达0.99。不同区域地下水累计开采量与地下水位埋深具有不同的相关关系式。

（4）黄壁庄水库放水引起的地下水位升幅随距离滹沱河的距离增大而减小，当黄壁庄水库按照 $12.9903 \times 10^8 \mathrm{m}^3$ 的放水强度，且同时有300mm左右的集中降雨考虑时，放水引起的地下水位升幅与观测孔距滹沱河的距离之间呈对数关系，相关系数达0.91。

（5）从石家庄市地下水位多年动态规律看，未来若有外来水源补给（包括极端降雨）、地下水开采量急剧减少等因素的影响，石家庄市地下水位上升幅度及上升速度均会较快，应引起工程技术人员的重视。

参考文献

[1]　河北省石家庄地区及石家庄市地质环境监测报告（1986～1990年），河北省环境水文地质总站，1991年9月.
[2]　河北省石家庄地区及石家庄市地质环境监测报告（1991～1995年），河北省环境水文地质总站，1996年9月.
[3]　河北省石家庄市地质环境监测报告（1996～2000年）.
[4]　河北省石家庄市地质环境监测报告（2001～2005年）.
[5]　河北省石家庄市地质环境监测报告（2006～2010年）.

薄壁筒桩在河岸支护工程中的设计浅析

陈东曙，胡少捷

（浙江海桐高新工程技术有限公司，宁波　315800）

摘　要：通过基于液压高频振动锤施工成形的大直径现浇薄壁灌注桩技术在某深厚软土排洪渠支护中的设计研究，简述此工程的设计，分析比较了不同直径灌注桩排桩支护的经济与技术指标，论证该桩型在沿海软土地基挡土支护工程（深基坑、护岸等）中具有广泛的推广价值。

关键词：排洪渠；薄壁筒桩，支护；软土地区；挡土墙；设计

Design Analysisof Cast in situ Concrete Tubular Pile with Large Diameter in support for a bank

Chen Dongshu，Hu Shaojie

（Zhejiang Haitong High Technology Co.，Ltd，Ningbo 315800，China）

Abstract：Large diameter cast-in-place thin-walled tubular piles were employed to ditch of water in deep soft clay layer，which was driven by a high-frequency hydraulic vibratory hammer. Construction techniques outlined in this project. The economic and technical parameters of different types of cast-in-place piles were analyzed. It is indicated that the cast-in-place tubular piles can be well adopted in coastal soft clay excavations （deep foundation pit，revetment，etc.）.

Key words：ditch of water；cast-in-place thin-walled tubular piles；supporting system；soft clay area retaining wall；design

1　引言

随着城市中大量高层建筑，河道拓宽以及地处山区的边坡建筑、高等级公路和铁路工程的兴建，挡土墙在基坑、边坡工程以及护岸工程中的应用越来越广，需要在极其狭窄的场地或密集的建筑群与设施中设置挡土墙，而传统的重力式、悬臂式或扶壁式挡土墙因要进行放坡，其施工作业面大或者需专门基坑支护或者围堰工程后才能进行施工，故其使用范围受到限制。利用排桩布置形式灵活、施工场地不大、可以省去基坑支护或围堰等优点，加之桩排组合的护壁墙，具有承重、挡土及抗滑移等功能，墙体具备刚度大、基础深、变形小的特点，将排桩结构作为永久性挡土墙使用，无疑是一种不错的选择，例如筒板联桩排桩结构，它具有耗材少、施工简单、成本低、质量易控制，在这类挡土墙的

具有更大的性价比优势。

2　案例分析

2.1　工程概况

该工程的场地原为鱼塘养殖场，又沿海软土地区，地质条件差，软土层深厚，地质情况由上而下为：①层素填土：灰黄色，主要由黏性土组成，局部由碎石土和块石组成，层底含软塑黏土，呈松散状；②层黏土：灰黄色，呈可塑—软塑状态，呈中高压缩性，低渗透性覆盖在淤泥层之上；③层淤泥：深灰色，呈软塑—流塑状态，呈高压缩性，灵敏度较低，St 约为 1.25，低渗透性，为正常固结土；④层粉质黏土：黄色，呈可塑—硬塑状态；⑤层含黏性土碎石：灰黄色，由风化碎石，砾石、砂和黏性土组成，角状，呈稍密—中密状。土层性质见表 1。

表 1 岩土层主要物理力学性质指标推荐表

层号	土层名称	含水量 W（%）	液性指数 I_L	压缩模量 E_s（MPa）	孔隙比 e	内聚力 C_k（kPa）	内摩擦角 ϕ_k（度）	地基土承载力特征值 f_{ak}（kPa）
②	黏土	43.4	0.47	3.0	1.175	25	3.0	80
③	淤泥	62.5	1.31	1.9	1.645	10.8（固快）	7.3（固快）	50
④	粉质黏土	26.4	0.05	7.4	0.746	40.0	6.0	200
⑤	含黏性土碎石	14		20（E_0）				260

2.2 设计方案

该工程的主排渠道的顶面设计标高在 3.50m 左右，渠道底设计标 −0.70～−1.50m，渠道底宽 6.0m，开挖最深处 5.5m，原设计方案为：渠道两侧壁设计为浆砌块石挡土墙，挡土墙基底拟采用水泥土搅拌法做地基处理。但是由于排洪渠两边不远处，在打沉管灌注桩，开挖时直接把搅拌桩直接剪断，出现大量涌土，而无法施工。河渠两边填土已经填到标高，旁边厂房，无法进行放坡。只能考虑排桩式挡土墙，但是采用灌注桩挡墙的结构却带来耗材多、施工难、成本高、质量难保证等一系列问题。为了结构的安全、施工的方便以及造价的控制，最终采用筒板联桩方案（见图 1）。

图 1 筒板联桩挡土墙

从结构特点来看，筒桩（见图 2）是大直径桩型，直径 1000～2000mm，又系圆形薄壁结构，且有很强的抗压抗弯抗剪性能（如直径 1500mm 的筒桩，壁厚 180mm，每延米 50kg 的钢筋配置，极限弯矩可达 1400kN·m，极限剪力 600kN），采用环形构件可在少量降低抗弯性能的前提下，将管芯混凝土节余下来，用最少的材料获得最有效的结构效应，体现了材料受力合理、用料经济、质量可靠的设计理念。现浇插板拉大了桩间距，很好的实现挡土，同时减少了造价。

2.3 计算理论

排桩挡土墙作为永久性支挡结构的设计方法，铁路、公路、水利等部门规范目前没有涉及，筒桩

图 2 筒桩与管桩对比图

作为专利技术，其的应用规范少之又少，但是根据他的机理可以当做灌注桩来计算，也可以参考建筑基的设计方法进行。《建筑基坑支护技术规程》（JGJ 120—1999）主要适用于建筑物和一般构筑物的基坑工程支护，由于基坑工程一般只有几个月，应用于永久性边坡失效概率偏大，安全系数偏低。为了能设计出一个安全可靠的排洪渠，其安全系数可以结合《水工挡土墙设计规范》SL379—2007，计算软件采用理正深基坑支护设计软件（F-SPW V6.0）。

2.3.1 土压力的计算

《水工挡土墙设计规范》的土压力计算采用朗金土压力理论，忽略了桩墙与土体的摩擦力作用，开挖面以下荷载为三角形分布（见图 3）。《建筑基坑支护技术规程》则采用经验的土压力分布模式，开挖面以下的主动土压力采用矩形分布（见图 4）。在缺乏可靠经验时，采用《水工挡土墙设计规范》的三角形土压力分布是偏于安全。验算整体稳定与抗倾覆时，在计算土压力的时候用一般模型。在结构内力计算时，可以参照经验的土压力分布模式。

2.3.2 嵌固深度的计算

排桩挡土墙的锚固深度受抗倾覆、抗滑移、抗隆起及整体稳定性等多方面控制。由于渠底宽度只有 6m，桩在渠底实现对撑，抗倾覆能力会大大提

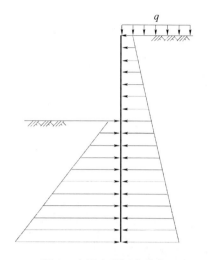

图 3　土压力的三角分布

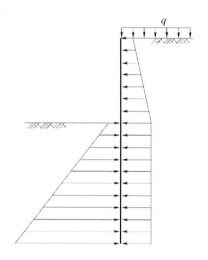

图 4　土压力的矩形分布

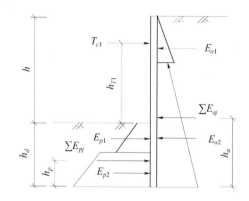

图 5　单支点式挡墙锚固深度计算简图

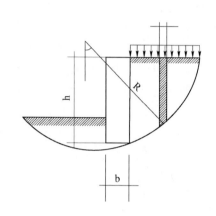

图 6　计算简图

高，整体造价也会有所下降。单支点排桩挡土墙（见图5）可以采用传统的等值梁法，按下式确定锚固深度：

$$h_p \Sigma E_{pj} + T_{c1}(h_{T1} + h_d) - \gamma h_a \Sigma E_{ai} \geqslant 0$$

式中　T_{c1}——支点力，kN；

　　　h_{T1}——支点至桩前地面距离，m；

　　　h_d——锚固深度，m；

　　　E_{pj}——被动土压力之合力，kN；

　　　h_p——被动土压力合力作用点至排桩底的距离，m；

　　　γ——安全系数；

　　　E_{ai}——主动土压力之合力，kN；

　　　h_a——主动土压力合力作用点至排桩底的距离，m。

2.3.3　抗滑整体稳定性的计算

按整体稳定条件采用圆弧滑动简单条分法确定其安全系数（计算简图见图6），公式如下：

$$\sum C_{ik} l_i + \sum (q_0 b_i + w_i)\cos\theta_i \tan\varphi_{ik} -$$

$$\gamma_k \sum (q_0 b_i + \omega_i / \sin\theta) \geqslant 0$$

式中　C_{ik}，φ_{ik}——最危险滑动面上第 i 土条滑动面上的骨节不排水（快）剪粘聚力、内摩擦角标准值；

　　　l_i——第 i 土条的弧长；

　　　b_i——第 i 土条的宽度；

　　　γ_k——整体稳定分项系数，应根据经验确定，当五经验时可取 1.3；

　　　W_i——作用于滑裂面上第 i 土条的重量，按上覆土层的天然土重计算；

　　　θ_i——第 i 土条弧线重点切线与水平线夹角。

用软件计算时，其安全系数要参照《水工挡土墙设计规范》的抗倾覆一级为 1.6，整体抗滑稳定性一级为 1.5。

2.3.4　结构内力的计算

结构内力计算宜采用弹性支点法。挡土墙的截面尺寸、内力及配筋计算时，荷载效应组合应采用承载能力极限状态的基本组合。

对永久荷载效应控制的基本组合，按下式确定：

$$\gamma_0 \times 1.35 \times S_k \leqslant R$$

式中　γ_0——结构的重要性系数；

S_k——荷载效应的标准组合值；

R——结构构件抗力的设计值，按有关设计规范的规定确定。

对沿周边均匀配置纵向钢筋的圆环截面，可采用《混凝土结构设计规范》GB 50010—2002 的有关规定进行计算，并符合有关构造要求（见图7）。

$$KM \leqslant \alpha_1 f_c A(r_1 + r_2) \frac{\sin\pi\alpha}{2\pi} + f_y A_s r_s \frac{(\sin\pi\alpha + \sin\pi\alpha_t)}{\pi}$$

$$KN \leqslant \alpha f_c A + (\alpha - \alpha_t) f_y A_s$$

$$\alpha_t = 1 - 1.5\alpha$$

式中　A——环形截面面积；

A_s——全部纵向普通钢筋的截面面积；

r_1、r_2——环形截面的内、外半径；

r_s——纵向普通钢筋重心所在的圆周的半径；

e_0——轴向压力对截面重心的偏心距；

α——受压区混凝土截面面积与全截面面积的比值；

α_t——纵向受拉钢筋截面面积与全部纵向钢筋截面面积的比值，当 $\alpha > 2/3$ 时，取 $\alpha_t = 0$。

图7　筒桩配筋实图

2.4　排桩式挡土墙设计

（1）计算资料：

截面形状：圆形；

桩径：1.5m；

桩间距：3.0m；

桩长：17.0m；

嵌固深度11.5m；

冠梁：宽1.5m，高0.4m；

渠底支撑：宽0.5m，高0.5m，水平间距为

3.0m，竖向间距为5m；

由于淤泥含水量高达 62.5%，出于安全考虑，其内聚力与内摩擦角进行打折处理，分别为6.4kPa 和 4.5°。

（2）计算简图见图8。

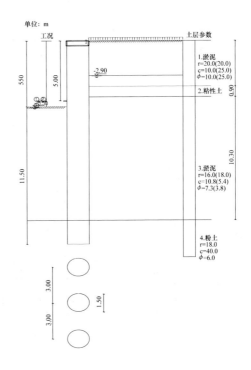

图8　计算简图

（3）计算结果见图9。

（4）排桩挡土墙结构（见图10、图11）。

1）排桩式挡土墙采用薄壁筒桩，桩径1.5m，桩间距3m，桩长17.0m，其中悬臂段长5.5m，嵌入段桩长11.5m。桩顶设冠梁，冠梁顶宽1.5m，高0.5m，在渠底设置对撑，桩身、冠梁及支撑均采用C30钢筋混凝土。

2）墙面采用40cm厚C30钢筋混凝土现浇插板，深8m，与桩身粘结，并带有滤芯器孔，进行排水理，这样既可解决挡土问题又可防止坑底土可能出现的突涌问题，做到安全、经济、合理。

3）为避免河道清淤时或水流造成墙前土体的流失，以保证挡墙整体稳定安全，河床平铺30cm石渣垫层以及40cm灌砌石。

由此可得设计值 $M = 1.35 \times 693.23 = 935.86$kN·m$V = 356.13 \times 1.35 = 480.78$kN，纵向受力钢筋采用HRB335型钢筋，用16φ20 箍筋采用HPB235型钢筋，螺旋式箍筋采用φ10@200mm，每隔2m设一道φ14的焊接加劲箍筋。其设计抗弯矩有 980.02 kN·m，满足设计要求。桩顶设置冠梁，宽0.8 m，高0.5 m，按构造配筋；渠底设置对撑，宽0.5 m，高0.5 m 按构造配筋。

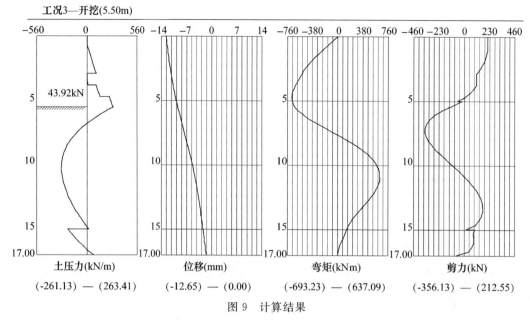

工况3—开挖(5.50m)

土压力(kN/m)   位移(mm)   弯矩(kNm)   剪力(kN)

(-261.13) — (263.41)   (-12.65) — (0.00)   (-693.23) — (637.09)   (-356.13) — (212.55)

图9　计算结果

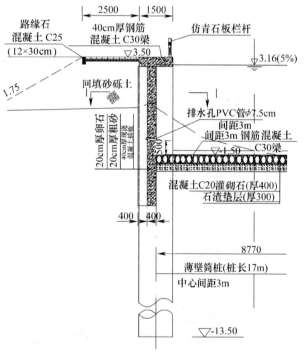

图10　筒板联桩挡墙剖面图

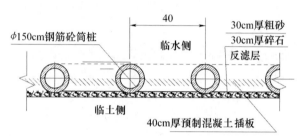

图11　筒板联桩挡墙平面图

软件计算结果显示：排桩式挡土墙墙顶最大位移 13.07mm，满足小于 0.15％ H 及 30mm 的规范要求；整体稳定安全系数 1.52＞1.5，满足规范要求；抗倾覆稳定安全系数 1.62 ＞ 1.6，满足规范要求。

2.5　对比分析

结合该工程的场地地质条件与排洪渠开挖深度，从施工工效、施工质量、对周边环境的影响及经济指标等方面与其他不同桩径的实心桩排桩支护体系进行对比，其工效、质量及效益对比结果见表2。

表2　800 米河道，桩长 16m，深度 5.5m 的排桩对比

技术类型	沉管桩支护		人工挖孔桩支护	冲、钻孔桩支护		薄壁筒桩
桩径/mm	700	800	1000	1200	1500	1500
桩距/m	1.50	1.50	2.00	2.20	3.00	3.00
混凝土用量/$m^3 \cdot m^{-1}$	4.11	5.36	6.28	8.23	9.42	4.36
钢筋用量/$kg \cdot m^{-1}$	522.67	490.67	408.00	472.73	309.33	325.33
桩基耗材总价/（万元）	424.05	446.35	429.54	527.94	474.82	321.59
经济指标对比	131.86％	138.79％	133.57％	164.16％	147.65％	100.00％
施工方法	振动或锤击		人工挖孔	泥浆护壁		高频振动双钢管
工效/根·$台^{-1}$	10		技术原始	3		8
质量	一般	一般	较好	一般	一般	好
环境影响	振动影响大扰民、挤土	振动影响大扰民、挤土	环保较好	泥浆污染严重	泥浆污染严重	振动影响小，少量挤土，无泥浆污染

我们可以发现：

（1）用筒桩方案每延 m 混凝土的用量仅为同等直径实心桩的 1/2，钢筋用量与同等直径实心桩相当。

（2）分析还表明，选用桩径越小，其钢筋的用量越大，当选用 700mm 沉管桩时，围护桩每延 m 基坑钢筋用量是 1 500（1 100）mm 沉管薄壁桩的 1.61 倍。

（3）用筒板联桩作为排桩挡土墙，充分的解决了用灌注桩河渠支护的所带来的造价高的问题，至少光耗材节约 30%，加之筒桩的施工便利，其具有相当大的优势。

另外，作为直立护岸本身有很大的节约土地资源优势，拿本工程来说，如果不选择直立，直接放坡，其放坡比例需高达 1∶8，这样每延米将会浪费 0.12 亩土地，拿 30 万每亩来核算土地价格，此工程长 800 米，就会浪费 1440 万元，用筒桩做支护，其造价也不过 1000 万元。这样算来，用筒桩做这个工程，其还可以赚 440 万元。由此可见，筒桩作为河渠支护的发展潜力。

3　结语

大直径现浇混凝土薄壁筒桩技术首创采用中高频振动锤＋双钢管护筒＋环形桩尖结构，将大直径双钢管护筒振压锲沉入土中，使局部地基土由桩靴底向管腔内推进移动挤密并部分排出地面而使外侧土体基本不受挤压特征的一种工程专利技术。根据围护桩的受力特点选择薄壁筒桩作为河渠支护的排桩，以较少的材料实现了大直径、大刚度的要求并具备环保和高工效的特点。

（1）将现浇薄壁筒桩加插板用于排洪渠是一种大胆的尝试，我们称之为筒板联桩，它可以实现挡土与止水二墙合一，可以与地下连续墙相媲美，使挡土支护手段得以简化和成本降低，丰富了支护结构形式。

（2）采用大直径薄壁筒桩桩数少、支撑刚度大、施工工效快和质量高，造价低，光节省材料高达 30%，总造价预计节约有 30%～40%。再加上排桩挡土墙具备布置形式灵活、对狭窄施工场地适应性强、可以省去基坑支护、围堰等优点运用于沿海深厚软土地基地区挡土坑支护工程（例如深基坑，护岸，排洪渠）有较高的经济和社会效益，具有广泛的应用前景和推广价值。

（3）本文介绍的排桩挡土墙设计方法及就有关问题的讨论，为海桐公司内部根据相关规范进行的设计模板，作为排桩挡土墙设计方法的补充。

参考文献

[1] 谢庆道. 埋于软地基的混凝土筒体的施工方法及压入式一次成孔器：中国，98113070.4 [P]. 1999：06 - 30.

[2] 中华人民共和国建设部. GB 50010—2002 混凝土结构设计规范 [S]. 北京：中国建筑工业出版社，2002.

[3] 中华人民共和国建设部. JGJ 120—1999 建筑基坑支护技术工程 [S]. 北京：中国建筑工业出版社，1999.

[4] 中华人民共和国水利部. SL－379—2007 水工挡土墙设计规范 [S]. 北京：中国建筑工业出版社社，2007.

针对天津地方规程、预应力管桩在厚层软土地区性能的抗震研究

梁　俊，梁梦诗，黄朝俊，陈树林

（天津宝丰（集团）混凝土桩杆有限公司，天津　300301）

摘　要： 在液化土层、厚层软土地区、高烈度抗震设防地区对预应力混凝土管桩桩身刚度和水平承载力进行试验研究，通过创新优化设计，采取相应的构造措施，能够提高管桩桩身结构的水平承载能力，以满足建筑桩基水平承载力的要求。通过对桩身强度和抗裂验算以及水平承载力和位移验算，研究生产了新一代的抗震管桩，能真实反映工程桩的实际情况。

关键词： 厚层软土地区；高烈度抗震地区；管桩刚度和水平承载力；位移验算；抗震管桩

1　引　言

虽然 2009 年 6 月上海莲蓬河畔 13 层在建楼房整体倒塌事件的事故原因不在 PHC 管桩自身的刚度问题，但人们对管桩水平荷载下产生的弯矩还是有所怀疑。苏建科 ［2010］ 78 号文规定管桩的适用范围并提出抗拔桩的管桩在承受较大水平荷载作用可能出现拉应力的桩基工程中应慎用。之后的扬州地区对沿江地带特别是对淤泥土层也作出了相应的规定，提出了预应力管桩使用时均应按《建筑抗震设计规范》等标准进行相应的桩的水平承载力、抗震承载力和稳定性的验算。到 2010 年 10 月 1 日天津市建交委颁布的《预应力混凝土管桩技术规程》，规定了民用建筑适用层数，厚层软土地区大于等于 5m 的地区对适用楼层作了特别规定。2 厚层软土地区抗震设防烈度为 8 度时，不宜采用预应力管桩，提出了管桩的抗水平荷载在承受水平侧压力作用，达到极限状态下，桩顶荷载由桩身刚度和桩侧土共同承受，应进行管桩抗震承载力验算。最后是规定了民用建筑楼层不超过 18 层高度，伴随着房地产的调控，天津地区整个管桩行业不容乐观，客户对管桩自身的怀疑兼而有之，有的客户手拿规程来签订购货合同。这么多年管桩的使用限制楼层的高度还是第一回，管桩自身的抗震性能的验证已经是不可回避的事实，而且在国内这方面的试验研究和相关的资料又很少，只有零星地查到日本板神大地震和美国加州某大学做过这方面的耗能试验，且数据也不全。作为挤土桩的管桩在厚层软土地区由于各方面原因植桩时被抬起、偏移、断桩的现象也时逢有之，长桩吊运施工时也略有微环裂。相反不密实、不环保、不安全的灌注桩却工程量越

有偏多的现象。为了进一步验证管桩的抗震性能，研究其破坏机理，从而使得预应力管桩更安全和有效的在高层建筑的桩基工程中的使用。我公司研发部在公司韦总的带领下经与清华大学、北京建工学院、湖南大学、河海大学、汕头大学、天津大学等联合走访，进行了前期的课题的调研工作，最后进行了综合论证评估，决定由在日本回国的专门从事过抗震研究工作的天津大学的王铁成教授合作，开展这一课题更深层次的研究。

2　管桩的自身刚度和创新优化

2.1　预应力钢棒的应力测试和钢筋笼经创新后的抗震性能的试验

整过试验我们分两部分进行，第一部分是以天津地方新的标准图集作为依据，第二部分在原来的基础之上，进行了创新优化后的新型管桩也做了对比、还对管桩性能有较大改善的也进行了反复的对比试验。前期在生产车间做预制构件，再运往天津大学试验室做抗震试验，前后参与研究试验的博士生、研究生、试验员 10 人以上，掌握了大量的现场采取的数据，历时 3 年多的时间，到目前为止试验已基本上接近尾声，这些试验包括：预应力高强钢棒经张拉后的应力测试、由于高强钢棒的脆性较大，潜伏着延时断裂和经时断裂的因素。改良前后管桩钢筋笼箍筋的载面积大小、加密区的长度、间距等，在低周往复荷载作用下的变形情况，通过试验掌握了箍筋对管桩自身的约束能力和管桩的抗剪能力应由两部分贡献而成，公式是 $Q_p = \dfrac{tl}{S_0}$

$\sqrt{(\sigma_{\alpha} + 2\phi_t f_t)^2 - \sigma_{\alpha}^2} + \dfrac{\pi A_{svl} f_{yv}}{2s} D\sin\alpha$。在轴力作

用下的抗剪强度公式由两部分组成，一是预应力混凝土管桩自身的混凝土部分来承担的剪力，是日本工业标准 JISA 5337—1993 的中的公式：$Q_p = \dfrac{tI}{S_0} \sqrt{(\sigma_{ce} + 2\phi_t f_t)^2 - \sigma_{ce}^2}$，二是由螺旋箍筋来承担的剪力公式为：$V_s = \dfrac{\pi A_{sv1} f_{yv}}{2S} D \sin\alpha$。对于环形截面管桩箍筋的抗剪承载力 V_s，其表达式可以由桁架模型推导得到，如图 1 所示。假定：

（1）斜裂缝与圆环纵轴的夹角为 45°；

（2）与斜裂缝相交的箍筋在极限状态下达到屈服；

（3）箍筋的间距 S 与箍筋中心线所围成的圆周直径 D 相比较小。

将与斜裂缝相交的箍筋拉力全部投影到平面上，则所有拉力在竖直方向的投影之和就是极限状态下箍筋所承受的剪力：

$$V_s = \sum A_{sv1} f_{yv} \sin\theta_i$$

式中：θ_i 计算起来比较复杂，可做如下简化处理：当 S 较小时，弧长 $aa' \approx S$，aa' 处竖向分布力 $qa \approx A_{sv1} f_{yv}/s$；点 b 处的竖向分布力 $q_b = 0$。

假想将 1/4 圆周弧 ab 拉直，并假定 ab 之间竖分布力按线性分布，则该区段箍筋合力 V'_s（图 1（c））：

$$V'_s = \frac{1}{2} \frac{A_{sv1} f_{yv}}{S} \frac{\pi D}{4}$$

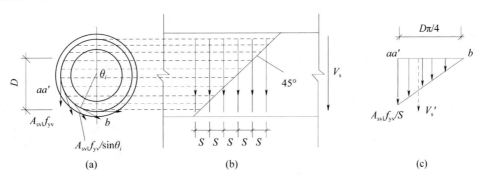

(a)　　　　　　(b)　　　　　　(c)

图 1　箍筋对抗剪强度的贡献

对于整个圆周有：

$$V_s = \frac{\pi A_{sv1} f_{yv}}{2S} D$$

对于螺旋箍筋，只考虑在纵向承受剪力，则：

$$V_s = \frac{\pi A_{sv1} f_{yv}}{2S} D \sin\alpha$$

式中 D 为箍筋中心线所围成的圆周直径，A_{sv1} 为单根箍筋的截面积，α 为箍筋与环形截面中心线的夹角。

根据材料力学及试验验证推导出管桩的抗剪强度公式，是由管桩水平承载力设计值和螺旋箍筋共同贡献的。加强螺旋筋的配筋，是提高抗震性能的有效措施。

图 2　嵌入应变片的钢筋笼

图 3　管桩混凝土应力测试预留孔

2.2　管桩钢筋笼掺配非预应力筋延性性能的试验

由于预应力筋的断裂伸长率较小，高强钢棒自身存在有延时断裂和侵蚀断裂，延时断裂是随时间的长短而易，侵蚀断裂是经外界的各种因素，慢慢锈蚀而断裂。而 PHC 管桩易发生脆性破坏，在承受地震荷载作用时，掺入的非预应力筋具有良好的塑性，使得管桩的耗能能力大为改善，通过加掺非预应力的管桩进行大量的分析和对比试验，其中从根数、直径、长度、数量、焊接和邦扎形式等，找到了最佳的掺量和配筋量。特别对于基坑支护围堰等工程管桩的抗弯性能大为改善，扩展了 PHC 管桩的应用范围。

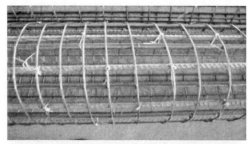

图4　加入非预应力筋的邦扎形式

2.3 管桩混凝土掺配纤维的韧性技术的性能试验

管桩由于其特殊的成型工艺，强度高使其脆性大，在水平荷载作用下预应力管桩易发生弯剪破坏，经设计创新优化添加了钢纤维、玄武岩纤维，有短纤维也有纤维丝，来提高管桩混凝土的抗弯强度、抗冲击和抗疲劳能力。掌握了钢纤维的体积掺量比，通过在同一条件下的现场植桩对比，对桩头的锤击试验记录比较从而使其管桩的韧性得到改善。

2.4 承台与上节桩节点的抗震结构的优化设计

2.5 承台与上节桩内腔填芯钢筋膨胀混凝土增强水平剪力的工艺技术

在定型产品和创新产品上对桩顶与承台的连接，进行了锚固筋的结构优化，对不同型式的截桩进行了改进，桩与承台连接处承台下的桩身上部，包括承台填芯的结合部，即钢筋膨胀混凝土的灌芯处在地震作用下产生的位移和剪切应力，变形性能对抗震性能的影响，进行优化填芯长度、混凝土强度及配筋率等，并对其抗震性能进行分析。

2.6 预应力管桩的抗震试验

试验采用在不同轴压比下进行低周往复加载方式对试件进行加载，直至试件承载力下降至最大承载力的85%，或达到不适合继续承载的变形限值，认为试件达到破坏，停止试验。

对桩端的抗震试验，即桩与承台之间的连接破坏试验，是取管桩与承台的组合体，管桩倒置，桩顶施加轴压力并保持恒定，然后在桩头施加水平往复荷载，以确定不同变形下管桩桩端的受力性能、在压弯剪等复合作用上的破坏形态和破坏机理。管桩桩身的抗震试验，模拟地震作用下，桩底嵌固于

图5　应力片

图6　承台连接方式样

图7　承台制作

坚硬岩石层，桩头位移受上部结构约束情况，由于桩在土中变形和内力曲线为正弦形状，将正弦曲线两个反弯点之间桩身视为简支梁，采用跨中施加往复集中荷载的加载方式模拟地震作用下桩身弯曲和剪切变形、挠度、支座处转角，裂缝开展形式和宽度，钢筋和混凝土应变，塑性铰区转角。管桩的开裂弯矩、剪力，极限弯矩、剪力等。研究管桩桩身的抗震性能，同时在桩的外侧施加轴向压力以模拟桩轴向荷载。

图 8　锚固筋焊接方式

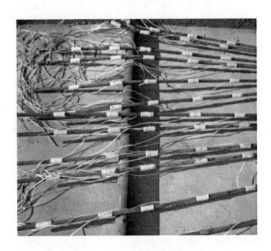

图 9　灌填芯配筋应力测试

图 10　现场图片

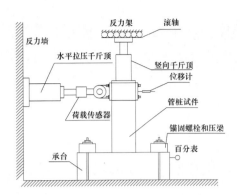

图 11　管桩桩端抗震性能试验

图 12　剪力墙和千斤顶

图 13　轴压反力架和双向滑动板

这些试验是在天大建筑工程试验室进行，一面剪力墙、简支梁、加载梁若干、2000kN 千斤顶、位移计若干、转角仪若干、数据采集仪一台、支座台等。

2.7　抗震管桩的数据采取和分析

通过在前期预埋在预制构件中的应力片，同时对高强钢棒、管桩混凝土在千斤顶进行往复加载的情况下和位移计三组通过信号线导入数据采集器，再经电脑进行坐标绘制成耗能图，即滞回曲线，然后通过滞回曲线很直观地看到管桩在往复荷载受力下延性的变化关系情况。

通过上述 PHC 管桩荷载——位移关系滞回曲线分析，滞回曲线有的有捏缩现象，证明有明显的脆性破坏。随着荷载的增加，最后钢筋被拉断，桩承载力突然下降。如图 27（b）P402 所示，有的滞回曲线的面积很小，有的经创新后滞回曲线的面积很饱满，延性变形很慢，如图 27（a）P401 所示，进行了成本和性能分析研究。同时对荷载——

图 14　位移仪

图 15　转角仪

图 16　低周往复加载试验

图 17　数据采取

图 18　荷载传感器

图 19　反力架、千斤顶

转角的关系曲线、骨架曲线、位移延性、强度及刚度退化，分析残余变形及往复加载中的累计损伤，累积耗能和等效黏滞阻尼耗能，分析 PHC 管桩的创新改进效果和抗震性能。图 2～图 10 是我们进行室内工厂对桩身和节点的各类设计和预制构件的制作，图 12～图 17 在工厂内对桩端膨胀混凝土填芯、配筋等不同型式进行轴压低周往复的加载试验，图 18～图 26 是管桩桩身自身刚度的试验，通过对承载力、变形能力、延性性能、刚度退化、耗能能力等性能指标，在低周往复作用下依据试验结果和实测数据对抗震管桩进行综合评价。经工厂做预制构件，学校试验室做试验分析，掌握了各种特征和性能，建立了有限元分析模型，完善试验分析结果并提出了设计方法和构造要求和优化技术方

图 20　位移仪

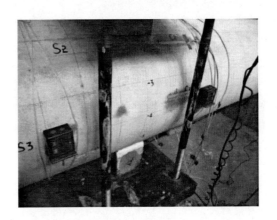

图 21　倾角仪

图 22　抗震试验台

图 23　数据线导入

图 24　数据采取

图 25　数据分析

案，为管桩的抗震设计提供了依据。这一管桩的抗震试验填补我国在这一领域的空白，所采取到的数据真实、完善。通过试验我们拥有了许多创新优点，其中一种掺非预应力筋抗延性增强剪力管桩钢筋笼，一种箍筋配筋抗震管桩，一种掺纤维韧性技术抗震管桩，一种与承台节点优化结构抗震管桩，一种承台上节桩内腔填芯钢筋膨胀混凝土增强水平剪力工艺技术抗震管桩等拥有多项自主知识产权。在目前普遍使用的高压蒸养工艺和使用高强钢棒的前提下，几近解决了管桩的韧性、延性、剪力等技术措施。我们还进行了夸常规的试验，在免除高压蒸养和使用单股和多股钢绞线代替高强钢棒制作的试验管桩上，进行了同样的抗震桩的试验，和水平往复荷载的试验，符合设计要求。为地方规程的修编提供了依据，也为行业管桩自身的刚度验证这一的性能的内涵。我们不但做了有代表性的管桩预制构件的，在天大试验室做了抗震类的试验，掌握了管桩的性能。同时经论证以现场实际为主，做水平推力位移试验，以单桩对单桩，以单桩对多桩，以多桩对群桩进行水平推力位移试验，彻底揭开桩周

图 26　试验后的管桩

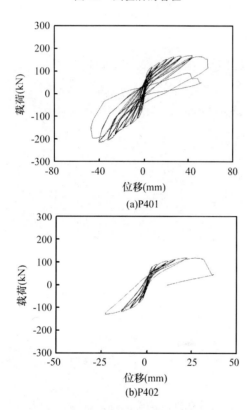

(a)P401

(b)P402

图 27　PHC 管桩荷载—位移关系滞回曲线

土体因土体的不同密度对管桩水平推力的影响。

以上是做管桩自身的刚度试验，接着我们也做了桩与承台连接处及承台下的桩身上部，包括承台填芯的结合部，在压、弯、剪等复合作用下导致的破坏，破坏类型经分析，主要有桩头剪力破坏及横向摇摆导致桩头（身）压坏。其中有改进部分的是桩与承台的连接方试、桩头内的配筋、灌填芯的长度比例及承台对水平承载力的作用分析等。

3　水平荷载作用下预应力高强混凝土管桩群桩受力性能试验研究

3.1　水平荷载下的土体位移

随着研究的不断深入，考虑了桩基在水平荷载作用时的受力情况，除承担上部结构传递的竖向荷载外，上部结构与桩基之间的相互作用，即桩基的承载力和变形应由桩和桩周土体共同承担，为此我们还做了相关的试验，来研究桩基在水平往复荷载作用下的预应力高强混凝土管桩的群桩效应和受力性能试验研究及群桩的抗震性能。这项桩基础试验是前期管桩刚度试验的继续，我们与河北工业大学共同研究了管桩在现场试验中的抗震性能和破坏机理，为实际设计和施工提供一定的参数。

预应力混凝土管桩更加安全有效地在高层建筑的桩基工程中使用。管桩的抗弯能力取决于桩和土的力学性能、纵筋配筋率、桩的自由长度、抗弯刚度、桩径、桩顶约束等因素，还包括桩的截面刚度、材料强度、桩侧土质条件、桩的入土深入度、桩顶约束情况等。如土的应力－应变，桩土之间的接触，分离的间距，桩体施工方法对周围土体的影响等，所以这次试验条件的应尽可能和实际工作条件接近，将各种影响降低到最小的程度，使试验结果能尽量反映工程桩的实际情况。

3.2　试验设计

试验设计了单桩和群桩在水平往复荷载作用下的受力性能。单桩变化参数为桩的直径，而群桩主要变化桩的数量、间距以及直径，具体试验参数如表 1 所示。

表 1　试验参数

桩径（mm）	布置方式	加载方向桩距	加载平行方向桩距	桩长（m）
300	单桩			20
400	单桩			20
500	单桩			20
600	单桩			20
400	群桩（3×3）	3D	3D	20
400	群桩（3×3）	5D	3D	20
500	群桩（2×2）	4D	3D	20
500	群桩（2×2）	4D	3D	20

其布置图如图 28 所示。

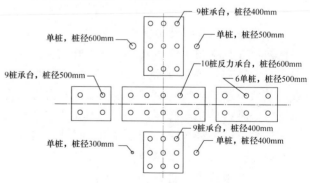

图 28　单桩及群桩布置图

试验场地大约占地 22m×18m，基坑深度约为 1.5m（根据承台的高度确定），沉桩方式为静力压桩法成桩。

试验采用低周往复加载方式对试件进行加载，采用位移控制，每级荷载循环 15 次，当达到预定位移且读数稳定时，荷载持续 10～20 秒后卸载。

3.3　技术路线

通过试验和有限元分析相结合的手段，对预应力高强混凝土管桩在水平往复荷载作用下的受力性能进行分析，技术路线如图 29 所示。

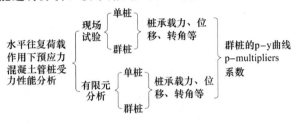

图 29　技术路线图

3.4　试验设备

为保证试验的顺利进行，需要 2000kN 千斤顶两个、位移计若干、转角仪若干、数据采集器一台以及加载梁若干。

3.5　试验测定项目

试验测定的项目主要有：单桩的承载力、桩头的位移、转角以及沿桩身长度方向的应变等。

3.6　研究的内容

（1）桩径对 p－y 曲线以及单桩承载力的影响；

（2）研究桩间距离群桩效应的影响，得出群桩效应下 p－y 曲线；

（3）确定往复荷载作用下桩和土之间的间隙对 p－y 曲线的影响；

（4）研究不同桩径、桩数下群桩的 p－y 曲线；

（5）得出不同桩数下群桩的 p－multipliers 系数；

（6）研究单桩和群桩的破坏情况。

4　结束语

管桩自身刚度和水平承载力的位移验证试验及优化创新后的技术改进将对管桩行业的发展会作出重大的贡献。特别是对环渤海湾的厚层软土和液化土层地区、高烈度抗震设防地区及抗浮、抗拔和桩周土体的密度、土的力学性能等有了更深的了解和认知，对天津的地方规程及各类预制桩有了一个最终的综合评价。

参考文献

[1]　横山幸满．桩结构物的计算方法和计算实例．唐业清，吴庆荪译．北京：中国铁道出版社，1984.

[2]　凌贤长，王臣，王成．液化场地桩—土—桥梁结构动力相互作用振动台试验模型相似设计方法，岩石力学与工程学报，2004，23（3）：450－456.

施工监测与管理

盾构施工实时管理系统

杨志勇，江玉生

（中国矿业大学（北京）力学与建筑工程学院，北京　10083）

摘　要：针对盾构施工速度快，信息化程度高的特点，应用计算机技术和信息化技术，结合盾构施工的具体特点，研发了盾构施工实时管理系统。系统具有工程进度管理、施工过程实时监控、施工及监测数据分析等功能，实现了对盾构施工全过程的实时监控，结合施工进度及参数控制情况及时对大量的监测数据进行相关性分析，切实有效地提高了盾构施工技术管理水平。系统在北京地铁盾构隧道工程建设中得到了广泛的应用，已经完善成为一套运行稳定、操作便捷、技术先进的管理系统。

关键词：盾构施工；管理系统；实时监控；数据分析

Shield Construction Real-time Management System

Yang Zhiyong　Jiang Yusheng

（School of Mechanics and Civil Engineering，China University of Mining and Technology，Beijing 100083，China）

Abstract：According to the characteristics of shield construction high speed and high degree of informatization，adopting computer and information technology，developed shield construction real-time management system. The system has the functions of managing project progress，real-time monitoring construction process and analyzing the data of construction and measurement，it realized real-time monitoring of shield construction whole process，and it timely made some correlation analysis on lots of measurement data according to construction progress and shield construction parameter，so it effectively improved shield construction technology management. The system is widely and success used in Beijing Metro shield tunnel.

Key words：shield construction；management system；real-time monitor；data analysis

1　引言

盾构工法具有施工速度快，引起地层变形较小、沉降控制相对容易等优点，已经成为地铁区间隧道建设的主要工法[1~3]。目前全国在建和拟建地铁（含轻轨）的城市已经超过 30 个，可以预见盾构工法将在中国的地铁建设过程中得到更加广泛的应用[4~5]。面对如此大的工程建设规模，繁重的建设任务及复杂多变工程环境，探索研发科学、有效的盾构隧道施工管理技术手段和方法，已成为建设单位和承包单位的当务之急[6~9]。

盾构施工速度快，信息化程度高，施工过程中会产生大量的信息[10~11]，传统的管理方式和分析方法已经无法满足施工要求，不能对盾构施工进行实时监控，无法结合盾构施工进度及参数控制情况及时对大量的监测数据进行相关性分析，不能及时反馈、指导盾构施工[12~16]。因此研发盾构施工实时管理系统，通过信息化手段，提高盾构施工管理水平具有较大价值。

2　系统需求分析

盾构施工管理最重要的是迅速、实时获取所需要的施工信息，及时对施工状态进行判断，对施工进行指导和决策。对于盾构施工管理人员和技术人员来说，需要掌控和了解的施工信息主要有：工程进度、当前工程环境、盾构主要施工参数、盾构姿态控制情况、监测数据等。因此研发的盾构实时监控系统应具备以下几个方面的功能：

（1）实时显示工程进度，并结合工程进度情况，显示盾构周边的工程环境。

（2）实时显示盾构主要施工参数和盾构姿态，并能对施工参数数据进行分析和统计，对姿态控制信息进行分析。

（3）能够上传、下载各项监测数据，并能结合盾构施工进度对监测数据进行分析。

3 系统基本结构及框架

3.1 系统数据

盾构施工主要包括以下3个方面的信息：

（1）盾构施工参数数据，施工参数数据存储在盾构工控机上，可通过光纤将数据传输至地面监控计算机上，然后通过互联网将数据自动、实时地传输至服务器。

（2）监测数据，包括自动监测数据和人工监测数据。自动监测数据可以采用无线传输的方式自动、实时地传输至服务器，人工监测数据采用手动上传的方式传输至服务器。

（3）工程信息，包括线路平面信息，地质信息，风险工程信息等，这些信息在研发系统时可以预先输入。

3.2 系统结构

根据盾构施工信息的类型及特点，设计的系统结构如图1所示。首先将施工信息，上传至服务器，然后在服务器上分类存储相关数据并安装研发的BS构架下盾构施工实时监控系统，最后用户可通过互联网访问系统，实现对盾构施工的实时监控和管理。

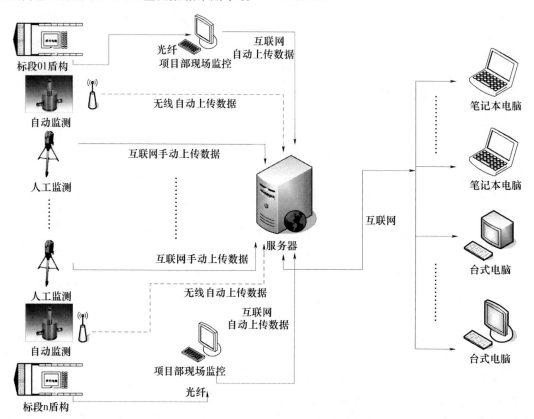

图1 系统结构示意图

3.3 系统框架

设计的系统主要由系统登录、区间浏览、工程简介、工程进度、变形数据查询、刀盘、螺旋机（或泥水系统参数）、数据分析、材料消耗、时间统计、报表等页面组成。其中工程进度、刀盘参数、螺旋机参数（或泥水系统参数）属于显示界面，时间统计、材料消耗、数据分析属于分析、统计界面，系统基本结构如图2所示。

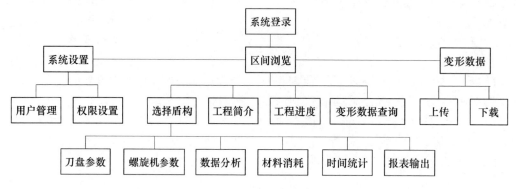

图2 系统构架图

4 系统基本功能

4.1 工程进度管理

系统能在矢量图上实时显示盾构目前所处的位置以及相关测点的位置，而且具有图形缩放和测距功能，便于用户掌握风险工程与盾构的位置关系及距离，如图3所示。方便用户掌控区间整体工程进度，风险工程分布状况，明确管控重点。

图3显示了隧道平面图（矢量图格式），并显示了当前盾构所在位置，粉红色表示盾构所在隧道的位置，绿色隧道表示盾构已经开挖完成，红色隧道表示盾构尚未开挖。图上浅蓝色六边形表示测点所在位置（浅蓝色六边形代表地表沉降测点）。

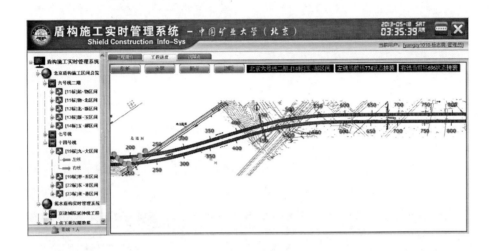

图3 工程进度界面

4.2 盾构施工参数实时监控功能

系统形象地显示盾构掘进过程中的各项参数，每隔30秒更新一次。系统能够显示下列几个方面的施工参数。

（1）推进系统：推力、油压、推进速度、贯入度、刀盘转速、刀盘扭矩、土舱压力、螺旋输送机转速、螺旋输送机扭矩等；

（2）同步注浆系统：显示每个注浆口的注浆压力，注浆量及总注浆量；

（3）导向系统：显示盾构刀盘中心及盾体水平及竖直方向的偏移量，里程，滚动角，水平倾向，垂直倾向；

（4）铰接系统：显示铰接油缸的伸长量、压力，铰接左右角及上下角；

（5）盾尾密封系统：显示盾尾密封舱每个油脂注入口的压力及油脂注入量；

（6）土体改良系统：显示泡沫、膨润土等土体改良剂的注入压力和注入量。

管理者可实现对盾构施工过程的远程实时监控，对保障盾构机穿越重要工程风险源区域施工过程中的安全性，最大限度地降低施工安全风险具有重要意义。参数显示界面如图4和图5所示。

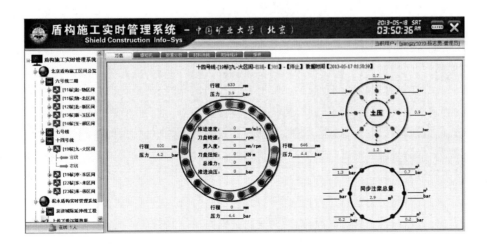

图4 参数显示界面（刀盘）

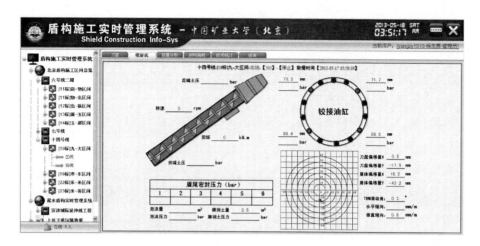

图5　参数显示界面（螺旋机）

4.3　数据分析功能

具有主要参数数据的分析功能，输出分析曲线，对于不同类型的参数可以进行对比分析，如图6所示。而且对同步注浆量、泡沫、膨润土等

主要原材料的消耗以及盾构施工功效具有统计功能，并以柱状图式或报表的形式输出统计结果，如图7所示，便于用户管控工程成本，提高功效。

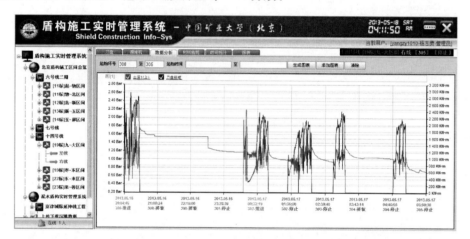

图6　数据分析界面

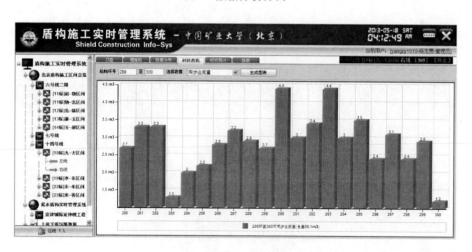

图7　材料消耗界面

可以上传、下载测点监测数据（包括地表沉降测点、建构筑物倾斜测点、孔隙水压力测点等），支持对单测点、多测点的变形量（变化量）和变形

速率（变化速率）曲线进行查询，并且能够将测点变形量（变化量）、变形速率（变化速率）与盾构工程进度进行相关性分析，如图8和图9所示。

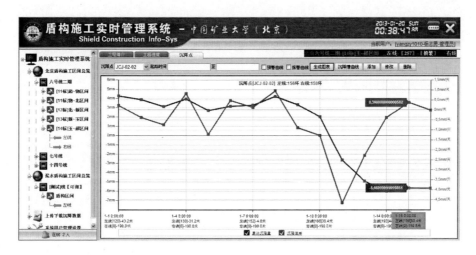

图 8　单测点沉降曲线

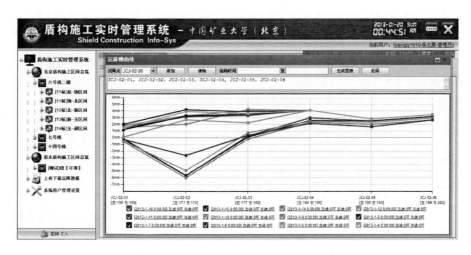

图 9　多点测点沉降曲线

4.4 用户权限设置功能

系统可管理用户账户，根据管理人员或技术人员的身边，对其进行权限设置，用户只能对其权限范围内的盾构进行施工管理。

5 应用情况

盾构施工实时管理系统 2008 年在北京地铁开始应用，先后成功应用于大兴线、6 号线（一期）、8 号线（二期）、9 号线、10 号线（二期），目前正在 7 号线、6 号线（二期）、14 号线应用，成功应用于 102 台地铁盾构隧道的施工管理，取得了良好的效果。对北京市各在建轨道交通线路的区间隧道盾构安全施工起到了十分重要的技术保障作用，有效地规避了盾构施工过程中的安全风险，提高了盾构施工管理水平。

近年来，随着该系统功能的不断完善，已开始在沈阳、天津、武汉、南昌等地的部分地铁盾构隧道中推广应用。而且在土压平衡盾构的基础上，又研发了泥水平衡盾构施工实时管理系统，且成功地应用于天津直径线盾构隧道工程和京津城际延伸线

解放路隧道工程，也取得了良好的效果。

6 结论

本系统的成功研发实现了对盾构施工全过程的实时监控，结合施工进度及参数控制情况及时对大量的监测数据进行相关性分析，切实有效地提高了盾构施工技术管理水平，且能够有效规避盾构施工过程中的安全风险。

系统在北京地铁盾构隧道工程建设中得到了广泛的应用，已经完善成为一套运行稳定、操作便捷、技术先进的管理系统，具有很大的市场前景，随着全国地铁建设的大发展，盾构施工实时管理系统将得到更大的应用与发展。

参考文献

[1] 杨志勇，江玉生．盾构施工风险监控系统的研发与应用［J］．市政技术，2012.33（6）：17－19.

[2] 廖少明，侯学渊．盾构法隧道施工信息控制［J］．同济大学学报，2002.11（30）：1305－1310.

[3] 潜波，巫世晶，公志波等．基于 Web 方式的 TBM 隧洞施工数据库系统［J］．设计制造，2004（5）：

76－78，82.

[4]　潘秀明，雷崇红．北京地铁砂卵石砾岩地层综合工程技术［M］．人民交通出版社，2012.

[5]　苏斌，苏艺，江玉生．北京典型地层盾构适应性对比与施工关键技术［M］．人民交通出版社，2013.

[6]　杨志勇，江玉生，江华等．北京地铁盾构隧道安全风险组段划分方法研究［J］．铁道标准设计．2012.03：65－68.

[7]　林志，胡向东．EPB盾构信息化管理系统在广州地铁的应用［J］．地下空间与工程学报，2005（02）：268－272.

[8]　周文波．盾构隧道信息化施工智能管理系统的设计及应用［J］．岩石力学与工程学报，2004.7（S2）：5122－5127.

[9]　汤漩，吴惠明，胡珉．盾构隧道施工风险知识管理系统的设计开发［J］．地下工程与隧道，2006（04）：20－24.

[10]　胡向东，张庆贺．盾构推进数据库及动态显示系统

［J］．岩石力学与工程学报，2003，23（03）：834－837.

[11]　奚志勇，杨宏燕，顾德娓．大型泥水平衡盾构监控系统［J］．世界隧道，1998（03）：8－12.

[12]　周文波，胡珉．盾构隧道信息化施工智能管理系统设计及应用［J］．岩石力学与工程学报，2004，23（增2）：5122－5127.

[13]　江玉生，杨志勇，蔡永立．盾构/TBM隧道施工实时管理信息系统［M］．人民交通出版社，2007.

[14]　彭铭，黄宏伟，胡群芳，等．基于盾构隧道施工监测的动态风险数据库开发［J］．地下空间与工程学报，2007，3（07）：1255－1260.

[15]　黄宏伟，曾明，陈亮等．基于风险数据库的盾构隧道施工风险管理软件（TRM1.0）开发［J］．地下空间与工程学报，2006，2（01）：36－41.

[16]　张书丰，姜志强，孙树林．盾构施工引起地层变位的实时决策系统设计［J］．岩土力学，2007，29（07）：1843－1847.

城市轨道交通工程地下水控制
技术管理现状与分析

马　健，金　淮，刘永勤

（北京城建勘测设计研究院有限责任公司，北京　100101）

摘　要： 围绕当前城市轨道交通工程建设过程中地下水控制技术，分析地下水对工程影响、地下水控制方法、设计管理、施工管理等方面的现状，总结城市轨道交通工程地下水控制管理中存在的诸多问题，提出适合城市轨道交通工程建设特点的地下水控制技术的管理思路与方向，为今后开展深入研究奠定理论基础。

关键词： 城市轨道交通；地下水控制；管理

Current management situation and analysis of groundwater control technology In Urban Rail Transit

Ma Jian，Jin Huai，Liu Yong-qin

（BEIJING URBAN CONSTRUCTION EXPLORATION & SURVEYING DESIGN RESEARCH INSTITUTE CO. LTD，Beijing 100101）

Abstract： Around the groundwater control project in Urban track transit construction，analysis of the current situation，including engineering influence of groundwater，groundwater control method，design management，construction management and so on，and summed up many problems of management of the groundwater control in Urban track transit engineering，a idea and direction which is suitable for Urban track transit engineering construction of groundwater control technology management is proposed，to provide a basis for further study in the future.

Key words： Urban Rail Transit；Groundwater control；Management

1　引言

城市轨道交通工程一般穿越城区繁华区域，具有地下环境复杂、地质因素多变、工程主体和周边环境相互影响大、不确定性因素多、施工方法多样、工程风险突出等特点。工程建设过程中的质量安全隐患和险情时有发生，导致城市轨道交通事故发生的因素很多，但是质量安全问题是重要的因素之一。结合近年的全国城市轨道交通质量安全督查工作，分析当前的城市轨道交通质量安全，发现工程地下水控制是质量安全控制的薄弱环节之一。施工过程的事故与质量检验密切相关，特别是一些重要部位和关键工序的检测工作缺失，给后续工作留下很大质量安全隐患。近年来，城市轨道交通施工过程中由于地下水渗漏、涌出等造成隧道塌方、基坑失稳的事件，为工程建设敲响了警钟。大部分地下工程事故均与地下水有关，地下水控制实施是影响地下工程质量安全的重要因素之一。2003 年上海地铁 4 号线董家渡隧道区间涌水塌方、2007 年南京地铁二号线出现渗漏水造成天然气管道断裂爆炸等造成经济损失和社会影响巨大，教训深刻。

目前，地下水控制作为城市轨道交通工程的临时性工程和专业性特强的一类工程尚未得到应有的重视，相关管理文件缺乏，相关人员容易放松警惕，忽视该项工作的重要性。因此，通过地下水控制技术及其相关管理规定研究，建立健全管理制度，将有利于城市轨道交通工程质量安全的控制，有利于工程建设的顺利开展。

2　城市轨道交通地下水控制技术应用现状

我国在城市轨道交通工程地下水控制技术方面，已经摸索出比较成熟的地下水控制经验，形成了以降水为主、堵截为辅的多种地下水控制方法。常见的地下水控制方法，主要有管井降水（见图1）、辐射井降水、真空井点降水、降水回灌、明排水、连续墙止水、旋喷桩止水（见图 2）、局部注浆止水和冻结法等方法。各类地下水控制方法中，降水方法一般优于其他方法，而随着环境问题日益得到重视，同时为减少水资源浪费，止水方法逐渐成为主流。不同的地下水控制方法均有其适用条件及工法特点，在施工中应根据工程需要、土建工法、环境条件等情况选择合适的方法。

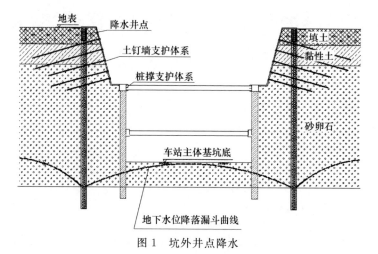

图1　坑外井点降水

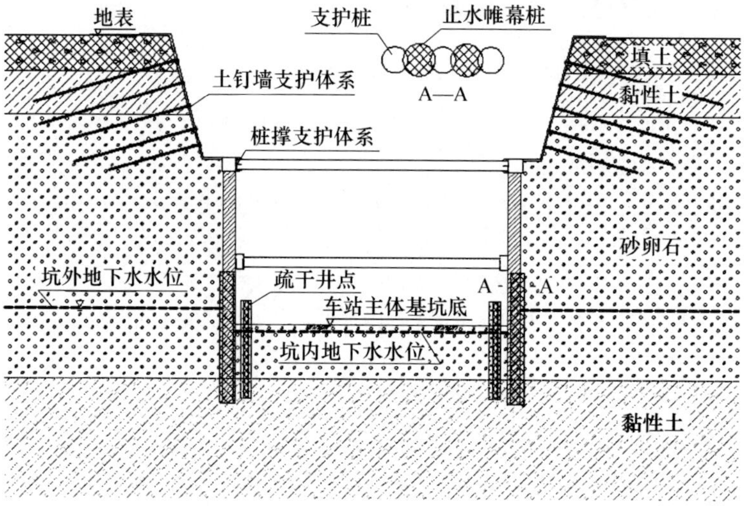

图2　止水帷幕与坑内疏干

目前，我国城市轨道交通工程地下水控制方面的管理一直是个薄弱环节，从岩土工程勘察到设计到施工再到监理检验均未对地下水控制做出明确规定。因地下水控制属于临时措施，专业性又很强，一般的设计文件均不包含地下水控制的设计，设计单位很少对其进行专项设计；施工单位对于地下水控制一般以包代管；监理单位受专业限制也很难发现地下水控制存在的问题，更缺少具体的检测技术手段。

3　常见地下水类型及对工程的影响

目前，我国工程地质工作中主要按埋藏条件和含水层性质对地下水进行综合分类。具体的划分方法详见表1。

表1　地下水分类表

含水层类型 埋藏条件	孔隙水 疏松岩土孔隙中的水	裂隙水 坚硬岩石裂隙中的水	岩溶水 岩溶裂隙空洞中的水
上层滞水	包气带中局部隔水层上的水，土壤水等	裂隙浅部季节性存在的重力水及毛细水	裸露岩溶化岩层上部岩溶通道中季节性存在的重力水
潜水	各类松散沉积物浅部的水	裸露于地表的各类裂隙岩层中的水	裸露于地表的岩溶化岩层中的水
承压水	山间盆地及平原松散沉积物深部的水	组成构造盆地、向斜构造或单斜断块的被掩覆的各类裂隙岩层中的水	组成构造盆地、向斜构造或单斜断块的被掩覆的岩溶化岩层中的水

3.1　地下水对土建施工的影响

（1）潜蚀

岩土体中，渗透水流产生的动水压力冲刷、挟走细小颗粒或溶蚀岩石，使岩土体的孔隙逐渐增大，甚至形成洞穴，导致岩土体结构松动或破坏，以致产生地表裂缝、塌陷，影响建筑工程质量。

（2）流砂

在颗粒级配均匀而细的粉、细砂等砂性土中，松散颗粒在地下水饱和后，动水压力使松散颗粒产生悬浮流动。使周围建筑物的基础发生滑移、不均匀下沉、基坑边坡坍塌、基础悬浮等，如图3所示。

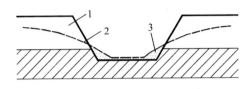

图3　流砂示意图
1—原基坑坡面；2—地下水位；3—流砂堆积物

（3）管涌

地基土在具有一定渗流速度的水流作用下，其细小颗粒被冲走，土中的空隙逐渐增大，慢慢形成一种能穿越地基的细管状渗流通道，从而掏空地基或坝体，使之变形、失稳，如图4所示。

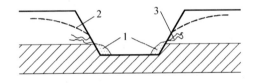

图4　管涌示意图
1—管涌堆积物；2—地下水位；3—管涌通道

（4）突涌

当基坑下有承压含水层存在时，开挖基坑减少了含水层上覆不透水层的厚度，当它减少到一定程度时，与承压水的水头压力不能平衡时能顶裂或冲毁基坑底板，造成突涌，如图5所示。

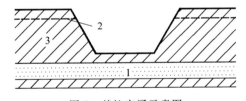

图5　基坑突涌示意图
1—承压含水层；2—承压水位；3—弱透水层

上述几种地下水渗透破坏不仅在明挖法基坑工程常见，也影响暗挖隧道等工程开挖。暗挖隧道内出现大量涌水和涌砂，发生拱顶坍塌，侧壁、掌子面失稳，造成衬砌结构变形破坏，诱发周围地面塌陷、建（构）物损坏等。

3.2　地下水对建筑结构的影响

（1）浮托力

城市轨道交通工程与一般建筑工程结构不同，大部分结构常常会置于地下水位以下，上部无荷载，直接受到地下水的浮托力作用。因此抗浮设计合理性，直接关系到工程的安全可靠和工程造价，特别是地下水位较高、特殊岩土体分布的地区，抗浮问题处理得当与否直接关系着地铁正常使用期间的可靠度。

（2）渗漏

根据阿基米德定律，水位上升虽然不会对水位以下全封闭的地下空间浮力产生明显影响，但能够产生较大的渗漏和水压问题，并且渗漏和水压问题是相互制约和影响的[18~21]。当隧道结构防水性能较高时，渗漏问题得到很好的解决，但水压问题又出现了。埋置深度和涉及区域不同的隧道会遇到不同程度的渗漏问题，各类型地下水都会成为隧道渗漏的水源，这种问题不仅在隧道开挖时因地下水控制不当出现，同时在轨道交通运营阶段也时常发生。

（3）腐蚀性

地下水是化学成分十分复杂的天然溶液，受场地环境类型、地层渗透性、地下水类型及含水层性质、场地冰冻区（段）等的影响，地下水中的 Ca^{2+}、Mg^{2+}、Cl^-、SO_4^{2-}、HCO_3^-、CO_3^{2-}、侵蚀性 CO_2、游离 CO_2、NH_4^+、OH^- 会与混凝土结构发生结晶类腐蚀、分解类腐蚀、结晶分解复合腐蚀，同时水中的 Cl^- 也会对混凝土结构中的钢筋进行腐蚀。地下水腐蚀性处理不当会使城市轨道交通工程地下结构丧失使用价值，甚至导致安全事故。

3.3　地下水控制对环境的影响

（1）地表沉降、塌陷

工程降水导致地下水流场发生变化，降落漏斗形成后其导致土体的变形也将不是一个平面，将产生差异沉降，过大的差异沉降将导致地面建筑物、管线等发生破坏。另外，受成井质量差、降水规模大、降水速度快、降水缺乏连续性等影响，会导致地层损失，使地面沉降加剧。

塌陷是承压岩溶含水体在地下水位下降到盖层底板以下时发生的地质灾害，浅埋岩溶区因抽取地下水和矿山疏干排水均可能会引发地面塌陷[22]。

（2）地下水污染

浅层地下水一般接受降水、地表水、管线渗漏水等补给，极易引起污染。降水井贯穿多个目标层的地下水，受污染的浅层地下水易汇入井管内进入深部地下水层，破坏地下水环境。

施工采用的建筑材料，会改变地下水的物理化学组分。如施工中为提高土体的防渗性能和土体的强度需要进行化学注浆，所采用的化学浆液会排入地下，污染地下水。同时，施工中的污水如洞内漏水、废浆、施工机械漏油以及工地的生活污水，如排放不当，也会引起地下水污染。

3.4　工程建设对地下水环境的影响

在城市地下空间开拓的过程中，一些具有规模效应的大型地下构筑物成为隔水体导致地下水径流变化，对水环境产生影响。如南京地铁隧道穿越秦淮河古河道，降低了地下水的循环代谢，加剧了城市地下水的污染。地铁后续工程的建设将统一的古河道分成若干单元，使地下水环境更加复杂[23]。

施工降水大量抽排地下水，造成水资源的浪费，如果考虑不当会导致生态系统的破坏，部分地区还会造成自然景观的消失。如济南地下水丰富、泉水众多，能否在保证不影响泉水喷涌的前提下修建城市轨道交通是一个重大的课题。

4　城市轨道交通地下水控制技术管理现状

在全国开展轨道交通建设的城市中，仅有不足40％的城市进行专门的地下水控制设计与施工的管理。尽管现有规范标准基本规定了地下水控制工程的设计、施工管理、质量验收的方法与标准，但因其在土建施工中地位低，政府、业主等部门的监管力度不够，是否严格按照规范去做很难保证。根据住建部《危险性较大的分部分项工程安全管理办法》（建质〔2009〕87号）精神要求，大部分省市制定的地方基坑、降水、土方开挖等专项安全施工方案编制与审查规定中涵盖了地下水控制内容，尚无设计及审查的相关规定。

4.1　城市轨道交通地下水控制设计

各地区最终用于指导地下水控制施工的文件有两种，一种是正式的施工蓝图；另一种是施工方案。前者是把地下水控制设计提升到和土建结构施工同样重视程度上，严格按照有关设计管理规定编制、审查、出图。而后者是把地下水控制作为土建结构施工的辅助性、临时性措施，编制简单的施工方案，完全没有内容和形式的要求，甚至不经任何单位审查，无法确保其合理性。

（1）设计委托模式

城市轨道交通工程的地下水问题相对工民建基坑更为复杂，设计难度较大，且很大程度受专业水平、施工经验影响深，各地具备独立完成降水设计任务的单位相对较少。因此，各地施工降水设计工作一般都采取直接委托方式，较少采取招标的方

式。因委托方式不同，设计图纸的管理方又不同，施工降水设计存在以下几种委托模式。

①设计总体委托具有行业资质的专业设计单位完成从总体设计到施工设计全部阶段的工作，图纸管理纳入建设单位管理体系中。

②工点设计院完成初步设计工作，施工总承包单位完成施工阶段设计工作，施工设计报送建设单位存档。

③建设单位或设计总体委托具有行业资质的专业设计单位完成初步设计，而后由施工总承包单位在初步设计基础上完成施工设计，施工设计报送建设单位存档。

④施工总承包委托专业设计单位完成施工图设计，未建立图纸管理体系。

⑤不进行专门设计，施工总承包编制施工方案指导施工。

上述模式中除专业单位完成设计外，存在以下几个问题：

①工点设计院一般为建筑与结构设计专业人员，缺乏水文地质专业知识，所完成的初步设计内容相对不足，一般仅为地下水控制的相关技术要求和降水井平面布置图，无法满足工程实施与控制的需求。

②因轨道交通工程特点，各阶段设计条件常发生变化，如线路平面及埋深根据占地情况经常调整，因此初步设计很难作为施工设计的基础参照。

③施工总承包单位不是设计单位，更不具备降水专业设计能力，因此根本无法确保降水施工图设计的合理、可行。施工图纸是直接用于指导降水施工的绝对依据，因此设计上的缺陷将直接影响到地下水的控制，制约着整个地下工程的安全性。

止水帷幕一般由工点设计院完成，并与土建设计图纸一同组册。施工过程中的特殊情况，如管线渗漏水、滞水等无法前期勘察到的局部松软地层、水囊等局部注浆由施工专业队伍编制施工方案并实施。

（2）设计单位资质要求

目前，尚无相关标准文件对地下水控制施工等级进行细致划分，也没有地下水控制设计单位相关资质要求的政策文件。北京、上海、天津、合肥等地，施工降水设计工作均交由具有勘察资质的单位完成，但无明确的资质等级方面的要求。

（3）设计文件审查

目前，尚无专门针对地下水控制设计文件审查的有关规定，更无明确的程序要求。大部分地区一般不进行轨道交通工程系统内的降水设计文件专项

审查，仅组织对降水设计及施工方案，与基坑、隧道开挖专项方案一同进行专家评审。通过调研，存在以下几种文件审查方式。

①政府建设管理部门负责审查总体设计和初步设计方案；

②建设单位委托第三方工程咨询单位对设计文件进行审查；

③设计总体对由专业设计院完成的设计文件进行审核，并会签；

④建设单位组织监理单位、施工总承包单位进行图纸会审。

4.2 城市轨道交通地下水控制施工

地下水控制是一门专业性很强的工作，其施工过程较为复杂，关键节点控制稍有偏差影响整个工程的施工质量，进而制约着土建开挖的安全与进度等等。

（1）施工承发包模式

城市轨道交通工程地下水控制工程一般打包在土建施工中，通过招投标的方式交由施工总承包单位负责。建设开展初期，建设单位为确保施工质量、工程安全，要求具备专业资质、工程经验的地基基础施工单位承担施工任务。目前，这种管理开始出现松懈，以施工降水为例，施工总承包单位一般采取下面几种管理方式：

①施工总承包单位将降水工程施工任务分包给具有专业资质的施工单位完成。

②施工总承包单位自行完成降水工程施工任务。

③施工总承包单位将成井工作分包给劳务作业队伍完成，而后由施工总承包单位完成抽降运行阶段工作。

在实际的工程筹划中，因其工程造价的比重相对较小，总承包单位往往忽视降水工程的重要性，加之专业知识的缺乏，根本无法确保施工质量满足要求，选用成井劳务队伍大多为钻探作业出身，不具备基本的水文地质专业能力，极易造成成井质量缺陷，严重影响土建开挖进度，危及基坑或隧道侧壁的稳定。

与支护结构共同作用的止水帷幕体系，其重要性不亚于主体结构，其施工大多由施工总承包单位负责完成，仅有劳务，机械租赁等分包。当遇到特殊情况，如注浆加固、冻结法等专业性较强的技术措施，由专业施工队伍负责完成。

（3）施工单位资质要求

建设单位要求由专业队伍负责降水工程施工，应具备工程勘察或地基与基础工程专业承包资质，

资质等级要求根据工程规模大小确定，如北京、上海、宁波等地。

施工总承包单位普遍的分包给劳务作业队伍，这些队伍基本不具备专业资质，缺乏必要的专业技术能力。

4.3 城市轨道交通地下水控制技术管理存在的问题

城市轨道交通建设地下水控制工程的设计与施工管理情况较为复杂，与开展轨道交通建设较早的北京、上海等地相比，其他地区对地下水控制技术管理重视程度明显不够。目前城市轨道交通地下水控制设计与施工管理存在较多问题，总结起来有以下几个方面。

（1）各地城市轨道交通地下水控制设计与施工管理模式复杂多样，且管理水平差距巨大。没有采取统一政策要求，缺乏城市轨道交通工程地下水控制行业标准、管理办法等规定，不利于监管。

（2）城市轨道交通工程以地下工程为主，地下水控制是整个工程成败的关键，而个别地区仅将地下水控制工程作为临时措施，不进行专门设计、专业化的施工管理，存在较大安全、质量隐患。

（3）地下水控制设计与施工普遍由非水文地质专业人员完成，既无法确保设计方案的合理性，也无法确保施工质量。

（4）地下水控制设计与施工一般包含在基坑或隧道支护开挖工程中，对单项的降水工程或止水工程设计或施工单位无专门的资质要求，普遍存在分包给劳务作业队伍施工的情况。

5 结论与建议

通过对城市轨道交通地下水控制工程设计与施工管理现状调研分析，专业化管理越来越受到重视，各地区也有许多成功的案例，但也存在诸多问题。为加强技术管理，切实做好地下水控制设计与施工，确保土建结构施工顺利进行，今后应开展以下几个方面的工作：

（1）各地区应根据地下水对城市轨道交通工程的建设影响程度，适时编制地区城市轨道交通建设工程地下水控制技术规范。

（2）分析各地地下水控制实施过程中的技术问题，总结出各类地下水控制技术关键点形成技术指南，指导工程实施。

（3）加强对施工过程中地下水危害的重视，建立健全城市轨道交通工程地下水控制管理体系，编制相关设计与施工管理办法，加强设计文件审查与过程监督。

（4）明确地下水控制设计与施工单位准入资质专业及等级要求，选择专业的、高素质的团队完成地下水控制设计与施工工程。

（5）完善地下水控制专项方案评审制度，实现地下水控制设计方案与施工方案同步审查，确保采取的地下水控制措施经济、合理、可行。

（6）地下水污染、对结构影响等问题更加复杂，也极易引发工程事故，尤其是在运营阶段造成的社会影响更加不容忽视。今后应加强该方面的研究工作，重点加强新型材料和防水技术的研制工作，以及排水和防水相结合处理方法的创新。

参考文献

[1] 中华人民共和国国家标准. GB 50202—2002 建筑地基基础工程施工质量验收规范 [S]. 北京：中国计划出版社，2002.

[2] 中华人民共和国国家标准. GB 50299—1999 地下铁道工程施工及验收规范（2003年版）[S]. 北京：中国计划出版社，2004.

[3] 中华人民共和国行业标准. JGJ 120—2012 建筑基坑支护技术规程 [S]. 中国建筑工业出版社，2012.

[4] 中华人民共和国行业标准. JGJ/T 111—1998 建筑与市政降水工程技术规范 [S]. 北京：中国建筑工业出版社，1999.

[5] 中华人民共和国行业标准. JGJ 167—2009 湿陷性黄土地区建筑基坑工程安全技术规程 [S]. 北京：中国建筑工业出版社，2009.

[6] 北京市地方标准. DB11/489—2007 建筑基坑支护技术规程 [S]. 北京：北京城建科技促进会，2007.

[7] 天津市工程建设标准. DB29—202—2010 建筑基坑工程技术规程 [S]. 天津：天津市建设科技信息中心，2010.

[8] 深圳市标准. SJG 05—2010 深圳地区建筑深基坑支护技术规范 [S]. 深圳：深圳市勘察测绘院，1996.

[9] 浙江省标准. DB33/1008—2000 建筑基坑工程技术规程 [S]. 杭州：浙江省标准设计站，2000.

[10] 湖北省地方标准. DB42/159—2012 基坑工程技术规程 [S]. 武汉：湖北省建设工程标准定额管理总站，2013.

[11] 湖北省地方标准. DB42/T 830—2012 基坑管井降水工程技术规范 [S]. 武汉：湖北省建设工程造价管理总站，2012.

[12] 甘肃省地方标准. DB62/25—2000 建筑基坑工程技术规程 [S]. 兰州：甘肃省工程建设标准管理办公室，2000.

[13] 北京市工程建设标准. DB01—96—2004 地铁暗挖隧道注浆施工技术规程（试行）[S] 北京：北京城建科技促进会，2004.

[14] 北京市建设工程技术企业标准. QGD—013—2005 轨道交通降水工程施工质量验收标准 [S]. 北京：中国建筑工业出版社.

[15] 地质矿产部水文地质工程地质技术方法研究队. 水文地质手册 [M]. 北京：地质出版社，1978.

[16] 陈幼熊. 井点降水设计与施工 [M]. 上海：上海科学普及出版社，2004.

[17] 吴林高，等. 工程降水设计施工与基坑渗流理论 [M]. 北京：人民交通出版社，2003.

[18] 吕康成，崔凌秋. 隧道防排水工程指南 [M]. 人民交通出版社，北京，2004年.

[19] 杨新安，黄宏伟. 隧道病害与防治 [M]. 同济大学出版社，上海，2003年.

[20] 王建秀，杨立中，何静. 深埋隧道外水压力计算的解析—数值法 [J]. 水文地质工程地质，2002，29（3），17-28.

[21] 王军辉，周宏磊，韩煊，王法. 北京市地下空间运营期主要水灾水害问题分析 [J]. 地下空间与工程学报，2010，2，224-229.

[22] 许崧，阎长虹，孙亚哲. 城市地下工程中的环境岩土工程问题 [J]. 工程地质学报，2003，11（2），127-132.

[23] 庄乾城，罗国煜，李晓昭，闫长虹. 地铁建设对城市地下水环境影响的探讨 [J]. 水文地质工程地质，2003，4，102-105.

上海轨道交通网络化建设工程安全
控制与远程监控应用

刘朝明，杨国伟

（上海申通轨道交通研究咨询有限公司）

摘　要： 在上海轨道交通网络化建设中，以远程监控为技术辅助手段的工程安全控制发挥了巨大的作用。申通集团在技术层面和管理层面双管直下，通过科技创新和不断探索，建立了科学、可靠、有效的工程安全评价体系和管理体系，充分调动各参建单位的积极性，及时发现、处理警情，有效地控制了工程事故的发生，确保工程建设的本体安全和环境安全。

关键词： 轨道交通；网络化建设；安全控制；远程监控

据统计，我国每年因为公共安全事故所造成的损失已经超过 6500 亿元，约占整个 GDP 的 6%，而其中较大部分是工程事故产生的损失。对于轨道交通网络化建设，工程事故造成的直接和间接损失存在明显的放大效应，工程安全控制问题是轨道交通网络化建设所必须解决的课题。

但是，上海的工程地质条件并不利于工程安全控制。上海属于滨海相冲积平原工程地质，有深达百米的软土层，轨道交通的大部分工程的施工区域就在软土层中，软土的强度差、高敏感性、高压缩性、高流变性，加上地下水位高、工程地质环境复杂、未知风险众多。在这样工程地质条件下建设轨道交通工程，工程自身的难度大、风险高。

除工程自身的安全控制外，在繁华都市中建设轨道交通，控制环境的安全已经成为制约建设的重要难题，也是工程安全控制的重要组成。虽然要求建设过程中尽量减少对环境的影响，但是施工必然产生对环境的扰动。而且，由于网络建设的要求，轨道交通车站必然越建越深，施工更易产生扰动，环境影响范围也更大。而这恰恰与受限的建设用地现状形成矛盾，导致近距离乃至零距离施工的工程屡见不鲜，有的工程甚至不得不紧邻危房和重要保护建构筑物施工，不利工程安全和环境安全的因素层出不穷。

目前，为在建设过程中尽量减少对市民生活的影响，工程的进度和安全受到夜间施工限制、建材渣土运输、道路和管线翻交等诸多因素制约，不仅大大增加了工程建设费用，而且也大大增加了工程潜在的风险因素。

而且，同期开展多条轨道交通线路的建设，势必出现工期紧、任务重、规模大、节点多的状况，仅依靠增加人手的传统管理模式，来控制工程的安全是远远不够的。由于人员素质、责任心和对工程安全敏感度的差异，使得传统管理模式对工程安全的控制一般不能长期保持在较高水平。

不得已之下，传统的管理模式只能采取抓大放小的策略。但是，现实的工程风险并不根据人们美好的主观意愿发生转移。重点、难点的工程得到重视，往往能顺利地渡过风险期，而相对风险较小和安全管理失控的工程反而容易出现严重的工程事故。

申通集团对上海的轨道交通网络化建设的工程安全控制，采取了技术和行政管理并重的方针，充分调动参建各方的积极性。远程监控作为技术管理的重要辅助手段，实施建设工程安全控制的全覆盖、全过程管理。

1　工程安全控制的要点

尽管工程事故产生的原因各有不同，但并非毫无规律可循。通过总结和分析既往 146 起基坑、隧道工程事故和险情案例的原因，如图 1 所示。考虑到工程质量带来的工程问题实质上就是工程管理的问题，随着技术和工艺的不断成熟，工程规划、设计的不断健全，技术上的工程风险在不断减少，工程管理的因素逐渐成为工程事故的主要因素。

工程事故大都是细小的工程风险在多种因素综合作用下，超过临界后产生的。而且，或多或少都与工程安全管理的失控相关，特别在抢进度、夜间和节假日这些容易失控的时间段，极有可能出现施工超越设计的情况。而在轨道网络的建设中，单体工程的安全事故会影响到全线的建设进度，甚至全网络的运营。仅依靠抓大放小、保重点工程、放弃次要工程的方法不能杜绝事故发生。所以，工程安全控制工作不能存在盲点，而应对所有在建工程实

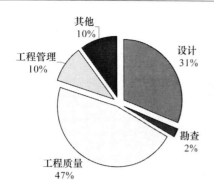

图1　工程事故发生原因统计图

施全过程、全覆盖的工程安全控制。

在工程事故产生之前，在监测数据和工程周边均会出现险情征兆，预示着工程处于临界状态。如及时启动应急机制，采取正确的抢险措施，能以较小的代价度过工程风险期。因而，过程控制是工程安全控制的关键所在。其中，及时发现工程风险的征兆对于能否控制工程事故发生具有重要意义。

根据常识和工程经验，监测数据的征兆往往早于工程表观危险现象出现。考虑到能分析、处理数据征兆的专家资源稀缺，有必要建立普适性的基于监测数据工程安全评判体系，这是工程安全控制的核心问题。

评判体系应与工程的风险程度挂钩，建议对工程本体安全和环境安全分别采用直接反映特定破坏模式的指标，采用合理的评判标准把工程正常施工状态和具有工程风险的状态区分出来，把握可能产生连锁反应的关键性环节。在缺乏评判经验或已有的评判依据不足以判断工程的安全状态时，可以考虑用数据挖掘手段获取评判指标和评判标准。

评判体系能发现工程存在的危险，并不能消弭警情。所以，工程的安全控制必须有险情处理机制。从发现警情到工程事故发生是个短暂的过程，必须抢在事故发生之前，调动必要的力量来正确处理险情。特别在抢险决策上，必须做到统一指挥，把握关键环节，及时、有效地处置警情。

同时，绝大部分工程的绝大多数时间处于安全状态，全过程、全覆盖的工程安全控制会产生大量、长期的事务性工作，应设立专人、专职的组织机构负责该项工作，这与工程抢险工作同样重要。

申通集团通过制定《上海轨道交通基坑与隧道工程远程监控管理办法》和《上海轨道交通基坑与隧道工程远程监控实施细则》，在制度上确立管理网络和各方职责；设立监控中心负责日常事务性工作，从而在技术层面和管理层面把工程的安全控制落到了实处。

2　工程安全控制管理体系

根据申通集团制定的《上海轨道交通基坑与隧道工程远程监控管理办法》和《上海轨道交通基坑与隧道工程远程监控实施细则》，形成了集团、项目公司、工程现场三级管理的工程安全管理网络，如图2所示。

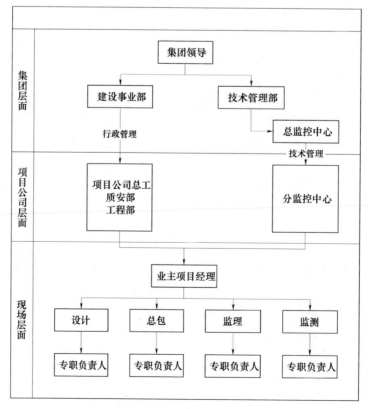

图2　工程安全管理网络

在集团层面，由建设事业部负责行政管理、技术管理部下属的总监控中心负责技术支撑向集团领导负责；在项目公司层面，成立由项目公司总工作为分管领导，质安部部长负责的分监控中心，分监控中心的常务工作人员均为地下工程专业的博士和硕士，项目公司行政条线和分监控中心技术条线分别对口集团建设事业部和总监控中心；在现场层面，成立以业主项目经理位领导，总监为常务负责的远程监控执行小组，各参建单位均有专职专人纳入管理网络。远程监控总监控中心和分监控中心是完成安全控制事务工作的职能部门，远程监控的执行情况和考核成绩由其分别向集团领导和项目公司分管领导汇报。

另外在执行层面，由对远程监控日常事务和警情处理机制的具体规定，规范了各方在远程监控管理中的流程、职责、任务、响应时间和工作质量要求，尽量减少各方的可选动作，做到管理标准化、规范化。

工程安全控制管理体系能否在第一时间内对险情征兆做出响应，决定了工程安全控制的成败。这对管理方式和管理手段提出了新的要求，如果按照常规，公文往来、开会协调，往往会错失抢险时机。所以，"在第一时间内响应"就成为了构建管理体系首要原则。以目前的基础条件和技术手段，用软件作为管理体系的载体成为当然的选择。但是，国内外没有工程安全控制管理的软件。所以，申通集团决定通过科技创新、自主研发出一整套用于工程安全控制管理的软件——远程监控软件。

3　远程监控软件的架构和组成

远程监控软件是申通集团实施工程安全控制的载体。由集团各部门和各参建单位职责的不同和业务人员知识水平的差异，为更好地实施工程安全控制，开发了不同的远程监控软件与之匹配，分为两大应用层面：远程监控系统和远程监控管理平台，如图3所示。

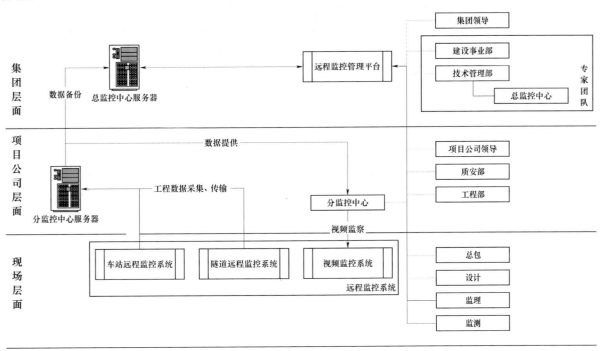

图3　远程监控软件架构

3.1　远程监控系统

远程监控系统包含车站远程监控系统、隧道远程监控系统和视频监控系统三个模块。

要实现分散在全市各处的轨道交通网络在建工程的过程控制，首先要解决现场数据在第一时间内传送到能够处理数据的专家的问题。现场数据的采集、传送、保存需要有软件作为依托。而专家在分析处理数据需要有可靠、方便、直观的数据分析处理软件。通过开发车站远程监控系统、隧道远程监控系统模块，把分散在各工地的工程数据集中到服务器数据库，方便专家和工程管理者调用、查阅。其后开发的视频监控系统模块，实现了对现场的实时视频监管，提供了远程交互指挥的手段。

通过远程监控系统的应用，提供了职能部门工程过程控制的"监查"手段，实现了分散工程集约化管理，大大提高了工程安全管理的效率，为远程监控管理平台提供了坚实的数据基础。

3.2　远程监控管理平台

对于大多数的用户，并不需要了解详细的工程数据，只需要获得职能部门对工程安全状态的判断，一旦险情得到确认，就及时启动险情处理机制。而各方的协同和工作的交互需要相应的管理搭载工具，申通集团开发了"远程监控管理平台"来处理相应事宜。

远程监控管理平台首先是承载事务性工作的平台，工程的安全判别、相关数据都可以从管理平台上获取，各方的工作在平台上透明可见，工作痕迹在管理平台上都全部保留。由此，可进行远程监控执行情况的考核。

它也是实施工程安全控制流程化管理的途径，通过将险情细化成预警、三级报警、二级报警、一级报警，在各级险情告知范围、责任人的设定、无作为自动升级警情的功能，确保险情能及时处理。

同时，它是智能化的工程安全控制平台，通过将评判体系转化为后台处理程序，能实现工程险情的自动判别，能在第一时间内发现问题并启动警情处理流程，如图4所示。

警情一旦发生，它能在第一时间内用短信告知相关责任人，并支持手机、PDA等移动设备应用，具有轻便、可移动工作的特点，可以让用户随时随地参与险情的处理。

通过远程监控管理平台的应用，提供了工程安全控制的依托和载体，使工程安全控制的技术和行政管理紧密结合，把集团、项目公司、工程现场三级工程安全控制管理真正落到了实处。

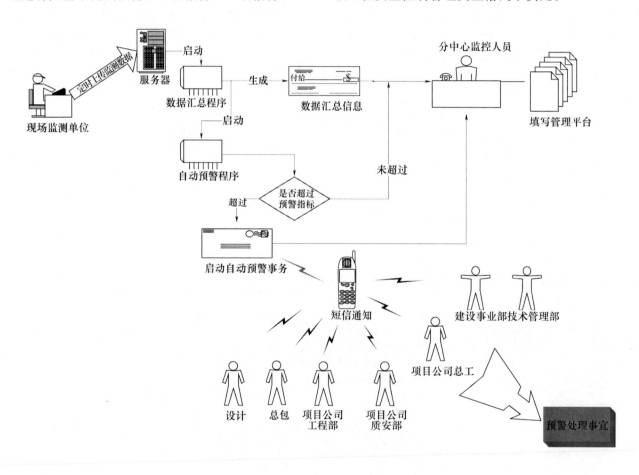

图4　自动预警处理流程图

4　工程案例

4.1　工程概况

上海地铁某东站主体结构东、西端头井地下墙厚 800mm，深度为 32m，基坑开挖深度为17.657m，入土深度比约为0.81；标准段地下墙厚800mm，深 28.5m，基坑开挖深度约 15.609m（站台中心处），入土深度比约为0.82。车站基坑底板位于④淤泥质黏土层中，地下墙墙址位于⑤3－1粉质黏土层中。

站址大部分现状为农田。车站西端头井附近有若干2层居民住宅。

4.2　险情经过

2007年11月15日，远程监控系统显示该车站测斜数据超标，推测有支撑不及时现象，发出预警。集团建设事业部现场处理警情，发现挖土工序

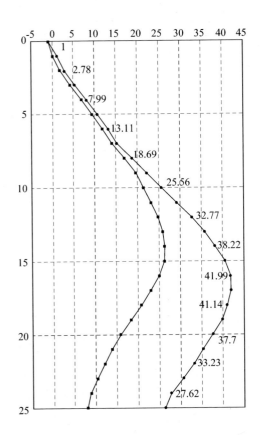

图 5 CX10 测斜变形曲线

不规范，责成现场总包进行整改。

11 月 21 日，基坑开挖接近到底，测斜再次严重超标，出现踢脚变形，发出第二次预警。建设事业部、技术管理部和项目公司现场召集警情处理会议。发现要求整改的措施没有一项落实，开挖依旧极不规范，支撑仍极不及时，相关分包的现场管理极不到位。

④淤泥质黏土层强度差、灵敏度高，易受环境扰动影响。开挖到底，正是工程最为风险的时刻。近邻的民房没有专业设计，结构性差。

开挖、支撑脱节，没有形成"时空效应"的有利条件，不能有效控制围护墙变形，必然扰动坑外土体，造成近邻报警测点的房屋因不均匀沉降出现严重开裂。

抢险会议决定，妥善安置居民；采取加固房屋，并抢做靠近房屋一段的底板方法；协调现场挖土、支撑单位相互配合，避免再次出现险情；落实管理责任，要求总包、专业分包、监理公司领导现场督阵，现场各方负责人 24h 值班。最后，险情安然度过。

4.3 小结

这次警情及时发现、处理得当，避免了警情进一步发展成工程事故，体现出远程监控管理体系在工程安全控制中的作用。但是，也反映出在工程环境较为有利的郊区，并不是没有工程风险，如果放松工程管理的要求，同样可能酿成重大工程事故。需要对所有在建工程的安全进行全过程、全覆盖、同要求、同质量的管控。也需要参建各方加强工程安全认识，从方案、实施、应急处置各个环节都恪尽职守，做好本职工作。

5 结语

从 1999 年起，承袭上海地铁 1 号线、2 号线建设经验，申通集团着手开展工程安全控制的前期研究工作，经过近 9 年的不断探索，相关技术和管理组织逐渐成形，构建了具有申通特色工程安全控制体系。

申通集团前后共监控了 313 个工程，处理大小警情 452 起。受控工程均未发生工程安全事故。经过大量工程实践，证明它符合工程实际且富有成果，是科学、先进、可靠的有效方法和措施。

图 6 现场开挖极不规范

图 7 房屋出现严重开裂

这也使申通集团为实现又好、又快地建成上海轨道交通网络的建设目标，在除投资控制、进度控制、质量控制之外，增加了安全控制的可靠保障。

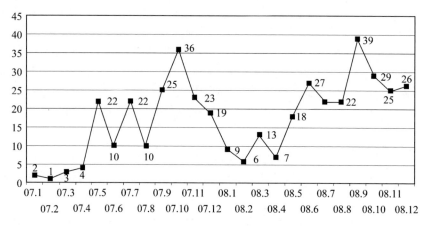

图 8　2007 年、2008 年警情处理数

三轴搅拌桩施工参数监测记录装置在盾构进出洞口地基加固中应用

黄均龙，张冠军

（上海隧道工程股份有限公司技术中心，上海　200233）

摘　要： 文章介绍了三轴搅拌桩施工参数监测记录装置的组成、工作原理，以及在大直径泥水平衡盾构工作井洞口三轴搅拌桩地基加固中的应用，并对监测保存的数据曲线进行了分析；通过应用分析，在三轴搅拌桩施工中应用该监测记录装置，能提高施工人员对三轴搅拌桩施工质量的重视程度与控制意识，有利于提高三轴搅拌桩的施工质量，确保盾构安全始发与到达。

关键词： 盾构始发；三轴搅拌桩；施工参数；监测记录装置；应用

Three-axis mixing pile construction parameters monitoring and recording device applied in the shield in and out of the mouth of the cave foundation reinforcement

Huang Junlong，Zhang Guanjun

（Technology Center of Shanghai Tunnel Engineering Co.，Ltd. Shanghai，200233）

Abstract： Three-axis mixing pile construction are introduced in this paper parameter monitoring and recording equipment composition、working principle，And in the large diameter slurry balance shield work well mouth of hree-axis mixing pile foundation reinforcement in the application，Saved data and the monitoring curve is analyzed；Through the analysis of the application，In the three-axis mixing construction application of the monitoring and recording devive，Can improve the construction personnel degree to the attention of the three-axis mixing pile construction quality control and awareness，To improve the three-axis mixing pile construction quality，To ensure the safety of shield starting to arrive.

Key words： shield recording；three-axis mixing；construction parameters；Real-time Monitoring and Recording Device；application

1　引言

为了保证软土地层中盾构安全始发与到达，需对盾构始发工作井与到达工作井洞口的前方土体进行地基加固，一般采用三轴水泥土搅拌桩加固方法。而目前三轴搅拌桩的施工质量一般不能即时判别，常采用制作少量的水泥土试块和抽取 28d 后三轴搅拌桩取芯强度等综合方法判定施工质量，加上低价竞标与施工责任心不强等问题，三轴搅拌桩施工存在着施工质量与质量事故的隐患。由于地基加固施工质量问题，曾出现盾构始发与到达时地基加固失效，造成盾构进出洞门漏水、盾构工作井或已建隧道进水，以及地面严重沉陷与施工周围构筑物的损坏，增加了工程补救措施费用及延误工程工期。

上海市某越江隧道工程采用大直径泥水平衡盾构进行隧道掘进施工，为使盾构安全顺利的从工作井始发与到达接收井，需在盾构工作井洞口外进行三轴搅拌桩地基加固。为了确保三轴搅拌桩施工质量，使施工人员严格执行施工工艺，以及施工质量管理人员了解施工参数执行情况，使用了上海隧道股份自行研制的三轴搅拌桩施工参数监测记录装置，实现了三轴搅拌桩施工参数与施工报表的自动记录，保证了三轴搅拌桩地基加固施工质量，确保了大直径泥水平衡盾构安全始发与到达。

2　工程概况

本工程盾构工作井有两个洞口，即是盾构始发的工作井，又是盾构到达的接收井。

盾构工作井洞口设计有厚度为 15.50m、宽度为 50.40m、深度为 29.30m 的 ϕ850mm 三轴搅拌桩地基加固，考虑到大型泥水盾构对加固区的密封性要求，加固区域 1 为周边 1.40m 范围，设计为强加固，三轴搅拌桩采用套打；其余范围为加固区域2，标高－2.30～＋3.30m（0～5.6m）为弱加固，标高－26.0～－2.30m（5.6～29.3m）为强加固，采用搭接施工、梅花形布桩，桩距为1800mm，排距为550mm。

盾构工作井外三轴搅拌桩与地下连续墙之间的夹缝为加固区域3，采用三重管双高压旋喷桩地基加固。图1与图2分别为盾构工作井进出洞口地基加固平面示意图和剖面示意图。

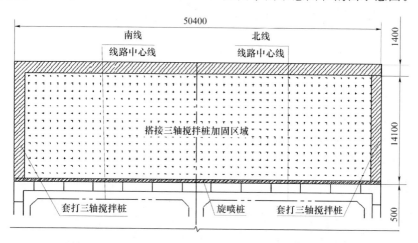

图1　盾构进出洞口地基加固剖面平面示意图

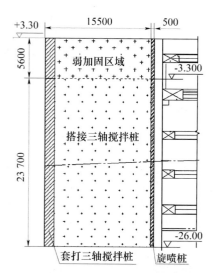

图2　盾构进出洞口地基加固剖面示意图

三轴搅拌桩施工技术参数见表1。

表1　施工技术参数

参数		数值
桩径/mm		850
桩距/mm	套打	1 200
	搭接	1 800
排距/mm		550
每台注浆泵工作流量/ L·min⁻¹		150～200
水泥掺入比/%	强加固	20
	弱加固	8
下沉、提升速度/ m·min⁻¹		0.75～1.20
水泥浆液水灰比		1.5～2.0
成桩垂直度误差		≤1/200（0.286°）

3　三轴搅拌桩施工参数监测记录装置简介

3.1　装置组成

三轴搅拌桩施工参数监测记录装置主要由钢丝绳测速装置、双轴倾角传感器、2 个电磁流量计、信号传输线、现场监视器及 U 盘、电脑、打印机等组成，见图 3。

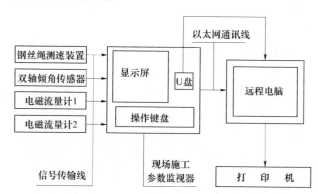

图3　三轴搅拌桩施工参数监测记录装置组成示意图

3.2　工作原理

根据影响三轴搅拌桩施工质量的因素与施工工艺参数的要求，监测记录的三轴搅拌桩施工参数有打桩架立柱倾角、下钻与提升的速度、钻头深度、2 台注浆泵的流量、单位深度内的段浆量、成桩总浆量等。

（1）通过三轴搅拌桩机上的主卷扬机钢丝绳，带动钢丝绳测速装置中滑轮转动，将钢丝绳的直线移动（反映钻头的深度变化）转换成滑轮的转动，然后，通过与滑轮同轴相连的传感器同步采集，并转换成脉冲计数信号，经过信号传输线输入现场监视器。

（2）将倾角传感器安装在三轴水泥土搅拌桩机上的下部立柱上，立柱的摆动或倾斜，使倾角传感器的水平位置发生变化，从而转换并输出对应的电信号（4～20mA），经过信号传输线，电信号输入现场监视器；倾角传感器可测量前后、左右2个方向的角度。

（3）2个电磁流量计安装在注浆管路中，2台注浆泵压注的水泥浆在通过电磁流量计时，作切割磁力线运动，将物理量转换成对应的电信号（4～20mA），经信号传输线将此电信号输入现场监视器。

（4）现场监视器由数据采集程序控制器、数据处理分析程序、数据储存器、时钟计数器、显示屏、键盘与U盘等组成。监视器对采集到的电信号进行分析、处理，在彩色液晶屏上显示出成桩工艺数据与数据曲线图。数据和图形通过以太网信号传输线输出到计算机上，也可保存在监视器与U盘中。

（5）在远程电脑上有特殊编制的程序，可以读取U盘内保存的数据，也可以读取以太网通讯线传送的数据；数据进行处理后，从显示屏上可同步查看施工时的各类工艺参数、曲线图，根据打印出的施工报表，判别施工质量。

3.3 装置的功能

（1）施工人员根据现场监视器显示屏显示的成桩工艺数据与数据曲线图，将其与施组要求的工艺参数相比较，就可知道目前操作实施的工艺参数是否符合施工要求；及时发现如少浆、断浆、搅拌不充分、桩身歪斜等现象，从而指导施工人员在成桩过程中严格按照设计的工艺参数进行施工，并在成桩过程中掌握注浆量的分布状况，控制成桩质量。

（2）工程质量检验人员或监理可通过查看施工数据记录表、曲线图（段浆量曲线、倾角曲线、成桩深度曲线、下钻与提升速度曲线与注浆泵流量曲线）与施工报表，可判别成桩过程中的施工工艺执行情况与施工质量，从而可采取一些有效措施来防止与消除施工质量隐患。

4 三轴搅拌桩施工参数监测记录装置应用

该装置配置的钢丝绳测速装置适应JB160型步履式等桩架，在三轴搅拌桩施工过程中，操作人员通过现场监视器的显示屏，监视三轴搅拌机下钻与提升速度、成桩深度，监视两个注浆泵瞬时流量值与累计流量值每10cm成桩深度内两个注浆泵的各自累计段浆量值以及桩架立柱前后与左右两个方向的倾角值，还能看到三轴搅拌机下钻与提升的速度（成桩深度）—时间曲线与每10cm成桩深度内段浆量曲线。当发现施工工艺参数异常时，可及时调整，使其符合设计要求。例如：

（1）当桩架移动就位后，发现桩架立柱的垂直度误差值大于1/200，即倾角显示值超过0.286°，可通过调整立柱的两个斜撑长度，使桩架立柱前后与左右两个方向的倾角值都小于0.286°。

（2）当三轴搅拌机下钻与提升速度显示值超过工艺设计值时，可通过调整卷扬机钢丝绳卷筒的转速，来改变卷扬机钢丝绳的绳速，从而调整三轴搅拌机下钻与提升速度，使其速度显示值符合工艺设计值。

（3）当注浆泵的流量显示值明显小于工艺设计值时，应马上停止三轴搅拌机的下钻或提升，通知关闭注浆泵，并更换成备用泵，同时让设备维修人员对流量小的注浆泵进行检修，恢复其工作性能以备用。

（4）当三轴搅拌机提升时，发现10cm成桩深度内段浆量曲线低于设计参考水平线时，可通过减小三轴搅拌机的提升速度，来增加单位深度内的段浆量，使其符合工艺设计值。

在一组三轴搅拌桩施工结束时，通过操作，把施工显示的数据储存到监视器与U盘，再在办公室的电脑上，通过专用软件读取U盘内成桩数据，并显示各类工艺参数的曲线图与三轴搅拌桩施工报表。

三轴搅拌桩施工参数监测装置在整个应用过程中，都是白天与晚上两班连续使用，使用情况良好。

5 监测记录数据及分析

5.1 打桩架立柱垂直度（倾角）误差分析

打桩架立柱倾角误差值间接表示成桩垂直度误差值，根据垂直度误差值小于等于1/200，换算成倾角值应小于等于0.286°。抽取1个打桩架立柱倾角—成桩深度曲线图，如图4所示。

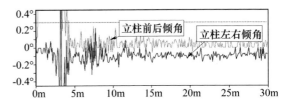

图4　打桩架立柱倾角—成桩深度曲线图

从图4中可以看出，成桩5m内打桩架立柱倾角略有超出要求值，这是由于三轴搅拌机钻杆大部分在地面上，打桩架立柱总高约34m，刚性差，如土层较硬，则打桩架立柱容易晃动，而造成打桩架立柱倾角值达0.4°。在其余成桩深度范围内，打桩架立柱倾角值都小于等于0.2°，可以认为成桩垂直度控制较好。

5.2　成桩深度分析

抽取1个成桩深度—时间曲线图，如图5所示，纵坐标为三轴搅拌桩机钻头所处深度值。从图5中可以看出，成桩深度超过29.3m，满足施工技术要求。

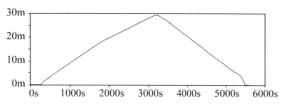

图5　成桩深度—时间曲线

5.3　注浆泵流量分析

注浆泵流量施组要求在$2×150～2×200$L/min范围内，施工时取值为150 L/min，采用两台注浆泵、从左右两个钻头注浆口分别注浆。注浆泵流量—时间曲线见图6。图6上图中显示，2台注浆泵平均流量值都大于150 L/min。

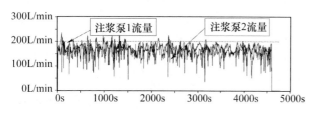

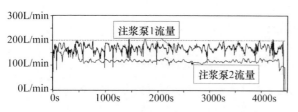

图6　2个连续成桩注浆泵流量—时间曲线图

从图6下图中的泵流量曲线中看到：泵2流量在$115～125$ L/min，表示这台注浆泵的工作性能下降，泵流量小了，没达到施工技术要求的150 L/min工作流量值，但泵1流量基本在$165～185$L/min范围内，大于150 L/min，2台注浆泵的平均总流量大于300 L/min，还是满足施工要求（经调换备用泵，泵2流量又恢复在150 L/min以上）。

5.4　段浆量与三轴搅拌机下钻（提升）速度分析

图7、图8为6078桩号的段浆量—深度曲线与三轴搅拌机下钻（提升）速度—时间曲线。

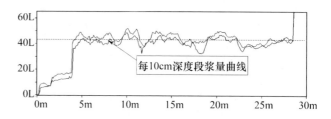

图7　施工6078号桩时的段浆量—深度曲线

从图7中可看出，$0～5$m内段浆量较小，表示此段深度内为弱加固，设计水泥掺量为8%，其余曲线上升且平缓，每10cm深度内平均段浆量大于40.85L，为强加固，设计水泥掺量为20%，满足施工设计技术要求。

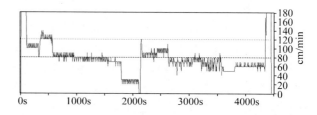

图8　施工6078号桩时的三轴搅拌机速度—时间曲线

从图8中可看出，三轴搅拌机下钻与提升速度基本控制在1.20m/min以下，满足施工技术要求。

6　三轴搅拌桩取芯检测情况

在成桩龄朝90d后，分别对工作井洞门中间三轴搅拌桩区域进行了2个直孔垂直取芯，对加固体两侧分别进行了2个斜孔取芯，观察钻取的芯样，未发现加固不良的情况，取芯试块检测抗压强度都大于1.0MPa，说明加固质量良好。

7　结语

（1）从记录保存的三轴搅拌桩施工数据中没有发现成桩垂直度歪斜、少浆与断桩现象，三轴搅拌桩取芯效果也良好，这与保存记录的三轴搅拌桩施工数据中的情况相吻合。

（2）从上述监测记录数据及分析中可看出，监测记录的数据与曲线反映了三轴搅拌桩施工时工艺参数的执行情况，能间接反映三轴搅拌桩的施工质量。

（3）应用该装置，能提高施工人员对三轴搅拌桩施工质量的重视程度与控制意识，使施工人员在三轴水泥土搅拌桩成桩过程中严格按照设计的工艺参数进行施工，并方便施工工艺参数记录与质量检查，确保施工参数报表的正确性。

（4）应用该装置，可及时发现三轴搅拌桩施工质量问题，以便及时采取补救措施，消除施工质量与质量事故的隐患，防止施工质量事故的发生。

地基加固

关于高支撑力扩大底桩固结部施工模式的研究

祖海英　刘春丽　刘国莉　赵伟民

（东北石油大学，黑龙江省大庆市　163318）

1　概述

为了提高预制混凝土桩或钢管桩的支撑力，人们常常采用预钻孔扩大底固结方法和埋入式扩大底固结方法。以往预钻孔扩大底固结方法的前端支撑力系数 α 达到 250，而目前高支撑力埋入式桩的前端支撑力系数 α 已经超过 400。多种多样的高支撑力埋入式扩大底桩固结部施工机械与工法已经被开发出来。能够将前端支撑力系数 α 增大的扩孔机构使桩底固结部更大；换句话说，把所得到的支撑力用地基的 N 值和桩的断面积换算，即可得到更大的前端支撑力系数 α。埋入式桩底固结部与预钻孔扩大底固结部比较，至少具有同样的特性。这对于桩的质量保障极为重要。

高支撑力扩大底桩固结部施工机械与工法多种多样，本文仅对几种常用模式进行分析研究。

2　MRXX 工法

MRXX 工法见图 1，是预钻孔系列高支撑力工法之一。扩大底固结部比桩端扩大 1.5 倍。

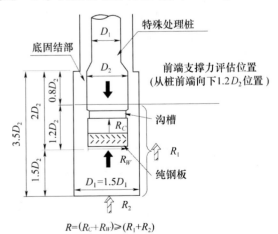

$$R=(R_C+R_W)\geqslant(R_1+R_2)$$

图 1　桩底固结部图

MRXX 工法施工的下部桩为在桩端设置有特殊机构和沟槽部的特殊处理桩来确实固定桩和扩大头部，因此可以得到更大的支撑力。MRXX 工

法的最大特点是能够通过液压机构驱动的掘削扩大刀具，可以构筑确实的桩扩大底固结部。并能通过施工管理装置来确认扩大底固结部的形状（直径、长度）。桩前端支撑力系数对于砂质土层或砾石土层为 $\alpha=490$（$35\leqslant N\leqslant60$）；对于黏质土层 $\alpha=367$（$30\leqslant N\leqslant60$）。

在大多数高支撑力桩工法中，在掘削时都有扩大底固结部的支撑力不能确定的问题。在 MRXX 工法中，由液压流量控制扩大刀具，使其按设定的尺寸阶段的扩大，一边管理控制一边施工。另外，为了减少施工时混入桩底固结部的掘削下的土砂量，掘削刀具上方设置的螺旋正向旋转，以便构筑桩底固结部。

为了进一步确认扩大底固结部的形状，施工控制管理装置能够对水泥浆使用量（用于扩大底固结液或桩周固定液）、积分电流值及掘削深度、速度进行实时管理。未固结试料取样装置见图 2。

图 2　取样装置图

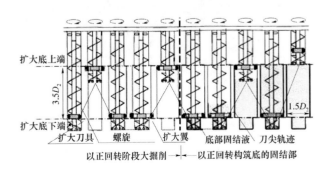

图 3　桩底固结部施工原理图

这个装置是对掘削刀具进行了改良，具有如下特点：

（1）可以在任意深度取样；

（2）通过液压机构确认取样口的关闭；

（3）可以对扩大底固结部取样。

3 Hyper-NAKSⅡ工法

Hyper-NAKSⅡ工法属于埋设工法中中掘扩大底固结的工法。其桩底固结部形状见图4。扩大刀具采用液压强制扩翼，通过液压力和流量确实控制管理扩大掘削。在桩底固结部上方，进行与桩同样形状的扩大掘削（在2～6m范围内），以求增大桩周面的摩擦力。在桩底扩大部埋入桩相应位置，设置有复数个沟槽（见图4），使埋入桩与桩底扩大部定位，提高了埋入桩与桩底扩大部的一体性，发挥桩前端的支撑力。

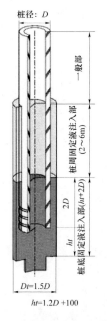

图4 桩底固结部形状

图5 桩前端形状

图6 取样装置

施工时要点如下：

①在软弱地基场合，应装备控制因桩自重引起桩沉入速度变化的桩沉入辅助装置；

②不断调整桩和扩大刀具的位置关系，实施桩底施工管理；

③通常进行正回转掘削管理，以防止土块掉入桩扩大底部；

④对于桩的扩大底部，要考虑地基条件，控制注入液的注入量。掘削速度在桩周固定部设置为1.5rpm以上；在桩扩大部设置为3rpm以上，实施反复（混合搅拌）作业。

Hyper－NAKSⅡ工法施工顺序如图7所示。采用 Hyper－NAKSⅡ工法时，对于砂质地基或砾石地基，桩前端支撑力系数 $\alpha=424$；桩周面摩擦系数：在一般部位 $\beta=1.5$；γ 为：$\gamma q_u=15+0.125q_u$；在桩周固定液部位 $\beta=3.5$；γ 为：$\gamma q_u=20+0.4q_u$。

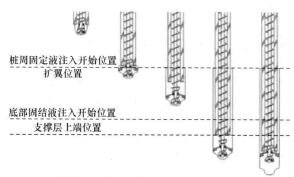

桩周固定液注入开始位置
扩翼位置

底部固结液注入开始位置
支撑层上端位置

掘削沉入　扩大刀具　桩周固定液　底部固定液　桩定位
　　　　　　扩翼　　　注入　　　注入

图7 Hyper－NAKSⅡ工法施工顺序图

Hyper－NAKSⅡ工法的管理内容有：深度、扩翼情况（压力、流量）、支撑层的确认（由瞬时电流和积分电流变化）、固定液和固结液的注入量等。由采用循环时间图管理来确认实施计划的整合性，并及时反应给施工。

从桩底固结部对固结材料进行必要的取样（取样装置见图6）进行强度确认表明，在地平均基强度 N 值达到30～60的情况下，Hyper－NAKSⅡ工法的强度在8.1～18.7N/mm² 以上。

4 Super－KING工法

Super－KING工法是在钢管桩前端外部设置最大为桩径6％的平钢或钢筋突起螺旋，内部用钢筋设置支压环，在地基支撑层筑造成一体的扩大桩固结头（为桩径的1.25～2.0倍），充分发挥桩最大支撑力的工法之一，如图8所示。

在桩底部，采用适当的扩底形式可以减少应力和变位，此外，采用新型高强度钢管 JFE－HT590P 可以降低钢材质量等，因此可以对应地基条件选择钢管。

施工方法有一边掘削中空桩体内侧，同时使桩

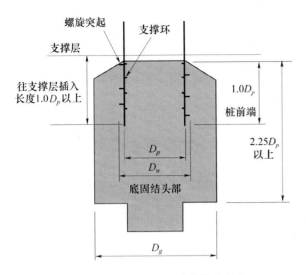

图 8　Super-KING 工法前端的结构

适用的地基为砂质地基和砾石地基两种。支撑力系数 $\alpha=306\sim619$（桩径换算值）；$\beta=1.82$（桩周有固定液时 $\beta=4.11$）；$\gamma=0.36$（桩周有固定液时 $\gamma=0.61$）。

对于高支撑力桩来说，确实的施工和适当的施工管理是必要的，因此 Super-KING 工法在工程的各个阶段都需设定管理目标。

5　结论

近十几年发展起来的高支撑力桩由于工法比预钻孔扩底桩施工简单，支撑力大且明确，得到了快速的发展。施工机械也有了长足的进步，出现了多种多样的产品进一步推动了工法的推广和创新。但应注意到，在工程各个阶段的适当施工管理是施工质量和施工方法发展的必要保证。

（注：本课题来源：国家"十二五"科技支撑计划课题《地下连续墙与复杂地层桩基础施工关键装备研发与产业化》2011BAJ02B06）

下沉的（IB）方法；或先钻孔然后沉桩的（PB）方法两种。无论哪种方式都采用机械式或液压式 Super-KING 扩孔刀具，用钻孔机进行掘削，并筑造扩大桩底部。

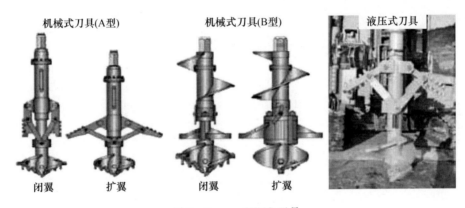

图 9　Super-KING 刀具

管桩水泥土复合基桩工程应用实例研究

王庆军　程海涛　于克猛

（山东鑫国基础工程有限公司，山东淄博　256401）

摘　要：管桩水泥土复合基桩是一种获得国家发明专利的新桩型，由高喷搅拌水泥土桩与同心植入的高强预应力管桩优化匹配复合而成。结合聊城某工程实例，首先介绍了桩基设计及优化过程；其次分析了施工机械及工艺，提出了喷浆工艺、沉桩时间间隔、桩位偏差控制等关键技术；最后应用效果表明，管桩水泥土复合基桩单桩承载力、桩位偏差均满足设计与规范要求，与同地区钻孔灌注桩相比施工效率基本相当，造价降低约35％。

关键词：管桩水泥土复合基桩；应用实例；施工技术；承载力；经济分析

Case Study on Engineering Application of Composite Pile Made Up of Jet－mixing Cement and PHC with Core Concrete

Abstract：Composite pile made up of jet-mixing cement and PHC with core concrete (CPCP) is a new kind of piles which has been granted invention patent of China. The CPCP consists of external jet-mixing cement pile and PHC in the inner core. The design and optimum of CPCP is introduced at first combined with engineering application in Liaocheng Shandong province. Construction equipments and process of CPCP are analyzed then. Key construction techniques such as grouting process, reasonable time of sinking PHC and controlling method of CPCP offsetting are proposed. At last application effects show that bearing capacity and offsetting of CPCP can meet the requirements of design and national codes. Compared with bored piles in soft soil，engineering cost of CPCP decreases by 35％ with basically same construction efficiency.

Key words：composite pile made up of jet-mixing cement and PHC with core concrete (CPCP)；engineering application；construction technology；bearing capacity；economic analysis

管桩水泥土复合基桩是一种获得国家发明专利的新桩型[1]，由外围高喷搅拌水泥土桩与同心植入的高强预应力管桩优化匹配复合而成，并根据构造要求在高强预应力管桩内腔填入一定长度的混凝土，如图1所示。该桩型的技术特点在于通过外围高喷搅拌水泥土桩与高强预应力管桩的尺寸、材料强度优化匹配，可充分发挥高强预应力管桩桩身材料强度高与水泥土桩桩侧阻力大的优势。管桩水泥土复合基桩适用于淤泥、淤泥质土、冲填土、杂填土、粉土、黏性土或其他中高压缩性土等软弱土层[2]。

本文结合聊城某工程实例，介绍了管桩水泥土复合基桩的设计与施工情况，并通过应用效果分析验证了该桩型的安全性、经济性与先进性。

1　工程概况

聊城某工程1#、4#高层住宅楼均为主体地上23层、地下2层，基底标高－7.200m，剪力墙结构。1#住宅楼东西长34.9m，南北宽18.5m；4#住宅楼东西长58.0m，南北宽18.0m。

建设场地位于黄河冲积平原，自然地面标高约－1.300m，自上而下分布有1层杂填土、2层粉土、2－1层粉质黏土、3层粉质黏土、4层粉土、4－1层粉质黏土、5层粉细砂、6层粉质黏土、7层粉土、8层粉质黏土、9层粉砂、10层黏土、11层粉土、12层黏土，如图2所示。各层土均为第四纪全新统沉积物，物理力学指标如表1所示。地下水类型为第四系孔隙潜水，埋深3.00m。

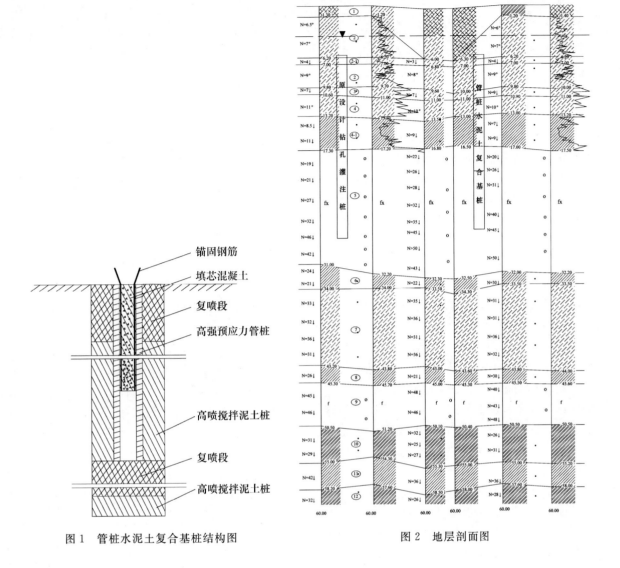

图 1　管桩水泥土复合基桩结构图

图 2　地层剖面图

锚固钢筋
填芯混凝土
复喷段
高强预应力管桩
高喷搅拌泥土桩
复喷段
高喷搅拌泥土桩

表 1　各层土物理力学指标

层号	名称	$\omega/\%$	γ/kN	e	$\omega_L/\%$	$\omega_P/\%$	C/kPa	$\varphi/°$	$N/$击	E_s/MPa
2	粉土	25.8	18.7	0.773	28.2	22.1	8	22.8	7.8	8.03
2-1	粉质黏土	31.9	18.1	0.944	35.0	22.7	14	17.7	3.8	4.36
3	粉质黏土	32.1	18.3	0.924	37.7	22.4	19	14.5	7.3	4.87
4	粉土	26.8	18.9	0.768	28.5	22.5	7	23.5	11.1	8.43
4-1	粉质黏土	32.4	18.3	0.926	37.9	22.8	20	14.5	10.2	5.45
5	粉细砂								34.6	13.0
6	粉质黏土	31.0	18.7	0.871	38.1	23.1	24	14.4	23	5.78
7	粉土	25.0	19.0	0.732	28.0	22.1	7	24.0	33.9	8.95
8	粉质黏土	26.3	18.7	0.802	38.1	22.1	26	13.5	30.5	6.17
9	粉砂								44.6	15.0
10	黏土	26.8	18.8	0.806	45.1	23.2	28	13.2	28.6	5.80
11	粉土	25.3	19.2	0.721	28.0	22.3	7	24.4	36.7	9.15
12	黏土	25.3	18.9	0.784	44.4	23.2	28	12.6	27.5	5.90

2　设计技术

原设计桩基采用钻孔灌注桩，混凝土强度等级C25，桩径0.6m，桩长22m，以5层粉细砂为持力层（图2），单桩竖向抗压极限承载力标准值2100kN。两栋住宅楼共布置659棵钻孔灌注桩，其中1#住宅楼286棵，4#住宅楼373棵。

管桩水泥土复合基桩承载性能试验研究结果[3]表明，与钻孔灌注桩相比具有性价比高、无泥浆污染等优点，因此桩基设计改为管桩水泥土复合基桩，桩径1m，桩长21m，植入PHC－AB400（95）－14，单桩竖向抗压极限承载力标准值6000kN。桩基进入5层粉细砂（持力层）约10m，其中高强预应力管桩进入5层粉细砂约3m（图2）。外围高喷搅拌水泥土桩固化剂采用P.O.42.5普通硅酸盐水泥，平均掺入量500kg/m³，水灰比1，28d龄期立方体抗压强度平均值不小于6MPa。两栋住宅楼共布置240棵管桩水泥土复合基桩，其中1#住宅楼104棵，4#住宅楼136棵。

根据设计要求，施工了四棵试桩进行破坏性试验。试验结果表明，单桩竖向抗压极限承载力为6300～6900kN，均满足设计要求的6000kN，破坏形式为桩头材料被压碎，说明桩侧阻力对应承载力大于桩身材料强度对应承载力。为了提高桩身材料强度，确保工程安全，经专家论证会讨论决定高强预应力管桩改用PHC－AB500（100）－14，并在其内腔通长填入C40混凝土。

3　施工技术

3.1　桩工机械

管桩水泥土复合基桩施工机械有组合式与一体式两种。其中一体式设备是山东鑫国重机科技有限公司生产的"XGJUD108型多功能旋喷搅拌沉桩机"，并已获得实用新型专利。

XGJUD108型多功能旋喷搅拌沉桩机采用履带式旋转桩架配置双导向旋转立柱，旋转立柱的下部安装导向夹桩器。双导向旋转立柱可同时悬挂高压旋喷钻机和高频振动锤，实现一机多用。可实现旋喷钻机与高频振动锤的交替工作。不仅能确保高强度预应力管桩（PHC）和外围水泥土桩二者中心重合，并且大幅度缩短了吊桩就位时间。

3.2　施工工艺

管桩水泥土复合基桩施工包括高喷搅拌水泥土桩施工和同心植入高强预应力管桩两个步骤。高喷搅拌水泥土桩施工采用下沉—提升一个循环以及局部复喷复搅工艺。高强预应力管桩同心植入高喷搅拌水泥土桩与常规施工工艺类似，但在沉桩时间间隔、桩位偏差、垂直度偏差控制等方面有特殊要求。

3.3　技术难点

（1）喷浆工艺

为了保证桩身喷搅均匀、减小返浆量，采用在钻进下沉过程中保持小流量喷浆避免喷嘴堵塞、钻杆提升与复搅复喷过程中大流量喷浆控制成桩直径的喷浆工艺。

（2）沉桩时间间隔

为了防止植入高强预应力管桩时造成外围水泥土开裂或沉桩不到位，影响成桩质量，推荐高喷搅拌水泥土桩施工完成与高强预应力管桩植入完成之间的时间间隔为小于1h，最大不宜超过2h。

（3）桩位偏差

应同时控制高喷搅拌桩与高强预应力管桩施工桩位偏差与垂直度，但以控制高强预应力管桩桩位偏差为主，以高强预应力管桩为中心测量管桩水泥土复合基桩有效桩径达到设计要求即可。

4　效果分析

4.1　承载力与桩位偏差

工程桩验收采用单桩竖向抗压静载试验，每栋楼进行四组试验，其中1－105#、4－137#桩为两棵验证沉桩阻力的试桩。试验时首先在管桩水泥土复合基桩桩头铺设20～30mm厚中粗砂找平层，然后再铺设直径1m的刚性载荷板施加荷载。在4－104#、4－137#桩的外围高喷搅拌水泥土中埋设了土压力盒，以测量荷载分担比。

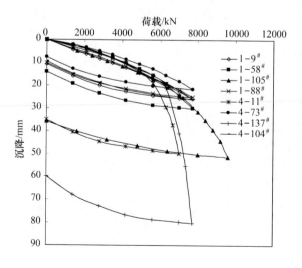

图3　载荷试验曲线

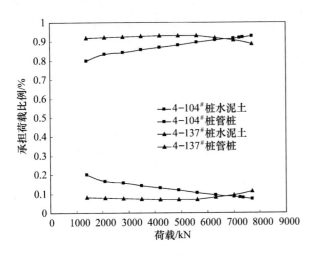

图4　荷载分担比例

单桩竖向抗压静载试验结果如图3所示,单桩竖向抗压极限承载力为6720～9019kN,均大于设计要求的6000kN;其中4-11#、4-137#桩在荷载超过6000kN后变形较大是由于桩头处理不平整、局部水泥土被压碎所致。荷载分担比测试结

果如图4所示,高强预应力管桩承担荷载比例均大于70%,即在刚性基础下高强预应力管桩承担主要荷载,说明桩位偏差控制以高强预应力管桩为主是合适的。

基槽开挖后测量桩位偏差为0～100mm,均满足《建筑桩基技术规范》JGJ 94—2008的相关要求;以管桩外沿为基准,实测外围高喷搅拌水泥土的有效宽度均大于250mm,说明管桩水泥土复合基桩有效桩径均满足设计要求的1m。

4.2　沉降观测

目前两栋住宅楼均已施工至主体地上21层,各观测点沉降值及相邻观测点倾斜变形值如图5所示,1#住宅楼沉降7.39～25.96mm,相邻观测点倾斜为0.18‰～1.25‰,4#住宅楼沉降10.18～24.26mm,相邻观测点倾斜为0.01‰～0.69‰,基础沉降量与倾斜均小于《建筑地基基础设计规范》GB 50007—2002规定的允许值。

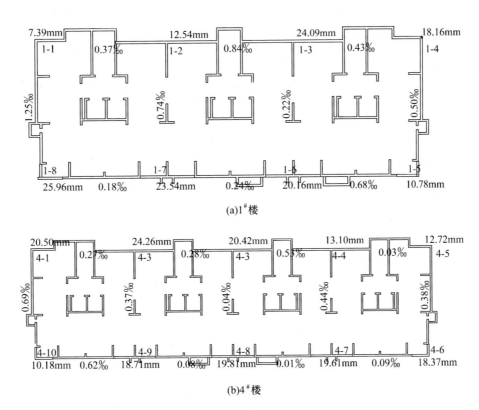

图5　沉降观测

4.3　经济分析

统计本工程240棵管桩水泥土复合基桩施工效率,最小值为1.45m/h,最大值为7.64m/h,平均值为4.84m/h,标准值为4.73m/h。统计聊城地区同等长度钻孔灌注桩施工效率,采用正循环方法施工时为2.0～2.6m/h;采用潜水钻机方法施

工时为5.0～6.7m/h。可见,管桩水泥土复合基桩组合式机械施工效率与同地区钻孔灌注桩施工效率相当,随着一体式机械的应用改进、施工技术优化以及工人熟练程度提高,施工效率会进一步提高。

按照聊城地区市场价计算两栋住宅楼原设计钻

孔灌注桩单位极限承载力造价为 25.18 元/10kN。根据本工程实际造价计算管桩水泥土复合基桩单位极限承载力造价为 16.32 元/10kN，较钻孔灌注桩节省约 35%。

5　结语

（1）管桩水泥土复合基桩由高喷搅拌水泥土桩与同心植入的高强预应力管桩并填芯通过优化匹配复合形成；其设计优化重点是高强预应力管桩与外围高喷搅拌水泥土桩的尺寸、材料强度匹配。

（2）管桩水泥土复合基桩施工包括外围高喷搅拌水泥土桩施工、同心植入高强预应力管桩两个步骤，存在喷浆工艺、沉桩时间间隔、桩位偏差控制等技术难点。

（3）管桩水泥土复合基桩施工效率与同地区钻孔灌注桩相当，单位承载力造价节约 35%。

（4）管桩水泥土复合基桩单桩竖向抗压极限承载力、桩位偏差、基础沉降量与倾斜均满足设计与规范要求。

参考文献

[1] 宋义仲，马凤生，赵西久，等. 填芯管桩水泥土复合基桩及施工方法：中国，ZL201010189668.7 [P]. 2011—08—24.

[2] 山东省建筑科学研究院. DBJ14—080—2011 管桩水泥土复合基桩技术规程 [S]. 济南：2011.

[3] 宋义仲，马凤生，赵西久，等. 管桩水泥土复合基桩技术研究与应用 [R]. 济南：山东省建筑科学研究院，2011.

旋挖钻孔灌注桩沉渣的产生及处理方法对比

荆留杰　水俊峰　张　冰

（北京市三一重机有限公司，北京　102206）

摘　要：钻孔灌注桩沉渣过厚对桩基承载力和沉降量有很大的不良影响，旋挖施工成孔也存在此类问题。本文结合旋挖施工过程，分析了桩底沉渣产生来源和控制措施，最后介绍了三种清渣方法并进行对比，论述了不同清渣方法的特点和适用范围。

关键词：旋挖钻机；沉渣；处理方法

Cause of residue in concrete irrigation borehole bottom and soluton comparison

Jing Liujie，Shui Junfeng，Zhang Bing

（Sany Heavy Industry Co.，Ltd.，Beijing 102206，China）

Abstract：Over thick residue in concrete irrigation borehole have negative impact on foundation bearing capacity and sedimentation，borehole piled by rotary drilling rig is not an exception. This article provide the contrast of three bottom cleaning methods by analyzing the rotary drilling process and the cause of over-thick residue in borehole bottom，focus on the discussion of characteristic and application of each cleaning method.

Key words：rotary drilling；residue；cleaning methods

1　引　言

目前，旋挖钻机施工的各类桩基已超过钻孔灌注桩总量的 30%。大量旋挖成桩的质量问题也随之产生，桩底沉渣过厚即是其一。

众多学者所研究沉渣厚度的不良影响有：①沉渣过厚严重制约了桩端承载力的发挥，②沉渣过厚增大了桩的沉降位移。两者对桩基上层建筑整体结构安全都会造成巨大不良隐患。

鉴于以上问题，现行桩基施工验收规范对钻孔灌注桩孔底沉渣厚度提出了明确要求。在 JGJ94—2008《建筑桩基技术规范》中规定端承桩沉渣厚度小于等于 50mm，摩擦桩沉渣厚度小于等于 100mm。许多地方性行业规范也出台明确规定对此进行约束。然而在施工中，由于施工设备或技术等原因造成桩底沉渣问题依然严峻。

本文将结合旋挖施工流程，对沉渣产生的来源和控制，沉渣处理方法和其特点进行详细论述。

2　沉渣产生及过程控制

桩底沉渣可能产生于旋挖钻机施工的多个环节中，分析认为沉渣产生大致分为三类：

2.1　桩孔孔壁塌落

桩孔孔口表土层不稳定塌落孔内；钻孔附近有重载车辆通行压垮孔壁；提、放钻时孔内泥浆液面波动过大冲刷孔壁；未及时补充泥浆；钻具提放刮蹭孔壁；下放钢筋笼刮蹭孔壁；成孔后没有及时灌注，孔壁浸泡时间过长。

控制措施：下钢护筒保护孔口；调节泥浆参数进行护壁；保持泥浆液面高度，及时补浆；钻具提放时保持对中，做到慢提、慢放、慢钻，防止钻孔倾斜；下放钢筋笼保持对中、垂直等。

2.2　泥浆沉淀

泥浆参数不合格，护壁效果不佳；灌注前等待时间过长，泥浆发生分层沉淀；泥浆含砂率高，却没有经过沉淀或者过滤反复使用。

控制措施：配置合适参数的泥浆；及时检测、更新泥浆；设置泥浆沉淀池或者泥浆分离器将泥浆中泥砂沉淀分离；缩短灌注等待时间，避免泥浆沉淀。

2.3　钻孔残留

钻具钻底变形或者磨损过大，渣土泄漏生成沉渣；钻底结构本身限制，如钻齿布置高度、间距等原因造成渣土残留过多生成沉渣。

控制措施：选用合适钻具，经常检查钻底结构；减小旋转底和固定底间隙；及时补焊保径条，更换磨损严重的边齿；合理调整钻齿布置角度、间距；增加清渣次数，减少桩底残留。

施工过程中应采取适当措施避免沉渣产生。对已经产生沉渣的桩孔，宜选用合适的清渣工艺进行沉渣处理。

3　清渣方式特点及对比

桩底沉渣处理方法可以分为三类：泥浆正循环清渣、气举反循环清渣和钻具清渣。

3.1　泥浆正循环清渣

泥浆正循环清渣是将导管放至孔底沉渣位置附近，开启泥浆泵，快速运动的泥浆对桩底沉渣进行冲刷扰动，沉渣在泥浆中泛起，被上升循环的泥浆携带排出。

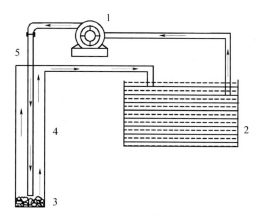

图1　泥浆正循环清渣

1—泥浆泵；2—泥浆池；3—沉渣；4—桩孔；5—导管

泥浆正循环清渣运行时须注意以下事项：

（1）选择合适的泥浆泵；泥浆流量过大，对孔壁冲刷大，容易塌孔，泥浆流量小，沉渣上升速度慢，清渣效果差，耗费时间长。

（2）减少管道接口，避免管道直径剧烈变化、运行方向剧烈变化，减小泥浆循环系统中的沿程阻力和局部阻力消耗。

（3）根据清渣效果适时提放、移动导管，更快扰动沉渣，快速清渣。

（4）从孔内循环排出的泥浆含有大量钻渣，二次循环前宜经过除砂或者沉淀。

流量、扬程作为选择泥浆泵的依据，可根据桩孔直径大小配置功率在 $12\sim30\mathrm{kW}$ 之间的3PN泥浆泵。

3.2　气举反循环处理工法

气举反循环清渣是将高压空气送入导管中下部，与导管内泥浆混合，形成密度较小的气液混合物，在密度差、压力差的作用下向上运动，并形成持续的泥浆流，抽吸导管下部的泥浆和桩底沉渣排出。

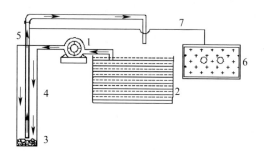

图2　气举反循环清渣

1—泥浆泵；2—泥浆池；3—沉渣；4—桩孔；5—导管
6—空压机；7—进气管

气举反循环清渣工艺运行时，除减少阻力、移动导管、分离泥浆中泥砂等，还须注意：

①选取合适的空气压缩机、设置合适的进气管长度等；

②气举反循环会引起桩孔底部产生抽吸负压，在不稳定地层使用须防止塌孔。

气举反循环设备配置较为复杂，在进行实际工作之前必须进行一定的调试和优化，尤其是空压机选型、气管位置等参数直接影响循环清渣效率。见图3。

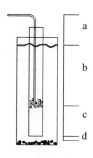

图3　气举反循环工作示意图

导管底部距孔底或者沉渣距离 d 保持在 $0.2\sim0.5\mathrm{m}$。当孔底泥浆密度、黏度较大，循环启动时可先适当增大 d 的距离，等循环顺畅时再下放至正常距离。为防止气体冲出导管。C 长度不宜小于3米；b 的长度决定了气液混合段的压力差（$\Delta P = P_n - P_h = \Delta\rho g b$），为保证气液混合段有较大压力差，$b$ 的长度宜在（$b+c$）的 $1/2\sim2/3$ 范围内，同时要小于空压机最大额定压力的水柱深度。当孔深较大时，b 的长度在 $40\mathrm{m}$ 左右即可产生足够大的压力差。尽量减小 a 的高度，减小泥浆输送距离和压力损失。

多次工程实践发现：导管直径 $20\sim30\mathrm{cm}$ 时，

空压机压力 0.5～1.0MPa，进气量 8～12m³/h 较为适宜。孔深孔径较大时，空压机压力和流量都应适当增大。

3.3 钻具清渣

清渣钻具可在干孔钻进或者不宜泥浆循环等情况下使用。

清渣钻头清渣导板宜尽量短小，便于渣土进入筒体。清渣导板高度越小，清渣效果越理想，见图4。

钻具清渣施工应注意以下事项：

①钻进至桩孔指定深度后，使用截齿捞砂斗在不加压的情况下空转数圈，使得桩底尽量平坦，便于清渣。

②清渣钻具钻底结构必须依据截齿斗底形状进行对应修改，尽量减小导板和中心锥高度。

③钻具清渣后，立刻下笼灌注。

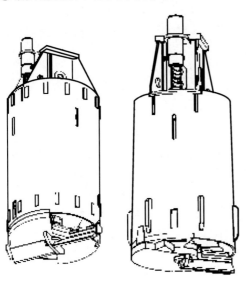

图 4 双底清渣钻头

4 沉渣处理方法对比

从以下 3 个方面进行对比分析钻具清渣、正循环清渣和气举反循环清渣三种方法特点。

4.1 适用范围

正循环清渣适用于静浆护壁钻进工艺中直径和深度都较小的桩孔，便于泥浆携带沉渣上返，一般桩径在 φ1.5m 以下，深度 40m 以内。否则需要配置超大功率泥浆循环泵才能实施。气举反循环清渣工艺适用于几乎所有静浆护壁钻进工艺施工的桩孔，为使循环有足够的压力差，一般要求桩孔深度大于 10m。特别适用于大直径大桩深钻孔。钻具清渣适用于所有旋挖钻进工艺，尤其适合干孔钻进、长护筒或者全护筒钻进及泥浆循环容易引起塌孔的情况。

对比而言，正循环清渣适用范围较小，气举反循环适用范围较大，钻具清渣适用范围最广。

4.2 设备配置

正循环清渣工艺所需设备：泥浆泵、导管等。气举反循环所需设备：空压机、泥浆泵、导管、进气管、接头等。钻具清渣必需配置与桩径适应的清渣钻头。

在三种清渣工法中，气举反循环系统所需设备最多，系统结构也最复杂。由于清渣钻具价格与普通钻具相近，大直径清渣钻具价格较为昂贵，旋挖施工中应用不多，并且孔径不同时需要配置不同直径的清渣钻具，高昂的初期投资是它与泥浆循环清渣相比存在的缺点。

4.3 清渣效率

在三种清渣工法中，以钻具清渣效率最高，通常经过 3～5 次提放清渣即可满足灌注要求，气举反循环次之，清渣耗时往往在 1～2h 之间，而正循环清渣效率最低，往往耗时 2h 以上。然而，实际清渣时间与设备配置、工程地质特征、泥浆质量等等因素密切相关，不能一概而论。

5 结论

旋挖成孔过程中多个环节都可能产生桩底沉渣，在施工过程中应尽量采取正确施工设备和方法，避免沉渣大量产生，为成孔后的清渣提供良好基础。

与其他成孔方式一样，旋挖设备本身并不具备清渣功能，因此成孔可选用本文介绍的三种清渣方法进行二次清孔。三种清渣方法各有特点，优劣互补，在选择和使用时应遵循"因工程制宜"、"因环境制宜"等准则，使得所选用的清渣工法满足经济、安全的要求。

参考文献

[1] 吴立春，王伟. 桩底沉渣对钻孔灌注桩承载力影响的试验研究 [J]. 工程勘察，2009（S2）.

[2] 林崇宇. 对正循环钻孔灌注桩二次清孔的监控 [J]. 军工勘察，1995（3）.

[3] 高新学，周宪伟. 气举反循环清孔技术在大桥深桩基础中的应用 [J]. 黑龙江交通科技，2010（6）.

河岸边冲洪积地层上超高层、高层建筑地基处理与基础方案

李 靖

(陕西翰德现代建筑设计有限公司，西安 710075)

摘 要：介绍河岸边冲、洪积地层上三个超高层、高层建筑的不同的地基处理与基础方案。超高层建筑采用天然地基，平板式筏板基础；一栋高层建筑采用增设一层地下室的方法，利用天然地基，平板式筏板基础；一栋高层建筑采用在卵石层中夯扩成孔的素混凝土桩复合地基，平板式筏板基础。根据建筑物的具体特点及地质情况，选用合理与先进的地基处理与基础方案，可取得较好的技术经济效益。

关键词：冲、洪积地层；砾岩层；超高层、高层建筑；天然地基；筏板基础；卵石层中夯扩成孔；素混凝土桩复合地基

近年来，河岸边的建筑项目越来越多。河岸边的地质情况比较复杂，对于我们的地基处理与基础设计带来了很多挑战，冲、洪积地层也是其中一种。最近笔者在河南省鹤壁市淇滨开发区做了三个超高层、高层项目，这些项目均位于淇河边，地貌单元属于淇河冲洪积倾斜平原，地下均有一层砾岩，层厚6.8～12.1m，承载力较高。砾岩成分以石英砂岩和灰岩为主，中等～微风化，砾径大小不一，一般3～15cm，为次圆状卵石钙质胶结。砾岩上部有粉土层、中砂层、卵石层，砾岩下部多位承载力较低的粉质黏土。

超高层、高层结构通常情况下，均采用灌注桩。在本文同一地块内，某高层建筑采用了人工挖孔灌注桩，原设计为端承大头桩，结果挖穿了砾岩层后，不得不加长改为摩擦桩，单桩承载力低，单位承载力造价较高。地下水大量涌出后，不得不先降水。施工强度大、速度慢，桩基施工将近一年，仍未完工。

如何利用好砾岩层的较高承载力，合理设计出最优的地基基础方案，是本文的重点。根据砾岩层顶标高的不同，以及砾岩层上下部地质情况的不同，就有了几种不同的处理方式。

以下三个项目均已完成，沉降观测稳定，均满足规范要求。

1 超高层建筑采用天然地基

1.1 工程概况

鹤壁金融大厦项目由一幢38层的超高层办公楼、两幢23层的公寓楼和3层商业裙楼组成。所有建筑均设两层地下室。超高层办公楼建筑总高度约148m（主体部分），钢筋混凝土框筒结构，基底压力特征值为660kPa；公寓楼的建筑总高度为76.00m，剪力墙结构，基底压力特征值为450kPa。

1.2 地质概况

依据河南省地矿建设工程（集团）有限公司提供的《鹤壁金融大厦岩土工程勘察报告（详勘阶段）》取值。钻探深度，地层划分、各层地基的承载力特征值fak见表1。

表1 地层划分、各层地基的承载力特征值

层 号	①	②	③	④	④-1	④-2	⑤	⑤-1
岩 性	粉土	细砂	卵石	砾岩	含砾石黏土	含砾石黏土	砾岩	含砾石黏土
承载力特征值 fak (kPa)	140	150	350	1000	260	280	800	300
平均厚度	5.47	0.94	3.53	7.64	0.88	1.14	3.61	1.95
层 号	⑥	⑦	⑧	⑨	⑩	⑪	⑫	
岩 性	钙质黏土岩	泥灰岩	钙质黏土岩	泥灰岩	钙质黏土岩	钙质黏土岩	钙质黏土岩	
承载力特征值 fak (kPa)	380	430	400	450	360	380	400	
平均厚度	16.65	1.53	4.09	2.95	10.0	3.25		

注：* 为岩石承载力特征值 fak。

地下水稳定水位埋深为10.3～13.1m，年变幅 1～2m，地下水位标高75.03～75.64m，近3～5

年最高水位标高 77.0m 左右。

1.3　地基方案

根据地勘现有资料，能否采用第④层砾岩为基础持力层的天然地基方案，不仅能可以节约大量的成本，而且能缩短工期，加快进度。带着这个思路，于 2009 年 10 月 12 日召开了"鹤壁市金融大厦工程地质详勘和工程基础专家评审会"，通过仔细的现场踏勘，岩心分析，以及质询与评审，以张旷成大师为主的专家委员会一致通过了此方案。

根据《GB 50007—2002》5.1.3 条规定，"天然地基上的箱形和筏形基础，其埋置深度不宜小于建筑物高度的 1/15。"超高层部分基础埋深应大于 10m，而砾岩层平均标高为 77.00m。而地面绝对高程为 85.48～88.28m。通过与建筑专业协调，调整地下室层高，以及将场地±0.000 标高调整为 89m 时，以标高 77.00 为基础垫层底标高时，仅需要凿去砾岩厚度为 0.5～0.8m。满足埋深要求的同时，可减少砾岩开挖深度 2m，不仅减小施工困难，节约投资，缩短工期，还多保留了 2m 厚的砾岩。

1.4　下卧层强度验算

1. 以④、⑤层砾岩作为天然地基持力层，第⑥层钙质黏土岩为相对软弱层，对主楼天然地基下卧层强度进行验算（因第⑥层钙质黏土岩成岩作用较差，强度验算时暂按黏土考虑）。

以 4# 孔地层为例，基底标高按 77m 计，基础底面土的自重压力值 $P_c = 178.8kPa$，下卧层顶面的附加压力值 $P_z = 481.2kPa$（未考虑扩散角），下卧层顶面上覆土的自重压力值 $P_{cz} = 342.9kPa$，$P_z + P_{cz} = 824.2kPa$，按《建筑地基基础设计规范》（GB 0007—2002）第 5.2.7 条，下卧层顶面经深度修正后土的承载力特征值 $f_{az} = 916.5kPa$（$\gamma_m = 15.4kN/m^3$，$\eta_d = 1.6$，$d = 22.3m$），符合《建筑地基基础设计规范》第 5.2.7 条 "$P_z + P_{cz} \leqslant f_{az}$"，主楼第⑥层下卧层强度满足要求。同样，辅楼第⑥层下卧层强度也可满足要求。

2. 对④、⑤层砾岩中的夹层进行下卧层强度验算

④、⑤层砾岩中普遍含有④1、④2 层含砾石黏土夹层，其承载力较低，分布不稳定，为软弱下卧层，需对其进行下卧层强度验算，详见表 2。

表 2　软弱下卧层强度验算表

建筑物名称	超高层办公主楼		北辅楼	南辅楼
建筑物层数	38层		23层	23层
下卧层 层号	④1	④2	④2	④1
下卧层承载力特征值（kPa）	300	320	300	300
基底平均压力 Pk（kPa）	660	660	450	450

续表

建筑物名称	超高层办公主楼		北辅楼	南辅楼
验算钻孔编号	14#	38#	8#	26#
基底标高（m）	77.0	77.0	77.0	77.0
软弱下卧层顶板标高（m）	75.64	72.37	70.94	71.46
基础底面至软弱下卧层顶面的距离 z（m）	1.36	4.63	6.06	5.54
Pz＋Pcz（kPa）	687.2	734.7	518.2	509.5
下卧层经深度修正后的承载力特征值 faz（kPa）	613.6	722.6	734.3	696.8
第④层修正系数 γ_m（kN/m³）$\eta_d = 1.6$	20.0	18.5	16.9	17.5
验算结果	不满足	不满足	满足	满足

主楼及南北辅楼考虑最不利因素对软弱夹层下卧层强度进行验算，由表 2 可以看出，主楼软弱下卧层强度不能满足上部荷载要求。南、北辅楼软弱下卧层强度可以满足上部荷载要求。裙房上部荷载较小，下卧层强度可以满足上部荷载要求。因此建议对地基做详细的静载试验以判断④—1 层、④—2 层和⑤—1 层等夹层是否会对地基产生不均匀沉降。

1.5　基础设计

基槽开挖后，根据评审会意见，于 2010 年 1 月至 2 月间，开始对地基做静载试验。选择了 10 个静压点，对静压点进行了基底反力特征值 3 倍的静载试验。尤其是在原地勘查明的存在④—1、④—2 含砾石黏土层等夹层的孔位设试验点。超高层沉降量分别为：0.58mm、1.29mm、1.8mm、0.33mm，初步评价很理想。同时也表明④—1、④—2 含砾石黏土层等夹层对地基不会产生不均匀沉降。2010 年 4 月的极限值为 3300kPa 的静载试验中，沉降量均小于 3mm。

2009 年 4 月 24 日召开的"鹤壁市金融大厦工程地基基础专家评审会"，再次通过试验数据验证天然地基方案的可行性，原专家委员会高度评价了超高层建筑采用天然地基的开创性意义以及先进性。

最终确定了如下基础方案：

超高层办公楼基础采用筏板基础，筏板厚度为 2200mm；

公寓楼部分采用筏板基础，筏板板厚度为 1200mm；

裙房采用柱下承台，承台间设拉梁。

2　高层建筑采用天然地基

2.1　工程概况

联合大厦项目由办公楼、公寓以及商业裙楼组成。其中办公楼地面以上 26 层，结构总高度 99.700m（由室外地面至 26 层屋面），结构形式为钢筋混凝土框筒结构，基底压力特征值为 500kPa。

地质概况：

依据安阳市建筑设计院有限公司提供的《联合大厦岩土工程勘察报告（详勘阶段）》取值。钻探深度内，地层划分、各层地基的承载力特征值 fak 见表 3。

表 3　地层划分、各层地基的承载力特征值

层 号	①	②	③	③-1	④	④-1	⑤	⑤-1
岩 性	粉质黏土	粉土	中砂	粉质黏土	卵石	粉质黏土	砾岩	砂岩
承载力特征值 fak（kPa）	140	130	150	140	320	130	650	600
平均厚度	3.43	2.58	2.08	1.5	1.93	1.44	2.6	1.35

层 号	⑤-2	⑥	⑥-1	⑦	⑧	⑧-1	⑨
岩 性	含砾黏土	砾岩	含砾黏土	强风化泥灰岩	强风化泥灰岩	中风化泥灰岩	砾岩
承载力特征值 fak（kPa）	280	800	300	320	380	460	1200
平均厚度	1.46	5.59	1.02	8.82	16	3.28	未揭穿

地下水稳定水位埋深为 10.5～12.3m，年变幅 2～4m，地下水位标高 73.69～75.42m，近 3～5 年最高水位标高 77.0m 左右。

2.2　基础设计

原设计一层地下室，基础持力层为④层卵石，其承载力难以满足设计要求。由于④层卵石层距砾岩面约 2.5～4.0m，采用其他方式进行处理难度较大。因此将地下室改为两层，基础持力层为⑤层砾岩层。不仅节约了基础工程造价，缩短了工期，而且增加了主楼的埋深，较好地解决了设备用房问题。

最终采用天然地基，平板式筏基作为基础设计方案，筏板厚度 2000mm。

3　高层建筑采用卵石层中内夯成孔的素混凝土桩复合地基

3.1　工程概况

观景大厦项目由公寓楼及商业裙楼、住宅、地下车库组成。其中公寓楼地下 1 层，地面以上 26 层，结构总高度 90.05 米，框架剪力墙结构，基底压力特征值为 480kPa；住宅地下 1 层，地面以上 18 层，结构总高度 54.45 米，剪力墙结构，基底压力特征值为 330kPa。

3.2　地质概况

依据河南省豫北水利勘测设计院提供的《鹤壁市观景大厦项目（详细勘察）》取值。钻探深度内，地层划分、各层地基的承载力特征值 fak 见表 4。

表 4　地层划分、各层地基的承载力特征值

层 号	①	②	③	④	⑤	⑥	⑦	⑧	⑨
岩 性	粉土	中砂	卵石	粉质黏土	含钙质黏土	砂岩	砾岩	粉质黏土	砾岩
承载力特征值 fak（kPa）	120	150	330	180	250	400	1000	200	800
平均厚度	4.45	0.95	3.25	2.85	5.05	0.35	7.25	1.05	未揭穿

地下水稳定水位埋深为 15.7～15.8m，对应高程为 73.05m。

3.3　地基方案

本工程±0.000 绝对标高为 89.750，⑦砾岩层顶标高为 71.75～70.54，显然不能如以上两个项目一样以⑦砾岩层作为持力层采用天然地基方案。

地质报告中建议以第⑨单元砾岩层作为桩端持力层，采用钻孔或冲孔灌注桩，筏板下满堂布桩方案。笔者认为穿透⑦砾岩层不合理、不经济。卵石层③与砾岩层⑦承载力均很高，卵石层与砾岩之间存在将近 8m 的黏土层，如何能将这部分土体加固或穿透这部分土层，让荷载落在砾岩层上呢？笔者

又比较其他几种方案：高压喷射注浆法、机械洛阳铲成孔、冲击成孔后注浆灌注桩、素混凝土桩复合地基等。分析之后，认为素混凝土桩复合地基穿透黏土层并支承于砾岩层的方案，最经济合理，但最大难点在于现有工艺在卵石层成孔较难。

一次评审会中偶然得知有一种新工艺——《在卵石层、砂石层中施工的沉管灌注桩施工方法》。该方法采用双套管，柴油锤内夯成孔工艺解决了在卵石层中成孔的难题。有以下几种特点：

（1）采用双重套管的方法，内管低端封闭，外管低端开口，外管比内管长 10cm。挤密成孔时采用 4～6T 柴油锤将内外管同时沉入地层中。可将卵石挤向外管侧，若遇大块石头可切碎挤向外管侧。孔成好后将内管抽出，向外管内灌注混凝土再将外管拔出，一根 12m 长的桩 30min 可完成。

（2）沉管时可封水，施工过程中水不进入外管内，无沉渣存在，端阻力远大于钻孔灌注桩，接近于预制桩。

（3）冲击力大，起拔力大。可穿透 12m 厚的中密卵石层，$N_{63.5}<37$ 击以内都可以穿透。能进入密实卵石层或强风化基岩 2～3m。

（4）施工时桩长一般为最后 10 击的贯入度不大于 3～6cm 来控制桩长，弥补了持力层标高地质报告中与实际中误差，确保了桩底确实支承于持力层上。

（5）施工速度快，现场无污染，工程造价低，质量有保证，人为因素少，机械化程度高。

内夯沉管素混凝土桩复合地基承载力特征值应通过现场复合地基载荷试验确定，初设时可采用《建筑地基处理技术规范》中 CFG 桩计算公式进行估算。考虑到夯扩成孔的挤土效应，桩侧土层经挤密与振密作用桩侧阻力、端阻力均有相应提高；基础下桩间土经挤密与振密作用其承载力特征值也得到了较大提高。

本工程经过估算后，桩径 350，桩长以最后十击贯入度不大于 3 公分为控制标准，该标准可完全保证桩端进入砾岩层顶部，平均桩长 12m 左右。混凝土强度为 C35，单桩极限承载力标准值为 1600kN，对于 26 层公寓楼桩距为 $S=1.70m$，复合地基承载力特征值可达 570kPa；对于 18 层住宅楼桩距 $S=2.00m$，复合地基承载力特征值可达 418kPa，均可满足设计要求。

4 结束语与建议

（1）河岸边冲、洪积地层中往往有一层较厚的砾岩，承载力较高。在进行地基与基础设计时应因地制宜地采取相应的地基处理与基础方案，充分利用此岩层，可满足超高层、高层建筑地基承载力。可以使地基基础设计在安全可靠的前提下更经济合理。

（2）在可行的情况下，调整地下室高度与层数，采用天然地基，使基础落在砾岩面上。

（3）内夯沉管素混凝土桩可穿透卵石层和其下的软弱下卧层，桩端落在砾岩层上，可满足高层建筑地基承载力。减少了桩基沉降和建筑物的不均匀沉降。

（4）内夯沉管素混凝土桩夯扩成孔有挤土效应，桩侧土层经挤密与振密作用桩侧阻力、端阻力均有相应提高；基础下桩间土承载力也得到了较大提高。

（5）内夯沉管素混凝土桩施工速度快，现场无污染，工程造价低，质量有保证，人为因素少，机械化程度高。

参考文献

[1] 中华人民共和国国家标准，建筑地基处理技术规范（JGJ 79—2002）［S］．北京：中国建筑工业出版社，2002.

[2] 专利：刘清杰．专利题名：《在卵石层，砂石层中施工的沉管灌注桩施工方法》专利国别：中国。专利号：ZL2007101885943．公告日期：2007.10.

振冲碎石桩在粉煤灰冲填地基处理中的应用

许厚材[1,2]

(1. 北京城建五建设工程有限公司，北京　100029，2. 北京城建集团有限责任公司，北京　100044)

摘　要：本文结合振冲碎石桩处理粉煤灰冲填地基工程实例，介绍了振冲碎石桩处理粉煤灰地基的加固机理、设计、施工工艺、施工质量控制、加固后复合地基检测。工程质量检查和检测结果表明，本工程施工设备、施工工艺参数选择合理、施工质量保证措施合理有效，可供类似工程参考。

关键词：吹填粉煤灰；振冲碎石桩；地基处理；施工

Application of Vibro-replacement Gravel Piles In the Dredger Fill Pulverized-coal-ash Foundation Treatment

Xu Hou-cai[1,2]

(1. Beijing Urban Construction Group the Fifth Construction Engineering Co. , Ltd. , Beijing　100029，China,
2. Beijing Urban Construction Group Co. , Ltd. , Beijing　100044，China)

Abstract：Based on the example engineering of the dredger Fill ulverized-coal-ash foundation treatment，Reinforcement Mechanism，Design，construction technology，construction quality assurance measures and test of vibro-replacement stone column are introduced. Project quality inspection and test results show that the choice of construction equipment and construction process parameters is reasonable. The construction quality assurance measures are reasonable and effective. The reference of the similar project construction are provided.

Key words：dredger fill pulverized-coal-ash；vibro-replacement stone column；foundation treatment；construction

　　粉煤灰是火力发电厂燃煤粉锅炉排出的一种工业废渣。随着我国国民经济的飞速发展和火电厂的大量增加，粉煤灰的排出量也越来越多，粉煤灰的堆存和占地问题日益突出，这进一步促进人们对粉煤灰资源的综合利用的重视。用粉煤灰填筑地基是其大量和直接应用的一个重要途径。粉煤灰地基的处理方法主要有预制桩、强夯、碎石桩、水泥粉喷桩、搅拌桩等[1-5]。振冲桩地基处理技术是软弱地基处理常用的措施之一，结合在软土地基中构筑的桩体所形成的复合地基来承担其上的荷载，能充分发挥天然土体的作用，这种复合地基能提高承载能力，增强稳定性，减少工后沉降与不均匀沉降。振冲碎石桩施工设备简单、施工简便、快速，可以大大缩短工期，施工材料来源广泛、造价低廉、技术、经济效益良好，在工业与民用建筑、水利和交通领域地基处理工程中得到了广泛的应用。振冲碎石桩适用于处理砂土、粉土、粉质黏土、素填土和杂填土等地基[6]，但在处理粉煤灰冲填地基方面的应用实例还较少[7]。

　　本文以振冲碎石桩在吉林通化二道江电厂贮灰场四期子坝粉煤灰冲填地基处理工程中的应用为实例，对振冲碎石桩用于粉煤灰冲填地基处理的加固机理、成桩工艺、施工质量控制及加固后复合地基土强度检测等进行了介绍，为振冲碎石桩处理粉煤灰地基积累了经验，可供类似工程参考。

1　工程概况

　　二道江发电厂位于通化市二道江区内，太平沟贮灰场位于电厂西侧约 1.5km 的太平沟，贮灰场地势良好，库容较大，灰场的规划总库容为 1800万平方米。

　　灰场在初期坝的基础上已加高三级子坝。四期子坝位于三期灰场的粉煤灰冲填地基上，坝轴线距三级子坝轴线 220.3m，坝顶高程为 440.00m，坝底高程为 433.20m，坝高 5.8m，最大填筑高度 6.8m，坝顶宽 5.0m，坝顶长约 399.1m。子坝上游边坡坡度为 1：2.5，下游边坡坡度为 1：3.0。本期贮灰限制标高为 437.30m，相应贮灰库容约 $140 \times 10^4 \mathrm{m}^3$。坝体采用碎石土分层碾压进行填筑，设计洪水标准按 50 年一遇设计、200 年一遇校核，坝基采用振冲碎石桩复合地基。

　　经过对多种地基处理方案的可行性、经济性进行综合比较，确定选用振冲碎石桩方案进行地基处理。本工程于 2008 年 5～6 月进行施工，四期子坝于 2008 年 10 月投入运营，至今状况良好。

2 地基处理要求

地基进行处理后，复合地基承载力特征值不小于 200kPa，桩间土（粉煤灰）的相对密度不小于 0.65；碎石垫层的压实系数 λ_c 不小于 0.95。

3 地基处理设计及加固机理

3.1 地基处理设计

地基处理设计，包括振冲碎石桩和垫层设计。处理范围：宽度 70.0m，长度 262.0m，为了满足坝体对地基承载力的要求，由于场区内的粉煤灰厚度的不同，把场地划分为长桩区和短桩区 2 个区，详见图 1，各区的桩间距和置换率相同，桩长不同。地基处理施工剖面图见图 2。

图 1　振冲碎石桩长短桩分区图

主要设计参数为：

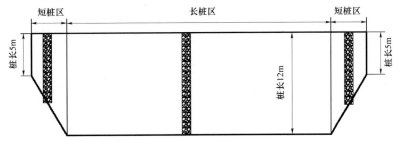

图 2　振冲碎石桩地基处理剖面图

1）桩径为 1.15m，桩间距 2.0m，按等边三角形布置。

2）单桩承载力不小于 400kN。

3）复合地基承载力特征值不小于 200kPa，置换率 m＝0.300。

4）长桩区碎石桩加固深度为 12m，短桩区碎石桩穿透粉煤灰层至其下的原状土层。

5）碎石填料为硬质石料，粒径 3～10cm，最大径不超过 15cm。含泥量不得大于 5％。

6）桩顶和基础之间铺设 50cm 厚碎石垫层，碾压密实。

3.2 振冲碎石桩加固机理

振冲碎石桩是指用振动、冲击或水冲等方式在软弱地基中成孔后，再将碎石挤压入土孔中，形成大直径的碎石构成的密实桩体。振冲碎石桩是近几年发展较快的一项软土地基处理加固实用技术。其原理是在地基土中借助振冲器成孔，振密填料置换，形成碎石桩群桩体，与原地基土一起构成复合地基，使地基排水性能得到很大改善和加速土层固结，提高地基承载力，减少地基沉降，并可消除土层的液化。对松散砂性土或软弱黏性土，碎石桩主要有挤密、加筋、置换、排水和应力扩散的五种作用。

（1）挤密作用：碎石桩置于软土地基中形成复合地基，桩体受荷载后产生侧向膨胀，而桩间土则受到不同程度的挤密和振密；

（2）加筋作用：由两种不同刚度的材料组成的复合地基，在力的传递过程中产生应力重分配，这种应力重分配的结果是产生部分应力向碎石桩上集中，其应力集中现象改善了地基承载力；

（3）置换作用：填充在振冲器上拔后在土中留下的孔洞，另一方面是利用其作为传力介质，在振冲器的水平振动下通过连续加填料将桩间土进一步振挤加密。复合地基置换率的增大可减少地基的下沉量；

（4）排水作用：碎石垫层起水平排水的作用，碎石桩在软土中形成一个良好的排水通道，有利于施工后土层加快固结，起到良好的排水固结

效应；

（5）应力扩散作用：复合地基中桩体受力后的变形主要集中在上部，碎石桩顶部采用碎石垫层可以起到明显的应力扩散作用，降低碎石桩和桩周围土的附加应力，减少碎石桩侧向变形，从而提高复合地基承载力，减少地基变形量。

4 振冲碎石桩施工

4.1 施工工艺流程

测量定位→场地平整→测量放桩位→造孔→清孔→填料加密→成桩

4.2 施工准备

4.2.1 材料准备

碎石桩桩体材料选用卵石，粒径一般 40～100mm，最大粒径要求不超过 150mm。

4.2.2　施工机械准备

采用 BJ－75 型振冲器进行振冲碎石桩的施工，吊车采用 20t 吊车。

4.2.3　场地准备

碎石桩施工前平整场地。同时，场地必须具备一定的承载力，满足吊车行走、碎石桩施工及安全要求。

4.2.4　供水及排水处理

根据本工程的实际情况，对供水管、泥浆池进行现场布置，布置供水管用于振冲时高压水的供应，布置泥浆排放沟进入净化池，防止污染环境。

4.2.5　确定施工顺序

确定振冲碎石桩的施工顺序，本工程成桩的顺序一般为"由一边向另一边"进行，便于粉煤灰的挤压和振冲桩施工。

4.3　工艺性试桩

施工前，根据设计进行了工艺性试桩，用以检验机具设备及施工工艺中的各项技术参数，桩验证振冲碎石桩的设计参数，确定造孔水压、造孔电流、加密水压、加密电流、留振时间、填料量等施工工艺参数。

本次进行试制桩 12 根，根据试桩过程中反馈的数据和成桩后动力触探（重Ⅱ）自检效果，确定施工参数见表 1。

表 1　施工工艺参数

振冲器	造孔水压(MPa)	造孔电流(A)	加密水压(MPa)	加密电流(A)	留振时间(s)	加密段(cm)
BJ－75	0.4	50～150	0.2	85	8	30～50

4.4　测量放样

施工前按设计图纸测量放样，确定轴线，定出每个桩位并进行明显标志、复核测量并妥善保护。

4.5　造孔

1）振冲器对准桩位后先开启压力水泵，振冲器末端出水口喷水后，再启动振冲器高频振动，待振冲器运行正常开始造孔，用喷嘴射出的高速水流冲击孔底，以 1～2m/min 的速度贯入地层，使振冲器徐徐贯入粉煤灰地层中，直至设计深度。

2）造孔过程中振冲器应处于悬垂状态。振冲器与导管之间有橡胶减震器联结，因此导管有稍微偏斜是允许的，但偏斜不能过大，防止振冲器偏离贯入方向；记载电流、电压、水压，了解地质情况。

3）造孔速度和能力取决于地基土质、振冲器类型及水冲压力等，造孔速度应与地层相适应。

4）当电流升高时，其最大值不得超过电机的额定值；当电流超过电机的额定值时，减慢振冲器的下沉速度，甚至停止下沉或提起振冲器，让高压水冲松土层后再继续下沉。电流的变化，可以定性地反映出该孔的土质情况。

4.6　清孔

用振冲器射出水清洗孔内泥浆，振冲器在孔底停留约一分钟，靠水压将孔内泥浆排出；再将振动器提起，边提升振冲器边冲水直至孔口，再放至孔底，重复两三次扩大孔径并使孔内泥浆变稀，见孔流出清水为止。

4.7　填料加密

采用强迫填料制桩工艺。制桩时应连续施工，不得中途停止，以免影响制桩质量。加密从孔底开始，逐段向上，中间不得漏振。当电流达到规定的密实电流值和规定的留振时间后，将振冲器上提继续进行下一个段加密，每段加密长度为 30～50cm。

4.8　桩头清理

桩体施工完毕后应将顶部预留的松散桩体挖除，清理至桩顶设计标高。

4.9　质量控制措施

1）桩长。在振冲器导杆上焊有刻度，振冲器贯入地下的深度可由上读出，当造孔达到设计深度时，孔口指挥予以记录。自孔底加密到孔口成桩，造孔深度即为桩长。

2）桩位偏移。桩位偏移不允许超过（1/5～2/5）D，D 为桩径。施工中注意精心操作，偏差不得大于 3cm。

3）加密电流、留振时间。在成桩时，注意不能把振冲器刚接触填料的一瞬间的电流值作为密实电流。瞬时电流值有时可高达 100A 以上，但只要把振冲器停住不下降，电流值立即变小。可见瞬时电流并不真正反映填料的密实程度。只有让振冲器在固定深度上振动一定时间（称为留振时间）而电流稳定在某一数值时，这一稳定电流才能代表填料的密实程度。要求稳定电流值超过规定的密实电流值，该段桩体才算制作完毕。

4）填料量。填料量是保证桩体密实度和桩径大小的重要指标。施工中采用连续填料工艺，填料不能过猛，要勤加料，但每批不宜加得太多。值得注意的是在制作最深处桩体时，为达到规定密实电流所需的填料远比制作其他部分桩体多。有时这段桩体的填料量可占整根桩总填料量的 1/4～1/3。这是因为开初阶段加的料有相当一部分从孔口向孔底下落过程中被粘留在某些深度的孔壁上，只有少量能落到孔底。另一个原因是如果控制不当，压力水有可能造成超深，从而使孔底填料量剧增。

5）加密段长度。加密段长度为 30～50cm，必须严格控制。过长填料过多，容易造成漏振，密实度达不到。

6）为了保证桩顶部的密实，振冲施工前开挖基坑时应在桩顶高程以上预留 1.0m 厚度的土层。

5 碎石垫层施工

5.1 施工流程

测量放线→开挖→碎石检测→定型和碾压→施工放样→碎石摊铺→洒水→振动压路机碾压→检测密实度。

5.2 施工工序

（1）根据设计图纸，测量放线，在现场用石灰标出开挖轮廓线。

（2）定型和碾压。基槽开挖至设计标高后，用碾压机对槽底进行碾压，以暴露潜在的不平整，再对槽底进行整平和整形。

（3）施工放样。将垫层施工区划分为 3.5m×10.0m 的方格。

（4）碎石摊铺。用推土机（挖掘机）将碎石摊铺在槽底内，在摊铺的过程中，应防止有粗细料集中。

（5）洒水。对将摊铺好的碎石进行洒水，洒水量略高于最优含水量。在碎石刚碾压时先少量加水，待碾压有一定密实时，再洒水。

（6）碾压。用压路机对碎石垫层进行碾压，直至要求的密实度。

6 地基处理效果

6.1 复合地基承载力检测

振冲碎石桩复合地基承载力试验测定采用慢速维持荷载法。使用平板结构反力架，用堆载方法，逐级加荷进行试验，以测定复合地基承载力。根据设计要求，本工程振冲碎石桩复合地基承载力为不小于 200kPa。振冲碎石桩施工完毕后第三方进行检测，共选取 28 根振冲碎石桩进行复合地基静载载荷试验，检测结果表明振冲碎石桩复合地基承载力大于 200kPa，满足设计要求。

6.2 振冲碎石桩桩身密实度检测

由于荷载试验只能检测浅层地基的加固效果，为了解深层地基的加固质量，采用重（Ⅱ）触探法检测桩身密实度。

本次共施工振冲碎石桩总桩数 5563 根，抽检

1‰，检测 56 根桩。经对 56 根振冲碎石桩的重（Ⅱ）触探法试验，检测结果表明，单桩 N63.5 平均值最小为 21 击，最大 107 击，总体 N63.5 平均值为 40 击，由此可以判定桩身密实，符合设计要求。

6.3 桩间土的质量检测

桩间土的检测采用了标准贯入试验、静力触探试验和孔内取样土工试验三种方法。

6.3.1 标准贯入试验的检测结果

本次桩间土检测共进行了 60 次标准贯入试验，其结果表明，单孔 N63.5 平均值多为 15～19 击，平均值为 16.5 击，表明经振冲处理后的粉煤灰已达到中密～密实；修正后 14.2 击，计算桩间土地基承载力特征值 fsk 为 174kPa。

6.3.2 静力触探试验的检测结果

桩间土静力触探试验的检测采用上海新卫自动化设备工程公司生产的 CC-4A 型单桥静力触探仪，共布置静力触探试验检测钻孔 7 个。

经过 7 个桩间土（粉煤灰）静力触探试验钻孔的检测表明，桩间土经振冲碎石桩挤压后，强度明显提高，桩间土地基承载力特征值 f_{sk} 不小于 217kPa，满足设计要求。

表 2 振冲碎石桩复合地基承载力标准值检测结果一览表

岩土名称	检测方法	承载力特征值 f_{ak}（kPa）		说明
碎石桩（卵石）	重型动力触探试验	f_{pk}	950	
（桩间土）粉煤灰	标准贯入试验	f_{sk}	174	平均值为 195kPa
	静力触探试验	f_{sk}	217	
	土工试验	f_{sk}	194	

6.3.3 土工试验的检测

钻孔开孔直径为 ϕ110mm，取样采用薄壁取土器重锤击入法，布置取样钻孔 6 个，共取原状土样 30 组。根据土工试验结果，桩间土（粉煤灰）的相对密度 Dr 为 0.46～0.84，平均值为 0.66，压缩系数 a_{1-2} 为 0.06MPa^{-1}～0.10MPa^{-1}，平均值为 0.08MPa^{-1}，说明桩间土经过振冲挤密后密实度明显增加，呈中密状态，属于低压缩性，土层强度较高。

6.4 振冲碎石桩桩体力学性能检测

6.4.1 桩体天然干密度检测

施工结束后，采用灌砂法对振冲碎石桩桩体密度进行检测，检测结果见表 3。

表3　振冲碎石桩桩体密实度检测表

检测序号	检测桩号	检测深度	含水率 %	湿密度 g/cm³	干密度 g/cm³
ZT1	4656	1.20～2.00	4.10	2.49	2.39
ZT2	5197	1.20～2.00	4.98	2.12	2.02
ZT3	4943	1.20～1.95	5.66	2.21	2.09
ZT4	5081	1.20～2.00	6.26	2.24	2.11
ZT5	4827	1.20～2.00	5.85	2.46	2.32
ZT6	4973	1.20～1.95	5.88	2.06	1.94
ZT7	4262	1.20～1.90	3.35	2.30	2.23
平均值			5.15	2.27	2.16

6.4.2　石料大型剪切试验

根据设计要求，对碎石桩进行力学性能检测，通过砂砾石直剪试验确定桩体参数 ρ、c、ϕ 值，试验组数为7组。剪切试验结果见表4。

表4　碎石桩体石料大型剪切试验成果表

试样编号	卵砾石内摩擦角 ϕ	卵砾石粘聚力 C（kPa）
Ⅰ	43.5°	70.3
Ⅱ	43.7°	53.2
Ⅲ	43.5°	60.9
Ⅳ	41.6°	46.1
Ⅴ	41.1°	66.7
Ⅵ	42.9°	59.2
Ⅶ	43.9°	54.6
平均值	42.9°	58.7

6.5　垫层质量检测

共计检测点10点，检测结果表明，碎石垫层平均压实系数 $\lambda_c = 0.97$，大于设计要求 $\lambda_c = 0.95$，满足设计要求。各检测点数据详见表5。

表5　碎石桩垫层碾压试验表

检测序号	含水率 %	湿密度 g/cm³	干密度 g/cm³	压实系数 λ_c
D1	0.36	1.99	1.98	0.96
D2	0.97	1.98	1.97	0.98
D3	4.00	2.17	2.00	0.99
D4	4.05	1.98	1.90	0.95
D5	4.03	1.98	1.90	0.95
D6	3.01	2.17	2.11	0.99
D7	3.04	1.95	1.90	0.95
D8	2.94	2.10	2.04	0.99
D9	2.99	2.08	2.02	0.99
D10	2.99	2.13	2.07	0.99

7　结束语

1）由于振冲碎石桩技术可靠，且具有诸多的优点，在工业与民用建筑领域的软基处理中得到了大量应用。但该技术在粉煤灰冲填地基处理中的应用的实例还不多，通过本工程的应用实践和检测结果表明，振冲碎石桩在粉煤灰地基处理的应用是成功的。

2）采用振冲碎石桩法对新近吹填粉煤灰地基土进行加固处理，切实可行，经济合理。

3）处理效果比较理想，复合地基承载力可提高一倍以上。

4）工程桩进行施工前应进行试桩和检测，取得最合理的设计参数和施工工艺。

参考文献

[1] 阳平武. 强夯在粉煤灰地基处理中的应用 [J]. 海岸工程，2009，(4).

[2] 邵军义，黄聿国. 粉煤灰吹填造地新工艺及其社会经济效益 [J]. 青岛建筑工程学院学报 2000，(4).

[3] 范晓虎. 大型粉煤灰场地软地基处理工程实例 [J]. 施工技术，2006，(11).

[4] 车西军，吉军. 粉喷桩在粉煤灰场地地基处理中的应用 [J]. 西北水力发电 2006，(5).

[5] 刘煜民，黄平，魏智勇，王丰. 从试桩看深层搅拌桩在粉煤灰地基中的应用 [J]. 武汉大学学报（工学版）2007，(S1).

[6] 中国建筑科学研究院. JGJ 79—2002 建筑地基处理技术规范 [S]. 北京：中国建筑工业出版社，2002.

[7] 邵军义，常玉军. 黄岛电厂粉煤灰吹填造地及其地基处理方法的探讨 [J]. 粉煤灰 2000，(4).

机械设备及其他

内蒙化德风力发电工程风力发电机
基础施工技术

刘汉江

（中国葛洲坝集团 基础工程有限公司，湖北宜昌 443002）

摘　要：风力发电是目前我国兴起的一种新型能源，它对社会环境和自然风力的利用，产生很大的影响。文章详细结合工程所在地的水文、地质特点介绍本项目风力发电机基础的施工方案及经验，仅供大家参考。

关键词：风力发电机；PHC 管桩承台基础；施工方案

1　概述

内蒙化德风电场属中亚温带干燥气候区。总的特点是：夏热冬冷，夏短冬长，四季分明；光照多、热量足、降水量少，年平均气温 5℃，年均降雨量 147mm。由于季风的影响，使降雨季节分配不均，干燥季节特别明显，其中 4 月至 9 月份为湿季，10 月至翌年 3 月份为干旱季。全年以南北风为主。由于地形地貌状况复杂且丰富，每年冬、春季都有 5—6 级的大风。与辽宁接壤的东部地区由于受气候影响，同样蕴藏着丰富的风能资源。

场地属高山丘陵地貌，从场地及区域地质调查资料分析，场地及附近未发生第四纪新构造断裂现象。场地分布粉质黏土、砾石土和硅质砂岩，粉质黏土、砾石土等土层较薄，但硅质砂岩强度底，但稳定性好，是很好的建筑物基础持力层。综合判断，场地区域稳定性好，适宜建筑物的兴建。

PHC 预应力高强混凝土管桩混凝土强度等级为 C80，AB 型，外径为 500mm，壁厚 125mm。管桩选用国家标准图籍《预应力混凝土管桩》。

内蒙化德风电场风机基础采用 PHC 管桩承台基础，每个承台下布置 25 根直径为 500mm 的 PHC 桩，桩长 8～15m，PHC 桩布置为两圈八角形，内圈八角形内切圆半径为 4.4m，布设 8 根桩，桩距 3.646m，外圈八边形内切圆半径为 7.5m，布置 16 根桩，桩距 2.858m。电场装机容量 49.5MW，安装单机容量 1.5MW 的风力发电机组 33 台。

2　施工准备

2.1　施工场地准备

在 PHC 管桩基础施工前，先进行施工场地平整。场地平整采用反铲挖土，推土机推平并反复碾压密实，以便运桩车辆进场及承受 PHC 打桩机的重量。平整后的场地要求坡度一般不超过 3%，使 PHC 桩机施工时能满足桩垂直度要求。此外，夜间施工时必须使场地有足够的照明度。

平整场地时，同时将场内临时道路一并施工。

2.2　沉桩设备选型、进场

2.2.1　设备选型

本工程桩基施工机械设备根据设计桩长、入土深度、单桩承载力等情况，拟选用 6.3t 打桩机沉管，该型号的桩机是由桩架、6.3t 锤和桩管组成。

（1）打桩锤：6.3t。

（2）桩架：ZJ－90 型桩架。

2.2.2　设备及材料进场

（1）根据施工图要求，选择具备 PHC 管桩生产能力及相关资质的厂家，订购 PHC 桩。

（2）PHC 管桩进场的进场验收

PHC 管桩进场时，必须有生产厂家的桩材合格证及强度试验报告，现场对管桩进行实物验收，并上报监理，验收项目如下：

① 桩长 L 允许偏差 ＋0.7% L＞ΔL＞－0.5%L；

② 端部倾斜≤0.5D%；

③ 桩直径允许偏差＋5mm＞ΔD＞－4mm；

④ 管壁厚度允许偏差 Δt≥0mm；

⑤ 保护层厚允许偏差大于－5mm，小于＋10mm；

⑥ 桩身弯曲度≤L/1000；

⑦ 桩端板外侧平面度允许偏差 0.2，桩端板外径允许偏差大于－1mm，小于 0mm，桩端板内径允许偏差大于－2mm，小于 0mm，桩端板厚度允许偏差≥0mm；

⑧ 桩尖中心线 10mm；

⑨ 桩顶或桩尖处不允许有蜂窝麻面、裂纹；

⑩ 桩身不允许有纵向裂纹，桩身混凝土浆液必须饱满，桩顶混凝土必须做加强处理（增加钢筋网片或钢纤维）。

（3）桩的起吊、堆放

PHC管桩在吊运过程中应轻吊轻放，严禁碰撞，滚落。堆桩场地要平整结实，桩的堆放层数不超过四层。堆放时应在底层桩下设置垫木。

3　试桩施工

本桩基工程正式施工之前，按照业主或监理工程师的指示，在工程桩中选择3根试验桩进行现场生产性沉桩工艺试验，以便核对地质资料、检验所选用的桩机设备，施工工艺及技术要求是否适宜，确定沉桩的贯入度、锤击和贯入速度、停锤标准。

如出现缩颈、桩长不足，贯穿能力不足、贯入度（或贯入速度）不能满足设计要求时，应报告并会同监理工程师、设计单位研究处理。

试桩前根据设计要求，对单桩承载力进行计算。

试桩完成后，采用"锤击贯入试桩法"进行单桩振动荷载试验，以确定各试桩单桩垂直容许承载力是否满足设计预估值。

4　PHC桩主要施工方法及技术措施

4.1　沉桩技术要求

（1）底桩垂直度偏差不得超过0.5%；

（2）桩的总体垂直度偏差不得超过0.1%；

（3）桩顶标高偏差控制在－50～＋100mm之间；

（4）接桩时上下段桩中心线偏差不大于5mm，节点弯曲矢高不大于桩段的0.1%；

（5）桩垫采用纸垫，厚度120mm，施打过程中经常检查，一经发现打结实须及时更换；

（6）桩帽或送桩器与桩头周围应有5～10mm的空隙，锤与桩帽和桩帽与桩之间应设弹性衬垫，桩锤、桩帽、送桩器与桩身应保持在面一轴线上；

（7）桩位允许偏差：外圈桩不大于10cm，内圈桩不大于25cm。

4.2　沉桩施工程序

4.2.1　施工顺序

PHC桩沉桩顺序一般宜采用先内圈后外圈的原则，自中间向四周进行。

4.2.2　工艺流程

PHC桩沉桩施工流程如图1所示。

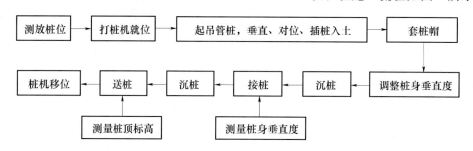

图1　PHC桩沉桩施工流程图

4.3　沉桩施工

4.3.1　测量放线

测放的桩位经测量监理复测无误后方可进行沉桩，并且每天施工前要检查即将施打的桩位与邻桩之间的尺寸是否正确。为便于送桩高度控制，施工场地附近设置一定数量的水准点。

4.3.2　桩机就位

打桩机就位时，应对准桩位，垂直稳定，确保在施工中不倾斜、移动。

4.3.3　起吊管桩

采用打桩机自身的起重设备起吊管桩，先拴好吊桩的钢丝绳及索具，然后应用索具捆绑住桩上端约50cm处，启动起重设备起吊管桩，使桩尖对准桩位中心，缓缓放下插入土中。插桩必须正直，其垂直度偏差不得超过0.5%，再在桩顶扣好桩帽，即可卸去索具。桩帽与桩周边应留5～10cm的间隙，锤与桩帽、桩帽与桩顶之间应有相应的弹性衬垫，一般采用麻袋、纸皮或木砟等衬垫材料，锤击

压缩后的厚度以120～150mm为宜，在锤击过程中，应经常检查，及时更换。

4.3.4　稳桩

第一根管桩（底桩）的桩尖插入桩位后，先用低锤击一二下，桩入土一定深度后，再使桩垂直稳定。第一根桩对位准确后，要用两台经纬仪双向调整桩的垂直度，调直后方可施打，插入时的垂直度偏差不得超过0.5%。打接桩必须用线锤或经纬仪纵横双向校正。

4.3.5　标记

桩在入土前，应在桩架或桩身上划出以米为单位的长度标记，以便在施工中观测、记录。

4.3.6　锤击沉桩

（1）本工程管桩施工拟选用D80锤进行沉桩施工，在锤击沉桩过程中桩锤、桩帽和桩身中心线应重合，以避免打偏。

（2）管桩施工分为长桩和短桩，短桩施工时可用1、2挡沉桩，长桩施工时可用2、3挡沉桩。

（3）打桩时桩帽与桩头之间选用包装用硬纸板作为衬垫，厚度大于 120mm；桩帽与桩锤之间选用盘圆层叠的钢丝绳作锤垫，厚度取 150～200mm。

（4）管桩打入的第一根桩必须控制其垂直度（双向<0.5%，当其桩顶离地面约 0.6～0.8m 时，停止施打，进行下一根桩的连接，在连接第二节、第三节……时，要保证上节桩与下节桩为面一轴线，连接面平整。除第一节桩在打桩时要控制其垂直度外，其余各节桩应用垫片找平，以保证桩整体垂直度，尽可能保证接桩处受力均匀而不产生断桩。桩两段的预埋件表面应保持清洁、平整，焊缝应符合设计施工规范要求。

（5）打桩时应由专职记录员做好施工记录。开始打桩时，应记录每沉落 1m 所需的锤击数并记录桩锤下落的平均高度。当下沉接近设计标高和贯入度要求时，应在一定的落锤高度下，以每落锤十击为一阵击阶段，测量其贯入度并登记入表。

（6）在沉桩过程中碰到下列情况应暂停打桩，并及时与有关部门研究处理；打桩过程中桩的贯入度发生突变，桩身突然发生倾斜、位移或有严重回弹、桩身、桩顶破裂，桩位水平移动过大，未打至设计标高。

4.3.7　接桩

（1）在桩长度不够的情况下，采用机械快速接头连接。

（2）机械快速接头的安装顺序如下：事先将连接销安装在上节桩上，并涂上沥青漆，待下节桩施打至距地面 0.5～1.0m 处，将上节桩的连接销插入下节桩的连接盒中，并校正准确，接缝处涂嵌防水胶，然后连接上下桩。最后采用电焊封闭上下节桩的接缝。

（3）接桩焊接采用 CO_2 气体保护焊。当 PHC 桩对好后由 2 名电焊工手工对称施焊。

（4）接桩处的焊缝应自然冷却 10～15min 后再打入土中，严禁用水冷却或焊好后立即沉桩，对外露铁件应刷防腐漆。

（5）下节桩的桩头处设置导向箍，以便于上节桩就位，接桩时上下节桩段应保持对直，错位偏差不大于 2mm。

4.3.8　送桩

（1）当桩顶接近地面而贯入度未达到设计要求时，估计送桩深度不会超过设计允许值时，可以送桩，送桩深度为 2.3m。送桩作业应连续进行。

（2）送桩器宜做成圆筒形，并有足够的强度、刚度和耐久性。送桩器长度应满足送桩深度的要

求，弯曲度不大于 1/1000。不得用工程桩作为送桩器。

（3）当桩顶沉至接近地面，需要送桩时，应测出桩的垂直度并检查桩头质量，合格后应立即送桩，锤击送桩时，送桩器套筒内应设置硬纸板或胶合板等衬垫，衬垫经锤击压实后厚度不宜小于 60mm。

4.3.9　截桩

截割桩头采用电动锯桩器。用电动锯桩器锯断预应力钢筋外面的混凝土，用凿子手工慢慢凿去混凝土，用预应力钢筋作承台锚固筋。

4.3.10　收锤

施工控制贯入度应通过试验确定，桩端进入土层应以贯入度为主，桩端标高为福。贯入度达到设计要求而桩端标高未达到时，应继续锤击 3 阵，并按每阵 10 击的贯入度不大于 3cm 控制。

5　PHC 桩施工质量控制、检查及验收

5.1　质量控制

5.1.1　桩材的质量控制

（1）PHC 桩进场时应附有生产厂家提供的产品质量合格证或其他技术证明文件，其规格、批号、制作日期应符合相应的验收批号内容，并做好桩材交接手续。

（2）桩到达现场后，应进行桩的外观质量检查和桩身外型尺寸检查，桩身应无扭曲和弯曲，凡不符合标准的桩不予接收；另外还应对桩身在吊装、运输过程中是否产生裂纹及碰伤进行检查，若存在破损痕迹或裂缝，并超出规范要求，应严禁使用。

PHC 桩外观及外型尺寸检查验收标准见表 1。

表 1　PHC 桩的尺寸验收标准

项目		允许偏差值（mm）	质检工具及度量方法
长度 L		$+0.7\%L$ $-0.5\%L$	采用钢卷尺
端部倾斜		$\leqslant 0.5\%D$	将直角靠尺的一边紧靠桩身，另一边紧靠端板，测其最大间隙
外径 d	$\leqslant 600$	$+5\ -4$	用卡尺或钢尺在同一断面测定相互垂直的两直径，取其平均值
	>600	$+7\ -4$	
壁厚 t		正偏差不限 -5	用钢直尺在同一断面相互垂直的两直径上测定四处壁厚，取其平均值

续表

项目		允许偏差值（mm）	质检工具及度量方法
保护层厚度		+10 −5	用钢尺在桩管断面处测量
桩身弯曲度		L/1000	将拉线紧靠桩的两端部，用钢直尺测其弯曲处最大距离
端头板	平整度	2	用钢直尺紧靠端头板，测其间隙处距离
	外径	0 −1	用钢卷尺或钢直尺
	内径	±2	
	厚度	正偏差不限 负偏差为 0	

预应力筋和螺旋箍筋的混凝土保护层应分别不小于 25mm 和 20mm。

5.1.2　施工测量控制

（1）定位放线的控制：根据现场的测量控制网（基准点），用全站仪及钢卷尺准确地投放桩位的位置，投放的样桩桩位偏差控制在 2cm 之内，以确保施工后的桩体平面位移不超规范。桩位测放完毕后，绘制桩位测量成果图，并报送请监理单位进行桩位的复测检查，经检查合格并签证后方可施打。

（2）桩位偏差的控制：认真准确对准样桩进行插桩，并通过两台交叉的经纬仪校正桩身垂直度在允许偏差之内。另外安排合理的打桩流程，防止打桩的过程中对已打完的桩挤偏。

（3）桩身垂直度的控制：采用 2 台经纬仪呈 90°交叉布置，架在能看清桩的全长的位置，观测桩架与桩身的垂直度。先看桩尖，再看桩顶，仪器里的十字丝与桩顶之间的偏差应小于 1.5cm，以保证桩架与桩身垂直度控制在 5%（桩全长）以内，并指挥桩机进行反复多次调整。尤其是第一节桩要严格保证其垂直度，确保其垂直导向作用，桩入土 3m 后严禁用桩机调整其垂直度。

5.1.3　沉桩操作质量控制

（1）桩机起吊桩时，杜绝单点起吊或拖桩，以免桩因应力超限而断裂。另应杜绝用反铲或推土机等设备拖或推桩。

（2）带有桩尖的第一节桩插入地面 0.5～1.0m 时，应严格调整桩的垂直度，偏差不得大于 0.5%，然后才能继续施打。

（3）除不能预见的原因外，打桩应连续不断，直至打到设计深度。

（4）接桩控制：

①当桩要接长时，已入土桩段的桩头宜高出地面 0.5～1.0m；

②焊接采用二氧化碳保护焊；焊接接桩时，应先将四角点焊固定，然后对称焊接，并确保焊缝质量和设计尺寸；

③接桩时上下节桩应保持顺直，错位偏差不得大于 2mm；

④焊好的焊缝应自然冷却 5min 后方可继续施压；

⑤接桩时，应避免桩尖接近硬持力层或桩尖处于硬持力层中接桩。

（5）停锤控制：本工程停锤控制以桩端标高为准。但桩打到设计高程后，若仍不能承受设计荷载，应采用以下方法进行处理：

①把桩接长，待混凝土达到规定强度后，继续下送，直到桩能够承受设计荷载。

②进行群桩承载力验算。若有必要，可增加桩的数量。

（6）打桩中桩头破损、折断或打错位：若桩头被打破损，钢筋被打成团，应立即停打，将破损的部分割去后继续下送。若破损或折断的长度较大，根据情况进行补桩，补打的新桩应离事故桩桩位尽可能的近。打错位的桩，若桩位偏差较大，也须考虑补桩。

（7）沉桩记录：沉桩全过程应由专职记录员及时、准确、如实地填写沉桩施工记录表，及时整理并报送当班监理工程师验证签名认可。

（8）截桩头：当一根桩施打完成后，如有露出地面的桩段应使用专门的锯桩机截割，严禁利用打桩机行走推力强行将桩扳断的作业法。

5.2　质量检查及验收

5.2.1　桩基的成桩检验

PHC 管桩在每个承台施工结束后 10 天，项目部安质环部负责按相关规范的规定，对桩体进行以下项目的检验和检测，并应将检验和检测的成果报送监理人。

（1）采用低应变动力法检测基桩桩身的完整性，抽测数不少于该批桩总数的 20%，且不得少于 5 根；当抽测不合格桩数超过抽测数的 30% 时，应加倍重新抽测；加倍抽测后，若不合格桩数仍超过抽测数的 30% 时，应全部检测。

（2）按监理人指示选用高应变法检测单桩承载力，其允许承载力应符合施工图纸规定。

5.2.2　桩基的检查和验收

PHC 管桩基础施工过程中，项目部工程技术及质检部门应会同监理人进行以下项目的质量检查和验收，其检查和验收记录应报送监理人。

（1）PHC 管桩打入前，应进行检查和验收的内容包括：

  ① 场放样成果检查；

  ② 外观检查；

  ③ 桩尖检查

  (2) PHC 管桩成桩质量的检查和验收：

  ① PHC 管桩桩位的检查；

  ② PHC 管桩的顶底高程和有效长度的检查；

  ③ PHC 管桩的贯入度标准检验。

  (3) PHC 管桩承载检验成果的检查和验收。

6 资源配置

  主要施工机械配置见表 2，主要试验设备配置见表 3，主要施工人员配置见表 4。

表 2　主要施工机械配置一览表

序号	设备名称	数量	制造年份	额定功率	生产能力	用于施工部位	备注
1	反铲	1	2000			风机基础	
2	装载机	1	1999			风机基础	
3	PHC 桩机	2	2004			风机基础	

表 3　主要试验设备配置一览表

序号	仪器设备名称	编号	数量	用途	备注
1	全站 (GTS-332W)	301497	1	测量	
2	水准仪	181839	1	测量	

表 4　主要施工人员配置一览表

工种\人数	打桩工	电焊工	司机	电工	普工	管理人员	合计
	20	2	2	2	6	3	35

7 质量及安全保证措施

7.1 质量保证措施

  (1) PHC 管桩进场时应附有合格证、出厂证或其他技术证明文件，需对外观进行检查，凡不符合标准的桩不予接收，并做好桩材交接手续。

  (2) 定位放线的控制

  根据现场的测量控制网 (基准点)，用 J6 经纬仪及钢卷尺准确地投放桩位的位置，投放的样桩桩位偏差控制在 2cm 之内，以确保施工后的桩体平面位移不超规范。

  投放的样桩桩位需画成测量成果图。桩位投放完毕，必须请监理单位进行桩位的复测检查，经检查合格并签证后方可施打。

  (3) 桩位偏差的控制

  认真准确对准样桩进行插桩，并通过两台交叉的经纬仪校正桩身垂直度在允许偏差之内。另外安排合理的打桩流程，防止打桩的过程中对已打完的桩挤偏。

  (4) 桩身垂直度的控制

  用 2 台经纬仪交叉成 90 度，架在能看清桩的全长的地方，用经纬仪观测桩架与桩身的垂直度。先看桩尖，再看桩顶，仪器里的十字丝与桩顶之间的偏差应小于 1.5cm，以保证桩架与桩身垂直度控制在 5‰ (桩全长) 以内，并指挥桩机进行反复调整。尤其是第一节桩要严格保证其垂直度，确保其垂直导向作用，桩入土 3m 后严禁用桩机调整其垂直度。

  (5) 当桩接头有间隙时，需用垫铁垫实并焊牢，焊口要求连续饱满。每道焊口焊完后，需请检查员和监理检查后方可施工。

  (7) 接桩焊接结束后，焊缝需自然冷却后，方可继续打桩。

  (8) 现场各控制点必须设在不受打桩影响的地方。

  (9) 为保证工程质量，大雨、大风天气停止施工。

7.2 测量工程质量保证措施

  (1) 测量定位所有的经纬仪、水准仪等测量仪器及工艺控制质量检测设备必须经过鉴定合格，在使用周期内计量器具按二级计量标准进行计量检测控制。

  (2) 测量基准点要严格保护，避免碰撞、毁坏。施工期间定期复核基准点是否发生位移。

  (3) 总标高控制点的引测，必须采用闭合测量方法，确保引测结果精度。

  (4) 所有测量观察点的埋设必须采用闭合测量方法，确保引测结果精度。

  (5) 轴线控制点及总标高控制点，必须经监理书面认可方可使用。

  (6) 所有测量结果，应及时汇总，并向有关部门提供。

7.3 安全保证措施

  (1) 现场道路平整、坚实、保持畅通，危险地点按照 GB2893-82《安全色》和 GB2894-82《安全标志》规定挂标牌，现场道路符合《工厂企业厂内运输安全规程》GB4378-84 的规定。

  (2) 现场的生产、生活区设置足够的消防水源和消防设施网点，且经地方政府消防部门检查认可，并使这些设施经常处于良好状态，随时可满足消防要求。消防器材设有专人管理不能乱拿乱动，组成一支由 5～12 人的义务消防队，所有施工人员和管理人员均熟悉并掌握消防设备的性能和使用方法。

（3）各类房屋、库棚、料场等的消防安全距离符合公安部门的规定，室内不能堆放易燃品；严禁在易燃易爆物品附近吸烟，现场的易燃杂物，随时清除，严禁堆放在有火种的场所或近旁。

（4）施工现场实施机械安全安装验收制度，机械安装要按照规定的安全技术标准进行检测。所有操作人员要持证上岗。使用期间定机定人，保证设备完好率。

（5）氧气瓶不得沾染油脂，乙炔发生器设置防止回火的安全装置，氧气与乙炔发生器要隔离存放，存放安全距离不小于 5m。

（6）施工现场的临时用电严格按照《施工现场临时用电安全技术规范》TGJ46－88 规定执行。

（7）确保必需的安全投入。购置必备的劳动保护用品，安全设备及设施齐备，完全满足安全生产的需要。

（8）在施工现场，配备适当数量的保安人员，负责工程及施工物资、机械装备和施工人员的安全保卫工作，并配备足够数量的夜间照明和围挡设施；该项保卫工作，在夜间及节假日也不间断。

（9）在施工现场和生活区根据工程实际情况，配备必要的医药和急救用品，与附近医院建立医疗救助关系。

（10）积极做好安全生产检查，发现事故隐患，要及时整改。

（11）在起重设备吊运材料和设备时，人员与车辆不得穿行。

（12）在 2 米以上高处作业时，应符合高空作业的有关规定。

（13）检查修理风动、电动机械及管路时，停止并切断风源和电源。

8　结语

PHC 管桩对不同地质条件适应性强、单位承载力工程造价低、产品质量稳定可靠、打桩现场文明、施工速度快、承载力可靠等众多优点，目前正被广泛的应用于各类建筑的基础之中。正常使用状态下的 PHC 管桩深埋于地下，桩周所处的环境千变万化，而人们又很难象对上部结构那样方便的对桩基进行质量监控和翻修。所以，在 PHC 管桩施工阶段，事前进行预测分析，有针对性的采取有效的防护措施，同时理顺并强化对 PHC 管桩基础施工质量的验收，对保证其安全使用功能和耐久性具有决定性的意义。

PHC 管桩基础工程质量主要取决于两个方面：一是管桩本身制作质量，二是沉桩施工质量。而沉桩施工质量尤其与施工机具和操作方法关系非常密切。只要我们严格把握住管桩进场质量关，坚决遵守沉桩施工操作规程，精心施工，就一定能够减少和避免出现工程质量问题，确保工程进度和质量，创出好效益。

液压铣削深搅机在广东中山大信东方丽城
基坑支护工程中的应用

陈福坤　吴传清　刘利花

(江苏弘盛建设工程集团有限公司，江苏扬州　225600；深圳市岩土工程有限公司，广东深圳　518028)

摘　要： 本文提出一种液压铣削深搅地连墙机［简称 HCSCMW］在广东中山大信东方丽城基坑支护中的施工工艺。该液压铣削深搅地连墙机是在引进、吸收和消化国际先进技术的基础上，成功地研发了由液压双轮铣槽机和传统深层搅拌技术特点相结合起来的新型地下连续墙或防渗墙施工设备。该设备在掘进和提升过程中，通过两个铣轮的相向旋转，集铣、削和搅拌为一体，辅以浆、气制成由基土、水、水泥（固化剂）等组成的混合墙体。本工程中成墙最大深度为9.1m。成墙厚度为600mm。采用凯利杆式方形导杆施加推进力；成墙效率为 $20\sim30m^3/h$。该机型有刚性大、整体性、防渗性和耐久性好、施工不需放坡、效率高、造价低等优点。充分保证了该工程的质量。

关键词： 铣削深搅地连墙机；防（截）渗墙；铣轮；凯利杆；基坑支护

1　工程概况及地质条件

1.1　工程概况

本工程位于广东省中山市石岐区，场地西面为商铺，北面邻近龙凤路，南面邻近莲塘东路，交通便利。本工程塔楼和裙楼部分采用钻孔灌注桩基础，纯地上室部分采用筏板基础。地下室（基坑）尺寸：深度为 $8.30\sim9.10m$，基坑支护长度约为434m，成墙厚度为600mm。

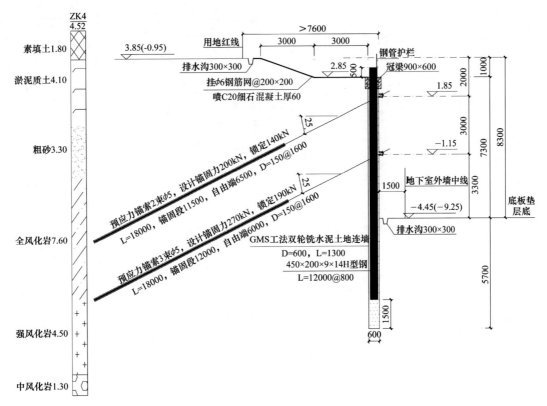

图1

1.2　地质条件

1.2.1　人工填土（Qml）

（1）素填土

褐灰色，松散，稍湿；主要由黏性土、石英砂和少量碎石块组成，土质不均。

1.2.2　海陆交互相沉积层（Qmc）

（1）淤泥质土

灰黑色，流塑，饱和，染手，微含有机质，味臭，局部夹薄粉砂及少量贝壳。

（2）粗砂

浅灰色、灰白色、浅黄色、稍密—中密，饱和，砂粒成分主要分为石英，次凌角状，分选差级配良好。

1.2.3　基层岩

（1）全风化花岗岩

褐黄色，原岩结构可辩，岩芯风化成坚硬土状，水浸易崩解。属极软岩，岩体基本质量为V级。

（2）强风化花岗岩

灰白色，裂痕发育，岩芯成半岩半土状夹碎块状，岩块手拆可断。属极软岩，岩体基本质量为V级。

（3）中风化花岗岩

灰白色，裂痕发育，岩质坚硬，锤击难碎，岩芯较完整，成短柱状。岩体较完整，属较硬岩，岩体基本质量为级。

2　液压铣削深搅机在施工中的应用

该工程选用一台由江苏弘盛建设工程集团有限公司与上海金泰工程机械有限公司共同承担的国家"948"项目——"液压铣削深搅地连墙机的研发与应用"课题而联合研发的SH36－C60型液压铣削深搅地连墙机，其示意图及技术参数见表1。

表1　技术参数表

机型		HCSCMW
铣削装置	铣削头（个）	2
	下降时单位扭矩（Nm/bar）	0—140
	转速（rev/min）	36
	最大压力（bar）	390
	提升时单位扭矩（Nm/bar）	0—100
	转速（rev/min）	33
	最大压力（bar）	390
生产能力	成墙厚度（mm）	600
	加固一次成墙长度（mm）	2800
	最大成墙深度（m）	35
	效率（m³/h）	20～30

2.1　室内试验

为保证工程质量，施工前需要进行水泥掺入比的确定和水泥土室内配合比试验。

通过测试土体天然容重，以确定单位体积土体的水泥掺入量。在选定试验部位（与实际施工条件相近或相似）进行原状土的取样，并进行容重测试。通过水泥土室内配合比试验，确定水泥土抗压强度与水泥掺入量及水灰比的关系。试验目的：水泥浆液性能试验的目的为：密度、黏度、稳定性、初凝时间、水泥土凝固体的力学性能试验项目为：抗压强度、渗透系数、渗透破坏比降。浆液性能试验按常规的方法进行。

在试验场地内取原状土样，封装于双层厚塑料袋内，以供拌制试块。试块制作方法：先按预定配合比称量土、水泥和水，用手工拌和10min至均匀，将拌和物装入试模（尺寸70.7mm×70.7mm×70.7mm）一半体积，放在振动台上振动1min，再装满另一半振动1min，将表面刮平，用塑料布覆盖即可。试块1d后拆除，标准养护。试块数量按养护龄期（分7d、28d）、按水泥掺入比（15%∶18%∶20%）和水灰比（0.8∶1.0和1.0∶1.0）确定。

不同龄期的试块分别进行力学性能试验后，将试验结果汇总，分析对比选定最优水泥土配合比，作为工艺试验的主要依据。室内试验及早进行，为保证合同工期及主体工程按时施工，拟根据试样7d抗压强度推断确定水泥掺入比，以简化现场试验程序。

2.2　工艺原理

液压铣削深搅水泥土地连墙施工工法简称为HCSCMW（Hydraulic Cutter Soil Cement Mixing Wall）工法。由液压双轮铣槽机和传统深层搅拌的技术特点相结合起来，在掘进注浆、供气、铣、削和搅拌的过程中，两个铣轮相对相向旋转，铣削地层；同时通过凯氏方形导杆（成墙深度9.1m）施加向下的推进力向下掘进切削。在此过程中，通过供气、注浆系统同时向槽内分别注入高压气体、固化剂和添加剂（一般为水泥和膨润土），其注浆量为总注浆量的70%～80%，直至要求的设计深度。此后，两个铣轮作相反方向相向旋转，通过凯氏方形导杆或悬索向上慢慢提起铣轮，并通过注浆管路系统再向槽内分别注入气体和固化液，其注浆量为总注浆量的20%～30%，并与槽内的基土相混合，从而形成由基土、固化剂、水、添加剂等形成的混合物。下钻成槽见图2；上提成墙见图3。

工艺流程见图4。

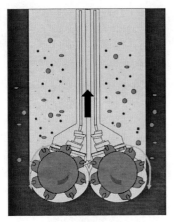

图3 提升搅拌

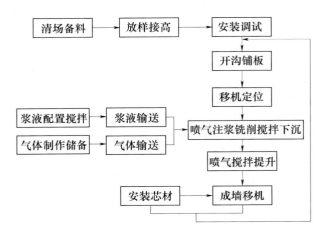

图4 工艺流程图

储留沟以解决钻进过程中的余浆储放和回浆补给，长度超前主机作业10m，在软土地基施工，应铺设箱型钢板，以均衡主机对地基的压力。

安装型材 确定型材安装位置，在铺设的导轨上注明标尺，用型钢定位器固定型材位置；型钢尺寸为450×200×9×14H型钢。如图5所示：

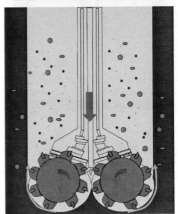

图2 掘进搅拌

2.3 主要施工操作过程

2.3.1 施工准备

清场备料 平整压实施工场地，清除地面地下障碍，作业面不小于7m，当地表过软时，应采取防止机械失稳的措施，备足水泥量和外加剂。

测量放线 按设计要求定好墙体施工轴线，每50m布设一高程控制桩，并作出明显标志。

安装调试 支撑移动机和主机就位；架设桩架；安装制浆、注浆和制气设备；接通水路、电路和气路；运转试车。

开沟铺板 开挖横断面为深1m、宽1.2m的

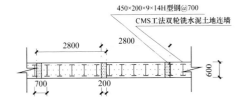

图5 CMS工法双轮铣水泥土地连墙剖面图

2.3.2 挖掘规格与造墙方式

挖掘规格、形状见表2。

表2 挖掘规格表

机械型号	SH36－C60
工法	HCSM
支撑方式	凯氏方杆
挖掘深度（m）	8.3～9.1
幅间距离 L（mm）	2500
标准壁厚 D（mm）	600

挖掘顺序。本工程采用顺槽式单孔全套打复搅式套叠形挖掘顺序，见图6；成墙剖面图见图7。

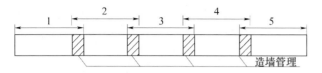

图6　顺槽式单孔全套打复搅式套叠形

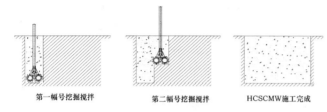

图7　成墙剖面图

2.3.3　墙体质量保证措施

（1）铣头定位

根据工程实际施工场地安排，将SH36－C60机的铣头定位于墙体中心线和每幅标线上。偏差控制在±5cm以内。

（2）垂直的精度

采用经纬仪作大三角架垂直度的初始零点校准，由支撑凯氏杆的大三角架辅机的垂直度来控制；其墙体垂直度可控制在1‰以内。

（3）铣削深度

控制铣削深度为设计深度的±0.2m。为详细掌握地层性状及墙体底线高程，应沿墙体轴线每间隔50m布设一个先导孔，局部地段地质条件变化严重的部位，应适当加密钻进导孔，取芯样进行鉴定，并描述给出地质剖面图指导施工。

（4）铣削速度

开动SH36－C60主机掘进搅拌，并徐徐下降铣头与基土接触，按规定要求注浆、供气。控制铣轮的旋转速度为36转/分钟左右，一般铣进控速为0.5～1.0m/min。在掘进过程中，视进尺及搅拌回

浆情况，中途应上下提升铣削搅机具，以规避其被卡转和埋没的风险，当掘进达到设计深度时，延续10s左右对墙底深度以上2～3m范围，重复提升1次。此后，根据搅拌均匀程度控制铣轮速度在33转/分钟之间，慢速提升动力头，提升速度不应太快，一般为1.0～1.5m/min；以避免形成真空负压，孔壁坍陷，造成墙体空隙或埋钻。

（5）注浆

制浆桶制备的浆液放入到储浆桶，经送浆泵和管道送入移动车尾部的储浆桶，再由注浆泵经管路送至挖掘头。注浆量的大小由装在操作台的无级电机调速器和自动瞬时流速计及累计流量计监控；一般根据钻进尺速度与掘削量在320L/min内调整。在掘进过程中按规定一次注浆完毕。注浆压力一般为2.0～3.0MPa。若中途出现堵管、断浆等现象，应立即停泵，查找原因进行修理，待故障排除后再掘进搅拌。当因故停机超过半小时时，应对泵体和输浆管路妥善清洗。

图8　流量、压力监控装置

（6）供气

由装在移动车尾部的空气压缩机制成的气体经管路压至钻头，其量大小由手动阀和气压表配给；全程气体不得间断；控制气体压力为0.3～0.6MPa左右；供气记录见表3。

表3　流量、供气压力、角度打印样式表

桩号	桩长	角度X	角度Y	流量1	流量2	压力1	压力2	上绳速度	下降速度	开始日期	开始时间	结束日期	结束时间	工作时间
	m	°	°	L/min	L/min	MPa	MPa	cm/min	cm/min					
-00039	12.80	1.00	1.00	200.0	200.0	5.00	5.00	150	100	2011-1-6	21:39	2011-1-6	21:46	0:7

深度	下角度X	上角度X	下角度Y	上角度Y	下流量1	上流量1	下流量2	上流量2	下压力1	上压力1	下压力2	上压力2	下速度	上速度	下段浆量1	上段浆量1	下段浆
(m)	(°)	(°)	(°)	(°)	(L/min)	(L/min)	(L/min)	(L/min)	(MPa)	(MPa)	(MPa)	(MPa)	(cm/min)	(cm/min)	(L)	(L)	(L)
0.12	-0.19	0.00	-4.45	0.00	304.6	0.0	0.0	0.0	0.00	0.00	0.00	0.00	72	0	61.2	0.0	
0.24	-0.18	0.00	-4.45	0.00	304.5	0.0	0.0	0.0	0.00	0.00	0.00	0.00	72	0	24.2	0.0	
0.36	-0.18	0.00	-4.45	0.00	304.6	0.0	0.0	0.0	0.00	0.00	0.00	0.00	145	0	36.4	0.0	
0.49	-0.19	0.00	-4.45	0.00	304.6	0.0	0.0	0.0	0.00	0.00	0.00	0.00	121	0	26.8	0.0	
0.61	-0.18	0.00	-4.45	0.00	304.6	0.0	0.0	0.0	0.00	0.00	0.00	0.00	97	0	40.3	0.0	
0.73	-0.19	0.00	-4.46	0.00	304.6	0.0	0.0	0.0	0.00	0.00	0.00	0.00	97	0	13.0		
0.85	-0.18	-0.18	-4.46	-4.46	304.6	304.5	0.0	0.0	0.00	0.00	0.00	0.00	194	97	20.3	7.3	

（7）成墙厚度

为保证成墙厚度，应根据铣头刀片磨损情况定期测量刀片外径，当磨损达到 2cm 时必须对刀片进行修复。

（8）墙体均匀度

为确保墙体质量，应严格控制掘进过程中的注浆均匀性以及由气体升扬置换墙体混合物的沸腾状态。

（9）墙体连接

每幅间墙体的连接是地下连续墙施工最关键的一道工序，必须保证充分搭接。本工程双轮铣深搅墙体幅间搭接 20cm 以上，以达到墙体整体连续作业。

（10）水泥掺入比

水泥掺入比按设计要求，即不少于 350kg/m³。

（11）水灰比

一般控制在 1.5～2.0 左右；或根据地层情况经试验确定分层水灰比。

（12）浆液配制

浆液不能发生离析，水泥浆液严格按预定配合比制作，用比重计或其他检测手法量测控制浆液的质量。为防止浆液离析，放浆前必须搅拌 30s 再倒入存浆桶；浆液性能试验的内容为：比重、黏度、稳定性、初凝、终凝时间。凝固体的物理性能试验为：抗压、抗折强度。现场质检员对水泥浆液进行比重检验，监督浆液质量存放时间，水泥浆液随配随用，搅拌机和料斗中的水泥浆液应不断搅动。施工水泥浆液严格过滤，在灰浆搅拌机与集料斗之间设置过滤网。浆液存放的有效时间符合下列规定：1）当气温在 10℃ 以下时，不宜超过 5h。2）当气温在 10℃ 以上时，不宜超过 3h。3）浆液温度应控制在 5℃～40℃ 以内，超出规定应予以废弃。浆液存放时间超过以上规定的有效时间，作废浆处理。

2.3.4　施工中问题处理

（1）特殊情况处理

当遇地下构筑物时，用采取高喷灌浆对构筑物周边及上下地层进行封闭处理。

（2）施工记录与要求

及时填写现场施工记录，每掘进 1 幅位记录一次在该时刻的浆液比重、下沉时间、供浆量、供气压力、垂直度及桩位偏差。

（3）发生泥量的管理

当提升铣削刀具离基面 4～5m 时，将置存于储留沟中的水泥土混合物导回，以补充填墙料之不足。若仍有多余混合物时，待混合物干硬后外运至指定地点堆放。

2.3.5　施工图片

图9　施工过程图片

图10　插入型钢图片

图11　施工现场成墙图

2.4　三大保证措施

2.4.1　质量保证措施

为确保该工程的质量优良，对工程施工进入全面质量管理，从组织上建立施工织管理网络，成立分项工程经理部，配备专职质检工程师，各班组配备质检员。

按设计和规范要求制定科学合理的施工方案和安全操作规程、安全文明管理措施及岗位职责。严格控制主要大宗材料水泥的质量，坚持材料验收合格证制。单元工程的质量评定执行初检、复检、终检的三级质量检查制。

施工质量检查内容：墙顶、墙底高程，墙体垂直度，墙体水泥掺入比，浆液水灰比等墙体施工作业全过程进行检测。采用标准试模采集试样、钻孔取芯、开挖检查、围井、注、抽水试验及无损伤探测检验进行墙体质量检查；作为防渗墙时其检测28d试样其无侧限抗压强度是否大于1.0MPa、渗透系数小于10^{-6}量级或达到设计要求。施工质量控制点和控制标准见前面操作要点中所述。

2.4.2 进度保证措施

根据相关文件及业主对总工期要求，本承包人计划拟定2012年1月5日为开工日期，按每月平均工作日25天计算，考虑前期准备工作，对设备投入计划用量考虑10%的富裕系数，有效工作日按80%计，设备完好率按90%计。采用一班12h工作制，总工期为28天，在确保质量、工期的前提下，充分发挥机械生产率和施工人员劳动效率，以保证按期完成施工任务。施工总进度安排见表4。

表4 施工总进度安排

序号	项目名称	开工日期	完工日期	合计（天）
1	施工准备	2012.01.01	2012.01.06	6
2	墙体施工	2012.01.07	2012.01.16	10
3	墙体施工	2012.02.01	2012.02.10	10
4	完工退场	2012.02.11	2012.02.12	2
5	合计			28

（1）队伍保证

建立以本承包负责人为首各施工队组成的施工管理组织机构，制定完善的规章制度，责任明确、责任到人，促进各部门、各责任人认真工作，紧紧围绕工程施工开展工作，做好本职工作。

针对本工程的特点。抽调和配足有专业技能和熟练的技术人员和骨干组成项目施工队伍，配备充足的人员十二小时不停机，连续奋战。并根据工情、水情、材料、设备、人员情况适时进行调整。劳动力计划见表5。

（2）技术保证

在工程施工实施时，首先要编制详细、周密的生产计划，根据项目部、监理工程师、业主的总工期要求和结合本工程的施工特点，制定阶段性的施工目标，围绕着目标，层层分解、落实、检查，以确保阶段性目标和总计划目标的实现。精心编写实施性施工组织设计，对现场施工员进行计划布置，实行动态管理及时调整劳力、设备确保工期按计划完成；积极采取新机具、新技术、新工艺、新材料加快工程进度。

（3）计划执行保证

实行例会制度，本承包人将定期召开施工队负责人会议，交流当天存在的问题，并提出解决办法。总结交流经验、解决疑难问题，鼓足干劲，布置下阶段工作，以保证各施工工序有条不紊地展开。采取一班十二小时制生产，做到息人不息机，劳逸结合。

表5 劳动力组合

工种	岗位内容	人数 HCSCMW机	技术要求
领班	全面负责施工质量、安全、进度，贯彻岗位责任制，协调各岗位有序施工	1	持有助工以上证书
主操作员	按规程操作主机，视工况调节好水泥浆量和气量，对运行中的非正常情况能做出应急处置	1	需经岗位培训
起重工	按规程操作吊车，负责芯材安装	1	需经岗位培训
制浆员	按规程操作制浆机，根据要求配制好浆液	2	需经岗位培训
机电员	负责机械发电、供电，机器和电气系统的维护和保养	2	持有电工上岗证
普工	负责开挖储留沟，回浆储存、回注和修复场地、布置导轨、安装芯材	6	需经岗位培训
合计每台班劳动组合人数		12	

（4）施工作业机具和材料的保证

采用先进的施工机械进行施工，优化机械组合，利用本承包人的设备与技术优势，提高机械化作业程度，提高设备的利用率，力争工期往前赶；并配备足够的机械日常维护备件，确保机械的正常运转。并配足富余备用机械设备，当发生重大机械故障时以备急用。施工主要机械计划见表6。

与当地供水、供电部门协商好，确保水、电供应及时、保证机械设备有正常的配备件，一进入工地立即联系附近的设备供应商，以确保备件不足时就近急时解决。为了确保生产计划的按期实现，根据计划安排情况，配置足够的施工资源，制订材料供应计划、周转材料使用计划、设备配置计划、劳动力计划等。并与当地材料供应商制订好材料供应计划，提前储备好下一分部施工的进场材料，做到不因材料供应问题而影响工期。检测设备计划见表7。

表 6　施工主要机械

类别	设备名称	规格型号	单位	数量	配套功率（kW）	用途
支撑机	铣削动力头	2×380L/min	套	1	298kW	为挖掘提供动力源
	凯利方管底杆	11m	根	1		支撑动力头
	凯利方管接杆	10m	根	2		支撑动力头
	悬索		套	1		悬挂动力头
	液压履带式移动车	100T 级	台	1	298kW	装载主机
	制浆机桶	φ1300mm	台	3	3	
	储浆桶	φ1300mm	台	2	2×3	
	注浆泵	HBW350/2	台	2	2×22	
	送浆泵	φ75mm	台	1	11.0	
	送水泵	φ80mm	台	1	7.5	
	空气压缩机	3m³/min	台	1	22	供气辅助挖掘
其他	电源	100kW	台	1		驱动装置、制浆、供气系统、照明、维修动力
	高压清洗机	1/2 英寸喷嘴	台	1	2.2	清洗钻杆
	挖掘机	0.5m³	台	1		挖储留沟、挖弃土
	自卸卡车	5T	辆	1		运输泥土
	垫板	120cm×18cm×650cm	块	6		液压履带式移动车行走
	拔取芯材液压设备	40MPa、2×100T	套	1		拔取芯材
	吊车	16T	台	1		吊装芯材

表 7　主要检测设备和配置

序号	设备名称	规格型号	单位	数量	用途	应遵循标准
1	导杆立柱倾斜仪	MZQ－1 型载荷倾角监测仪	只	1	指示导杆立柱垂直度	相关技术标准
2	流量计	MLF－1 型深层搅拌桩监测仪、IFM4080F	只	2	测量输浆量	相关技术标准
3	经纬仪	DJ2	台	1	校核导杆立柱垂直度	相关技术标准
4	水准仪	钟光 DS3	台	1	量测水平度	相关技术标准
5	压力表	1.5MPa	只	5	量测供气、供浆压力	相关技术标准
6	钢卷尺		把	2	测距	相关技术标准
7	比重计		支	按需	测量浆液比重	相关技术标准

（5）作业环境保证

为了加快工程进度，按预定的工期完成施工任务，承包人在确保质量的前提下将做到"三快"，以加快工程进度；积极开展劳动竞赛，充分挖掘内部人员的潜力；

加强与地方关系的协调和处理，并与施工有关方的多方沟通。

2.4.3　资金保证

本承包人将实行就近开户，保证专款专用。

2.5　安全、文明、环保

2.5.1　安全生产

本工程主要为机械作业，在施工中应认真贯彻"安全第一、预防为主"的方针，坚持管生产必须管安全的原则，根据国家有关规定，结合本工程实际情况和具体特点，执行安全生产责任制，明确各级人员的责任。严格遵守国家现行的有关安全技术规程、文件，认真执行工程施工招标文件规定的施工安全要求和规定，针对本工程特点，制定安全防护管理措施，如防洪、防火、救护、警报、治安管理等。

加强安全教育，做到安全教育制度化、经常化，对职工进行安全技术培训，对新进场工人进行三级安全教育。特殊工种持证上岗，不准无证操作，严格按操作规程操作。定期进行安全教育和安全大检查，发现隐患及时预以清除，定期进行班组安全活动，树立高度安全意识。制订安全考核奖罚制度，安全考核与班组、个人经济责任制挂钩，做到分工明确，职责分明，实行安全否决权。

机械设备操作人员经过专门训练，熟悉机械性能，取得操作证后方可上机。机械操作人员和指挥人员严格遵守安全操作技术规程，机械设备发生故障后及时检修，严禁带故障作业。起重机械必须规定，安全限位装置必须安全有效，操限吊装设备应制订切实可行的吊装方法和安全技术措施，保证吊装安全。严禁超载吊装，满载工作时，左右回转范围不得超过 90°，禁止横吊，以免倾翻。严禁机械带病运转、超负荷作业，夜间作业应有足够的照明设备。在吊装过程中，如因故中断，则必须采取措施进行处理，不得使重物悬空过夜。

在施工过程中，施工人员必须具体分工，明确职责。在整个吊装过程中，要切实遵守现场秩序，服从命令听指挥，不得擅自离开工作岗位。有吊装过程中，应有统一的指挥信号，参加施工的全体人员必须熟悉此信号，以便各操作岗位协调动作。吊装时，整个现场由总指挥指挥调配，各岗位分指挥应正确执行总指挥的命令，做到传递信号迅速、准确，并对自己职责的范围内负责。在整个施工过程中要做好现场的清理，清除障碍物，以利操作。施工中凡参加登高作业的人员，必须经过身体检查合格，操作时系好安全带，并系 在安全的位置。工具应有保险绳，不准随意往下扔东西。施工人员必须戴好安全帽，如冬季施工，应将防护耳放下，以利听觉不受阻碍。带电的电焊线和电线要远离钢丝绳，带电线路距离应保持在 2 米以上，或设有保护架，电焊线与钢丝绳交叉时应隔开，严禁接触。缆风绳跨过公路时，距离路面高度不得低于 5 米，以免阻碍车辆通行。

2.5.2　文明施工

加强工地的精神文明建设，在工地现场设立固定宣传栏，用于进行文件的宣传。通过会议、板报等活动对职工进行职业道德、职业纪律的教育，结合工程实际开展现场练兵等岗位培训，提高职工思想道德和业务素质，使工地现场干部职工形成良好的精神风貌。

经常进行现场文明施工检查活动，发现隐患，及时预以消除。抓好现场容貌管理，划定责任区域，明确施工设备停放场地，施工机械设备停放整齐，建筑材料及周转材料分类堆放整齐。

保持进场道路的通畅、平坦、整洁，进场施工道路派专人养护，防止粉尘飞扬。

2.5.3　环境保护

施工时按环境法有关规定做好施工弃渣的治理

措施，保护施工开挖边坡的稳定，防止料场、永久建筑物基础和施工场地的开挖弃渣冲蚀河床或淤积河道。施工过程中按国家和地方有关环境保护法规和规章的规定控制施工的噪声、粉尘和有毒气体，保障工人的劳动卫生条件。施工过程中保护施工区和生活区的环境卫生，定时清除垃圾，并将其运至批准的地点掩埋或焚烧处理。在施工区和生活区设置足够的临时卫生设施，定期清扫处理。施工机械的废油集中处理，不得随地泼洒。在工程完工后的规定期限内，拆除施工临时设施，清除施工区和生活区及其附近的施工废弃物，并按环境保护措施计划完成环境恢复。

3　工程效益分析

通过一个月的施工情况来看：第一，本工程所用机械 SH36－C60 液压铣削深搅地连墙机，其施工工艺的先进性，成功解决了大型深基坑支护、挡土及承重技术问题，为大深度建筑物的支护方式提供了行之有效的手段；第二，本工程的最大成墙深度是 9.1 米，SH36－C60 液压铣削深搅地连墙机最大成墙深度是 35m，超过国内"十五"国家重大技术装备研制项目成果只能达到 26.5m 深度的水平；作为基坑支护方法之一是利用特殊的成墙施工设备在地下构筑连续墙体的一种基础工程新技术，具有挡土、截水、防渗和承重等多种功能，既可以作为施工过程中的支护设施，也可以作为结构的基础；第三，在经济效益方面大大降低施工成本，实现从原价 1000～1500 元/m^3 降至 300～500 元/m^3，一次成墙效率达到 33m^3/h，一次施工单元幅长 2800mm，有利于大面积推广应用，提高经济效益。

4　结语

SH36－C60 液压铣削深搅地连墙机属于中（重）型机械的生产规模，就我国目前机械制造技术和设备水平，可成规模地生产出与国外产品相媲美的、符合中国国情的完全国产化产品。由于该产品不仅在性能上更符合国情，而且在价格上适中，所以其不仅可介入国家重点工程中拟引进国外设备的部分市场，而且拥有在我国一般基础工程中普及应用的价格水准和强劲的市场竞争力。因此它的研发成功一是可以减少进口二手机或用昂贵的价格进口原装机的数量，为国家节省大量的外汇；二是为更多的工程需采用先进工法施工而无力购置国外先进设备而提供了经济安全且可靠的施工机械；三是可逐步取代那些传统和过时的工法。

参考文献

[1] 中国建筑业协会.土木建筑国家级工法汇编 2003—2004 年度 [M].北京:中国计划出版社.

[2] 龚晓楠.深基坑工程设计施工手册 [M].北京:中国建筑工业出版社,1998.

[3] 赵志缙,等.简明深基坑工程设计施工手册 [M].北京:中国建筑工业出版社,1999.

[4] 丛蔼森.地下连续墙的设计施工与应用 [M].北京:中国水利水电出版社,2001.

[5] 中国建筑工程总公司.地基与基础工程施工工艺标准 [M].北京:中国建筑工业出版社,2003.

[6] 执业资格考试编委会.建筑工程经济 [M].北京:建筑工业出版社,2009.

[7] 工程地质手册编委会.工程地质手册(第四版)[M].北京:中国建筑工业出版社.

[8] 陆震铨,祝国荣.地下连续墙的理论与实践 [M].1987.

[9] 白伟.地下连续墙施工工艺与方法 [M].2009.

[10] 金钟元.水力机械 [M].北京:水利电力出版社.

[11] 许建安.地下连续墙的设计施工与应用 [M].2001.

[12] 广东中山大信东方丽城基坑支护工程施工图纸文件,2011.

RIC 工法与快速强夯机

常宝平　聂　刚

(北京南车时代机车车辆机械有限公司，北京　102249)

摘　要：介绍 RIC 工法的夯实机理、压实深度、优点与应用领域，并对其施工机械—快速强夯机的四大组成部分：夯击工作装置、底盘、快速换向液压系统和智能监控系统，进行了详细描述。

关键词：RIC 工法；夯实机理；快速强夯机；夯击工作装置；GPS

RIC method and its Equipment

Chang Bao-ping　Nie Gang

(Beijing Csr Times Locomotive And Rolling Stock Mechanics Co.，Ltd.，Beijing，102249)

Abstract：Described are the tamping mechanism，the depth of compaction，the benefits and applications of RIC method. And the tamping device，the excavator chassis，the rapid directional control hydraulic system and the intelligent monitoring system of RIC Equipment are described in detail.

Key words：RIC method；The tamping mechanism；RIC Equipment；The tamping device；GPS

1　RIC 工法简介

RIC（Rapid Impact Compaction）工法是用履带式反铲挖掘机为底盘，在其大臂上安装夯击工作装置，通过夯锤高频连续的夯击地面以加固地基。夯击工作装置是以较大重量的液压锤为基础开发的高速移动性设备，夯实的能量通过专用的锤脚直接传入作业地面，保证了能量的有效传播。

RIC 工法采用较低的单击夯击能量连续夯击，压缩土体孔隙，提高基土承载力。可以用冲击波的理论解释这种土的加固效果，土体在夯击时，受到较大的冲击波作用，在这种冲击波的作用下，锤脚瞬间产生的一个巨大的压力使土体沉降且随深度使土体扩散加密。土体夯击时侧向变形较小，即夯击时，锤脚下的土瞬间由静态突然下沉，和周围土体产生相对剪切变形，此时周围土体还没来得及变形，冲击过程已经完毕[1]。

RIC 工法的夯击设备形成于 20 世纪 90 年代初，起初用于英国军事，以后广泛应用于机场、公路、铁路、工业及民用建筑等土木工程中[1]。RIC 工法在英国、德国、芬兰、荷兰、美国、日本、韩国等发达国家被普遍采用。国内于 2002 年引进此设备，并在郑州至少林寺高速公路填土压实施工中得到首次应用。

2　压实工法比较

目前的路基压实工法有静荷碾压法、振动碾压法、RIC 工法、强夯法等。这几种工法压实深度的比较如图 1 所示，从图中可以看出：静态碾压法的压实深度为 0.2～0.5m，振动碾压法的压实深度为 0.4～1.0m，RIC 工法的压实深度为 4.5～6.5（10）m，强夯法的压实深度为 10～14m。因此，对于 3～10m 压实深度范围的快速地基处理，RIC 工法具有无可比拟的高效性与经济性。

强夯法通过一个重锤从一已知高度自由落体将冲击能量传递给土或填充物。常用的强夯法的落锤重量为 10～15t，高度为 5～15m，因此每次的冲击能量为 490～2207kN·m，假设每分钟的冲击频率为 2 次，冲击能量为 0.5～4.4 MN·m/min。

与强夯法相对应，RIC 工法的锤头重量为 5～7 吨，冲程为 1.2m，每分钟的冲击频率为 40～60 次，因此，每次最大的冲击能量为 59～106 kN·m，冲击能量为 2.6～6.4 MN·m/min，因此，与强夯法对比，RIC 工法可实现在单位面积上较大的总能量输入。

3　RIC 工法的优点

（1）采用 RIC 工法专用的夯击工作装置，该工作装置与行走底盘相连接，自成作业体系，夯锤的运动轨迹平稳，落锤点准确、坚实，操作方便

（液压式）；

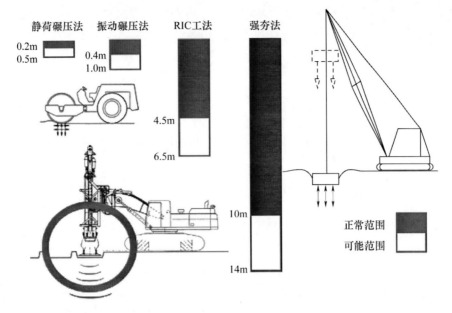

图 1　几种工法的压实深度比较

（2）机型小，结构紧凑，移动方便，狭窄场地也可施工，特别是在在公路桥台背、桥涵过渡段、死角等难处理地段，传统的压路机分层碾压或强夯机都无法进行处理，RIC 工法可取得令人满意的处理效果，发挥出它施工灵活的优点；

（3）夯击速度快，作业效率高，且每次夯击的能量不大，便于控制压实指标的大小，压实效果好，对周边环境振动小，有利于环境保护；

（4）无吊钩吊锤法的断绳危险，夯锤通过放在地面上的锤脚传递能量，夯击时无击飞的土块、石块，作业安全；

（5）效率高，压实影响厚度可达 2～10m，与传统压实方法相比大大缩短施工工期，降低综合工程造价，有良好的经济效益和社会效益[2]。

4　RIC 工法的应用领域

（1）高速公路、铁路的路基夯实及解决桥头跳车问题，旧路升级改造中路面破碎并就地利用。

（2）工业、民用建筑领域的地基夯实处理。

（3）江河堤坝的护坡夯实加固及渗漏处理。

（4）港口、油库、机场等大型基础设施地基夯实。

（5）处理垃圾场地的有害物质填埋夯实，增添填埋数量及深度。

5　快速强夯机

作为 RIC 工法的施工机械，快速强夯机主要由夯击工作装置、底盘、快速换向液压系统和智能监控系统组成。

5.1　夯击工作装置

快速强夯机的夯击工作装置主要由夯锤机构、顶升机构、调垂机构和变幅机构组成。夯锤机构由液压锤发展而来，常见型号夯锤重量有 5t、7t、9t、12t 四种，对应的影响深度分别为 2～4m、3～5m、4～6m、6～8m。夯锤机构的冲击行程一般为1.2m，冲击频率为 40～60 次/min，锤脚直径一般为 1.5m。

需要更换夯击位置时，顶升机构将夯锤机构顶起使锤脚离地，通过履带行走、上车回转和变幅机构变幅的合理组合来调整夯锤机构的位置，通过调垂机构调整使夯锤机构处于铅直姿态，然后缩回顶升机构，夯锤机构靠重力下滑至锤脚触地，至此更换夯击位置完毕，开始快速夯击作业。

图 2 为四种典型的夯击工作装置，夯锤机构上下冲击的导向方式有两种：一种方式是利用两根方钢管导向，如图 2 中（a）、（c）、（d）所示，用于较轻夯锤；另一种方式是利用四根圆柱导向，如图 2 中（b）所示，用于较重夯锤。顶升机构通过布置在夯锤机构两侧的两个油缸实现，如图 2 中（a）、（b）、（d）所示。变幅机构通过双油缸驱动大臂实现，如图 2 中（a）、（b）、（d）所示采用油缸下置方式变幅，如图 2 中（c）所示采用油缸上置方式变幅。调垂机构除了调整夯锤机构的垂直度外，还兼具放倒夯锤机构使快速强夯机进入运输状态（如图 3 所示）的功能，如图 2 中（a）、（b）所示采用单油缸上置方式调垂，如图 2 中（c）所示采用双油缸上置方式调垂，如图 2 中（d）所示采用单油缸下置方式调垂。

图2　四种典型的夯击工作装置

图3　快速强夯机的运输状态

5.2　底盘

国内外快速强夯机的夯击工作装置一般安装在挖机底盘或自制底盘上，根据最大冲击能量和冲击频率确定液压系统的工作压力、需求流量，再综合考虑发动机功率、整机稳定性来配置底盘，推荐如下表所示。

表　夯击工作装置底盘配置

夯锤重量（t）	最大冲击能量（kN·m）	冲击频率（bpm）	工作压力（bar）	需求系统流量（L/min）	底盘重量（t）
5	60	50	220	180～200	30～35
7	83	40～50	240	220～250	30～40
9	106	35～45	270	220～250	40～45
12	180	35～40	250	380～400	65～75

5.3　快速换向液压系统

快速强夯机的夯击工作装置的快速换向液压系统与单作用液压锤类似，夯锤夯击过程也由加速上升、自由落体下降和保压三个阶段组成。图4为快速强夯机典型的快速换向液压系统原理图，夯锤上升阶段，电磁换向阀9通电，左位工作。电液比例阀10起溢流阀作用，调定液压系统工作压力。电磁换向阀3断电，上位接通，高压蓄能器4和变量泵1的出口油流进先导控制阀6控制缸的大、小两腔，由于大、小两腔的活塞面积不等，先导控制阀6主阀的左位工作。此时，电磁换向阀7通电，左位工作，高压油通过换向阀7的左位流入液压缸5的小腔。变量泵1和高压蓄能器4同时供油，活塞杆加速上升。液压缸5大腔的压力油经过先导控制阀6流入低压蓄能器8，经单向阀回油箱。低压蓄能器8吸收回油，减小压力波动。桩锤下降阶段，电磁换向阀3通电，下位工作，液压油进入先导控制阀6控制缸的小腔，使得先导控制阀6主阀的右位工作。液压缸5小腔的液压油则通过换向阀7的左位、先导控制阀6的大腔以及电磁换向阀3的下位，进入液压缸5的大腔，与液压泵一起向油缸大腔联合供油，形成差动回路，夯锤在重力作用下自由下落。夯锤冲击锤脚动作完成之后，进入保压阶段。保压结束后电磁换向阀9通电，开始新的夯击工作循环[3]。

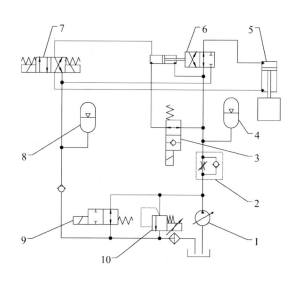

图4　典型的快速换向液压系统原理图

1—变量泵；2—单向节流阀；3—电磁换向阀；4—高压蓄能器；5—液压缸；6—先导控制阀；7—电磁换向阀；8—低压蓄能器；9—电磁换向阀；10—溢流阀

5.4　智能监控系统

快速强夯机可通过智能监控系统（如图5所示）对所有夯击作业实现自动控制，通过设置夯击能量的大小、一次夯击的最小变形量、总变形量、夯击次数等参数做为夯击的终止条件，当满足条件时快速强夯机立即停止动作。此外，智能监控系统还可以调整夯击能量的大小，使快速强夯机适应不同的场地应用，保证以最优的效率运行。因此，智能监控系统可以使快速强夯机减少能源浪费、改善夯击性能、提高效率。

图 5 智能监控系统终端

为了便于质量控制，智能监控系统可实时采集、记录快速强夯机夯击作业处理地基的结果：如每击夯击能量、夯击遍数、最后一击的变形量、总变形量等参数，这些数据可从智能监控系统终端下载到计算机用以分析和评估。

作为选配，GPS（如图 6 所示）可以应用到智能监控系统中，快速强夯机可以找到要夯击的准确位置。GPS 定位与智能监控系统的数据采集、记录相结合，用户可以通过电子地图远程观察快速强夯机的实时工作状态，判断地基处理情况（是否需要额外填充、地下是否包含较硬障碍物等），便于高效决策。

图 6 GPS 终端

参考文献

[1] 刘文娟 . BSP 高速强夯机在高速公路工程中的应用技术研究 [J] . 公路交通科技，2008，03（39）：143 - 146.

[2] 董金玉，李日运，孙文怀等 . 快速夯实法（RIC）在高速公路高填方及台背填土施工中的技术研究 [J] . 工程地质学报，2008，16（3）：422 - 426.

[3] 阎耀保，黄姜卿，胡兴华，郭传新 . 国外几种典型液压锤液压系统及性能比较 [J] . 建筑机械化，2012（2）：63 - 66.

双轮铣削式连续墙施工机械的发展及应用原理

赵伟民　程德考　常保平　祖海英

(东北石油大学)

1　概述

近年来，随着我国城市、工业、交通、水利、水电等建设事业的发展，基础建设工程急剧增多，深基坑开挖支护问题日益突出。高层建筑、地铁、港口、桥涵、重型厂房的地下构筑物的建设，所承担的荷载也越来越大，要求基础深度也越来越深；同时用地日益紧张，这要求更多的对地下空间进行开发和利用，需要开挖深基坑。地下连续墙具有防渗、截水、承重、挡土等功能，在施工过程中对周围环境影响小，墙体刚度大，止水性能好，这些优点使得地下连续墙在深基坑开挖支护中的应用越来越广泛。随着地下连续墙施工技术的不断发展，近20年来国外地下连续墙施工专用设备有了很大改进。特别是双轮铣削式连续墙施工机械，除了应用液压技术和电子技术向遥控化自动化方向发展之外，无论从效能、精度、工作可靠性、使用寿命等各方面都有了很大的提高。

2　铣削式连续墙施工机械的发展

地下连续墙发源于欧洲，它是由打井和石油钻井所用的泥浆护壁以及水下浇注混凝土，施工方法结合而发展起来的。1950年开始用于工程，最早的地下连墙工程是采用抓斗施工的意大利 Sant Marcia Dam 的截水墙。当时以法国和意大利用得最多。20世纪50~60年代该项技术在西方发达国家及前苏联得到推广，成为地下工程和深基础施工中有效的技术，并在地铁建造中，采用地下连续墙技术，创造了高速施工的记录。以后在欧美、日本等国相继采用，逐步演变为一种地下墙体和基础的类型。

早期的防渗墙是采用各式钻机施工成槽的，到60年代抓斗技术充分显示出了它的便捷性与高效率。然而随着对防渗墙深度和施工强度不断增长的要求，抓斗也暴露出深槽施工工效低、垂直精度难以控制等弱点。20世纪70年代末，法国、德国及意大利等国相继开发出一种能连续铣槽作业的液压（或电动）双轮铣槽机及相

关技术，如图1所示，最大成槽深度达150m，成槽速度40m³/h，已在较大范围内取代了钻机和抓斗等挖槽设备。

我国在50年代后期，水利部门最先在水库土坝施工中研究试用地下连续墙技术。基本方法是以冲击钻机连锁成孔，筑成桩排式或槽段式地下连续墙，并在项水利工程中推广采用，当时，最大深度为65.4m，最大厚度为1.3m。1996年于三峡二期围堰工程首次引进德国 BAUER 公司生产的 BC30 型液压铣和配套的 BE500 型泥浆净化设备，在国内先后应用于多个重要工程，如水电工程小浪底工程、四川省冶勒水电站工程、穿黄项目、唐山大唐王滩电厂，公路工程有珠江黄埔大桥，地铁工程有深圳地铁一期工程3B标段老街站、广州地铁黄沙站等。我国目前尚无双轮铣削式连续墙施工机械产品生产，在这方面的研究也甚少。

德国BAUER　　意大利Casagrande　　意大利Soilmec

图1　国外铣削式连续墙施工机械

3　双轮铣槽设备的结构及工作原理

双轮铣槽设备主要由起重设备、铣削机、泥浆制备及筛分系统三部分组成。

（1）起重设备

起重设备由专用底盘和起重机两种。专用底盘可根据现场需要，设计成适应性较强的结构形式；起重机则是用组合方式构成。起重机是通过钢丝绳

悬吊并升降铣槽机和排渣管，为保证开挖槽孔的垂直度，起重设备装有高度灵敏能自动控制钢丝绳和排渣管的支承部件，从而保证所有作用在切削机上的力之合力始终在垂直方向。铣槽装置设有测斜和纠偏装置，起重机操作室内的电子指示仪可随时反应孔内的切削机工作状态，以便操作人员及时调整。为铣槽装置提供动力的可以是独立的液压站，它安装在起重机后方；也可使用专门设计的起重机，它的动力系统既可驱动起重机，也可为多个液压马达和液压给进缸与纠偏油缸提供动力。臂架是铣槽装置的变幅和吊装支撑，臂架大多采用桁架式结构，具有迎风面积小、自重轻、承载能力大等优点。

（2）铣削装置

铣削装置主要由悬吊滑轮、1 纠偏机构、2 砂石泵、3 铣削鼓、4 机架、5 电液控箱、回转机构、6 铣削齿、7 附加配重等几大部分组成。

双轮铣槽机的主要工作部位为铣削机的机体其结构如图 2 所示，它是一个带有液压和电气控制系统的钢制重型机架，它的功能除了固定各工作部件外，还可为切削提供一定的重力，并起导向作用，通过液压卷扬牵引悬吊滑轮实现连续墙铣削装置的上提和下放，通过安装在电控箱内的 x、y 两个方向的倾角传感器对连续墙铣削装置的倾斜轨迹实时跟踪，由前后、上下、左右纠偏机构实时调整，确保成槽的精度。两个切削鼓轮安装在机架的下端，鼓轮上装有用碳化钨镶刃的楔式刀具、点式刀具或牙轮刀具等，它们分别由两个液压马达驱动，并绕水平轴相对转动，在其转动过程中不断松动和切削岩土并使之与膨润土泥浆混合。切削特性取决于切削机提供的重力和液压马达提供的扭力之比，最先进的液压铣槽机不仅装备了大功率液压马达，而且可根据地层情况控制重力和扭力比，以达到最佳出力，提高钻进效率。切削鼓轮装有冲击吸收器以保护切削牙以减少损坏。安装有楔式刀具的连续墙铣削装置铣削对象为黏土和软岩，故在泥渣口两侧用销连接有耐磨材料制成的机械强度很高的剔齿似的钢板。这些钢板上端固定在齿轮鼓护架上。其作用是清除铣轮上的黏土，也可以压碎夹在铣轮铣齿与泥浆泵吸口外侧之间的砾石块。

纠偏措施主要有两种形式，液压缸直推纠偏板和液压驱动连杆机构带动纠偏板。

液压缸直推纠偏板如用一个液压缸直推，由于铣出来的槽并不平顺，所以纠偏板受力也不均匀，这样导致液压缸的力不能垂直于纠偏板，液

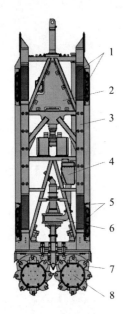

图 2 铣削装置

压力的利用率降低，如果采用两个液压缸推一块纠偏板，使结构复杂，同时增加液压系统负担，控制上也变得复杂。液压缸驱动连杆机构带动纠偏板的结构中，现有的主要是液压缸驱动平行四边形机构带动纠偏板实现纠偏，这种结构紧凑，同步性好。

铣削毂动力传递主要有三种形式：第一种是以意大利 CASAGRANDE 为代表，双轮铣切削部分除有两个由重型液压马达单独驱动滚轮外，铣削轮本身驱动一条大切削链，从而保证整个槽宽范围内全断面进行铣削；第二种是以意大利 Soilmec 与法国 SOLETANCHE 为代表形式，铣削机架的底部安装有两个齿轮毂，在每个齿轮鼓内安装有减速机，两套齿轮鼓分别由两个独立的液压马达驱动；第三种是以德国 BAUER 为代表，每个铣削动力单元通过联轴器、正交锥齿轮传动、花健传动将自适应液压马达的输出扭矩和转速传递到行星齿轮减速机，再由行星齿轮减速机驱动铣削鼓轮以不同速度旋转铣削岩石。

铣轮结构形式及齿座排布对铣槽机的持续工作至关重要。为了清除两个铣轮之间留下的土脊，铣轮连接减速箱的内侧必须对称设置自由摆齿，摆齿可按照减速箱上的限位轨道进行摆动，消除减速箱竖向底部难以铣削的死角，以防铣刀架受托卡阻；铣轮外侧铣刀座应稍向外倾斜，留出一定的扩孔余量，防止地层形变缩孔造成卡阻；铣齿在铣轮筒体圆周方向均匀排布，纵向应相互错位，以实现铣轮工作时能够全断面铣削，且保证铣轮连续转动受力均匀。为了适应不同厚

度槽孔需要，铣轮厚度可以被加大或者更换一个更厚的铣轮。

砂石泵安装在铣削动力头钢架里，位于铣轮上方。为了防止钢架的震动引起砂石泵损坏，砂石泵与钢架横杆支座之间用橡胶块隔振，并用压块将砂石泵紧固在压盖上。泵的吸渣水口设计成铲形，它与旋转的切削牙共同作用，可将较大石块挤碎从而容易地将其吸进潜水泵。铣槽时，两个铣轮低速转动，方向相反，其铣齿将地层围岩铣削破碎，中间液压马达驱动泥浆泵，通过铣轮中间的吸砂口将铣削出的岩渣与泥浆混合物排到地面泥浆站进行集中除砂处理、然后将净化后的泥浆返回槽段内，如此往复循环，直至终孔成槽。

砂石泵主要有三种形式，分别是叶片离心式砂石泵、螺旋离心式砂石泵、泥浆射流泵。动力使用效果在相同钻进条件下，动力使用效果主要决定于泵的工作效率。螺旋离心砂石泵的动力使用效果最高；离心砂石泵次之；泥浆射流泵最低供。抽吸能力取决于泵的负压。泥浆射流泵的抽吸能力最大；螺旋离心砂石泵次之；离心砂石泵最低。泥浆射流泵结构简单，无运动部件，易于固体颗粒的通过，无堵塞性能最好；螺旋离心砂石泵从叶轮的吸入口到泵的出口，过流截面无突变，并有螺旋叶片的推进作用，无堵塞性能次之；离心式砂石泵的无堵塞性能最差。泥浆射流泵可以抽吸气体，抗漏气性能最好；螺旋离心砂石泵次之；离心式砂石泵最差。砂石泵的实际吸程取决于泵的负压值和泥浆密度。使用中应保证泵吸系统密封不漏气，尽可能使用低密度泥浆。砂石泵的吸程将用于克服速度水头损失、沿程水力损失、泵的相对安装高度和携带钻渣时所产生的钻杆内外之压差。用能量观点解释，砂石泵的吸程即泵的比能量（比负压能），要用于克服比动能（速度水头损失）、比位能（泵的相对安装高度）、摩擦阻力比能量（沿程水力损失）和携带钻渣的比压能。

为了保持铣削动力单元齿轮箱的密封，在一级传动轴的联轴器处装有轴向面密封圈（动密封）及O形密封圈，在齿轮鼓内也装有轴向面密封圈（动密封）及O形密封圈。齿轮鼓内充分满液压油，通过液压油管与两个独立的均压装置相通。由于连续墙铣削装置在灌有泥浆的槽孔内铣工作，为了防止泥浆渗入齿轮鼓内，必须保证齿轮鼓的动密圈内外压力相等，而且不因槽孔深度变化而引起齿轮鼓动密封圈内外压力平衡遭受破坏，铣削动力单元连接有压力补偿器。泥浆泵动

力传动单元也连接有同样的均压装置。均压装置与液压蓄能器的构造大致相同。随着成槽深度的增加，连续墙铣削装置受到的水压增加，此时均压装置内的皮囊收缩，使囊内的油压与外侧水压平衡，这样齿轮箱内的油压与外压力平衡，防止了泄漏。

连续墙铣削装置在铣削岩石时，为了避免碾压过程中振动或冲击损坏铣削动力单元齿轮传动系，在行星齿轮减速机与铣削鼓轮之间安装有减振器。减振器内环与行星齿轮减速机用螺钉连接，减振体与铣削鼓轮也用螺钉固定连接。减振器是由壳体、环形减振体、硫化橡胶圈等组成。在减振器壳体的环形槽里安装一个环形铸铁减振体，在环形减振体两侧的环槽里挤压着硫化橡胶圈，并用限压螺钉压紧防止轴向移动。

（3）泥浆制备及筛分系统

膨润土泥浆是用来稳定沟槽的起到护壁作用。此外，铣槽机工作时，泥浆是用来运输切屑。带切屑的泥浆由泥浆泵输送到除砂器。泥浆制备主要设备是泥浆搅拌机，膨润土与水通过一定的配比由泥浆搅拌机搅拌均匀制成护壁泥浆。制浆机具有泥浆搅拌机、泥浆泵、空压机、水泵、软轴搅拌器、旋流器、振动筛、泥浆比重秤、漏斗黏度计、秒表、量筒或量杯、失水量仪、静切力计、含砂量测定器、pH试纸等。

泥浆再生：清孔泥浆和浇灌混凝土过程中回收泥浆必须通过泥浆分离系统进行分离后再经过调浆满足合格要求后方可继续使用（其工艺流程如图3a所示）。紧挨着切割轮上方的双轮铣槽机的砂石泵不断把泥土和土液混合物抽出并送到泥浆筛分站。泥浆处理车间（如图3b所示）包括有两台除砂器和一台砾石分离机，一般通过振动筛可将较大土渣除去，再通过旋流器将泥浆中粗细砂除去，最后借助于沉淀过程作进一步的处理。然后膨润土泥浆液又被泵回沟槽中，形成了一个封闭的回路。泥浆制备及其质量对施工质量、速度和成本均有很大影响，所以施工中应引起足够重视。在大城市施工大多涉及空间的可用性的现实问题，基于这个原因，使这个装置中包括存储罐体和泥浆搅拌系统，通过增加竖直空间的利用，尽可能减少占地外形尺寸。泥浆处理装置安装在罐体的顶部，通过除砂器和一台砾石分离机将切削的碎屑筛分出来，存储到一个能保证整个系统的循环运行的存储容量比较大的存储器，以避免在工程建设地点建设的储存池。出料斗口安装在门口的后面，让后面通过的料斗车辆实现自动化装载。

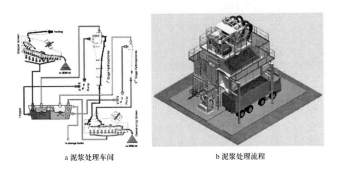

a 泥浆处理车间　　　　b 泥浆处理流程

图 3　泥浆处理

4　连续墙铣削装置工作机理与施工工艺

连续墙铣削装置工作机理是利用液压马达驱动铣削鼓破碎岩土，依靠泵吸反循环排渣，通过地面泥砂处理、泥浆再回送到槽段。具体工作是这样的：沉重的连续墙铣削装置机架确保成槽工作的稳定性，机架底部设置有两套镶有合金刀头的铣削鼓。工作时，两铣削鼓旋转方向相反，经两个铣削鼓破碎的岩屑，由吸泥泵、输送管输送到地面上的泥浆处理装置内。泥浆经处理后，粗渣由运输车运出工地排放，处理过的泥浆再送回到槽段内。地面还设有膨润土补充装置，如此连续工作，一直达到成槽的设计标高。铣削切削压力有一定的控制范围，通过卷扬机悬吊实现，一般在 16～20t。连续墙铣削装置装有纠偏控制系统，采用 X、Y 两个方向倾角传感器沿墙板轴线和垂直墙板轴线的 2 个方向进行测量作为反馈，利用控制器控制液压阀来实现纠偏调整机构的独立控制，保证成槽精度。

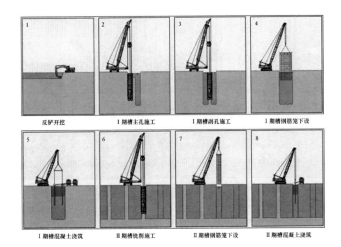

反铲开挖　　　Ⅰ期槽主孔施工　　Ⅰ期槽副孔施工　　Ⅰ期槽钢筋笼下设

Ⅰ期槽混凝土浇筑　Ⅱ期槽铣削施工　Ⅱ期槽钢筋笼下设　Ⅱ期槽混凝土浇筑

图 4　铣削式连续墙施工机械施工工艺顺序图

铣削式连续墙施工机械施工工艺顺序如图 4 所示。图中工序 1 为预先开挖，工序 2 为第Ⅰ期墙板开挖，工序 3 为第Ⅰ期墙板中间部分开挖，工序 4 为安装钢筋笼，工序 5 为第Ⅰ期墙板浇注混凝土，工序 6 为第Ⅱ期墙板开挖，工序 7 为安装钢筋笼，工序 8 为第Ⅱ期墙板浇注混凝土。

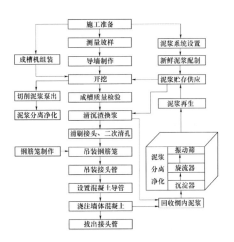

图 5　双轮铣连续墙成槽施工工艺流程图

5　液压双轮铣槽机成槽质量控制

要实现液压双轮铣成槽工序，控制工期又保证质量，必须精确控制设备执行机构的精度，因此施工过程必须控制好三个方面：铣槽机开槽定位控制→垂直度控制→成槽速度控制。以上质量控制工序主要有以下措施：

1）铣槽机开槽定位控制：在铣槽机放入导墙前，先将铣槽机的铣轮齿最外边对准导墙顶的槽段施工放样线，铣轮两侧平行连续墙导墙面，待铣轮垂直放入导墙槽中再用液压固定架固定铣槽机导向架，固定架固定在导墙顶，确保铣刀架上部不产生偏移，保证铣槽垂直。

2）垂直度控制及纠偏：操作室电脑控制成槽的垂直度，始终保证成槽的垂直度在设计及有关规范内，如有超出垂直度偏差的，回填石渣或低标号的混凝土至超出垂直度槽深的上部 1 米，再重新铣槽直至将其修正在连续墙设计垂直度允许范围之内。

3）成槽速度控制：为保证成槽的垂直度，在开槽及铣槽机导向架深度内，控制进尺稍慢，保证开槽的垂直度，在进入岩层时为防止同一铣刀范围内岩层高差较大，两边铣轮受力不同容易出现偏斜，更要控制好进尺，尽量控制进尺偏慢，保证成槽垂直度在设计及有关规范允许范围内。

6　连续墙施工机械性能对比

连续墙施工机械性能对比如下表所示。

表　连续墙施工机械性能对比表

设备类型 主要参数	双轮铣槽机	抓斗挖槽机	冲击反循环钻机	钢绳冲击式钻机
适应地质条件	适用于几乎所有均质的地层，包括比较坚硬的岩层。但对含漂卵石地层存在一定的局限性	适用的地层比较广泛，除大块的漂卵石、基岩以外，一般的覆盖层均可	适用软土、砂砾石、漂卵石和基岩等多种地层	它不仅适用于一般的软弱地层，亦可适用砾石、卵石、漂石和基岩地层
槽孔连接工艺	直接铣削 无须配套	下设接头管 配合使用	增加设施 配套使用	增加设施 配套使用
钻孔深度	调整结构及配置挖深达150m 以上	最大挖深可达 130m	一般最大钻深 50m	一般最大钻深 100m 以上
钻孔工效 （软弱地层） m/台班	56 以上	18 以上	10 以上	3 以上
设备投入	较大	较大	较小	较小
环境保护	泥浆密闭循环基本无污染对环境保护好	环境保护较差	环境保护较差	环境保护较差
劳动强度	铣刀持续进给基本无较大冲击和振动、劳动强度较低	工作时产生较大冲击和振动、劳动强度较大	工作时产生较大冲击和振动、劳动强度较大	工作时产生较大冲击和振动、劳动强度大

7　铣削式连续墙施工机械的特性和优点

1）地层适应范围广：通过更换不同形式的铣削鼓及铣齿可满足大多数地层的成槽施工作业。

2）施工效率高

较之抓斗、冲击反循环钻机等传统的成槽施工作业设备效率高出近 2 倍，尤其在强度较大、地质均匀的硬岩地层优势更为突出。

3）成槽精度高

连续墙铣削装置在持续向下铣削过程中，其铣削轨迹通过控制系统的显示屏跟踪显示，对产生的倾斜或偏移利用 X、Y 方向纠偏机构实时进行纠偏。

4）环境污染小

连续墙铣削装置铣削的渣料及泥浆通过安装在铣削鼓架上的泥浆泵及管路输送至泥浆筛分系统，筛分后的泥浆又重复返回铣削槽段内，形成较为密闭的循环系统，对环境污染极小。

5）铣削方向可调

既可平行也可与主机偏斜一定角度作业，对施工作业空间具有一定的适应性，且有利于拐角槽段的铣削。

6）进给持续稳定

从成槽开始直至终孔，成槽全过程不会产生较大的冲击和振动，大大降低了操作劳动强度。

7）人机界面友好

通过动画链接能直观的反映铣削式连续墙施工机械各系统的工作参数及状况，人机界面还具备实时趋势和历史趋势显示功能，并可将数据储存打印，具备环保节能特性和高智能性。

参考文献

[1] Sakai，K&K，Tazsaki. Development and applications of diaphragm walling with special secion stell-NS-Box [J]. Tunnelling and underground space technology, 2003，(18)：283 – 289.

[2] Feng，Shi-Jin. Analysis of underground diaphragm wall by iterative incremental method [J]. Rock and Soil Mechanics，2009，30（1）：226 – 230.

[3] Neng-Hui，Li&Mi，Zhan-Kuan. Study on affecting factors of stress-deformation of diaphragm walls for concrete face rockfill dams built on thick alluvium deposit [J]. Yantu Gongcheng Xuebao，2007，29（1）：26 – 31.

[4] Brunner，W. G. Development of slurry wall technique and equipment and CSM cutter soil mixing for open-cut tunnels [J]. Proceedings-Rapid Excavation and Tunneling Conference，2007，34（3）：1031 – 1046.

北江桥超深长大直径桩基础施工关键技术

李明忠　吴木怀　何锦明

(中交四航局第一工程有限公司，广东广州　510500)

摘　要：贵广铁路北江特大桥主墩桩基设计为 ϕ3.0m，深度达 102m 的桩基础，本文通过北江桥的施工，阐述超深长大直径桩基础的成孔控制、清孔工艺、钢筋笼安装及灌注混凝土的质量保证等施工关健技术的研究。

关键词：超深长；大直径；桩基；施工；关键；技术

LARGE DIAMETER，North River Bridge over key technology Pile Foundation Construction

Li Ming-zhong，Wu Mu-huai，He Jin-ming

(The First Engineering Company of CCCC Harbor Engineering Co. , Ltd. Guangzhou Guangdong 510500)

Abstract：Canton Railway North River Bridge in your main pier pile design for the ϕ3.0m，at a depth of 102m in the pile foundation，this paper，the construction of the North River Bridge，described growing up deep hole diameter pile foundation control，hole cleaning process，steel cage Perfusion concrete installation and construction quality assurance and other key technology research.

Key words：ultra－deep；large diameter；pile；construction；Key；Technology

1　工程概况

贵广铁路正线全长 857km，设计时速 250km，并预留了 300km 提速空间。北江特大桥为贵广铁路全线的关键性控制工程，全长 11.466km，在广东佛山市的金沙与小塘之间跨越北江。主桥采用 $(57.5＋109.25＋230＋109.25＋57.5)＝563.5$m 钢桁梁斜拉桥结构。桥上为四线铁路，四线线间距 $(5.3＋4.6＋5.3)$ m。主塔高度为 113.8m，H 形结构，设置上下两道横梁。钢桁梁为流线型、门式结构。

北江特大桥 270#、271# 墩为两主塔承台，采用低桩承台形式，基础为 18 根 Φ3.0m 钻孔桩，设计桩长分别为 95.6m、102m，为贵广铁路全线第一深水大直径超长桩，被誉为"贵广第一桩"。271# 墩桩基单根桩钢筋笼重量达 80.2t，桩顶以下 47.2m 范围主筋采用径向双筋布置，标准节长度 12m，其中主筋单筋单节笼重 6t，主筋双筋单节笼重 13t，分别由 76 根及 152 根 Φ32mm 钢筋组成的主筋钢筋笼骨架。作业平台离桩顶设计标高有 20m 深，钢筋笼采用接长两节悬挂笼的方式悬挂定位。

2　施工的重点难点分析

北江特大桥的桩基础施工安照总体的施工进度安排，必须保证在来年的洪水期前完成主塔出水面的总体要求，所以桩基的施工工期只有半年左右的时间，对于如此深长的桩基，必须保证施工的过程万无一失。综合分析，施工的难点主要有：桩径大，超深长，成孔过程必须保证不掉锤，不塌孔，不斜孔等，保证成孔的质量；桩长太长对清孔也造成一定的影响，如何在短时间内保证清孔的质量，特别是孔底沉渣是一难题；钢筋笼重量加上声测管达 85t，顶部主筋双排径向排列，保证钢筋笼的顺利安装及质量是难点之一；桩基的混凝土灌注质量保证也是难点之一。本文主要针对这些重点难点进行分析，阐述采取的措施及施工工艺。

3　施工工艺技术

3.1　施工总体方案

根据主墩基础为低桩承台工程特点，桩顶标高为 -10.2m，而施工时一般水位为 1～2m，主墩水深 8～15m，其中 271# 水深约 8m，270# 墩水深 8～15m 不等、洪水讯期为 4～9 月份，6、7 月份为洪水爆发危险期；墩位地质主要为强风化、弱风化泥岩交替状。对于 270# 墩，水深、覆盖层厚度较大，如采用钢围堰需在 6、7 月份洪水期间施工，洪水期间的施工难度和不确定因素难以确保达到先进行桩基础施工的工期要求。如采用钢管平台基础，覆盖层厚度，管桩易施打，可在较短时间完成桩基平台搭建，进入桩基础施工状态，此外该墩水较深后期可利用桩基础施工双壁钢套箱。总体施工顺序为：栈桥施工→钻桩平台施工→护筒沉放→钻孔桩施工→双壁钢套箱施工→承台施工。

对于271#墩，由于设计采用低桩承台，水深较浅，覆盖层厚度小，钢管桩入土不足，难以达到平台的稳定性及安全，并需在洪水期进行基础施工，墩台基础拟采用双壁钢围堰方案进行施工。总体施工顺序为：基坑开挖→双壁钢围堰施工→在钢围堰顶部搭设施工平台→埋设护筒→双壁钢围堰封底→钻孔桩施工→承台施工。

根据地质等施工条件，前期进场了冲击钻机与液压旋挖机进行工效对比，经比较，冲击钻机工效优于旋挖钻，故正式施工时全部采用13t冲击钻机。总体施工工艺流程见图1主墩桩基施工工艺流程图。

3.2 成孔工艺及控制措施

3.2.1 成孔设备选型及安排

考虑到施工工期、地质等的因素，主墩桩基施工前期策划了两个方案：冲击钻机冲进成孔法及旋挖钻机钻进成孔法，并在243#墩进场了一台DW－35型全液压大口径钻机进行工艺试验，但因机械庞大，需配置的其他辅助设备多，其相邻的桩孔无法摆放其他机械进行施工。安装、移机都比较困难，钻进速度在覆盖层范围比较快，但进入岩层就很慢，钻至中间还须换冲击机冲进。另一种方式就是采用冲机冲进成孔，但因孔太深，须防止掉锤的措施，经过采取钢丝绳全部采用进口的，施工过程加强检查等细节的管理，解决了掉锤的问题。前期每个墩布置6台钻击钻机，按相信桩位锚开的原则布置，后因设计调整等原因，中间停顿，致使工期更加紧张，后期增加桩机至每墩9～10台，无法避免相邻孔位的施工，采取了在冲进深度上错开至少10m，邻孔浇筑混凝土至终凝前停止冲进，只作泥浆循环。

3.2.2 泥浆循环及清渣

在护筒顶处开孔，利用相邻的护筒作为泥浆循环沉淀池，制作泥浆沟与两护筒孔内水连通，两墩护筒空孔在18～24m，可满足160～240m³泥浆的循环置换。施工泥浆原料选用优质黏土，正式钻进前，在施工的桩基的护筒内抛放泥砖，利用钻机冲锤冲击制作泥浆，造浆时选用质量好的膨润土，以保持泥浆的不分散、低固相、低密度、高黏度的性能。

泥浆配比可参考如下：膨润土为水质量的8%；纯碱（Na_2CO_3）为膨润土质量的0.2%～0.3%；羧甲基纤维素（CMC）为膨润土质量

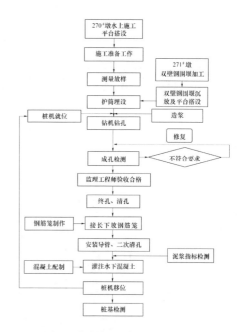

图1 主墩桩基施工工艺流程图

的0.1%。

特得注意的是墩位地质的泥岩、泥质砂岩就是一种很好造浆材料，泥岩是一种由泥巴及黏土固化而成的沉积岩，在冲锤的反复冲击下成为小颗粒的钻渣，一部分随着泥浆循环浮上孔口，大部分在冲击、碾压过程成为泥浆，浆液略呈灰色，含砂率较高，约6%～8%，需要经过泥浆净化装置排渣处理。

泥施工过程的泥浆指标将严格控制，好的泥浆不但有利于保证孔壁稳定，而且有利于悬浮起岩渣加快施工进度，在钻进过程中定期检验泥浆比重和含砂率。

表 施工过程泥浆性能指标

比重（r）	黏度（s）	含砂率（%）	胶体率（%）	pH值
1.1～1.3	19～28	<4	≥95	>6.5

3.2.3 成孔过程关键控制措施

施工过程需检查冲锤、钢丝绳、卡扣卡环等的完好情况，防止掉锤；控制泥浆的比重、含砂率等指标，以及中间因故停顿时的反浆情况，防止塌孔；复测桩位的偏移情况，冲进钢丝绳的对中，防止斜孔。

防止掉锤的措施主要有：1）设备保障，桩机全部采用新买的，冲锤使用原装出厂冲锤3.0m/5爪，锤重10～13t，在冲锤上焊接锤牙时必须由专业焊工焊接，严禁加大或改造使用，主钢丝绳全部采用进口，卡口卡环采用国标，所有设备进场均需经检测合格后方准投入使用；2）制度保障，制定了严格的检查制度，检查的内容及标准，如检查时作业人员提升冲锤至孔口，冲水检查冲锤、锤牙的完整性，是否有裂纹，并检查冲锤的直径。如有开裂或磨损则加焊修补或更换处理，提升的过程检查钢丝绳有没有断丝、毛刺、表面磨损度等，卡扣卡环是否松动、有裂纹。现场技术员每隔4小时对现场检查一次，并记录签名，不符合要求的即时要求作业工班更换。白夜班交接时有交接记录。

防止塌孔的措施主要保证泥浆的性能指标，同检查冲锤制度一样，技术员每4小时检测泥浆的比重、含砂率等指标，并在施工记录上填写，达不到要求的责令工班即时调整。在因机械故障停冲或钢筋笼安装时，必须保证泥浆的循环不中断，施工现场备有一台200kW的发电机，备停电应急。

防止斜孔的措施主要为：控制冲进钢丝绳的对中，在冲进前由测量班复测钢丝绳的对中，并在四周做好保护桩，拉线呈十字形校核钢丝绳，技术员每隔4小时检查1次钢丝绳的对中，检查时拉好十字线，将钢丝绳缓慢提起，观察钢丝绳是否偏位。测量班每周对保护桩复测一次。另外在更换钢丝绳、维修桩机等原因重新冲进时，必须由测量班重新复测钢丝绳的对中。

3.3 清孔过程关键控制措施

北江特大桥清孔标准按端承桩进行，即孔底沉渣不大于5cm，含砂率不大于0.5％，主墩桩基有效泥浆孔深达122m，清浆量达862m³，按含砂量4％计算，清渣量34.5 m³，从清孔难度及质量而言，一般的正循化或反循环均难以满足大直径超深桩的清孔要求，极容易因清孔不善，清孔时间过长等因素，造成后期灌注桩身质量问题，从功效性、经济性、可操作性、环保、施工文明等方面综合考虑，超深桩选用采用气举反循环结合泥浆净化器清孔工艺，能有效解决这一施工难题。

气举反循环泥浆净化器清孔是利用空压机的压缩空气，通过送风管将压缩空气送入气举管内，高压气迅速膨涨与泥浆混合，形成一种密度小于泥浆的浆气混合物，在内外压力差及压气动量联合作用下沿气举钢导管内腔上升，带动管内泥浆及岩屑向上流动，形成空气、泥浆及岩屑混合的三相流，因此不断往孔内补充压缩空气，从而形成了流速、流量极大的反循环，携带沉渣从孔底上升，再通过泥浆净化装器净化泥浆，将含大量的沉渣的泥浆筛分，筛分后钻渣直接排除，而泥浆通过循环管回流补充至孔内，形成孔内泥浆循环平衡状态。

清孔主要有两道工序，即在终孔后经由设计单位地勘部门确认地质情况，确认达到终孔地质后，经驻地监理工程师检验设计标高，孔深、孔径、倾斜率等指标符合要求时，同意终孔，进行第一次清孔，此次清孔主要降低砂率及孔底沉渣厚度。第二次清孔在钢筋笼安装完成后，灌注混凝土前进行。在冲进的过程砂率太大时也可以进行清孔降低砂率，保证冲进的速度。

终孔确认后进行扫孔，经过两个多月的施工依附在孔壁护壁的泥浆有较厚的泥皮、泥块，需在下钢筋笼前将该部分刮落。冲击钻锤在锤头和提升钢丝绳连接处的转向装置在提升及下落过程转向失效，需通过加焊钢筋扫圈进行校圆。在扫孔时分两次完成，第一次在冲锤加焊直径2.85m的钢筋扫箍，将刮落孔壁泥皮、泥块，第二次加大直径2.96m，再均匀缓慢反复扫孔，最后再用冲锤轻轻将孔底的泥皮、泥块冲击为循环泥浆。

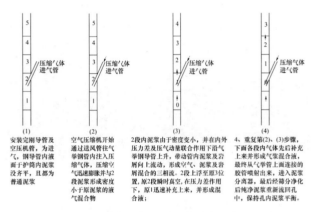

图2 气举反循环工作原理步骤图

扫孔完成后，安装气举管进行清孔，气举管采用直径15mm钢导管，标准节段长度4m，分节接长至离孔底1m处，气举管孔底中部留一分叉口作为空压机送风口。安装时应检查气举管的密封性能，必要时可做水密性试验，以防泄气。考虑孔较深，送风量采用了20m³空压机，送风量应从小到大，风压应稍大于孔底水头压力，当孔底沉渣较厚、块度较大，或沉淀板结时，可适当加大送风量。因不断往孔内补充压缩空气，从而形成了流速、流量极大的反循环，促使泥浆携带沉渣从孔底上升。通过气举反循环上升泥浆，再由ZX－200泥浆净化装置结合清孔，在气举管口处安装套接钢丝高压软管抽取泥浆，反循环砂石泵通过软管由孔底抽吸出来的泥浆通过总进浆管，输送到泥浆净化装置的粗筛，经过其振动筛选将粒径在3 mm以上的渣料分离出来。经过粗筛筛选的泥浆进入泥浆净化装置的储浆槽，由泥浆净化装置的渣浆泵从槽内抽吸泥浆，在泵的出口具有一定储能的泥浆沿输浆软管从水力旋流器进浆口切向射入，通过水力旋流器分选，粒径微细的泥砂由旋流器下端的沉砂嘴排出落入细筛。经细筛脱水筛选后，较干燥的细碴料分离出来，经过细筛筛选的泥浆再次返回储浆槽内。处理后的干净泥浆从旋流器溢流管进入中储箱，然后沿总出浆管输送回孔。处理出来的泥渣排入泥浆船运至指定地点弃放。

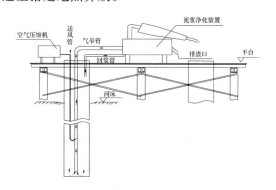

图 3　泥浆净化装置清渣示意图

图 4　泥浆净化装置清孔过程图片

经过泥浆净化装置分离后的泥浆，其中一部分为沉渣，通过专用泥浆船运至指定地点排放；另一部分为可循环再用泥浆，根据需要经适当调配（比重、粘度等），即可通过泥浆循环池系统重复使用。

清孔后检测泥浆通过专用取样桶取出桩身上、中、底层泥浆进行泥浆各项性能检测，以底层泥浆检测为主，测量沉渣厚度通过锥型和平底测具测出沉渣厚度。

在钢筋笼安装后，因安装过程有钢筋笼碰到护壁，会掉落大块的泥块进孔底，为防在二次清孔时，无法将大块泥块搅散，故采用专用的掏渣桶进行掏渣，工作原理如抓斗，如图 5 所示，这样可以保证孔底无泥块沉渣。

浇筑前的清孔应达到以下标准：孔内排出或抽出的泥浆手摸无 2~3mm 颗粒，泥浆比重不大于 1.1，含砂率小于 2%，黏度 17~20s；浇筑水下混凝土前孔底沉渣厚度应符合要求，柱桩不大于 5cm。

采用泥浆净化装置清孔，达到了质量好，功效高的目的，一般常规清孔方法主要由抽渣法、吸泥法、换浆法，对于此类大直径超深桩，上述

图 5　掏渣桶掏渣图片

方法至少需 5 天时间方能完成，而采用本工艺只需 1 天，并且通过检测经过分离后的泥浆含砂率极低，都在 0.5% 以下，远小于验标要求的不大于 2%。

3.4　钢筋笼加工、安装工艺及控制措施

钢筋笼重量重，上部主筋径向排列，给安装带来很大的困难，为此我们采用了长线胎模法工厂化加工钢筋笼；专门设计制作钢筋笼吊具及悬挂环，声测管特订做加厚型钢管等措施，并加强了施工的检查与监控。钢筋笼安装采用 80t 龙门吊及 50t 龙门吊或吊车配合。

3.4.1　钢筋笼加工

鉴于钢筋笼大、长、重的特点，考虑进度原因，钢筋接头采用套筒连接，套筒采用加长型加锁母式，因而对钢筋笼的加工质量、对接精度提出了更高的要求，区别于以往的施工方式组织施工，精心组织，合理安排，细节管理，严控每一道质量关。钢筋笼加工采用工厂化生产，加工方式采用长线台座法（如图 6 所示）。

图 6　钢筋笼长线胎模法加工

依据钢筋笼的长度，生产进度要求规划场地的平面要求，寻租合适的场地，本工程一开始在狮中租了一个厂房，平面尺寸为 102m×18.7m，室内安装两台龙门吊，平面布置如图 7 所示。

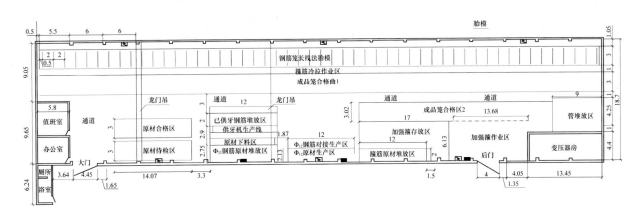

图 7　钢筋加工场平面布置图

按照平面规划对胎模位置测量放样，保证胎模顺直，标高一致。胎模采用厚度为 12mm 的钢板定型切割，间距 2m 布置，采用膨胀螺栓与地面连接牢固。胎模如图 8 所示。

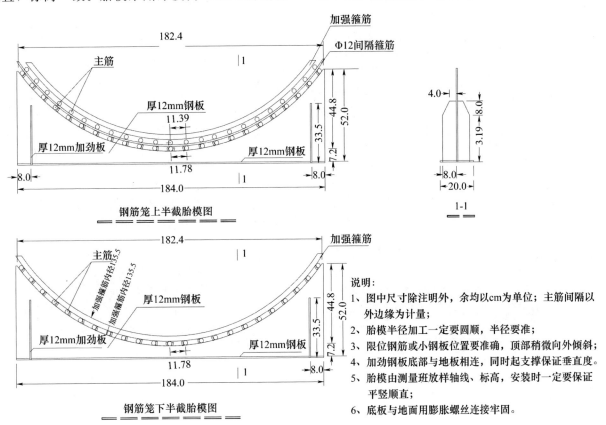

说明：
1、图中尺寸除注明外，余均以 cm 为单位；主筋间隔以外边缘为计量；
2、胎模半径加工一定要圆顺，半径要准；
3、限位钢筋或小钢板位置要准确，顶部稍微向外倾斜；
4、加劲钢板底部与地板相连，同时起支撑保证垂直度。
5、胎模由测量班放样轴线、标高，安装时一定要保证平竖顺直；
6、底板与地面用膨胀螺丝连接牢固。

图 8　钢筋笼长线法加工胎模图

钢筋加工首先严格按照审核的下料表下料，接着对钢筋端头进行平头处理，再剥肋滚压螺纹。平头的目的是让钢筋端面与母材轴线方向垂直，应采用砂轮切割机或其他专用切断设备，严禁气割。剥肋滚压螺纹：使用钢筋剥肋滚压直螺纹机将待连接钢筋的端头加工成螺纹。滚压完后的钢筋检查丝头质量符合要求后，用砂轮机再次修平端头，再套上塑料保护套，整齐堆放于半成品区。

钢筋笼加工时，先把主筋按错开顺序摆放于胎模上，之后加强箍筋与胎模上的主筋焊接固定，加强箍筋应垂直，再在加工箍上按间距焊上剩余的主筋。钢筋笼加工时应从一端向另一端进行，主筋摆放拉通线，保证顺直，相邻钢筋对接严密。加工好的钢筋笼经验收后方准吊下生产线，存放于已检区。

钢筋笼加工的质量控制要点主要是端头的对接间距，按规范规定，现场安装精度为 1mm，要保证达到要求，加工时对原材的平头及螺纹必须仔细检查，在胎模上对接时相邻钢筋一定要对直，接头紧密。

3.4.2 钢筋笼安装

钢筋笼采用平板车运输至现场，平板车上必须焊有依据笼外径加工的钢模固定钢筋笼，防止运输过程变形。

钢筋笼的下放采用专门设计加工的吊具及悬挂环，东岸271#主墩直接运至平台，采用一台80t龙门吊及一辆50t汽车吊配合安装，西岸270#主墩因便道不通，采用货船转运，在平台下游设置船坞，采用一台80t龙门吊及一台60t龙门吊配合安装。

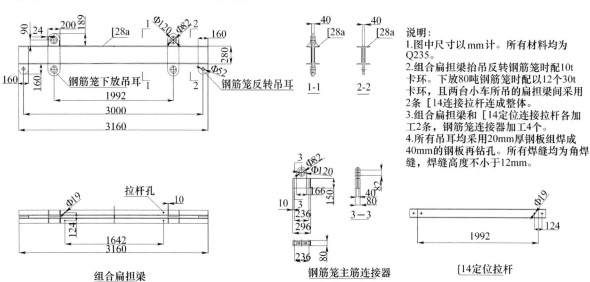

图9　钢筋笼安装吊具设计图

3.4.2.1 钢筋笼吊具

为防止钢筋笼在起吊安装时变形，起吊时加工专门的吊具。采及双[28槽钢作为扁担梁，用[14槽钢隔开形成井字形，每根扁担梁上下各设两个吊耳，下吊点连接Φ32mm主筋连接器，利用8条主筋作为连接器起吊钢筋笼，钢筋笼吊具如图9、图10所示。

图10　正在吊装的钢筋笼吊具

3.4.2.2 钢筋笼悬挂环

由于钢筋笼直径大、重量大，钢筋笼对接时不可能采用常规的设置孔口扁担梁的方式来支撑已放入孔内的钢筋笼。为此，需设计"钢筋笼悬挂环"来解决钢筋笼的支撑及悬挂定位问题。"钢筋笼悬挂环"由卡板和支撑圆环两部分组成。钢筋笼采用圆形悬挂环，中间开孔插[12槽钢均匀受力，可以将力均匀的分配于环上，悬挂环支承于钢护筒及施工平台上，270#墩考虑到护筒受力较弱，悬挂环底设置底座，底座采用I56工字钢焊成井字架。悬挂环如图11所示。

图11　钢筋笼悬挂环

3.4.2.3 钢筋笼起吊对接

钢筋笼吊装采用平台上的龙门吊，271#墩钢筋笼采用50t汽车吊起吊，270#墩采用60t龙门吊起吊，起吊时先用4点平衡吊，到一定高度后再慢慢起上端松下端，两个勾必须同步进行，直至钢筋笼完全竖立，则可以松掉下端钢丝绳，慢慢将笼放进临时悬挂筒，焊好防滑筋后（在吊点主筋与加强箍位置焊接16cm长防滑筋，防滑筋采用Φ32mm，双面焊接），在悬挂筒中用6个悬挂钩托住，然后由80t的龙门吊吊住吊具将连接器与钢筋笼的8条主筋对接，连接器对接时一定要检查套筒上下钢筋居中，拧紧到位，并保持连接器在同一水平面。可试起吊十几厘米观察连接情况，不符合的轻轻放回重新连接。龙门吊缓慢起吊钢筋笼移位至桩孔安装。

钢筋笼对接时的主要：注意事项：

1）钢筋笼主筋对接一定要保持预制和安装的统一，即预制时对接在一起的两根主筋，在安装时必须保证也是这两根主筋对接（在钢筋车间分节拆除接头时应事先做好对应的标记）。

2）主筋对接时，同一接头两个丝头之间的间隙不得超过 1mm，若间隙太大，可用导链葫芦将这两根主筋进行对拉。

3）套筒应居于接头的正中间，可于滚肋时按套筒长度分中在接头用油漆作好标记。

钢筋笼主筋对接的过程，声测管也相应的分节接长，声测管应有检验合格证，厚度满足要求，经水密性试压合格。声测管采用滚肋套直通头上下管端采用堵头。声测管按图纸设计间距布置，采用 12# 铁丝固定在钢筋笼上。声测管的安装与钢筋笼的安装同步进行，每装完一节往管里灌满水并静观一会不漏水了才能进行下一节的施工。

3.4.2.4 钢筋笼定位

钢筋笼的定位包括竖向定位和平面定位两个方面。钢筋笼顶面距围堰平台顶高度为18m，给定位工作带来很大困难。

1）竖向定位

钢筋笼的竖向定位的方法是通过"接长悬挂笼"来实现的。"接长悬挂笼"由等距离的 8 根主筋接长至护筒顶，具体做法即减少了主筋的钢筋笼延长，利用接长的钢筋笼作为悬挂于平台顶的悬挂环，接长笼有两节，必须解决两节笼的对接转换，采用在主筋两侧双面焊两根 16cm 长 Φ32 钢筋或两根钢筋间焊一块钢板，采用厚度为 3cm 的钢板专门加工的卡板作为对接悬挂，如图 12 所示。

图 12　接长笼对接悬挂

2）平面定位

钻孔桩桩顶距围堰平台顶高度达到 20m，为保证桩顶处钢筋笼的平面位置采取限位钢筋的措施控制钢筋笼的平面位置。根据钢护筒安装时测量偏位及倾斜度数据反算，在桩顶处及接长钢筋设置钢筋笼限位钢筋，控制钢筋笼的平面位置，限位钢筋设置如图 13 所示。

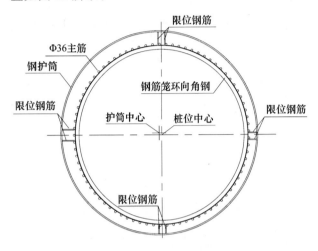

图 13　平面定位限位钢筋

3.5　混凝土灌注工艺及控制措施

桩基础为 C30 水下混凝土，按设计要求需掺加密实剂，考虑到水下混凝土浇筑的各种因素，在进行混凝土配合比设计时时满足以下要求：

坍落度：$18 \sim 22cm$；混凝土初凝时间：$\geqslant 23h$；粗骨料最大粒径：$31.5mm$。

混凝土集料漏斗要满足首批混凝土需要量要求，保证首批混凝土灌注后导管埋深不得小于 1m 并不宜大于 3m。水下混凝土灌注采用直升导管法。

首批混凝土的计算如图 14 所示，首批混凝土需要量：

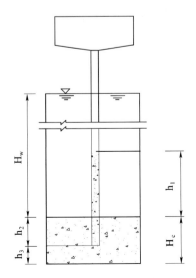

图 14　首批混凝土的计算图

$$V \geqslant (\pi d 2 h1 + \pi D 2 Hc)/4$$

式中　V——首批混凝土所需数量，m^3；

h_1——w 井孔混凝土面达到 Hc 时，导管内混凝土柱体平衡导管外泥浆压力所需的高度，即 $h_1 \geqslant Hww/c$，m；

Hc——灌注首批混凝土时所需井孔内混凝土面至孔底的高度，$Hc = h_2 + h_3$，m；

Hw——井孔内混凝土面以上水或泥浆的深度，m；

d——导管直径，取 $d = 0.32$m；

D——桩孔直径（考虑 1.1 的扩孔系数），m；

w、c——为水（或泥浆）、混凝土的容重，取 $w = 11$kN/m^3，$c = 24$kN/m^3；

h_2——导管初次埋置深度（$h_2 \geqslant 1.0$m），m；

h_3——导管底端至钻孔底间隙，约 0.3m。

本工程最大的桩径为 3.0m，孔深为 122.536m，则：

$$D = 3 \times 1.1 = 3.3m$$
$$H_w = 122.536 - 1.5 = 121.036$$
$$H_c = 1.2 - 0.3 = 1.5m$$
$$h_1 \geqslant H_w \gamma_w / \gamma_c = 121.036 \times 11/24 = 55.475m$$

$$V \geqslant (\pi d^2 h_1 + \pi D^2 H_c)/4$$
$$= \frac{(3.14 \times 0.32^2 \times 55.475 + 3.14 \times 3.3^2 \times 1.5)}{4}$$
$$= 17.282m^3$$

根据计算，初灌混凝土量拟定 17.5m^3。前台布置及混凝土浇筑过程中需要注意的事项有以下几点：

（1）料斗的大小应能满足首灌混凝土的要求，首方料斗容积为 13m^3，加外加一车 10m^3 混凝土运输车水下混凝土及汽车泵同时送料。装首方斗时停止孔底泥浆循环，必然增加了一定沉淀，因此装首方斗前采用空压机通过浇筑导管对孔底射风 10min，使到孔底沉淀物翻动上浮。装首方时间选择在有 3 至 4 台运输车到场后方进行安装，适当安排安装人员尽可能做到快速安装，一般不宜超过 10min，这样能确保首方下落混凝土时与持力岩层能较好结合。

（2）环水保方面：浇筑前降低护筒内泥浆约 2m，以确保首方斗剪球时泥浆不外流。泥浆采用专用泥浆船储存并运至指定地方排放，泥浆排放必须有排点放证明。因桩基方量较大，浇筑前协调两个主墩的泥浆船共同使用满足浇筑时排浆的需要。为防止首灌混凝土下孔时泥浆溢出平台，在灌注前护筒内泥浆降低 2m 以上，为减少装管、装料斗时间，

采用在护筒侧壁开孔接 $\phi30$cmPVC 管引至泥浆船。

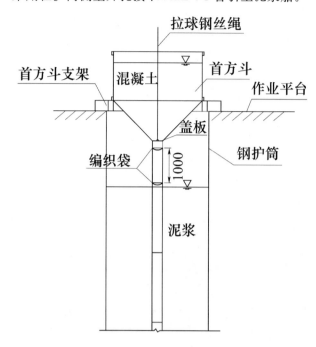

图 15　首方剪球示意图

（3）浇筑过程应连续浇筑，中途除拆装管不得停顿，控制好相应混凝土供应速度，拆装管的时间安排，桩的浇筑时间不应太长，规范要求宜在 8h 内浇筑完成，但由于本次桩基浇筑方量特别大，控制在 12h 内完成，如图 16 所示。

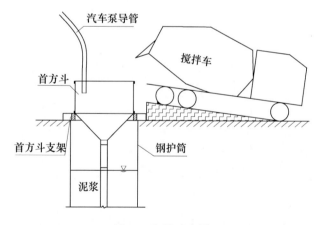

图 16　浇筑示意图

（4）过程埋管深度的控制，在整个混凝土浇筑时间内，导管口应埋入先前浇筑的混凝土内至少 1m，一般要求不得宜大于 3m，当桩身较长时，导管埋入混凝土中的深度可适当加大。现场控制导管埋深 7～10m，保证每次拆管后仍有不小于 3m 的埋管深度，但也须根据浇筑过程能否正常翻浆，如何翻浆困难，适当提起料斗，如无奏效则应拆除导管。混凝土浇筑开始后，应快速连续进行，不得中断。拆、装管时有 4 名工人同时拆除、安装螺栓，在 6～10 分钟内完成拆、装导管。由于孔径较大，混凝土浇筑过程中测量混凝土面标高时应坚持在互

相垂直的两条直径上的 4 个点进行测量，以准确了解混凝土面的平整度，计算出埋管深度。

（5）混凝土和易性的控制，首方混凝土坍落度宜为 21～22cm，过程坍落度宜为 20cm，试验人员抽检混凝土性能情况，并在每一车下料前，观察混凝土质量，如出现离析混凝土则应及时退回，避免个别车混凝土质量导致堵管、无法翻浆现象。

（6）在浇筑将近结束时，由于导管内混凝土柱高减小，超压力降低，而导管外的泥浆及所含渣土稠度增加，相对密度增大。如在这种情况下出现混凝土顶升困难时，可在孔内加水稀释泥浆，并掏出部分沉淀土，使浇筑工作顺利进行。在拔出最后一段长导管时，拔管速度要慢，以防止桩顶沉淀的泥浆挤入导管下形成泥心。最后拔管时注意提拔及反插，保证桩芯混凝土密实度。

（7）为确保桩顶质量，在桩顶设计标高以上应加灌 130cm。

（8）规范要求入模温度不大于 30℃，采取相应控制措施保障：

各拌合站搭盖砂石遮阳棚进行三面围护，避免夏季暴晒造成砂石料温度过高，导致混凝土入模温度增高，在混凝土搅拌前一天对粗骨料进行淋水降温。水泥设 2 个筒仓轮流使用，避免刚运到的水泥温度太高，同样导致混凝土入模温度增高，在筒仓的四周设置自动喷洒水管进行降温。每个搅拌站配备制冷机对水进行降温，制冷机制冷量应满足搅拌站最大生产量要求。搅拌站料斗、水池、皮带运输机、搅拌楼采取遮阳措施，尽量缩短搅拌时间。宜尽可能在气温较低的晚上搅拌混凝土，以保证混凝土的入模温度满足设计要求，当设计未规定时，混凝土的入模温度不宜高于 30℃。当高温施工不可避免时，应通过试验掌握混凝土在不同温度、不同原材料等的情况下坍落度的损失情况，制定相应的措施。

在混凝土浇筑中，采用了碎石浇水，水泥、粉煤灰罐淋水和拌和水加冰等方法进行混凝土降温，根据开盘前测定的温度数据发现，最有效的降温措施是拌合水加冰，能把拌合用水降低到 6℃左右，碎石浇水没有达到预计降温效果，料仓内只有表面少量碎石温度降到 30℃以下，内部碎石温度依然有 34℃左右，这可能是由于碎石内部散热较困难所造成。首盘混凝土出机温度为 28℃，但到达现场时温度已经接近 30℃，运输过程约为 20 分钟，因此环境温度过高时混凝土温度较难控制。由于开盘前碎石浇水，碎石含水率处于一个不稳定的状态，给混凝土的和易性控制带来一定的难度。在混凝土生产过程中，两台拌合机均安排了有经验的试验人员进行混凝土监控，根据碎石含水率的变化随时调整拌合用水量，并且检查每一车混凝土确保符合要求再发往现场，现场也安排了试验人员监督混凝土的状态，并与拌和站试验人员保持联系，确保混凝土和易性达到比较理想的效果，使混凝土在整个施工过程中都能保持良好的状态。

4 总结

贵广铁路北江特大桥前后用了 7 个月的时间完成两个主墩的桩基础施工，桩基础经第三方质量检测机构检测，全部达到 I 类桩标准。在整个过程中，针对大直径超深长桩及本工程的特点，找出重点难点并分析、制定相应的保障措施是工程顺利完成的关健。

1）超深长桩基采用冲击钻机是可行的，关健是做足防掉锤等措施，保证成孔的质量；

2）泥浆分离器配合大功率空压机组成的泥浆净化装置，可以有效的保证清孔的质量，提高清孔的效率；

3）对于大重量的钢筋笼，采用工厂化长线胎模法可以保证加工的质量、提高功效，钢筋笼的专用吊具、悬挂环可以使受力均匀，保证钢筋不变形；

4）水下混凝土灌注重点是保证首灌的高度及灌注过程的连续性。

参考文献

[1] 中华人民共和国铁道部. 客运专线铁路桥涵工程施工质量验收暂行标准.（铁建设〔2005〕160 号）. 北京：2005.

[2] 中华人民共和国铁道部，铁路混凝土工程施工技术指南（TZ210—2005），中国铁道出版社，2005.

[3] 中华人民共和国建设部，钢筋机械连接通用技术规程（JGJ107—2003），北京：2003.

深厚填石层大直径潜孔锤
全护筒跟管钻孔灌注桩施工工法

尚增弟　雷　斌　李庆平　宋明智

（深圳市工勘岩土工程有限公司，广东深圳　518026）

摘　要：中海石油深水天然气珠海高栏终端场地处于深厚填石区，其4000m³丙烷储罐设计采用钻孔灌注桩。前期采用冲击成孔，出现了钻进困难、易坍孔、泥浆漏失、孔内事故多、综合施工费用高等难题。针对场地深厚填石层的特点，本项目利用超大风压为动力，采用大直径潜孔锤破岩、全护筒跟管钻进技术，达到了成孔速度快、桩身质量可靠、施工成本低、现场文明施工条件好等效果，为灌注桩施工提供了一种新的施工工艺方法。

关键词：深厚填石层；大直径潜孔锤钻进；全护筒跟管护壁；钻孔灌注桩桩；施工技术

Abstract：China National Offshore Oil Corporation oil and gas development field is located in deep rock fill foundation；its propane storage tank construction（4000 m³）applies borehole cast-in-place pile construction method. According to the foundation's characteristics，the author suggest a new construction method of using major diameter hammer that depends on huge wind pressure's drive to break the rock and employing total guard barrel in protecting drilling process. This new construction method solves problems frequently happened in deep rock layer construction including drilling hard，drilling collapse，drill mud leakage and high comprehensive construction cost. As a result，the foundation project has been finished satisfactory and its application proves that down – the – hole hammer drilling with total guard barrel and borehole cast – in – place pile construction in rock fill layer is feasible and reasonable.

Key words：deep rocks fill layer；major diameter down – the – hole hammer drill；borehole cast – in – place pile；；total guard barrel in protecting drilling；construction practice

1　前言

1.1　工法的形成原因

随着工程建设的日益大规模进行，特别是临近海岸各类储油罐、码头及其附属等工程设施的开发，经常会遇到开山填海造地或人工填筑而成的工程建设项目，此时建（构）物桩基础施工由于受深厚填石层的影响造成施工极其困难，冲击成孔工艺会出现泥浆漏失、坍孔、掉锤、卡锤、灌注混凝土充盈系数大、效率低、工期长等问题，而采用回转钻进成孔基本无法进行，从而给工程施工和项目建设带来困扰。

为了寻求在深厚填石层中钻孔灌注桩的有效、快捷、高效的施工新工艺新方法，节省投资，加快施工进度，我们提出了深厚填石层大直径潜孔锤全护筒跟管钻孔灌注桩工法。

1.2　工法的形成过程

1.2.1　工程概况

2011年11月，中海石油深水天然气珠海高栏终端生产区建造工程球罐桩基础工程开工。该工程场地倚山临海，为开山填筑而成，填石一般为20～80cm不等，个别填石块度大于2m；填石厚度最浅7m左右，最厚处达40m，平均厚度约18m。生产区建造项目桩基础工程包括：4000m³丙烷储罐、4000m³丁烷储罐、4000m³稳定轻烃储罐、分馏框架平台装置、闪蒸塔、吸收塔、再生塔等桩基，桩基设计为钻（冲）孔灌注桩，桩身直径φ550mm，桩端持力层为入中风化花岗岩或微风化花岗岩≥1500mm，平均桩长27m左右，最大桩长约45m。4000m³储罐单桩竖向承载力特征值预估为 4200kN。

场地地层条件复杂，自上而下主要分布的地层有：开山填石、素填土、杂填土、花岗石残积土及强风化、中风化岩、微风化花岗石。

场地主要工程地质问题为深厚填石，填石整体块度离散，填石场地虽经过前期分层强夯处理，但填石间的缝隙空间大、渗透性强，严重影响桩基础正常施工。场地地形特征和现场填石情况如图 1、图 2、图 3 所示。

图 1　场地地形特征

图 2　场地填石情况

图 3　场地填石情况

1.2.2　前期冲击成孔施工情况

桩基础施工前期，施工单位根据场地条件，按通常做法选择冲击钻设备，制订了采用十字冲击锤将填石冲碎或挤压进桩侧，泥浆循环护壁成孔施工方案。由于对场地内深厚填石认识不足，冲孔施工极其困难，遇到许多无法解决的难题，主要表现在：泥浆漏失严重，成孔时间长；长时间冲击成孔，孔内事故多长；泥浆处理、浆渣外运费用高；综合成本高；施工质量难以满足设计要求。

1.2.3　大直径潜孔锤全套管跟管钻进方案的选择

在现场施工出现如此不利的状况下，我司针对该场地的工程地质特征和桩基设计要求，现场开展了潜孔锤全护筒跟管钻进成孔施工工艺的研究和试验，新的工艺主要采用大直径潜孔锤风动钻进，发挥潜孔锤破岩的优势；配置超大风压，最大限度地将孔内岩渣直接吹出孔外；在钻进过程中，采用全套管跟管钻进，避免了孔内垮塌，确保了顺利成孔。此外，全护筒跟管钻进不仅可以隔开孔外的松散地层、地下水、探头石、防止泥浆漏失等，而且在其灌注完混凝土后的立即振动起拔全护筒的过程中，可以起到对桩芯混凝土进行二次振实作用，桩身混凝土的密实性更好、强度得到有效保证，桩身直径也有保证。

2012 年 4 月，我司进场进行了试桩；试桩根据场地工程勘察资料，选择了 3 个不同位置进行。试桩完成在桩身达到养护龄期后，进行了小应变动力测试、抽芯和静载试验，试验结果均满足设计和规范要求，试验取得了成功，新的技术和工艺得到监理、业主的一致好评。

1.3　大直径潜孔锤全套管跟管钻进工艺的可靠性验证

1.3.1　完成的工程量

现场经过试成孔和不断改进完善，在钻头选型与钻杆配套、护身制作与跟进、风压配置与空压机选择、工序流程与质量控制、安全文明与环境保护措施等方面，形成了完备、可靠、成熟的潜孔锤全护筒跟进成孔施工方法，保证了施工的顺利进行。

施工期间，共开动 2 台套潜孔锤桩机，采用大直径潜孔锤跟管钻进，平均以 2 根/天·台的速度效率成孔，是前期冲击成孔效率的 30 倍以上。共完成灌注桩 520 根，整体施工过程较为顺利。

1.3.2　工程桩检测情况

桩基施工完工达到养护条件后，经过桩头开挖验桩、小应变测试、抽芯、静载荷检测，以及桩身混凝土试块试压，检测结果表明：桩身完整性、桩身混凝土强度、桩承载力、孔底沉渣等全部满足设计和规范要求，完全取代了原设计的钻（冲）孔灌注桩方案，为整个工程赢得了宝贵的时间，设计单位、业主和监理相关给予了极高的评价。

1.3.3　桩基础竣工验收后工程进展情况

桩基础经过各项严格检测、评估及验收后，基础承台进行了开挖，部分承台正在进行混凝土浇筑，有的已经完成承台施工，4000m³丙烷储罐已完成罐体安装。目前，现场施工进展顺利，从罐体、塔体安装后的沉降观测资料显示，其沉降量均满足设计要求。

2　工艺特点

2.1　成孔速度快

潜孔锤破岩效率高是业内的共识，大直径潜孔锤全断面能一次钻进到位；超大风压使得破碎的岩渣，一次性直接吹出孔外，减少了孔内岩渣的重复破碎，加快了成孔速度；全护筒跟进，使得孔内事故极大地减少，避免了冲击钻成孔过程中常见的诸如卡锤、掉锤、塌孔、漏浆等事故；冲击钻一般20～25天成桩1根，回转或旋挖钻机成孔效率极低甚至无法成孔；潜孔锤全护筒跟进工法可实现1天成桩2根的效率，成桩速度是冲击钻或其他常规手段的30倍以上。

2.2　质量有保证

表现为以下几个方面：

1. 成孔孔型规则，避免了冲击成孔过程中的钻孔孔径随地层的变化，或扩径或缩径情况的发生；

2. 桩芯混凝土密实度高；

3. 不需要泥浆护壁，避免了混凝土浇筑过程中的夹泥通病；

4. 采用潜孔锤跟管工工艺后，钻硬岩或完整岩石快捷，桩端入岩情况可凭返回孔口的岩屑精准判断，桩的承载力和持力层得到保证。

2.3　施工成本相对低

相比较于冲击、回转等其他方式成孔，表现在：施工速度快，单机综合效率高；事故成本低，本工法的事故一般表现为机械故障和组织协调问题，孔内事故少；潜孔锤钻进时凭借超大风压直接吹出岩渣，岩渣在孔口护筒附近堆积，呈颗粒状，可直接装车外运，避免了冲击成孔大量泥浆制作、处理等费用；同时，钻孔施工不需要施工用水，可节省用水费用。另外，混凝土超灌量少，冲击成孔在这样的地层中的充盈系数在2.5～3.0之间，而本工法的充盈系数平均一般在1.3～1.5之间。

2.4　场地清洁、现场管理简化

潜孔锤跟管工法不使用泥浆，现场不再泥泞，场地更清洁，现场环境得到极大改善。

2.5　本工法的不可替代性

由于大量的地下障碍物的存在，往往许多常规手段，如回转钻进、旋挖等无法实现成孔，而冲击成孔效率低、成本高，因此，本工法具有其他手段无法替代的优越性。

3　适用范围

3.1　适用于地层中存在大量的破碎岩石、卵砾石、建筑垃圾及地下水丰富、软硬互层较多的复杂地层的灌注桩工程。

3.2　适用于钻孔桩直径 ϕ300～600mm，成孔深度≤50m的钻孔灌注桩施工。

3.3　适用于在其孔径范围内的普通地层的灌注桩工程。

4　工艺原理

4.1　大直径潜孔锤破岩

本工法选用与桩孔直径相匹配的大直径潜孔锤，其冲击器是在高压空气带动下对岩石进行直接冲击破碎，其冲击特点是冲击频率高、冲程低，冲击器在破岩时，可以将钻头所遇的物体，特别是硬物体进行粉碎，破岩效率高；破碎的岩渣在超高压气流的作用下，沿潜孔锤钻杆与护筒间的空隙被直接吹送至地面，为保证岩屑上返地面的顺利，在钻杆四周侧壁沿通道方向上设置分隔条，产生上返风道，有利于降低地面空压机的动力损耗，进而实现高速成孔。

潜孔锤钻头、超大风压及岩渣吹出护筒情况如图4、图5、图6所示。

图4　大直径潜孔锤钻头

4.2　全护筒跟管钻进

潜孔锤在护筒内成孔，在超高压、超大气量的作用下，潜孔锤的牙轮齿头可外扩超出护筒直径，使得护筒在潜孔锤破岩成孔过程中，随着钻头的向

图 5　并联空压机超大风压

图 6　硬岩吹出护筒外

下延伸，护筒也随之深入，及时地隔断不良地层，使钻孔之后的各工序可在护筒的保护下完成，避免了地下水、分布于地层各层中的块石、卵砾石、建筑垃圾以及淤泥等对成桩的不同阶段的影响，使得成桩的各阶段的质量、安全都有保证。

4.3　安放钢筋笼、灌注导管、水下灌注混凝土成桩

钻孔至要求的深度后，将制作好的钢筋笼放入孔，再下入灌注导管，采用水下回顶法灌注混凝土至孔口，随即利用装有专门夹持器的振动锤，逐节振拔护筒，在振拔过程中桩内的混凝土面会随着振动和护筒的拔出而下降，此时及时补充相应量的混凝土，如此反复至护筒全部拔出即完成成桩。

当检测护筒内无地下水时，则采用干孔灌注混凝土成桩。

5　施工工艺流程和操作要点

5.1　施工工艺流程

潜孔锤全护筒跟管钻进灌注桩施工工序包括：成孔、下钢筋笼、灌注桩身混凝土等工序，其工法工艺流程如图 7 所示。

5.2　操作要点

5.2.1　桩位测量、桩机就位

1. 钻孔作业前，按设计要求将钻孔孔位放出，打入短钢筋设立明显的标志，并保护好。

2. 桩机移位前，事先将场地进行平整、压实。

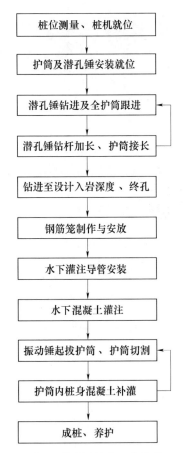

图 7　潜孔锤钻孔工艺流程

桩位测量、桩机就位
↓
护筒及潜孔锤安装就位
↓
潜孔锤钻进及全护筒跟进
↓
潜孔锤钻杆加长、护筒接长
↓
钻进至设计入岩深度、终孔
↓
钢筋笼制作与安放
↓
水下灌注导管安装
↓
水下混凝土灌注
↓
振动锤起拔护筒、护筒切割
↓
护筒内桩身混凝土补灌
↓
成桩、养护

3. 利用桩机液压系统、行走机构移动钻机至钻孔位置，校核准确后对钻机进行定位。

5.2.2　护筒及潜孔锤安装

1. 用吊车分别将护筒和钻具吊至孔位，调整桩架位置，确保钻机电机中轴线、护筒中心点、潜孔锤中心"三点一线"。

2. 护筒安放过程中，其垂直度可采用测量仪器控制，也可利用相互垂直的两个方向吊垂直线的方式校正。

3. 潜孔锤吊放前，进行表面清理，防止风口被堵塞。

护筒、潜孔锤安放情况如图 8、图 9 所示。

图 8　潜孔锤安放前的清理

图9　护筒、潜孔锤就位

5.2.3　钻进及全护筒跟管

1. 开钻前，对桩位、护筒垂直度进行检验，合格后即可开始钻进作业。

2. 先将钻具（潜孔锤钻头、钻杆）提离孔底20～30cm，开动空压机、钻具上方的回转电机，待护筒口出风时，将钻具轻轻放至孔底，开始潜孔锤钻进作业。

3. 钻进的作业参数：

1）钻压：钻具自重；

2）风量：根据地层岩性，风量控制为20～60 m³/min；

3）风压：1.0～2.5 MPa；

4）转速：5～13 rpm。

4. 潜孔锤启动后，其底部四个均布的牙轮钻啮外扩并超出护筒直径，随着破碎的渣土或岩屑吹出孔外，护筒紧随潜孔锤跟管下沉，进行有效护壁。

5. 钻进过程中，从护筒与钻具之间间隙返出大量钻渣，并堆积在孔口附近；当堆积一定高度时，及时进行清理。

潜孔锤风动成孔跟管钻进如图10所示。

5.2.4　钻杆加长、护筒接长

1. 当潜孔锤持续破岩钻进、护筒下沉至孔口以上约1.0m时，将钻杆和护筒接长。

2. 将主机与潜孔锤钻杆分离，钻机稍稍让出孔口，先将钻杆接长。钻杆接头采用六方键槽套接连接，当上下两节钻杆套接到位后，再插入定位销固定。接钻杆时，控制钻杆长度始终高出护筒顶。

3. 钻杆接长后，然后将下一节护筒吊起置于

图10　潜孔锤钻进、护筒跟管

已接长的钻杆外的前一节护筒处，对接平齐，将上下两节护筒焊接好，并加焊加强块。焊接时，采用两人两台电焊机同时作业，以缩短焊接时间。

4. 由于护筒在拔出时采用人工手动切割操作，切割面凹凸不平，使得护筒再次使用时无法满足护筒同心度要求；因此，护筒在接长作业前，需对接长的护筒接口采用专用的管道切割机进行自动切割处理，以确保其坡口的圆整度。

5. 护筒孔口焊接时，采用两个方向吊垂直线控制护筒的垂直度。

6. 当接长的护筒再次下沉至孔口附近时，重复第5.2.4节的加钻杆、接护筒作业；如此反复接长、钻进至要求的钻孔深度。

潜孔锤钻杆接长、护筒切割处理如图11、图12所示。

图11　潜孔锤钻杆孔口接长

图12　护筒坡口切割处理

5.2.5　钻进至设计入岩深度、终孔

1. 钻孔钻至要求的深度后，即可终止钻进。

2. 终孔前，需严格判定入岩岩性和入岩深度，以确保桩端持力层满足设计要求。

3. 终孔时，要不断观测孔口上返岩渣、岩屑性状，参考场地钻孔勘探孔资料，进行综合判断，并报监理确认。

4. 终孔后，将潜孔锤提出孔外，桩机可移出孔位施工下一根孔。

5. 终孔后，用测绳从护筒内测定钻孔深度，以便钢筋笼加工等。

5.2.6　钢筋笼制安

1. 一般钢筋笼长在30m以下时，按一节制作，安放时一次性由履带吊吊装就位，以减少工序的等待时间。

2. 钢筋笼在起吊时采用专用吊钩多点起吊。

3. 钢筋笼底部制作成楔尖型，以方便下入孔内；钢筋笼顶部制作成外扩型，以方便笼体定位，确保钢筋混凝土保护层厚度。

5.2.7　水下灌注导管安放

1. 混凝土灌注采用水下导管回顶灌注法，导管管径为φ200mm，壁厚为4mm。

2. 导管首次使用前经水密性检验，连接时对螺纹进行清理、并安装密封圈。

3. 灌注导管底部保持距桩端30cm左右。

4. 导管安装好后，在其上安装接料斗，在漏斗底口安放灌注塞。

5.2.8　水下混凝土灌注

1. 混凝土的配合比按常规水下混凝土要求配制，坍落度为180～220mm。混凝土到场后，对其坍落度、配合比、强度等指标逐一检查。

2. 灌注方式根据现场条件，可采用混凝土罐车出料口直接下料，或采用灌注斗吊灌。

3. 在灌注过程中，及时拆卸灌注导管，保持导管埋置深度一般控制在2～4m，最大不大于6m。

4. 在灌注混凝土过程中，不时上下提动料斗和导管，以便管内混凝土能顺利下入孔内。

5. 灌注混凝土至孔口并超灌1.5m后，及时拔出灌注导管。

5.2.9　起拔护筒、护筒切割

1. 护筒起拔用中型或大型的振动器，配套相应的夹持器。由于激振力和负荷较大，根据护筒埋深选择50～80t的履带吊将振动锤吊起，对护筒进行起拔作业。

2. 振动锤型号根据护筒长度，选择激振力20～50t范围的振动锤作业。

3. 振动锤起拔护筒焊接接口至孔口1.0m左右时，停止振拔，随即进行护筒切割割管。

4. 护筒割管位置一般在原接长焊接部位，用氧炔切割。

5. 护筒切割完成后，观察护筒内混凝土面位置。因为随着护筒的拔出及振动，会使桩身混凝土密实；同时，底部护筒上拔后，混凝土会向填石四周扩渗，造成护筒内混凝土面下降。此时，需及向护筒内补充相应量的混凝土。护筒在拔出前，筒内混凝土还未初凝，且无地下水进入，补充混凝土直接从护筒顶灌入即可。

6. 重复以上操作，直到拔出最后一节护筒。护筒起拔操作如图13所示。

图13　振动锤起拔护筒

6　设备机具

6.1　钻机选型

在本工法中，我司对河北新河CDFG26型长螺旋钻机进行改造，利用其机架和动力，调整了输出转速。钻机包括主机架、旋转电机、液压行走装置等，全套钻机功率约110kW。改造后机底盘高，液压机械行走，可就地旋转让出孔口，整机重量大，机架高（26m）且稳定性好，负重大，过载能力提高。

6.2　潜孔锤钻头、钻杆选择

1. 选择大直径潜孔锤，一径到底，钻头直径与桩径匹配。本工程桩径为φ550mm，潜孔锤钻头外径φ500mm。

2. 潜孔锤钻头底部均匀布设4块可活动的钻块，在超大风压作用下，当破岩钻进时，钻具的重量作用于钻块底部时，钻块沿限位的斜面同时将力转化为一定的水平向作用力，在高频、反复的向下破岩的同时也实现了水平向的扩径作业，提供了护筒跟进所需的间隙，从而保证了钻孔在破碎地层的护筒跟进。当提钻时，4个钻块在重力的作用下回收，使其可在护筒内上下活动。

3. 钻杆直径φ420mm，钻杆接头采用六方键槽套接连接，当上下两节钻杆套接到位后，再插入定位销固定。

4. 钻杆上设置六道风道，以便超大风压将吹起的岩渣沿着风道集中吹至地面。

潜孔锤钻头、潜孔锤钻杆连接、钻具风道设置如图14、图15、图16所示。

图14　大直径潜孔锤钻头

图15　潜孔锤钻杆连接

图16　钻杆风道设置

6.3　空压机选择

1. 潜孔锤钻进时所需的压力一般为0.8～1.5MPa，当孔深或钻具总重加大时，取大值。由于沿程压力损失，地面提供的压力一般为1.0～2.5MPa为宜。当孔较深、地层含水量高、孔径较大和破岩时，选用较大的压力，反之选用较小压力。

2. 操作中，视护筒顶的返渣情况，对空压机的压力进行调节。

3. 风量随钻孔的深度和钻孔径的不同，差别较大，为使潜孔锤正常工作而又能排除岩粉，要求钻杆和孔壁环状间隙之间的最低上返风速为15m/s，地面提供的风量一般为60m³/min左右。一台空压机不能提供要求的风量，可采用2～3台空压机并行送风。

4. 本桩基工程施工过程中，我们选用了英格索兰XHP900和XHP1070型空压机。2台XHP1170或3台XHP900空压机并行送风时，可保持压力的稳定和所需的送风量，可顺利地将岩屑、钻渣吹至地面。

施工现场空压机并联情况如图17所示。

图17　3台空压机并联

7　工程应用实例

7.1　工程概况

中海石油南海深水天然气珠海高栏终端是国内第一座深水天然气处理终端，位于广东省珠海市高栏港经济开放区，占地约144万m²。珠海市高栏终端是目前国内设计处理规模最大，进出站压力最高、设计工况最复杂，C3收率最高的陆上终端，是一座集天然气脱碳、脱水及深冷处理、产品分馏加工及调和、轻烃产品装车装船、天然气增压外输及供气调峰、凝析油稳定、污水处理于一体的大型多功能综合处理厂，在设计中进行了多项技术创新，优化并提高系统效率，一些先进技术为国内首次使用，同时，在节能减排方面也实现了突破性进展。

7.2　桩基设计及工程量

桩基设计为钻（冲）孔灌注桩，桩身直径φ550mm，桩端持力层为入中风化花岗岩或微风化花岗岩≥1500mm，平均桩长26.5m左右，最大桩长约45m。4000m³储罐单桩竖向承载力特征值预估为4200kN，单桩水平承载力特征值预估为100kN。

生产区建造项目桩基础工程包括：4000m³ 丙烷储罐、4000m³ 丁烷储罐、4000m³ 稳定轻烃储罐、分馏框架平台装置、闪蒸塔、吸收塔、再生塔等桩基，共 520 根桩、16752m。

7.3 桩基础施工

工程施工前期，采用冲击成孔工艺，施工遇到极大困难，出现工程进度缓慢、项目成本巨增、质量无保证的不利局面。

我公司根据现场地层条件，大胆尝试采用大直径潜全套管跟管钻进新技术新工艺，开动二台套潜孔锤桩机，用超大风压直接将破碎岩渣吹出孔外；用全护筒跟管钻进，避免了泥浆漏失和坍孔事故，克服在场地内深厚填石的成孔困难，以出人意料的 2 根桩/天的速度顺利成孔，场内施工场面井然有序，受到业主、监理单位的一致好评。

7.4 桩基检测

桩基完工后，经每罐、塔桩头开挖验桩、小应变测试、静载荷检测、抽芯、抗水平剪切试验，检测结果表明，桩身完整性、桩身混凝土强度、桩端承载力、孔底沉渣等，均满足设计和规范要求，质量合格。目前，部分罐基正在进行承台施工，部分罐体已完成安装工作，工程进展顺利。

8 结语

采用大直径潜孔锤全护筒跟管钻进，在国内钻孔灌注桩施工中为首次。该项目针对深厚填石层灌注桩施工遇到的泥浆漏失、成孔时间长、混凝土灌注充盈系数大、孔内事故多、综合成本高等问题，利用大直径潜孔锤破岩成孔、全护筒护壁等技术，大大缩短了成孔时间，提高了工效，确保了成桩质量，显著节省了施工成本，提升了现场文明施工水平。此项工法已被授予 2012 年度深圳市工程建设市级工法和广东省省级工法。该科技成果已经过广东省住房和建设厅行业专家技术鉴定，成果达到国内领先水平。

参考文献

[1] JGJ 94—2008 建筑桩基技术规范 [S]. 北京：中国建筑工程出版社，2008.
[2] 雷斌，尚增弟，李红波，李波. 大直径潜孔锤在预应力管桩施工中引孔施工技术，施工技术，2011（40）.

"通浆循环平压"方法在接缝灌浆
串层处理中的应用

李小勇　陈　斌

（葛洲坝集团基础工程有限公司　443002）

摘　要：大坝接缝灌浆在相邻串区不满足同灌的条件下，一般采用了通水平压的方式处理，本文介绍锦屏一级水电站大坝右岸横缝灌区在上下层串区不具备同灌的条件时，为防止拱坝坝体悬臂过高，采用了通水泥浆液循环进行平压的处理方法，接缝灌浆质量满足要求，并加快了接缝灌浆施工进度。

关键词：接缝灌浆；串层；通浆；循环；平压

1　概述

锦屏一级水电站拦河大坝为双曲拱坝，最大坝高305m。为防止大坝混凝土出现裂缝，采取了严格的"早冷却、小温差、慢冷却"的混凝土温度控制措施，大坝混凝土降温过程中温度在高程方向按有序梯度分布，这对大坝温控防裂有利，但却对接缝灌浆的进度有一定影响，即混凝土温度难以满足上下层灌区连续灌浆的条件。

大坝右岸接缝灌浆于2010年8月11日启动，截至2012年6月26日完成1739m高程以下17层共95个灌区横缝灌浆。在通水检查过程中，有一定数量灌区因横缝止浆片局部破损等原因导致上下层灌区串层的情况，在灌区不满足连续、同灌条件的要求时，为充分保证接缝灌浆质量，采用了串层

区通水泥浆液循环进行平压的措施（以下称"通浆平压"）而非常规的"通水平压"措施，串层区接缝灌浆质量检查满足设计要求。接缝灌浆串层"通浆循环平压"措施是锦屏一级水电站首创，它加快了接缝灌浆施工进度，为大坝混凝土连续施工创造了条件，从而推动了整个工程进度，现将该措施作一介绍，供类似情况参考。

2　接缝灌浆设计

2.1　灌浆系统布置

横缝灌区高度一般为9.0m，出浆方式采用线面结合方式即"灌浆槽＋升浆槽"，在1787m高程以下面积较大灌浆区采用2套灌浆管路，同高程同灌区内的灌浆系统间不设止浆片分隔。已灌横缝灌区典型布置见图1。

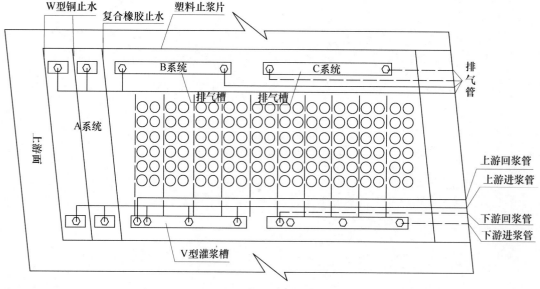

图1　横缝灌区典型系统布置图

2.2　接缝灌浆条件

（1）混凝土温度：灌浆区接缝灌浆开始时，要

求灌浆区两侧坝块混凝土和同高程相邻坝段同时冷却至设计封拱温度，灌浆及其上部的同冷区、过渡

区、盖重区也应进行相应的冷却，其冷却温度应满足设计温度梯度要求。

（2）混凝土龄期：接缝灌浆区两侧坝体混凝土龄期不得小于 120 天。

（3）接缝张开度：一般灌区要求接缝的张开度不小于 0.5mm，当张开度小于 0.5mm 时采用化学灌浆。

（4）悬臂高度：为防止悬臂高度过大产生拉应力影响坝体安全，孔口坝段允许悬臂最大高度 50m，非孔口坝段允许悬臂最大高度 60m。

2.3 接缝灌浆技术要求与施工参数

（1）接缝灌浆施工顺序，在高程上应自下而上同拱圈封拱完成后方可进行上层灌区施工，同一高程应由中间向两岸推进施工。

（2）要求灌区至少有一套灌浆管路通畅，其通水流量应大于 30L/min；两个排气管的单开出水量均应大于 25L/min；缝面漏水量应小于 15L/min，有外漏必须处理。

（3）灌浆材料：一般情况为 P.MH42.5 中热硅酸盐水泥，细度要求通过 80μm 方孔筛其筛余量不超过 3%，对于细缝采用湿磨细水泥浆液或化学浆灌注。灌浆水泥浆液采用 0.45：1 单一水灰比，浆液中掺加高效减水剂，28 天结石强度不低于 40MPa，浆液析水率 2h 不大于 3%。

（4）灌浆压力：灌区缝面顶部最大灌浆压力为 0.35MPa，缝面顶部最大增开度不大于 0.5mm。

（5）结束标准：当排气管排浆达到或接近灌浆浆液浓度，且管口压力或缝面增开度满足设计规定值，注入率水大于 0.4L/min 持续 20min 灌浆可以结束。

3 灌区串层"通浆循环平压"措施的提出

3.1 灌区串层情况

已施工接缝灌浆灌前通水检查发现串层情况较多，而且串量较大，串层情况统计见表 1。为保证接缝灌浆质量，对灌区串层应采取相应的措施进行处理。

表 1　大坝右岸 1739m 高程以下接缝灌区串层情况统计

序号	灌区编号	灌区顶高程（m）	灌区串漏量	序号	灌区编号	灌区顶高程（m）	灌区串漏量
1	16#−3	1625	串 16#−4 约 17.0L/min	15	14#−15	1718	串 14#−16 约 47.0L/min
2	13#−7	1652	串 13#−8 约 45.0L/min	16	15#−14	1718	串 15#−15 约 60.0L/min
3	14#−9	1664	串 14#−10 约 25.0L/min	17	16#−13	1718	串 16#−14 约 50.0L/min
4	15#−9	1673	串 15#−10 约 43.0L/min	18	18#−8	1718	串 18#−9 约 48.7L/min
5	17#−6	1673	串 17#−7 约 39.0L/min	19	19#−5	1718	串 19#−6 约 43.0L/min
6	18#−4	1682	串 18#−5 约 40.0L/min	20	14#−16	1727	串 14#−17 约 46.9L/min
7	13#−13	1700	串 13#−14 约 55.6L/min	21	15#−15	1727	串 15#−16 约 45.0L/min
8	16#−11	1700	串 16#−12 约 43.0L/min	22	16#−14	1727	串 16#−15 约 45.0L/min
9	18#−6	1700	串 18#−7 约 35.5.0L/min	23	17#−12	1727	串 17#−13 约 48.0L/min
10	14#−14	1709	串 14#−15 约 20.3L/min	24	18#−9	1727	串 18#−10 约 47.0L/min
11	16#−12	1709	串 16#−13 约 48.6L/min	25	19#−6	1727	串 19#−7 约 42.0L/min
12	17#−10	1709	串 17#−11 约 30.1L/min	26	13#−17	1739	串 13#−18 约 29.0L/min
13	18#−7	1709	串 18#−8 约 38.6L/min	27	17#−13	1739	串 17#−14 约 28.5L/min
14	13#−15	1718	串 13#−16 约 40.0L/min	28	18#−10	1739	串 18#−11 约 38.0L/min

3.2 灌区串层处理常规方法

对于接缝灌浆出现串层的情况，目前通常的处理方法是：①若串浆量较小，可在下层灌区灌浆时对串层区通水循环或平压；②若串浆量较大，则应待串层区满足灌浆条件时，上下层同时灌注。

3.3 "通浆循环平压"措施的提出

（1）按照设计混凝土温控要求，大坝坝体温度按灌浆区、同冷区、过渡区、盖重区进行冷却降温，从而使混凝土温度在高程上按梯度分布，具体见图 2 拱坝混凝土温度梯度分布图。

（2）从现场大坝混凝土浇筑进度看，存在因封拱温度不满足要求不能进行接缝灌浆，而悬臂高度达到甚至超过设计规定要求的情况，这就要求要加快进行接缝灌浆。从现场看，即要满足大坝混凝土连续浇筑的进度要求，又要满足拱坝混凝土温度梯度分布要求，则难以实现上下层灌区都满足接缝灌浆的条件，因此上下层灌区不能连续或同时灌浆。

（3）从灌前通水检查情况看（表 1），串层区上下层串漏量较大，较多大于30L/min，以往工程经验表明，如果采用通水循环平压的措施，则下部灌浆区的排气管浆液密度往往偏小，不能保证接缝灌浆质量而不予采用。而本工程严格的混凝土温控技术要求导致上下层灌区不能连续或同时灌浆，但

大坝混凝土又必须连续浇筑，接缝灌浆因此要及时进行，以解决悬臂高度超标的问题。经各方研究提出了对于接缝灌浆通水检查串层串量较大时，采用串层区通水泥浆液循环进行平压的措施即"通浆循环平压"进行接缝灌浆。

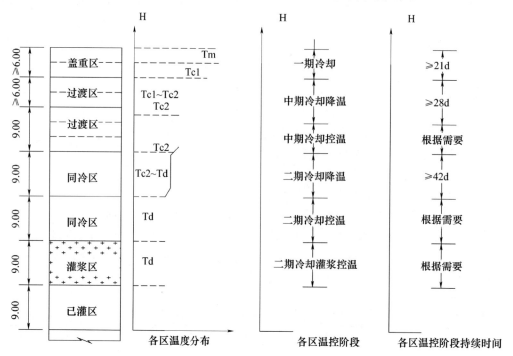

图2　拱坝混凝土温度梯度分布图

4　"通浆循环平压"措施的机理与要点

串层区"通浆循环平压"措施的机理是"利用串层区循环浆液的自重压力等于平压灌浆区压力，使下部灌浆区灌浆满足灌浆结束条件，而上部串层区浆液流动循环不堵塞横缝"从而完成接缝灌浆，其要点是控制好灌浆区压力与注入率、增开度监测及结束时间，串层区浆液密度与循环流量、循环时间和冲洗，邻缝平压，以及准备足够的水泥确保灌浆连续进行。

5　"通浆循环平压"措施实施的现场控制

"通浆循环平压"措施是接缝灌浆串层特殊情况处理的一个措施，因此它首先要完成灌前的各项检查和准备工作，并按接缝灌浆的基本要求进行施工，其特殊要求如下。

5.1　灌前准备工作

（1）要准备好够的水泥，水泥需求量不仅要考虑灌浆区、串层区横缝的张开度，还要考虑串层区循环浆液放弃量，延时耗浆量等的需求。

（2）由于上下两个区都在灌注浆液，横缝受压

面积大，变形风险大，因此要做好邻缝的平压准备工作和增开度监测准备工作，增开度监测最好采用测缝计。

（3）由于串层区通浆循环平压，需要的设备更多，人员也更多，要做好分工排，通信联络。

5.2　"通浆循环平压"启动条件、浆液配比、压力、流量等

（1）当灌浆区浆液向上串通扩散，从上层灌区（串层区）底部的进（或回）灌浆管路排出时，即可对串层区启动通浆循环平压工作。

（2）循环水泥浆液的配比一般为0.8：1～1：1，其优点如下：①该范围浆液的密度不小于$1.5g/cm^3$，满足接缝灌浆排气管浆液密度不小于$1.5g/cm^3$的标准，利于保证灌浆区接缝灌浆质量；②灌区高度9m左右，浆液自重压力结合缝面阻力，串层区底部的进浆压力基本不小于0.2MPa，可以保证下部灌浆区排气管处的压力不小于0.2MPa，满足接缝灌浆排气管压力不小于规定压力的要求，也利于保证接缝灌浆质量。

（3）"通浆循环平压"的压力控制，"通浆循环平压"是串层区底部进浆、排气管放浆，平压下部灌浆区的，要利用循环浆液的自重压力和缝面阻力，因此一般情况串层区排气管是自流放浆（排

放的浆液可通过管路回收循环使用），只有下部灌浆区排气管压力小于0.2MPa时，对串层区排气管适当憋压即可。

（4）循环浆液的流量控制，为防止浆液沉淀堵塞横缝，造成串层区质量事故，浆液循环流量不小于40L/min。

5.3 灌浆区的压力、注入率控制

（1）下部灌浆区压力控制，采用"通浆循环平压"相当于上下2个灌区同时灌浆，横缝受压面积大，产生过大变形的风险大，因此灌浆区排气管压力按0.2～0.25MPa控制，该压力同于大多数工程的接缝灌浆压力。尽管本工程设计接缝灌浆压力要求较大（0.35MPa），但上述灌浆压力也在原规定压力的50%以上，满足相关接缝灌浆质量评价要求。

（2）灌浆区注入率控制，当灌浆区浆液向上串通扩散到串层区后，串层区开始"通浆循环平压"，则下部灌浆区进浆注入率可适当减小，可在10L/min左右，一方面可顶托上部串层区的稀浆向下扩散到灌浆区影响质量，同时也可防止浆液沉淀堵塞管路和缝面，影响浆液向缝面扩散。当排气管压力逐步升到规定值后，进浆注入率自动减小趋于0。

5.4 邻缝平压

为防止横缝变形过大，灌浆区和串层区的邻缝均进行通水平压，灌浆区邻缝排气管压力不大于0.2MPa，串层区邻缝采取排气管自流式放水，平压时间在灌浆结束后不小于8h。从实际监测成果看，横缝增开度小于0.2mm，满足设计要求。

5.5 灌浆结束条件

（1）灌浆区灌浆结束条件，当压力达到规定压力，注入率不大于0.4L/min后持续灌注30～40min可结束。

（2）串层区"通浆循环平压"结束条件，在下部灌浆区结束灌浆后，再延续30min可结束。

上述规定的目的在于灌浆区浆液充分沉淀，失去流动性，防止串层区后序冲洗时可能产生的破坏。

5.6 冲洗

串层区"通浆循环平压"结束后，应立即进行冲洗，采用大流量水（有条件采取风水联合）反复从底部进浆管和上部排气管进行冲洗，直到所有管口出清水（应仔细观察水中是否有水泥颗粒），出水流量与通浆前相当为止。

6 灌浆效果分析及质量检查

6.1 灌浆区排气管出浆密度与压力分析

根据灌浆成果统计，采用"通浆循环平压"的灌浆区的排气管实际出浆密度均在1.80g/cm³以上，满足规范规定接缝灌浆排气管出浆密不小于1.50g/cm³；排气管口压力实际均不小于0.2MPa，满足设计规定的排气管口压力不小于设计压力的50%的要求，因此接缝灌浆质量较好。

6.2 串层区缝面畅通情况分析

串层区在"通浆循环平压"结束后立即进行灌区冲洗，从接缝灌浆灌前畅通性检查情况来看，采取"通浆循环平压"的串层区各管口单开出水量无明显减小，且缝面畅通性未受影响，能够保证其接缝灌浆质量。

6.3 接缝灌浆质量检查

（1）压水试验检查

灌后质量检查在每个灌区内均布置了2个检查孔，在压水试验检查过程中，未发生同灌区的两个检查孔互相串通的情况。

灌后质量检查孔采用单孔单点法压水试验，压水压力为0.35MPa，卡塞在缝面上部1.0m部位。根据检查成果显示，单孔最大起始注入率为0.7L/min，稳定注入率均为0L/min，透水率均为0Lu，孔内最大累计注入量为5.6L，缝面表现为不吸水。

（2）芯样检查

在导流洞下闸验收前，大坝右岸1727m高程以下接缝灌浆质量检查已全部完成，对串区进行了重点检查。根据检查孔取芯情况来看，取出水泥结石芯样平均厚度一般为1.5mm～3.0mm，最厚为4.5mm，比灌前开合度检测值稍大。水泥结石在接缝缝面内充填饱满，与两侧坝体混凝土胶结紧密。部分检查孔横缝面芯样见图3、图4。

图3 右岸13#－7接缝灌区灌后质量检查孔缝面芯样

图 4　右岸 16#－3 接缝灌区灌后质量检查孔缝面芯样

7　结语

我国 300m 级特高拱坝已建成的有小湾水电站大坝，在建的有溪洛渡水电站大坝、锦屏一级水电站大坝等，待建的还有松塔水电站大坝等多座，拱坝接缝灌浆质量是关乎到这些特高拱坝永久安全运行的重要因素，而由于多种因素的作用往往导致接缝灌浆系统止浆片失效，出现上下层灌区互串的情况，对接缝灌浆质量不利。为了防止大坝混凝土产生裂缝，大坝混凝土的温度控制措施已不同于以往

工程的要求，而且对接缝灌浆也产生了影响，使得以往接缝灌浆串层处理的方法受到限制。

锦屏一级电站拱坝横缝灌浆在被串区不具备灌浆条件时，采用对串层区进行通水泥浆液循环平压的"通浆循环平压"措施，解决了接缝灌浆进度问题，大坝混凝土浇筑可以连续进行而不停顿，经灌浆资料分析和质量检查，接缝灌浆质量良好，满足要求。因此对于其他工程接缝灌浆遇到串层的情况，"通浆循环平压"的处理方法可以借鉴参考。

"吊脚桩"支护型式应用及计算方法分析

毕经东　张自光

（中铁隧道勘测设计院有限公司，天津　300133）

摘　要：结合"吊脚桩"在青岛地铁宁夏路站基坑支护工程中的应用，对这种土岩二元结构地层基坑支护型式应用的地层条件、主要设计要点及计算方法进行分析，分析结果表明："吊脚桩"复合支护型式比较适合应用与土岩二元结构地层；其计算方法可以分上下两部分进行结构计算，对于桩底嵌固深度、计算工况需做调整，以满足实际开挖工况要求；微型钢管桩对于吊脚桩岩肩的保护作用明显。

关键词：吊脚桩；基坑；二元结构；钢管桩

Application and calculation method analysis of surport type with end－suspended pile

Bi Jing-dong　Zhang Zi-guang

（China Railway Tunnel Survey & Design Institute Co. ltd，Tianjin，300133）

Abstract：Combination of the application with "end-suspended pile", which was used by Qingdao metro Ningxia Road station. Aiming at the foundation pit supporting types witch commonly across dualistic structure of soil stratum underlying rock stratum, the formation conditions and other influencing factors, such as the main design points, the calculation method were analysised. It was shown that the supporting types with "end-suspended pile" can be applicated in dualistic structure of soil stratum underlying rock stratum. The calculation method can be divided into two parts of structure calculation, but some working conditions must be adjustment in order to meet the requirements of actual excavation, such as the embedded depth of pile body and calculation condition. The protective influence was obvious witch micro steel tube pile for end-suspended pile's rock shoulder.

Key words：end-suspended pile；foundation pit；dualistic structure；steel pipe pile

1　引言

目前，一般的深基坑都是在一元介质中开挖，纯土层或者纯岩层，但在山地丘陵地区的岩土二元地层中，经常遇到"上软下硬"地层结构，即上部为软弱岩层或土层，下部为坚硬基岩，上下地层特性差别极大，基坑支护型式、计算模型均不同。对于一元结构基坑，支护设计理论、设计规范、计算软件比较成熟，设计与施工安全快速，并能够验算其各种稳定性，但对于岩土二元基坑是一个设计难题，缺乏相应的规范依据、计算软件，缺乏设计依据。

二元地层基坑支护，上部软弱地层一般采用围护桩支护、机械开挖，下部岩石地层采用锚喷支护、爆破开挖，其支护设计方案如图1所示。考虑到现有的机械设备及基坑工程造价，围护桩嵌入岩层深度有限，当基坑开挖至基底时，桩脚吊在空中，称为"吊脚桩"[1]，相应支护称为"吊脚桩支护"。此种支护方案，桩底被动土压力完全靠预留岩肩的嵌固力提供，但是受周边环境限制，基坑开挖宽度不能太宽，预留岩肩宽度不足以提供足够的嵌固力，需要在桩脚处设置一道预应力锚索弥补岩肩支撑力的不足，因此，桩脚处预应力锚索是吊脚桩稳定性的控制因素，吊脚桩支护与下部岩石边坡支护如何考虑协调变形，如何考虑上部软弱地层对下部岩石边坡支护的影响是整个基坑稳定性的关键所在，已有文献已对吊脚桩预留岩肩宽度、围护桩入岩深度进行比较深入的研究，但对吊脚桩复合支护体系结构计算、下部岩石边坡支护设计如何考虑上部吊脚桩基坑影响研究较少。本文依托青岛地铁一期工程（3号线）宁夏路站主体结构基坑支护设计，对吊脚桩支护型式的应用条件、计算方法进行研究分析，并提出设计及施工建议。

2　工程概况

宁夏路站为青岛地铁一期工程（3号线）车站，车站位于南京路与宁夏路站交叉口南侧，呈南北方向、沿南京路布设，为地下两层两跨框架结构，主体采用明挖法施工，顶板覆土 3.3～4.4m。车站结构总长 154.75m，标准段宽 18.8m，外挂端宽 44.1m。本站位于南京路正下方，车站东侧为新建小区基坑，新建小区基坑距离车站主体基坑边线约 25m；车站西侧为 6 层商务楼，楼房结构边线距离车站主体基坑边线 12m，站址范围内管线主要为 DN800 给水管、DN600 雨水管、DN400 污水管等，施工期间站址范围内管线改移至车站东侧，南京路交通调流至车站东侧。

车站范围内上覆地层主要为第四系全新统人工填土层（①）、粉质黏土层（11），下伏基岩为燕山晚期（γ_5^3）侵入花岗岩，根据风化程度，从上向下基岩为强风化花岗岩（16）、中风化花岗岩（17）、微风化花岗岩（18），基岩岩面起伏较大，中风化岩面位于地下 5～18m，呈南低北高之势，车站南端主体基坑位于强风化花岗岩内，北端主体基坑位于中、微风化花岗岩层中。各地层力学参数见表1。

表 1　地层的主要物理力学参数

岩层编号	重度（γ/kN·m^{-3}）	压缩模量（E/MPa）	粘聚力（c/kPa）	内摩擦角（ϕ/°）	泊松比（μ）	与锚固体极限摩阻力标准值（kPa）
1	17.5					15
11	19.5	6.21	20.4	14.9	0.3	60
16	23	60		45	0.28	150
17	24.5	5000		55	0.25	350
18	24.5	22000		65	0.22	500

3　基坑支护方案设计

青岛地区强风化花岗岩岩体很破碎，岩体强度低，属软岩～极软岩，可以机械开挖，钻孔桩成孔容易；中、微风化花岗岩岩体较为完整，岩石强度高，必须爆破开挖，钻孔桩成孔困难，且效率低下，造价高昂。宁夏站基坑深度20m，周边环境复杂，属一级基坑，结合青岛基坑施工地区经验，车站南端基坑位于强风化层内，采用钻孔灌注桩＋内支撑支护；车站北端中风化岩面较高，采用"吊脚桩"支护，即上部土层、强风化层采用钻孔桩＋内支撑（或锚索）支护，桩低入中风化岩层一定深

度，下部岩层采用岩石边坡支护的复合支护型式，支护断面见图1。

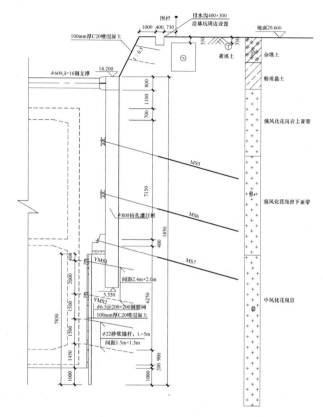

图 1　围护结构横剖面图

根据已有文献研究结果[1]，并结合青岛"吊脚桩"施工经验，支护桩采用 800mm 桩径灌注桩，桩距 1.2m，桩底入中风化花岗岩 2m，第一道撑采用钢管撑，其下采用预应力锚索，吊脚桩岩肩宽度为 1m；下部岩石边坡垂直开挖，锚喷支护；为保护预留岩肩，下部岩石边坡设 ϕ168 钢管支护，钢管间距 1.2m，管内灌注水泥砂浆。

4　支护结构计算分析

从图 1 中可以看出，"吊脚桩"复合支护体系主要设计要点有如下三点：

（1）锁脚锚索设计。吊脚桩桩底稳定性是整个支护体系安全的关键，受周边环境限制，岩肩预留宽度不足以提供足够的嵌固力，必须设置锁脚锚索弥补岩肩嵌固力的不足。

（2）下部岩石边坡开挖对桩脚的保护。

（3）岩石边坡锚杆设计如何考虑上部软弱地层荷载作用。

目前，深基坑主要计算软件无吊脚桩复合支护模型，为便于计算，对这种复合支护型式分开计算，上部吊脚桩及支撑内力采用传统的弹性抗力法计算；下部岩石边坡锚杆内力按照《建筑边坡工程技术规范》GB 50330—2002 岩石锚杆计算公式

计算。

（1）吊脚桩计算

采用《理正深基坑支护结构设计软件 6.5》计算，"吊脚桩"内力计算时，为满足计算程序的计算模式，假定桩底的嵌固长度取 0.001m，锁脚锚索以上支撑在开挖至支撑下 0.5m 施加，然后进行下一步的开挖；锁脚锚索在开挖至锚索上面 1m 处施加，然后开挖至桩底，如此，在计算开挖桩底土体的工况能出现复合实际的悬臂受力状态。吊脚桩计算结果及内力图见图 2。

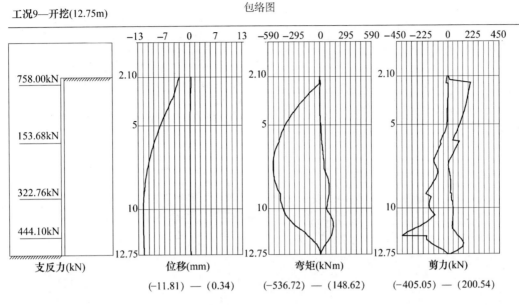

图 2　围护桩内力位移包络图

（2）下部岩石边坡计算

下部岩石边坡锚杆轴力根据《建筑边坡工程技术规范》（GB50330－2002）相应计算公式计算，上部土层及强风化层自重按照超载考虑，每根锚杆承担横纵间距范围内侧压力。通过计算，锚杆参数见表 2。

表 2　锚杆参数表

锚杆编号	杆体类型	自由段长度/m	锚固段长度/m	预应力/kN	设计抗拔力/kN	水平倾角/°
MS5	$2\varphi_s15.2$	6	4.5	110	260	15
MS6	$4\varphi_s15.2$	6	10	250	590	15
MS7	$4\varphi_s15.2$	6	7.5	300	670	15
YMS1	$2\varphi_s15.2$	5.5	4.5	120	195	15
YMS2	$3\varphi_s15.2$	5.5	6	140	310	15

5　现场监测数据

目前，宁夏路站主体基坑已施工完成，施工过程中，桩体最大水平位移 16mm，桩体最终变形见图 3，最大地表沉降 －14mm，桩体变形、地表沉降均在允许范围之内，支护体系是安全、稳定的，下部岩石边坡实际开挖后，中风化、微风化花岗岩岩层节理裂隙比较发育，局部围岩比较破碎带，垂直开挖钢管桩起到了很好的超前支护作用，并能起到部分预裂作用，减少爆破对岩壁的破坏，施工中未发生较大超挖或掉块，下部岩石边坡开挖面较为平整。

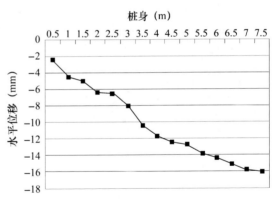

图 3　围护桩桩体变形

图 4　下部岩石边坡开挖后照片

6 结语

宁夏路站基坑已施工完毕，已经进入主体结构施工阶段，通过结构计算、现场监测数据分析，吊脚桩复合支护型式计算结果与实测数据基本吻合，分析结论对类似工程具有较好的借鉴意义。

（1）在上软下硬二元介质地层中深基坑支护工程中，"吊脚桩"复合支护型式是可行的，能够提高工作效率，降低工程造价。

（2）"吊脚桩"复合支护体系分两部分进行结构计算是可行的，吊脚桩采用传统弹性抗力法计算时，桩低嵌固深度取 0.001m，开挖至锁脚锚索上部 1m 施加锚索、再开挖至桩低工况，能够比较好的反映实际开挖工况；下部岩石边坡锚杆计算，可把上部土层或软弱岩层自重作为超载施加考虑。

（3）下部岩层节理裂隙发育、较为破碎时，采用微型钢管桩支护，对于保护吊脚桩岩肩作用良好。

参考文献

［1］刘红军，李东，孙涛，刘小丽．二元结构岩土基坑"吊脚桩"支护设计数值分析［J］．土木建筑与环境工程，2009，31（5）：43-48．

［2］范学义．上软下硬复合地层中竖井围护结构设计概述［J］．地下工程与隧道，2011，4：48-50．

大直径人工挖孔桩在重庆化龙桥片区 B11－1/02 地块超高层项目二期塔楼的优化设计及施工应用

孙 璐

（奥雅纳工程咨询（上海）有限公司，上海 200031）

摘 要：大直径人工挖孔桩是超高层项目常用的一种基础形式，本文针对重庆市渝中区化龙桥片区 B11-1/02 地块超高层项目（嘉陵帆影）二期塔楼的大直径人工挖孔灌注桩的施工图优化设计及成孔、护壁、钢筋笼制作、桩基检测试验、施工安全措施等实际施工应用进行探讨。

关键词：桩基设计；桩施工；桩基检测；人工挖孔桩；大直径

Optimal design and application of the large diameter manual hole digging pile on chongqing shui on hualongqiao lot b11－1/02 phase-ii tower

Abstract：The manual hole digging pile foundation with a large diameter is widely used in high－rise buildings recently. This paper discusses the optimal shop drawings design of the large diameter manual hole digging pile on Chongqing SHUI ON Hualongqiao lot B11－1/02 phase－II tower and its construction application on holing, wall protection, fabrication, testing and construction safety etc.

Key words：large diameter；manual hole digging pile；foundation design；pile foundation construction；pile testing

0 前言

随着现代土木工程技术的飞速发展，愈多的超高层项目在城市兴建起来，其中大直径人工挖孔桩因其较高的承载能力及施工可行性被众多超高层项目所采纳。人工挖孔桩具有施工操作方便，占用施工场地较小，对周围建筑无影响，可全面开展缩短工期，无噪声污染等优点，但也因其安全性较差，易发生伤亡事故等缺点在施工时须格外谨慎。本工程人工挖孔桩最大桩身直径4.5m、扩大头8.1m，是目前重庆地区商业项目直径最大的人工挖孔桩。

1 工程概况及地质条件

重庆市渝中区化龙桥片区 B11－1/02 地块超高层项目（嘉陵帆影）位于嘉陵江河畔，其二期塔楼结构高度468m 总楼层数99层，是一座集商场、酒店、办公于一体的综合性商业项目。地段高程约194.00～196m，相对高差2m。场区内岩层呈单斜产出，倾向254°，倾角8°，未见断裂构造。根据

本项目初步设计方案，场地场平后地下室底面标高为180.00m，嘉陵江水对拟建工程有不利影响。据工程地质测绘及钻探揭露，场地地层发育自上而下为第四系全新统人工填土层（Q4ml）－主要由杂填土、粉质黏土和砂、泥岩碎块石等组成；第四系全新统冲积层（Q4al）－主要为粉质黏土、卵石质土等组成；侏罗系中统上沙溪庙组泥岩（J2s－Ms）和砂岩（J2s－Ss）；二期工程典型地质剖面见图1。

本场地中粉质黏土层（黄色、灰色）为隔水层，基岩为弱透水层，卵石质土层为强透水层。地下水主要赋存于卵石质土中。场地中北侧地下水与嘉陵江互为补给关系，径流长度100～200m，北侧地下水量丰富。场地南侧浅丘因基岩面埋深较高，裂隙不发育，地下水水量小。

二期塔楼设计高度较高，荷载巨大，对地基沉降敏感，故采用桩筏基础，以中风化泥岩作为基础持力层，桩端深入持力层一倍桩身直径。基础持力层岩芯天然湿度单轴抗压强度值不小于12.3MPa。

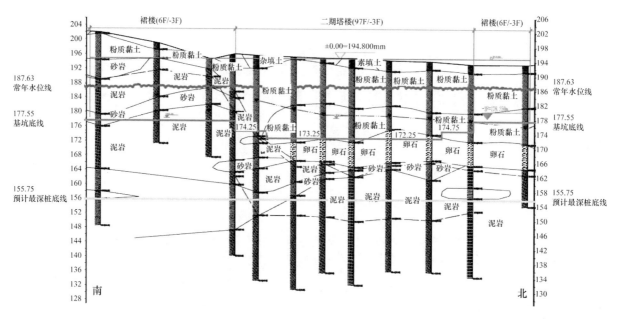

图1　二期工程典型地质剖面图（南一北）

2　大直径人工挖孔桩的施工图优化设计

2.1　桩的布置及尺寸

桩的布置，对于框架结构采用一柱一桩形式；对于筒体结构采用群桩形式，桩群重心尽量与桩基上的荷载合力作用点相重合，避免产生偏心。本施工图优化设计在原招标图纸设计的基础上，通过对上部荷载的优化，微调了桩基位置及大小，提高了桩基利用率，使得桩基设计更具经济性，沉降更合理。根据地质报告选择中风化泥岩作为持力层（岩石天然湿度单轴抗压强度标准值取值12.3MPa，桩底进入持力层1倍桩身直径确定桩长。桩身混凝土采用C45强度，保护层70mm，扩底端底面呈锅底形，具体扩头尺寸满足《建筑桩基技术规范》JGJ 94—2008[3]的要求，详见图2。

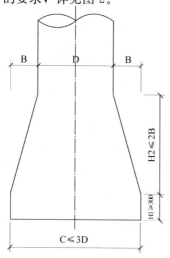

图2　典型挖孔桩扩大头大样

2.2　桩基优化设计计算

2.2.1　桩基竖向承载力计算

桩的竖向承载力往往取决于桩身材料强度及土体对桩的承载力。一般而言，桩基承载力由后者控制。由于重庆化龙桥片区项目用桩为嵌岩桩，孔底浮土能保证清除干净，覆盖土层与基岩的压缩模量相差很大，穿过土层的桩侧摩阻力不能完全发挥[1]，则设计中不考虑桩侧摩阻力的贡献。另一方面考虑经济性，为了充分发挥桩身混凝土强度的贡献，在桩基尺寸优化阶段，选择桩身承载力特征值略大于单桩竖向承载力特征值时的桩径及扩径为最优。

① 桩身混凝土强度计算（《建筑地基基础设计规范》GB50007—2002第8.5.9条[2]）：

桩轴心受压时：

$$Q \leqslant A f_c \psi_c \qquad (1)$$

式中　Q——相应于荷载效应基本组合时的单桩竖向力设计值；

f_c——混凝土轴心抗压强度设计值按现行混凝土结构设计规范取值；

ψ_c——工作条件系数，预制桩取0.75，灌注桩取0.7（水下灌注桩或长桩时用低值）；

A——桩身横截面积。

② 桩端承载力计算（《建筑桩基技术规范》JGJ 94—2008第5.3.9条[3]）：

$$Q_{rk} = \xi_r f_{rk} A_p \qquad (2)$$

式中　Q_{rk}——嵌岩段总极限阻力标准值；

ξ_r——桩嵌岩段侧阻力和端阻综合系数；

f_{rk}——岩石饱和单轴抗压强度标准值；

A_p——扩大头横截面积。

③ 单桩竖向承载力特征值 R_a（《建筑桩基技术规范》JGJ 94—2008 第 5.2.2 条[3]）：

$$R_a = \frac{1}{K} Q_{uk} \qquad (3)$$

式中 Q_{uk}——单桩竖向极限承载力标准值；

K——安全系数，取 $K=2$。

以桩身直径 4m 扩头直径 7m 混凝土强度 C45 的桩为例：

根据式（1）桩身混凝土强度标准值为

$Q = A f_c \psi_c = \pi \times 2000^2 \times 21.1 \times 0.9 = 238635kN$，

特征值为 Q/1.35＝238635/1.35＝176767kN；

根据式（2）桩端承载力标准值为

$hr=4.0m$, $d=D=7.0m$

$hr/d=4.0/7.0=0.571$

根据《建筑桩基技术规范》JGJ 94—2008 表 5.3.9[3]，极软岩、软岩指 $f_{rk} \leqslant 15MPa$，本工程为软岩，ξ_r 取插值为 0.821。

$Q_{rk} = \xi_r f_{rk} A_p = 1.2 \times 0.821 \times 12260 \times \pi \times 3500^2 = 464837kN$；

根据式（3）单桩竖向承载力特征值为

$R_a = \frac{1}{K} \times Q_{uk} = 0.5 \times 464837 = 232419kN$。

2.2.2 桩基承载力校核

根据《建筑桩基技术规范》JGJ 94—2008 第 5.2.1 条[3]，桩基竖向承载力计算应符合下列要求；

荷载效应标准组合：

轴心竖向力作用下：

$$N_k \leqslant R \qquad (4)$$

偏心竖向力用下，除满足上式外，尚应满足下式的要求：

$$N_{kmax} \leqslant 1.2R \qquad (5)$$

地震作用效应和荷载效应标准组合：

轴心竖向力作用下：

$$N_{EK} \leqslant 1.25R \qquad (6)$$

偏心竖向力用下，除满足上式外，尚应满足下式的要求：

$$N_{Ekmax} \leqslant 1.5R \qquad (7)$$

式中 N_k——荷载效应标准组合轴心竖向力作用下，基桩或复合基桩的平均竖向力；

N_{kmax}——荷载效应标准组合轴心竖向力作用下，桩顶最大竖向力；

N_{Ek}——地震作用效应和荷载效应标准组合下，基桩或复合基桩的平均竖向力；

N_{Ekmax}——地震作用效应和荷载效应标准组合下，基桩或复合基桩的最大竖向力；

R——基桩或复合基桩竖向承载力特征值。

本工程桩基反力校核使用 SAFE v12 有限元软件分析，从 Etabs 模型导入上部结构荷载。桩基在 SAFE 软件中以土弹簧单元模拟，土弹簧系数由岩土工程师根据桩径、桩长及土层情况计算提供，各桩基及上部荷载坐标点以 AUTOCAD 节点导入，保证了模型与实际尺寸的精确性。由软件分析可得出每个土弹簧在不同工况下的反力值，从而求得到桩顶竖向力（图3），详细反力数据见下表。

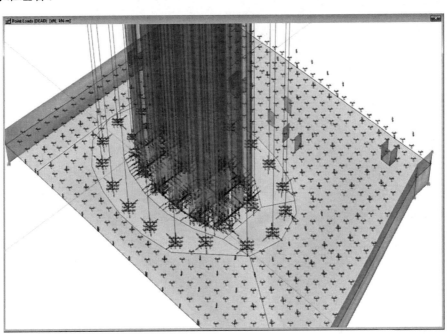

图 3　SAFE 模型上部结构恒荷载显示

表

桩号	桩径-扩径（m）	R（kN）	N_k（kN）	N_{kmax}（kN）	N_{EK}（kN）	N_{Ekmax}（kN）
TP2-001	3.7-6.5	2.00E+5	1.19E+05	1.26E+05	1.11E+05	1.26E+05
TP2-002	3.7-6.5	2.00E+5	1.16E+05	1.24E+05	1.08E+05	1.23E+05
TP2-003	4.0-7.0	2.32E+5	1.38E+05	1.57E+05	1.28E+05	1.48E+05
TP2-004	4.0-7.0	2.32E+5	1.49E+05	1.76E+05	1.38E+05	1.61E+05
TP2-005	4.3-7.6	2.74E+5	1.66E+05	1.99E+05	1.54E+05	1.80E+05
TP2-006	4.3-7.6	2.74E+5	1.64E+05	1.97E+05	1.53E+05	1.78E+05
TP2-007	4.3-7.6	2.74E+5	1.70E+05	2.00E+05	1.59E+05	1.84E+05
TP2-008	4.5-8.1	3.09E+5	1.96E+05	2.20E+05	1.82E+05	2.14E+05
TP2-009	4.0-7.0	2.32E+5	1.47E+05	1.55E+05	1.37E+05	1.56E+05
TP2-010	4.0-7.0	2.32E+5	1.36E+05	1.44E+05	1.28E+05	1.43E+05
TP2-011	4.0-7.0	2.32E+5	1.33E+05	1.42E+05	1.25E+05	1.41E+05
TP2-012	4.0-7.0	2.32E+5	1.34E+05	1.53E+05	1.26E+05	1.46E+05
TP2-013	4.0-7.0	2.32E+5	1.45E+05	1.73E+05	1.37E+05	1.63E+05
TP2-014	4.0-7.0	2.32E+5	1.42E+05	1.74E+05	1.35E+05	1.62E+05
TP2-015	4.0-7.0	2.32E+5	1.51E+05	1.84E+05	1.44E+05	1.72E+05
TP2-016	4.5-8.1	3.09E+5	1.97E+05	2.31E+05	1.87E+05	2.22E+05
TP2-017	4.0-7.0	2.32E+5	1.47E+05	1.64E+05	1.39E+05	1.61E+05
TP2-018	3.7-6.5	2.00E+5	1.17E+05	1.24E+05	1.10E+05	1.25E+05
TP2-019	2.9-5	1.19E+5	7.60E+04	8.41E+04	7.06E+04	8.75E+04
TP2-020	2.9-5	1.19E+5	7.32E+04	8.09E+04	6.74E+04	8.40E+04
TP2-021	4.5-8.1	3.09E+5	1.82E+05	2.04E+05	1.71E+05	2.18E+05
TP2-022	4.5-8.1	3.09E+5	2.02E+05	2.45E+05	1.91E+05	2.44E+05
TP2-023	4.5-8.1	3.09E+5	1.99E+05	2.50E+05	1.89E+05	2.43E+05
TP2-024	4.5-8.1	3.09E+5	1.89E+05	2.39E+05	1.79E+05	2.33E+05
TP2-025	4.5-8.1	3.09E+5	2.11E+05	2.57E+05	1.99E+05	2.60E+05
TP2-026	4.5-8.1	3.09E+5	1.94E+05	2.17E+05	1.81E+05	2.34E+05
TP2-027	4.5-8.1	3.09E+5	2.08E+05	2.24E+05	1.95E+05	2.48E+05
TP2-028	4.5-8.1	3.09E+5	1.85E+05	1.88E+05	1.73E+05	2.13E+05
TP2-029	4.5-8.1	3.09E+5	1.90E+05	1.94E+05	1.78E+05	2.18E+05
TP2-030	4.5-8.1	3.09E+5	2.15E+05	2.31E+05	2.00E+05	2.54E+05
TP2-031	4.5-8.1	3.09E+5	1.79E+05	2.04E+05	1.65E+05	2.16E+05
TP2-032	4.5-8.1	3.09E+5	2.04E+05	2.52E+05	1.87E+05	2.46E+05
TP2-033	4.5-8.1	3.09E+5	1.96E+05	2.48E+05	1.80E+05	2.32E+05
TP2-034	4.5-8.1	3.09E+5	2.08E+05	2.59E+05	1.92E+05	2.42E+05
TP2-035	4.5-8.1	3.09E+5	2.17E+05	2.58E+05	2.00E+05	2.54E+05
TP2-036	4.5-8.1	3.09E+5	1.91E+05	2.13E+05	1.77E+05	2.26E+05

2.2.3 桩身配筋计算

桩身纵筋由桩顶反力值计算确定，取各工况下产生的最大轴向拉力设计值，根据《超限高层建筑工程抗震设计指南》[4]"在罕遇地震作用下，计算可采用钢筋极限强度即1.25倍的屈服强度标准值。通过式（8）得出受力筋面积，当桩顶产生轴向拉力时设计采取HRB400等级钢筋，未产生拉力时

按照构造要求，以0.38%配筋率采用HRB335钢筋计算求得。

桩基受力钢筋面积

$$A_s = \frac{N}{fu} \tag{8}$$

式中　A_s——桩基受力钢筋面积；

　　　N——各工况下产生最大轴向拉力值；

fu——钢筋极限强度，取 $1.25f_{yk}$。

本工程配筋率范围 0.7%～0.38%，桩基通长配置纵筋，纵筋锚入承台 35d（d 为纵筋直径）。

箍筋采用螺旋箍筋 Φ8@200。在桩顶以下 5D（D 为桩身直径）范围内，箍筋加密为@100，以提高桩的水平承载力，为加强纵筋的刚度和整体性，每隔 2m 设一道 HRB235 直径 16 的焊接加劲箍筋。

2.3 桩的沉降计算

传统的桩基沉降计算方法与天然地基类同，将桩与桩间土看作一个整体，将桩底看作基底，附加应力从桩底开始计算。本项目采取有限元法通过 SAFE v12 软件建模计算分析得出桩在不同工况下的沉降。图 4 展示了在准永久工况下桩基沉降图。

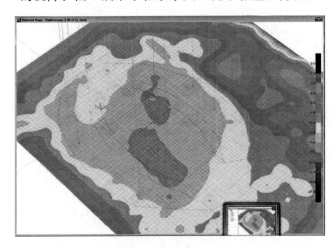

图 4 准永久工况下桩基沉降图

2.4 桩的护壁设计

人工挖孔桩的护壁混凝土强度等级采用与桩身混凝土等级一致，水泥采用早强水泥以缩短混凝土初凝时间。考虑到小批量混凝土的供应难题，采取现场搅拌。每段浇捣高度为 0.3～1m（0.3m 为卵石层每节开挖深度），上下护壁间搭接不小于 35d（d 为护壁钢筋直径）。厚度以普氏平衡拱理论及井壁侧压力公式[5]求得上口为 225mm，下口为 150mm。同时以 SAP2000 软件进行有限元分析，考虑井口单侧材料堆放荷载对井壁侧压力的不利影响。

3 大直径人工挖孔桩的施工工艺

根据《建筑桩基技术规范》[3]第 6.6.5 条要求"当相邻孔中心距离小于 2.5 倍桩身直径，或施工净距小于 4.5m 时，应采用间隔跳挖方法"。本工程中，塔楼区域将采用扩大头跳挖的方式开挖。

3.1 成孔、护壁施工

第一节井圈顶面比场地高出 200～500mm，外模采用砖胎模，以保证挡土挡水。第一节挖深 500～800mm，绑扎好护壁钢筋，安装 1000mm 护壁钢模板，浇筑第一节护壁（见图 5）。遇卵石层则减小每节开挖深度，以确保施工安全。自上而下以每一节作为一个施工循环。挖至基岩层采取水钻施工工艺（见图 6）。

图 5 第一节护壁施工

图 6 基岩层采取水钻施工

3.2 钢筋笼的制作及安装

钢筋笼主筋均以钢筋连接器接长，在成孔验收后，确定最终桩长，浇筑 200mm 封底混凝土后。方可下吊钢筋笼。因钢筋笼直径过大，采取场外焊接钢筋笼骨架，吊入孔内进行钢筋绑扎的方式（见图 7）。

图 7 孔内绑扎钢筋

3.3 桩基混凝土浇筑

在浇筑桩基混凝土之前需抽清孔内积水，清理封底混凝土表面。若渗水量较大，孔底积水深度大于100mm，应采取水下混凝土施工方法浇筑。用常规方法浇筑桩身混凝土时，须采用导管或串筒（见图8）。出料口离混凝土面不得大于2000mm，且应连续浇筑，分层灌捣。在灌注桩身混凝土时，相邻桩的挖孔作业应停止，切孔底不得留人。混凝土浇筑12h后覆膜养护，养护时间不小于7d（见图9）。

图8　采用串管浇筑混凝土

图9　桩基混凝土浇筑完毕进入养护阶段

3.4　桩基检测

成孔前各大直径人工挖孔桩须做勘测孔或超前钻取样（图10），取初设持力层附近岩样进行单轴抗压试验，作为设计依据。成孔后同样对持力层取6个试样进行天然湿度下的单轴抗压试验从而保证设计持力层承载力要求。部分桩基成孔后要求进行基岩载荷实验（图11），需嵌岩主梁上部岩层及土层作反力系统和加压系统。部分桩基在混凝土浇筑前安装2根钢筋计1根混凝土应变计以便桩基施工完成后对桩顶反力变化规律进行监测，验证和调整柱竖向变形的预留值。桩基浇筑28d后需100%进行桩基小应变试验、声波透射试验（超声波测管为4根）及钻芯取样试验（3个检测孔，钻入桩底岩土层深度不小于1m）。

试验完成后，所有孔洞采用不低于桩身混凝土强度的无收缩水泥浆回填。

图10　超前钻取芯结果

图11　基岩载荷试验

4　结束语

大直径人工挖孔灌注桩的施工方法简单、进度快，对土体影响较小。采用人工挖孔则可避免机械挖孔对桩身直径的限制，在超高层项目中十分实用。但人工挖孔仍存在一定的安全隐患。为确保工程安全，在施工过程中还要注意以下几点：①本项目由于位于嘉陵江边，挖孔前需对基坑进行井点降水。若遇暴雨天气孔内积水严重，应安排多台抽水泵同时抽水；②成孔过程应边挖边护壁，遇卵石层应调整每节深度，以避免塌孔，施工时应尽量避免在孔口附近堆放重载，进行桩内施工必须佩戴安全绳；③桩底施工必须保证通风设备的运行，可能产生毒气的桩位应佩戴一定保护措施方可下桩；④在浇筑一桩的同时，相邻桩基不得施工，且桩底不得留人，以避免地下爆浆的可能性。

参考文献

[1] 樊轶江. 高层建筑中大直径人工挖孔扩底桩的设计 [J]. 《科技交流》，2003 年，第 2 期，160－163 页.

[2] GB 50007—2002，《建筑地基基础设计规范》[S].

[3] JGJ 94—2008，《建筑桩基技术规范》[S].

[4] 吕西林. 《超限高层建筑工程抗震设计指南》[M]. 同济大学出版社.

[5] 岳进. 人工挖孔桩护壁设计 [J]. 《岳阳师范学院学报：自然科学版》，2002 年，第 4 期.